第六版

PHP、MySQL 與 JavaScript 學習手冊
動態網站建造指南

SIXTH EDITION

Learning PHP, MySQL & JavaScript
A Step-by-Step Guide to Creating Dynamic Websites

Robin Nixon 著

賴屹民 譯

O'REILLY®

獻給 *Julie*、*Naomi*、*Harry*、*Matthew*、*Laura*、*Hannah*、*Rachel* 與 *David*

目錄

前言 xxix

第 1 章　動態 web 內容簡介 1

HTTP 與 HTML：Berners-Lee 的基礎 2

「請求 / 回應」程序 2

使用 PHP、MySQL、JavaScript、CSS 與 HTML5 的好處 5

　MariaDB：MySQL 的複製品 6

　使用 PHP 7

　使用 MySQL 8

　使用 JavaScript 9

　使用 CSS 10

此外也有 HTML5 11

Apache 網頁伺服器 11

處理行動設備 12

關於開放原始碼 12

整合 13

問題 15

第 2 章　　設定開發伺服器 **17**

什麼是 WAMP、MAMP 或 LAMP？ 18

在 Windows 安裝 AMPPS 18

　測試安裝結果 23

　存取主目錄（Windows） 24

　其他的 WAMP 25

在 macOS 安裝 AMPPS 26

　存取主目錄（macOS） 27

在 Linux 安裝 LAMP 28

在遠端工作 28

　登入 29

　使用 SFTP 或 FTPS 29

使用程式碼編輯器 30

使用 IDE 32

問題 33

第 3 章　　PHP 簡介 **35**

在 HTML 裡面使用 PHP...35

本書的範例 37

PHP 的結構 37

　註解 37

　基本語法 38

　變數 39

　字串變數 39

　運算子 44

　變數賦值 47

　多行註解 50

　變數型態轉換 52

　常數 53

　預先定義的常數 54

echo 與 print 指令的差異 54

函式 55

變數的作用域 56

問題 61

第 4 章　PHP 的運算式與控制流程 63

運算式 63

TRUE 或 FALSE ？ 64

常值與變數 65

運算子 66

運算子優先順序 67

結合方向 69

關係運算子 70

條件式 74

if 陳述式 75

else 陳述式 76

elseif 陳述式 78

switch 陳述式 79

?（三元）運算子 82

迴圈 83

while 迴圈 84

do...while 迴圈 86

for 迴圈 86

跳出迴圈 88

continue 陳述式 89

隱性與顯性轉型 90

PHP 動態連結 91

動態連結範例 92

問題 93

第 5 章　　PHP 函式與物件 **95**

PHP 函式 96

定義函式 97

回傳值 98

回傳陣列 100

用參考來傳遞參數 100

回傳全域變數 102

變數作用域回顧 103

include 與 require 檔案 103

include 陳述式 103

使用 include_once 103

使用 require 與 require_once 104

PHP 版本相容性 104

PHP 物件 105

術語 106

宣告類別 107

建立物件 108

使用物件 108

複製物件 110

建構式 111

解構式 112

編寫方法 112

宣告屬性 113

宣告常數 114

屬性作用域與方法作用域 115

靜態方法 116

靜態屬性 116

繼承 118

問題 122

第 6 章　　PHP 陣列 **123**

基本操作 123

　　數值索引陣列 124

　　關聯陣列 125

　　使用 array 關鍵字來賦值 126

foreach...as 迴圈 127

多維陣列 129

使用陣列函式 133

　　is_array 133

　　count 133

　　sort 133

　　shuffle 134

　　explode 134

　　extract 135

　　compact 136

　　reset 137

　　end 137

問題 138

第 7 章　　實際使用 PHP **139**

使用 printf 139

　　設定精度 140

　　字串填補 142

　　使用 sprintf 143

日期與時間函式 144

　　日期常數 146

　　使用 checkdate 147

檔案處理 147

　　檢查檔案是否存在 147

　　建立檔案 148

讀取檔案 150

複製檔案 150

移動檔案 151

刪除檔案 151

更新檔案 152

為了進行多方存取而鎖定檔案 153

讀取整個檔案 155

上傳檔案 156

使用 $_FILES 158

驗證 159

系統呼叫 161

XHTML 或 HTML5 ？ 163

問題 164

第 8 章　MySQL 簡介 165

MySQL 基礎 165

資料庫術語摘要 166

用命令列來操作 MySQL 167

啟動命令列介面 167

使用命令列介面 171

MySQL 的指令 172

資料型態 177

索引 187

建立索引 188

查詢 MySQL 資料庫 193

結合資料表 203

使用邏輯運算子 206

MySQL 函式 207

用 phpMyAdmin 來存取 MySQL 207

問題 209

第 9 章　　精通 MySQL..**211**

資料庫設計 211

　主鍵：關聯資料庫的索引鍵 212

標準化 213

　第一正規型 214

　第二正規型 216

　第三正規型 219

　不做標準化的時機 221

關係 222

　一對一 222

　一對多 223

　多對多 224

　資料庫與匿名 225

交易 225

　交易儲存引擎 226

　使用 BEGIN 227

　使用 COMMIT 228

　使用 ROLLBACK 228

使用 EXPLAIN 229

備份與回存 230

　使用 mysqldump 231

　建立備份檔案 232

　從備份檔案回存 234

　將資料轉存為 CSV 格式 235

　規劃你的備份 235

問題 236

第 10 章　　PHP 8 與 MySQL 8 的新功能 **237**

關於本章 237

PHP 8 238

具名參數（Named Parameters）.................................238

屬性（Attributes）.................................239

建構式屬性（Constructor Properties）.................................239

即時編譯（Just-In-Time Compilation）.................................240

聯合型態（Union Types）.................................240

null-safe 運算子（Null-safe Operator）.................................240

match 運算式.................................241

新函式.................................242

MySQL 8.................................245

更新為 SQL.................................246

JSON（JavaScript Object Notation）.................................246

地理支援.................................246

速度與性能.................................247

管理.................................247

安全防護.................................248

問題.................................248

第 11 章　用 PHP 來操作 MySQL 249

用 PHP 來查詢 MySQL 資料庫.................................249

程序.................................249

建立登入檔.................................250

連接 MySQL 資料庫.................................251

實際範例.................................256

$_POST 陣列.................................260

刪除紀錄.................................261

顯示表單.................................261

查詢資料庫.................................262

執行程式.................................263

MySQL 實作.................................264

建立資料表.................................264

DESCRIBE 資料表.................................265

卸除資料表 266

加入資料 267

取回資料 268

更新資料 269

刪除資料 269

使用 AUTO_INCREMENT 270

執行額外的查詢 272

防止入侵 273

你可以採取的措施 274

使用佔位符號 276

防止 JavaScript 注入 HTML 278

問題 281

第 12 章　表單處理 283

建立表單 283

取出被送來的資料 285

預設值 286

輸入類型 287

淨化輸入文字 295

範例程式 297

HTML5 的加強 299

autocomplete 屬性 300

autofocus 屬性 300

placeholder 屬性 300

required 屬性 301

覆寫屬性 301

width 與 height 屬性 301

min 與 max 屬性 301

step 屬性 302

form 屬性 302

list 屬性 302

color 輸入類型 303

number 與 range 輸入類型 303

日期與時間選擇器 303

問題 303

第 13 章　cookie、session 與身分驗證 **305**

在 PHP 中使用 cookie 305

設置 cookie 307

存取 cookie 308

銷毀 cookie 308

HTTP 身分驗證 309

儲存帳號與密碼 312

範例程式 314

使用 session 318

啟動 session 319

結束 session 322

設定逾時 323

保護 session 323

問題 327

第 14 章　初探 JavaScript **329**

JavaScript 與 HTML 文字 330

在文件頁首中使用腳本 331

老舊的與非標準的瀏覽器 332

include JavaScript 檔案 333

對 JavaScript 進行偵錯 333

註解 334

分號 334

變數 335

字串變數 335

數值變數 336

陣列 336

運算子 337

　算術運算子 337

　賦值運算子 338

　比較運算子 338

　邏輯運算子 339

　遞增、遞減，與簡寫賦值 339

　字串串接 339

　轉義字元 340

變數型態轉換 341

函式 342

全域變數 342

區域變數 343

　使用 let 與 const 344

文件物件模型 346

　$ 的另一種用途 348

　使用 DOM 349

關於 document.write 350

　使用 console.log 350

　使用 alert 350

　寫入元素 351

　使用 document.write 351

問題 351

第 15 章　JavaScript 的運算式與控制流程 353

運算式 353

常值與變數 354

運算子 355

　運算子優先順序 356

　結合方向 357

　關係運算子 357

with 陳述式 360

使用 onerror 361

使用 try...catch 363

條件式 363

    if 陳述式 364

    else 陳述式 364

    switch 陳述式 365

    ? 運算子 367

迴圈 367

    while 迴圈 367

    do...while 迴圈 368

    for 迴圈 369

    跳出迴圈 370

    continue 陳述式 370

明確地轉型 371

問題 372

第 16 章　JavaScript 的函式、物件與陣列 373

JavaScript 函式 373

    定義函式 373

    回傳值 375

    回傳陣列 377

JavaScript 物件 378

    宣告類別 378

    建立物件 380

    使用物件 381

    prototype 關鍵字 381

JavaScript 陣列 384

    數值陣列 384

    關聯陣列 386

    多維陣列 387

使用陣列方法 388

問題 394

第 17 章　JavaScrpit 與 PHP 的驗證與錯誤處理 395

用 JavaScript 來驗證使用者輸入 395

validate.html 文件（第一部分） 396

validate.html 文件（第二部分） 398

正規表達式 402

以特殊字元來比對 402

模糊字元比對 403

用括號來分組 404

字元類別 404

指定範圍 405

否定 405

比較複雜的案例 406

特殊字元摘要 409

一般修飾符號 411

在 JavaScript 裡面使用正規表達式 411

在 PHP 裡面使用正規表達式 412

在進行 PHP 驗證之後重新顯示表單 413

問題 419

第 18 章　使用非同步通訊 421

什麼是非同步通訊？ 422

使用 XMLHttpRequest 423

你的第一個非同步程式 423

以 GET 取代 POST 427

傳送 XML 請求 429

使用非同步通訊框架 433

問題 434

第 19 章　CSS 簡介 **435**

匯入樣式表 436

在 HTML 裡面匯入 CSS 437

內嵌的樣式設定 437

使用 ID 437

使用類別 438

使用分號 438

CSS 規則 438

多個設定式 439

註解 440

樣式類型 440

預設樣式 441

使用者樣式 441

外部樣式表 442

內部樣式 442

行內樣式 442

CSS 選擇器 442

類型選擇器 443

後代選擇器 443

子選擇器 444

ID 選擇器 445

類別選擇器 446

屬性選擇器 446

萬用選擇器 447

選擇群組 448

CSS 階層 448

樣式表建構者 449

樣式表建構方法 449

樣式表選擇器 450

<div> 與 <span> 元素的差異 452

尺寸 454

字型與排版 456

    font-family 456

    font-style 457

    font-size 457

    font-weight 458

管理字型樣式 458

    修飾物 458

    間距 459

    對齊方式 459

    轉換 459

    縮排 459

CSS 顏色 460

    簡寫的顏色字串 461

    漸層 461

定位元素 462

    絕對定位 463

    相對定位 463

    固定定位 464

虛擬類別 466

簡寫的規則 468

方塊模型與版面配置 469

    設定邊距 469

    套用邊框 471

    調整內距 472

    物件內容 474

問題 474

第 20 章　使用更進階的 CSS3 475

屬性選擇器 476

    比對部分字串 476

box-sizing 屬性 478

CSS3 背景 478

   background-clip 屬性 478

   background-origin 屬性 480

   background-size 屬性 481

   使用 auto 值 481

   多張背景 481

CSS3 邊框 484

   border-color 屬性 484

   border-radius 屬性 484

方塊陰影 487

元素溢出 488

多欄版面 488

顏色與不透明度 489

   HSL 顏色 490

   HSLA 顏色 490

   RGB 顏色 491

   RGBA 顏色 491

   opacity 屬性 491

文字效果 492

   text-shadow 屬性 492

   text-overfolw 屬性 492

   word-wrap 屬性 493

web 字型 494

   Google web 字型 495

變形 496

   3D 變形 497

變換 498

   變換的屬性 499

   變換時間 499

   變換延遲 499

   變換節奏 499

簡寫語法 500

問題 502

第 21 章　用 JavaScript 來控制 CSS 503

重溫 getElementById 函式 503

O 函式 504

S 函式 504

C 函式 505

include 函式 506

使用 JavaScript 來操作 CSS 屬性 507

一些常見的屬性 507

其他的屬性 508

行內 JavaScript 510

this 關鍵字 511

在腳本中指派事件給物件 511

指派其他事件 512

添加新元素 513

移除元素 515

另一種加入與移除元素的方法 515

使用中斷 516

使用 setTimeout 516

取消逾時 517

使用 setInterval 518

使用中斷來製作動畫 520

問題 522

第 22 章　jQuery 簡介 523

為什麼要選擇 jQuery？ 524

加入 jQuery 524

選擇正確的版本 525

下載 526

使用內容傳遞網路 526

自訂 jQuery 527

jQuery 語法 527

簡單的例子 528

避免程式庫之間的衝突 529

選擇器 529

css 方法 530

元素選擇器 530

ID 選擇器 531

類別選擇器 531

結合選擇器 531

處理事件 532

等到文件準備就緒 534

事件函式與屬性 535

blur 與 focus 事件 535

this 關鍵字 536

click 與 dblclick 事件 536

keypress 事件 538

周到地設計程式 539

mousemove 事件 540

其他的滑鼠事件 543

其他的滑鼠方法 544

submit 事件 544

特殊效果 546

隱藏與顯示 547

toggle 方法 548

淡入與淡出 549

將元素上下滑動 550

動畫 551

停止動畫 554

操作 DOM 555

text 與 html 方法的差異 556

val 與 attr 方法 556

加入與移除元素 558

動態地套用類別 560

修改寬高 561

width 與 height 方法 561

innerWidth 與 innerHeight 方法 563

outerWidth 與 outerHeight 方法 564

DOM 遍歷 564

父元素 565

子元素 569

同代元素 569

選擇下一個與前一個元素 571

遍歷 jQuery 所選取的元素 572

is 方法 575

在不使用選擇器的情況下，使用 jQuery 576

$.each 方法 576

$.map 方法 577

使用非同步通訊 578

使用 POST 方法 578

使用 GET 方法 579

外掛程式 580

jQuery 使用者介面 580

其他的外掛程式 580

問題 581

第 23 章　jQuery Mobile 簡介 583

加入 jQuery Mobile 584

開工 585

連結網頁 587

非同步連結 588

在多網頁文件裡面的連結 588

網頁變換 589

設定按鈕的樣式 594

處理清單 596

可篩選的清單 598

清單分隔效果 599

接下來呢？ 602

問題 603

第 24 章　　**React 簡介** **605**

React 的賣點到底是什麼？ 606

存取 React 檔案 607

include babel.js 608

我們的第一個 React 專案 609

使用函式，而非類別 610

純的與不純的程式碼：黃金法則 612

同時使用類別與函式 612

props 與 components 613

使用類別與使用函式的差異 614

React 狀態與生命週期 615

使用 hook（如果你使用 Node.js） 618

React 的事件 618

行內的 JSX 條件陳述式 620

使用清單與索引鍵 622

獨一無二的索引鍵 622

處理表單 624

使用文字輸入 625

使用 textarea 627

使用 select 628

React Native 630

建立 React Native app 630

參考讀物 631

讓 React 技術更上一層樓 631

問題 632

第 25 章　HTML5 簡介 633

Canvas 633

地理定位 635

音訊與視訊 637

表單 638

本機存放區 639

web worker 639

問題 639

第 26 章　HTML5 canvas 641

建立與存取 canvas 641

toDataURL 函式 643

指定圖像類型 645

fillRect 方法 645

clearRect 方法 645

strokeRect 方法 646

結合這些指令 646

createLinearGradient 方法 647

詳述 addColorStop 方法 650

createRadialGradient 方法 651

填入圖樣 652

在 canvas 中寫入文字 654

strokeText 方法 655

textBaseline 屬性 655

font 屬性 655

textAlign 屬性 656

fillText 方法 656

measureText 方法 657

繪製線條 658

lineWidth 屬性 658

lineCap 與 lineJoin 屬性 658

miterLimit 屬性 660

使用路徑 660

moveTo 與 lineTo 方法 661

stroke 方法 661

rect 方法 662

填充區域 662

clip 方法 664

isPointInPath 方法 667

使用曲線 668

arc 方法 668

arcTo 方法 671

quadraticCurveTo 方法 672

bezierCurveTo 方法 673

處理圖像 674

drawImage 方法 675

調整圖像大小 675

選擇圖像區域 675

複製 canvas 的內容 677

添加陰影 677

以像素等級來編輯 679

getImageData 方法 679

putImageData 方法 683

createImageData 方法 683

高級的圖形效果 684

globalCompositeOperation 屬性 684

globalAlpha 屬性 687

變形 687

scale 方法 687

save 與 restore 方法 688

rotate 方法 689

translate 方法 690

transform 方法 691

setTransform 方法 693

問題 694

第 27 章　HTML5 音訊與視訊 695

關於轉碼器 696

<audio> 元素 697

<video> 元素 700

視訊轉碼器 701

問題 704

第 28 章　其他的 HTML5 功能 705

地理定位與 GPS 服務 705

其他的定位方法 706

地理定位與 HTML5 707

本機存放區 710

使用本機存放區 711

localStorage 物件 711

web worker 714

拖曳與放下 716

跨文件傳訊 718

其他的 HTML5 標籤 722

問題 723

第 29 章　整合 725

設定社交網站 app 726

在網站上 726

functions.php 727

函式 727

header.php 730

setup.php 733

index.php 734

signup.php 736

　　檢查帳號是否可用 736

　　登入 736

checkuser.php 739

login.php 740

profile.php 742

　　加入「About Me」文字 743

　　添加個人資料圖像 743

　　處理圖像 743

　　顯示當前的個人資料 744

members.php 747

　　查看使用者的個人資料 748

　　加入與移除好友 748

　　列出所有成員 748

friends.php 751

messages.php 754

logout.php 758

styles.css 759

javascript.js 762

問題 762

附錄 A 　各章問題解答 763

索引 787

前言

PHP 和 MySQL 的組合是設計動態的、使用資料庫的 web 時，最方便的工具，它們在面對其他一些更難學習的整合框架時，仍能保有自己的優勢。拜開放原始碼之賜，它是免費的，因此是極受歡迎的 Web 開發選項。

想要在 Unix/Linux，甚至在 Windows/Apache 平台上進行開發的人都必須掌握這些技術。而且，透過相關的技術，包括 JavaScript、React、CSS 與 HTML5，你可以建構符合 Facebook、Twitter 及 Gmail 等業界品質的網站。

對象

本書獻給想要做出讓自己滿意的動態網站的人，包括已經會製做靜態網站，或是會用 WordPress 等 CMS，但希望提升技術的網站管理員或圖形設計者，以及高中和大學學生、應屆畢業生，及自學者。

事實上，任何準備學習響應式 web 設計的人，都可以學到 PHP、MySQL、JavaScript、CSS 與 HTML5 的核心技術，也會學到 React 的基本知識。

使用本書的前提

本書認為你已經初步了解 HTML，至少可以寫出簡單的靜態網站，但不假設你學過 PHP、MySQL、JavaScript、CSS 或 HTML5，不過，如果你已經了解它們的話，你會學得更快。

本書架構

本書的章節是以特定的順序來編寫的，我們會先介紹所有的核心技術，然後帶領你在 web 開發伺服器上逐步安裝它們，讓你可以操作本書的範例。

在第一部分中，你會學到 PHP 程式語言的基礎知識，了解語法、陣列、函式及物件導向程式設計的基本概念。

讓你學會 PHP 之後，接下來將介紹 MySQL 資料庫系統，你會學到 MySQL 資料庫的結構，及如何建構複雜的查詢指令。

之後，你會學到如何結合 PHP 與 MySQL，並且整合表單及其他 HTML 功能，來建構你自己的動態網頁。接著，你將學習各種實用的函式、管理 cookie 與 session，以及維護高等級的安全性，來深入了解 PHP 與 MySQL 開發的細節。

在接下來幾章，你會建立紮實的 JavaScript 基礎，內容包括簡單的函式、處理事件、讀取文件物件模型、在瀏覽器進行驗證，以及處理錯誤。我們也會詳細地介紹如何使用 JavaScript 熱門的 React 程式庫。

了解三種核心技術之後，你會學到如何發出幕後 Ajax 呼叫，將網站變成高度動態的環境。

接下來，我們用兩章來介紹如何使用 CSS 來裝飾與排版網頁，接下來說明如何用 React 程式庫來大幅簡化開發工作。最後，我們介紹 HTML5 內建的互動式功能，包括地理定位、音訊、視訊，與 canvas。在此之後，你會用學過的所有技術來撰寫一個完整的程式，包含社交網站的完整功能。

在過程中，你會看到許多程式設計的優良做法和小提示，它們可以幫助你找到並解決難以檢測的程式錯誤。本書也有許多網站連結，可讓你進一步了解相關的主題。

本書編排方式

本書使用下列的編排方式：

純文字（Plain text）

    代表目錄標題、選項，與按鈕。

斜體字（*Italic*）

　代表新的術語、URL、電子郵件地址、檔案名稱、副檔案名稱、路徑名稱、目錄與 Unix 公用程式。也用來代表資料庫、資料表與欄位

定寬字（`Constant width`）

　代表指令與命令列選項、變數及其他程式元素、HTML 標籤，與檔案內容。

定寬粗體字（**`Constant width bold`**）

　代表程式輸出，或在文章中代表重要的程式段落。

定寬斜體字（*`Constant width italic`*）

　代表應以使用者提供的值來取代的文字。

 這個圖示代表一般說明。

 這個圖案代表警告或注意。

 這個圖示代表一般說明。

使用範例程式

你可以在 GitHub（*https://github.com/RobinNixon/lpmj6*）下載補充教材（範例程式碼、練習題……等）。

本書旨在協助你完成工作。一般來說，除非你更動了程式的重要部分，否則你可以在自己的程式或文件中使用本書的程式碼而不需要聯繫出版社取得許可。例如，使用這本書的程式段落來編寫程式不需要取得許可。但是銷售或發布 O'Reilly 書籍的範例必須取得我們的授權。引用這本書的內容與範例程式碼來回答問題不需要取得許可。但是在產品的文件中大量使用本書的範例程式需要我們的許可。

我們很感謝你可以在引用它們時標明出處（但不強制要求）。出處一般包含書名、作者、出版社和 ISBN。例如："Learning PHP, MySQL & JavaScript 6th Edition，Robin Nixon 著（O'Reilly）。Copyright 2021 Robin Nixon, 9781492093824"。

如果你覺得自己使用範例程式的程度超出上述的允許範圍，歡迎隨時與我們聯繫：*permissions@oreilly.com*。

誌謝

我想感謝高級內容策劃編輯 Amanda Quinn、內容開發編輯 Melissa Potter，以及為本書盡心盡力的所有人，包括 Michal Špa ek 與 David Mackey 詳盡的技術校閱、Caitlin Ghegan 的監督製作、Kim Cofer 的審稿、Kim Sandoval 的校對、Judith McConville 為我們製作索引、Karen Montgomery 提供的原始蜜袋鼯封面設計、Randy Comer 的最新書本封面。感謝我的原編輯 Andy Oram 為我監製前五版，以及為這個新版本提供勘誤和建議的所有人。

第 1 章

動態 web 內容簡介

全球資訊網（World Wide Web）是持續進化的網路，它在 1990 年代被創造出來時，目的只是為了解決特定的問題，但現在的概念與當時有很大的不同。當時的 CERN（歐洲量子物理實驗室，現在因為運行大型的強子對撞器而聞名）有一項尖端實驗產生了海量的資料，但他們無法將如此大量的資料傳送給世界各地的科學家。

當時 Internet 已經問世了，有數十萬台電腦與它連結，因此 Tim Berners-Lee（CERN 成員）發明一種方法，可讓科學家使用超連結的框架在那些電腦之間巡覽，這種方法後來稱為超文字傳輸通訊協定（Hypertext Transfer Protocol），即 HTTP。他也創造了一種標記語言，稱為超文字標記語言（Hypertext Markup Language），即 HTML。為了將它們結合在一起，他寫出史上第一個 web 瀏覽器與 web 伺服器

現在的我們可能認為那些工具都是理所當然的，但是在當時，家用數據機的使用者頂多只能撥接至電子布告欄，在上面和使用同一種服務的其他使用者進行通訊和交換資料。因此，你必須加入許多電子布告欄系統，才可以透過電子器材來與同事及朋友通訊。

但是 Berners-Lee 一舉改變所有狀況，到了 1990 年代中期，已經有三種主要的圖形 web 瀏覽器在角逐 500 萬名使用者的青睞。不過大家很快就發現到，網路顯然還缺少一些元素。在網頁上顯示好幾頁的文字以及連至其他網頁的超連結圖案的確是很棒的概念，但是它們並未充分發揮電腦與 Internet 的潛力，無法讓使用者瀏覽動態改變的內容。即使當時的文字已經可以捲動，也有動態 GIF 了，但 web 用起來依然是非常枯燥的體驗！

購物車、搜尋引擎，及社交網路已經改變我們使用 web 的方式了。本章會簡單地介紹 web 的元素，以及讓 web 具備豐富及動態體驗的軟體。

我們必須開始使用一些縮寫詞。我會先清楚地解釋它們再繼續往下談，但你先不用糾結於它們的意思，或名稱的意義，只要你繼續看下去就會豁然開朗。

HTTP 與 HTML：Berners-Lee 的基礎

HTTP 是一種通訊標準，負責管理在瀏覽器與 web 伺服器之間來回傳送的請求與回應。伺服器的工作是接收用戶端的請求，並試圖以有意義的方式來回應它，通常是傳遞對方請求的網頁，這也是它稱為伺服器（*server*）的原因。相對於伺服器的一方，自然就是用戶端（*client*）了，這個名詞可以用來代表 web 瀏覽器，以及運行它的電腦。

在用戶端與伺服器之間可能還有其他的設備，例如路由器、代理伺服器、通訊閘⋯⋯等。它們分別發揮不同的作用，確保請求與回應在用戶端與伺服器之間被正確地傳遞。它們通常使用 Internet 來傳送這些資訊。有些中間設備也可以協助提升 Internet 的速度，它們的做法是將網頁或資訊存在本地的快取（*cache*）裡面，之後直接從快取將這些內容送給用戶端，而不是從來源伺服器一路傳遞它。

web 伺服器通常可以同時處理許多連結，當伺服器沒有和用戶端通訊時，也會花時間監聽進來的連結。如果有連結抵達，伺服器會回傳回應，以確認它已經收到了。

「請求 / 回應」程序

「請求 / 回應」程序基本上就是：網頁瀏覽器或其他的用戶端要求 web 伺服器傳送一個網頁給它，然後伺服器回傳該網頁。接下來，瀏覽器會負責顯示網頁（見圖 1-1）。

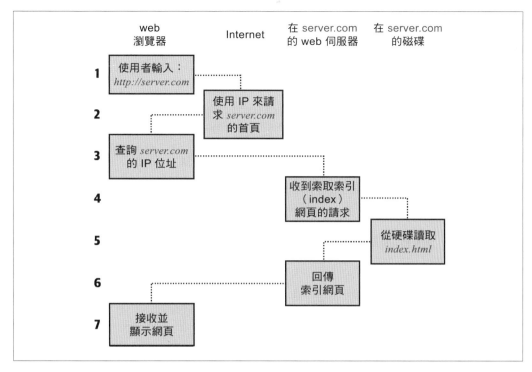

圖 1-1　「用戶端 / 伺服器」的基本「請求 / 回應」程序

以下是請求與回應程序中的每一個步驟：

1. 你在瀏覽器的網址列輸入 *http://server.com*。

2. 瀏覽器查詢 *server.com* 的網際網路通訊協定（IP）位址。

3. 瀏覽器發出一個索取 *server.com* 首頁的請求。

4. 這個請求經過 Internet 到達 *server.com* 網頁伺服器。

5. 收到請求的網頁伺服器在它的磁碟上尋找網頁。

6. 網頁伺服器取出該網頁，並將它回傳給瀏覽器。

7. 瀏覽器顯示網頁。

在一般的網頁裡面的每一個物件都會執行一次這種程序，無論該物件是圖片、內嵌的影片或 Flash 檔，甚至 CSS 模板都是如此。

注意在第二步中，瀏覽器會查詢 *server.com* 的 IP 位址。每一台連接 Internet 的機器都有一個 IP 位址，包括你的電腦。但是我們通常使用名稱來造訪網頁伺服器，例如 *google. com*。瀏覽器會額外諮詢一種 Internet 設備（網域名稱服務，DNS）來尋找伺服器的 IP 位址，再用 IP 位址來與電腦通訊。

動態網頁的程序比較複雜，因為這種網頁可能也會使用 PHP 與 MySQL（見圖 1-2）。例如，你可能會按下一張雨衣圖片。接著，PHP 會用標準資料庫語言 SQL（本書會教它的許多指令）來建立一個請求，並將這個請求送給 MySQL 伺服器。MySQL 伺服器會回傳那件雨衣的資訊，接著 PHP 碼會將它包在某些 HTML 裡面，再由伺服器送給你的瀏覽器（見圖 1-2）。

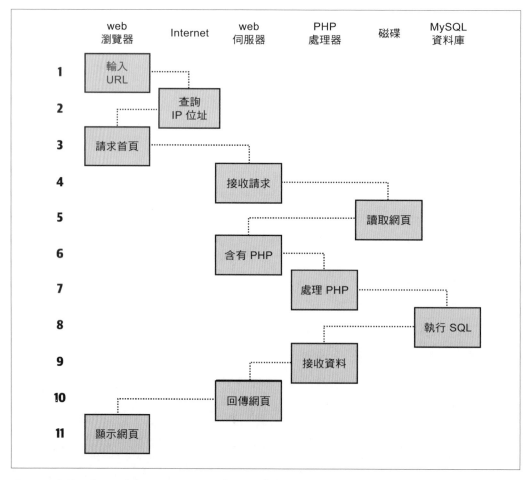

圖 1-2　「用戶端 / 伺服器」的「請求 / 回應」動態程序

其步驟如下：

1. 你在瀏覽器的網址列輸入 *http://server.com*。

2. 瀏覽器查詢 *server.com* 的 IP 位址。

3. 瀏覽器對該位址的發出一個請求，以取得網頁伺服器的首頁。

4. 這個請求經過 Internet 到達 *server.com* 網頁伺服器。

5. 收到請求的網頁伺服器從它的硬碟讀取首頁。

6. 首頁被讀入記憶體，網頁伺服器發現它是一個包含 PHP 腳本的檔案，因此將網頁傳給 PHP 解譯程式。

7. PHP 解譯程式執行 PHP 碼。

8. 有一些 PHP 有 SQL 陳述式，PHP 解譯程式將它們傳給 MySQL 資料庫引擎。

9. MySQL 資料庫將陳述式的結果回傳給 PHP 解譯程式。

10. PHP 解譯程式將 PHP 碼的執行結果以及 MySQL 資料庫回傳的結果回傳給網頁伺服器。

11. 網頁伺服器將網頁傳給發出請求的用戶端，用戶端將它顯示出來。

雖然知道這個程序以及了解三種元素如何合作很有幫助，但是在實務上，你不需要特別注意這些細節，因為它們都會自動發生。

在每一個案例中回傳給瀏覽器的 HTML 網頁也可能有 JavaScript，用戶端會在本地解譯 JavaScript，也許會啟動另一個請求，如同處理圖像等內嵌物件時的行為。

使用 PHP、MySQL、JavaScript、CSS 與 HTML5 的好處

本章的開頭介紹了 Web 1.0 的世界，但在它不久之後，Web 就進入 1.1 時代了，瀏覽器加入 Java、JavaScript、JScript（微軟稍微修改 JavaScript 的版本）及 ActiveX。伺服器端也有所進展，可透過通用閘道介面（CGI）使用 Perl 等腳本語言（PHP 語言的替代物）以及伺服器端腳本語言，動態地將某個檔案的內容（或本地端程式的輸出）插入另一個檔案中。

塵埃落定之後，有三項主要的技術脫穎而出。雖然 Perl 仍然是熱門且擁有大批追隨者的腳本語言，但 PHP 因為其簡單以及內建 MySQL 資料庫程式連結而獲得超過兩倍的使用者。JavaScript 不僅成為動態操作階層式樣式表（CSS）和 HTML 的重要角色，現在甚至接手更繁重的工作，負責處理非同步通訊（在網頁載入之後，在用戶端與伺服器之間交換資料）的用戶端。非同步通訊可在網頁使用者不知情的情況之下，讓網頁在幕後處理資料，並將請求傳給伺服器。

PHP 與 MySQL 的互利共生性質無疑推動了它們彼此的發展，但它們最吸引開發人員的地方在哪裡？簡單來說，它們可以讓你輕鬆寫意且快速地建構網站的動態元素。MySQL 是一種快速、強大，且易用的資料庫系統，提供了所有的要素來讓網站能夠查詢資料並將資料傳給瀏覽器。當你同時使用 PHP 與 MySQL 來儲存及取出資料時，你就擁有開發社交網站所需的基本元素，並且站在 Web 2.0 的起跑點了。

一旦你將 JavaScript 與 CSS 納入工具箱，你就掌握了建構高度動態且具互動性的網站的秘方─特別是現在已經有很多精密的 JavaScript 函式框架可讓你用來提升開發 web 的速度。這些框架包括著名的 jQuery（直到最近，它依然是程式設計師使用非同步通訊功能時最常用的工具之一），以及最近正在快速掘起、越來越受歡迎的 React JavaScript，它是受到廣泛下載和實作的框架之一，以至於自 2020 年以來，在 Indeed 徵才網站上列出的 React 研發職位是 jQuery 的兩倍多。

MariaDB：MySQL 的複製品

在 Oracle 併購 Sun Microsystems（MySQL 的擁有者）之後，開發社群開始擔心 MySQL 再也不會完全開放原始碼了，於是從它衍生一個分支，MariaDB，在 GNU GPL 之下提供免費的選擇。有些 MySQL 的原始開發者也帶領 MariaDB 的開發，使得它與 MySQL 維持緊密的相容性。因此，你可能會發現有些伺服器用 MariaDB 來取代 MySQL，但不用擔心，無論你是使用 MySQL 還是 MariaDB，本書的所有程式都可以正常運作。無論出於何種目的，你都可以將其中一種換成另一種，而不會察覺任何差異。

無論如何，事實證明，當初的擔心應該是多餘的，因為 MySQL 仍然開放原始碼，Oracle 的收費服務只有專業的支援，以及具備額外功能的版本，例如地理複寫（geo-replication）與自動調整（automatic scaling）。不過，MySQL 再也不像 MariaDB 那樣，是由社群推動的產品了。因此擁有 MariaDB 這座靠山可以讓開發人員比較睡得著，也應該可以讓 MySQL 維持開放原始碼。

使用 PHP

使用 PHP 可以輕鬆地在網頁中嵌入動態行為。一旦你將網頁的副檔名命名為 *.php*，它們就可以即時使用腳本語言。從開發者的角度來看，你只要編寫下面的程式碼就可以了：

```php
<?php
  echo " Today is " . date("l") . ". ";
?>
Here's the latest news.
```

開頭的 `<?php` 會要求網頁伺服器用 PHP 來解譯接下來直到 `?>` 標籤為止的程式碼。在這個結構之外的所有東西都會被當成 HTML 送到用戶端。所以瀏覽器會直接輸出文字 `Here's the latest news.`。在 PHP 標籤裡面，內建的 `date` 函式會根據伺服器的系統時間來顯示目前是星期幾。

這兩個部分的最終輸出為：

Today is Wednesday.Here's the latest news.

PHP 是靈活的語言，有些人喜歡直接把 PHP 結構放在 PHP 碼的旁邊，例如：

```
Today is <?php echo date("l"); ?>.Here's the latest news.
```

此外還有其他的格式化與資訊輸出方法，我會在 PHP 的章節中說明。我在這裡想要強調的是，PHP 讓網頁開發人員擁有一種非常快速的語言（雖然不像 C 或與之類似的語言那麼快），而且它可以和 HTML 標籤無縫地整合。

> 如果你想要在程式編輯器中輸入本書的 PHP 範例來同步操作，務必記得在它們前面加入 `<?php`，並且在後面加入 `?>`，以確保 PHP 解譯器會處理它們。為了方便起見，你可以準備一個名為 *example.php* 的檔案，並且在裡面加入這些標籤。

使用 PHP 後，你就可以自在地控制你的網頁伺服器了，無論你需要即時修改 HTML、處理信用卡、將使用者資訊加入資料庫，或是從第三方網站抓取資訊，你都可以在同一組包含 HTML 的 PHP 檔案裡面作業。

使用 MySQL

當然，除非你能夠記錄使用者在你的網站提供的資訊，否則動態改變 HTML 的輸出沒有什麼意義。在 web 早期，很多網站都會使用「平面（flat）」文字檔來儲存帳號與密碼等資料。但是你必須正確地使用鎖定機制，來避免這種檔案被多人同時存取時損毀，否則這種方法會造成很大的麻煩。此外，一般的檔案可能會變很大，之後會臃腫得難以管理一更何況，合併檔案非常困難，在合理的時間之內執行複雜的搜尋也是如此。

這就是為什麼關聯式資料庫以及結構化查詢如此重要。由於 MySQL 是免費的，而且被廣泛地安裝 Internet 網頁伺服器上，所以非常適合用來處理這種情況。MySQL 是一種穩健且快速的資料庫管理系統，使用類似英文的指令。

MySQL 結構的最高層是資料庫，你可以在裡面加入一或多個資料表來儲存資料。例如，假設你有一個資料表，名為 *users*，在裡面，你已經建立了 *surname*、*firstname* 與 *email* 欄位，當你想要加入另一位使用者時，可以使用這個指令：

```
INSERT INTO users VALUES('Smith', 'John', 'jsmith@mysite.com');
```

當然，你必須先發出其他的指令來建立資料庫與設定所有欄位，展示這個 SQL INSERT 指令只是為了讓你知道，在資料庫裡面加入新資料有多麼簡單。SQL 是在 1970 年代早期設計的語言，該年代讓人聯想到最古老的程式語言之一：COBOL。然而，它非常適合用來查詢資料庫，這也是它過了這麼久還被使用的原因。

用它來查詢資料也很簡單。假設你有一位使用者的 email 地址，你可以發出這個 MySQL 查詢來找出那個人的名字：

```
SELECT surname,firstname FROM users WHERE email='jsmith@mysite.com';
```

MySQL 會回傳 Smith, John，以及在資料庫中，與該 email 有關的其他姓名。

你應該可以猜到，除了簡單的 INSERT 與 SELECT 指令之外，MySQL 還有其他用途。例如，你可以結合相關的資料組，來將彼此相關的資訊放在一起，或是以各種順序取出結果，或是用一部分的字串來找出完整字串，或是只回傳第 n 筆結果……等。

你可以直接用 PHP 來對 MySQL 發出以上所有呼叫，而不需要自己直接操作 MySQL 命令列介面。這意味著，你可以把結果放在陣列裡面進行處理，並執行多次查詢，其中的每一次查詢都使用前一次的查詢回傳的結果，來找出你需要的資料項目。

你之後會看到，MySQL 有一些強大的內建函式可讓你高效地執行常見的 MySQL 操作，讓你免於使用 PHP 來多次呼叫 MySQL。

使用 JavaScript

JavaScript 的目的是為了讓你使用腳本來操作 HTML 文件的所有元素；換句話說，它可以讓使用者進行動態的互動，例如在輸入表單中檢查 email 地址是否有效，以及顯示諸如「你的意思真的是那樣嗎？」的提示（但不能用它來做安全維護，這項工作通常要在網頁伺服器上進行）。

網頁顯示動態變化的做法是讓 JavaScript 與 CSS（見後續章節）在幕後運作，而不是用伺服器回傳新網頁。

然後，由於不同的瀏覽器可能用不同的方式來實作 JavaScript，所以 JavaScript 使用起來可能有點麻煩。主要的原因是，有些製造商試圖在瀏覽器中加入一些功能，因而降低了與競爭對手之間的相容性。

值得慶幸的是，現在大部分的開發人員都已經了解他們必須彼此完全相容了，所以現在你應該不需要為各式各樣的瀏覽器優化你的程式碼。然而，目前仍有數百萬用戶使用舊瀏覽器，這種情況可能還會持續多年。幸運的是，有一些方法可以解決不相容問題，本書稍後介紹的一些程式庫與技術可以讓你安全地忽略這些差異。

現在，我們來看如何使用基本的 JavaScript，所有瀏覽器都接受它：

```
<script type="text/javascript">
  document.write("Today is " + Date() );
</script>
```

這段程式要求瀏覽器將 <script> 標籤裡面的東西都當成 JavaScript 來解譯，瀏覽器會將文字 Today is 與日期（用 JavaScript 函式 Date 取得的）寫至目前的文件。其結果如下：

Today is Wed Jan 01 2025 01:23:45

 除非你需要明確指定 JavaScript 版本，否則通常可以省略 type="text/javascript"，只要使用 <script> 來開始解譯 JavaScript 即可。

如前所述，JavaScript 最初的目的是為了動態控制 HTML 文件裡面的各種元素，這也是它目前主要的用途。但是越來越多人用 JavaScript 來做非同步通訊，也就是在幕後與伺服器進行通訊的程序。

非同步通訊可將網頁變成類似獨立的程式，因為網頁不需要為了顯示新的內容而執行重新載入，只要用一個非同步呼叫，就可以拉出並更新網頁的一個元素，例如改變社交網站上的照片，或是將你按下的按鈕換成問題的答案。第 18 章會完整地討論這個主題。

在 jQuery 簡介裡，我們會說明 jQuery 框架，當你需要使用快速、跨瀏覽器的程式碼來操作網頁時，可以用它來節省重造車輪的時間。當然，現在也有其他的框架可供使用，所以我們也會在第 24 章介紹 React，它是現今最流行的選項之一。兩者都非常可靠，是許多經驗豐富的網路開發者的主要工具。

使用 CSS

CSS 是 HTML 的重要夥伴，可確保 HTML 文字與內嵌的圖像有一致的版面，並且適合在使用者的螢幕上顯示。隨著 CSS3 標準在最近幾年的問世，現在的 CSS 可以提供一些過往只能用 JavaScript 來產生的動態互動功能。例如，你不但可以裝飾任何一種 HTML 元素，改變它的尺寸、顏色、邊框、間距……等，現在只要用幾行 CSS 就可以在網頁中加入動態的轉變效果。

若要使用 CSS，你只要在網頁標頭的 **<style>** 與 **</style>** 標籤之間插入一些規則即可，例如：

```
<style>
  p {
    text-align:justify;
    font-family:Helvetica;
  }
</style>
```

這些規則會改變 **<p>** 標籤的預設文字對齊方式，讓它裡面的段落完全對齊並使用 Helvetica 字型。

第 19 章會教你用許多方式來編排 CSS 規則，你也可以直接把它們放入標籤裡面，或是將一組規則放在外部檔案內，以後再分別載入。這些靈活的做法不但可以讓你精確地設計 HTML，也可以（例如）提供內建的暫留（hover）功能，在滑鼠經過物件時產生動畫效果。你也會學到如何從 JavaScript 與 HTML 存取元素的所有 CSS 屬性。

此外也有 HTML5

雖然網頁標準已經具備許多實用的功能了，但它們仍然無法滿足雄心勃勃的開發人員。例如，目前你必須藉助 Flash 等外掛程式才能輕鬆地操作瀏覽器中的圖形。在網頁中插入音訊與視訊也一樣。此外，在 HTML 的發展過程中，也有一些麻煩的不一致性。

為了解決這些問題，並且讓 Internet 進步到 Web 2.0，進入它的下一個週期，有一種新的 HTML 標準被建立出來，以處理這些缺點：*HTML5*。HTML5 早在 2004 年就開始開發了，當時它的第一份草案是 Mozilla Foundation 與 Opera Software（兩種熱門瀏覽器的開發者）擬定的。但是一直到 2013 年初，在最終的草案被送到 World Wide Web Consortium（W3C，網頁標準的國際理事機構）之後，它才正式起步。

HTML5 花了好幾年的時間開發，但是現在我們有非常穩健的 5.1 版（2016 年起）。不過它的研發週期是永無止盡的，隨著時間的過去，一定會有更多功能被加入，第 5.2 版（打算淘汰外掛系統）在 2017 年發表，它是 W3C 推薦版本，HTML 5.3（具有自動首字母大寫等建議功能）在 2020 年仍然在規劃中。HTML5 有一些處理與顯示媒體的優秀功能，包括 <audio>、<video> 與 <canvas> 元素，分別可加入音訊、視訊與進階圖片。第 25 章會詳細介紹它們與 HTML 5 的其他層面。

 HTML5 規格有一個我很喜歡的小地方：XHTML 語法再也不需要 self-closing 元素了。在之前，你可以使用
 元素來顯示一個分行符號。之後，為了確保未來與 XHTML（原本打算取代 HTML，卻從未實現的一種語言）相容，它被改為
，加入結尾的字元 /（因為所有元素都應該有一個包含這個字元的結束標籤）。但是現在事情圓滿解決了，你可以使用這個元素的任何一種版本。因此，為了保持簡潔並減少打字數量，本書採用之前的風格，使用
、<hr> 等樣式。

Apache 網頁伺服器

除了 PHP、MySQL、JavaScript、CSS 及 HTML5，動態網頁還有第六位英雄：網頁伺服器。在本書中，它是 Apache 網頁伺服器。我們已經在 HTTP 伺服器 / 用戶端的交換程序中稍微討論網頁伺服器的功能了，其實它在幕後做的事情還有很多。

例如，Apache 並非只傳送 HTML 檔，它也處理許多檔案，包括圖像、Flash 檔、MP3 音訊檔、RSS（Really Simple Syndication，真正簡易新聞訂閱方式）來源⋯⋯等。但是這些物件不一定是 GIF 圖像那種靜態檔案，它們也可能是 PHP 腳本等程式產生的。沒錯：PHP 甚至可以創造圖像及其他檔案，無論是即時創造，還是先做好再傳遞。

為此，你通常要先將模組編譯到 Apache 或 PHP 裡面，或是在執行期呼叫它們，GD（Graphics Draw）程式庫是其中一種模組，PHP 可用它來創造及處理圖形。

Apache 也支援大量的自有模組。除了 PHP 模組之外，對身為網頁程式設計師的你來說，最重要的模組是處理安全的模組。其他的模組包括 Rewrite 模組，它可以讓網頁伺服器處理各種 URL 類型，並根據內部的需求將它們重寫，以及 Proxy 模組，它可以讓你從快取將經常被請求的網頁送出，以減緩伺服器的負擔。

在本書稍後，你會看到如何使用以上的一些模組來加強三種核心技術的功能。

處理行動設備

我們已經深陷一個以行動設備來互相連接的世界，只為桌機開發網站的想法已經變得相當落伍了。現在的開發者都想開發可以根據所處環境修正行為的響應式網站與 web app。

所以，在這個版本的新內容中，我要告訴你如何輕鬆地使用本書介紹的技術來創造這類的產品，以及提供響應式 JavaScript 功能的 jQuery Mobile 程式庫。學會它們之後，你就可以把焦點放在網站與 web app 的內容與易用性上，因為它們可以根據各種類型的設備自動優化畫面，幫你免除一項煩惱。

為了展示如何完全掌握這項能力，本書的最後一章會建立一個簡單的社交網站範例，它使用 jQuery 來產生完整的響應功能，確保它可在任何設備上（包括手機螢幕、平板與桌機）顯示合適的畫面。雖然我們也可以使用 React（或其他的 JavaScript 程式庫或框架），但是當你看完這本書之後，也許可以將使用它們當成一個給自己的練習。

關於開放原始碼

本書討論的技術都是開放原始碼的，任何人都可以閱讀與修改程式。人們經常爭論開放原始碼是不是讓這些技術如此流行的原因，但無論如何，PHP、MySQL 與 Apache 都是在它們各自的領域中最常見的工具。我們可以肯定地說，開放原始碼意味著那些技術是社群的程式團隊根據他們自己的需求開發出來的，而且提供原始的程式碼，讓所有人都可以閱讀與修改，所以 bug 會被快速發現，而且安全漏洞會在問題發生之前被解決。

此外，開放原始碼還有一項優點：這些程式都是免費使用的。如果你想要擴充網站並增加伺服器，不用擔心要不要購買額外的授權。當你想要將這種產品升級成最新版本時，也不需要計算預算還有多少。

整合

PHP、MySQL、JavaScript（有時會藉助 React 或其他的框架）、CSS 及 HTML5 是製作動態網頁內容的絕佳組合：PHP 可在網頁伺服器處理所有主要工作，MySQL 可管理所有資料，而 CSS 與 JavaScript 的組合可處理網頁的外觀。當 JavaScript 需要更新某些東西時（無論是在伺服器或網頁上），它也可以與網頁伺服器上的 PHP 程式溝通。同時，因為 HTML5 強大的新功能，例如 canvas、音訊與視訊以及地理定位，你可以讓網頁產生高度的動態、互動性與多媒體效果。

我們來總結本章的內容，在不展示程式碼的情況下，介紹如何結合這些技術來產生常見的非同步通訊功能：當使用者註冊新帳號時，檢查他輸入的帳號是不是被網站的其他人建立了。Gmail 是這種功能的例子（見圖 1-3）。

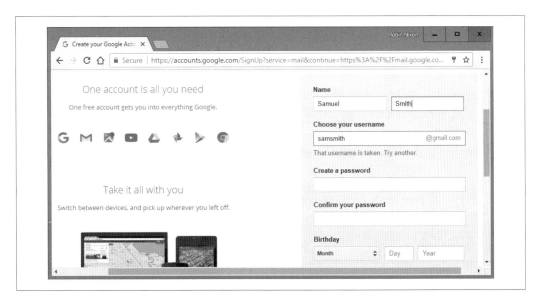

圖 1-3 Gmail 使用非同步通訊來檢查帳號是否可用

這個非同步程序的步驟類似這樣：

1. 伺服器輸出 HTML 來建構網頁表單，索取必要的資料，例如帳號、姓、名，和 email 地址。

2. 同時，伺服器會在 HTML 附加一些 JavaScript 來監視帳號輸入欄位並檢查兩件事：（a）使用者是否在裡面輸入文字，及（b）使用者是否按下其他的輸入方塊而選取輸入欄位之外的欄位。

3. 當使用者輸入文字，而且該欄位不再被選取時，JavaScript 碼在私底下將已輸入的帳號回傳給伺服器的 PHP 腳本，並等候回應。

4. 網頁伺服器查看帳號，將該帳號是否已被使用的結果回傳給 JavaScript。

5. JavaScript 在帳號輸入方塊旁邊顯示文字，讓使用者知道帳號是否可用 —— 也許是用綠色的打勾記號或紅色的打叉圖案，並且附上一些文字。

6. 如果該帳號無法使用，但使用者仍然將表單送出去，JavaScript 會中斷提交動作，並再次強調（也許使用比較大張的圖片及／或警示方塊）使用者必須選擇其他的帳號。

7. 這個程序的進階版本甚至可以根據使用者提供的帳號來建議目前可用的其他選項（選擇性的功能）。

這些步驟都在幕後快速地執行，產生舒適且無縫的使用者體驗。如果不使用非同步通訊，瀏覽器就必須將整個表單送給伺服器，再由伺服器回傳 HTML，並標出所有的錯誤，雖然這種做法也無不可，但是它遠不如即時處理表單欄位那樣明快且舒適。

非同步通訊並非只能處理簡單的輸入驗證與處理，本書稍後會介紹更多可以用它來處理的事情。

本章詳細介紹了 PHP、MySQL、JavaScript、CSS 與 HTML5（及 Apache），並且說明它們如何互相合作。第 2 章會帶著你安裝網頁開發伺服器，讓你可在上面做練習。

問題

1. 建構完全動態的網頁必備的元件（至少）有哪四個？

2. *HTML* 是什麼意思？

3. 為什麼在 *MySQL* 這個名稱裡面有 *SQL* 這三個字母？

4. PHP 與 JavaScript 都是在網頁產生動態結果的程式語言，它們的主要差異為何？為什麼要同時使用兩者？

5. *CSS* 是什麼意思？

6. 列出 HTML5 加入的三個主要新元素。

7. 如果你在開放原始碼工具中遇到 bug（這很罕見），如何修正它？

8. 為什麼 jQuery 或 React 這類的框架對現代網站與 web app 的開發非常重要？

解答請參考第 763 頁，附錄 A 的「第 1 章解答」。

第 2 章

設定開發伺服器

如果你想要開發 Internet 應用程式卻沒有自己的開發伺服器，你就要在每次修改程式之後，將它們上傳到別處的伺服器才可以進行測試。

即使你的網路具備快速的頻寬，這種做法也會大大降低開發的速度。但是在本機電腦上開發時，你只要儲存修改（通常只要按下一個按鈕），並按下瀏覽器的重新整理按鈕，就可以輕鬆地進行測試。

使用開發伺服器的另一個優點是：當你編寫和測試程式時，不用擔心別人會在公開的網站看到你的程式，或對它動手動腳，導致發生令人尷尬的錯誤或安全問題。強烈建議你還在使用家用或小型辦公室系統時就搞定一切，並且用防火牆與其他的安全措施來保護它。

當你擁有自己的開發伺服器之後，你會開始納悶，為什麼不早點使用它？更何況它設定起來非常容易。你只要跟隨接下來幾節的步驟，在 PC、Mac 或 Linux 系統上使用適當的指令就可以設定開發伺服器了。

如第 1 章所述，本章只討論伺服器端的 web 體驗。但是為了測試結果（特別是在本書稍後，當你開始使用 JavaScript、CSS 及 HTML5 的時候）你也要在慣用的系統上安裝每一種主流瀏覽器。可以的話，你要安裝的瀏覽器至少包括 Microsoft Edge、Mozilla Firefox、Opera、Safari 與 Google Chrome。如果你打算發表產品，你可能要安裝以上所有的瀏覽器，這只是為了確保一切都可以在所有的瀏覽器和平台上正確運行。如果你想要確保網站在行動設備上也有良好的畫面，你也要試著取得各種 iOS 與 Android 設備。

什麼是 WAMP、MAMP 或 LAMP ？

WAMP、MAMP 與 LAMP 分別是「Windows, Apache, MySQL, and PHP」、「Mac, Apache, MySQL, and PHP」，以及「Linux, Apache, MySQL, and PHP」的縮寫。這些縮寫都代表開發動態 internet 網頁的完整工具組。

WAMP、MAMP 與 LAMP 是將許多程式打包起來的套件，可讓你不需要個別安裝及設定它們。也就是說，你只要直接下載並安裝一個程式，並且跟隨簡單的提示，即可啟動並快速運行網頁開發伺服器。

它們會在安裝期間為你做一些預設的設定。這種版本的安全設定不像產品級的網頁伺服器那麼嚴謹，因為它是針對本機用途來進行優化的。因此，請勿安裝它們來當成產品級伺服器來使用。

但是如果你只想要開發與測試網站和應用程式，這些安裝版本應該就完全夠用了。

如果你要建構自己的開發系統，而不走 WAMP/MAMP/LAMP 這條路，你要知道，自行下載和安裝各個元素非常浪費時間，你可能還要搜尋很多東西，才可以完整地設定所有的工具。但是，如果你已經安裝所有的元件並且加以整合，你的系統應該可以執行本書的範例。

在 Windows 安裝 AMPPS

現在有許多 WAMP 伺服器可用，它們分別提供稍微不同的組態設置。AMPPS 應該是在開放原始碼且免費的選項中，最好的一種。你可以按下它的首頁（*http://ampps.com*）上面的按鈕來下載它，如圖 2-1 所示。（它也有 Mac 和 Linux 版本可用，見第 26 頁的「在 macOS 安裝 AMPPS」，以及在第 28 頁的「在 Linux 安裝 LAMP」。）

最近 Chrome 不允許從混合來源下載（例如從 https:// 下載 http:// 檔案）。其他的瀏覽器應該也會採取這種安全作法。目前 AMPPS 網站使用混合來源，所以你可能會遇到這個問題。解決的辦法是在 Chrome（或其他瀏覽器）提示「*AMPPS can't be downloaded securely*」時，不要選擇 *DISCARD*，並使用向上箭頭來選擇 *Keep* 選項即可繼續下載。此外，如果你按下下載連結時，網頁好像沒有任何動作，你就要在它上面按下滑鼠右鍵，並選擇 *Save As* 來下載。

建議你保持下載最新的穩定版本（當我行文至此時，它是 3.9，大約是 114 MB）。下載網頁也列出了 Windows、macOS 與 Linux 的各種安裝程式。

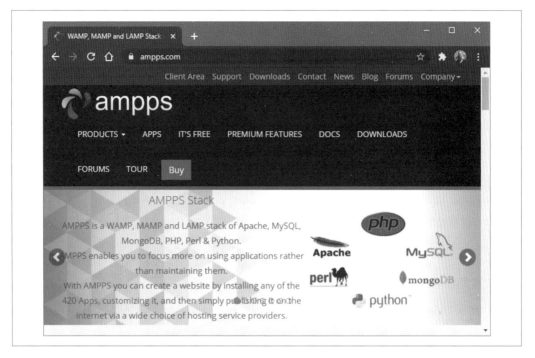

圖 2-1 AMPPS 網站

接下來的畫面與選項可能會在版本的演變過程中改變。若是如此，請運用你的常識，儘可能地採取和本書的內容類似的動作。

下載安裝程式之後，執行它會出現圖 2-2 的視窗。但是在出現這個視窗之前，如果你正在使用防毒軟體，或是在 Windows 中啟用「使用者帳戶控制」，你可能會先看到一個或多個建議提示，請按下 Yes 及 / 或 OK 來繼續進行安裝。

按下 Next 之後，接受授權協議。再次按下 Next，然後再次按下 Next 來跳過資訊畫面，接下來要指定安裝位置。安裝程式可能會建議下列的選項，具體的內容依你的主硬碟的字母代號而定，你也可以修改它：

```
C:\Program Files (x86)\Ampps
```

圖 2-2 安裝程式的開始畫面

接著，接受下一個畫面的條款，並按下 Next，然後閱讀資訊摘要，再次按下 Next，安裝程式會問你要將 AMPPS 安裝在哪一個目錄裡面。

決定在哪裡安裝 AMPPS 後，按下 Next，決定要將捷徑存放在哪裡（通常使用預設的位置即可），再次按下 Next 來選擇你要安裝哪些圖示，如圖 2-3 所示。在接下來的畫面，按下 Install 按鈕來開始安裝程序。

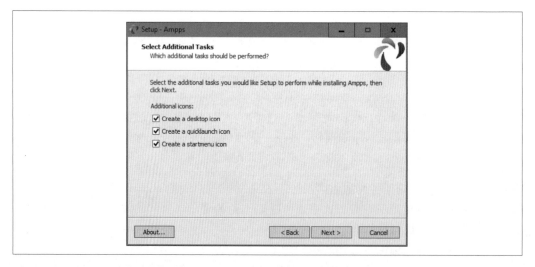

圖 2-3 選擇想要安裝的圖示

安裝過程可能需要好幾分鐘，之後你會看到圖 2-4 的完成畫面，此時按下 Finish。

圖 2-4 AMPPS 安裝完成

你的最後一項工作是安裝 Microsoft Visual C++ Redistributable，如果你還沒有安裝它的話。你會看到圖 2-5 的彈出視窗。按下 Yes 即可開始安裝，或者，如果你已經安裝它了，按下 No。你也可以無論如何繼續執行，它會告訴你是否不需要重新安裝。

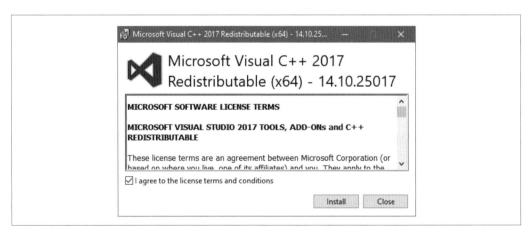

圖 2-5 安裝 Visual C++ Redistributable，如果你還沒有安裝它的話

如果你選擇繼續安裝，你要在彈出視窗中同意使用條款，再按下 Install。這個安裝程序應該很快。最後按下 Close 來完成工作。

安裝 AMPPS 之後，你會在桌面的右下角看到圖 2-6 的控制視窗。你也可以在「開始」功能表或桌面使用 AMPPS 應用程式捷徑來叫出這個視窗（如果你曾經建立這些圖示的話）。

在繼續工作之前，如果你有任何其他問題，建議你閱讀一下 AMPPS 文件（*http://ampps.com/wiki*），沒問題的話，你就可以繼續前進了 —— 在控制視窗的最下面有一個 Support 連結，它可以帶你到 AMPPS 網站，需要的話，你可以在那裡提出問題單。

圖 2-6 AMPPS 控制視窗

 你可以看到 AMPPS 的 PHP 預設版本是 7.3。如果你想要嘗試 5.6 版，你可以在 AMPPS 控制視窗中按下 Options 按鈕（九個小方塊組成的方塊），選擇 Change PHP Version，在新選單選擇 5.6 與 7.3 之間的版本。

測試安裝結果

此時，我們的第一項工作是確定一切都可以正確地運作。為此，在瀏覽器網址列中輸入下列兩個 URL 之一：

```
localhost
127.0.0.1
```

你會看到一個介紹畫面，你可以在裡面提供密碼來保護 AMPPS（圖 2-7）。建議你不要將確認方塊打勾，只要按下 Submit 按鈕繼續進行即可，不必設定密碼。

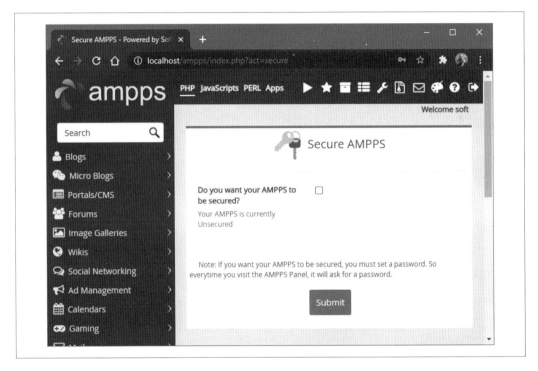

圖 2-7 初始安全設定畫面

完成之後，你會前往位於 *localhost/ampps/* 的主控制網頁（接下來，假設你是用 *localhost* 來進入 AMPPS 的，而不是 *127.0.0.1*）。從這裡開始，你可以設置與控制 AMPPS 的各個層面，所以你要做一下記錄，以備未來參考，你也可以設定瀏覽器書籤。

接下來輸入下列的指令來查看你的新 Apache web 伺服器的主目錄（下一節說明）：

```
localhost
```

這一次你會看到類似圖 2-8 的畫面，而不是讓你設定安全功能的初始畫面。

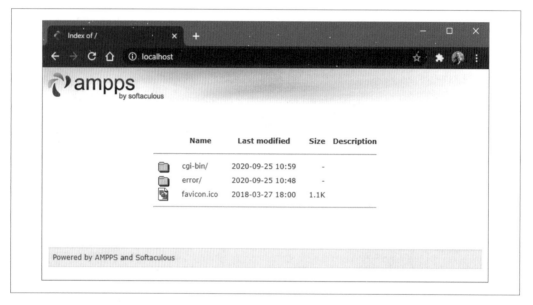

圖 2-8　查看主目錄

存取主目錄（Windows）

主目錄是存放網域的主要網頁文件的目錄。當使用者在瀏覽器中輸入不包含路徑的基本 URL（例如 *http://yahoo.com*，或是你的本機伺服器的基本 URL *http://localhost*）時，伺服器就會使用這個目錄。

在預設情況下，AMPPS 會將這個地方當成主目錄：

```
C:\Program Files\Ampps\www
```

為了確保你正確地設定了所有東西，讓我們依照慣例，建立一個必備的「Hello World」檔案。請使用 Windows Notepad 來製作一個小型的 HTML 檔案，在裡面加入下列幾行程式（或在 Windows 使用 *Notepad++*，或在 Mac 使用 *Atom*，或你的其他選項，但不能使用 Microsoft Word 這種豐富文字處理程式）：

```
<!DOCTYPE html>
<html lang="en">
  <head>
    <title>A quick test</title>
  </head>
  <body>
    Hello World!
  </body>
</html>
```

輸入以上內容之後，將檔案命名為 *test.html*，並將它存放在主目錄。如果你使用 Notepad 的話，請將「存檔類型」方塊由「文字文件 (*.txt)」改為「所有檔案 (*.*)」。

現在你可以在瀏覽器的網址列輸入下列的 URL 來叫出這個網頁（見圖 2-9）：

```
localhost/test.html
```

圖 2-9　你的第一個網頁

切記，「提供主目錄（或子目錄）裡面的網頁」與「將電腦的檔案系統內的網頁載入瀏覽器」是不一樣的事情。前者一定會使用 PHP、MySQL 與網頁伺服器的所有功能，後者只會將檔案載入瀏覽器，雖然瀏覽器會盡其所能地顯示它，但無法處理任何 PHP 或其他伺服器指令。所以，通常你要在瀏覽器的網址列使用 *localhost* 開頭來執行範例，除非你確定檔案不會用到網頁伺服器的功能。

其他的 WAMP

有時，當你更新軟體之後，它的運作方式會和你預期的不一樣，甚至會產生 bug。所以如果你在 AMPPS 中遇到無法解決的問題，也許你想要選擇網路上的其他解決方案，你仍然可以使用本書的範例，但你必須使用各個 WAMP 提供的指令，它們用起來或許不像之前的說明那麼簡單。

我認為最佳的選擇包括：

- EasyPHP（*http://easyphp.org*）

- XAMPP（*http://apachefriends.org*）

- WAMPServer（*http://wampserver.com/en*）

 在本書的這個版本上市的期間，AMPPS 的開發者極可能會改善這個軟體，因此安裝畫面與方法可能會隨著時間而有所不同，Apache、PHP 或 MySQL 的版本也是如此。所以，如果你看到的畫面與操作方式不同，不要認為出錯了。AMPPS 開發者會小心地確保它的易用性，所以你只要按照指示來操作，並參考網站上的文件即可（*http://ampps.com*）。

在 macOS 安裝 AMPPS

AMPPS 也可以在 macOS 上使用，你也可以從網站下載它（*http://ampps.com*），之前的圖 2-1 已經展示過這個網站了（當我行文至此時，它的版本是 3.0，大約有 270 MB）。

如果你的瀏覽器在下載它之後沒有自動打開它，你可以按兩下 *.dmg* 檔案，再將 *AMPPS* 目錄拉到你的 *Applications* 目錄裡面（見圖 2-10）。

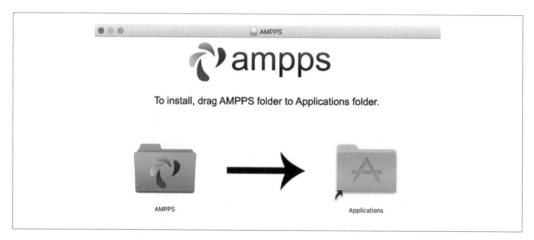

圖 2-10 將 AMPPS 目錄拉入 Applications

接著用一般的方式打開你的 *Applications* 目錄，再按兩下 AMPPS 程式。如果你的安全設定阻止這個檔案被開啟，請按住 Control 鍵並按一下圖示，畫面會彈出一個新視窗，問你是否真的要打開它，按下 Open 來打開。當 app 啟動時，你可能必須輸入你的 macOS 密碼才能繼續進行。

當 AMPPS 開始運行之後，你的桌面的左下角會出現類似圖 2-6 的控制視窗。

 你可以看到 AMPPS 的 PHP 預設版本是 7.3。如果你想要嘗試 5.6 版，你可以在 AMPPS 控制視窗中按下 Options 按鈕（九個小方塊組成的方塊），選擇 Change PHP Version，在新選單選擇 5.6 與 7.3 之間的版本。

存取主目錄（macOS）

在預設情況下，AMPPS 會將這個地方當成主目錄：

```
/Applications/Ampps/www
```

為了確保你正確地設定了所有東西，讓我們依照慣例，建立一個必備的「Hello World」檔案。請使用 TextEdit 或其他的程式或文字編輯器來建立一個小型的 HTML 檔案並加入下列的幾行程式，但請不要使用 Microsoft Word 等豐富文字處理器：

```
<!DOCTYPE html>
<html lang="en">
  <head>
    <title>A quick test</title>
  </head>
  <body>
    Hello World!
  </body>
</html>
```

輸入以上內容之後，將檔案命名為 *test.html*，並將它存放在主目錄。

現在你可以在瀏覽器的網址列輸入下列的 URL 來叫出這個網頁（見圖 2-9）：

```
localhost/test.html
```

切記，「提供主目錄（或子目錄）裡面的網頁」與「將電腦的檔案系統內的網頁載入瀏覽器」是不一樣的事情。前者一定會使用 PHP、MySQL 與網頁伺服器的所有功能，後者只會將檔案載入瀏覽器，雖然瀏覽器會盡其所能地顯示它，但無法處理任何 PHP 或其他伺服器指令。所以，通常你要在瀏覽器的網址列使用 *localhost* 開頭來執行範例，除非你確定檔案不會用到網頁伺服器的功能。

在 Linux 安裝 LAMP

本書的主要對象是 PC 與 Mac 的使用者，但其內容也適用於 Linux 電腦。然而，Linux 有幾十種版本，每一種版本都要使用稍微不同的方式來安裝 LAMP，因此我無法在書中介紹它們全部。不過，有一個 AMPPS 版本可在 Linux 上使用，它應該是你最簡單的一條路。

話雖如此，很多 Linux 版本都已經預先安裝網頁伺服器與 MySQL 了，所以你很有可能已經可以直接使用它們了。為了確認，你可以在瀏覽器中輸入下列網址，看看是否出現預設的主目錄網頁：

```
localhost
```

成功的話，你應該已經安裝了 Apache 伺服器，也已經安裝並運行 MySQL 了，你可以檢查系統管理員來確定這一點。

但是，如果你的電腦尚未安裝網頁伺服器，網站有一個 AMPPS 版本（*http://apachefriends.org*）可讓你下載來使用。

它的安裝過程與前面的小節介紹的類似。如果你需要進一步的軟體使用說明，請參考文件。

在遠端工作

如果你可以造訪已經設置了 PHP 與 MySQL 的網頁伺服器，你當然可以用它來做網頁開發。但是除非你的連結速度很快，否則這絕對不是最好的做法。如果你在本機上進行開發，那麼在你進行測試時，你只會遇到些微的上傳延遲，或完全不會遇到。

存取遠端的 MySQL 可能也不是容易的事情。你要使用 SSH 安全協定來登入伺服器，並且在命令列手動建立資料庫與設定權限。你的網站託管公司會告訴你如何做這件事，並提供預設的 MySQL 操作密碼（當然，還有進入伺服器的密碼）。建議你絕對不要使用不安全的 Telnet 協定來登入遠端的任何伺服器。

登入

我建議 Winodws 使用者至少要安裝 PuTTY 這類的程式（*http://putty.org*）來操作 SSH（別忘了，SSH 遠比 Telnet 安全）。

Mac 已經內建 SSH 了。你只要選擇 *Applications* 目錄，再選擇 *Utilities*，接著啟動終端機。在終端機視窗中，使用以下的 SSH 來登入伺服器：

    ssh *mylogin@server.com*

其中的 *server.com* 是你想要登入的伺服器名稱，*mylogin* 是你的登入帳號。接著你會看到一個畫面要求你輸入該帳號的密碼，正確輸入即可登入。

使用 SFTP 或 FTPS

如果你要將檔案傳至 web 伺服器，或是從 web 伺服器傳出檔案，你通常要使用 FTP、SFTP 或 FTPS 程式。雖然 FTP 不是安全協定，但人們通常將上傳與下載檔案的軟體稱為 FTP。為了確保你的 web 伺服器有適當的安全性，你要使用 FTPS 或 SFTP。如果你自己在網路上搜尋優秀的用戶端，你可能要花很多時間才能在眾多選項中找到具備你想要的所有功能的對象。

不要使用 *FTP*

FTP 既不安全，也不應該使用。若要傳輸檔案，現在有比 FTP 安全許多的方法，例如使用 Git 或類似的技術。此外，越來越多人開始使用基於 SSH 的 SFTP（安全檔案傳輸協定）與 SCP（安全複製協定）。但是，優秀的 FTP 程式也會支援 SFTP 與 FTPS（FTPSSL）。通常這意味著，你所使用的檔案傳輸工具取決於你的公司的政策，但是對個人而言，FileZilla（接下來討論）可提供你需要的絕大多數（或全部）功能與安全性。

我喜歡的 FTP/SFTP 程式是開放原始碼的 FileZilla（*http://filezilla-project.org*），它可在 Windows、Linux 與 macOS 10.5 以上的版本運行（見圖 2-11）。wiki 有完整的 FileZilla 使用說明（*http://wiki.filezilla-project.org*）。

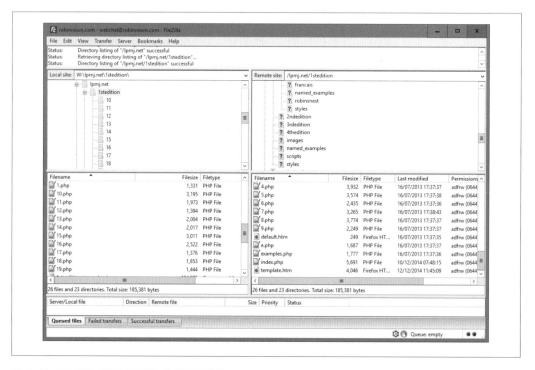

圖 2-11 FileZilla 是功能齊全的 FTP 程式

當然，如果你已經在使用某種 FTP 程式了，使用習慣的工具就好了。

使用程式碼編輯器

雖然純文字編輯器也可以用來編輯 HTML、PHP 及 JavaScript，但專用的程式碼編輯器已有大幅度的改善，提供非常方便的功能，例如使用顏色來突顯語法。現代的程式編輯器很聰明，可以在執行程式前就告訴你哪邊有語法錯誤。用了現代的編輯器之後，你一定會後悔何不早點使用它們。

目前有好幾個不錯的程式，但我選擇微軟的 Visual Studio Code（VSC），因為它有強大的功能、可在所有的 Windows、Mac 與 Linux 上運行，而且是免費的（見圖 2-12）。但是每個人都有不同的程式編寫風格與喜好，所以如果你不想使用它，目前也有許多程式編輯器可供你選擇，也許你也可以直接使用整合式開發環境（IDE），這正是下一節的主題。

圖 2-12　程式編輯器（例如 Visual Studio Code）比純文字編輯器好多了

如圖 2-12 所示，VSC 能夠正確地突顯語法，用顏色來協助你了解目前的情況。此外，你也可以把游標移到括弧的旁邊，它會顯示配對的括弧，讓你知道你用了較多或較少的括弧。事實上，VSC 還有很多其他的功能，當你使用它時，你就會發現這些功能，並且愛上它們。你可以從 *code.visualstudio.com* 下載它。

再次重申，如果你已經有喜歡的程式編輯器，那就繼續使用它，使用熟悉的程式一定是最好的選擇。

使用 IDE

儘管專用的程式編輯器可以提高程式設計效率，但是與整合式開發環境相比，它們的功能就顯得小巫見大巫了。IDE 提供許多額外的功能，例如在編輯器內進行偵錯、測試程式，以及函式說明……等，但最近有些功能也慢慢地出現在一些程式編輯器中了，例如之前推薦的 VSC。圖 2-13 是流行的 Eclipse IDE，它的主畫面有一些 HTML（它也可以讓你編寫 PHP、JavaScript 與其他檔案類型）。

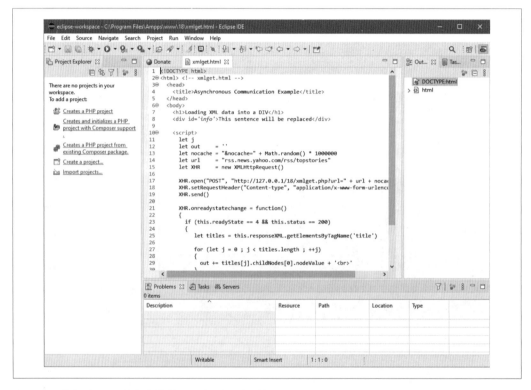

圖 2-13　使用 IDE 可讓你更快速且更輕鬆地進行程式開發

當你使用 IDE 來開發時，你可以設定中斷點，然後執行所有（或部分）的程式碼，程式的執行會在中斷點停止，並提供當前的狀態資訊。

在進行程式設計時，你可以將本書的範例輸入 IDE 並在裡面執行，不必叫出網頁瀏覽器。目前各種平台都有幾種 IDE 可用。表 2-1 是一些最流行的免費 PHP IDE，以及它們的下載 URL。

表 2-1　一些免費的 IDE

IDE	下載 URL	Windows	macOS	Linux
Eclipse PDT	eclipse.org/downloads/packages (*https://tinyurl.com/geteclipseide*)	✓	✓	✓
NetBeans	*www.netbeans.org*	✓	✓	✓
Visual Studio	*code.visualstudio.com* (*https://code.visualstudio.com*)	✓	✓	✓

IDE 的選擇與個人的喜好有關，如果你想要使用這種工具，建議你先下載多種 IDE 來試用，它們都有試用或免費版本，所以不會花你的錢。

投入一些時間來安裝一種順手的程式編輯器或 IDE 之後，你就可以開始執行後續章節的範例了。

有了這些工具之後，你就可以進入第 3 章了，我們將在這一章更深入探討 PHP，並說明如何讓 HTML 與 PHP 合作，以及 PHP 語言本身的結構。但是在繼續閱讀之前，建議你先用以下的問題來測試你學到的新知識。

問題

1. WAMP、MAMP 與 LAMP 之間有什麼差異？

2. IP 位址 127.0.0.1 與 URL *http://localhost* 有什麼共同之處？

3. FTP 程式的用途為何？

4. 舉出使用遠端網頁伺服器來工作的主要缺點。

5. 為什麼使用程式編輯器比使用純文字編輯器更好？

解答請參考第 764 頁，附錄 A 的「第 2 章解答」。

第 3 章

PHP 簡介

第 1 章說過，PHP 是可讓伺服器產生動態輸出的語言，動態輸出的意思是：瀏覽器請求一個網頁之後得到的輸出可能每次都不一樣。本章會開始教你這一種簡單卻強大的語言，這個主題會延續到第 7 章。

建議你使用第 2 章列出的 IDE 或好用的程式編輯器來開發 PHP 程式，許多這類的程式都可以執行本章的 PHP 程式碼，並顯示它們的輸出。我也會告訴你如何將 PHP 嵌入 HTML 檔，在網頁上（也就是你的使用者最終看到的畫面）顯示輸出。然而，雖然這個步驟聽起來令人興奮，但它在目前的階段其實不重要。

在生產環境中，你的網頁需要結合 PHP、HTML、JavaScript 與 MySQL 陳述式的組合，並使用 CSS 來排版，此外，每一個網頁都可以連接其他的網頁，來讓使用者可以按下連結與填寫表單。不過，我們可以在學習各種語言時避免所有複雜的事情。現在你只要把注意力放在編寫 PHP 碼上，並確保你得到正確的輸出即可 —— 或者，至少了解你會得到怎樣的輸出！

在 HTML 裡面使用 PHP

在預設情況下，PHP 文件使用 *.php* 副檔名。當網頁伺服器在對方請求的檔案中發現這種副檔名時，它會自動將該檔案傳給 PHP 處理程式。當然，網頁伺服器是高度可設置的，有些 web 開發者也會讓 PHP 處理程式處理副檔名為 *.htm* 或 *.html* 的檔案，其動機通常是為了不讓別人知道他們正在使用 PHP。

PHP 程式的任務是回傳一個適合在瀏覽器中顯示的簡潔檔案。在最簡單的情況下，PHP 文件只輸出 HTML。為了證明這一點，你可以將一般的 HTML 文件存為 PHP 文件（例如，將 *index.html* 檔存為 *index.php*），它的顯示結果與原本的結果一模一樣。

若要觸發 PHP 指令，你要使用一種新標籤，這是它的第一個部分：

```
<?php
```

首先你會發現，這個標籤沒有被結束，因為你可以將整個 PHP 段落放入這一個標籤，一直到遇到結束標籤時，它才會結束。結束標籤長這樣：

```
?>
```

範例 3-1 是一個小型的 PHP「Hello World」程式。

範例 *3-1 呼叫 PHP*

```
<?php
  echo "Hello world";
?>
```

這一個標籤的用法很有彈性。有些程式設計師習慣直接使用 PHP 指令來輸出所有的 HTML，在文件的開頭使用開始標籤，在文件的結尾結束它。但也有些程式設計師在需要編寫動態腳本時，才會用這組標籤插入小段的 PHP，在文件的其他部分使用標準的 HTML。

使用第二種寫法的程式設計師認為這種風格可產生較快的程式碼，但使用第一種的認為這種做法提升的速度有限，在單一文件中多次插入 PHP 只會增加複雜度而已。

隨著你的學習，你會找到最適合自己的 PHP 開發風格，但是為了讓你更容易了解本書的範例，我會將 PHP 與 HTML 之間的轉換次數降到最低 —— 在一個文件中，通常只有一到兩次。

順道一提，PHP 語法有一些改變，當你瀏覽 Internet 上面的 PHP 案例時，可能會看到使用這種開始與結束語法的程式：

```
<?
  echo "Hello world";
?>
```

雖然你無法明顯地看到它呼叫 PHP 解析器，但它也是有效的語法，通常可以動作。但我不建議使用這種語法，因為它與 XML 不相容，而且已被棄用了（意思就是官方已經不建議使用它了，而且未來的版本可能會移除它）。

 如果你的檔案裡面只有 PHP 程式碼，你也可以省略結束的 ?>。這是很好的寫法，因為它可以確保沒有多餘的空白從 PHP 檔案洩漏出來（whitespace leaking）（在編寫物件導向程式時，這一點特別重要）。

本書的範例

為了節省你輸入程式的時間，本書將所有範例都放在 GitHub 上，你可以將 archive 下載到你的電腦上，請至 GitHub（*https://github.com/RobinNixon/lpmj6*）。

我們按章與範例編號來列出所有的範例（例如 *example3-1.php*）。有些範例需要明確的檔名，此時我們使用該檔名，將範例的複本存放在同一個資料夾裡面（例如接下來的範例 3-4 被存為 *test1.php*）。

PHP 的結構

本節將會討論許多基本知識，這些內容並不難，但是建議你仔細地閱讀，因為它們是其餘內容的基礎。本章結尾同樣有一些實用的問題，可讓你測試所學。

註解

在 PHP 程式中添加註解的方法有兩種。第一種是在某行文字前面加上兩個斜線來將它變成註解：

```
// 這是一行註解
```

這種註解方式很適合用來暫時移除一行造成錯誤的程式碼。例如，你可以使用這種註解先將一行偵錯程式隱藏起來，以備後用：

```
// echo "X equals $x";
```

你也可以在一行程式的後面使用這種註解來解釋它的動作：

```
$x += 10; // 將 $x 遞增 10
```

當你需要多行註解時，可使用第二種註解，如範例 3-2 所示。

範例 3-2　多行註解

```php
<?php
/* 這是一段多行註解，
   它不會被解譯 */
?>
```

你幾乎可以在程式的任何地方使用 /* 與 */ 來開啟與結束註解。大部分的程式設計師都使用這一種結構來暫時移除整段用不到的程式碼，或因為某些原因不想解譯的程式碼。

　有一種常見的錯誤是使用 /* 與 */ 來移除一大段裡面已經有這些註解字元組合的段落。你不能這樣子嵌套註解字元，因為如此一來，PHP 解譯器就無法知道註解在哪裡結束，因而顯示錯誤訊息。然而，如果你的編輯器或 IDE 有語法突顯功能，你就可以輕鬆地看出這種錯誤。

基本語法

PHP 是一種源自 C 與 Perl（不知你是否用過它們）的簡單語言，但它看起來比較像 Java。它也非常靈活，但你仍然要學習一些關於語法與結構的規則。

分號

你可以在之前的範例中看到，PHP 指令是以分號來結束的，例如：

```
$x += 10;
```

忘了這個分號應該是最常見的 PHP 錯誤，這會讓 PHP 將多個陳述式視為一個陳述式，因而無法理解它們，產生 Parse error 訊息。

$ 符號

$ 符號在不同的語言中有各種不同的功能，例如，BASIC 在變數名稱的結尾使用 $ 來代表它是字串。

但是在 PHP 中，你必須將 $ 放在所有變數的前面，這是為了讓 PHP 解析器跑得更快，因為如此一來，它在遇到變數時就可以立刻認出它們。

無論你的變數是數字、字串還是陣列，它們都長得像範例 3-3 的樣子。

範例 3-3 三種不同的變數型態的賦值

```php
<?php
  $mycounter = 1;
  $mystring  = "Hello";
  $myarray   = array("One", "Two", "Three");
?>
```

你要背的語法大概只有這些了。與 Python 等嚴格要求程式縮排與排版的語言不同的是，PHP 可讓你完全自由地使用（或不使用）任何縮排與空格。事實上，我們鼓勵你適當地使用空白（和詳盡的註解），這是為了幫助你以後回來閱讀程式時瞭解它們，這種做法也可以在別的程式設計師維護你的程式碼時幫助他們。

變數

我們有一個簡單的比喻可以協助你瞭解 PHP 變數的意思。你可以將它們當成一個小的（或大的）火柴盒！沒錯！我說的是你曾經在上面畫畫和寫上名字的火柴盒。

字串變數

想像你有一個火柴盒，並在上面寫了 *username* 這個字。接著你在一張紙寫下 *Fred Smith*，並將它放入盒子（圖 3-1）。這個程序和「將變數設為一個字串值」一樣，例如：

```php
$username = "Fred Smith";
```

程式中的引號代表 "Fred Smith" 是個字元*字串*。你必須用引號或撇號（單引號）來將字串包起來，不過這兩種引號稍有不同，稍後解釋。當你想要檢查盒子裡面的東西時，你會打開它，把紙張拿出來，看它上面的字。在 PHP，這個動作就像（它會顯示變數的內容）：

```php
echo $username;
```

你也可以將它指派給其他的變數（複印紙張，並把複本放到另一個火柴盒裡面），例如：

```php
$current_user = $username;
```

圖 3-1　你可以將變數當成裡面有某些東西的火柴盒

範例 3-4　你的第一個 PHP 程式

```php
<?php // test1.php
  $username = "Fred Smith";
  echo $username;
  echo "<br>";
  $current_user = $username;
  echo $current_user;
?>
```

現在你可以在瀏覽器的網址列輸入下面的位址，來將它叫出來：

```
http://localhost/test1.php
```

 如果你在安裝網頁伺服器時（在第 2 章有詳細介紹）將伺服器的連接埠改為 80 以外的值，你就要在這個 URL 中加入那一個連接埠號碼，本書其他範例也是如此。例如，如果你將連接埠改為 8080，你就要將上述的 URL 改成：

```
http://localhost:8080/test1.php
```

接下來不會重述這件事，（在必要時）請記得在嘗試範例或編寫自己的程式時加入連接埠號碼。

執行這段程式的結果會出現兩次 *Fred Smith*，第一次是執行 echo $username 的結果，第二次是執行 echo $current_user 的結果。

數值變數

變數並非只能儲存字串，它們也可以儲存數字。回到火柴盒比喻，在變數 $count 中儲存數字 17 相當於將 17 顆珠子放入寫著 *count* 的火柴盒裡面：

```
$count = 17;
```

你也可以使用浮點數（有小數點的），語法是一樣的：

```
$count = 17.5;
```

若要讀取火柴盒的內容，你可以直接打開它並計算珠子數量。在 PHP，你可以將 $count 的值指派給其他變數，或直接將它 echo 到網頁瀏覽器上。

陣列

你可以將陣列想成黏在一起的火柴盒。假如我們要將五人制足球隊的球員名字存入一個名為 $team 的陣列中，我們可以將五個火柴盒並排黏在一起，再將所有球員的名字寫在不同的紙張上面，分別放入各個火柴盒中，然後在整組火柴盒上面寫上 *team* 這個字（見圖 3-2）。這個例子對應的 PHP 是：

```
$team = array('Bill', 'Mary', 'Mike', 'Chris', 'Anne');
```

圖 3-2 陣列就像黏在一起的火柴盒

這個語法是截至目前為止最複雜的一種。建構陣列的程式結構是：

```
array();
```

它裡面有五個字串，每一個字串都被放在單引號裡面，而且字串之間都用逗號來分隔。

若要知道第 4 位球員是誰，你可以使用這個指令：

```
echo $team[3]; // 顯示 Chris 這個名字
```

為什麼上面的陳述式裡面的數字是 3 而不是 4 ？因為 PHP 陣列的第一個元素其實是第零個元素，所以球員號碼是 0 到 4。

二維陣列

陣列還有很多用法。例如，除了將火柴盒排成一維的一排之外，你也可以將它們排成二維的矩陣，甚至更多維。

舉個二維陣列的例子，假如我們想要記錄井字遊戲，此時需要的資料結構是排成 3 × 3 正方形的九個格子。用火柴盒來表示的話，你可以想像有九個火柴盒被黏成三列乘以三行的矩陣（見圖 3-3）。

圖 3-3 以火柴盒來比喻多維陣列

現在你可以在遊戲的每一步，將一張寫著 *x* 或 *o* 的紙張放入正確的火柴盒。若要用 PHP 程式來做這件事，你必須設計一個含有三個陣列的陣列，如範例 3-5 所示。範例中的陣列已被填入遊戲進行中的資料了。

範例 3-5 定義二維陣列

```php
<?php
  $oxo = array(array('x', ' ', 'o'),
               array('o', 'o', 'x'),
               array('x', 'o', ' '));
?>
```

程式又更複雜了，但是只要你掌握基本的陣列語法，其實這些程式很容易了解。這段程式外面的 array() 結構裡面有三個 array() 結構。我們在每一列裡面放入一個只包含單一字元（*x*、*o* 或空格）的陣列。（使用空格是為了讓所有的格子看起來有相同的寬度。）

接下來，若要回傳這個陣列的第二列第三個元素，你要使用下面的 PHP 指令，它會顯示一個 x：

```php
echo $oxo[1][2];
```

> 別忘了，陣列的索引（指向陣列元素的指標）是從零開始的，不是從一開始，所以上述指令中的 [1] 代表三個陣列的第二個陣列，[2] 代表該陣列的第三個位置。這個指令會回傳從左邊算起第三個，再從上面算下來第二個火柴盒裡面的內容。

如前所述，我們可以在陣列裡面建立更多陣列來製作更多維度的陣列。但是本書不討論維度超過二的陣列。

如果你仍然不太瞭解陣列，不用擔心，第 6 章會再詳細解釋它。

變數命名規則

在建立 PHP 變數時，你必須遵守這四條規則：

- 變數名稱在錢號之後的第一個字元必須是字母系統（alphabet）的字母或 _（底線）字元。

- 變數名稱裡面只能有 a-z、A-Z、0-9，與 _（底線）。

- 變數名稱不能有空格。如果變數名稱必須使用超過一個單字，你可以用 _（底線）來
  將它們隔開（例如 $user_name）。

- 變數名稱大小寫視為相異，$High_Score 與 $high_score 是不一樣的。

 為了支援包含方言的 ASCII 擴充字元，PHP 也可以在變數名稱中使用從
127 至 255 的位元組。但是除非維護程式的設計師都認識那些字元，否
則最好避免使用它們，因為使用英文鍵盤的程式設計師很難輸入它們。

運算子

運算子可讓你指定想要執行的數學運算，例如加法、減法、乘法與除法。但是 PHP 也
有其他類型的運算子，例如字串、比較與邏輯運算子。PHP 的數學看起來很像一般的算
術，例如，下面的陳述式會輸出 8：

```
echo 6 + 2;
```

我們先花一點時間來學習 PHP 的各種運算子，再來了解 PHP 可為你做什麼事情。

算術運算子

你應該猜得到算術運算子的用途：執行算術。你可以用它們來做四則運算（加、減、
乘、除）、找出模數（除法的餘數），以及遞增或遞減一個值（見表 3-1）。

表 3-1　算術運算子

運算子	說明	範例
+	加法	$j + 1
-	減法	$j - 6
*	乘法	$j * 11
/	除法	$j / 4
%	模數（執行除法得到的餘數）	$j % 9
++	遞增	++$j
--	遞減	--$j
**	指數運算	$j**2

賦值運算子

這些運算子可將值指派給變數，它們包括非常簡單的 =，以及 +=、-= ……等（見表 3-2）。+= 運算子會將右邊的值加到左邊的變數，而不是將左邊的值完全換掉。因此，如果 $count 的初始值是 5，這個陳述式：

    $count += 1;

會將 $count 設為 6，很像你比較熟悉的賦值陳述式：

    $count = $count + 1;

/= 與 *= 運算子很像 +=，但是它們是除法和乘法。.= 運算子可串接變數，例如 $a .=「.」會在 $a 的結尾接上一個句點。%= 則是指派一個百分比值。

表 3-2 賦值運算子

運算子	範例	等效式
=	$j = 15	$j = 15
+=	$j += 5	$j = $j + 5
-=	$j -= 3	$j = $j – 3
*=	$j *= 8	$j = $j * 8
/=	$j /= 16	$j = $j / 16
.=	$j .= $k	$j = $j . $k
%=	$j %= 4	$j = $j % 4

比較運算子

比較運算子通常在 if 陳述式這類需要比較兩個項目的結構中使用。例如，你可能想要知道某個變數是否已經遞增至特定值，或變數是否已經小於預設值……等（見表 3-3）。

表 3-3 比較運算子

運算子	說明	範例
==	等於	$j == 4
!=	不等於	$j != 21
>	大於	$j > 3
<	小於	$j < 100
>=	大於或等於	$j >= 15

運算子	說明	範例
<=	小於或等於	$j <= 8
<>	不等於	$j <> 23
===	等同於	$j === "987"
!==	不等同於	$j !== "1.2e3"

留意 = 與 == 的差異。前者是賦值運算子，後者是比較運算子。有時資深的程式設計師也會在匆忙之間錯用它們，務必特別小心。

邏輯運算子

如果你從未用過邏輯運算子，它們乍看之下可能有點令人生畏，但是，其實你只要用英文的邏輯來理解它們就可以了。例如，你可能會喃喃自語：「我要在中午 12 點之後，下午 2 點之前吃午餐。」 在 PHP，它的程式類似這樣（使用 24 小時制）：

```
if ($hour > 12 && $hour < 14) dolunch();
```

在這裡，我們將實際吃午餐的程式寫在之後才會編寫的 dolunch 函式裡面。

如上述範例所示，我們通常用邏輯運算子來結合兩個比較運算子的結果。邏輯運算子也可以當成其他邏輯運算子的輸入：「在中午 12 點之後且下午 2 點之前，或是在走廊瀰漫著烤肉的味道而且桌上有盤子。」 一般來說，如果某個東西有 TRUE 或 FALSE 值，它就可以當成邏輯運算子的輸入。邏輯運算子接收兩個 true 或 false 輸入項，並產生一個 true 或 false 結果。

表 3-4 是邏輯運算子。

表 3-4 邏輯運算子

運算子	說明	範例
&&	And	$j == 3 && $k == 2
and	低優先順序的 and（且）	$j == 3 and $k == 2
||	Or	$j < 5 || $j > 10
or	低優先順序的 or（或）	$j < 5 or $j > 10
!	Not	! ($j == $k)
xor	互斥或	$j xor $k

注意，&& 通常可以和 and 互換，|| 和 or 也是如此。但是，因為 and 與 or 的優先權較低，除非它們是唯一的選項，否則你應該避免使用它們，例如下面的陳述式**必須使用 or** 運算子（|| 不能用來在第一個陳述式失敗時，強制執行第二個陳述式）：

```
$html = file_get_contents($site) or die("Cannot download from $site");
```

在這些運算子之中，最特別的是 xor，它是**互斥或**，會在其中一個值是 TRUE 時回傳 TRUE 值，但是當兩個輸入都是 TRUE，或兩個輸入都是 FALSE 時，則回傳 FALSE 值。要瞭解這種邏輯，假設你要自行調配居家用品的清潔劑，氨水（ammonia）是很棒的清潔劑，漂白劑（bleach）也是，所以你想將其中一種當成清潔劑，但是你不能同時使用兩者，因為將它們加在一起很危險，在 PHP，你可以這樣表示這種情況：

```
$ingredient = $ammonia xor $bleach;
```

在這個範例中，如果 $ammonia 或 $bleach 之一是 TRUE，$ingredient 也會被設為 TRUE。但是如果兩者都是 TRUE，或兩者都是 FALSE，$ingredient 就會被設為 FALSE。

變數賦值

將值指派給變數的語法一定是**變數 = 值**。或者，如果你要將值重新指派給其他的變數，語法是**另一個變數 = 變數**。

此外也有一些好用的賦值運算子。例如，我們已經看過的：

```
$x += 10;
```

它會要求 PHP 解析器把右邊的值（在這個例子中，是 10）加往變數 $x。我們也可以使用這種減法：

```
$y -= 10;
```

變數遞增與遞減

因為加 1 或減 1 是常見的運算，所以 PHP 特別為它們設計運算子，你可以用這種寫法來取代 += 與 -= 運算子：

```
++$x;
--$y;
```

你可以結合測試項（if 陳述式）：

```
if (++$x == 10) echo $x;
```

這會讓 PHP 先遞增 $x 的值，再測試它的值是否為 10，如果是，則輸出它的值。但是你也可以要求 PHP 先測試值之後才遞增（或者如同以下範例，遞減）變數：

```
if ($y-- == 0) echo $y;
```

它會產生稍微不同的結果。假設 $y 在這個陳述式執行之前的值是 0，這個比較式會回傳 TRUE，但是在進行比較之後，會將 $y 設為 -1。那麼，echo 陳述式會顯示什麼：0 還是 -1？先猜一下，然後在 PHP 處理程式中測試一下這個陳述式來確認答案。這種陳述式組合難以理解，是不太好的寫法，只能當成教學案例。

總之，如果運算子在變數的前面，變數會在測試之前遞增或遞減，如果運算子在變數後面，變數會在測試之後遞增或遞減。

順道一提，上述問題的正確答案是：echo 陳述式會顯示 -1，因為 $y 會在 if 陳述式使用它之後，在 echo 陳述式之前遞減。

字串串接

串接（*concatenation*）這個有點神秘的術語，其實就是將某個東西放在另一個東西後面。所以，字串串接就是使用句點（.）來將一個字串接到另一個字串後面。最簡單的做法是：

```
echo "You have " . $msgs . " messages.";
```

假設變數 $msgs 的值被設為 5，這一行程式的輸出是：

You have 5 messages.

正如同 += 可以將一個值加到數值變數，你也可以使用 .= 將一個字串接到另一個字串後面，如：

```
$bulletin .= $newsflash;
```

在這個例子中，如果 $bulletin 含有一個新聞通報，且 $newsflash 含有一個新聞快訊，這個指令會將新聞快訊接到新聞通報後面，所以 $bulletin 現在是由兩個字串組成的。

字串的類型

PHP 提供兩種字串，以引號類型來代表你想使用哪一種。如果你想要指派常值字串並且保留原本的內容，你要使用單引號（撇號），例如：

```
$info = 'Preface variables with a $ like this: $variable';
```

在這個例子中，單引號字串裡面的每一個字元都會被指派給 $info。如果你使用雙引號，PHP 會試著將 $variable 視為變數來求值。

或者，如果你想要在字串中顯示變數的值，你就要使用雙引號字串：

```
echo "This week $count people have viewed your profile";
```

你將會看到，這種語法也有簡單的串接形式，不需要使用句點，也不需要關閉引號再重啟引號，即可串接字串，這稱為**變數替換**，有些程式設計師很喜歡使用它，有些則完全不使用它。

轉義字元

有時你想要在字串裡面使用具有特殊意義的字元，但它們可能會造成解譯錯誤。例如，下面的程式無法動作，因為 *spelling's* 裡面的引號會讓 PHP 解析器認為它已經到達字串的結尾了。因此，這一行程式其餘的部分會被視為錯誤並拒絕：

```
$text = 'My spelling's atroshus'; // 錯誤的語法
```

修正它的方式是直接在違反規則的引號前面加上一個反斜線，來要求 PHP 將該字元視為字面值，不解譯它：

```
$text = 'My spelling\'s still atroshus';
```

當你遇到 PHP 試著解譯字元卻回傳錯誤時，幾乎都可以用這種技巧來處理。例如，下面使用雙引號的字串可以正確地賦值：

```
$text = "She wrote upon it, \"Return to sender\".";
```

你也可以使用轉義字元在字串中插入各種特殊字元，例如 tab、換行及歸位字元。你應該可以猜到它們的符號是 \t、\n 與 \r。下面是使用 tab 來排版標題的案例，這個案例只是為了說明轉義，因為網頁有更好的排版方式：

```
$heading = "Date\tName\tPayment";
```

這些特殊的反斜線前置字元只能在雙引號字串中使用。在單引號字串中，上述的字串會被顯示為醜陋的 \t，而不是 tab。在單引號字串中，只有轉義的引號（\'）與轉義的反斜線本身（\\）會被視為轉義字元。

多行註解

有時你要用 PHP 來輸出大量的文字，此時使用很多個 echo（或 print）陳述式不但浪費時間，也讓程式顯得雜亂。PHP 提供兩種方便的功能來解決這個問題。第一種方法是直接將多行程式放在引號之間，如範例 3-6 所示。這種方法也可以對變數賦值，如範例 3-7 所示。

範例 3-6 多行字串 echo 陳述式

```php
<?php
  $author = "Steve Ballmer";

  echo "Developers, developers, developers, developers, developers,
  developers, developers, developers, developers!

  - $author.";
?>
```

範例 3-7 多行字串賦值

```php
<?php
  $author = "Bill Gates";

  $text = "Measuring programming progress by lines of code is like
  Measuring aircraft building progress by weight.

  - $author.";
?>
```

PHP 也提供 <<< 運算子（通常稱為 *here-document* 或 *heredoc*）來讓你指定多行的字串常值，並保留文字中的換行符號與其他空白（包括縮排）。範例 3-8 是它的用法。

範例 3-8 另一種多行的 echo 陳述式

```php
<?php
  $author = "Brian W. Kernighan";

  echo <<<_END
```

```
    Debugging is twice as hard as writing the code in the first place.
    Therefore, if you write the code as cleverly as possible, you are,
    by definition, not smart enough to debug it.

      - $author.
_END;
?>
```

這段程式會讓 PHP 輸出介於兩個 _END 標籤之間的所有文字，就好像它們是用雙引號包起來的那樣（但是 heredoc 裡面的引號不需要轉義）。舉例來說，這代表開發人員可以在 PHP 程式中直接編寫整段的 HTML，然後只將動態的部分換成 PHP 變數。

切記，結束的 _END; 標籤必須位於新的一行的開頭，而且那一行**不能有其他的東西**，甚至在它後面不能有註解（連一個空格也不行）。當你結束一個多行段落之後，就可以放心地再次使用同樣的標籤了。

> 別忘了：使用 <<<_END..._END; heredoc 結構時，你不需要使用 \n 換行字元來換行，只要按下 Return 即可開始新的一行。此外，與使用雙引號或單引號來標示的字串不同的是，你可以在 heredoc 之中使用單引號與雙引號，不需要在它們前面加上反斜線（\）來轉義。

範例 3-9 展示如何使用同一種語法來將多行文字指派給一個變數。

範例 3-9 多行字串變數賦值

```
<?php
  $author = "Scott Adams";

  $out = <<<_END
  Normal people believe that if it ain't broke, don't fix it.
  Engineers believe that if it ain't broke, it doesn't have enough
  features yet.

    - $author.
_END;
echo $out;
?>
```

$out 變數會被填入兩個標籤之間的內容。如果你想要進行附加，而不是指派內容，你可以將 = 換成 .= 來將字串附加至 $out。

小心不要在第一個 _END 的後面加上分號,因為這樣會在多行的段落之前就結束,造成 Parse error 訊息。

順道一提,_END 標籤只是我選擇的範例,因為它不太可能在 PHP 程式的其他地方使用,所以是唯一的。你可以隨意使用任何一種標籤,例如 _SECTION1 或 _OUTPUT⋯⋯等。此外,為了協助區分這類的標籤與其他變數或函式,我們習慣在它們的前面加上底線,但是你也可以不這麼做。

把文字分成多行來顯示的目的通常只是為了讓人們更容易閱讀 PHP 碼,因為當它在網頁上顯示出來時,HTML 格式化規則會接手,空白會失去效用(但是範例中的 $author 仍然會被該變數的值取代)。

因此,如果你在瀏覽器中載入這些多行的輸入範例,它們不會被顯示為多行,因為所有瀏覽器都將換行符號視為空格。但是,當你使用瀏覽器的檢視原始碼功能時,你會看到換行仍在正確的位置,而且 PHP 會保留換行符號。

變數型態轉換

PHP 是寬鬆型態語言,這意味著你不需要在使用變數之前宣告它們,當你存取變數時,PHP 一定會視情況將變數轉換成你需要的型態。

例如,你可以建立一個多位數的數字,並將它視為字串,取出它的第 n 個數字。範例 3-10 會將 12345 乘以 67890,回傳結果 838102050,接著將它放入變數 $number。

範例 3-10 自動將數字轉換成字串

```php
<?php
  $number = 12345 * 67890;
  echo substr($number, 3, 1);
?>
```

在賦值的時候,$number 是一個數值變數。但是第二行程式呼叫 PHP 函式 substr,指定從 $number 的第四個位置開始回傳一個字元(別忘了,PHP 的位置是從零算起的)。PHP 的做法是將 $number 轉換成一個包含九個字元的字串,讓 substr 可以讀取它並回傳字元,在這個例子中,該字元為 1。

將字串轉換成數字也一樣。在範例 3-11 中,變數 $pi 被設為字串值,它在第三行被計算圓形面積的公式自動轉換成浮點數,公式的輸出值為 78.5398175。

範例 3-11 將字串自動轉換為數字

```php
<?php
  $pi     = "3.1415927";
  $radius = 5;
  echo $pi * ($radius * $radius);
?>
```

在實務上,這代表你不需要過於注意變數型態,你只要照你的意思賦值給它們,PHP 就會在必要時轉換它們。接下來,當你想要取回值時,只要提出要求即可,例如使用 echo 陳述式,但別忘了,有時自動轉換的動作與你預期的不同。

常數

常數(*constant*)很像變數,可保存資訊以備後用,只不過顧名思義,它們是恆常不變的。換句話說,一旦你定義了一個常數,你就設定了它的值,可讓程式其他地方使用,而且那個值無法更改。

例如,你可以用常數來保存伺服器根目錄的位置(那是保存網站主要檔案的目錄),用這種方式來定義它:

```php
define("ROOT_LOCATION", "/usr/local/www/");
```

然後,若要讀取變數的內容,你只要像一般的變數一樣引用它即可(但它的前面沒有錢號):

```php
$directory = ROOT_LOCATION;
```

如此一來,以後你想要在不同的伺服器用不同的目錄配置來執行 PHP 程式碼時,只要改變一行程式即可。

> 常數有兩項重點:它們的前面不能有 $(與一般的變數不同),還有,你只能使用 define 函式來定義它們。

用大寫來命名常數通常是很好的做法,尤其是在別人會閱讀你的程式碼的時候。

預先定義的常數

PHP 有數十個預先定義的常數，身為 PHP 初學者的你通常不會使用它們。但是，有一些所謂的**魔術常數**可能會對你有幫助。魔術常數的名稱開頭與結尾一定有兩條底線，這是為了防止你不小心將自己的常數命名為既有的名稱。表 3-5 是這些常數，之後的章節會介紹這張表的內容。

表 3-5 PHP 的魔術常數

魔術常數	說明
__LINE__	目前的這一行程式在檔案的第幾行。
__FILE__	檔案的完整路徑與檔名。如果你在 include 裡面使用它，它會回傳被 include 的檔案名稱。有些作業系統可幫目錄取別名，這種別名稱為符號連結（*symbolic links*），在 __FILE__ 中，它們都會被改成實際的目錄。
__DIR__	檔案的目錄。如果你在 include 中使用它，它會回傳被 include 的檔案的目錄。它的效果相當於 *dirname*(__FILE__)。除非目錄是根目錄，否則它的名稱結尾不會有斜線。
__FUNCTION__	函式名稱。回傳函式被宣告的名稱（區分大小寫）。在 PHP 4，它的值都是小寫的。
__CLASS__	類別名稱。回傳類別被宣告的名稱（區分大小寫）。在 PHP 4，它的值都是小寫的。
__METHOD__	類別方法名稱。回傳方法被宣告的名稱（區分大小寫）。
__NAMESPACE__	目前的命名空間的名稱。這個常數是在編譯期定義的（區分大小寫）。

如果你在偵錯時，想要插入一行程式來檢查程式的執行流程是否經過它，這些變數很好用：

```
echo "This is line " . __LINE__ . " of file " . __FILE__;
```

這段程式會將目前執行到哪個檔案（包括路徑）與哪一行程式印到瀏覽器。

echo 與 print 指令的差異

我們曾經以各種方式，使用 echo 指令從伺服器將文字輸出至瀏覽器，有時輸出字串字面常值，有時先串接字串，或先算出變數值，我們也曾經輸出多行文字。

你也可以使用 echo 的替代品：print。這兩種指令非常類似，但 print 是類似函式的結構，它接收一個參數並且回傳一個值（永遠是 1），而 echo 單純是 PHP 語言結構。因為這兩種指令都是結構體（construct），所以都不需要使用括號。

echo 指令通常比 print 快一些，因為它不設定回傳值。另一方面，因為 echo 不是函式，所以它不能在比較複雜的運算式中使用，但 print 可以。下面的範例使用 print 來輸出變數的值究竟是 TRUE 還是 FALSE，你無法用 echo 來做同一件事，它會顯示 Parse error 訊息：

```
$b ? print "TRUE" : print "FALSE";
```

問號的目的是詢問變數 $b 究竟是 TRUE 還是 FALSE。如果 $b 是 TRUE，PHP 會執行冒號左邊的指令；如果 $b 是 FALSE，則執行右邊的指令。

但是，本書的範例通常使用 echo，我也建議你這樣做，除非你在開發時發現你需要使用 print。

函式

函式（*function*）可將執行特定任務的程式碼分離出來。例如，你可能要經常查看日期，並且使用某種格式將它回傳，此時就是使用函式的好時機。執行這項任務的程式碼可能只有三行，但是如果你不使用函式，你就要在程式中貼上它十幾次，無謂地讓程式變大且更複雜，而且，如果以後你想要更改日期格式，將程式寫在函式裡面的話，你只要修改一個地方就可以了。

將程式碼放入函式不但可以縮短程式，讓它更容易閱讀，也可以加入額外的功能（functionality，雙關語），因為函式可接收參數，並且根據參數來執行不同的工作，函式也可以將值回傳給呼叫方。

你可以用範例 3-12 的方式來宣告函式並建立它。

範例 3-12 簡單的函式宣告式

```php
<?php
  function longdate($timestamp)
  {
    return date("l F jS Y", $timestamp);
  }
?>
```

這個函式會回傳一個格式為 *Sunday May 2nd 2025* 的日期。函式可在最初的括號之間接收任何數量的參數，在此只接收一個。在大括號裡面的程式，就是你以後呼叫這個函式時，將會執行的所有程式。注意，date 函式呼叫式的第一個字母是小寫的 L，不要將它看成數字 1 了。

下面的呼叫式使用這個函式來輸出今天的日期：

```
echo longdate(time());
```

下面的呼叫式印出 17 天之前的日期：

```
echo longdate(time() - 17 * 24 * 60 * 60);
```

它將目前時間減去 17 天的秒數（17 天 × 24 小時 × 60 分鐘 × 60 秒）傳給 longdate。

函式也可以接收多個參數與回傳多個結果，接下來的章節會介紹這項技術。

變數的作用域

如果你的程式很長，你可能會耗盡良好的變數名稱，但是在 PHP 中，你可以決定變數的作用域。換句話說，你可以告訴 PHP：你只想要在特定的函式裡面使用 $temp 變數，並且在函式 return 之後，忘了這個變數曾經被用過。事實上，這正是 PHP 變數的預設作用域。

你也可以告訴 PHP 某個變數的作用域是全域的，可以在程式的任何地方存取。

區域變數

區域變數是在函式裡面建立，而且只能在函式內存取的變數。它們通常是暫時性的變數，負責在函式 return 之前儲存部分的處理結果。

函式的參數也是一組區域變數。在之前的小節中，我們定義過一個接收 $timestamp 參數的函式，這個參數只能在函式的內文中使用，你無法在函式的外部取得或設定它的值。

longdate 函式有另一個區域變數的案例，範例 3-13 稍微修改它。

範例 3-13 *longdate 函式的延伸版本*

```
<?php
  function longdate($timestamp)
  {
```

```php
    $temp = date("l F jS Y", $timestamp);
    return "The date is $temp";
  }
?>
```

我們將 date 函式回傳的值指派給臨時變數 $temp，接著將它插入函式回傳的字串。當函式 return 時，$temp 變數與它的內容就會消失，如同它從未被用過一般。

為了說明變數作用域的影響，我們來看範例 3-14 的程式，這段程式在呼叫 longdate 函式之前就建立 $temp 了。

範例 3-14 在 longdate 函式裡面無法存取 $temp

```php
<?php
  $temp = "The date is ";
  echo longdate(time());

  function longdate($timestamp)
  {
    return $temp . date("l F jS Y", $timestamp);
  }
?>
```

但是，因為 $temp 不是在 longdate 函式裡面建立的，也不是用參數傳入的，所以 longdate 無法存取它。所以，這段程式只輸出日期，而不是之前的文字。事實上，取決於 PHP 的組態，它可能會先顯示錯誤訊息：Notice: Undefined variable: temp, something you don't want your users to see.

原因在於，在預設情況下，在函式裡面建立的變數只能在函式內部使用，在任何函式外面建立的變數都只能被所有函式外面的程式碼存取。

範例 3-15 與 3-16 是修正範例 3-14 的寫法。

範例 3-15 改成在 $temp 的區域作用域裡面引用它，以修正問題

```php
<?php
  $temp = "The date is ";
  echo $temp . longdate(time());

  function longdate($timestamp)
  {
    return date("l F jS Y", $timestamp);
  }
?>
```

範例 3-15 把 $temp 的參考移出函式，讓參考的位置符合變數定義的作用域。

範例 3-16 另一種解決方式：用引數來傳遞 $temp

```php
<?php
  $temp = "The date is ";
  echo longdate($temp, time());

  function longdate($text, $timestamp)
  {
    return $text . date("l F jS Y", $timestamp);
  }
?>
```

範例 3-16 的方法使用額外的參數將 $temp 傳入 longdate 函式。longdate 會將它讀入它建立的暫時性變數，稱為 $text，並輸出想要的結果。

 忘記變數的作用域是常見的錯誤，牢記變數作用域的運作原則可以幫你找出一些相當隱晦的問題。簡單的說，除非你已經在別的地方宣告某個變數，否則它的作用域都被限制為區域性的，作用域要嘛在當前的函式內，要嘛在任何函式之外，取決於它被建立或第一次存取的地方是在函式的裡面或是外面。

全域變數

有時你需要使用全域作用域的變數，因為你希望讓所有的程式碼都可以存取它。或者，有些資料可能太大或太過複雜，因此你不想用引數將它傳入函式。

你可以使用關鍵字 global 來將變數宣告為全域的。假如你用某種方式來讓使用者登入網站，並且希望讓所有的程式碼都知道與它們互動的究竟是已登入的使用者，或只是訪客。有一種方法是在 $is_logged_in 這種變數的前面使用 global 關鍵字：

    global $is_logged_in;

現在你的登入函式只要在登入成功時將這個變數設為 1，在登入失敗時將它設為 0 即可。因為這一個變數的作用域被設為全域，所以每一行程式碼都可以存取它。

不過，你要謹慎地使用全域變數。建議你盡量不要使用它們，除非你找不到其他的方法來實現你的目的。一般來說，將程式拆成較小的部分並且將資料隔離出去比較不容易出現 bug，也比較容易維護。如果你有上千行程式（總有一天你會遇到）並且發現有一個全域變數在某種情況下有錯誤的值，你要花多久時間才能找到將它設為錯誤值的程式碼？

此外，如果你的全域變數太多，你可能會不小心在區域作用域中，重複使用其中一個全域變數的名稱，或是將全域變數誤認為區域變數。這些情況都會產生各種奇怪的 bug。

 有時我會用大寫來命名所有的全域變數（就像我建議用大寫來命名常數一樣），如此一來，我一眼就可以看出變數的作用域。

靜態變數

第 56 頁的「區域變數」提到區域變數的值會在函式結束時消失。如果你多次執行同一個函式，它會在開始執行的時候使用全新的變數，所以之前的設定會失效。

這裡有一個有趣的案例。如果你不想讓其他的程式碼存取函式裡面的某個區域變數，但是希望它的值在下次呼叫函式時可以保留，該怎麼做？為什麼有這種需求？也許是你想要用一個計數變數來追蹤那個函式已經被呼叫多少次了。答案是宣告**靜態變數**，如範例 3-17 所示。

範例 3-17 使用 *static* 變數的函式

```php
<?php
  function test()
  {
    static $count = 0;
    echo $count;
    $count++;
  }
?
```

test 函式的第一行程式碼建立一個靜態變數 $count，並將它的初始值設為 0。下一行程式輸出這一個變數的值，最後一行程式遞增它。

下次你呼叫這個函式時，因為你已經宣告 $count 了，所以函式的第一行會被跳過。接著顯示之前已遞增的 $count 值，並且再次遞增變數。

如果你打算使用靜態變數，注意，當你定義它們時，不能將運算式的結果指派給它們，你只能將它們設為一個預定的初始值（見範例 3-18）。

範例 3-18 合法與不合法的靜態變數宣告

```php
<?php
  static $int = 0;          // 可以
  static $int = 1+2;        // 正確 (在 PHP 5.6)
  static $int = sqrt(144);  // 不可以
?>
```

超全域變數

PHP 從 4.1.0 開始提供幾個預先定義的變數，它們稱為超全域變數，意思是它們是 PHP 環境提供的變數，而且在程式中是全域的，絕對可以在任何地方存取。

這些超全域變數儲存了許多好用的資訊，那些資訊與當前正在執行的程式及其環境有關（見表 3-6）。它們被存為關聯陣列，第 6 章會介紹這種結構。

表 3-6 PHP 的超全域變數

超全域變數名稱	內容
$GLOBALS	目前在腳本的全域範圍中定義的所有變數變數。名稱是陣列的索引鍵。
$_SERVER	腳本標頭、路徑與位置等資訊。這一個陣列的項目是 web 伺服器建立的，並非所有 web 伺服器都提供其中的任何一個或所有的項目。
$_GET	用 HTTP GET 方法傳給當前的腳本的變數。
$_POST	用 HTTP POST 方法傳給當前的腳本的變數。
$_FILES	用 HTTP POST 方法上傳給當前的腳本的項目。
$_COOKIE	用 HTTP cookie 傳給當前的腳本的變數。
$_SESSION	當前的腳本可用的工作階段（session）變數。
$_REQUEST	從瀏覽器傳來的資訊內容，在預設情況下是 $_GET、$_POST 與 $_COOKIE。
$_ENV	透過環境方法傳給當前的腳本的變數。

所有的超全域變數（除了 $GLOBALS 之外）的名稱開頭都有一個底線，而且全部用大寫來命名，所以，請勿以這種方式來命名自己的變數，以免造成混淆。

為了說明如何使用它們，我們來看一個範例。在超全域變數提供的諸多資訊中，有一項資訊是將使用者引領至當前網頁的網頁的 URL。你可以用這種方式來取得該網頁的資訊：

```php
$came_from = $_SERVER['HTTP_REFERER'];
```

就是這麼簡單。對了！使用者可能直接來到你的網頁，例如直接在瀏覽器輸入 URL，此時 $came_from 會被設為空字串。

超全域變數與安全性

在你開始使用超全域變數之前，我必須先提醒你一下，駭客很喜歡利用它們來尋找漏洞，以便入侵你的網站。他們的做法是用惡意的程式（例如 Unix 或 MySQL 指令）來上傳 $_POST、$_GET 或其他超全域變數，如果你毫無戒心地使用它們，它們可能會破壞或顯示敏感資料。

因此，在使用超全域變數之前，你一定先進行淨化，其中一種做法是使用 PHP 的 htmlentities 函式，它會將所有字元轉換成 HTML 實體。例如，它會將小於與大於字元（< 與 >）轉換成 < 與 > 字串，讓它們以無害的方式算繪，所有的引號、反斜線等符號也是如此。

因此，比較好的 $_SERVER（及其他超全域變數）存取方式是：

```
$came_from = htmlentities($_SERVER['HTTP_REFERER']);
```

 如果你要處理使用者或第三方提供的資料並輸出它們，你也要使用 htmlentities 函式來進行淨化，這個函式不是只能處理超全域變數。

本章已經為你打下深厚的 PHP 基礎了，第 4 章會開始帶你使用你學會的東西來建構運算式與程式控制流程，也就是說，你將開始真正編寫程式。

但是在繼續閱讀之前，建議你先回答以下的一些問題（或全部）來測試所學，以確保你完全消化本章的內容。

問題

1. 哪一種標籤的用途是呼叫 PHP 來開始解譯程式碼？那一種標籤的短格式為何？

2. 註解標籤有哪兩種類型？

3. 你必須在每一個 PHP 陳述式的結尾加上哪一個字元？

4. 所有 PHP 變數的最前面都有哪一個符號？

5. 變數可以儲存什麼東西？

6. $variable = 1 與 $variable == 1 有什麼不同？

7. 變數名稱可以使用底線（$current_user），卻不能使用連字號（$current-user），為何如此？

8. 變數名稱區分大小寫嗎？

9. 在變數名稱裡面可以使用空格嗎？

10. 如何將某種變數型態轉換成另一種（例如，將字串轉換成數字）？

11. ++$j 與 $j++ 有什麼不同？

12. && 與 and 運算子可以互換嗎？

13. 如何建立多行的 echo 或賦值？

14. 你可以重新定義某個常數嗎？

15. 如何轉義問號？

16. echo 與 print 指令有什麼不同？

17. 函式的目的為何？

18. 如何讓一個變數可在 PHP 程式的所有地方存取？

19. 如果你在函式裡面產生一筆資料，你可以用哪幾種方式來將這筆資料傳給程式的其他部分？

20. 將字串與數字結合在一起會產生什麼結果？

解答請參考第 764 頁，附錄 A 的「第 3 章解答」。

第 4 章

PHP 的運算式
與控制流程

本章會完整講解上一章迅速帶過的一些主題,包括如何做出選擇(分支)以及建立複雜的運算式。上一章把焦點放在最基本的 PHP 語法與運算,但難免接觸較進階的主題,現在我可以補上背景了,讓你正確地使用一些強大的 PHP 功能。

本章會讓你了解 PHP 程式的實際運作方式,以及如何控制程式的流程。

運算式

我們從任何一種語言基本零件開始:運算式。

運算式是以許多的值、變數、運算子及函式組合而成的,它會產生一個值。任何學過高中代數的人都對他們不陌生。例如:

$y = 3 (|2x| + 4)$

在 PHP 中,它是:

```
$y = 3 * (abs(2 * $x) + 4);
```

運算式回傳的值(在數學式中,它是 y,在 PHP 中,它是 y)可能是數字、字串,或布林值(Boolean,名稱來自 19 世紀英國數學家與哲學家 George Boole)。你已經知道前兩種值的型態了,接下來要介紹第三種。

TRUE 或 FALSE ？

基本的布林值非 TRUE 即 FALSE。例如，運算式 20 > 9（20 大於 9）是 TRUE，而 5 == 6（5 等於 6）是 FALSE。（你可以使用其他的典型布林運算子，例如 AND、OR 及 XOR 來結合這種運算，稍後說明。）

 注意，我的 TRUE 與 FALSE 使用大寫，因為它們都是 PHP 預先定義的常數。喜歡的話，你也可以使用小寫的版本，它們也是預先定義的。事實上，小寫的版本比較穩定，因為 PHP 不允許你重新定義它們，但大寫的版本可以重新定義，當你匯入第三方程式碼時，請特別注意這一點。

見範例 4-1，PHP 不會應你要求印出預先定義的常數。這個範例的每一行都會印出一個字母，後面加上一個冒號與一個預先定義的常數。PHP 會隨意指派一個數值 1 給 TRUE，所以執行這個範例時，a: 的後面會顯示 1。更奇怪的是，因為 b: 算出來的值是 FALSE，所以它不顯示任何值。在 PHP 中，常數 FALSE 被定義成 NULL，NULL 是代表「沒有東西（nothing）」的另一種預先定義常數。

範例 4-1 輸出 TRUE 與 FALSE 的值

```php
<?php // test2.php
  echo "a: [" . TRUE  . "]<br>";
  echo "b: [" . FALSE . "]<br>";
?>
```


 標籤的目的是建立分行符號，它們可將 HTML 的輸出分成兩行。其輸出如下：

```
a: [1]
b: []
```

關於布林運算式，範例 4-2 展示一些簡單的運算式，有兩個是之前討論過的，以及另外兩個。

範例 4-2 四個簡單的布林運算式

```php
<?php
  echo "a: [" . (20 > 9) . "]<br>";
  echo "b: [" . (5 == 6) . "]<br>";
  echo "c: [" . (1 == 0) . "]<br>";
  echo "d: [" . (1 == 1) . "]<br>";
?>
```

這段程式的輸出是：

```
a: [1]
b: []
c: []
d: [1]
```

順道一提，有些語言將 FALSE 定義成 0 甚至 -1，所以，務必檢查你所使用的語言的定義。幸運的是，布林運算式通常被隱藏在其他的程式碼裡面，因此你通常不需要關心 TRUE 與 FALSE 的內在值。事實上，這些名稱在程式中並不常見。

常值與變數

常值與變數是最基本的程式設計以及運算式元素。常值本身的名稱就是它的值，例如數字 73 或字串 "Hello"。在變數（也就是名稱開頭有錢號的）的值是你指派給它的值。最簡單的運算式是一個常值或變數，因為它們都會回傳一個值。

範例 4-3 有三個常值與兩個變數，它們都會回傳值，只是型態互不相同。

範例 4-3 常值與變數

```php
<?php
  $myname = "Brian";
  $myage  = 37;

  echo "a: " . 73      . "<br>"; // 數字常值
  echo "b: " . "Hello" . "<br>"; // 字串常值
  echo "c: " . FALSE   . "<br>"; // 常數常值
  echo "d: " . $myname . "<br>"; // 字串變數
  echo "e: " . $myage  . "<br>"; // 數字變數
?>
```

如你預期，上述程式除了 c: 之外都有回傳值，c: 的值是 FALSE，在下列的輸出中不回傳任何東西：

```
a: 73
b: Hello
c:
d: Brian
e: 37
```

你可以組合運算子來建立複雜的運算式，以計算實用的結果。

程式設計師會結合運算式與其他的語言結構（例如之前看過的賦值運算子）來產生陳述式。範例 4-4 有兩個陳述式。第一個陳述式將運算式 366 - $day_number 的結果指派給變數 $days_to_new_year，第二個陳述式在運算式 $days_to_new_year < 30 的結果是 TRUE 時，輸出人類看得懂的訊息。

範例 4-4 運算式與陳述式

```php
<?php
  $days_to_new_year = 366 - $day_number; // 運算式

  if ($days_to_new_year < 30)
  {
    echo "Not long now till new year";  // 陳述式
  }
?>
```

運算子

PHP 提供許多不同類型的運算子，包括算術、字串、邏輯、比較與其他運算子（見表 4-1）。

表 4-1 PHP 運算子類型

運算子	說明	範例
數學	基本算術	$a + $b
陣列	合併陣列	$a + $b
賦值	指派值	$a = $b + 23
位元	處理位元組裡面的位元	12 ^ 9
比較	比較兩個值	$a < $b
執行	執行反引號的內容	`ls -al`
遞增 / 遞減	加 1 或減 1	$a++
邏輯	布林	$a and $b
字串	串接	$a . $b

不同的運算子使用不同數量的運算元：

- 一元運算子使用一個運算元，例如遞增（$a++）與否定（!$a）。

- 二元運算子使用兩個運算元，大部分的 PHP 運算子都屬於這一類（包括加法、減法、乘法、除法）。

- 三元運算子使用三個運算元，它的形式是 expr ? x : y。這是一種簡潔、單行的 if 陳述式，當 expr 是 TRUE 時，它回傳 x，當 expr 是 FALSE 時，它回傳 y。

運算子優先順序

如果所有的運算子都有相同的優先順序，PHP 會按照先後順序來處理它們。事實上，許多運算子都有相同的優先順序，見範例 4-5。

範例 4-5 三個等效的運算式

```
1 + 2 + 3 - 4 + 5
2 - 4 + 5 + 3 + 1
5 + 2 - 4 + 1 + 3
```

如你所見，雖然我們搬移了每一個運算式的數字（以及它們前面的運算子），但是它們的結果都是 7，因為加法與減法運算子的優先順序是一樣的。我們用乘法與除法來做同樣的事情（見範例 4-6）。

範例 4-6 三個等效的運算式

```
1 * 2 * 3 / 4 * 5
2 / 4 * 5 * 3 * 1
5 * 2 / 4 * 1 * 3
```

它們的結果都是 7.5。但是如果我們在運算式裡面使用優先順序不同的運算子，結果就不一樣了，見範例 4-7。

範例 4-7 使用不同優先順序的運算子的三個運算式

```
1 + 2 * 3 - 4 * 5
2 - 4 * 5 * 3 + 1
5 + 2 - 4 + 1 * 3
```

如果運算子沒有優先順序，這三個運算式的結果分別是 25、–29 與 12。但是，因為乘法與除法的優先順序高於加法與減法，運算式的計算方式彷彿這些部分的周圍有括號一般，這與數學寫法很像（見範例 4-8）。

範例 4-8 顯示出隱形的括號的三個運算式

```
1 + (2 * 3) - (4 * 5)
2 - (4 * 5 * 3) + 1
5 + 2 - 4 + (1 * 3)
```

PHP 會先計算括號內的運算式，來算出範例 4-9 這個半成品。

範例 4-9 計算括號內的運算式之後的結果

```
1 + (6) - (20)
2 - (60) + 1
5 + 2 - 4 + (3)
```

這些運算式的最終結果分別是 −13、−57 與 6（與運算子沒有優先順序的 25、-29 和 12 全然不同）。

當然，你也可以自行插入括號來覆寫預設的運算子優先順序，強迫它產生你想要的順序（見範例 4-10）。

範例 4-10 強迫由左至右計算

```
((1 + 2) * 3 - 4) * 5
(2 - 4) * 5 * 3 + 1
(5 + 2 - 4 + 1) * 3
```

正確地插入括號之後，我們得到 25、-29 與 12 的結果。

表 4-2 按照由高而低的優先順序列出 PHP 的運算子。

表 4-2 PHP 運算子的優先順序（由高至低）

運算子	類型
()	括號
++ --	遞增 / 遞減
!	邏輯
* / %	算術
+ - .	算術與字串
<< >>	位元
< <= > >= <>	比較
== != === !==	比較
&	位元（與參考）
^	位元
|	位元
&&	邏輯
||	邏輯

運算子	類型
? :	三元
= += -= *= /= .= %= &= != ^= <<= >>=	賦值
and	邏輯
xor	邏輯
or	邏輯

表中的順序不是隨便安排的，而是精心設計的，最常見且最直觀的優先順序是不需要括號就可以產生的。例如，你可以用一個 and 或 or 來分隔兩個比較式，以得到你期望的結果。

結合方向

我們知道，除非運算子的優先順序造成影響，否則運算式是由左而右計算的。但是有些運算子需要由右至左處理，這種處理方向稱為運算子的**結合方向**（*associatively*）。有些運算子沒有結合方向，在未強制指定優先順序的情況下，結合方向很重要（如表 4-3 所示），所以你必須注意運算子的預設動作。

表 4-3 運算子結合方向

運算子	說明	結合方向
< <= >= == != === !== <>	比較	無
!	邏輯 NOT	右
~	位元 NOT	右
++ --	遞增與遞減	右
(int)	轉型為整數	右
(double) (float) (real)	轉型為浮點數	右
(string)	轉型為字串	右
(array)	轉型為陣列	右
(object)	轉型為物件	右
@	停用錯誤報告	右
= += -= *= /=	賦值	右
.= %= &= |= ^= <<= >>=	賦值	右
+	加法與一元加法	左
-	減法與否定	左

運算子	說明	結合方向
*	乘法	左
/	除法	左
%	模數	左
.	字串串接	左
<< >> & ^ |	位元	左
? :	三元	左
|| && and or xor	邏輯	左
,	分隔符號	左

我們來看範例 4-11 的賦值運算子，它裡面的三個變數都被設為 0 值。

範例 4-11 多重賦值陳述式

```php
<?php
  $level = $score = $time = 0;
?>
```

若要讓這種多重賦值成功執行，你必須先算出運算式的最右邊的值，然後由右至左繼續處理。

 PHP 的初學者最好將子運算式放在括號裡面來強制設定計算順序，以避免運算子結合方向造成的問題，這也可以幫助維護你的程式的人了解程式的意思。

關係運算子

關係運算子可回答這類的問題「這個變數的值是零嗎？」和「哪個變數的值比較大？」這些運算子會測試兩個運算元，並回傳布林結果 TRUE 或 FALSE。關係運算子有三種：相等、比較，與邏輯。

相等

相等運算子是 ==（兩個等號），我們已經在本章見過多次了。切勿將它與賦值運算子 =（一個等號）搞混了。在範例 4-12 中，第一個陳述式指派一個值，第二個陳述式則是測試它是否等於某個值。

範例 4-12 賦值與測試相等性

```php
<?php
  $month = "March";

  if ($month == "March") echo "It's springtime";
?>
```

如你所見，相等運算子回傳 TRUE 或 FALSE，讓你能夠用 if 陳述式（舉例）來測試狀態。但它的功能不止於此，由於 PHP 是寬鬆型態語言，如果相等運算式的兩個運算元型態不同，PHP 會將它們轉換成最合理的型態。有一種罕見的**一致**（*identity*）運算子，它是以三個等號構成的，可在不做轉換的情況下比較項目。

例如，當你比較「完全以數字組成的字串」和「數字」時，字串會被轉換成數字。在範例 4-13 中，$a 與 $b 是兩個不同的字串，因此，我們可能認為兩個 if 陳述式都不會輸出結果。

範例 4-13 相等與一致運算子

```php
<?php
  $a = "1000";
  $b = "+1000";

  if ($a == $b)  echo "1";
  if ($a === $b) echo "2";
?>
```

執行範例之後，你會看到它的輸出是 1，代表第一個 if 陳述式的結果是 TRUE，原因是這兩個字串都會先被轉換成數字，而 1000 的數字與 +1000 是一樣的。相較之下，第二個 if 陳述式使用一致運算子，它會將 $a 與 $b 當成字串來比較，並發現它們不一樣，所以不輸出任何東西。

如同強制設定運算子優先順序時那樣，當你不清楚 PHP 將如何轉換運算元型態時，你可以使用一致運算子來關閉這種功能。

你也可以使用相等運算子來測試運算元是否相等，或使用不相等運算子 != 來測試它們是否不相等。範例 4-14 改寫自範例 4-13，它將相等與一致運算子換成各自的逆運算子。

範例 4-14 不相等與不一致運算子

```php
<?php
  $a = "1000";
  $b = "+1000";

  if ($a != $b)  echo "1";
  if ($a !== $b) echo "2";
?>
```

如你所料，第一個 if 陳述式不會輸出數字 1，因為程式碼詢問的是 $a 與 $b 的數值是否
不相等。

這段程式反而會輸出數字 2，因為第二個 if 陳述式詢問的是 $a 與 $b 的實際字串型態是
否不一致，答案是 TRUE，它們不一樣。

比較運算子

你可以使用比較運算子來測試除了相等與不相等之外的許多情況。PHP 也提供 >（大
於）、<（小於）、>=（大於或等於）與 <=（小於或等於）來供你使用。範例 4-15 說明它
們的用法。

範例 4-15 四種比較運算子

```php
<?php
  $a = 2; $b = 3;

  if ($a > $b)  echo "$a is greater than $b<br>";
  if ($a < $b)  echo "$a is less than $b<br>";
  if ($a >= $b) echo "$a is greater than or equal to $b<br>";
  if ($a <= $b) echo "$a is less than or equal to $b<br>";
?>
```

在這個範例中，$a 是 2 且 $b 是 3，它的輸出如下：

```
2 is less than 3
2 is less than or equal to 3
```

你可以自行嘗試這個範例，修改 $a 與 $b 的值，並查看結果。試著將它們設為相同的
值，看看會發生什麼事。

邏輯運算子

邏輯運算子會產生 true 或 false 的結果，因此也被稱為**布林運算子**，它們有四種（見表 4-4）。

表 4-4　邏輯運算子

邏輯運算子	說明
AND	若兩個運算元皆為 TRUE，則為 TRUE
OR	若任何一個運算元為 TRUE，則為 TRUE
XOR	若兩個運算子之一個為 TRUE，則為 TRUE
!（NOT）	若運算元為 FALSE 則為 TRUE，若運算元為 TRUE 則為 FALSE

範例 4-16 是這些運算子的用法。注意，**PHP** 用 ! 來取代 NOT。此外，運算子可以使用大寫或小寫來表示。

範例 4-16　邏輯運算子的用法

```php
<?php
  $a = 1; $b = 0;

  echo ($a AND $b) . "<br>";
  echo ($a or $b)  . "<br>";
  echo ($a XOR $b) . "<br>";
  echo !$a         . "<br>";
?>
```

這個範例會輸出：沒有東西、1、1、沒有東西，也就是說，只有第二個與第三個 echo 陳述式算出來的值是 TRUE。（別忘了，NULL（沒有東西）代表 FALSE 值。）原因是，當 AND 陳述式的兩個運算元都是 TRUE 時，它才會回傳 TRUE 值，但是第四個陳述式對 $a 的值執行 NOT，將它由 TRUE（1 的值）變成 FALSE。如果你想要實驗的話，可試著將這段程式的 $a 與 $b 設為不同的 1 與 0 值。

> 當你在寫程式時，別忘了，AND 與 OR 的優先順序低於另一個版本的運算子：&& 與 ||。

OR 運算子可能會在 if 陳述式裡面造成意外問題，因為如果第一個運算元被算出 TRUE，第二個運算元就不會被求值。在範例 4-17 中，當 $finished 的值是 1 時，PHP 永遠不會呼叫 getnext 函式。

範例 4-17 使用 OR 運算子的陳述式

```php
<?php
  if ($finished == 1 OR getnext() == 1) exit;
?>
```

如果你希望 PHP 每次執行 if 陳述式時都呼叫 getnext，你可以將程式改寫為範例 4-18。

範例 4-18 修改 if...OR 陳述式來確保 getnext 必定被呼叫

```php
<?php
  $gn = getnext();

  if ($finished == 1 OR $gn == 1) exit;
?>
```

這段程式會先執行 getnext 函式，將函式回傳值存入 $gn，再執行 if 陳述式。

 另一種做法是對調 if 裡面的兩段子句，把 getnext 放在前面，以確保它一定會執行。

表 4-5 是使用邏輯運算子的所有結果。特別注意，!TRUE 等於 FALSE，而 !FALSE 等於 TRUE。

表 4-5 所有可能出現的 PHP 邏輯運算式

輸入		運算子與結果		
a	b	AND	OR	XOR
TRUE	TRUE	TRUE	TRUE	FALSE
TRUE	FALSE	FALSE	TRUE	TRUE
FALSE	TRUE	FALSE	TRUE	TRUE
FALSE	FALSE	FALSE	FALSE	FALSE

條件式

條件式可改變程式的流程。你可以用它們來詢問問題，並且根據答案採取不同的動作。條件式是動態網頁（使用 PHP 的主要原因）的核心，因為它可以讓你在每次顯示網頁時輕鬆地輸出不同的結果。

本節將介紹三種基本條件式：if 陳述式、switch 陳述式與 ? 運算子，以及可以反覆執行一段程式，直到滿足某個條件的迴圈條件式。

if 陳述式

你可以將程式流程想成一條單車道的高速公路。它大部分都是一直線，但是偶爾會有各種號誌，指示你該往哪裡走。

就 if 陳述式而言，你可以想像你遇到一個支道號誌，當某個條件是 TRUE 時，你就必須照著它的指示，離開原本的道路，沿著支道駕駛，直到回到主幹道，繼續沿著原本的方向前進。如果條件不是 TRUE，你就忽略這條支道，繼續駕駛（見圖 4-1）。

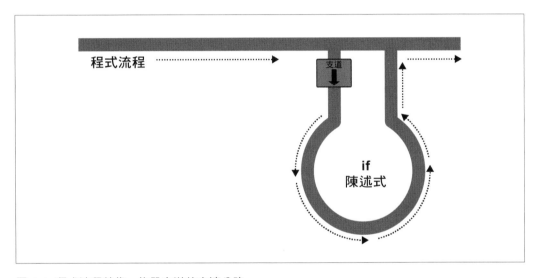

圖 4-1　程式流程就像一條單車道的高速公路

if 條件式的內容可為任何有效的 PHP 運算式，包括相等測試式、比較運算式、0 或 NULL 測試式，甚至函式（包括內建函式與自製函式）。

我們通常將 if 條件式為 TRUE 時執行的操作放在大括號（{ }）裡面。如果你只有一行陳述式需要執行，你可以省略這對括號，但是一律使用大括號可以避免難以偵測的 bug，例如，在條件式加入一行額外的程式，卻因為忘了使用括號，而造成它不會被執行。

有一種惡名昭影的安全漏洞（稱為「goto fail」bug）困擾蘋果產品的安全通訊端層（SSL）程式多年，最終發現，其原因是程式設計師忘了幫 if 陳述式加上大括號，造成函式回報的成功連結有時是錯誤的。惡意的攻擊者可以利用它來取得原本無法取得的安全憑證。當你不知道要不要加上大括號時，為你的 if 陳述式加上大括號絕對錯不了。

但是，為了簡潔起見，本書的許多範例都不會這樣做，它們將省略單行陳述式的大括號。

在範例 4-19 中，假設現在是月底，你已經付清所有帳單，並且正在記帳。

範例 4-19 使用大括號的 if 陳述式

```php
<?php
  if ($bank_balance < 100)
  {
    $money          = 1000;
    $bank_balance += $money;
  }
?>
```

這個例子檢查帳戶餘額是否小於 $100，若結果為真，則付給自己 $1,000，將它加到帳戶餘額。（如果賺錢那麼容易的話！）

如果餘額是 $100 以上，程式會忽略這行條件陳述式，跳到下一行（這裡沒有顯示出來）。

本書通常會將大括號放在新的一行。有些人喜歡把大括號放在條件式的右邊，有些人把它放在新的一行。這兩種方法都沒問題，因為 PHP 允許你隨意放置空白字元（包括空格、換行符號及 tab）。但是，使用 tab 來排列條件式的層次結構可讓程式更容易閱讀與偵錯。

else 陳述式

有時在條件非 TRUE 時，你不想要立刻回到主程式，而是執行一些其他的工作，此時就要使用 else 陳述式了。你可以用它在高速公路設置第二條支道，如圖 4-2 所示。

在 if...else 陳述式中，若條件為 TRUE，則執行第一個條件陳述式，若它是 FALSE，則執行第二個。這兩個陳述式一定有一個會執行，絕對不會兩者都執行（或都不執行）。範例 4-20 是 if...else 結構的用法。

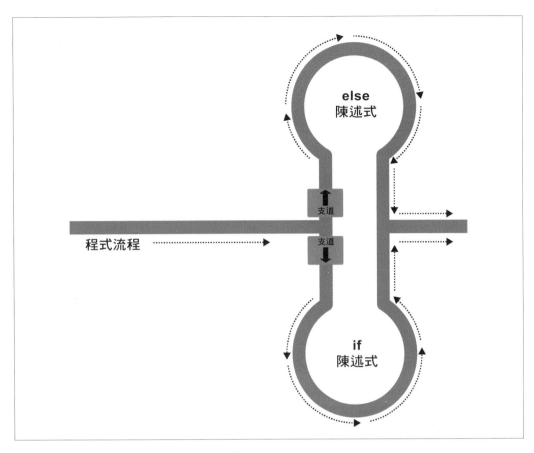

圖 4-2 現在高速公路有 if 支道與 else 支道

範例 4-20 使用大括號的 if...else 陳述式

```php
<?php
  if ($bank_balance < 100)
  {
    $money        = 1000;
    $bank_balance += $money;
  }
  else
  {
    $savings      += 50;
    $bank_balance -= 50;
  }
?>
```

這個範例在確定銀行帳戶的錢有 $100 以上時會執行 else 陳述式，將其中的一些錢放到你的 savings 帳戶裡面。

與 if 陳述式一樣，如果 else 只有一個條件陳述式，你可以省略大括號。（但我建議你永遠使用大括號，首先，它們可以讓程式碼更容易理解，其次，它們可以方便你以後加入更多陳述式或分支。）

elseif 陳述式

有時你想要根據一系列的條件來產生許多不同的結果，此時可以使用 elseif 陳述式。你應該可以想像，它很像 else 陳述式，只是你要在條件程式碼之前再加入一個條件運算式。範例 4-21 是完整的 if...elseif...else 結構。

範例 *4-21 使用大括號的 if...elseif...else* 陳述式

```php
<?php
  if ($bank_balance < 100)
  {
    $money         = 1000;
    $bank_balance += $money;
  }
  elseif ($bank_balance > 200)
  {
    $savings       += 100;
    $bank_balance  -= 100;
  }
  else
  {
    $savings       += 50;
    $bank_balance  -= 50;
  }
?>
```

這個範例在 if 與 else 陳述式之間插入一個 elseif 陳述式。它會檢查帳戶餘額是否超過 $200，若是，代表你這個月有條件存 $100。

雖然我可能過度延伸公路的比喻了，但你可以將它想成一條具有許多支道的高速公路（見圖 4-3）。

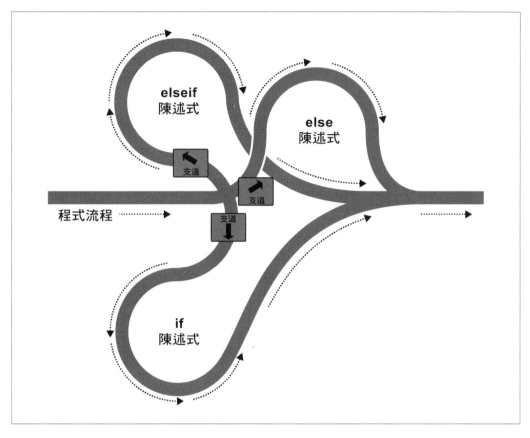

圖 4-3 有 if、elseif 與 else 支道的高速公路

 else 陳述式會結束 if...else 與 if...elseif...else 陳述式。如果你用不
到最後的 else，你可以省略它，但是你不能在 esleif 的前面使用它，也
不能在 if 的前面使用 elseif。

你可以使用任意數量的 elseif。但是隨著 elseif 數量的增加，你可以考慮一下，改用接
下來介紹的 switch 陳述式會不會比較好。

switch 陳述式

如果你有一個變數或運算式的結果可能有許多不同的值，而且每一種值都會觸發不同的
行為，此時很適合使用 switch 陳述式。

舉例來說，假設有一個 PHP 選單系統會根據使用者的要求傳遞一個字串給主選單程式。假如它的選項有 Home、About、News、Login 與 Links，我們想要根據使用者的輸入，將 $page 變數設為其中一種。

如果你用 if...elseif...else 來寫這段程式，它會是範例 4-22。

範例 *4-22* 使用多行的 if...elseif...else 陳述式

```php
<?php
  if     ($page == "Home")  echo "You selected Home";
  elseif ($page == "About") echo "You selected About";
  elseif ($page == "News")  echo "You selected News";
  elseif ($page == "Login") echo "You selected Login";
  elseif ($page == "Links") echo "You selected Links";
  else                      echo "Unrecognized selection";
?>
```

改用 switch 陳述式會變成範例 4-23。

範例 *4-23* switch 陳述式

```php
<?php
  switch ($page)
  {
    case "Home":
        echo "You selected Home";
        break;
    case "About":
        echo "You selected About";
        break;
    case "News":
        echo "You selected News";
        break;
    case "Login":
        echo "You selected Login";
        break;
    case "Links":
        echo "You selected Links";
        break;
  }
?>
```

如你所見，我們只在 switch 陳述式的開頭使用一次 $page，接下來用 case 指令來檢查它是否符合某個值。如果出現相符的，PHP 就會執行符合的條件陳述式。當然，真正的程式不會只在這裡告訴使用者他們選了什麼，而是顯示網頁或跳到其他網頁。

在使用 switch 陳述式時，你不需要在 case 指令裡面使用大括號。它們是以冒號開始，以 break 陳述式結束的。不過你要將 switch 陳述式的所有 case 都放在一組大括號裡面。

跳出

如果你想要在滿足某個條件時離開 switch 陳述式，你可以使用 break 指令。這個指令會讓 PHP 離開 switch，並跳到接下來的陳述式。

如果你將範例 4-23 的所有 break 指令拿掉，當 Home 的值是 TRUE 時，五個 case 都會執行。如果 $page 的值是 News，它之後的所有 case 都會執行。這種機制是刻意設計的，目的是為了支援更高階的程式設計技術，但是一般來說，每當有一組 case 條件完成執行時，你就要記得發出一個 break 指令。事實上，忘記加上 break 陳述式是常見的錯誤。

預設動作

switch 陳述式有一種典型的需求是在不滿足任何條件的情況下採取預設的動作。例如在範例 4-23 的選單程式中，你可以在結束的大括號之前加入範例 4-24 的程式碼。

範例 4-24 加至範例 4-23 的 default 陳述式

```
default:
    echo "Unrecognized selection";
    break;
```

這會重現範例 4-22 的 else 陳述式的效果。

雖然因為 default 是最後一個次級陳述式，而且程式會自動繼續執行到結束的大括號，所以我們其實不需要使用 break 指令，但是如果你將 default 陳述式放在比較上面的位置，你就一定要用 break 指令來防止程式繼續執行接下來的陳述式。最安全的做法通常是無論如何都加入 break 指令。

另一種語法

喜歡的話，你也可以將 switch 陳述式的第一個大括號換成一個冒號，將結束的大括號換成 endswitch 指令，如範例 4-25 所示。但是這種做法很罕見，在此介紹只是為了讓你了解別人這樣寫的意思。

範例 4-25 另一種 *switch* 陳述式語法

```php
<?php
  switch ($page):
    case "Home":
        echo "You selected Home";
        break;

    // etc

    case "Links":
        echo "You selected Links";
        break;
  endswitch;
?>
```

?（三元）運算子

如果你不想使用冗長的 if 與 else 陳述式，你也可以使用較緊湊的三元運算子 ?，它的特別之處在於它有三個運算元，而不是典型的兩個。

第 3 章介紹 print 與 echo 陳述式之間的差異時，我們曾經用它來說明可以搭配 print 但不能搭配 echo 一起使用的運算子類型。

在使用 ? 運算子時，你要傳入一個運算式與兩個將要執行的陳述式，一個在運算式的結果是 TRUE 時執行，另一個在 FALSE 時執行。範例 4-26 的程式會將車子的油量警告訊息寫到數位儀表板。

範例 4-26 使用 ? 運算子

```php
<?php
  echo $fuel <= 1 ? "Fill tank now" : "There's enough fuel";
?>
```

如果油量等於或小於 1 加侖（也就是說，$fuel 被設為 1 以下），這個陳述式會將字串 Fill tank now 傳給前面的 echo 陳述式，否則回傳字串 There's enough fuel。你也可以將 ? 陳述式回傳的值指派給一個變數（見範例 4-27）。

範例 4-27 將 ? 條件式結果指派給變數

```php
<?php
$enough = $fuel <= 1 ? FALSE : TRUE;
?>
```

這段程式只會在油量大於一加侖時將 TRUE 值指派給 $enough，否則指派 FALSE 值。

如果你覺得 ? 運算子難以理解，你也可以繼續使用 if 陳述式，但是你以後會在別人的程式裡面看到它，所以仍然要設法理解它。因為它經常多次使用同樣的變數，所以可能會難以理解，例如，下列的程式經常出現：

```php
$saved = $saved >= $new ? $saved : $new;
```

只要你仔細地拆解它，你就知道這段程式在做什麼事情：

```php
$saved =                    // 將 $saved 的值設為 ...
        $saved >= $new  // 比較 $saved 與 $new
    ?                       // 是的，比較的結果是 true ...
        $saved          // ... 所以指派 $saved 的值
    :                       // 不，比較的結果是 false ...
        $new;           // ... 所以指派 $new 的值
```

你可以用這種簡單的寫法，來記錄執行過程中見過的最大值。你可以將最大值儲存在 $saved，並且在每次取得新值時，拿它來與 $new 比較。熟悉 ? 的程式員可能會認為在做這種簡短的比較時，? 比 if 陳述式還要方便。它除了可以用來編寫較緊湊的程式之外，也可以在行內做決策，例如，在將變數傳給函式之前，先測試變數是否已被設值。

迴圈

電腦最偉大的功能之一就是可以快速且永不疲倦地重複執行運算。有時你會讓程式反覆執行一段相同的程式碼，直到某件事情發生為止，例如直到使用者輸入值了，或自然結束為止。對此，PHP 的迴圈結構提供一種完美的方式。

圖 4-4 說明它是如何動作的。它與 if 陳述式的高速公路比喻很像，只不過這裡的支道有一段迴圈，當汽車進入之後，只能在正確的條件之下離開。

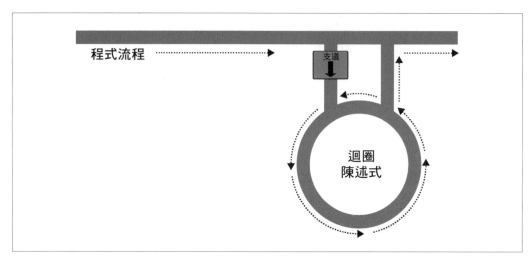

圖 4-4 將迴圈當成程式公路的一部分

while 迴圈

讓我們使用 while 迴圈來修改範例 4-26 的數位儀表板,將它寫成可在駕駛時持續檢查油量的迴圈(範例 4-28)。

範例 *4-28* while 迴圈

```php
<?php
  $fuel = 10;

  while ($fuel > 1)
  {
    // 持續駕駛 ...
    echo "There's enough fuel";
  }
?>
```

你可能比較喜歡一直亮綠燈,而不是輸出文字,但這裡的重點在於,你可以在 while 迴圈裡面放入任何一種油量提示方法。順道一提,如果你要自行嘗試這個範例,特別注意它會持續印出字串,直到你按下瀏覽器的停止按鈕為止。

 你可以看到,while 與 if 一樣,陳述式都必須放在大括號裡面,除非陳述式只有一條。

另一個 while 範例是顯示 12 乘法表，見範例 4-29。

範例 4-29 印出 12 乘法表的 while 迴圈

```php
<?php
  $count = 1;

  while ($count <= 12)
  {
    echo "$count times 12 is " . $count * 12 . "<br>";
    ++$count;
  }
?>
```

這段程式先將變數 $count 的初始值被設為 1，接著用 while 迴圈開始執行比較運算式 $count <= 12。這個迴圈會持續執行，直到變數大於 12 為止。這段程式的輸出是：

```
1 times 12 is 12
2 times 12 is 24
3 times 12 is 36
以此類推 ...
```

我們在迴圈裡面會印出一個字串，裡面有 $count 乘以 12 的值。為了整齊排列，我們在這個字串的後面加上一個
 標籤來強制換行。接著遞增 $count，用結束的大括號讓 PHP 回到迴圈的開頭。

此時，我們再度測試 $count，看看它是否大於 12。現在的值是 2，所以還沒有大於 12，再經過 11 次迴圈之後，它的值是 13，此時會跳過 while 迴圈裡面的程式，執行迴圈後面的程式，在這個例子中，它是程式的結束。

如果這段程式沒有 ++$count 陳述式（或是 $count++），這個迴圈與本節的第一個迴圈一樣，會不斷印出 1 * 12 的結果，永遠不會結束。

但是這個迴圈有更簡潔的編寫方式，我想你會喜歡它，請看範例 4-30。

範例 4-30 範例 4-29 的簡短版本

```php
<?php
  $count = 0;

  while (++$count <= 12)
    echo "$count times 12 is " . $count * 12 . "<br>";
?>
```

這個範例將 while 迴圈內的 ++$count 陳述式移到迴圈的條件運算式裡面。現在 PHP 在每一次的迴圈迭代開始時，都會先遇到變數 $count，因為它的前面有遞增運算子，PHP 會先遞增這個變數，再拿它與 12 進行比較。因此你可以看到，現在 $count 的初始值被設為 0，而不是 1，因為它會在程式進入迴圈的同時遞增。如果初始值是 1，它只會輸出 2 與 12 之間的結果。

do...while 迴圈

do...while 迴圈是 while 迴圈的小變體，它會先執行某段程式一次，再判斷條件。範例 4-31 是用這種迴圈修改後的 12 乘法表程式。

範例 4-31 印出 12 乘法表的 do...while 迴圈

```php
<?php
  $count = 1;
  do
    echo "$count times 12 is " . $count * 12 . "<br>";
  while (++$count <= 12);
?>
```

注意，我們將 $count 的初始值設回 1 了（而不是 0），因為我們在 echo 陳述式執行之後才遞增變數。除了這一點之外，兩段程式看起來很相似。

如果 do...while 迴圈裡面的陳述式超過一行，記得加上大括號，如範例 4-32 所示。

範例 4-32 延伸範例 4-31，使用大括號

```php
<?php
  $count = 1;

  do {
    echo "$count times 12 is " . $count * 12;
    echo "<br>";
  } while (++$count <= 12);
?>
```

for 迴圈

最後一種迴圈陳述式是 for 迴圈，它也是功能最強大的一種，因為它可以在你進入迴圈時設定變數、在迭代迴圈時測試條件，也可以在每次迭代之後修改變數。

範例 4-33 說明如何使用 for 迴圈來編寫乘法表程式。

範例 4-33 用 *for* 迴圈來輸出 *12* 乘法表

```php
<?php
  for ($count = 1 ; $count <= 12 ; ++$count)
    echo "$count times 12 is " . $count * 12 . "<br>";
?>
```

有沒有看到程式被簡化成只有一行 for 陳述式，而且裡面只有一個條件陳述式？解釋一下它的動作。每一個 for 陳述式都接收三個參數：

- 初始運算式

- 條件運算式

- 修改運算式

它們之間以分號分隔，例如：for (*expr1* ; *expr2* ; *expr3*)。在第一次的迴圈開始迭代的時候，初始運算式會執行。在乘法表的範例中，$count 會被設為初始值 1。接下來，PHP 每一次執行迴圈時都會測試條件運算式（此例為 $count <= 12），條件為 TRUE 時才會進入迴圈。最後，每一次迭代結束時，PHP 會執行修改運算式。在乘法表的案例中，變數 $count 會遞增。

這個結構可以簡潔地免除在本體內編寫迴圈控制項的需求，讓你只需要在本體中編寫想讓迴圈執行的陳述式。

如果 for 迴圈有多行陳述式，別忘了使用大括號，如範例 4-34 所示。

範例 4-34 將範例 4-33 的 for 迴圈加上大括號

```php
<?php
  for ($count = 1 ; $count <= 12 ; ++$count)
  {
    echo "$count times 12 is " . $count * 12;
    echo "<br>";
  }
?>
```

我們來比較 for 與 while 迴圈的使用時機。for 迴圈是圍繞著一個定期改變的值來設計的。使用它時，通常你有一個遞增的值，例如當你收到一串使用者選項，想要依序處理每一個選項時的情況。但是你可以隨意轉換這個變數。比較複雜的 for 陳述式甚至可以讓你在這三個參數中執行多次運算：

```
for ($i = 1, $j = 1 ; $i + $j < 10 ; $i++ , $j++)
{
  // ...
}
```

不過這種做法很複雜，不建議初學者使用。關鍵在於，你要知道逗號與分號的不同。這三個參數一定要用分號來分隔；在每一個參數裡面的陳述式可用逗號來分隔。因此在上述範例中，第一個與第三個參數都有兩個陳述式：

```
$i = 1, $j = 1  // 設定 $i 與 $j 的初始值
$i + $j < 10    // 終止條件
$i++ , $j++     // 在每一次迭代結束時修改 $i 與 $j
```

這個範例的重點在於：你必須使用分號來隔開三段參數，而不是使用逗號（逗號只能用來隔開各個參數裡面的陳述式）。

那麼，什麼情況比較適合 while 陳述式而不是 for 陳述式？答案是：當你無法使用一個簡單而且定期改變的變數來描述條件的時候。例如，如果你想要查看某種特殊的輸入或是錯誤，並且在發現它們的時候結束迴圈，你就要使用 while 陳述式。

跳出迴圈

之前已經介紹如何跳出 switch 陳述式了，你也可以使用同一個 break 指令來跳出 for 迴圈（或任何迴圈）。舉個例子，當你的陳述式之一回傳錯誤，導致迴圈無法繼續安全地執行時，你就要採取這個步驟。例如在寫入檔案時，收到「磁碟已滿」錯誤訊息（見範例 4-35）。

範例 *4-35* 使用 for 迴圈來寫入檔案並捕捉錯誤

```php
<?php
  $fp = fopen("text.txt", 'wb');

  for ($j = 0 ; $j < 100 ; ++$j)
  {
    $written = fwrite($fp, "data");

    if ($written == FALSE) break;
  }

  fclose($fp);
?>
```

這是截至目前為止最複雜的程式，但你一定看得懂。第 7 章會介紹檔案管理指令，現在你只要知道：第一行程式會打開檔案 *text.txt*，讓你可以用二進制模式對它進行寫入，然後將指向檔案的指標存入變數 $fp，之後你可以用它來引用已打開的檔案。

這個迴圈會迭代 100 次（從 0 到 99），來將字串 data 寫入檔案。在每一次寫入之後，fwrite 函式會指派一個值給變數 $written，該值是被正確寫入的字元數目。但是如果發生錯誤，fwrite 函式會指派 FALSE 值。

fwrite 可讓我們只要檢查 $written 是否被設為 FALSE 即可，若是，則跳出迴圈，執行接下來關閉檔案的陳述式。

如果你想要改善這段程式，這一行：

```
if ($written == FALSE) break;
```

可以用 NOT 運算子簡化為：

```
if (!$written) break;
```

事實上，你也可以將迴圈內的兩行陳述式縮短成下列的單行陳述式：

```
if (!fwrite($fp, "data")) break;
```

換句話說，你可以移除 $written 變數，因為它只是為了檢查 fwrite 的回傳值而存在，你可以改為直接測試回傳值。

break 指令可能比你想像中的更有威力，如果你想要跳出一層以上的嵌套結構，你可以在 break 指令後面加上一個數字來代表你想要跳出幾層，例如：

```
break 2;
```

continue 陳述式

continue 陳述式有點像 break 陳述式，只是它會要求 PHP 停止處理目前的迴圈迭代，直接進行下一次迭代。因此，PHP 不會跳出整個迴圈，而是離開當下的這一次的迭代。

當你知道目前的迴圈沒有繼續執行的理由，想要節省處理器的工作時間，或避免發生錯誤，因而想要跳到下一次迭代時，你可以採取這種做法。範例 4-36 使用 continue 陳述式來防止變數 $j 被設為 0，因而產生的「除以零」錯誤。

範例 *4-36* 使用 continue 來防止「除以零」錯誤

```php
<?php
  $j = 11;

  while ($j > -10)
  {
    $j--;

    if ($j == 0) continue;

    echo (10 / $j) . "<br>";
  }
?>
```

如果 $j 的值非 0 且介於 10 到 -10 之間,程式會顯示 10 除以 $j 的值。但是遇到 $j 等於 0 這個特例時,程式會執行 continue 陳述式,立刻跳到下一次的迴圈迭代。

隱性與顯性轉型

PHP 是寬鬆型態語言,你只要直接使用一個變數,即可宣告該變數與它的型態。PHP 在必要時也會自動將值的型態轉換成另一種,這種機制稱為隱性轉型。

然而,有時 PHP 所做的隱式轉型可能不是你要的。在範例 4-37 中,留意除法的輸入數字都是整數,在預設的情況下,PHP 會將結果轉換為浮點數,以提供最精確的值:4.66 循環。

範例 *4-37* 這個運算式回傳一個浮點數

```php
<?php
  $a = 56;
  $b = 12;
  $c = $a / $b;

  echo $c;
?>
```

但是當你想讓 $c 是整數時,該怎麼辦?你可以採取很多種做法,其中一種做法是使用整數轉型型態 (int),將 $a / $b 的結果強制轉為整數,如:

```php
  $c = (int) ($a / $b);
```

這種做法稱為**顯性轉型**。注意，為了確保整個運算式的值都被轉型為整數，你必須將整個運算式放在括號裡面。

否則，PHP 只會將 $a 轉型為整數，這就沒意義了，因為它除以 $b 得到的值仍然是浮點數。

你可以將變數與常值顯性轉型為表 4-6 所列的型態。

表 4-6 PHP 的轉型型態

轉型型態	說明
(int) (integer)	移除小數的部分，轉型為整數
(bool) (boolean)	轉型為布林。
(float) (double) (real)	轉型為浮點數。
(string)	轉型為字串。
(array)	轉型為陣列。
(object)	轉型為物件。

通常你可以藉著呼叫 PHP 的內建函式來避免使用轉型。例如，你可以使用 intval 函式來取得整數值。如同本書的許多其他小節，本節的目的，主要是為了協助你了解別人寫的程式。

PHP 動態連結

因為 PHP 是一種程式語言，它的輸出可能會因為不同的網頁使用者而異，因此你可以使用同一個 PHP 網頁來製作整個網站，你可以在使用者按下某個物件時，將資料送回同一個網頁，讓那個網頁根據 cookie 與（或）session 所儲存的內容，來決定接下來要做什麼。

雖然你可以用這種方式來建構整個網站，但我們不建議你這樣做，因為你的原始碼將不斷成長並開始臃腫，因為它必須考慮使用者可能採取的所有動作。

比較明智的做法是將網站分成許多不同的部分來開發。例如，用一個獨立的程序來註冊網站，包含所有必要的檢查，包括驗證 email 地址、確定帳號名稱是否已被使用……等。

然後用第二個模組來登入使用者，再將它們送到網站的主要部分。接下來，你可能需要訊息傳遞模組，讓使用者可以留下評論。此外還有提供網站連結與實用資訊的模組、讓使用者上傳圖像的模組……等。

只要你使用 cookie 或 session 變數（之後的章節會介紹兩者）來追蹤使用者在網站內的動向，你就可以將網頁分成合理的 PHP 程式段落，它們都是獨立的，讓你將來可以輕鬆地開發新功能與維護舊程式。如果你有一個團隊，你可以讓不同的人製作不同的模組，如此一來，每位程式設計師只要透徹地了解程式的某個部分即可。

動態連結範例

內容管理系統（CMS）WordPress 是當今網路上最流行的 PHP 應用程式之一（見圖 4-5），它讓每一個主要部分都有自己的主 PHP 檔案，並將許多通用的、共享的函式放在單獨的檔案中，在必要時，讓 PHP 主網頁 include 進來。

圖 4-5 WordPress CMS

整個 WordPress 都是在幕後使用 session 來追蹤與維護的，所以使用者幾乎察覺不到何時從一個區域轉移到另一個區域。因此，想要調整 WordPress 的 web 開發者可以輕鬆地找到特定的檔案進行修改、測試與偵錯，不會把時間浪費在無謂的地方。當你下一次使用 WordPress 時，特別注意瀏覽器的網址列，你會發現它使用了一些不同的 PHP 檔案。

本章介紹許多基本的概念，現在你已經可以編寫自己的 PHP 小程式了。但是在你做這件事，以及在進入下一章學習函式與物件之前，請先用下列的問題來測驗一下你的新知識。

問題

1. TRUE 與 FALSE 真正的值是什麼？

2. 最簡單的運算式形式是哪兩種？

3. 一元、二元與三元運算子有什麼不同？

4. 自行設定運算子優先順序的最佳做法是什麼？

5. 運算子結合方向是什麼意思？

6. 何時該使用 ===（一致運算子）？

7. 列出三種條件陳述式類型。

8. 哪一個指令可以跳過當前的迴圈迭代，進入下一次的迭代？

9. 為何 for 迴圈的功能比 while 迴圈強大？

10. if 與 while 陳述式如何解譯不同資料型態的條件運算式？

解答請參考第 766 頁，附錄 A 的「第 4 章解答」。

第 5 章

PHP 函式與物件

任何程式語言都需要儲存資料的地方、引導程式流程的手段以及一些零碎的功能，例如運算式求值、檔案管理及文字輸出。這些功能 PHP 都有，它也提供了諸如 else 與 elseif 等讓你更輕鬆的工具。但是，即使你已經有了這些工具，程式設計工作可能也會既枯燥且繁瑣，尤其是在必須重複編寫一段類似的程式時。

這就是函式與物件的用武之處了。你應該猜得到，**函式**是一組執行特定功能，而且可以選擇回傳一個值的陳述式。你可以將一段已經用過兩次以上的程式放入函式，在需要使用它時，用函式的名稱來呼叫它。

相較於連續的、內嵌的程式碼，函式有許多優點，例如，它們：

- 可以減少打字的數量。
- 可以減少語法與其他程式設計錯誤。
- 減少程式檔案的載入時間。
- 減少執行時間，因為不論你呼叫函式幾次，函式都只編譯一次。
- 函式可以接收引數，所以可處理一般的情況與特例。

物件則是這個觀念的延伸，**物件**將一個以上函式以及那些函式使用的資料放在一個稱為**類別**的獨立結構中。

本章會教你使用函式的所有知識，包括如何定義與呼叫它們，以及如何來回傳遞引數。了解這些知識之後，你將開始建立函式，並且在你自己的物件中使用它們（在物件裡面的函式稱為**方法**）。

現在幾乎沒有人使用少於 5.4 的 PHP 版本了（也絕對不建議使用它們）。因此，本章假設你使用的版本不低於這個版本。通常我建議使用 5.6 版，或較新的 7.0 或 7.1 版（PHP 沒有第 6 版）。你可以在第 2 章介紹過的 AMPPS 控制面板選擇其中的任何一個版本。

PHP 函式

PHP 提供了上百個現成、內建的函式，因此它是一個非常豐富的語言。你可以直接呼叫函式的名稱來使用它。例如下列的 date 函式用法：

```
echo date("l");  // 顯示星期幾
```

括號是為了告訴 PHP：你在引用一個函式。如果沒有括號，PHP 會認為你在引用一個常數或變數。

函式可接收任何數量的引數，包括零個。例如，下面的 phpinfo 可以顯示你安裝的 PHP 的資訊，該函式不使用引數：

```
phpinfo();
```

圖 5-1 是呼叫這個函式的結果。

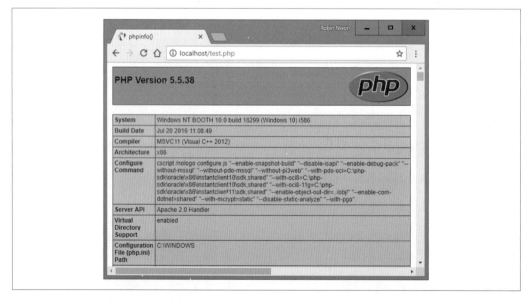

圖 5-1 PHP 內建函式 phpinfo 的輸出

phpinfo 函式可以幫助你取得 PHP 資訊，但是它也可以幫助駭客取得資訊。。因此，千萬不要把呼叫這個函式的程式碼遺留在任何公開的網頁程式碼裡面。

範例 5-1 是使用一或多個引數的內建函式。

範例 5-1 三個字串函式

```php
<?php
  echo strrev(" .dlrow olleH");   // 將字串反過來
  echo str_repeat("Hip ", 2);     // 重複字串
  echo strtoupper("hooray!");     // 把字串改成大寫
?>
```

這個範例使用三個字串函式來輸出以下的文字：

Hello world. Hip Hip HOORAY!

如你所見，strrev 函式會將字串字元的順序反過來，str_repeat 會重複字串 "Hip " 兩次（用第二個參數來設定），而 strtoupper 會將 "hooray!" 轉換成大寫。

定義函式

函式的基本語法是：

```
function function_name([parameter [, ...]])
{
  // 陳述式
}
```

這個語法的第一行展示了下列規則：

- 以 function 這個字來開始定義函式。

- 接下來是名稱，它的開頭必須是字母或底線，接下來是任何數量的字母、數字或底線。

- 必須使用括號。

- 一或多個參數，以逗號分隔，它們是可選的（以中括號表示）。

函式的名稱不區分大小寫，所以下列字串都可引用 print 函式：PRINT、Print 與 PrInT。

從左大括號開始的程式，就是呼叫函式時將會執行的陳述式，你必須用一個對應的大括號來結束它。這些陳述式可能包含一個以上的 return 陳述式，它們會強制終止函式的執行，並且回到呼叫函式的程式。在 return 陳述式後面加上一個值可讓呼叫方取得它，見接下來的說明。

回傳值

我們來看一個簡單的函式，它會將人的全名轉換成小寫，並將名字各部分的第一個字母設為大寫。

我們已經在範例 5-1 看過 PHP 的內建函式 strtoupper 了，下面使用它的相反函式，strtolower：

```
$lowered = strtolower("aNY # of Letters and Punctuation you WANT");

echo $lowered;
```

這個實驗的輸出是：

any # of letters and punctuation you want

但是我們不想讓所有的字母都是小寫，而是想要將名字的第一個字母改為大寫（這個範例不處理難以辨認的案例，例如 Mary-Ann 或 Jo-En-Lai）。好在，PHP 有個 ucfirst 函式可將字串的第一個字元設為大寫：

```
$ucfixed = ucfirst("any # of letters and punctuation you want");

echo $ucfixed;
```

它的輸出是：

Any # of letters and punctuation you want

現在我們可以進行第一次程式設計了：為了得到首字母大寫的單字，我們要先對字串呼叫 strtolower，然後呼叫 ucfirst。做法是將 strtolower 呼叫式放在 ucfirst 裡面。讓我們來了解一下原因，因為了解值的計算順序非常重要。

假設你呼叫 print 函式：

```
print(5-8);
```

PHP 會先計算運算式 5-8，它的輸出是 -3。（上一章說過，PHP 會將結果轉換成字串，以供顯示。）如果運算式裡面有一個函式，PHP 也會先計算那個函式：

```
print(abs(5-8));
```

PHP 在執行這個簡短的陳述式時做了一些事情：

1. 計算 5-8 得到 -3。

2. 使用 abs 函式來將 -3 轉換成 3。

3. 將結果轉換成字串，並使用 print 函式來輸出它。

因為 PHP 會由內而外計算每一個元素，所以它們都可生效。呼叫下面的函式時的流程也一樣：

```
ucfirst(strtolower("aNY # of Letters and Punctuation you WANT"))
```

PHP 先將字串傳給 strtolower，接著傳給 ucfirst，產生（如同之前分別執行函式時看到的結果）：

Any # of letters and punctuation you want

我們來定義一個函式（見範例 5-2），它可以接收三個名字，將它們的第一個字改成大寫，其餘都是小寫。

範例 5-2 整理全名

```php
<?php
  echo fix_names("WILLIAM", "henry", "gatES");

  function fix_names($n1, $n2, $n3)
  {
    $n1 = ucfirst(strtolower($n1));
    $n2 = ucfirst(strtolower($n2));
    $n3 = ucfirst(strtolower($n3));

    return $n1 . " " . $n2 . " " . $n3;
  }
?>
```

也許你有一天會發現自己居然真的在寫這段程式，因為使用者會不小心鎖住 CapsLock 鍵、在錯誤的地方打出大寫的字母，甚至忘記大寫。本範例的輸出是：

William Henry Gates

回傳陣列

你已經知道函式可以回傳一個值了，PHP 也可以讓你用多種方式從函式取得多個值。

第一種方式是使用陣列來回傳值。第 3 章介紹過，陣列就像一個接著一個黏起來的變數。範例 5-3 展示以陣列回傳函式值的方法。

範例 5-3 用陣列回傳多個值

```php
<?php
  $names = fix_names("WILLIAM", "henry", "gatES");
  echo $names[0] . " " . $names[1] . " " . $names[2];

  function fix_names($n1, $n2, $n3)
  {
    $n1 = ucfirst(strtolower($n1));
    $n2 = ucfirst(strtolower($n2));
    $n3 = ucfirst(strtolower($n3));

    return array($n1, $n2, $n3);
  }
?>
```

這個方法的好處是，它會將三個名字分別保存，而不是將它們連接成單一字串，因此你可以直接以姓或名來引用任何使用者，不需要從回傳的字串中取出任何一個名字。

用參考來傳遞參數

在 PHP 5.3 之前的版本中，你可以在呼叫函式時，在變數前面加上 &（例如 increment(&$myvar);），來要求解析器傳遞該變數的參考，而不是變數的值。這可以賦予函式使用變數的權利（可將不同的值寫回給它）。

 PHP 5.3 棄用了在呼叫時以參考傳遞（call-time pass-by-reference）的做法，並且在 5.4 版移除它。因此除了在舊網站之外，請勿使用這種功能，即使是在舊網站上，我們也建議你改寫以參考傳遞的程式，因為它在新版的 PHP 會產生嚴重的錯誤而停止運行。

但是，在函式定義式裡面，有時你可以繼續使用參考來存取引數。這個概念不容易理解，所以我們再次使用第 3 章的火柴盒比喻。

想像一下，與其辛苦地從火柴盒拿出一張紙，閱讀上面的文字，將它影印至另一張紙，將原本那一張紙放回去，再將這複本傳給函式（真累！），你只要在原本的紙張黏一條線，再把那條線的另一端傳給函式就可以了（見圖 5-2）。

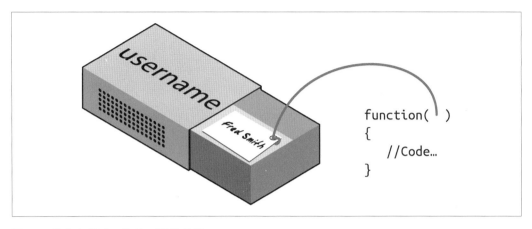

圖 5-2 將參考想成一條接到變數的線

現在函式可以沿著這條線找到它想存取的資料了。這種做法可以避免複製僅供函式使用的變數，此外，現在函式可以直接修改變數的值了。

也就是說，你可以將範例 5-3 改成將參考傳遞給所有參數，如此一來，函式就可以直接修改它們了（見範例 5-4）。

範例 5-4 以參考將值傳給函式

```php
<?php
  $a1 = "WILLIAM";
  $a2 = "henry";
  $a3 = "gatES";

  echo $a1 . " " . $a2 . " " . $a3 . "<br>";
  fix_names($a1, $a2, $a3);
  echo $a1 . " " . $a2 . " " . $a3;

  function fix_names(&$n1, &$n2, &$n3)
  {
    $n1 = ucfirst(strtolower($n1));
    $n2 = ucfirst(strtolower($n2));
    $n3 = ucfirst(strtolower($n3));
  }
?>
```

這個範例並非直接將字串傳遞給函式，而是將它們指派給變數，並將它們印出來，以檢查它們「之前」的值。接下來，我們一如既往地呼叫程式，但是這次幫函式定義式裡面的參數前面都加上 & 符號，以參考來傳遞它們。

現在變數 $n1、$n2 與 $n3 都分別被接上可以找到 $a1、$a2 與 $a3 的值的線了。換句話說，我們有一組值，但是可以用兩組變數名稱來存取它們。

因此，函式 fix_names 只要將新值指派給 $n1、$n2 與 $n3，就可以更新 $a1、$a2 與 $a3 的值了。這段程式的輸出是：

```
    WILLIAM henry gatES
  William Henry Gates
```

如你所見，這兩個 echo 陳述式都只使用 $a1、$a2 與 $a3 的值。

回傳全域變數

若要讓函式存取在外部建立的變數，但是不想將那個變數當成引數傳入函式，有一種比較好的做法，是將它宣告成可在函式內全域存取的變數。在變數名稱前面加上 global 關鍵字，即可在程式的每一個部分存取它（見範例 5-5）。

範例 5-5 回傳全域變數裡面的值

```php
<?php
  $a1 = "WILLIAM";
  $a2 = "henry";
  $a3 = "gatES";

  echo $a1 . " " . $a2 . " " . $a3 . "<br>";
  fix_names();
  echo $a1 . " " . $a2 . " " . $a3;

  function fix_names()
  {
    global $a1; $a1 = ucfirst(strtolower($a1));
    global $a2; $a2 = ucfirst(strtolower($a2));
    global $a3; $a3 = ucfirst(strtolower($a3));
  }
?>
```

現在你不需要將參數傳給函式，函式也不需要接收它們。一旦你宣告全域變數之後，它們就會維持全域性，讓程式的其他地方都可以使用它們，包括函式。

變數作用域回顧

我們來快速回顧一下第 3 章所提到的內容：

- 區域變數只能在你定義它的區域存取。如果區域變數在函式外面，在函式、類別等結構外面的所有程式都可以存取它們。如果變數在函式裡面，只有那一個函式可以存取該變數，變數的值在函式 return 時會消失。
- 你可以在程式的任何部分存取全域變數，無論是在函式裡面或外面。
- 你只能在宣告靜態變數的函式裡面存取它們，但是它們的值會在多次呼叫之間保留。

include 與 require 檔案

當你的 PHP 程式碼越來越多時，也許你會開始建立函式程式庫，以備後用，或開始使用別人製作的程式庫。

你不需要將這些函式複製、貼入你的程式內，只要將它們存為獨立的檔案，並使用兩種指令來將它們拉進來即可：include 與 require。

include 陳述式

你可以使用 include 來要求 PHP 擷取特定的檔案，並載入它的所有內容，這就好像將整個檔案貼到插入點一樣。範例 5-6 展示如何 include *library.php* 檔案。

範例 5-6 include 一個 PHP 檔

```php
<?php
  include "library.php";

  // 你的程式
?>
```

使用 include_once

每當你發出 include 指令，它都會再次 include 檔案，即使那個檔案已經被插入了。假設 *library.php* 裡面有很多好用的函式，你將它 include 到自己的檔案裡面，但是你也 include 另一個函式庫，那個函式庫也 include 同一個 *library.php* 檔。因為嵌套的關係，你在無意間 include library.php 兩次。這會產生錯誤訊息，因為你試著多次定義同樣的常數或是函數。為了避免這個問題，你可以改用 include_once（見範例 5-7）。

範例 5-7　只 include PHP 檔案一次

```php
<?php
  include_once "library.php";

  // 你的程式
?>
```

從此之後，試著 include 或是 include_once 同一個檔案就會被完全忽略。為了確定你請求的檔案是否已經被執行了，PHP 會在解析所有相對路徑（相對於絕對路徑）之後比較絕對路徑，並且在你的 include 路徑中尋找那一個檔案。

> 一般來說，最好的做法是絕不使用基本的 include 陳述式，僅使用 include_once。如此一來，你就不會碰到多次 include 同一個檔案的問題了。

使用 require 與 require_once

include 與 include_once 可能有一個問題：PHP 只會試著 include 你要求的檔案，即使 PHP 找不到那個檔案，程式仍然會繼續執行。

如果你一定要 include 某個檔案，那就使用 require。與使用 include_once 的原因一樣的是，當你需要 require 檔案時，建議你只使用 require_once（見範例 5-8）。

範例 5-8　只 require PHP 檔一次

```php
<?php
  require_once "library.php";

  // 你的程式
?>
```

PHP 版本相容性

PHP 是還在持續發展的語言，因此它有許多版本。如果你想要檢查某個函式可否在自己的程式中使用，可用 function_exists 函式來檢查所有預先定義與自製的函式。

範例 5-9 檢查 array_combine 是否存在，並非所有 PHP 版本都有這個函式。

範例 5-9 檢查函式是否存在

```php
<?php
  if (function_exists("array_combine"))
  {
    echo "Function exists";
  }
  else
  {
    echo "Function does not exist - better write our own";
  }
?>
```

藉由這類程式，你既可以利用 PHP 新版本的功能，也可以讓程式在沒有新功能的舊版本上運行，此時只要複製缺少的功能即可。雖然你的函式可能跑得比內建的版本還要慢，但至少你的程式更有可移植性。

你也可以使用 phpversion 函式來判斷你的程式在哪一個 PHP 版本上面運行。它回傳結果長得像這樣，具體結果依版本而定：

8.0.0

PHP 物件

在計算機早期，程式語言最好的功能只是非常基本的 GOTO 或 GOSUB 陳述式，所以函式的出現在很大程度上代表著設計能力大幅進步，而*物件導向程式設計（OOP）*如同當時開創新時代的函式，也將函式的用法帶往不同的方向。

當你知道如何將你想要重複使用的程式碼寫成函式之後，利用函式與資料來建構物件就不是多困難的事情了。

我們來研究一下具備許多部分的社交網站。它有一個處理所有使用者的函式，也就是讓新使用者註冊，以及讓既有使用者修改個人資料的程式碼。在標準的 PHP 中，你應該會建立一個新的函式來處理這項工作，並且對 MySQL 資料庫進行一些呼叫，來記錄所有的使用者。

若要建立一個物件來代表當前的使用者，你可以建立一個類別，也許稱之為 User，在裡面加入處理使用者的所有程式，以及在類別中處理資料所需的所有變數。接下來，當你需要處理一位使用者的資料時，你只要使用 User 類別來建立一個新物件即可。

你可以把這個新物件當成一位實際的使用者，例如，你可以將帳號、密碼以及 Email 地址傳給這個物件，詢問它這位使用者是否已經存在，如果不存在，讓它以這些屬性建立一位新使用者。你甚至可以建立一個即時傳訊物件，或是用一個物件來管理使用者之間的好友狀態。

術語

當你使用物件時，你必須設計一種資料與程式碼的組合，這種組合稱為**類別**（*class*）。用該類別產生的新物件都稱為該類別的**實例**（*instance* 或 *occurrence*）。

物件的資料稱為**屬性**（*property*），物件所使用的函式稱為**方法**（*method*）。在定義類別時，你要提供它的屬性的名稱，以及方法的程式碼。我們可以將物件視為圖 5-3 的點唱機，轉盤中的 CD 是它的屬性，按下操作面板上的按鈕是播放 CD 的方法。它也有投幣孔（用來啟動物件的方法），以及雷射唱片讀取器（讀取 CD 音樂（或屬性）的方法）。

圖 5-3　點唱機是自成一體的物件

在建立物件時最好進行**封裝**（*encapsulation*），也就是只允許類別的屬性被它自己的方法處理。換句話說，你不能讓外面的程式碼直接處理物件內部的資料。你提供的、用來處理物件的方法稱為物件的**介面**（*interface*）。

這種做法可以方便你偵錯，你只要修正類別裡面的錯誤即可。此外，當你想要升級程式時，如果你做了正確的封裝，並且維護相同的介面，你就可以開發新的替代類別，先對它進行徹底的偵錯，再用它來取代舊類別。如果新類別無法正常運作，你可以將舊類別換回去，以暫時處理問題，再對新的類別進行偵錯。

建立類別之後，你可能需要一個類似它但不完全相同的類別。此時，比較快速且簡單的方法是使用**繼承**（*inheritance*）來定義新類別。這種方法可讓新類別擁有它繼承來的所有屬性。此時，原始類別稱為**父類別**（parent，有時稱為超類別（superclass）），新類稱為它的**子類別**（subclass，或衍生類別（derived class））。

在點唱機例子中，如果你發明了可以同時播放音樂與影片的新點唱機，你可以繼承原本的超類別點唱機的所有屬性與方法，並且加入一些新屬性（影片）和新方法（影片播放器）。

這個系統最大的優點是：當你改善超類別的速度或增加其他功能時，它的子類別也會獲得同樣的改善。反過來說，你對父類別進行的任何修改都有可能破壞子類別。

宣告類別

在使用物件之前，你必須先用關鍵字 class 來定義類別。類別定義式包括類別名稱（區分大小寫）、它的屬性與方法。範例 5-10 定義的 User 類別有兩個屬性：$name 與 $password（使用 public 關鍵字，見第 115 頁的「屬性作用域與方法作用域」）。它也建立了這個類別的實例（稱為 $object）。

範例 5-10 宣告類別並檢視物件

```php
<?php
  $object = new User;
  print_r($object);

  class User
  {
    public $name, $password;

    function save_user()
```

```
    {
      echo "Save User code goes here";
    }
  }
?>
```

我在這裡使用一個好用的函式，稱為 print_r。它會要求 PHP 將變數的資訊顯示為人類容易理解的格式，（_r 代表 *human-readable*。）在新物件 $object 案例中，它印出的資訊是：

```
User Object
(
  [name]    =>
  [password] =>
)
```

然而，瀏覽器會移除所有的空白字元，所以在瀏覽器中顯示出來的結果有點難懂：

```
User Object ( [name] => [password] => )
```

總之，這個輸出說明 $object 是使用者定義的物件，裡面有 name 與 password 屬性。

建立物件

若要用特定的類別來建立物件，請使用 new 關鍵字，例如：$object = new Class。你可以採取這些做法：

```
$object = new User;
$temp   = new User('name', 'password');
```

第一行僅僅指派一個 User 類別的物件。第二行在呼叫時傳入引數。

類別可能需要或不需要使用引數，類別也可能允許引數，但不明確要求它們。

使用物件

我們在範例 5-10 加入幾行程式，並檢查其結果。範例 5-11 延伸之前的程式，在裡面設定物件屬性，並呼叫一個方法。

範例 5-11 建立物件並且與它互動

```php
<?php
  $object = new User;
  print_r($object); echo "<br>";

  $object->name     = "Joe";
  $object->password = "mypass";
  print_r($object); echo "<br>";

  $object->save_user();

  class User
  {
    public $name, $password;

    function save_user()
    {
      echo "Save User code goes here";
    }
  }
?>
```

你可以看到，存取物件屬性的語法是 *$object->property*。你也可以使用 *$object->method()* 來呼叫方法。

請注意，在範例中，屬性名稱與方法名稱前面沒有 $ 符號。在它們的前面加上 $ 會讓程式無法執行，因為它會試著參考變數裡面的值。例如，運算式 $object->$property 會試著查看 $property 的值（假設那個值是字串 brown），然後試著參考屬性 $object->brown。如果 $property 未定義，你將試著參考 $object->NULL，並導致錯誤。

查看瀏覽器的「檢視原始碼」工具會看到範例 5-11 的輸出：

```
User Object
(
  [name]     =>
  [password] =>
)
User Object
(
  [name]     => Joe
  [password] => mypass
)
Save User code goes here
```

print_r 再一次發揮它的功用，在屬性賦值之前與之後，顯示 $object 的內容。從現在開始，我會省略 print_r 陳述式，如果你在開發伺服器上跟著本書操作，你可以加入這種陳述式，來觀察實際發生的事情。

你也可以看到，呼叫 save_user 方法會執行它裡面的程式碼，它印出字串來提醒我們編寫一些程式。

 你可以在程式的任何地方定義函式與類別，在使用它們的陳述式前面或後面都可以。不過，將它們放在靠近檔案結束的地方通常比較好。

複製物件

在你建立物件之後，當你將它當成參數來傳遞時，它是以參考來傳遞的。就火柴盒的比喻而言，這就好像有很多條線接到火柴盒裡面的同一個物件，所以你可以沿著任何一條線存取它。

也就是說，指派物件不會複製整個物件。範例 5-12 說明它的工作方式，我們定義一個非常簡單的 User 類別，它沒有方法，只有 name 屬性。

範例 5-12 複製物件

```php
<?php
  $object1        = new User();
  $object1->name = "Alice";
  $object2        = $object1;
  $object2->name = "Amy";

  echo "object1 name = " . $object1->name . "<br>";
  echo "object2 name = " . $object2->name;

  class User
  {
    public $name;
  }
?>
```

我們先建立物件 $object1，並將 name 屬性設為 Alice 值，接著建立 $object2，將它設為 $object1 的值，然後只將 $object2 的 name 屬性的值設為 Amy 值（我們自認如此）。但是這段程式的輸出是：

```
object1 name = Amy
object2 name = Amy
```

為什麼？因為 $object1 與 $object2 都引用同一個物件，因此改變 $object2 的 name 屬性，也會改變 $object1 的該屬性。

為了避免這種混淆，你可以使用 clone 運算子，它會建立一個新的類別實例，並且將原本實例的屬性值複製給新的實例。範例 5-13 說明這種用法。

範例 5-13 複製物件

```php
<?php
  $object1        = new User();
  $object1->name = "Alice";
  $object2        = clone $object1;
  $object2->name = "Amy";

  echo "object1 name = " . $object1->name . "<br>";
  echo "object2 name = " . $object2->name;

  class User
  {
    public $name;
  }
?>
```

好了！這段程式的輸出就是我們最初想要的結果：

```
object1 name = Alice
object2 name = Amy
```

建構式

你可以在建立新物件的時候，傳遞一系列引數給你呼叫的類別。這些引數會被傳給類別的一個特殊方法，稱為**建構式**（*constructor*），讓它設定各個屬性的初始值。

當你編寫建構式時，你必須使用 __construct 這個函式名稱 —— 也就是在 construct 前面加上兩個底線字元，見範例 5-14。

範例 5-14 建立建構式方法

```php
<?php
  class User
  {
    function __construct($param1, $param2)
    {
      // 以下是建構式的陳述式
    }
  }
?>
```

解構式

你也可以建立解構（*destructor*）方法。這個方法很適合在程式最後一次參考某個物件，或是在腳本執行完畢時使用。範例 5-15 是解構式的寫法。解構式可以做清理工作，例如中斷與資料庫的連結，或釋出你在類別裡面保留的其他資源。因為你在類別中保留了某些資源，所以你一定要在解構式釋出它，否則它會一直留在那裡。許多系統範圍的問題都是程式保留資源卻忘了釋出它們造成的。

範例 5-15 建立建構式方法

```php
<?php
  class User
  {
    function __destruct()
    {
      // 解構式程式碼
    }
  }
?>
```

編寫方法

如你所見，宣告方法與宣告函式很像，但它們之前仍然有一些差異。例如，以雙底線（__）開頭的方法名稱是 PHP 保留的，你不能用這種格式來命名自己的方法。

你也可以用特殊的變數 $this 來存取當前物件的屬性。範例 5-16 說明它的用法，其中，User 類別有一個方法：get_password。

範例 5-16 在方法中使用 $this 變數

```php
<?php
  class User
  {
    public $name, $password;

    function get_password()
    {
      return $this->password;
    }
  }
?>
```

get_password 使用 $this 變數來存取當前的物件，然後回傳該物件的 password 屬性值。注意，我們在使用 -> 運算子時，並未在 $password 的前面加上 $。使用 $ 是常見的錯誤，尤其是在你第一次使用這個功能時。

以下是範例 5-16 定義的類別的用法：

```php
    $object           = new User;
    $object->password = "secret";

    echo $object->get_password();
```

這段程式會印出密碼 secret。

宣告屬性

你不一定要在類別中明確地宣告屬性，因為當你第一次使用它時，就會隱性地定義它。範例 5-17 的類別 User 裡面沒有任何屬性與方法，但它仍然是有效的程式。

範例 5-17 隱性定義屬性

```php
<?php
  $object1        = new User();
  $object1->name = "Alice";

  echo $object1->name;

  class User {}
?>
```

這段程式正確地輸出字串 Alice，因為 PHP 隱性地為你宣告了變數 $object1->name。但是因為 name 不是在類別內宣告的，這種程式寫法可能會引發難以偵測的 bug。

為了幫助你自己與維護程式的人，建議你養成習慣，在類別中明確地宣告屬性，總有一天你會慶幸自己這麼做。

此外，在類別中宣告屬性時，你可以為它設定初始值。你使用的值必須是常數值，而不是函式或運算式的結果。範例 5-18 是一些正確的與不正確的賦值方式。

範例 5-18 正確的與不正確的屬性宣告

```php
<?php
  class Test
  {
    public $name  = "Paul Smith"; // 正確
    public $age   = 42;           // 正確
    public $time  = time();       // 不正確 - 呼叫函式
    public $score = $level * 2;   // 不正確 - 使用運算式
  }
?>
```

宣告常數

如同使用 define 函式來建立全域常數時那樣，你也可以在類別中定義常數。常數通常以大寫來命名，來讓它們比較明顯，如範例 5-19 所示。

範例 5-19 在類別裡面定義常數

```php
<?php
  Translate::lookup();

  class Translate
  {
    const ENGLISH = 0;
    const SPANISH = 1;
    const FRENCH  = 2;
    const GERMAN  = 3;
    // ...

    static function lookup()
    {
      echo self::SPANISH;
    }
  }
?>
```

你可以使用 self 關鍵字與雙冒號運算子來直接引用常數。注意，這段程式在沒有預先建立實例的情況下，在第一行使用雙冒號運算子來直接呼叫類別。你應該可以猜到，這段程式會印出 1。

別忘了，一旦你定義常數之後，你就不能改變它了。

屬性作用域與方法作用域

PHP 提供三種關鍵字來控制屬性與方法（即成員（*members*））的作用域：

public

    公用成員可以在任何地方參考，包括其他的類別與物件實例，當你用關鍵字 var 或 public 來宣告變數，或是在初次使用變數因而隱性宣告它時，這是預設的行為。關鍵字 var 與 public 是可以互換的，雖然 var 被棄用了，但是為了與之前的 PHP 版本相容，PHP 仍然保留它。方法在預設情況下都是 public。

protected

    這些成員只能被物件的類別方法與子類別的類別方法參考。

private

    這些成員只能被同一個類別裡面的方法參考，子類別不能參考它。

以下是選擇關鍵字的辦法：

- 如果外部程式碼需要存取該成員，而且後代類別需要繼承它，使用 public。
- 如果外部程式碼不應該存取該成員，但是後代類別需要繼承它，使用 protected。
- 如果外部程式碼不應該存取該成員，後代類別也不應該繼承它，使用 private。

範例 5-20 說明這些關鍵字的用法。

範例 5-20 改變屬性與方法的作用域

```php
<?php
  class Example
  {
    var $name    = "Michael"; // 與 public 相同，但已被棄用
    public $age = 23;         // Public 屬性
    protected $usercount;     // Protected 屬性
```

```
    private function admin() // Private 方法
    {
      // 管理程式
    }
  }
?>
```

靜態方法

你可以將方法定義為 static（靜態），如此一來，它只能用類別來呼叫，不能用物件來呼叫。靜態方法不存取任何物件屬性，範例 5-21 是它的寫法與使用法。

範例 5-21 建立與存取靜態方法

```
<?php
  User::pwd_string();

  class User
  {
    static function pwd_string()
    {
      echo "Please enter your password";
    }
  }
?>
```

注意，我們使用雙冒號（也稱為作用域解析運算子）來呼叫類別本身以及靜態方法，而不是使用 ->。靜態函式很適合用來執行與類別本身有關的動作，而不是與類別的特定實例有關的動作。範例 5-19 是另一個靜態方法範例。

 如果你試著在靜態方法裡面存取 $this->property 或其他物件屬性，你會看到錯誤訊息。

靜態屬性

大部分的資料與方法都適用於類別的實例。假如你想要在 User 類別裡面設定使用者的密碼，或檢查使用者是否已經註冊。因為這些事實與操作分別適用於各個使用者，所以你要使用實例專用的屬性與方法。

但是有時你需要維護與整個類別有關的資料。例如，如果你要回報有多少使用者已經註冊，你要儲存一個屬於整個 User 類別的變數。PHP 為這種資料提供了靜態屬性與方法。

在範例 5-21 中，當你將類別的成員宣告為 static 之後，你可以在未將類別實例化的情況下使用它。你不能在類別的實例中直接存取以 static 來宣告的屬性，但是你可以在靜態方法裡面存取它。

範例 5-22 定義一個名為 Test 的類別，它裡面有一個 static 屬性與一個 public 方法。

範例 5-22 定義有靜態屬性的類別

```php
<?php
  $temp = new Test();

  echo "Test A: " . Test::$static_property . "<br>";
  echo "Test B: " . $temp->get_sp()         . "<br>";
  echo "Test C: " . $temp->static_property . "<br>";

  class Test
  {
    static $static_property = "I'm static";

    function get_sp()
    {
      return self::$static_property;
    }
  }
?>
```

執行這段程式會產生下列輸出：

```
Test A: I'm static
Test B: I'm static
Notice: Undefined property: Test::$static_property
Test C:
```

這個範例展示了你可以在 Test A 類別本身裡面使用雙冒號運算子，來直接引用 $static_property 屬性。而且，Test B 可以呼叫以 Test 類別建立的 $temp 物件的 get_sp 方法來取得屬性的值。但是 Test C 失敗了，因為你不能用 $temp 物件來讀取靜態屬性 $static_property。

注意，get_sp 方法使用 self 關鍵字來讀取 $static_property，這就是在類別內直接讀取靜態屬性或常數的方式。

繼承

一旦你製作一個類別，你就可以用它來衍生子類別。繼承可以節省許多痛苦的程式重寫時間：當你想編寫類別時，你可以用類似的既有類別來衍生子類別，你只要修改不一樣的地方即可。你可以用 extends 運算子來進行繼承。

範例 5-23 使用 extends 關鍵字來將類別 Subscriber 宣告為 User 的子類別。

範例 5-23 繼承與延伸類別

```php
<?php
  $object            = new Subscriber;
  $object->name      = "Fred";
  $object->password  = "pword";
  $object->phone     = "012 345 6789";
  $object->email     = "fred@bloggs.com";
  $object->display();

  class User
  {
    public $name, $password;

    function save_user()
    {
      echo "Save User code goes here";
    }
  }

  class Subscriber extends User
  {
    public $phone, $email;

    function display()
    {
      echo "Name:  " . $this->name     . "<br>";
      echo "Pass:  " . $this->password . "<br>";
      echo "Phone: " . $this->phone    . "<br>";
      echo "Email: " . $this->email;
    }
  }
?>
```

原始的 User 類別有兩個屬性：$name 與 $password，以及一個將目前的使用者存入資料庫的方法。Subscriber 延伸這個類別，加入兩個屬性：$phone 與 $email，以及一個顯示當前物件屬性的方法，該方法使用 $this 變數來引用當前物件的值。這段程式的輸出是：

```
Name:  Fred
Pass:  pword
Phone: 012 345 6789
Email: fred@bloggs.com
```

parent 關鍵字

如果子類別有個函式的名稱與父類別的函式名稱一樣，那麼子類別的函式裡面的陳述式會覆寫父類別的。有時你不想要這樣，因為你想要使用父類別的方法，此時你可以使用 parent 運算子，見範例 5-24。

範例 5-24 覆寫方法與使用 parent 運算子

```php
<?php
  $object = new Son;
  $object->test();
  $object->test2();

  class Dad
  {
    function test()
    {
      echo "[Class Dad] I am your Father<br>";
    }
  }

  class Son extends Dad
  {
    function test()
    {
      echo "[Class Son] I am Luke<br>";
    }

    function test2()
    {
      parent::test();
    }
  }
?>
```

這段程式建立一個 Dad 類別與一個繼承其屬性與方法的子類別 Son，並覆寫 test 方法。因此，我們在第 2 行呼叫 test 會執行新的方法。如果你要執行 Dad 類別的 test 方法，你只能使用 parent 運算子，如同類別 son 的函式 test2 的做法。這段程式的輸出為：

```
[Class Son] I am Luke
[Class Dad] I am your Father
```

如果你想要呼叫當前類別的方法，你可以使用 self 關鍵字，例如：

```
self::method();
```

子類別建構式

請注意，當你 extend 一個類別並宣告自己的建構式時，PHP 不會自動呼叫父類別的建構式。如果你想要確保 PHP 執行所有的初始化程式碼，你就要讓子類別呼叫父類別的建構式，如範例 5-25 所示。

範例 5-25 呼叫父類別建構式

```php
<?php
  $object = new Tiger();

  echo "Tigers have...<br>";
  echo "Fur: " . $object->fur . "<br>";
  echo "Stripes: " . $object->stripes;

  class Wildcat
  {
    public $fur; // Wildcats（野貓）有 fur（毛皮）

    function __construct()
    {
      $this->fur = "TRUE";
    }
  }

  class Tiger extends Wildcat
  {
    public $stripes; // Tigers（老虎）有 stripes（條紋）

    function __construct()
    {
```

```
        parent::__construct(); // 先呼叫父建構式
        $this->stripes = "TRUE";
    }
  }
?>
```

這個範例以典型的手法利用繼承。Wildcat 類別已經建立屬性 $fur 了，我們想要重複使用它，所以建立 Tiger 類別來繼承 $fur，並額外建立 $stripes 屬性。程式的輸出可以證明這兩個建構式都被呼叫了：

```
Tigers have...
Fur: TRUE
Stripes: TRUE
```

final 方法

你可以使用 final 關鍵字來避免子類別覆寫父類別的方法，如範例 5-26 所示。

範例 5-26 建立 *final* 方法

```
<?php
  class User
  {
    final function copyright()
    {
      echo "This class was written by Joe Smith";
    }
  }
?>
```

消化本章的內容之後，你應該可以強烈地感受到 PHP 可以用來做些什麼事情，並且可以駕輕就熟地使用函式，甚至編寫物件導向程式了。第 6 章將介紹 PHP 陣列，並結束 PHP 的初步探討。

問題

1. 使用函式的主要優點是什麼？

2. 函式可以回傳幾個值？

3. 「以名稱」與「以參考」來存取變數有何不同？

4. PHP 的作用域是什麼意思？

5. 如何將一個 PHP 檔併到另一個檔案裡面？

6. 物件與函式有何不同？

7. 如何在 PHP 中建立一個新物件？

8. 用既有的類別來建立子類別的語法是什麼？

9. 如何在建立物件時將它初始化？

10. 為什麼在類別中明確地宣告屬性是好的做法？

解答請參考第 766 頁附錄 A 的「第 5 章解答」。

第 6 章

PHP 陣列

我們曾經在第 3 章簡單地介紹 PHP 陣列，當時只是為讓你稍微見識一下它的威力而已。本章將說明陣列的其他功能，你將會驚奇地發現其中的一些做法非常優雅和簡潔（如果你用過像 C 一樣的強型態語言的話）。

陣列不但可以免除親自處理複雜資料結構的麻煩，也提供很多手段，可讓你在存取資料的同時，維持令人驚訝的速度。

基本操作

我們已經知道陣列就像一排黏在一起的火柴盒，我們也可以將陣列視為一串珠子，裡面的珠子代表變數，它們可能是數值、字串，甚至是其他的陣列。它們像一串珠子的原因是每一個元素都有自己的位置，而且每一個元素的左右都有其他元素（除了第一個與最後一個之外）。

有一些陣列用數值索引來參考，有一些使用英數代碼。你可以用內建函式來排序它、加入或移除某一部分，以及使用特殊的迴圈來遍歷每一個元素，並對它們進行處理。你也可以在陣列中放入一個或多個陣列來建立二維、三維或任何維度的陣列。

數值索引陣列

假設你要幫文具公司建立簡單的網頁，目前已經做到紙張的部分了。為了處理這個種類的各項物品的庫存，有一種方法是將它們放在一個數值陣列裡面。範例 6-1 是最簡單的做法。

範例 6-1 將多個項目加入陣列

```php
<?php
  $paper[] = "Copier";
  $paper[] = "Inkjet";
  $paper[] = "Laser";
  $paper[] = "Photo";

  print_r($paper);
?>
```

在這個範例中，每當你設定 $paper 陣列的值的時候，程式就會將值存在它的第一個空位，同時遞增 PHP 內部的指標，讓它指向下一個空位，以供未來使用。我們用熟悉的 print_r 函式（可印出變數、陣列或物件的內容）來確認陣列是否已被正確地填入值。它印出這個結果：

```
Array
(
  [0] => Copier
  [1] => Inkjet
  [2] => Laser
  [3] => Photo
)
```

上一段程式也可以寫成範例 6-2，明確地指定每一個項目在陣列中的位置。但是你可以看到，這種方法需要輸入更多文字，而且如果你要插入或移除物品，你將難以維護程式。所以，除非你想要親自指定不同的順序，否則讓 PHP 處理位置編號比較好。

範例 6-2 指定明確的位置，將項目加入陣列

```php
<?php
  $paper[0] = "Copier";
  $paper[1] = "Inkjet";
  $paper[2] = "Laser";
  $paper[3] = "Photo";

  print_r($paper);
?>
```

這些範例輸出的結果一模一樣，但是你應該不會在已開發完成的網頁中使用 print_r，因此範例 6-3 示範如何用 for 迴圈來印出該網站提供的紙張種類。

範例 6-3 將項目加入陣列，並將它們取出

```php
<?php
  $paper[] = "Copier";
  $paper[] = "Inkjet";
  $paper[] = "Laser";
  $paper[] = "Photo";

  for ($j = 0 ; $j < 4 ; ++$j)
    echo "$j: $paper[$j]<br>";
?>
```

這個範例印出這個結果：

```
0: Copier
1: Inkjet
2: Laser
3: Photo
```

到目前為止，你已經知道在陣列中加入項目的幾種方法，與一種參考它們的做法了，其實 PHP 還有提供許多其他的做法，很快就會介紹。但是在那之前，我們先來看另一種陣列。

關聯陣列

雖然用索引來追蹤陣列元素的效果還不錯，但如此一來，你就得記得哪個數字代表哪個產品，這也會讓別的程式設計師不容易了解你的程式。

這就是關聯陣列問世的原因，它們可以讓你使用名稱來參考陣列中的項目，而不是使用號碼。範例 6-4 延伸之前的程式，讓陣列裡面的每一個元素都有一個識別名稱與一個較長的說明字串。

範例 6-4 在關聯陣列中加入與取出項目

```php
<?php
  $paper['copier'] = "Copier & Multipurpose";
  $paper['inkjet'] = "Inkjet Printer";
  $paper['laser']  = "Laser Printer";
  $paper['photo']  = "Photographic Paper";

  echo $paper['laser'];
?>
```

現在每一個項目都用一個唯一的名稱來取代數字（數字無法傳達任何有用的資訊，只能指出項目在陣列中的位置），你可以在別處用那個名稱來引用它，如同 echo 陳述式的做法（印出 Laser Printer）。名稱（copier、inkjet……等）稱為索引或索引鍵（*key*），被指派給它們的項目（例如 Laser Printer）稱為值。

當你從 XML 與 XTML 裡面提取資訊時，通常你會使用這種非常強大的 PHP 功能。例如，搜尋引擎使用的 HTML 解析器可能會將網頁的元素都存入一個關聯陣列，並且用名稱來代表網頁的結構：

```
$html['title'] = "My web page";
$html['body']  = "... body of web page ...";
```

程式可能也會將網頁裡面的所有連結存到另一個陣列中，將所有的標題與副標題存到另一個。當你使用關聯陣列，而不是數值陣列時，你可以輕鬆地寫出參考所有項目的程式，並對它進行偵錯。

使用 array 關鍵字來賦值

你已經知道如何一次加入一個項目來設定陣列的值了，但是無論你是指定索引鍵、數字碼，或是讓 PHP 暗中指派數字碼，這種做法都很繁瑣。比較紮實且快速的方法是使用 array 關鍵字。範例 6-5 說明如何使用這種方式來設定數值與關聯陣列的值。

範例 6-5 使用 array 關鍵字來將項目加入陣列

```php
<?php
  $p1 = array("Copier", "Inkjet", "Laser", "Photo");

  echo "p1 element: " . $p1[2] . "<br>";

  $p2 = array('copier' => "Copier & Multipurpose",
              'inkjet' => "Inkjet Printer",
              'laser'  => "Laser Printer",
              'photo'  => "Photographic Paper");

  echo "p2 element: " . $p2['inkjet'] . "<br>";
?>
```

這段程式的前半部分將舊的、縮短的產品說明指派給 $p1 陣列，它有四個項目，所以它們會占據 0 到 3 格，因此 echo 陳述式會印出這個結果：

```
p1 element: Laser
```

後半部分式使用 *key => value* 格式，將關聯識別碼與較長的產品說明指派給 $p2 陣列。
=> 的用法與一般的 = 賦值運算子很像，但在此你是將值指派給索引，而不是指派給變
數。接下來，索引與值將密不可分，除非索引被指派新值。因此 echo 指令會印出：

```
p2 element: Inkjet Printer
```

你可以確認 $p1 與 $p2 是不同類型的陣列，當你將下面的兩條指令加入程式時，它們會
產生 undefined index 與 undefined offset 錯誤，因為這兩個的陣列識別碼都不正確：

```
echo $p1['inkjet']; // 未定義的索引
echo $p2[3];        // 未定義的位移值
```

foreach...as 迴圈

PHP 的創造者花了很大的力氣來讓這種語言容易使用。因此，除了之前提到的迴圈結構
之外，他們也為陣列量身打造一種迴圈：foreach...as 迴圈。它可以讓你遍歷陣列的所
有項目，一次一個，並對它們做些事情。

這個程序從第一個項目開始處理，在最後一個項目結束，所以你不需要知道陣列裡面有
多少項目。範例 6-6 展示用 foreach...as 來改寫範例 6-3 的做法。

範例 6-6 使用 *foreach...as* 來遍歷數值陣列

```php
<?php
  $paper = array("Copier", "Inkjet", "Laser", "Photo");
  $j = 0;

  foreach($paper as $item)
  {
    echo "$j: $item<br>";
    ++$j;
  }
?>
```

當 PHP 遇到 foreach 陳述式時，它會將陣列的第一個項目放入 as 關鍵字後面的變數；
每當控制流程回到 foreach 時，它就會將下一個陣列元素放入 as 關鍵字後面的變數。這
個例子會將變數 $item 依序設為陣列 $paper 裡面的四個值。當 PHP 用過所有的值時，它
就會結束迴圈的執行。這段程式的輸出與範例 6-3 一樣。

範例 6-7 展示如何使用 foreach 來處理關聯陣列，它改寫自範例 6-5 的後半段。

範例 6-7 用 foreach...as 來遍歷關聯陣列

```php
<?php
  $paper = array('copier' => "Copier & Multipurpose",
                 'inkjet' => "Inkjet Printer",
                 'laser'  => "Laser Printer",
                 'photo'  => "Photographic Paper");

  foreach($paper as $item => $description)
    echo "$item: $description<br>";
?>
```

別忘了，關聯陣列不需要數值索引，所以這個範例不需要變數 $j，它將 $paper 陣列的每一個項目傳給變數 $item 與 $description 這一對索引鍵與值（key/ value pair，以下簡稱為「鍵值」），並印出來。這段程式的結果為：

```
copier: Copier & Multipurpose
inkjet: Inkjet Printer
laser: Laser Printer
photo: Photographic Paper
```

在 PHP 7.2 版之前，你可以用 list 函式與 each 函式來取代 foreach...as 語法。但是這兩個函式都被棄用了，因此不建議使用它們，因為未來的版本可能會移除它們。這對需要修改舊程式的 PHP 程式設計師來說是一場惡夢，尤其是這兩種函式都很好用。因此，我寫了一個取代 each 的函式，稱為 myEach，它的工作方式與 each 一模一樣，可讓你輕鬆地修改舊程式，見範例 6-8。

範例 6-8 使用 myEach 與 list 來遍歷關聯陣列

```php
<?php
  $paper = array('copier' => "Copier & Multipurpose",
                 'inkjet' => "Inkjet Printer",
                 'laser'  => "Laser Printer",
                 'photo'  => "Photographic Paper");

  while (list($item, $description) = myEach($paper))
    echo "$item: $description<br>";

  function myEach(&$array) // 取代被棄用的 each 函式
  {
    $key    = key($array);
    $result = ($key === null) ? false :
              [$key, current($array), 'key', 'value' => current($array)];
```

```
    next($array);
    return $result;
  }
?>
```

這個範例設置了一個 while 迴圈，它會反覆執行，直到 myEach 函式（相當於舊版 PHP 的 each 函式）回傳 FALSE 值為止。myEach 函式的行為很像 foreach，它會回傳一個陣列，裡面存有 $paper 陣列的鍵值，然後將內建的指標移到該陣列的下一對鍵值。如果沒有鍵值可以回傳，myEach 就回傳 FALSE。

list 函式以引數接收陣列（在這個範例中，它是 myEach 函式回傳的鍵值），接著將陣列的值指派給括號裡面的變數。

你可以在範例 6-9 更清楚地看到 list 的行為，它用 Alice 與 Bob 建立一個陣列，接著將它傳給 list 函式，該函式將這兩個字串當成值，指派給變數 $a 與 $b。

範例 6-9 使用 list 函式

```
<?php
  list($a, $b) = array('Alice', 'Bob');
  echo "a=$a b=$b";
?>
```

這段程式的輸出是：

a=Alice b=Bob

所以，你可以在遍歷陣列時，選擇你要的元素。你可以使用 foreach...as 來建立一個迴圈，讓它取出值並傳給 as 後面的變數，或使用 myEach 函式來建立你自己的迴圈系統。

多維陣列

在 PHP 陣列語法裡面，有一個簡單的功能可以用來建立超過一維的陣列。事實上，它們可以做成任何維數（但是超過三的維數並不常見）。

這個功能可以將整個陣列放入另一個陣列，把它當成後者的一部分，而且能夠反覆這樣做，就像一首古詩：「在一隻大跳蚤的背上有一隻小跳蚤咬牠，在小跳蚤的背上有一隻更小的跳蚤，牠們永無止盡地堆疊下去。」

讓我們延伸之前範例中的關聯陣列來看一下它如何工作，見範例 6-10。

範例 6-10 建立多維關聯陣列

```php
<?php
  $products = array(

    'paper' => array(

      'copier' => "Copier & Multipurpose",
      'inkjet' => "Inkjet Printer",
      'laser'  => "Laser Printer",
      'photo'  => "Photographic Paper"),

    'pens' => array(

      'ball'   => "Ball Point",
      'hilite' => "Highlighters",
      'marker' => "Markers"),

    'misc' => array(

      'tape'  => "Sticky Tape",
      'glue'  => "Adhesives",
      'clips' => "Paperclips"
    )
  );

  echo "<pre>";

  foreach($products as $section => $items)
    foreach($items as $key => $value)
      echo "$section:\t$key\t($value)<br>";

  echo "</pre>";
?>
```

因為程式越來越長，為了讓你容易理解，我修改了一些元素的名稱。例如，以前的 $paper 陣列現在是一個大陣列的一部分，現在主陣列稱為 $products，在這個陣列裡有三個項目：paper、pens 與 misc，每一個項目裡面都有另一個存有鍵值的陣列。

在必要時，你還可以在這些子陣列裡面放入其他陣列。例如，你可以在 ball 下面存放線上商店賣的各種類型和顏色的原子筆（ballpoint pen）。現在我們先將程式的深度限制為兩層。

指派陣列資料之後，我使用兩個嵌套的 foreach...as 迴圈來印出各個值。外面的迴圈可以取出陣列頂層的主要部分，裡面的迴圈可以取出每個部分裡面的分類的鍵值。

只要你記得陣列的每一層都以相同的方式運作（即鍵值），你就可以輕鬆地存取每一層的任何一個元素。

echo 陳述式使用 PHP 轉義字元 \t 來輸出 tab。雖然 tab 對瀏覽器而言通常不重要，但我用 <pre>...</pre> 標籤讓它們作為排版之用，這兩個標籤可讓瀏覽器將文字預格式化（preformatted）且設為等距（monospaced），並且不忽略 tab 與換行字元等空白字元。這段程式的輸出如下：

```
paper:   copier   (Copier & Multipurpose)
paper:   inkjet   (Inkjet Printer)
paper:   laser    (Laser Printer)
paper:   photo    (Photographic Paper)
pens:    ball     (Ball Point)
pens:    hilite   (Highlighters)
pens:    marker   (Markers)
misc:    tape     (Sticky Tape)
misc:    glue     (Adhesives)
misc:    clips    (Paperclips)
```

你可以使用中括號來直接存取陣列中的特定元素：

```
echo $products['misc']['glue'];
```

它會輸出 Adhesives。

你也可以建立數值多維陣列，並且直接用索引來存取，而不是使用英數識別碼。範例 6-11 製作一個西洋棋棋盤，並且將棋子放在開局的位置。

範例 6-11 建立多維數值陣列

```php
<?php
  $chessboard = array(
    array('r', 'n', 'b', 'q', 'k', 'b', 'n', 'r'),
    array('p', 'p', 'p', 'p', 'p', 'p', 'p', 'p'),
    array(' ', ' ', ' ', ' ', ' ', ' ', ' ', ' '),
    array(' ', ' ', ' ', ' ', ' ', ' ', ' ', ' '),
    array(' ', ' ', ' ', ' ', ' ', ' ', ' ', ' '),
    array(' ', ' ', ' ', ' ', ' ', ' ', ' ', ' '),
    array('P', 'P', 'P', 'P', 'P', 'P', 'P', 'P'),
    array('R', 'N', 'B', 'Q', 'K', 'B', 'N', 'R')
  );
```

```
  echo "<pre>";

  foreach($chessboard as $row)
  {
    foreach ($row as $piece)
      echo "$piece ";

    echo "<br>";
  }

  echo "</pre>";
?>
```

在這個範例中，小寫字母代表黑色棋子，大寫代表白色。其中 r = rook（車）、n = knight（騎士）、b = bishop（主教）、k = king（國王）、q = queen（皇后），而 p = pawn（兵卒）。同樣的，這段程式用兩個嵌套的 foreach...as 迴圈來遍歷陣列，並顯示其內容。外面的迴圈把每一列放入 $row 變數，此變數本身也是一個陣列，因為 $chessboard 陣列用次級陣列來代表每一列。這個迴圈裡面有兩個陳述式，所以我們用大括號來將它們框起來。

接下來，我們用內部迴圈來處理每一列的棋格，輸出它儲存的字元（$piece），並在後面加上一個空格（來排列輸出）。這個迴圈只有一個陳述式，所以不需要用大括號。我們也用 <pre> 與 </pre> 標籤來確保輸出正確的結果：

```
r n b q k b n r
p p p p p p p p



p p p p p p p p
R N B Q K B N R
```

你也可以用中括號來直接存取陣列內的任何一個元素：

```
echo $chessboard[7][3];
```

這個陳述式會輸出大寫字母 Q，也就是由上往下算來第八個元素，由左往右算來第四個元素（切記，陣列索引從 0 開始，不是從 1 開始）。

使用陣列函式

你已經看過 list 與 each 函式了，但是 PHP 還有許多其他的陣列處理函式。你可以在這份文件中看到完整的清單：*https://tinyurl.com/arraysinphp*。然而，其中有些函式非常重要，值得花時間研究一下。

is_array

陣列與變數有相同的名稱空間，也就是說，你不能同時使用 $fred 變數與 $fred 陣列。如果你想要確認某個變數是不是陣列，你可以使用 is_array 函式，例如：

```
echo (is_array($fred)) ? "Is an array" : "Is not an array";
```

注意，如果 $fred 還沒有被賦值，PHP 會產生 Undefined variable 訊息。

count

雖然 each 函式與 foreach...as 迴圈結構非常適合用來遍歷陣列的內容，但有時你想知道陣列裡面有多少元素，特別是當你想要直接參考它們的時候，你可以使用這個指令來取得陣列最頂層所有元素的數量：

```
echo count($fred);
```

如果你想要知道多維陣列裡面總共有多少元素，你可以使用下列的陳述式：

```
echo count($fred, 1);
```

第二個參數是選用的，它的用途是設定模式，0 代表只計算最頂層的數量，1 代表也要遞迴計算所有子陣列的元素數量。

sort

排序是常見的功能，所以 PHP 也提供了內建的函式。它最簡單的使用方式是：

```
sort($fred);
```

切記，與其他函式不一樣的是，sort 會直接處理它收到的陣列，而不是回傳一個排序過的新陣列。如果排序成功，它會回傳 TRUE，排序錯誤則回傳 FALSE。它也提供一些旗標，最主要的兩種旗標是以數字和以字串來排序，例如：

```
sort($fred, SORT_NUMERIC);
sort($fred, SORT_STRING);
```

你也可以使用 rsort 函式來反向排序陣列，例如：

```
rsort($fred, SORT_NUMERIC);
rsort($fred, SORT_STRING);
```

shuffle

如果你想要隨機排列陣列元素，例如在撲克牌遊戲中洗牌，你可以使用：

```
shuffle($cards);
```

與 sort 一樣的是，shuffle 會直接處理陣列，並且在成功時回傳 TRUE，出現錯誤時回傳
FALSE。

explode

explode 是很好用的函式，如果你有一個字串，它裡面有許多項目，項目之間都用一個字
元（或字元串列）隔開，這個函式可以將每一個項目放入一個陣列內。有一種很方便的
案例是分解一個句子，將句子的所有單字放入一個陣列，如範例 6-12 所示。

範例 6-12 使用空格來將字串拆成陣列

```php
<?php
  $temp = explode(' ', "This is a sentence with seven words");
  print_r($temp);
?>
```

這個範例會印出下列的結果（在瀏覽器上，它會變成單行）：

```
Array
(
  [0] => This
  [1] => is
  [2] => a
  [3] => sentence
  [4] => with
  [5] => seven
  [6] => words
)
```

函式的第一個參數（分隔符號）並非只能使用空格或單一字元。範例 6-13 做了一些改變。

範例 6-13 用分隔符號 *** 來將字串拆成陣列

```php
<?php
  $temp = explode('***', "A***sentence***with***asterisks");
  print_r($temp);
?>
```

範例 6-13 的程式的結果是：

```
Array
(
  [0] => A
  [1] => sentence
  [2] => with
  [3] => asterisks
)
```

extract

有時候將陣列裡面的鍵值轉換成 PHP 變數比較方便，例如當你處理表單傳給 PHP 腳本的 $_GET 或 $_POST 變數時。

當你透過 web 傳送表單時，web 伺服器會將變數拆成全域陣列，來讓 PHP 腳本使用。如果變數是用 GET 方法來傳遞的，它們會被放入名為 $_GET 的關聯陣列；如果變數是用 POST 傳遞的，它們則會被放入名為 $_POST 的關聯陣列。

當然，你也可以使用之前範例的做法來遍歷這些關聯陣列，但是，有時你只是想要先將變數值存起來，以備後用，此時，你可以用 PHP 自動完成這個工作：

```php
extract($_GET);
```

如此一來，如果你將一個查詢字串參數 q 與它的值 Hi there 傳給 PHP 腳本，PHP 會建立新變數 $q，並且將它設為那個值。

不過，使用這種做法時要小心，如果提取出來的變數與既有的變數衝突，既有的值就會被改寫成提取出來的值。你可以使用這個函式的其他參數來避免這種情形：

```php
extract($_GET, EXTR_PREFIX_ALL, 'fromget');
```

在這個例子中,所有新變數的名稱前面都會被加上你指定的字首與一個底線,因此 $q 會變成 $formget_q。強烈建議你在處理 $_GET 與 $_POST 陣列,或是可由使用者控制索引鍵的陣列時,使用這一個版本的函式,因為惡意使用者可能會送出精心挑選的索引鍵來覆寫常見的變數名稱,進而破壞你的網站。

compact

你可以使用 compact 來將變數與值變成陣列(extract 的反向操作)。範例 6-14 是這個函式的用法。

範例 6-14 compact 函式的用法

```php
<?php
  $fname        = "Doctor";
  $sname        = "Who";
  $planet       = "Gallifrey";
  $system       = "Gridlock";
  $constellation = "Kasterborous";

  $contact = compact('fname', 'sname', 'planet', 'system', 'constellation');

  print_r($contact);
?>
```

範例 6-14 的結果是:

```
Array
(
  [fname] => Doctor
  [sname] => Who
  [planet] => Gallifrey
  [system] => Gridlock
  [constellation] => Kasterborous
)
```

注意,在使用 compact 時,你必須將變數名稱放在單引號裡面,而不是在它們前面加上 $ 符號,因為 compact 接收一系列的變數名稱,而不是它們的值。

這個函式也可以用來偵錯,當你想要快速地檢查許多變數與它們的值的時候,可參考範例 6-15 的做法。

範例 6-15 用 compact 來偵錯

```php
<?php
  $j       = 23;
  $temp    = "Hello";
  $address = "1 Old Street";
  $age     = 61;

  print_r(compact(explode(' ', 'j temp address age')));
?>
```

我們使用 explode 函式來將字串裡面的單字都放入陣列，然後將陣列傳給 compact 函式，再讓該函式將陣列傳給 print_r，來顯示內容。

當你想要複製 print_r 這行程式時，你只要修改變數的名稱，即可快速地印出一堆變數的值。這個範例的輸出是：

```
Array
(
  [j] => 23
  [temp] => Hello
  [address] => 1 Old Street
  [age] => 61
)
```

reset

當 foreach...as 結構或 each 函式遍歷陣列時，它們會在內部用一個 PHP 指標來記錄下一次要回傳的陣列元素。如果你想要回到陣列的開頭，你可以使用 reset，它也會回傳第一個元素的值。以下是這個函式的用法：

```php
reset($fred);          // 捨棄回傳值
$item = reset($fred); // 把陣列的第一個元素存入 $item
```

end

與 reset 類似，你也可以使用 end 函式來將 PHP 的內部指標移到陣列的最後一個元素，它也會回傳那一個元素的值。

```php
end($fred);
$item = end($fred);
```

本章已經完成 PHP 的基本介紹了，你現在應該已經可以使用學到的技術來編寫複雜的程式了。下一章會使用 PHP 來做一些常見的、實用的工作。

問題

1. 數值陣列與關聯陣列有什麼不同？

2. array 關鍵字的主要優點是什麼？

3. foreach 與 each 有什麼不同？

4. 如何建立多維陣列？

5. 如何知道陣列的元素有幾個？

6. explode 函式的用途是什麼？

7. 如何將 PHP 的內部陣列指標設到陣列的第一個元素？

解答請參考第 767 頁附錄 A 的「第 6 章解答」。

第 7 章

實際使用 PHP

我們已經在之前的章節探討 PHP 語言的許多元素了，本章將運用你學會的程式技能，來教你如何進行一些常見且重要的實際工作。你將學會如何用最佳方式，以最簡潔的程式來處理字串，並且按照你想要的方式將它顯示在 web 瀏覽器上，包括進階的日期與時間管理技巧。你也會學到如何建立與修改檔案，包括使用者上傳的檔案。

使用 printf

你已經認識 print 與 echo 函式了，它們可以在瀏覽器上輸出文字，但 printf 是更強大的函式，可讓你在字串中放入特殊的格式化字元來控制輸出的格式。你要幫 printf 的每一個格式化字元傳入一個對應的引數，來讓它以該格式顯示引數。例如，下列範例使用 %d 轉換符號，以十進制顯示來 3 這個值：

```
printf("There are %d items in your basket", 3);
```

如果你將 %d 換成 %b，3 會被顯示為二進制（11）。表 7-1 是 PHP 提供的轉換符號。

表 7-1 printf 轉換符號

符號	如何轉換 arg 引數	範例（當 arg 是 123 時）
%	顯示一個 % 字元（不需要 arg）	%
b	以二進制整數來顯示 arg	1111011
c	顯示 arg 的 ASCII 字元	{

符號	如何轉換 arg 引數	範例（當 arg 是 123 時）
d	以帶正負號的十進制整數來顯示 arg	123
e	以科學記數法來顯示 arg	1.23000e+2
f	以浮點數來顯示 arg	123.000000
o	以八進制整數來顯示 arg	173
s	以字串來顯示 arg	123
u	以無正負號十進制來顯示 arg	123
x	以小寫的十六進制來顯示 arg	7b
X	以大寫的十六進制來顯示 arg	7B

你可以在 printf 函式中使用任何數量的轉換符號，你只要傳遞相同數量的引數，並且在每一個轉換符號的前面加上一個 % 符號即可。因此，下面的程式會輸出 "My name is Simon. I'm 33 years old, which is 21 in hexadecimal"：

```
printf("My name is %s. I'm %d years old, which is %X in hexadecimal",
  'Simon', 33, 33);
```

缺少任何一個引數都會顯示解析錯誤訊息，告訴你遇到非預期的右括號），或引數太少。

printf 有一種方便的用法是在 HTML 中使用十進制值來設定顏色。例如，假設你想要使用顏色值：紅 65，綠 127 與藍 245，但是不想要自己將它轉換成十六進制，你可以這樣做：

```
printf("<span style='color:#%X%X%X'>Hello</span>", 65, 127, 245);
```

仔細看一下單引號（''）之間的顏色格式，首先有個代表顏色格式的井號（#），接下來有連續三個 %X 格式符號，分別對應每一個數字。這個指令會輸出：

```
<span style='color:#417FF5'>Hello</span>
```

你可以將變數或運算式當成 printf 的引數來使用，例如，如果你已經在 $r，$g 與 $b 三個變數裡面儲存顏色值了，你可以用這種寫法來產生比較暗的顏色：

```
printf("<span style='color:#%X%X%X'>Hello</span>", $r-20, $g-20, $b-20);
```

設定精度

除了指定轉換型式之外，你也可以設定顯示的精度。例如，現金金額通常只會使用小數點後二位來顯示。但是，計算結果可能需要更高的精度，例如 123.42 / 12 的結果是

10.285。若要在內部正確地保存這種值，但是只想顯示小數點後兩位，你可以在 % 符號與轉換符號之間插入字串 ".2"：

```
printf("The result is: $%.2f", 123.42 / 12);
```

它會輸出：

The result is $10.29

但是你還可以用它來控制許多東西。你也可以在指定符號前面加上一些值，來指定以零或空格來填補輸出。範例 7-1 是四種可能的組合。

範例 7-1 精度設定

```php
<?php
  echo "<pre>"; // 顯示空格

  // 補成 15 個位置
  printf("The result is $%15f\n", 123.42 / 12);

  // 用零補到 15 個位置
  printf("The result is $%015f\n", 123.42 / 12);

  // 補到 15 個位置，精度為小數點後兩位
  printf("The result is $%15.2f\n", 123.42 / 12);

  // 用零補到 15 個位置，精度為小數點後兩位
  printf("The result is $%015.2f\n", 123.42 / 12);

  // 用 # 補到 15 個位置，精度為小數點後兩位
  printf("The result is $%'#15.2f\n", 123.42 / 12);
?>
```

這個範例的輸出為：

```
The result is $       10.285000
The result is $00000010.285000
The result is $          10.29
The result is $000000000010.29
The result is $##########10.29
```

設定精度的程式由右往左看比較容易理解（見表 7-2）。你可以看到：

- 最右邊的字元是轉換符號，在這個例子中，它是代表浮點數的 f。

- 如果在轉換符號的前面有小數點與數字，該數字代表輸出的精度。

- 無論有沒有精度符號，如果有數字，該數字的意思就是你要將輸出補成多少字元。上述範例是 15 個字元。如果輸出已經等於或大於你要填補的字元數量了，這個引數就會被忽略。

- 在 % 之後最左邊的參數可使用 0，此時，除非你有設定填補值，否則它會被忽略。設定填補值之後，你會用來填補輸出，而不是用空格。如果你想用零或空格之外的字元來填補，你也可以使用一個單引號加上任何字元來使用它，例如：'#。

- 最左邊是 % 符號，它的功能是啟動轉換。

表 7-2　轉換符號的成分

開始轉換	填補字元	填補字元數	顯示精度	轉換符號	範例
%		15		f	10.285000
%	0	15	.2	f	000000000010.29
%	'#	15	.4	f	########10.2850

字串填補

你也可以將字串填補為想要的長度（與處理數字時一樣）、選擇不同的填補字元，甚至選擇靠左或靠右。見範例 7-2 的各種示範。

範例 7-2　字串填補

```php
<?php
  echo "<pre>"; // 顯示空格

  $h = 'Rasmus';

  printf("[%s]\n",        $h); // 標準字串輸出
  printf("[%12s]\n",      $h); // 使用空格來補至 12 寬，並向右靠
  printf("[%-12s]\n",     $h); // 使用空格，向左靠
  printf("[%012s]\n",     $h); // 用零來填補
  printf("[%'#12s]\n\n",  $h); // 使用自定的填補字元 '#'

  $d = 'Rasmus Lerdorf';       // PHP 的創造者

  printf("[%12.8s]\n",    $d); // 截成 8 個字元，向右靠
  printf("[%-12.12s]\n",  $d); // 截成 12 個字元，向左靠，
  printf("[%-'@12.10s]\n", $d); // 截成 10 個字元，用 '@' 填補，向左靠
?>
```

注意，為了在網頁中顯示文字的排列方式，我使用 HTML 標籤 `<pre>` 來保留所有的空格，並在每一行結尾使用 \n 換行字元。這個範例的輸出是：

```
[Rasmus]
[      Rasmus]
[Rasmus      ]
[000000Rasmus]
[#####Rasmus]

[      Rasmus L]
[Rasmus Lerdo]
[Rasmus Ler@@]
```

當你指定填補值時，長度等於或大於該值的字串會被忽略，除非你指定裁切值，將字串縮成短於填補值。

表 7-3 是字串轉換符號的各種組件。

表 7-3　字串轉換符號的組件

開始轉換	靠左 / 右	填補字元	填補字數	裁切	轉換符號	範例（使用 "Rasmus"）
%					s	[Rasmus]
%	-		10		s	[Rasmus]
%		'#	8	.4	s	[####Rasm]

使用 sprintf

有時你不想要輸出轉換的結果，而是想在程式的其他地方使用它，此時可使用 sprintf 函式，它可以將結果傳給其他變數，而不是傳給瀏覽器。

你可以用它來進行轉換，例如下面的範例可將 RGB 顏色 65、127、245 的十六進制字串值傳給 $hexstring：

```
$hexstring = sprintf("%X%X%X", 65, 127, 245);
```

你也可以先將輸出儲存起來，以後再顯示它：

```
$out = sprintf("The result is: $%.2f", 123.42 / 12);
echo $out;
```

日期與時間函式

PHP 使用標準 Unix 時戳來追蹤日期與時間，標準 Unix 時戳就是從 1970 年 1 月 1 日算起的秒數。你可以使用 time 函式來取得目前的時戳：

```
echo time();
```

因為這個值是秒數，如果你想算出下星期同一時間的時戳，你可以將回傳值加上 7 天 × 24 小時 × 60 分 × 60 秒：

```
echo time() + 7 * 24 * 60 * 60;
```

你可以使用 mktime 函式來建立特定日期的時戳。將 2022 年 12 月 1 日 1 時 1 分 1 秒傳給它之後，它會輸出時戳 1669852800：

```
echo mktime(0, 0, 0, 12, 1, 2022);
```

它的參數由左至右分別是：

- 小時（0–23）
- 分（0–59）
- 秒（0–59）
- 月（1–12）
- 日（1–31）
- 年（1970–2038。在 32 位元帶正負號系統的 PHP 5.1.0+ 中，則為 1901–2038）

你可能想問：為什麼要將年分限制為 1970 至 2038？其實，這是因為 Unix 的原開發者選擇將 1970 年年初當成基準日期，原因是他們認為，程式設計師用不到該年之前的日期！

幸好，PHP 從 5.1.0 版開始支援使用帶正負號 32 位元整數作為時戳的系統，所以你可以在它們上面使用 1901 至 2038 的時間。然而，這產生一個比原始的問題更糟糕的問題：因為 Unix 的設計師也認為所有人都不會使用 Unix 超過 70 年，所以只要使用 32 位元值來儲存時戳即可，但這只能存到 2038 年 1 月 19 日！

這會造成所謂的 Y2K38 臭蟲（很像以二位數儲存年分造成的千禧蟲，它也是必須解決的問題）。PHP 在 5.2 版加入 DateTime 類別來處理這個問題，但它只能在 64 位元的架構上使用，如今多數電腦都使用這種架構了（但是在使用之前要先檢查一下）。

若要顯示日期，你可以使用 date 函式，它提供大量的格式選項，可讓你用任何方式來顯示日期。這個函式的格式如下：

```
date($format, $timestamp);
```

$format 參數是表 7-4 的格式符號組成的字串，而 $timestamp 是 Unix 時戳。你可以在這份文件中看到完整的格式符號：*https://tinyurl.com/phpdate*。下面的指令會以 "Monday February 17th, 2025 - 1:38pm" 這種格式來輸出目前的日期與時間：

```
echo date("l F jS, Y - g:ia", time());
```

表 7-4 date 函式的主要格式符號

格式	說明	回傳值
日格式符號		
d	月分日期，兩位數，前置 0	01 至 31
D	星期幾，三個字母	Mon 至 Sun
j	月分日期，前面不加 0	1 至 31
l	星期幾，全名	Sunday 至 Saturday
N	星期幾，以數字表示，星期一到星期日	1 至 7
S	為月分日期加上後綴字 （與格式符號 j 一起使用）	st、nd、rd 或 th
w	星期幾，以數字表示，星期日到星期六	0 至 6
z	一年的第幾天	0 至 365
週格式符號		
W	一年的第幾週	01 至 52
月格式符號		
F	月分名稱	January 至 December
m	月分數字，前置 0	01 至 12
M	月分名稱，三個字母	Jan 至 Dec
n	月分數字，前面不加 0	1 至 12
t	該月分的天數	28、29、30 或 31
年格式符號		
L	閏年	1 = 是，0 = 否
y	年，兩位數	00 至 99
Y	年，四位數	0000 至 9999

格式	說明	回傳值
時間格式符號		
a	上午或下午，小寫	am 或 pm
A	上午或下午，大寫	AM 或 PM
g	小時，12 小時制，前面不加 0	1 至 12
G	小時，24 小時制，前面不加 0	0 至 23
h	小時，12 小時制，前面加 0	01 至 12
H	小時，24 小時制，前面加 0	00 至 23
i	分，前面加 0	00 至 59
s	秒，前面加 0	00 至 59

日期常數

你可以在 date 指令中用一些常數來以特定的格式回傳日期。例如，date(DATE_RSS) 以 RSS 摘要（RSS feed）的有效格式來回傳目前的日期與時間。比較常用的常數有：

DATE_ATOM

　　Atom feed 的格式。PHP 的格式是 "Y-m-d\TH:i:sP"，輸出範例為 "2025-05-15T12:00:00+00:00"。

DATE_COOKIE

　　由 web 伺服器或 JavaScript 設定的 cookie 的格式。PHP 格式是 "l, d-M-y H:i:s T"，輸出範例為 "Thursday, 15-May-25 12:00:00 UTC"。

DATE_RSS

　　RSS feed 的格式。PHP 格式為 "D, d M Y H:i:s O"，輸出範例為 "Thu, 15 May 2025 12:00:00 UTC"。

DATE_W3C

　　全球資訊網協會的格式。PHP 格式為 "Y-m- d\TH:i:sP"，輸出範例為 "2025-05-15T12:00:00+00:00"。

完整的內容請參考這份文件：*https://tinyurl.com/phpdatetime*。

使用 checkdate

知道如何使用各種格式來顯示有效日期之後，如何確定使用者傳給程式的日期是有效的？答案是將月、日與年傳給 checkdate 函式，當日期有效時，它會回傳 TRUE 值，無效時，則回傳 FALSE 值。

例如，不管你輸入哪一年的 9 月 31 日，它都是無效的日期。範例 7-3 是這個函式的用法，它會發現收到的日期是無效的。

範例 7-3 檢查日期是否有效

```php
<?php
  $month = 9;    // 9 月（只有 30 天）
  $day   = 31;   // 31st
  $year  = 2025; // 2025

  if (checkdate($month, $day, $year)) echo "Date is valid";
  else echo "Date is invalid";
?>
```

檔案處理

儘管 MySQL 很強大，但你不是只能用它在 web 伺服器上儲存資料，它也不一定是最好的方法。有時直接存取硬碟內的檔案比較快，也比較方便，像是修改圖像（例如使用者上傳的頭像），或處理紀錄檔（logfile）。

不過，關於檔案的名稱，你必須注意一些地方。如果你的程式會在各種 PHP 版本上執行，你將無法以任何方式來確認那些系統究竟是否將大小寫視為相異。例如，Windows與 macOS 的檔名不區分大小寫，但 Linux 與 Unix 的檔名區分大小寫。因此，你要一律假設系統區分大小寫，並且使用同一種做法，例如全部使用小寫的檔名。

檢查檔案是否存在

你可以使用 file_exists 函式來檢查檔案是否存在，它會視情況回傳 TRUE 或 FALSE，其用法如下：

```php
    if (file_exists("testfile.txt")) echo "File exists";
```

建立檔案

現在還沒有 *testfile.txt*，讓我們建立它，並在裡面寫入幾行文字。輸入範例 7-4，並將它存為 *testfile.php*。

範例 7-4　建立簡單的文字檔

```php
<?php // testfile.php
  $fh = fopen("testfile.txt", 'w') or die("Failed to create file");

  $text = <<<_END
Line 1
Line 2
Line 3
_END;

  fwrite($fh, $text) or die("Could not write to file");
  fclose($fh);
  echo "File 'testfile.txt' written successfully";
?>
```

當程式呼叫 die 函式時，PHP 會在終止程式時，自動關閉已開啟的檔案。

如果你在瀏覽器執行這段程式，而且一切順利，你會看到訊息 File 'testfile.txt' written successfully。如果你看到錯誤訊息，那可能代表硬碟已滿，或是你沒有建立或寫入檔案的權限，若是如此，你要視作業系統修改目標資料夾的屬性。否則，在你儲存 *testfile.php* 程式的資料夾裡面應該會有 testfile.txt 檔案。試著以文字編輯器或程式編輯器打開這個檔案，你會看到這些內容：

```
Line 1
Line 2
Line 3
```

這個簡單的例子說明了檔案的處理程序：

1.　程序一定從打開檔案開始。你要呼叫 fopen 來打開檔案。

2.　然後你就可以呼叫其他函式了。我們在這裡寫入檔案（fwrite），但是你也可以讀取既有的檔案（fread 或 fgets），並且做其他的事情。

3.　關閉檔案（fclose）以結束整個程序。雖然程式在結束時會自動幫你做這件事，但是你仍然應該在結束之前自行收尾，關閉檔案。

PHP 每次開啟檔案都會用檔案資源來存取與管理那個檔案。上述範例將變數 $fh（代表 file handle，檔案控制代碼）設為 fopen 函式的回傳值。之後，你必須將 $fh 當成參數，傳給每一個處理這個已開啟的檔案的函式（例如 fwrite 或 fclose），來指明要處理的檔案。你不必在乎 $fh 變數的內容是什麼（它是一個號碼，PHP 用它來參考這個檔案的內部資訊），你只要將這個變數傳給其他的函式就可以了。

fopen 會在失敗時回傳 FALSE。上述範例展示了一種捕捉與回應失敗的方法，它呼叫 die 函式來結束程式，並顯示錯誤訊息給使用者。web app 絕對不能用這麼簡陋的方式來中止（你應該使用錯誤訊息來建立一個網頁），但是如果你只想測試一下程式，使用這種做法是無妨的。

注意 fopen 呼叫式的第二個參數，它是個字元 w，目的是要求函式打開檔案以進行寫入。這個函式會在檔案不存在時建立檔案。使用這些函式要很小心，如果檔案已經存在，w 模式參數會讓 fopen 呼叫式刪除舊內容（即使你沒有寫入任何新的東西！）。

表 7-5 是可用的模式參數。有 + 號的模式會在第 152 頁的「更新檔案」小節進一步說明。

表 7-5　fopen 提供的模式

模式	動作	說明
'r'	從檔案的開頭開始讀取	以唯讀模式打開，將檔案指標指向檔案的開頭。若檔案不存在則回傳 FALSE。
'r+'	從檔案的開頭開始讀取，並允許寫入	打開檔案以供讀與寫入，將檔案指標指向檔案的開頭。若檔案不存在則回傳 FALSE。
'w'	從檔案的開頭開始寫入，並裁切檔案	以唯寫模式打開檔案，將檔案指標指向檔案開頭，並裁切檔案使它的長度為零。若檔案不存在則嘗試建立它。
'w+'	從頭開始寫入檔案，並裁切檔案，且允許讀取	打開檔案以供讀取與寫入，將檔案指標指向檔案開頭，並裁切檔案使它的長度為零。若檔案不存在則嘗試建立它。
'a'	在檔案的結尾附加內容	以唯寫模式打開檔案，將檔案指標指向檔案結尾。若檔案不存在則嘗試建立它。
'a+'	在檔案的結尾處附加內容，並允許讀取	打開檔案以讀取與寫入，將檔案指標指向檔案結尾。若檔案不存在則嘗試建立它。

讀取檔案

若要讀取文字檔，最簡單的方式就是用 fgets（最後一個 s 代表 "string"）來抓取整行文字，如範例 7-5 所示。

範例 7-5 用 fgets 讀取檔案

```php
<?php
  $fh = fopen("testfile.txt", 'r') or
    die("File does not exist or you lack permission to open it");

  $line = fgets($fh);
  fclose($fh);
  echo $line;
?>
```

當你用範例 7-4 的方式來建立檔案時，你會得到第一行：

```
Line 1
```

你也可以使用 fread 函式來取得多行或某幾行文字，如範例 7-6 所示。

範例 7-6 用 fread 來讀取檔案

```php
<?php
  $fh = fopen("testfile.txt", 'r') or
    die("File does not exist or you lack permission to open it");

  $text = fread($fh, 3);
  fclose($fh);
  echo $text;
?>
```

我在 fread 呼叫式中指定三個字元，因此程式顯示：

```
Lin
```

fread 函式通常被用來讀取二進制資料。當你使用它來讀取超過一行的文字資料時，別忘了將換行字元算在裡面。

複製檔案

讓我們來使用 PHP 的 copy 函式來建立 *testfile.txt* 的複本。輸入範例 7-7 並將它存為 *copyfile.php*，然後在瀏覽器中呼叫這個程式。

範例 7-7 複製檔案

```php
<?php // copyfile.php
  copy('testfile.txt', 'testfile2.txt') or die("Could not copy file");
  echo "File successfully copied to 'testfile2.txt'";
?>
```

再次檢查資料夾會看到裡面有一個新檔案 *testfile2.txt*。順道一提，如果你不希望程式因為複製失敗而跳出，你可以使用另一種語法，見範例 7-8。它將！（NOT）運算子放在運算式前面，對它套用 NOT 運算，所以對應的中文是「若無法複製…」

範例 7-8 另一種複製檔案的語法

```php
<?php // copyfile2.php
  if (!copy('testfile.txt', 'testfile2.txt')) echo "Could not copy file";
  else echo "File successfully copied to 'testfile2.txt'";
?>
```

移動檔案

若要移動檔案，你可以使用 rename 函式對它重新命名，如範例 7-9 所示。

範例 7-9 移動檔案

```php
<?php // movefile.php
  if (!rename('testfile2.txt', 'testfile2.new'))
    echo "Could not rename file";
  else echo "File successfully renamed to 'testfile2.new'";
?>
```

你也可以用 rename 函式來處理目錄。為了避免在原始檔案不存在的情況下出現警告訊息，你可以先呼叫 file_exists 函式來進行檢查。

刪除檔案

刪除檔案其實只是用 unlink 函式來將它移出檔案系統，如範例 7-10 所示。

範例 7-10 刪除檔案

```php
<?php // deletefile.php
  if (!unlink('testfile2.new')) echo "Could not delete file";
  else echo "File 'testfile2.new' successfully deleted";
?>
```

當你直接存取硬碟的檔案時，你一定也要確保檔案系統不可能被入侵。例如，當使用者要求刪除一個檔案時，你必須確定它是可以安全刪除的檔案，而且那位使用者有權限做出刪除的動作。

如同移動檔案，如果被刪除的檔案不存在，PHP 會顯示警告訊息，所以你可以在呼叫 unlink 之前先使用 file_exists 來檢查檔案是否存在，以避免出現警告訊息。

更新檔案

在既有的檔案裡面加入更多資料的做法有很多種，你可以使用附加寫入模式（見表 7-5），或是以其他可進行寫入的模式來打開想要讀取與寫入的檔案，再將檔案指標移到想要讀取或寫入的地方。

檔案指標（*file pointer*）是下一次的操作將在檔案內存取的位置。檔案指標與 *file handle*（範例 7-4 的 $fh 變數儲存的值）不一樣，檔案控制代碼儲存的是檔案的詳細資訊。

你可以輸入範例 7-11，並將它存為 *update.php*，在瀏覽器裡面呼叫它，來觀察它的動作。

範例 7-11 更新檔案

```php
<?php // update.php
  $fh   = fopen("testfile.txt", 'r+') or die("Failed to open file");
  $text = fgets($fh);

  fseek($fh, 0, SEEK_END);
  fwrite($fh, "\n$text") or die("Could not write to file");
  fclose($fh);

  echo "File 'testfile.txt' successfully updated";
?>
```

這個程式將模式設為 'r+'，以讀取與寫入的模式來打開 *testfile.txt*，該模式會將檔案指標移到檔案開頭。接著我們使用 fgets 函式從檔案中讀出一行（到第一個換行字元為止），再呼叫 fseek 函式來將檔案指標移到檔案結尾，將我們從檔頭取出來的那行文字（存在 $text 裡面）附加到結尾（在前面加上 \n 換行符號），最後關閉檔案。這個檔案的結果為：

```
Line 1
Line 2
Line 3
Line 1
```

我們成功地複製第一行並將它加到檔尾了。

我們除了將 $fh file handle 傳給 fseek 函式之外，也傳入兩個參數：0 與 SEEK_END。SEEK_END 讓函式將檔案指標移到檔案結束的地方，0 則告訴它接下來要從該處往回移動多少位置。範例 7-11 使用 0 是為了將指標留在檔案結束的位置。

fseek 函式還有另兩個 seek 選項：SEEK_SET 與 SEEK_CUR。SEEK_SET 可讓函式將檔案指標設在前面的參數指定的位置，所以，這個例子會將檔案指標移到位置 18：

```
fseek($fh, 18, SEEK_SET);
```

SEEK_CUR 可將檔案指標移到目前的位置加上指定的位移值之後的位置，因此，如果檔案指標現在的位置是 18，以下程式會將它移到位置 23：

```
fseek($fh, 5, SEEK_CUR);
```

為了進行多方存取而鎖定檔案

web 程式經常被許多使用者同時使用。當多位使用者同時對著同一個檔案進行寫入時，那一個檔案可能會損壞。如果有人正在寫入檔案，同時也有另一個人讀取它，檔案本身不會有問題，但讀取的人可能會得到奇怪的結果。你必須使用檔案鎖定函式 flock 來處理使用者同時操作檔案的情況。這個函式會依序排列所有的檔案存取請求，等程式解除鎖定再執行下一個請求。所以，如果你的程式對著一些檔案執行寫入，但那些檔案也可能同時被多位用戶存取，你也要對那些檔案加入檔案鎖定，如範例 7-12 所示（它是範例 7-11 的修改版）。

範例 7-12 使用檔案鎖定來更新檔案

```php
<?php
  $fh   = fopen("testfile.txt", 'r+') or die("Failed to open file");
  $text = fgets($fh);

  if (flock($fh, LOCK_EX))
  {
    fseek($fh, 0, SEEK_END);
```

```
    fwrite($fh, "$text") or die("Could not write to file");
    flock($fh, LOCK_UN);
  }

  fclose($fh);
  echo "File 'testfile.txt' successfully updated";
?>
```

在使用檔案鎖定時，有一個小技巧可以讓網站訪客體驗最好的反應時間：在修改檔案的前一刻鎖定它，並且在修改後馬上解鎖。超過這個時間範圍的檔案鎖定會無謂地減緩程式速度。這就是範例 7-12 在執行 fwrite 的前後呼叫 flock 的原因。

我們在第一次呼叫 flock 時，使用 LOCK_EX 參數來對 $fh 參考的檔案設定排他檔案鎖：

```
    flock($fh, LOCK_EX);
```

此後，任何其他的程序都無法寫入（甚至讀取）檔案，直到你用 LOCK_UN 參數解除這個鎖為止，例如：

```
    flock($fh, LOCK_UN);
```

解鎖之後，其他程序又可以存取檔案了。因此每當你要讀取或寫入資料時，都要重新尋找想要在檔案內存取的地方，因為自從上一次存取之後，可能有另一個程序已經改變檔案了。

有沒有發現要求排他鎖定的呼叫式被放在 if 陳述式裡面？原因是，並非所有系統都支援 flock，所以聰明的做法是在進行修改之前，先檢查檔案是否已被成功上鎖，以防檔案沒有被鎖上。

另外，flock 是所謂的建議（*advisory*）鎖，意思就是，它只能讓其他程序無法呼叫這個函式，如果有其他程式未使用 flock 檔案鎖定並直接修改檔案，它將無視鎖定，可能對檔案造成嚴重的破壞。

此外，鎖定檔案然後不小心讓它維持鎖定可能會造成難以找到的 bug。

flock 在 NFS 與許多其他網路檔案系統中沒有效果。而且，當你使用諸如 ISAPI 等多執行緒伺服器時，你可能無法使用 flock 來防止檔案被同一個伺服器實體的平行執行緒運行的其他 PHP 腳本操作。此外，老舊的 FAT 檔案系統（例如舊版的 Windows）不支援 flock，雖然你應該不會遇到這種系統了（但願如此）。

如果你有疑問，你可以在程式的開頭對一個測試檔執行簡單的鎖定，看看能否鎖定該檔案。別忘了在檢查之後將它解鎖（在必要時也要刪除它）。

也記得，呼叫 die 函式都會自動解鎖，並在程式結束時關閉檔案。

讀取整個檔案

方便的 file_get_contents 可以讓你讀取整個檔案，並且不需要使用 file handle。它很容易使用，見範例 7-13。

範例 7-13 使用 file_get_contents

```php
<?php
  echo "<pre>";  // 顯示換行字元
  echo file_get_contents("testfile.txt");
  echo "</pre>"; // 結束 <pre> 標籤
?>
```

其實這個函式的用途很多，你也可以用它來抓取在網際網路的另一端的伺服器裡面的檔案，如範例 7-14 所示，它會從 O'Reilly 首頁抓取 HTML 並顯示它，彷彿使用者親自連到該網頁一般。程式的結果類似圖 7-1。

範例 7-14 抓取 O'Reilly 首頁

```php
<?php
  echo file_get_contents("http://oreilly.com");
?>
```

圖 7-1 用 file_get_contents 抓取 O'Reilly 首頁

上傳檔案

很多人覺得將檔案上傳到 web 伺服器是很困難的事情,其實它再簡單不過了。若要使用表單來上傳檔案,你只要選擇一種特別的編碼類型,稱為 multipart/form-data,瀏覽器就會處理後續的工作。為了了解它的動作,請輸入範例 7-15 的程式,並將它存為 *upload.php*。當你執行它時,你會在瀏覽器中看到一個表單,它可以讓你上傳你選擇的檔案。

範例 *7-15 可上傳圖像的 upload.php*

```php
<?php // upload.php
  echo <<<_END
    <html><head><title>PHP Form Upload</title></head><body>
    <form method='post' action='upload.php' enctype='multipart/form-data'>
```

```
    Select File: <input type='file' name='filename' size='10'>
    <input type='submit' value='Upload'>
    </form>
_END;

  if ($_FILES)
  {
    $name = $_FILES['filename']['name'];
    move_uploaded_file($_FILES['filename']['tmp_name'], $name);
    echo "Uploaded image '$name'<br><img src='$name'>";
  }

  echo "</body></html>";
?>
```

讓我們分段討論這個程式。這個多行的 echo 陳述式在第一行開啟 HTML 文件，顯示標題，接著開始文件的內文。

接下來是表單，它使用 POST 表單提交方法，將 post 的目標設為 *upload.php*（程式本身），並告訴瀏覽器，被 post 的資料必須用 multipart/form-data 內容類型來編碼，此類型是用來上傳檔案的 mime 類型。

設定表單後，下一行顯示 Select File:，接著請求兩筆輸入。表單先要求選擇一個檔案，它使用 file 輸入類型與 filename 名稱，以及 10 個字元寬的輸入欄位。表單請求的第二個輸入只是一個提交按鈕，它使用 Upload 標籤（取代預設的按鈕文字 Submit Query）。然後我們關閉這個表單。

這段簡短的程式展示了一種常見的 web 程式設計技術，它呼叫同一段程式兩次：一次在使用者造訪網頁時，另一次是在使用者按下提交按鈕時。

負責接收上傳資料的 PHP 程式非常簡單，因為上傳的檔案都被放在系統陣列 $_FILES 裡面，所以你只要檢查一下 $_FILES 裡面有沒有東西，就可以判斷使用者是否已經上傳檔案了，我們用陳述式 if ($_FILES) 來完成這項工作。

$_FILES 在使用者第一次造訪網頁並且在他上傳檔案之前是空的，因此這一段程式碼會先跳過。當使用者上傳檔案之後，程式再次執行，發現 $_FILES 陣列裡面有一個新元素。

當程式發現有檔案被上傳時，我們取出實際的檔名（從上傳的電腦讀取的），將它存入變數 $name。現在我們只要將上傳的檔案，從臨時位置移到一個長久存放的地方就可以了，我們將檔案的原始名稱傳給 move_uploaded_file 函式，該檔案就會被存到目前的目錄了。

最後，我們用 <img> 標籤來顯示上傳的圖像，結果如圖 7-2 所示。

 如果你執行這段程式時，看到呼叫 move_uploaded_file 函式造成的 Permission denied 這類的警告訊息，可能代表你沒有正確地設定運行程式的目錄的權限。

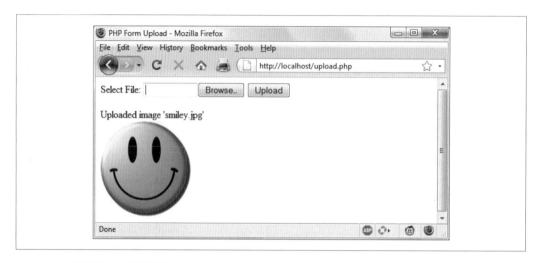

圖 7-2　上傳圖像作為表單的資料

使用 $_FILES

當你上傳檔案時，$_FILES 陣列會被存入五項資訊，如表 7-6 所示（其中的 file 是上傳表單的檔案上傳欄位的名稱）。

表 7-6　$_FILES 陣列的內容

陣列元素	內容
$_FILES['file']['name']	上傳的檔案的名稱（例如 *smiley.jpg*）
$_FILES['file']['type']	上傳的檔案的內容類型（例如 *image/jpeg*）
$_FILES['file']['size']	檔案的 byte 大小
$_FILES['file']['tmp_name']	在伺服器儲存的暫時性檔案的名稱
$_FILES['file']['error']	上傳檔案時產生的錯誤碼

以前的內容類型稱為 *MIME* 類型（多用途網際網路郵件擴充，Multipurpose Internet Mail Extension），但因為它的用途已經擴展到整個網際網路了，所以現在它們通常稱為網際網路媒體（*Internet media*）類型。表 7-7 是在 $_FILES[*'file'*][*'type'*] 裡面經常用到的類型。

表 7-7 常見的網際網路媒體類型

application/pdf	image/gif	multipart/form-data	text/xml
application/zip	image/jpeg	text/css	video/mpeg
audio/mpeg	image/png	text/html	video/mp4
audio/x-wav	application/json	text/plain	audio/webm

驗證

但願不需要我的解釋，你就知道驗證表單資料非常重要了（儘管我還是會說明）。因為使用者可能會試圖入侵你的伺服器。

除了使用者輸入的惡意資料之外，你還要檢查一些其他的事情，例如你是不是真的收到檔案了？如果有收到，對方是否送出正確的資料類型？

考慮以上的事項，我們將 *upload.php* 改為範例 7-16 的版本，*upload2.php*。

範例 7-16 比較安全的 *upload.php* 版本

```php
<?php // upload2.php
  echo <<<_END
    <html><head><title>PHP Form Upload</title></head><body>
    <form method='post' action='upload2.php' enctype='multipart/form-data'>
    Select a JPG, GIF, PNG or TIF File:
    <input type='file' name='filename' size='10'>
    <input type='submit' value='Upload'></form>
_END;

  if ($_FILES)
  {
    $name = $_FILES['filename']['name'];

    switch($_FILES['filename']['type'])
    {
      case 'image/jpeg': $ext = 'jpg'; break;
      case 'image/gif':  $ext = 'gif'; break;
```

```
      case 'image/png':  $ext = 'png'; break;
      case 'image/tiff': $ext = 'tif'; break;
      default:           $ext = '';    break;
    }
    if ($ext)
    {
      $n = "image.$ext";
      move_uploaded_file($_FILES['filename']['tmp_name'], $n);
      echo "Uploaded image '$name' as '$n':<br>";
      echo "<img src='$n'>";
    }
    else echo "'$name' is not an accepted image file";
  }
  else echo "No image has been uploaded";

  echo "</body></html>";
?>
```

我們的非 HTML 程式從範例 7-15 的 6 行增加到 20 行以上，從 if ($_FILES) 開始。

在上一版，if 檢查有沒有資料被 post 過來，但是在這一版，程式結束之前有一個對應的 esle，在沒有任何東西被上傳時，在螢幕輸出一個錯誤訊息。

在 if 陳述式裡，我們將 $name 變數設為取自上傳電腦的檔名（與之前一樣），但是這一次我們不冒然相信使用者送來的資料是有效的，而是用 switch 陳述式來檢查上傳的內容類型是否符合這個程式支援的的四種圖像類型。如果符合，我們就將 $ext 變數設成那個類型的副檔名。如果不符合，代表被上傳的檔案類型是無法接受的，因此我們將變數 $ext 設為空字串 ""。

 在這個範例中，檔案類型仍然來自瀏覽器，上傳檔案的使用者仍然可能修改它。在這個例子中，我不考慮使用者的這種操作，因為這些檔案只會被當成圖像。但是如果檔案可能是可執行的，你就不能相信尚未確認絕對正確的資訊。

下一段程式檢查 $ext 變數是否存有字串，若有，它會用基礎名字 image 與 $ext 裡面的副檔名建立一個新的檔名，稱為 $n。因此，我們的程式完全掌控被建立出來的檔案的類型，它的名稱只可能是 image.jpg、image.gif、image.png 或 image.tif 其中一個。

確保程式不會被入侵之後，剩下的 PHP 程式碼幾乎與前一版一樣，我們將被上傳的臨時圖像移到新位置並顯示它，並顯示舊的與新的圖像名稱。

別擔心是否需要刪除 PHP 在上傳過程中建立的臨時檔案,如果那個檔案沒有被移除或改名,在程式結束的時候,它會被自動移除。

在 if 陳述式之後有一個對應的 else,它只會在使用者上傳不支援的圖像類型時執行(此時它會顯示錯誤訊息)。

當你自己編寫檔案上傳程式時,強烈建議你採取類似的寫法,並且預先選好檔案的名稱與放置上傳檔案的位置,以避免使用者在你使用的變數中加入路徑名稱或其他的惡意資料。如果你的寫法會導致多位使用者使用同一個名稱來上傳檔案,你可以在這些檔案名稱前面加上使用者的名字,或是幫每位使用者建立專用的資料夾,並將檔案存入其中。

如果你必須使用使用者提供的名稱,你就一定要淨化檔名,讓名稱只有字母、數字與句點,你可以執行下列的指令,以正規表達式(見第 18 章)來對 $name 進行搜尋與替換:

```
$name = preg_replace("/[^A-Za-z0-9.]/", "", $name);
```

這段程式只會留下 $name 字串的 A–Z、a–z、0–9 與句點等字元,將其他的字元移除。

為了確保你的程式可在任何系統上運行(無論是否區分大小寫),比較好的做法是改用以下的指令,它會將所有的大寫字母改成小寫:

```
$name = strtolower(preg_replace("[^A-Za-z0-9.]", "", $name));
```

有時你會遇到 image/pjpeg 媒體類型(代表漸近式 JPEG),你可以像這樣將它們當成 image/jpeg 的別名加入程式中:

```
case 'image/pjpeg':
case 'image/jpeg': $ext = 'jpg'; break;
```

系統呼叫

有時 PHP 不提供你想使用的函式,但是運行 PHP 的作業系統有那些函式,此時,你可以使用 exec 系統呼叫來執行它。

例如,你可以使用範例 7-17 的程式來快速地瀏覽目前的目錄。如果你使用的是 Windows 系統,它的執行方式與使用 Windows 的 dir 指令一樣。如果你在 Linux、Unix 或 macOS 上,你可以將第一行程式移除或將它改成註解,並將第二行的註解符號移除，來使用 ls 系統指令。你可以輸入這段程式，將它存成 *exec.php*，並且在瀏覽器中呼叫它。

範例 7-17 執行系統指令

```php
<?php // exec.php
  $cmd = "dir";   // Windows, Mac, Linux
  // $cmd = "ls"; // Linux, Unix & Mac

  exec(escapeshellcmd($cmd), $output, $status);

  if ($status) echo "Exec command failed";
  else
  {
    echo "<pre>";
    foreach($output as $line) echo htmlspecialchars("$line\n");
    echo "</pre>";
  }
?>
```

呼叫 htmlspecialchars 函式是為了將系統回傳的特殊字元，轉換成 HTML 可以了解並能夠正確顯示的內容，以整理輸出。這段程式的執行結果長這樣（來自 Windows dir 指令），具體結果根據你的系統而有所不同：

```
Volume in drive C is Hard Disk
 Volume Serial Number is DC63-0E29

 Directory of C:\Program Files (x86)\Ampps\www

11/04/2025  11:58    <DIR>          .
11/04/2025  11:58    <DIR>          ..
28/01/2025  16:45    <DIR>          5th_edition_examples
08/01/2025  10:34    <DIR>          cgi-bin
08/01/2025  10:34    <DIR>          error
29/01/2025  16:18             1,150 favicon.ico
              1 File(s)      1,150 bytes
              5 Dir(s)  1,611,387,486,208 bytes free
```

exec 有三個引數：

- 指令本身（在上述例子中，即 $cmd）

- 讓系統將指令的輸出放入其中的陣列（在上述例子中，即 $output）

- 一個變數，儲存呼叫式回傳的狀態（在上述例子中，即 $status）

你也可以省略 $output 與 $status 參數，但如此一來，你就無法知道呼叫式產生的輸出，甚至它究竟是否成功完成工作。

你也要注意 escapeshellcmd 函式的用法，每當你呼叫 exec 時，就應該使用它，因為它可以淨化指令字串，可在你將使用者的資料傳入呼叫式時，避免執行其他的指令。

 在共享的 web 代管系統上，系統呼叫函式通常會被停用，因為它們會帶來安全風險。請盡量使用 PHP 的工具來解決問題，在真的必要時才直接求助系統。此外，使用系統指令的速度相對緩慢，而且如果你的應用程式打算在 Windows 與 Linux/Unix 系統上運行，你就要編寫兩種版本。

XHTML 或 HTML5 ？

因為 XHTML 文件必須以良好的格式編寫，所以你可以使用標準的 XML 解析器來解析它們，這一點與使用寬鬆的 HTML 專用解析器的 HTML 不一樣。因此，XHTML 從未真正流行起來，在制定新標準的時刻到來之時，全球資訊網協會選擇支援 HTML5，而不是較新的 XHTML2 標準。

HTML5 有一些 HTML4 與 XHTML 的功能，但它使用起來簡單得多，而且驗證起來也沒那麼嚴格，令人開心的是，在 HTML5 文件的開頭，你只要放一種文件類型就可以了（而不是之前的各種嚴格的、過渡的、框架集（frameset）類型）：

```
<!DOCTYPE html>
```

你只要使用一個簡單的 html 就可以讓瀏覽器知道你的網頁是用 HTML5 設計的。而且，因為自從 2011 年以後，所有最新版的主流瀏覽器都支援大部分的 HTML5 規格了，所以你應該只要使用這種文件類型即可，除非你想要配合舊版的瀏覽器。

無論如何，在編寫 HTML 文件時，web 開發者都可以安全地忽略舊的 XHTML 文件類型與語法（例如使用 `<br />`，而不是較簡單的 `<br>` 標籤）。但是如果你需要迎合非常老舊的瀏覽器，或配合一段用到 XHTML 的不尋常程式，你可以在 *http://xhtml.com* 找到更多實作資訊。

問題

1. 哪一種 printf 轉換符號可以顯示浮點數字？

2. 什麼 printf 陳述式可以將輸入字串 "Happy Birthday" 轉換成 "**Happy"？

3. 哪一個函式可以將 printf 的輸出傳給變數，而非瀏覽器？

4. 如何製作 2025 年 5 月 2 日 7:11 a.m. 的 Unix 時戳？

5. fopen 的哪一種檔案存取模式可以將檔案開啟為讀寫模式，並且裁切檔案，將檔案指標指向檔頭？

6. 哪種 PHP 指令可以刪除檔案 *file.txt*？

7. 哪種 PHP 函式可以一次讀取整個檔案，甚至可以讀取網路另一端的檔案？

8. 哪一種 PHP 超全域變數存有上傳檔案的詳細資訊？

9. 哪一種 PHP 函式可用來執行系統指令？

10. 在 HTML5 中，使用下列哪一種標籤樣式比較好：<hr> 還是 <hr />？

解答請參考第 768 頁附錄 A 的「第 7 章解答」。

第 8 章

MySQL 簡介

MySQL 的安裝次數已突破 1,000 萬次，它應該是 web 伺服器最流行的資料庫管理系統。MySQL 是在 1990 年代中期開發出來的，現在已經是成熟的技術了，為當今許多訪客眾多的網路站點提供技術支援。

它有一項成功因素與 PHP 一樣：免費。但它也具備非常強大的功能，且速度飛快，MySQL 具備極高的可擴展性，這意味著它可以隨著你的網站而成長。你可以在這個網站查看它最新的性能數據：*https://tinyurl.com/mysqlbm*。

MySQL 基礎

資料庫以結構化的方式在電腦系統裡面儲存紀錄或資料，它的組織方式可讓你快速地搜尋並取出資料。

在 MySQL 這個名稱裡面的 SQL 代表 *Structured Query Language*（結構化查詢語言）。這種語言大體上是根據英文建立的，其他資料庫也使用它，例如 Oracle 與 Microsoft SQL Server。它讓你只要使用簡單的指令即可對資料庫提出請求，例如：

```
SELECT title FROM publications WHERE author = 'Charles Dickens';
```

MySQL 資料庫包括一個以上資料表（table），裡面有許多筆紀錄（record）或資料列（row）。在資料列裡面有儲存資料本身的欄位（column 或 field）。表 8-1 是一個資料庫的內容，它存有五筆出版物的資料，包括 Author（作者姓名）、Title（書名）、Type（類型）與 Year（出版年分）。

表 8-1 簡單的資料庫

Author	Title	Type	Year
Mark Twain	The Adventures of Tom Sawyer	Fiction	1876
Jane Austen	Pride and Prejudice	Fiction	1811
Charles Darwin	The Origin of Species	Nonfiction	1856
Charles Dickens	The Old Curiosity Shop	Fiction	1841
William Shakespeare	Romeo and Juliet	Play	1594

這張表的每一列都相當於 MySQL 資料表的一個資料列，表中的每一個欄位都相當於 MySQL 的一個欄位（column），資料列的每一個元素都相當於 MySQL 的一欄（field）。

接下來的內容會將這個資料庫稱為 *publications* 資料庫。你可以看到，這些書都是公認的文學經典，因此我將儲存這些資料的資料表稱為 *classics*。

資料庫術語摘要

現在你需要了解的術語有：

資料庫（*Database*）

　　儲存 MySQL 資料集合的整個容器。

資料表（*Table*）

　　在資料庫裡面的子容器，儲存實際的資料。

資料列（*Row*）

　　資料表裡面的一筆紀錄，可能會有好幾個欄位。

欄位（*Column*）

　　在資料列裡面的欄位的名稱。

在此聲明，我不想使用學術界的關聯資料庫術語，而是想要用簡單的日常用語來協助你快速了解基本概念，並且開始使用資料庫。

用命令列來操作 MySQL

與 MySQL 互動的方式有三種：使用命令列、透過 phpMyAdmin 這類的 web 介面，以及使用 PHP 等程式語言。我們將在第 11 章討論第三項，現在先介紹前兩項。

啟動命令列介面

以下各節說明 Windows、macOS 與 Linux 的相關指令。

Windows 使用者

如果你已經安裝了 AMPPS（第 2 章介紹過），你可以在下列的目錄中使用 MySQL 的可執行檔：

```
C:\Program Files\Ampps\mysql\bin
```

如果你在其他地方安裝 AMPPS，你就要改用那一個目錄，例如 AMPPS 32-bit 版本位於：

```
C:\Program Files (x86)\Ampps\mysql\bin
```

在預設情況下，MySQL 的初始使用者是 *root*，預設密碼是 *mysql*。所以，若要進入 MySQL 的命令列介面，選擇 Start → Run，在 Run 方塊中輸入 CMD，並按下 Return，即可叫出 Windows 指令提示字元，輸入下面的指令（必要時按照之前的說明來修改）：

```
cd C:\"Program Files\Ampps\mysql\bin"
mysql -u root -pmysql
```

第一個指令會切換到 MySQL 目錄，第二個指令要求 MySQL 以使用者 root 和密碼 mysql 將你登入。登入 MySQL 之後，你就可以開始輸入指令了。

如果你使用 Windows PowerShell（而不是命令提示字元），它不會從目前的位置載入指令，因為你必須明確地指定要從何處載入程式，此時，你要輸入這個指令（注意，在 mysql 指令前面有 ./）：

```
cd C:\"Program Files\Ampps\mysql\bin"
./mysql -u root -pmysql
```

為了確保一切都如預期地動作，輸入以下指令，它會產生類似圖 8-1 的結果：

```
SHOW databases;
```

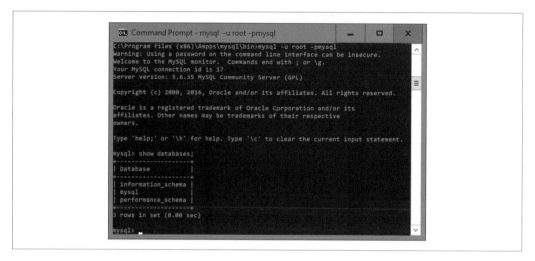

圖 8-1 用 Windows 指令提示字元來操作 MySQL

現在你可以跳到下一節：第 171 頁的「使用命令列介面」。

macOS 使用者

為了跟著操作這一章的程式，你必須安裝第 2 章介紹的 AMPPS，你也必須啟動 web 伺服器與 MySQL 伺服器。

若要進入 MySQL 命令列介面，請啟動終端機程式（在 Finder → 應用程式裡面），然後啟動 MySQL 程式，它的安裝目錄在 /Applications/ampps/mysql/bin。

在預設情況下，初始的 MySQL 使用者是 root，密碼是 mysql。因此，為了啟動程式，請輸入：

```
/Applications/ampps/mysql/bin/mysql -u root -pmysql
```

這個指令要求 MySQL 以使用者 root 與密碼 mysql 將你登入。為了確保一切如同預期地動作，請輸入以下指令（其結果類似圖 8-2）：

```
SHOW databases;
```

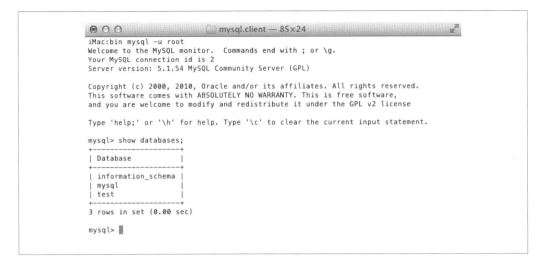

圖 8-2 用 macOS 終端機操作 MySQL

如果你看到 Can't connect to local MySQL server through socket 之類的錯誤，你可能要先按照第 2 章的方法啟動 MySQL 伺服器。

現在你可以進入下一節：第 171 頁的「使用命令列介面」了。

Linux 使用者

Linux 等 Unix 類的系統可能已經裝好 PHP 和 MySQL，並執行它們了，你可以進入下一節，學習裡面的範例（如果你的系統還沒有安裝它們，你可以按照第 2 章的程序來安裝 AMPPS）。首先，輸入下列的指令來登入 MySQL 系統：

    mysql -u root -p

它會以使用者 *root* 將你登入 MySQL，並要求你輸入密碼。如果你有密碼，輸入它，否則按下 Return 即可。

登入之後，輸入以下指令來測試程式，你應該會看到圖 8-3 的回應：

    SHOW databases;

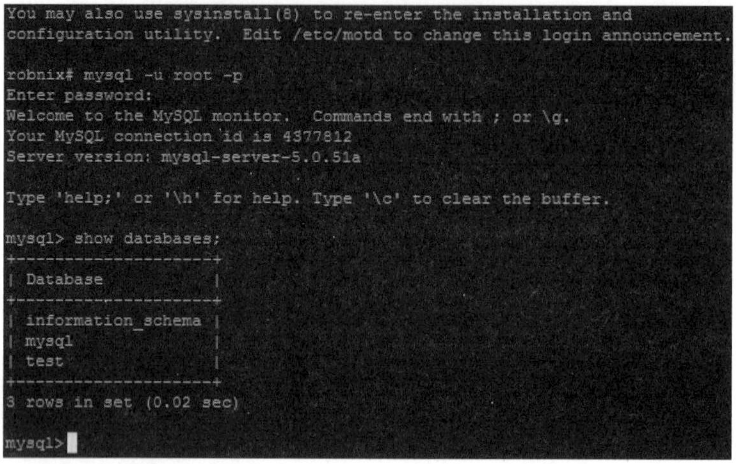

圖 8-3　在 Linux 中操作 MySQL

如果在過程中有任何問題，請參考第 2 章，確保你正確地安裝 MySQL。沒問題的話，你就可以進入下一節：第 171 頁的「使用命令列介面」了。

在遠端伺服器上的 MySQL

如果你要操作在遠端伺服器上的 MySQL，它應該是 Linux/FreeBSD/Unix 類型的 box，而且你應該會用 SSH 安全協定來連接它（絕對不要使用不安全的 Telnet 協定）。連接之後，你可能要做稍微不一樣的事情，取決於系統管理員如何設定伺服器，特別是當那個伺服器是共享的代管伺服器時。因此，你必須取得操作 MySQL 的權限，並且拿到帳號與密碼。有了這些資料了之後，你可以輸入下面的指令，其中的 *username* 是你拿到的名稱：

```
mysql -u username -p
```

在出現提示時，輸入你的密碼。接著你可以試著輸入下面的指令，它會產生類似圖 8-3 的結果：

```
SHOW databases;
```

你可能會看到其他的資料庫，而且沒有看到 *test* 資料庫。

切記，系統管理者對所有事情都擁有最終的控制權，所以你可能會遇到某些意外的設定方式。例如，你可能必須在建立資料庫時，在資料庫名稱的前面加上唯一的識別字串，以避免你的名稱與其他使用者建立的資料庫衝突。

因此，如果你遇到任何問題，請與系統管理員聯繫，他會幫你搞定一切。你要讓系統管理員知道你需要一組帳號與密碼，並請他授權你建立資料庫，或至少取得一個為你建立的資料庫以供使用。接著你就可以在那個資料庫裡面建立資料表了。

使用命令列介面

從現在開始，無論你使用 Windows、macOS 還 Linux 來直接操作 MySQL，你使用的指令（與錯誤訊息）都是一致的。

分號

讓我們從最基本的元素看起。有沒有發現 SHOW databases; 指令結尾的分號（;）？MySQL 以分號來分隔或結束指令。如果你忘了輸入分號，MySQL 會發出一個提示訊息，並且等待你完成這件事。這個分號是語法的一部分，可讓你輸入多行指令，這種功能在指令很冗長的時候很方便。在每一條指令的結尾加上分號，可讓你同時發出多條指令。當你按下 Enter（或 Return）鍵之後，解譯器會一次接收並依序執行它們。

 如果你經常看到 MySQL 的提示符號（prompt），而不是指令的結果，這代表你漏掉結尾的分號了，此時只要輸入分號並按下 Enter 鍵，即可得到想要的結果。

MySQL 有六種提示符號（見表 8-2），它們可讓你在輸入多行指令時知道目前的狀況。

表 8-2 MySQL 的六種指令提示符號

MySQL 提示符號	意義
mysql>	就緒並等待指令
->	等待下一行指令
'>	等待下一行以單引號開始的指令
">	等待下一行以雙引號開始的指令
`>	等待下一行以反引號開始的指令
/*>	等待下一行以 /* 開始的指令

取消指令

如果你在輸入指令的過程中突然不想執行了,你可以輸入 \c 並按下 Return。範例 8-1 是這個指令的用法。

範例 8-1 取消單行輸入

```
meaningless gibberish to mysql \c
```

當你輸入這行指令之後,MySQL 會忽略你已經輸入的所有指令,並且顯示新的提示符號。如果你沒有輸入 \c,它會顯示一個錯誤訊息。請注意,如果你已經開始輸入字串或註解,你就必須先將它結束,再使用 \c,否則 MySQL 會將 \c 當成字串的一部分。範例 8-2 是正確的處理方式。

範例 8-2 輸入字串時取消輸入

```
this is "meaningless gibberish to mysql" \c
```

你也要注意,在分號後面使用 \c 無法取消之前的指令,因為現在它是新的陳述式。

MySQL 的指令

我們已經看過 SHOW 指令了,它可以列出資料表、資料庫與許多其他的項目。表 8-3 是常見的指令。

表 8-3 常見的 MySQL 指令

指令	動作
ALTER	切換資料庫或資料表
BACKUP	備份資料表
\c	取消輸入
CREATE	建立資料庫
DELETE	在資料表中刪除資料列
DESCRIBE	描述資料表的欄位
DROP	刪除資料庫或資料表
EXIT (Ctrl-C)	退出(在一些系統上)
GRANT	更改使用者權限
HELP (\h, \?)	顯示說明

指令	動作
INSERT	插入資料
LOCK	鎖定資料表
QUIT (\q)	與 EXIT 一樣
RENAME	重新命名資料表
SHOW	列出某個物件的詳細資訊
SOURCE	執行某個檔案
STATUS (\s)	顯示目前的狀態
TRUNCATE	將資料表清空
UNLOCK	解鎖資料表
UPDATE	更新既有的紀錄
USE	使用資料庫

接下來我會詳細地說明大部分的指令，但是在此之前，你要先記得一些關於 MySQL 指令的重要事項：

- SQL 指令與關鍵字是不區分大小寫的，所以 CREATE、create 與 CrEaTe 都代表同一個東西。但是，為了清楚起見，你應該使用大寫。

- 資料表的名稱在 Linux 與 macOS 區分大小寫，但是在 Windows 不區分大小寫。為了方便移植，請選擇一種格式，並且一直使用它。建議你用小寫來表示資料表名稱。

建立資料庫

如果你在遠端伺服器上工作，而且只有一個使用者帳號，而且只能存取一個專門為你建立的資料庫，請參考第 175 頁的「建立資料表」。否則，發出下列的指令來建立一個名為 *publications* 的新資料庫：

```
CREATE DATABASE publications;
```

成功執行的話，它會顯示一個目前似乎沒有什麼意義的訊息 —— Query OK, 1 row affected (0.00 sec)，但你很快就會知道它的意思。建立資料庫後，發出這個指令來使用它：

```
USE publications;
```

你應該可以看到 Database changed 這個訊息，然後就可以進行接下來的範例了。

建立帳號

你已經知道 MySQL 多麼容易使用，並且建立第一個資料庫了，接下來要介紹如何建立帳號，因為你應該不希望 PHP 腳本可以用 *root* 來存取 MySQL —— 被駭客入侵會讓你非常頭痛。

建立帳號的指令是 CREATE USER，它的格式是（不要輸入這個指令，它是無效的）：

```
CREATE USER 'username'@'hostname' IDENTIFIED BY 'password';
GRANT PRIVILEGES ON database.object TO 'username'@'hostname';
```

除了 *database.object* 之外，這個指令應該很簡單，*database.object* 是指資料庫本身以及它裡面的物件，例如資料表（見表 8-4）。

表 8-4 GRANT 指令的參數範例

引數	含意
.	所有的資料庫及其所有物件
database.*	只有名為 *database* 的資料庫，與它的所有物件
database.object	只有名為 *database* 的資料庫，與名為 *object* 的物件

讓我們來建立一個帳號，讓它只能存取新的 *publications* 資料庫及其所有物件。輸入下面的指令（將帳號 *jim* 與密碼 *passwd* 換成你自己的）：

```
CREATE USER 'jim'@'localhost' IDENTIFIED BY 'password';
GRANT ALL ON publications.* TO 'jim'@'localhost';
```

這個指令可讓帳號 *jim@localhost* 使用 *passwd* 密碼來完整地操作 *publications* 資料庫。你可以測試這個步驟是否成功：先輸入 quit 來退出，再像之前一樣重新執行 MySQL，但這次不是用 root 來登入，而是用你建立的名稱（例如 jim）。表 8-5 是各種作業系統的正確指令，如果你的 *mysql* 用戶端程式安裝在不同的目錄內，請做必要的修改。

表 8-5 啟動 MySQL，並且用 jim@localhost 來登入

作業系統	指令範例
Windows	C:\"Program Files\Ampps\mysql\bin\mysql" -u jim -p
macOS	/Applications/ampps/mysql/bin/mysql -u jim -p
Linux	mysql -u jim -p

現在只要在提示符號出現時輸入密碼即可登入資料庫。

你也可以在 -p 後面加上密碼（不加入任何空格），這樣就不需要在提示符號出現時輸入密碼了，但是這種做法不太好，因為如果別人能夠登入你的系統，他們也許可以看到你輸入的指令，並且看到你的密碼。

 你只能授與你擁有的權限，你一定有權發出 GRANT 指令。如果你不想授與所有權限，MySQL 有一系列的權限可授與。關於 GRANT 與 REVOKE（取消已授與的權限）指令的詳細資訊，可參考這份文件：*https://tinyurl.com/mysqlgrant*。此外，如果你在建立新帳號時沒有使用 IDENTIFIED BY 子句，那一個帳號將沒有密碼，這是必須避免的危險情況。

建立資料表

此時，你應該已經登入 MySQL，並且擁有 *publications* 資料庫（或是特別為你建立的資料庫）的 ALL 權限了。你可以建立你的第一個資料表了。輸入下面的指令來確保你使用正確的資料庫（如果名稱不同的話，將 publications 換成你的資料庫名稱）：

    USE publications;

現在輸入範例 8-3 的指令，一次一行：

範例 8-3 建立 classics 資料表

```
CREATE TABLE classics (
 author VARCHAR(128),
 title VARCHAR(128),
 type VARCHAR(16),
 year CHAR(4)) ENGINE InnoDB;
```

 這個指令的最後兩個單字需要稍微解釋一下。MySQL 可以在內部使用許多不同的方式來處理查詢指令，它們是由不同的引擎支援的。從 5.6 版開始，MySQL 的預設儲存引擎是 *InnoDB*，我們在此使用它，因為它支援 FULLTEXT 搜尋。只要你使用較新的 MySQL 版本，你可以在建立資料表的時候省略 ENGINE InnoDB 這兩個單字，我在此保留它是為了強調它是我使用的引擎。

如果你使用 5.6 之前的 My SQL，因為 InnoDB 引擎不支援 FULLTEXT 索引，所以你必須將指令中的 InnoDB 換成 MyISAM，來指明你想要使用那個引擎（見第 192 頁的「建立 FULLTEXT 索引」）。

InnoDB 通常比較有效率，也是我們推薦的選項。如果你按照第 2 章的介紹安裝 AMPPS，你應該擁有 MySQL 5.6.35 以上的版本。

你也可以用單行的形式發出上面的指令：

```
CREATE TABLE classics (author VARCHAR(128), title
VARCHAR(128), type VARCHAR(16), year CHAR(4)) ENGINE
InnoDB;
```

但是這種 MySQL 的指令既冗長且複雜，因此建議你在習慣長指令之前，先使用範例 8-3 的格式。

接著 MySQL 應該會回應 Query OK, 0 rows affected，並顯示執行指令需要多久。如果你看到錯誤訊息，請仔細地檢查語法，包括括號、逗點的數量，與常見的打字錯誤。

如果你想要檢查新資料表是否已建立，輸入：

```
DESCRIBE classics;
```

一切順利的話，你會看到範例 8-4 的指令與回應，特別注意顯示出來的資料表格式。

範例 8-4 MySQL 對話：建立與檢查新資料表

```
mysql> USE publications;
Database changed
mysql> CREATE TABLE classics (
    -> author VARCHAR(128),
    -> title VARCHAR(128),
    -> type VARCHAR(16),
    -> year CHAR(4)) ENGINE InnoDB;
Query OK, 0 rows affected (0.03 sec)

mysql> DESCRIBE classics;
+--------+--------------+------+-----+---------+-------+
| Field  | Type         | Null | Key | Default | Extra |
+--------+--------------+------+-----+---------+-------+
| author | varchar(128) | YES  |     | NULL    |       |
| title  | varchar(128) | YES  |     | NULL    |       |
| type   | varchar(16)  | YES  |     | NULL    |       |
| year   | char(4)      | YES  |     | NULL    |       |
+--------+--------------+------+-----+---------+-------+
4 rows in set (0.00 sec)
```

如果你想要確定你是否正確地建立了 MySQL 資料表，DESCRIBE 是很好用的偵錯指令。你也可以用它來查看資料表的欄位名稱，與每個欄位的資料型態。我們來進一步說明各欄的標題：

Field

資料表裡面每一個欄位的名稱。

Type

欄位儲存的資料型態。

Null

那一個欄位是否可以存放 Null 值。

索引鍵（Key）

如果有索引鍵，它是哪一種類型（在 MySQL 中，索引鍵或索引是快速地查詢和搜尋資料的手段）

Default

在建立新資料列時，如果沒有指定該欄位的值，將使用的預設值。

Extra

額外的資訊，例如該欄位是否被設為自動遞增。

資料型態

範例 8-3 的資料表有三個欄位的資料型態是 VARCHAR，另外一個是 CHAR。VARCHAR 代表 VARiable length CHARacter string（可變長度字串），指令會接收一個數字，來告知 MySQL 該欄位可儲存的最長字串長度。

CHAR 與 VARCHAR 都接收文字字串，而且欄位的大小是有限的。兩者的差異在於，CHAR 欄位的每一個字串都有指定的大小。如果你放入比較小的字串，MySQL 會用空格來填補它。VARCHAR 欄位不會填補文字，欄位會根據被插入的文字改變大小。但是 VARCHAR 需要少量的額外空間來記錄每個值的大小。所以，如果全部紀錄的大小相似，CHAR 比較有效率，如果全部紀錄的大小有很大的差異，VARCHAR 比較有效率。此外，額外的空間會導致 VARCHAR 資料的讀寫時間比 CHAR 資料慢一些。

對當今的全球網路搜尋來說，字元集合（*character sets*）是另一種很重要的字元與文字功能。它們將特定的二進制值指派給特定的字元。英文的字元集合與俄文的字元集合有明顯的差異。你可以在建立字元或文字欄位時，指派字元集合給它們。

VARCHAR 在很適合在我們的範例中使用，因為它可以儲存各種長度的作者姓名與書名，也可以協助 MySQL 規劃資料的大小並且更輕鬆地執行查詢與搜尋。請注意，如果你想要指派的字串長度比可放入的長度還要長，它會被裁成資料表定義中的最大長度。

因為我們知道 year 欄位的值長怎樣，所以我們使用比較有效率的 CHAR(4) 資料型態，而不是 VARCHAR。使用參數 4 可儲存 4 bytes 的資料，4 bytes 可表示從 -999 到 9999 的所有年分。一個 byte 有 8 bits，可以儲存 00000000 到 11111111 的值，換算成十進制是 0 到 255。

當然，你也可以只儲存兩位數的年分值，但是如果你的資料會一直用到下一個世紀，或你可能因為其他的因素而從頭開始計算年分，你就必須先淨化（sanitized）它 —— 想想「千禧蟲」吧，它導致許多大型電腦在 2000 年 1 月 1 日時，誤認為當時是 1900 年。

 我沒有在 classics 資料表裡面使用 YEAR 資料型態的原因是它只支援 0000 年與 1901 年到 2155 年。這是因為 MySQL 出於效率的考量，只使用一個 byte 來儲存年分，所以只能使用 256 年，但是 classics 資料表裡面的書籍的出版年分都在這之前。

CHAR 資料型態

表 8-6 列出 CHAR 資料型態。這兩種型態都有一個設定欄位最大（或確切）字串長度的參數。如表所示，每一個型態也有一個內建的最大 byte 數量。

表 8-6 MySQL 的 CHAR 資料型態

資料型態	使用的 Byte 數	範例
CHAR(n)	n 這個數量（<= 255）	CHAR(5) "Hello" 使用 5 bytes
		CHAR(57) "Goodbye" 使用 57 bytes
VARCHAR(n)	最多使用 n 個 bytes（<= 65535）	VARCHAR(7) "Hello" 使用 5 bytes
		VARCHAR(100) "Goodbye" 使用 7 bytes

BINARY 資料型態

BINARY 資料型態（見表 8-7）可儲存沒有相關字元集合的 bytes 字串。例如，你可以用 BINARY 資料型態來儲存 GIF 圖像。

表 8-7 MySQL 的 BINARY 資料型態

資料型態	使用的 **Byte** 數	範例
BINARY(n)	正好是 n（<= 255）	與 CHAR 一樣，但儲存二進制資料
VARBINARY(n)	最多 n（<= 65535）	與 VARCHAR 一樣，但儲存二進制資料

TEXT 資料型態

你也可以使用 TEXT 欄位來儲存字元資料。這種欄位與 VARCHAR 沒有多大的差異：

- 在 5.0.3 版之前，MySQL 會移除 VARCHAR 欄位的開頭與結尾空格。

- TEXT 欄位不能設定預設值。

- MySQL 只檢索 TEXT 欄位的前 n 個字元（n 是在建立索引時指定的）。

也就是說，如果你想要搜尋某個欄位的整個內容，VARCHAR 是比較好而且比較快的型態。如果你絕對不會在欄位中搜尋超過一定數量的開頭字元，你可能要使用 TEXT 資料型態（見表 8-8）。

表 8-8 MySQL 的 TEXT 資料型態

資料型態	使用的 **Byte** 數	屬性
TINYTEXT(n)	最多到 n（<= 255）	視為有字元集的字串
TEXT(n)	最多到 n（<= 65535）	視為有字元集的字串
MEDIUMTEXT(n)	最多到 n（<= 1.67e+7）	視為有字元集的字串
LONGTEXT(n)	最多到 n（<= 4.29e+9）	視為有字元集的字串

最大值比較小的資料型態也比較有效率，因此，你要使用足以容納該欄位的任何字串的最小型態。

BLOB 資料型態

BLOB 的意思是 *Binary Large OBject*（二進制大型物件），從字面可以知道，當二進制資料的大小超過 65,536 bytes 時，BLOB 是最好用的型態。BLOB 與 BINARY 資料型態還有另一個主要差異：BLOB 不能指定預設值，見表 8-9 列舉的 BLOB 資料型態。

表 8-9 MySQL 的 BLOB 資料型態

資料型態	使用的 Byte 數	屬性
TINYBLOB(n)	最多到 n（ <= 255 ）	視為二進制資料，沒有字元集
BLOB(n)	最多到 n（ <= 65535 ）	視為二進制資料，沒有字元集
MEDIUMBLOB(n)	最多到 n（ <= 1.67e+7 ）	視為二進制資料，沒有字元集
LONGBLOB(n)	最多到 n（ <= 4.29e+9 ）	視為二進制資料，沒有字元集

數值資料型態

MySQL 支援各種數字資料型態，從一個 byte 到雙精確度浮點數。雖然數值欄位最多可以使用 8 bytes 的記憶體，但建議你選擇足以處理你預期最大值的最小資料型態，讓資料庫維持最小的容量，以及最快的存取速度。

表 8-10 列出 MySQL 支援的數值資料型態，以及它們可以儲存的數值範圍。其中，**帶正負號數字**的範圍從負數、零到正數，**無正負號數字**的範圍則是從零到正數。它們兩者可以保存的數值數量是相同的，但是帶正負號數字的範圍平移一半，因此有一半是正數，另一半是負數。注意，任何浮點數（任何精確度）都是帶正負號的。

表 8-10 MySQL 的數值資料型態

資料型態	使用的 bytes 數	最小值 帶正負號	無正負號	最大值 帶正負號	無正負號
TINYINT	1	-128	0	127	255
SMALLINT	2	-32768	0	32767	65535
MEDIUMINT	3	-8.38e + 6	0	8.38e + 6	1.67e + 7
INT / INTEGER	4	-2.15e + 9	0	2.15e + 9	4.29e + 9
BIGINT	8	-9.22e + 18	0	9.22e + 18	1.84e + 19
FLOAT	4	-3.40e + 38	*n/a*	3.4e + 38	*n/a*
DOUBLE / REAL	8	-1.80e + 308	*n/a*	1.80e + 308	*n/a*

你可以使用 UNSIGNED 修飾詞來指定資料型態是否帶正負號。下面的範例建立一個名為 *tablename* 的資料表，它的裡面有一個欄位稱為 *fieldname*，該欄位的資料型態是 UNSIGNED INTEGER：

```
CREATE TABLE tablename (fieldname INT UNSIGNED);
```

當你建立數值欄位的時候，你也可以視情況傳遞一個數字參數，例如：

```
CREATE TABLE tablename (fieldname INT(4));
```

但是切記，與 BINARY 或 CHAR 資料型態不同的是，這個參數不是儲存空間的 byte 數，雖然有點違悖常理，但它代表：欄位裡面的資料被顯示出來的寬度。它通常與 ZEROFILL 修飾詞一起使用，例如：

```
CREATE TABLE tablename (fieldname INT(4) ZEROFILL);
```

這個指令會將寬度少於 4 個字元的數字補上一個或更多零，讓這個欄位顯示出來的寬度是四個字元長。如果這個欄位的寬度已經達到或超過指定寬度，那就不填補。

DATE 與 TIME 型態

表 8-11 是 MySQL 支援的其餘資料型態中，與日期和時間有關的型態。

表 8-11 MySQL 的 DATE 與 TIME 資料型態

資料型態	時間 / 日期格式
DATETIME	'0000-00-00 00:00:00'
DATE	'0000-00-00'
TIMESTAMP	'0000-00-00 00:00:00'
TIME	'00:00:00'
YEAR	0000（只有 0000 年，以及 1901–2155 年）

DATETIME 與 TIMESTAMP 資料型態都以相同的方式來顯示，它們主要的區別在於，TIMESTAMP 的範圍很小（從 1970 年到 2037 年），而 DATETIME 可以儲存你指定的任何日期，除非你對上古時代或科幻未來有很大的興趣。

但是 TIMESTAMP 仍然很好用，因為你可以讓 MySQL 為你設值。如果你在加入資料列時沒有指定它的值，它會被自動插入當前的時間。你也可以讓 MySQL 在你每次更改資料列的資料時自動更新 TIMESTAMP 欄位。

AUTO_INCREMENT 屬性

有時你要確保資料庫的每一列資料都是不一樣的，雖然你可以仔細地檢查輸入的資料，以確保任何兩列資料至少有一個值是不一樣的，但是這種方法容易出錯，而且只能在特定的情況下使用。例如，在 *classics* 資料表裡面，同一位作者可能會多次出現，出版年分也可能重複出現，你很難保證沒有重複的資料列。

有一種常見的辦法是另外建立一個欄位來滿足這個需求。我們等一下會使用書籍的 ISBN（InternationalStandard Book Number），但是在那之前，我想要先介紹 AUTO_INCREMENT 資料型態。

顧名思義，這種資料型態的欄位，會將它的值設為上一次插入的資料列的同一個欄位的值加 1。範例 8-5 是在 *classics* 資料表中，加入自動遞增欄位 *id* 的指令。

範例 8-5 加入自動遞增欄位 *id*

```
ALTER TABLE classics ADD id INT UNSIGNED NOT NULL AUTO_INCREMENT KEY;
```

這個範例使用 ALTER 指令，它很像 CREATE，但它處理的是既有的資料表，可以加入、更改或刪除欄位。這個範例使用以下的特性來加入一個名為 *id* 的欄位：

INT UNSIGNED

讓欄位可以接受夠大的整數值，讓你可以在資料表中儲存超過 40 億筆紀錄。

NOT NULL

確保每個欄位都有值。許多程式設計師會在欄位中使用 NULL，來代表該欄位沒有儲存任何值，但是這會造成重複的值，違反使用這個欄位的初衷，因此我們不允許 NULL 值。

AUTO_INCREMENT

如前所述，讓 MySQL 在每一列的這個欄位設定獨一無二的值。我們無法控制每一列的這個欄位的值，但是這無傷大雅，因為我們只在乎它們有獨一無二的數值。

KEY

自動遞增的欄位可以當成索引鍵來使用，因為你可以用這個欄位來搜尋資料列。第 187 頁的「索引」將更詳細地說明。

id 欄位的每一個項目都有一個獨一無二的號碼，從 1 開始遞增。當你插入新的資料列時，*id* 欄位會被自動依序指派下一個數值。

你也可以用稍微不同的格式來發出 CREATE 指令，以免回溯性地（retroactively）套用欄位。我們用範例 8-6 來取代範例 8-3 的指令，特別看一下最後一行。

範例 8-6 在建立資料表時，加入自動遞增的 *id* 欄位

```
CREATE TABLE classics (
 author VARCHAR(128),
 title VARCHAR(128),
 type VARCHAR(16),
 year CHAR(4),
 id INT UNSIGNED NOT NULL AUTO_INCREMENT KEY) ENGINE InnoDB;
```

如果你想要檢查欄位是否已被加入，你可以使用下面的指令來檢查資料表的欄位與資料型態：

```
DESCRIBE classics;
```

我們接下來不需要使用 *id* 欄位來解說了，所以如果你在範例 8-5 中建立這個欄位，你可以用範例 8-7 的指令來移除它。

範例 8-7 移除 *id* 欄位

```
ALTER TABLE classics DROP id;
```

將資料加入資料表

你可以用 INSERT 指令將資料加入資料表。讓我們反覆 INSERT 指令，在 *classics* 資料表裡面填入表 8-1 的資料，以觀察插入的動作（範例 8-8）。

範例 8-8 填寫 *classics* 資料表

```
INSERT INTO classics(author, title, type, year)
 VALUES('Mark Twain','The Adventures of Tom Sawyer','Fiction','1876');
INSERT INTO classics(author, title, type, year)
 VALUES('Jane Austen','Pride and Prejudice','Fiction','1811');
INSERT INTO classics(author, title, type, year)
 VALUES('Charles Darwin','The Origin of Species','Nonfiction','1856');
INSERT INTO classics(author, title, type, year)
 VALUES('Charles Dickens','The Old Curiosity Shop','Fiction','1841');
INSERT INTO classics(author, title, type, year)
 VALUES('William Shakespeare','Romeo and Juliet','Play','1594');
```

你可以看到，每隔兩行就有一個 Query OK 訊息，輸入每一行指令之後，繼續輸入下面的指令，它會顯示資料表的內容，結果如圖 8-4 所示：

```
SELECT * FROM classics;
```

先別擔心看不懂 SELECT 指令，我們很快就會在第 193 頁的「查詢 MySQL 資料庫」小節會介紹它。簡單地說，它會顯示你剛才輸入的所有資料。

如果你的結果的順序與我們不同，不用擔心，這是正常的情況，因為我們在此沒有指定順序。在本章稍後，我們將介紹如何使用 ORDER BY 來選擇結果的順序。目前它們可能以任何順序來顯示。

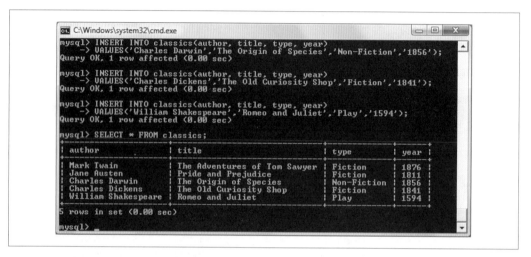

圖 8-4 將資料填入 classics 資料表，並查看它的內容

我們先回來看一下 INSERT 指令的用法。第一個部分，INSERT INTO classics，告訴 MySQL 在哪裡插入接下來的資料。接下來，在括號裡面有四個欄位：*author*、*title*、*type* 與 *year*，全部都以逗號分開，告訴 MySQL 它們是將要插入資料的欄位。

每一個 INSERT 指令的第二行都有關鍵字 VALUES，它後面的括號裡面有四個以逗號分開的字串，它們提供四個值，來讓 MySQL 插入之前指定的四個欄位（同樣的，我沒有指定換行位置）。

每一個資料項目都會按照一對一的關係插入對應的欄位。如果你不小心讓欄位的順序與資料的順序不相符，資料就會被放入錯誤的欄位。此外，欄位的數量也必須與資料的項目數量一致。（INSERT 有更安全的用法，我們很快就會看到。）

重新命名資料表

重新命名資料表的方法與修改資料表的結構或中繼資訊（meta-information）一樣，都是使用 ALTER 指令。例如，如果你要將資料表的名稱由 *classics* 改為 *pre1900*，你可以使用這個指令：

```
ALTER TABLE classics RENAME pre1900;
```

執行這個指令之後，你可以輸入下列指令來恢復資料表名稱，好讓你可以按照本章接下來的範例來操作：

```
ALTER TABLE pre1900 RENAME classics;
```

修改欄位的資料型態

修改欄位資料型態的指令也是 ALTER，但這一次要與 MODIFY 關鍵字一起使用。若要將 year 欄位的資料型態從 CHAR(4) 改成 SMALLINT（後者只需要 2 bytes，可以節省磁碟空間），你可以輸入下列指令：

```
ALTER TABLE classics MODIFY year SMALLINT;
```

執行這個指令時，如果 MySQL 認為這次的資料型態轉換是合理的，它就會自動轉換資料，同時保留資料的意義。在這個例子中，MySQL 會將每一個字串轉換成對應的整數，只要那些字串可以看成整數即可。

加入新欄位

如果你已經建立一個資料表，並且在裡面填入許多資料，後來卻發現裡面還要加入其他的欄位，不用擔心，讓我教你如何加入一個新欄位 *pages*，用來儲存出版物的頁數：

```
ALTER TABLE classics ADD pages SMALLINT UNSIGNED;
```

這個指令會加入一個名為 *pages*，資料類態為 UNSIGNED SMALLINT 的新欄位，它可以保存的數值最大可達 65,535，應該可以應付任何一本書籍了！

使用下面的 DESCRIBE 指令來要求 MySQL 顯示更新後的資料表，可以看到資料表已經有所改變了（見圖 8-5）：

```
DESCRIBE classics;
```

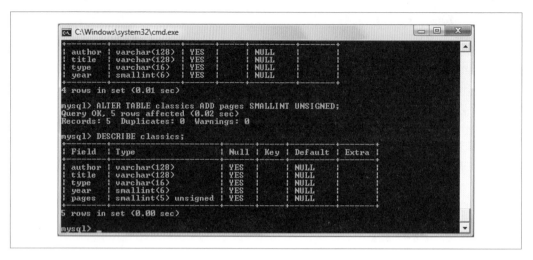

圖 8-5 加入新的 pages 欄位，並且檢視資料表

重新命名欄位

再看一下圖 8-5，你也許認為 *type* 這個欄位名稱令人困惑，因為 MySQL 用這個單字來辨識資料型態。同樣沒問題！我們將它改名為 *category*：

```
ALTER TABLE classics CHANGE type category VARCHAR(16);
```

注意我們在指令的結尾加上 VARCHAR(16)，因為使用 CHANGE 關鍵字時必須指定資料型態，即使你的目的不是為了改變型態；VARCHAR(16) 是當初以 *type* 這個名稱來建立欄位時指定的資料型態。

移除欄位

再三考慮之後，你可能認為頁數欄位 *pages* 在這個資料庫裡面不是那麼有用，以下是使用 DROP 關鍵字來移除該欄位的指令：

```
ALTER TABLE classics DROP pages;
```

切記，DROP 是不可逆的。務必謹慎地使用它，因為如果你不小心，可能會在無意中刪除整個資料表（甚至資料庫）。

刪除資料表

刪除資料表非常簡單，但是我不想讓你重新輸入整個 *classics* 資料表，所以我們先快速地建立一個新資料表，確認它的存在，再刪除它。請輸入範例 8-9 的指令來做這些事情。圖 8-6 是這四行指令的結果。

範例 8-9　建立、檢視與刪除資料表

```
CREATE TABLE disposable(trash INT);
DESCRIBE disposable;
DROP TABLE disposable;
SHOW tables;
```

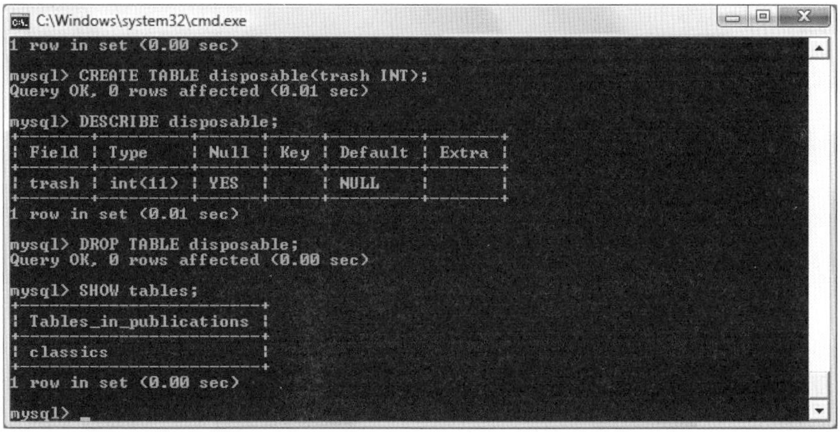

圖 8-6　建立、檢視與刪除資料表

索引

目前的 *classics* 資料表已經可以使用了，而且 MySQL 可以毫無問題地搜尋它 —— 在它成長到幾百列之前。隨著資料列不斷增加，資料庫的存取速度會越來越慢，因為當你發出查詢指令之後，MySQL 就得搜尋每一列。這種情況就像你想要尋找某些資料時，跑到圖書館一本一本地翻閱書籍尋找一樣。

當然，你不需要用這種愚蠢的方式找遍整座圖書館，因為它們有卡片索引系統，或自己的資料庫。MySQL 也是如此，我們可以花一點點記憶體與硬碟空間來幫資料表建立「索引卡」，讓 MySQL 可以用它來執行快如閃電的搜尋。

建立索引

加入索引是實現快速搜尋的方法，無論你要在建立資料表的同時加入它，還是在建立資料表之後的任何時間加入它。但是做出決定並不容易。例如，索引有許多形式，例如一般的 INDEX、PRIMARY KEY 與 FULLTEXT 索引。此外，你必須決定哪些欄位需要索引，在做這項決定時，你必須預測將來會不會在各個欄位中搜尋任何資料。索引也可能變得更複雜，因為你可以將多個欄位合併成一個索引。就算你決定了，你仍然可以限制想檢索的各個欄位數量，來減少索引的大小。

試想，大家會怎樣搜尋 classics 資料表？顯然，他們可能會搜尋所有欄位。但是，如果你沒有刪除第 185 頁的「加入新欄位」中建立的 *pages* 欄位，該欄位應該不需要索引，因為大多數人都不會搜尋書籍的頁數。無論如何，我們用範例 8-10 的指令來為每一個欄位加入索引。

範例 *8-10* 在 *classics* 資料表中加入索引

```
ALTER TABLE classics ADD INDEX(author(20));
ALTER TABLE classics ADD INDEX(title(20));
ALTER TABLE classics ADD INDEX(category(4));
ALTER TABLE classics ADD INDEX(year);
DESCRIBE classics;
```

我們用兩個指令來建立 *author* 與 *title* 欄位的索引，並且將每個索引限制為前 20 個字元。例如，當 MySQL 幫下面的書名建立索引時：

```
The Adventures of Tom Sawyer
```

它其實只在索引中儲存前 20 個字元：

```
The Adventures of To
```

這是為了減少索引的大小並優化資料庫的存取速度。我選擇 20 是因為它應該足以讓這些欄位的大多數字串都是獨一無二的。如果 MySQL 找到兩個具有相同內容的索引，它就要再浪費時間進入資料表本身，檢查被檢索的欄位，以找出真正符合的資料列。

目前只要使用第一個字元就可以識別 *category* 欄位每一個字串了（Fiction 的 F，Non-Fiction 的 N，Play 的 P），但我使用四個字元的索引，以防將來的分類有相同的前三個字元。當你的類別更完整的時候，你也可以為這一個欄位重新建立索引。最後，我沒有限制 *year* 欄位的索引長度，因為它被明確地定義為四個字元。

圖 8-7 是執行這些指令的結果（使用 DESCRIBE 指令來確認它們已經生效了），其中，每一欄的 Key 都是 MUL。這個 Key 的意思是，在該欄位中，同一個值可能會出現多次，這是預料中的情況，因為作者的名字可能多次出現，也可能有不同的作者取同樣的書名……等。

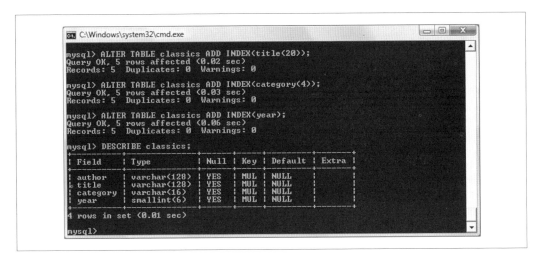

圖 8-7　在 classics 資料表中加入索引

使用 CREATE INDEX

CREATE INDEX 指令是除了 ALTER TABLE 之外，另一種建立索引的手段。它們的效果是相同的，但是 CREATE INDEX 不能用來建立 PRIMARY KEY（見第 190 頁的「主索引鍵」）。範例 8-11 的第二行是這個指令的格式。

範例 *8-11* 這兩行指令是等效的

```
ALTER TABLE classics ADD INDEX(author(20));
CREATE INDEX author ON classics (author(20));
```

在建立資料表時加入索引

你不必等到建立資料表之後才加入索引。事實上，這種做法反而浪費時間，因為在龐大的資料表裡面加入索引需要很長的時間。我們來看一個指令，它可以在建立 *classics* 資料表的同時產生索引。

範例 8-12 是範例 8-3 的改版，它會在建立資料表的同時建立索引。注意，為了整合本章的修改，這一版會將 *type* 欄位的名稱換成 *category*，並將 *year* 的資料型態從 CHAR(4) 改為 SMALLINT。如果你不想要刪除既有的 *classics* 資料表，你可以將第 1 行的 *classics* 改成其他單字，例如 *classics1*，在結束時刪除 *classics1*。

範例 8-12 建立有索引的 *classics* 資料表

```
CREATE TABLE classics (
 author VARCHAR(128),
 title VARCHAR(128),
 category VARCHAR(16),
 year SMALLINT,
 INDEX(author(20)),
 INDEX(title(20)),
 INDEX(category(4)),
 INDEX(year)) ENGINE InnoDB;
```

主索引鍵

你已經建立 *classics* 資料表，並加入索引，以確保 MySQL 可以快速地搜尋它了，但現在還少了一些東西。雖然你可以搜尋資料表裡面的所有書籍，但是書籍沒有獨一無二的索引鍵可以讓你馬上存取一筆資料列。當你開始結合不同的資料表裡面的資料時，你就會知道，讓每一列都有一個獨一無二的索引鍵是多麼重要。

我們第 181 頁的「AUTO_INCREMENT 屬性」建立自動遞增的欄位 id 時，曾簡單地介紹主鍵的概念，那個資料表可以將它當成主鍵來使用。但但是，我想要把這項工作留給更合適的欄位：國際公認的 ISBN。

我們來為這個索引鍵建立一個新欄位。ISBN 有 13 個字元，也許你以為下列的指令可以完成這項工作：

```
ALTER TABLE classics ADD isbn CHAR(13) PRIMARY KEY;
```

但它不行，執行它之後，你會看到類似這樣的錯誤訊息：Duplicate entry for key 1。原因在於，這一個資料表已經被填入一些資料了，但是這一個指令會試著在每一列裡面加入值為 NULL 的欄位，你不能這樣做，因為具有主鍵索引的欄位裡面的所有值都必須是獨一無二的。如果資料表裡面沒有任何資料，這個指令可以在建立資料表的同時加入主鍵索引。

現在我們必須先建立一個沒有索引的新欄位，在裡面填入資料，然後使用範例 8-13 的指令來加入索引。幸好，目前的資料沒有重複的年分，所以我們在進行更新時，可以使用 *year* 欄位識別每一筆資料列。請注意，這個範例使用 UPDATE 指令與 WHERE 關鍵字，我們會在第 193 頁的「查詢 MySQL 資料庫」詳細說明。

範例 8-13 在 *isbn* 欄位填入資料，並使用主鍵

```
ALTER TABLE classics ADD isbn CHAR(13);
UPDATE classics SET isbn='9781598184891' WHERE year='1876';
UPDATE classics SET isbn='9780582506206' WHERE year='1811';
UPDATE classics SET isbn='9780517123201' WHERE year='1856';
UPDATE classics SET isbn='9780099533474' WHERE year='1841';
UPDATE classics SET isbn='9780192814968' WHERE year='1594';
ALTER TABLE classics ADD PRIMARY KEY(isbn);
DESCRIBE classics;
```

輸入這些指令會出現圖 8-8 的結果。注意，在 ALTER TABLE 語法中，我們將關鍵字 INDEX 改成 PRIMARY KEY 了（你可以比較範例 8-10 與 8-13）。

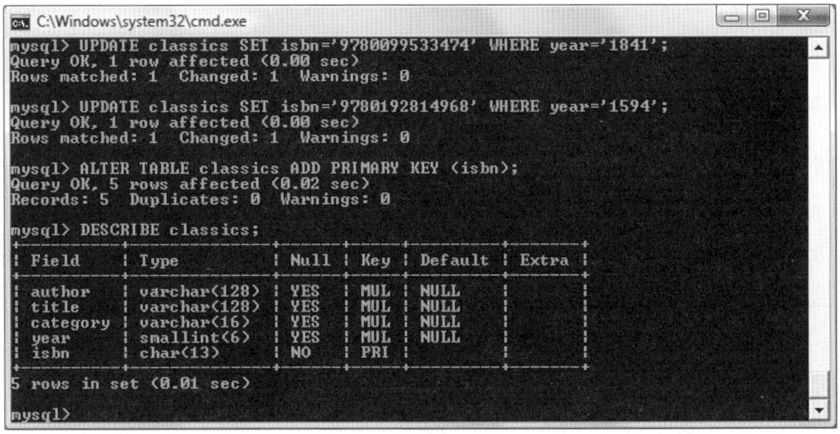

圖 8-8 在 classics 表中加入主鍵

你可以使用範例 8-14 的指令，在建立 *classics* 資料表的同時建立主鍵。同樣地，如果你想要嘗試這個範例，可將第一行的 *classics* 改成別的名稱，並在結束時刪除那個資料表。

範例 8-14 建立有主鍵的 *classics* 資料表

```
CREATE TABLE classics (
 author VARCHAR(128),
 title VARCHAR(128),
 category VARCHAR(16),
 year SMALLINT,
 isbn CHAR(13),
 INDEX(author(20)),
 INDEX(title(20)),
 INDEX(category(4)),
 INDEX(year),
 PRIMARY KEY (isbn)) ENGINE InnoDB;
```

建立 FULLTEXT 索引

有別於一般的索引，MySQL 的 FULLTEXT 索引可以非常快速地搜尋整個文字欄位。它用一種特殊的索引來儲存每一個資料字串的每一個字，讓你可以用「自然語言」來搜尋，類似使用搜尋引擎的方法。

 嚴格來說，MySQL 不會在 FULLTEXT 索引中儲存所有文字，因為它有一個內建的清單，裡面有超過 500 個它決定忽略的文字，忽略的原因是它們太常見了，對搜尋的助益不大，也就是所謂的停用詞（*stopwords*）。這份清單包括 *the*、*as*、*is*、*of* ……等。這份清單可以協助 MySQL 更快速地執行 FULLTEXT 搜尋，以及減少資料庫的大小。

以下是關於 FULLTEXT 索引的一些重要事項：

- 自從 MySQL 5.6 開始，InnoDB 資料表可以使用 FULLTEXT 索引，但是在這個版本之前，FULLTEXT 索引只能在 MyISAM 資料表中使用。如果你要將資料表轉換成 MyISAM，你可以使用 MySQL 指令 ALTER TABLE tablename ENGINE = MyISAM;。

- 你只能為 CHAR、VARCHAR 與 TEXT 欄位建立 FULLTEXT 索引。

- 你可以在建立資料表時，在 CREATE TABLE 陳述式中定義 FULLTEXT 索引，或是在建立資料表之後，使用 ALTER TABLE（或 CREATE INDEX）來加入它。

- 對大型的資料組而言，先將資料放入沒有 FULLTEXT 索引的資料表再建立索引會快很多。

你可以採取範例 8-15 的做法，建立 FULLTEXT 索引，並將它套用到一或多筆紀錄。這個範例將 FULLTEXT 索引加到 *classics* 資料表的 *author* 與 *title* 欄位（這個索引被附加至已建立的欄位，不會影響它們）。

範例 8-15　在 *classics* 資料表中加入 FULLTEXT 索引

```
ALTER TABLE classics ADD FULLTEXT(author,title);
```

現在你可以對這兩個欄位執行 FULLTEXT 搜尋了。將這些書籍的所有內容都加入資料庫可以充分利用這項功能（尤其是在它們沒有版權的情況下），讓書籍內容完全可供搜尋。第 198 頁的「MATCH...AGAINST」會說明使用 FULLTEXT 來搜尋的細節。

 MySQL 在存取資料庫時跑得比想像中還要慢通常與索引有關，原因可能是你需要索引卻沒有建立它，或你沒有把索引設計好，這種問題通常可以藉著調整資料表的索引來解決。改善性能不在本書的討論範圍，但是我會在第 9 章給你一些提示，告訴你該從哪裡下手。

查詢 MySQL 資料庫

我們已經建立 MySQL 資料庫與資料表、填入資料並加入索引，來讓它們可以快速地搜尋了。接下來，讓我們來看看如何執行這些搜尋，以及有哪些指令與修飾詞可以使用。

SELECT

你可以在圖 8-4 看到，SELECT 指令的用途是從資料表中取出資料。在那一節，我使用最簡單的形式來選擇所有資料，並顯示它們，但是這種做法只適合用來處理最小型的資料表，因為當資料變多時，它們會以無法閱讀的速度飛快地捲動。在 Unix/Linux 電腦上，你可以發出這個指令來要求 MySQL 一次顯示一頁：

```
pager less;
```

這會將輸出送至 less 程式。若要恢復成標準輸出，並將分頁關閉，你可以發出這個指令：

```
nopager;
```

讓我們更仔細地了解 SELECT。它的基本語法是：

```
SELECT something FROM tablename;
```

其中的 *something* 可以是 *（代表所有欄位），也可以選擇某些欄位。例如，範例 8-16 只選擇了 *author* 與 *title* 欄位，以及 *title* 與 *isbn*。圖 8-9 是這些指令的執行結果。

範例 8-16 兩個不同的 *SELECT* 陳述式

```
SELECT author,title FROM classics;
SELECT title,isbn FROM classics;
```

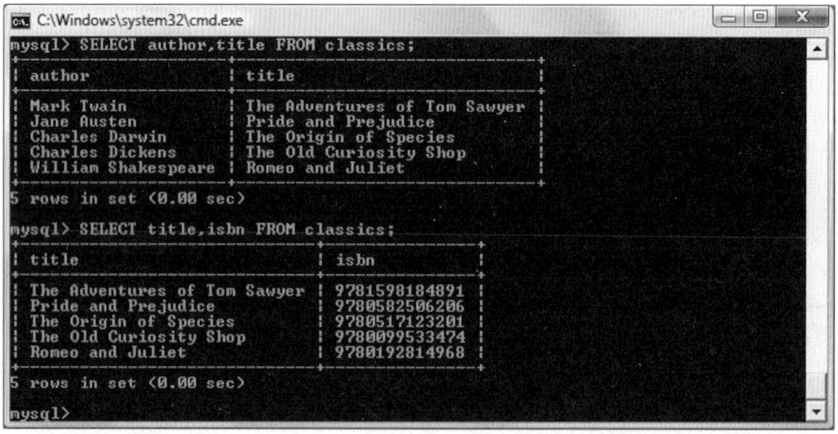

圖 8-9 兩個不同的 SELECT 陳述式的輸出

SELECT COUNT

COUNT 可以取代 *something* 參數，它有很多種用法。在範例 8-17 中，它傳遞 * 參數（代表所有資料列）來顯示資料表中的資料列數量，你應該可以猜到，它會回傳 5，因為資料表裡面只有五本書。

範例 8-17 計算列數

```
SELECT COUNT(*) FROM classics;
```

SELECT DISTINCT

DISTINCT 修飾詞（以及它的兄弟 DISTINCTROW）可以清除存有相同資料的多個項目。例如，假如你想要取得資料表中的所有作者，如果你只選擇資料表的 *author* 欄，而且資料表裡面有很多本書是同一位作者寫的，你會看到一長串同一位作者的清單。但是加上

DISTINCT 關鍵字可以讓每位作者的名字只出現一次。我們加入一筆存有重複作者名字的資料列來測試這個關鍵字（範例 8-18）。

範例 8-18 輸入重複的資料

```
INSERT INTO classics(author, title, category, year, isbn)
 VALUES('Charles Dickens','Little Dorrit','Fiction','1857', '9780141439969');
```

現在資料表裡面有兩個 Charles Dickens，我們使用 SELECT，並使用 DISTINCT 和不使用 DISTINCT 來比較兩者的結果。你可以在範例 8-19 與圖 8-10 看到，只使用 SELECT 會列出兩筆 Charles Dickens，但是加上 DISTINCT 修飾詞只會列出一筆。

範例 8-19 使用與不使用 DISTINCT 修飾詞

```
SELECT author FROM classics;
SELECT DISTINCT author FROM classics;
```

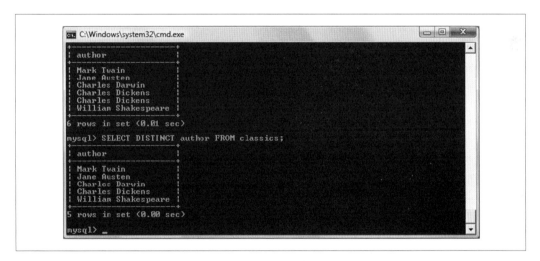

圖 8-10 使用與不使用 DISTINCT 來選擇資料

DELETE

你可以用 DELETE 指令在資料表中刪除一筆資料列。它的語法很像 SELECT 指令，你也可以使用 WHERE 與 LIMIT 等修飾詞，來將刪除範圍縮小為確切的一筆或數筆資料列。

知道 DISTINCT 修飾詞的作用之後，如果你曾經輸入範例 8-18，請使用範例 8-20 的指令來移除 *Little Dorrit*。

範例 8-20 移除新項目

```
DELETE FROM classics WHERE title='Little Dorrit';
```

這個範例將對 title 欄位存有 Little Dorrit 字串的所有資料列發出 DELETE 指令。

WHERE 關鍵字非常強大，你一定要正確地輸入它，一旦你錯誤輸入，它就會對錯誤的資料列下達指令（或者，當沒有資料符合 WHERE 子句時，沒有任何效果）。因此，讓我們用一點時間來討論這個子句，因為它是 SQL 的核心與靈魂。

WHERE

WHERE 關鍵字可以讓你縮小查詢的範圍，只回傳滿足特定表達式的資料。範例 8-20 使用相等運算子 =，只回傳欄位完全符合 Little Dorrit 字串的資料列。範例 8-21 是另外兩個同時使用 WHERE 與 = 的例子。

範例 8-21 使用 WHERE 關鍵字

```
SELECT author,title FROM classics WHERE author="Mark Twain";
SELECT author,title FROM classics WHERE isbn="9781598184891";
```

用範例 8-21 的兩個指令來處理目前的資料表會產生相同的結果。但是我們可能會加入其他 Mark Twain 的書，若是如此，第一行會顯示他著作的所有書名，第二行依然只顯示 The Adventures of Tom Sawyer（因為 ISBN 是獨一無二的）。換句話說，使用獨一無二的索引鍵來搜尋比較容易產生想要的結果，稍後你會看到更多關於獨一無二的索引鍵與主鍵的價值所在。

你也可以使用 LIKE 修飾詞來做模式比對，它可以搜尋部分的字串。在使用這個修飾詞的時候，你必須在文字的前面或後面加上一個 % 字元。在關鍵字前面的 % 代表在它之前的任何東西，在關鍵字後面的 % 則代表在它之後的任何東西。範例 8-22 執行三個查詢指令，一個是查詢字串的開頭、一個是字串的結尾，另一個是字串中的任何位置。

範例 8-22 使用 LIKE 修飾詞

```
SELECT author,title FROM classics WHERE author LIKE "Charles%";
SELECT author,title FROM classics WHERE title LIKE "%Species";
SELECT author,title FROM classics WHERE title LIKE "%and%";
```

圖 8-22 是執行這些指令的結果。第一個指令會輸出 Charles Darwin 與 Charles Dickens 寫的書，因為我們將 LIKE 修飾詞設為：回傳開頭為 Charles 的任何字串。下一個指令只回傳 The Origin of Species，因為只有這筆資料的欄位裡面有結尾為 Species 的字串。最後一個指令回傳 Pride and Prejudice 與 Romeo and Juliet，因為它們裡面都有 and 字串，無論它在欄位中的哪個位置。% 也可以比對「該位置沒有任何東西」的情況，換句話說，它可以比對空字串。

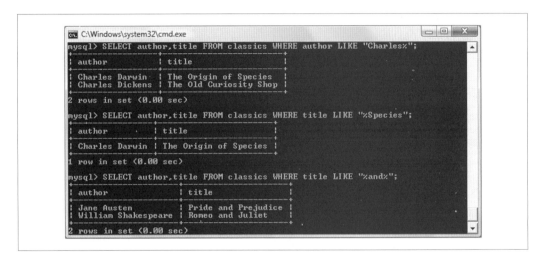

圖 8-11　在 WHERE 中使用 LIKE 修飾詞

LIMIT

LIMIT 修飾詞可以讓你指定查詢回傳的列數，以及從資料表的哪裡開始回傳它們。如果你只傳入一個參數，它會要求 MySQL 從查詢結果的開頭開始回傳參數指定的資料列數目。如果你傳入兩個參數，第一個參數是從查詢結果的開頭算起的位移量，第二個參數是回傳的資料列數目。你可把第一個參數想成「從查詢結果開頭跳過幾列」。

範例 8-23 有三個指令，第一個指令回傳資料表的前三筆資料列。第二個指令從第一個位置開始（跳過第一筆資料列）回傳二筆資料列。最後一個指令回傳第三個位置的（跳過前兩筆資料列）資料列。圖 8-12 是執行這三行指令的結果。

範例 8-23 限制回傳結果的數量

```
SELECT author,title FROM classics LIMIT 3;
SELECT author,title FROM classics LIMIT 1,2;
SELECT author,title FROM classics LIMIT 3,1;
```

 請謹慎地使用 LIMIT 關鍵字，因為它的位移值是從 0 開始算起的，但是查詢回傳的資料列數量是從 1 開始算起的。因此 LIMIT 1,3 的意思是從第二筆資料列開始回傳三筆資料列。你可將第一個參數視為「跳過多少列」，用中文來說，這個指令是「回傳 3 列，跳過頭 1 列」。

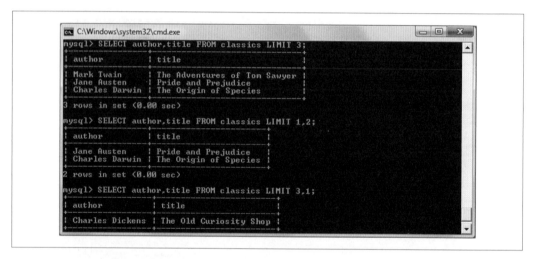

圖 8-12 用 LIMIT 來限制回傳的資料列

MATCH...AGAINST

你可以用 MATCH...AGAINST 結構來處理 FULLTEXT 索引的欄位（見第 192 頁的「建立 FULLTEXT 索引」）。它可讓你執行自然語言搜尋，就像你在網路搜尋引擎裡面的用法。有別於 WHERE...= 或 WHERE...LIKE，MATCH...AGAINST 可以讓你在同一個查詢指令中輸入多個文字，並且用它們來比對 FULLTEXT 欄位內的所有文字。FULLTEXT 索引不區分大小寫，因此在查詢指令裡面，大小寫視為相同。

如果你已經為 *author* 與 *title* 欄位加入 FULLTEXT 索引了，請輸入範例 8-24 的三個查詢指令。第一個指令要求回傳包含 *and* 的所有資料列。如果你使用 MyISAM 儲存引擎，因為 *and* 在該引擎中是停用詞，所以 MySQL 會忽略它，查詢指令永遠會產生空集合，無論欄位裡面儲存了什麼。如果你使用 InnoDB，*and* 是該引擎允許的單字。第二個指令要求回傳存有單字 *curiosity* 以及 *shop* 的所有資料列，無論這些單字在哪個位置，以及順序為何。最後一個指令使用相同查詢方式來搜尋 *tom* 與 *sawyer*。圖 8-13 是這些查詢指令的結果。

範例 8-24 對 FULLTEXT 索引使用 MATCH...AGAINST

```
SELECT author,title FROM classics
 WHERE MATCH(author,title) AGAINST('and');
SELECT author,title FROM classics
 WHERE MATCH(author,title) AGAINST('curiosity shop');
SELECT author,title FROM classics
 WHERE MATCH(author,title) AGAINST('tom sawyer');
```

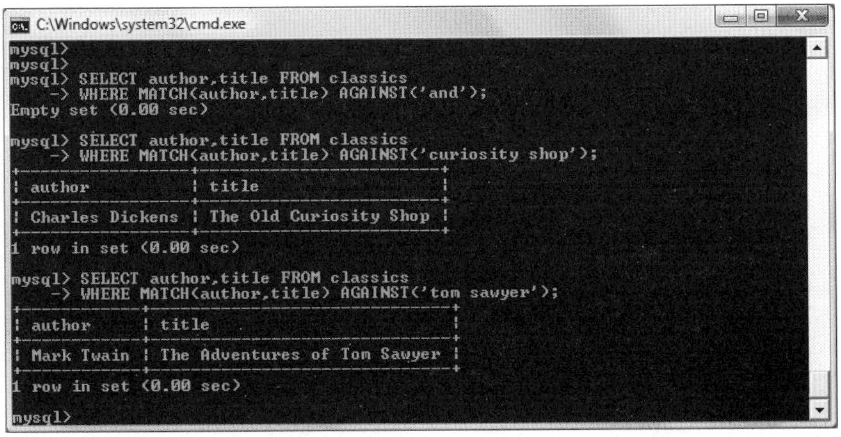

圖 8-13 對 FULLTEXT 索引使用 MATCH...AGAINST

布林模式的 MATCH...AGAINST

如果你想要讓 MATCH...AGAINST 查詢指令發揮更好的效果，你可以使用布林（Boolean）模式。它會改變標準的 FULLTEXT 查詢指令的效果，可讓你使用任何文字組合來搜尋，而不是只能搜尋具有所有搜尋單字的文本。只要在欄位中有一個單字符合，你的查詢就會回傳該資料列。

在布林模式下，你也可以在搜尋文字前面加上 + 或 - 符號來代表文本必須包含它們或不能包含它們。如果一般的布林模式說「只要有任何一個單字就可以」，那麼加號代表「一定要有這個字，否則不回傳該列」，減號代表「不能有這個字，如果有的話，就不回傳該列」。

範例 8-25 用兩個查詢指令來解釋布林模式。第一個查詢指令要求回傳包含 *charles* 但沒有 *species* 的所有資料列。第二個查詢指令使用雙引號來找出含有 *origin of* 的所有資料列。圖 8-14 是這些查詢指令的結果。

範例 8-25 布林模式的 *MATCH...AGAINST*

```
SELECT author,title FROM classics
 WHERE MATCH(author,title)
 AGAINST('+charles -species' IN BOOLEAN MODE);
SELECT author,title FROM classics
 WHERE MATCH(author,title)
 AGAINST('"origin of"' IN BOOLEAN MODE);
```

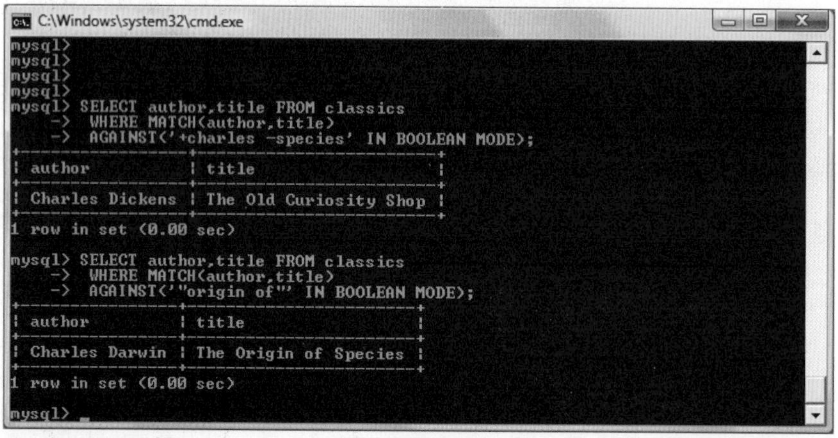

圖 8-14 布林模式的 MATCH...AGAINST

你應該可以猜到，第一個查詢只會回傳 Charles Dickens 的 The Old Curiosity Shop，因為含有 *species* 的資料列必須排除，所以 Charles Darwin 的書被忽略。

 第二個查詢指令有一件有趣的事情：停用詞 *of* 是搜尋字串的一部分，但它仍然被用來搜尋，原因在於，雙引號會讓停用詞失效。

UPDATE...SET

這個結構可以更新欄位的內容。如果你想要改變一個或多個欄位的內容，你就要先將範圍縮小至想要改變的欄位，做法和使用 SELECT 指令時很像。範例 8-26 是 UPDATE...SET 的兩種用法。圖 8-15 是它們的結果。

範例 8-26 使用 UPDATE...SET

```
UPDATE classics SET author='Mark Twain (Samuel Langhorne Clemens)'
 WHERE author='Mark Twain';
UPDATE classics SET category='Classic Fiction'
 WHERE category='Fiction';
```

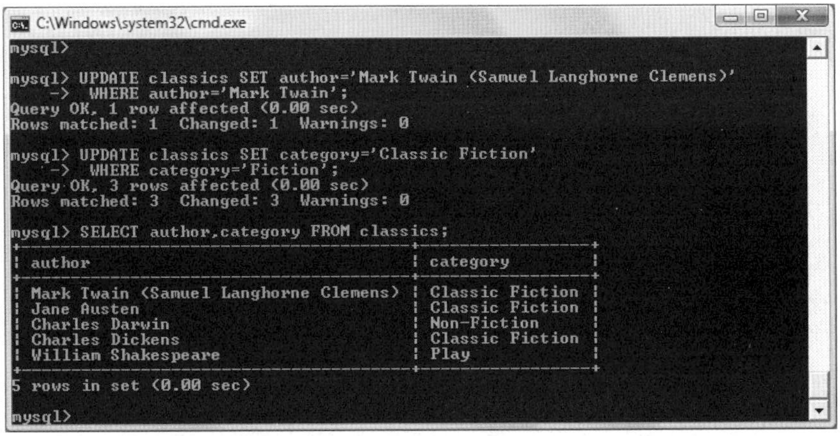

圖 8-15 更新 classics 資料表的欄位

第一個指令會將 Mark Twain 的本名 Samuel Langhorne Clemen 加上括號，放在他的筆名後面，這個指令只影響一列資料。但是，第二個指令會影響三列資料，因為它把 *category* 欄位的單字 *Fiction* 都改成 *Classic Fiction*。

在執行更新時，你也可以使用之前學過的修飾詞，例如 LIMIT，以及接下來要討論的 ORDER BY 與 GROUP BY 關鍵字。

ORDER BY

ORDER BY 會根據一或多個欄位來對結果進行升序或降序排列。範例 8-27 是兩個這種查詢指令，圖 8-16 是它們的結果。

範例 8-27 使用 ORDER BY

```
SELECT author,title FROM classics ORDER BY author;
SELECT author,title FROM classics ORDER BY title DESC;
```

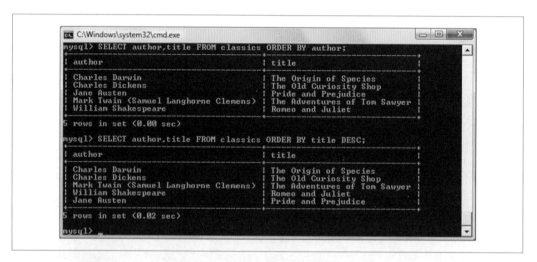

圖 8-16 排序結果

你可以看到，第一個指令根據 author 的字母來升序排列（預設的做法）出版物，第二個指令根據 title 來降序排列。

如果你想要先使用 *author* 來排序所有資料列，再按照書籍的 *year* 來降序排列（先列出最晚出版的），你可以使用這個指令：

```
SELECT author,title,year FROM classics ORDER BY author,year DESC;
```

這個指令的各個升序與降序修飾詞都只影響一個欄位。DESC 關鍵字只影響它前面的欄位：*year*。因為我們讓 *author* 使用預設的排序，所以它是升序排序。你也可以明確地指定該欄位要升序排序，這會產生相同的結果：

```
SELECT author,title,year FROM classics ORDER BY author ASC,year DESC;
```

GROUP BY

與 ORDER BY 類似的是，你也可以使用 GROUP BY 來將指令回傳的結果分組，它很適合用來取出關於一組資料的資訊。例如，如果你想要知道 *classics* 資料表裡面的每個類別有幾本書，你可以送出這個指令：

```
SELECT category,COUNT(author) FROM classics GROUP BY category;
```

它會回傳下列的輸出：

```
+-----------------+---------------+
| category        | COUNT(author) |
+-----------------+---------------+
| Classic Fiction |             3 |
| Nonfiction      |             1 |
| Play            |             1 |
+-----------------+---------------+
3 rows in set (0.00 sec)
```

結合資料表

一個資料庫裡面通常有許多資料表，每一個資料表分別儲存不同類型的資訊。舉例來說，假設 *customers* 資料表需要參考 *classics* 資料表，來取得客戶購買的書籍。請輸入範例 8-28 的指令來建立這個新資料表，並且填入三位顧客與他們購買的商品。結果如圖 8-17 所示。

範例 8-28 建立並填寫 *customers* 資料表

```
CREATE TABLE customers (
 name VARCHAR(128),
 isbn VARCHAR(13),
 PRIMARY KEY (isbn)) ENGINE InnoDB;
INSERT INTO customers(name,isbn)
 VALUES('Joe Bloggs','9780099533474');
INSERT INTO customers(name,isbn)
 VALUES('Mary Smith','9780582506206');
INSERT INTO customers(name,isbn)
 VALUES('Jack Wilson','9780517123201');
SELECT * FROM customers;
```

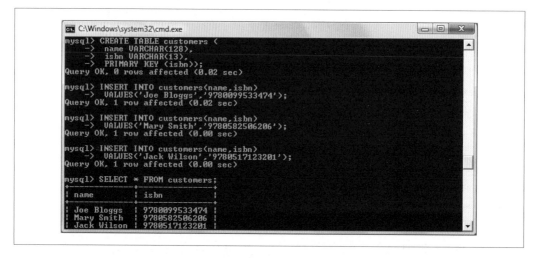

圖 8-17 建立 customers 資料表

 有一種快速的方法可以插入多列資料，你可以將範例 8-28 中，三個分開的 INSERT INTO 指令換成一個，並且列出要插入的資料，用逗點來分隔它們，例如：

```
INSERT INTO customers(name,isbn) VALUES
('Joe Bloggs','9780099533474'),
('Mary Smith','9780582506206'),
('Jack Wilson','9780517123201');
```

儲存顧客資訊的資料表應該會有地址、電話號碼、email 地址……等，但是我們在此不需要使用它們。在建立新的資料表時，你可以注意到它與 *classics* 資料表有一個共通點，它們都有 *isbn* 欄位。因為在兩個表格中，它的意思是相同的（一個 ISBN 代表一本書，而且一定是同一本書），所以我們可以使用一個指令，利用這個欄位來結合兩個表格，如範例 8-29 所示。

範例 8-29 用一個 SELECT 來結合兩個資料表

```
SELECT name,author,title FROM customers,classics
 WHERE customers.isbn=classics.isbn;
```

它的結果是：

```
+-------------+-----------------+-----------------------+
| name        | author          | title                 |
+-------------+-----------------+-----------------------+
| Joe Bloggs  | Charles Dickens | The Old Curiosity Shop |
| Mary Smith  | Jane Austen     | Pride and Prejudice   |
| Jack Wilson | Charles Darwin  | The Origin of Species |
+-------------+-----------------+-----------------------+
3 rows in set (0.00 sec)
```

有沒有看到這個指令很簡潔地將兩個資料表結合在一起，顯示在 *customers* 資料表裡面的人所購買的、在 *classics* 資料表裡面的書籍？

NATURAL JOIN

NATURAL JOIN 可以為你省下一些打字的動作，並且讓指令更加簡潔。這種結合方法可接收兩個資料表並且自動結合名稱相同的欄位。因此，為了產生範例 8-29 的結果，你可以輸入：

```
SELECT name,author,title FROM customers NATURAL JOIN classics;
```

JOIN...ON

如果你想要指定以哪個欄位來結合兩個資料表，你可以使用 JOIN...ON 結構，如下所示，它產生的結果與範例 8-29 一樣：

```
SELECT name,author,title FROM customers
 JOIN classics ON customers.isbn=classics.isbn;
```

使用 AS

你也可以使用 AS 關鍵字來創造別名，以節省打字數量，並且讓指令更容易閱讀，你只要在資料表名稱的後面加上 AS 以及它的別名即可。因此，下列指令的結果與範例 8-29 一樣：

```
SELECT name,author,title from
 customers AS cust, classics AS class WHERE cust.isbn=class.isbn;
```

它的結果是：

```
+-------------+-----------------+------------------------+
| name        | author          | title                  |
+-------------+-----------------+------------------------+
| Joe Bloggs  | Charles Dickens | The Old Curiosity Shop |
| Mary Smith  | Jane Austen     | Pride and Prejudice    |
| Jack Wilson | Charles Darwin  | The Origin of Species  |
+-------------+-----------------+------------------------+
3 rows in set (0.00 sec)
```

你也可以使用 AS 來改變欄位名稱（無論是否合併資料表）：

```
SELECT name AS customer FROM customers ORDER BY customer;
```

它會產生：

```
+-------------+
| customer    |
+-------------+
| Jack Wilson |
| Joe Bloggs  |
| Mary Smith  |
+-------------+
3 rows in set (0.00 sec)
```

別名在指令很長而且多次提及同一個資料表名稱時特別方便。

使用邏輯運算子

你也可以在 MySQL WHERE 指令中使用邏輯運算子 AND、OR 與 NOT 來進一步縮小選取範圍。範例 8-30 有每一種邏輯運算子的例子，但是你可以任意混合使用它們。

範例 8-30 使用邏輯運算子

```
SELECT author,title FROM classics WHERE
 author LIKE "Charles%" AND author LIKE "%Darwin";
SELECT author,title FROM classics WHERE
 author LIKE "%Mark Twain%" OR author LIKE "%Samuel Langhorne Clemens%";
SELECT author,title FROM classics WHERE
 author LIKE "Charles%" AND author NOT LIKE "%Darwin";
```

我使用第一個指令的原因是在一些資料列裡面，Charles Darwin 可能會以他的全名 Charles Robert Darwin 出現，這個指令會回傳 *author* 欄位之中以 Charles 開始，以 Darwin 結束的書籍。第二個指令會尋找筆名 Mark Twain，或本名 Samuel Langhorne Clemens 的作者編著的書籍。第三個指令會回傳名字是 Charles，但是不姓 Darwin 的作者寫的書。

MySQL 函式

你可能想問：既然 PHP 本身已經有許多強大的函式了，為什麼大家仍然使用 MySQL 函式？答案很簡單：MySQL 函式會在資料庫中直接操作資料。使用 PHP 的話，你就必須先從 MySQL 取出原始的資料、處理它，再執行資料庫指令將它放回去。

使用 MySQL 內建的函式可以減少複雜指令的執行時間，以及它們的複雜度。你可以參考文件來進一步了解所有的字串（*http://tinyurl.com/mysqlstrings*）與日期／時間（*http://tinyurl.com/mysqldates*）函式。

用 phpMyAdmin 來存取 MySQL

雖然在使用 MySQL 之前，你必須先學習主要的指令與它們的運作方式，但是一旦你學會之後，你就可以快速地使用 phpMyAdmin 等程式來管理資料庫和資料表。

假如你已經按照第 2 章的說明安裝 AMPPS 了，請輸入下列的指令來打開程式（圖 8-18）：

```
http://localhost/phpmyadmin
```

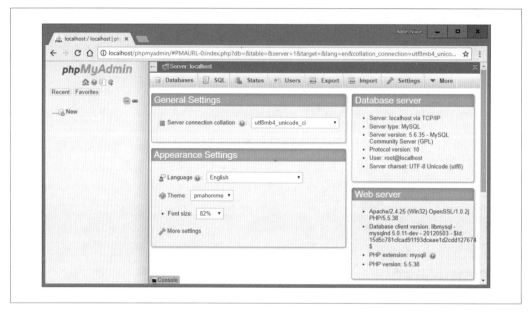

圖 8-18 phpMyAdmin 主畫面

你可以在 phpMyAdmin 主畫面左邊的窗格中，按下並選擇想要操作的資料表（不過它們在你建立之後才會出現）。你也可以按下 New 來建立新資料庫。

你可以在這裡執行所有主要操作，例如建立新資料庫、增加資料表、建立索引……等。若要進一步了解 phpMyAdmin，你可以參考文件（*https://docs.phpmyadmin.net*）。

如果你跟著我一起操作本章的範例，恭喜你完成了，這真是一段漫長的旅程。在過程中，你已經知道如何建立 MySQL 資料庫、發出複雜的指令來結合多個資料表、使用布林運算子，以及活用 MySQL 的各種修飾詞了。

下一章會介紹如何有效地設計資料庫、進階的 SQL 技術，與 MySQL 函式和交易。

問題

1. 在 MySQL 指令裡面的分號有什麼功用？

2. 哪一個指令可用來檢視資料庫或資料表？

3. 如何在本地主機建立一個新的 MySQL 帳號，其名稱為 *newuser*，密碼為 *newpass*，可以存取 *newdatabase* 資料庫的所有資料？

4. 如何查看資料表的結構？

5. MySQL 索引的用途為何？

6. FULLTEXT 索引有什麼好處？

7. 什麼是停用詞？

8. SELECT DISTINCT 與 GROUP BY 都為一個欄位的每一種值顯示一列資料，即使很多列有相同的值也是如此，那麼 SELECT DISTINCT 與 GROUP BY 主要的差異是什麼？

9. 如何使用 SELECT...WHERE 結構，從本章的 *classics* 資料表中，回傳 *author* 欄位的任意位置有 *Langhorne* 的資料列？

10. 如果你要結合兩個資料表，你要在它們裡面定義什麼才可以將它們結合？

解答請參考第 768 頁附錄 A 的「第 8 章解答」。

第 9 章

精通 MySQL

第 8 章以結構化查詢語言（SQL）來實際操作關聯資料庫，為你打下良好的基礎。你已經知道如何建立資料庫與資料表了，也知道如何插入、查詢、修改與刪除資料了。

知道這些事情之後，我們要了解如何設計最快速、最有效率的資料庫。例如，該將哪些資料放入哪個資料表？經過多年的發展，人們已經找出許多指導方針，只要遵守它們，你就可以設計出有效率的資料庫，並且可以在增加資料的同時，保有它們的擴充性。

資料庫設計

在建立資料庫之前，你一定要先正確地設計資料庫，否則，你幾乎都會重新拆開一些資料表、合併另一些、移動各個欄位……等，來設計出合理的關係，讓 MySQL 可以輕鬆地使用它。

在一開始，最好先坐下來，拿出紙筆，寫下你認為自己與你的使用者可能會問的問題。在線上書店資料庫的例子中，你可能會寫下這些問題：

- 在資料庫裡面有多少作者、書籍與顧客？
- 某本書的作者是誰？
- 某位作者寫了哪幾本書？
- 最貴的書是哪一本？

- 最暢銷的書是哪一本？

- 哪幾本書今年還沒有賣出去？

- 某位客戶買了哪些書？

- 客戶會同時購買哪些書？

當然，你還可以對著這個資料庫提出許多問題，但是這些小範例已足以讓你開始了解如何設計資料表了。例如，我們可能將書籍與 ISBN 結合成一個資料表，因為它們的關係非常密切（稍後會討論細節）。相較之下，我們應該將書籍與顧客放在不同的資料表，因為它們的關係沒那麼密切。同一位顧客可能購買任何書籍，甚至多本同樣的書籍。許多顧客可能會購買同一本書，更遑論那本書還有許多潛在的客戶。

如果你打算對某些東西做很多次搜尋，那麼讓它們擁有自己的資料表有很多優點。如果一些事物之間的關係不太密切，那麼將它們放在不同的資料表是較好的做法。

根據這些簡單的法則，我們至少需要三個資料表來滿足需求：

Authors（作者）

　　將來會有許多關於作者的查詢，他們之中有許多人合寫一本書，也有許多人合寫一套叢書。將所有作者的資訊列在一起，並將那些資訊與作者連結起來，可產生最佳的搜尋結果，因此我們需要一個 *Authors* 資料表。

Books（書籍）

　　很多書籍有不同的版本。有時它們會被不同的出版社再次出版，有時不同的書使用一樣的書名。因此，書籍與作者之間的關係非常複雜，這足以成為單獨建立一個書籍資料表的理由。

顧客（*Customers*）

　　幫顧客建立獨立的資料表的理由應該很明顯：因為他們可以任意購買任何作者寫的任何書籍。

主鍵：關聯資料庫的索引鍵

我們可以藉由關聯資料庫強大的功能，在同一個地方定義每一位作者、每一本書籍以及每一位顧客的資訊。顯然，我們最感興趣的是它們之間的連結，例如誰寫了每一本書，以及誰買了它，但是我們只要建立這三種資料表之間的連結，就可以儲存這些資訊了。我將告訴你基本的原理，接下來你要透過練習，才能習慣它們。

施展魔法的關鍵在於「讓每一位作者都有一個獨一無二的代碼」。我們會幫每一本書與每一位顧客做相同的事情。我們在前一章看過做法了，也就是使用**主鍵**。對書籍而言，合理的做法是使用 ISBN，但使用它的話，你也將面臨同一本書的不同版本有不同 ISBN 的情況。你可以為作者與顧客指派任意的索引鍵，上一章的 AUTO_INCREMENT 可以輕鬆地完成此事。

簡而言之，每一個資料表都是圍繞著某種可能經常被搜尋的物件來設計的，在這個例子中，它們是作者、書籍與顧客，而且它們都有主鍵。「不同的物件可能有同一個值」的東西不能當成索引鍵來使用。ISBN 是一種特例，它是業界提供的主鍵，可讓你用來識別出每一個產品。在多數情況下，我們會使用 AUTO_INCREMENT 建立任意的索引鍵。

標準化

將資料分門別類填入資料表，並建立主鍵的程序，稱為**標準化**（*normalization*）。它的主要目的是為了確保在資料庫裡面，每一個資訊只會出現一次。重複的資料沒有效率，因為它會讓資料庫沒必要地變大，從而降低存取速度。但是更重要的是，重複的資料會造成很大的危險，因為你可能只更新了許多重複資料中的一筆，造成資料的不一致，進而產生嚴重的錯誤。

因此，如果你要列出 *Authors* 與 *Books* 資料表裡面的書名，並修正書名的印刷錯誤，你就要搜尋這兩個資料表，並修正每一個使用那一個書名的地方。比較好的做法是將書名統一放在同一個地方，在其他地方使用 ISBN。

但是當你將資料庫分成許多資料表時，千萬不要建立超乎需求的資料表，因為這也會導致沒有效率的設計，以及較緩慢的存取速度。

幸運的是，關聯模式的發明者 Luckily, E.F. Codd 分析了標準化的概念，將它分成三個獨立的架構：**第一**、**第二**，與**第三正規型**。一旦你在修改資料庫時依序滿足這三個正規型，資料庫就可以在存取速度、記憶體大小與磁碟空間之間取得最佳的平衡。

為了展示標準化的程序如何運作，我們從表 9-1 這個可怕的資料庫開始，它是一個資料表，裡面有所有作者的姓名、書籍名稱與（虛構的）顧客資料。你可以將它視為第一次做出來的資料表，其目的是為了記錄有哪些客戶已經買書了。顯然，這種設計很沒有效率，因為到處都有重複的資料（用粗體來表示），但它只是個起點。

表 9-1 非常沒有效率的資料表設計

Author 1	Author 2	Title	ISBN	Price	Customer name	Customer address	Purchase date
David Sklar	*Adam Trachtenberg*	*PHP Cookbook*	*0596101015*	*44.99*	Emma Brown	1565 Rainbow Road, Los Angeles, CA 90014	Mar 03 2009
Danny Goodman		Dynamic HTML	0596527403	59.99	**Darren Ryder**	**4758 Emily Drive, Richmond, VA 23219**	Dec 19 2008
Hugh E. Williams	David Lane	PHP and MySQL	0596005436	44.95	Earl B. Thurston	862 Gregory Lane, Frankfort, KY 40601	Jun 22 2009
David Sklar	Adam Trachtenberg	PHP *Cookbook*	*0596101015*	*44.99*	**Darren Ryder**	**4758 Emily Drive, Richmond, VA 23219**	Dec 19 2008
Rasmus Lerdorf	Kevin Tatroe & Peter MacIntyre	Programming PHP	0596006815	39.99	David Miller	3647 Cedar Lane, Waltham, MA 02154	Jan 16 2009

接下來的三個小節將說明這個資料庫的設計方式，你將看到改善它的方法，包括移除重複的項目、將一個資料表分成多個資料表，以及在每個資料表儲存一種類型的資料。

第一正規型

資料庫必須滿足三條規則才符合第一正規型：

- 同一種資料不能放在重複的欄位裡面。
- 所有的欄位都只能存放一個值。
- 用獨一無二的主鍵來識別每一列。

依序檢查這些需求，你可以發現，*Author 1* 與 *Author 2* 欄是重複的資料種類。所以，我們有一個可以拉到另一個資料表的對象了，因為這兩個重複的 *Author* 欄違反了第 1 條規則。

其次，最後一本書 Programming PHP 列出三位作者。我在 *Author 2* 欄裡面同時填入 Kevin Tatroe 與 PeterMacIntyre，這違反了第 2 條規則。這是將 Author 資料搬到獨立的資料表的另一個理由。

但是這個資料表滿足第 3 條規則，它已經有主鍵 ISBN 了。

表 9-2 是將表 9-1 的 *Authors 1* 與 *Author 2* 欄移除的結果。它看起來沒那麼雜亂了，但依然有粗體的重複部分。

表 9-2 將表 9-1 的 Author 1 與 Author 2 欄移除的結果

Title	ISBN	Price	Customer name	Customer address	Purchase date
PHP Cookbook	*0596101015*	*44.99*	Emma Brown	1565 Rainbow Road, Los Angeles, CA 90014	Mar 03 2009
Dynamic HTML	0596527403	59.99	**Darren Ryder**	**4758 Emily Drive, Richmond, VA 23219**	**Dec 19 2008**
PHP and MySQL	0596005436	44.95	Earl B. Thurston	862 Gregory Lane, Frankfort, KY 40601	Jun 22 2009
PHP Cookbook	*0596101015*	*44.99*	**Darren Ryder**	**4758 Emily Drive, Richmond, VA 23219**	**Dec 19 2008**
Programming PHP	0596006815	39.99	David Miller	3647 Cedar Lane, Waltham, MA 02154	Jan 16 2009

表 9-3 的 Authors 新資料表很精簡，只有書名的 ISBN 與作者。如果一本書有多位作者，那麼每一位作者會有自己的一列資料。你可能會覺得這張表怪怪的，因為你無法看出哪位作者寫了哪一本書。但是別擔心，MySQL 可以快速地告訴你答案。你只要告訴 MySQL 你想要了解哪一本書的資訊，MySQL 就會用它的 ISBN 來搜尋 *Authors* 資料表，在幾毫秒內找出答案。

表 9-3 新的 Authors 資料表

ISBN	Author
0596101015	David Sklar
0596101015	Adam Trachtenberg
0596527403	Danny Goodman
0596005436	Hugh E. Williams
0596005436	David Lane
0596006815	Rasmus Lerdorf
0596006815	Kevin Tatroe
0596006815	Peter MacIntyre

如前所述，我們在建立 *Books* 資料表時，將 ISBN 設為它的主鍵。之所以在此重提，是為了強調 ISBN 不是 *Authors* 資料表的主鍵。在現實世界中，*Authors* 資料表也需要一個主鍵，這樣才能獨一無二地識別每一位作者。

因此，在 *Authors* 資料表中，*ISBN* 只是一個欄位（目的是為了提高搜尋速度），我們可能會將它當成索引鍵，但不會將它當成主鍵。事實上，它不能當成這個資料表的主鍵，因為它不是獨一無二的：如果有多位作者合著一本書的話，同一個 ISBN 就會多次出現。因為我們用這個欄位來將作者連到另一個資料表裡面的書籍，所以將它稱為外鍵（*foreign* key）。

 在 MySQL 中，鍵（也稱為索引）有很多功能。定義鍵的理由，主要是為了提升搜尋速度。第 8 章介紹過，你可以在 WHERE 子句裡面使用鍵來進行搜尋，但是鍵也可以用來獨一無二地識別某個項目。因此，獨一無二的鍵通常被當成資料表的主鍵，有時也被當成外鍵，來將該資料表的資料列與另一個資料表的資料列連接起來。

第二正規型

第一正規型處理的是多個欄位之間的重複（或累贅）資料。**第二正規型**處理的是資料列之間的多餘資料。你必須先讓資料表滿足第一正規型，才能讓它滿足第二正規型。滿足第一正規型之後，你可以找出有重複資料的欄位，將它們移到它們自己的資料表，即可滿足第二正規型。

見表 9-2。注意 Darren Ryder 買了兩本書，因此他的資料重複了，所以我們必須將 *Customer* 欄移到它自己的資料表中。表 9-4 是將表 9-2 的 *Customer* 欄移出之後的結果。

表 9-4 新的 Titles 資料表

ISBN	Title	Price
0596101015	PHP Cookbook	44.99
0596527403	Dynamic HTML	59.99
0596005436	PHP and MySQL	44.95
0596006815	Programming PHP	39.99

你可以看到，表 9-4 只剩下 ISBN、Title 與 Price 欄位與四本互不相同的書，所以現在它同時滿足第一與第二正規型，是個自成一體，而且有效率的資料表。在過程中，我們設法減少資訊，只留下與書名密切相關的資料。這個資料表也可以放入出版年分、頁數、再版次數……等，因為這些資料也與書名密切相關。唯一限制在於，我們不能放入可能讓同一本書有許多值的欄位，因為若是如此，我們就會用許多列來儲存同一本書，這會違反第二正規型。例如，如果我們將 *Author* 欄放回來就會違反這一個正規型。

但是，表 9-5 是我們抽出來的 *Customer* 欄位，我們可以看到，我們還要做一些標準化，因為 **Darren Ryder** 的資料仍然是重複的。它也與第一正規型的第二條規則衝突（所有的欄位都只能存放一個值），因為地址必須拆成不同的欄位：*Address*、*City*、*State* 與 *Zip*。

表 9-5 來自表 9-2 的顧客資訊

ISBN	Customer name	Customer address	Purchase date
0596101015	Emma Brown	1565 Rainbow Road, Los Angeles, CA 90014	Mar 03 2009
0596527403	Darren Ryder	4758 Emily Drive, Richmond, VA 23219	Dec 19 2008
0596005436	Earl B. Thurston	862 Gregory Lane, Frankfort, KY 40601	Jun 22 2009
0596101015	Darren Ryder	4758 Emily Drive, Richmond, VA 23219	Dec 19 2008
0596006815	David Miller	3647 Cedar Lane, Waltham, MA 02154	Jan 16 2009

接下來我們要進一步拆解這個資料表，以確保每位顧客的資料只被輸入一次。因為 ISBN 不是主鍵，也不能當成主鍵來識別客戶（或作者），所以我們必須建立新索引鍵。

表 9-6 是將 *Customers* 資料表標準化成第一與第二正規型的結果。現在每一位顧客都有專屬的顧客號碼，稱為 *CustNo*，它是這個資料表的主鍵，可能是用 `AUTO_INCREMENT` 做出來的。我們將顧客地址的各個部分填入不同的欄位，讓它們更容易被尋找與更新。

表 9-6 新的 Customers 表

CustNo	Name	Address	City	State	Zip
1	Emma Brown	1565 Rainbow Road	Los Angeles	CA	90014
2	Darren Ryder	4758 Emily Drive	Richmond	VA	23219
3	Earl B. Thurston	862 Gregory Lane	Frankfort	KY	40601
4	David Miller	3647 Cedar Lane	Waltham	MA	02154

同時，為了將表 9-6 標準化，我們還要移除顧客的購買資訊，因為若非如此，每一本賣出去的書籍都會有許多顧客資訊實例。現在購買資料已被移到新資料表 *Purchases* 了（見表 9-7）。

表 9-7 新資料表 Purchases

CustNo	ISBN	Date
1	0596101015	Mar 03 2009
2	0596527403	Dec 19 2008
2	0596101015	Dec 19 2008
3	0596005436	Jun 22 2009
4	0596006815	Jan 16 2009

我們將來自表 9-6 的 *CustNo* 欄位當成索引鍵，用它來將 *Customers* 與 *Purchases* 資料表連接起來。因為這裡也有 *ISBN* 欄，所以這個資料表也可以和 *Authors* 與 *Titles* 資料表連接。

CustNo 欄在 *Purchases* 資料表中也許是有用的索引鍵，但它不能當成主鍵，因為一位顧客可能會購買許多本書（甚至多本同樣的書），所以 *CustNo* 欄不是主鍵。事實上，*Purchases* 資料表沒有主鍵，這沒有什麼不好，因為我們不打算追蹤獨一無二的購買行為。如果有位顧客在同一天購買兩本同樣的書，我們允許將同樣的資訊存為兩列資料。為了方便搜尋，我們可以將 *CustNo* 與 *ISBN* 都定義為索引鍵，但它們不是主鍵。

現在我們有四個資料表，比當初預期的三個還要多一個。我們經由標準化的過程，有系統地遵循第一與第二正規型規則做出這個決定，所以可以清楚地知道，我們需要建立第四個資料表，*Purchases*。

現在，我們的資料表有：*Authors*（表 9-3）、*Titles*（表 9-4）、*Customers*（表 9-6）與 *Purchases*（表 9-7），並且可以用 *CustNo* 或 *ISBN* 索引鍵，將每一個資料表連接到任何其他資料表。

例如，如果你要查詢 Darren Ryder 買了哪幾本書，你可以在表 9-6（*Customers* 資料表）查詢他，發現他的 *CustNo* 是 2。取得這個號碼之後，你可以在表 9-7（*Purchases* 資料表）查詢 ISBN 欄位，發現他在 December 19, 2008 這一天買了 0596527403 與 0596101015。雖然這些號碼對人類而言不太容易理解，但 MySQL 很容易了解它們。

為了查出它們書名，我們參考表 9-4（*Titles* 資料表），找出他買的書是 *Dynamic HTML* 與 *PHP Cookbook*。如果你想要知道這些書的作者，你也可以在表 9-3（*Authors* 資料表）使用 ISBN 號碼，查出 ISBN 0596527403，*Dynamic HTML* 的作者是 Danny Goodman，而 ISBN 0596101015，*PHP Cookbook* 的作者是 David Sklar 與 Adam Trachtenberg。

第三正規型

滿足第一正規型與第二正規型的資料庫已經處於很好的狀態，應該不必再修改了，但是，如果你對資料庫的要求很嚴格，你也可以進一步讓它滿足**第三正規型**。第三正規型要求你將「與主鍵沒有直接關係，但是與資料表的其他值有關係」的資料移到單獨的資料表，根據它們的關係。

例如，我們認為表 9-6（*Customers* 資料表）的 *State*、*City* 和 *Zip* 索引鍵與每一位顧客都沒有直接關係，因為許多其他人也會使用一樣的地址資料。但是它們之間有直接關係，因為 *Address* 與 *City* 有關，*City* 與 *State* 有關。

因此，為了讓表 9-6 滿足第三正規型，你必須將它拆成表 9-8 至表 9-11。

表 9-8　第三正規型的 Customers 資料表

CustNo	Name	Address	Zip
1	Emma Brown	1565 Rainbow Road	90014
2	Darren Ryder	4758 Emily Drive	23219
3	Earl B. Thurston	862 Gregory Lane	40601
4	David Miller	3647 Cedar Lane	02154

表 9-9 第三正規型的 Zip 碼資料表

Zip	CityID
90014	1234
23219	5678
40601	4321
02154	8765

表 9-10 第三正規型的 Cities 資料表

CityID	Name	StateID
1234	Los Angeles	5
5678	Richmond	46
4321	Frankfort	17
8765	Waltham	21

表 9-11 第三正規型的 States 資料表

StateID	Name	Abbreviation
5	California	CA
46	Virginia	VA
17	Kentucky	KY
21	Massachusetts	MA

如何用這四個資料表來取代表 9-6？你可以先在表 9-8 查詢 Zip 碼，然後在表 9-9 找出它的 CityID。得到這個資訊之後，你可以在表 9-10 找出城市 *Name* 和 *StateID*，然後在表 9-11 用 *StateID* 來找出州 *Name*。

雖然這樣子使用第三正規型有點繁複，但它有其優點。例如，我們可以在表 9-11 同時儲存州名與雙字母縮寫。需要的話，我們也可以在這個資料表裡面儲存人口資料，與其他人口統計數據。

表 9-10 也可以儲存對你和客戶都有用的本地化人口統計資訊。藉著拆開這些資料，當你需要增加其他欄位時，你可以更輕鬆地維護資料庫。

是否使用第三正規型可能不太容易決定，你必須根據將來可能加入什麼資料來進行評估。如果你百分之百確定將來只會用到客戶的姓名與地址，你就可以不必做這個最終的標準化步驟。

但是，假如你在為大型機構編寫資料庫，例如美國郵政服務系統，如果有城市想要改名呢？如果你僅僅使用表 9-6，你可能要執行全域的搜尋，更改那一個城市名稱的每一個實例。但如果你用第三正規型來規劃資料，你只要更改表 9-10 的一個項目即可影響整個資料庫。

因此，建議你先問自己兩個問題，再決定是否以第三正規型來標準化資料表：

- 以後還會不會在這個資料表中加入許多新欄位？
- 該資料表有沒有欄位可能全面更改？

如果其中一個答案是肯定的，你可能要考慮執行最後一個階段的標準化。

不做標準化的時機

完全了解標準化之後，接下來我要告訴你：為什麼在高流量的網站上，你必須將這些規則拋在腦後。沒錯！在大量使用 MySQL 的網站上，你不必將資料表完全標準化。

標準化會將資料分散到很多資料表內，這代表每一個查詢指令都會多次呼叫 MySQL。如果你在非常熱門的網站使用標準化資料表，只要有數十位使用者同時湧入，資料庫的存取速度就會大大降低，因為他們將產生數百次的資料庫操作。總之：如果你的資料經常被查詢，你就要盡量將它們反標準化。

你已經看到，讓同樣的資料在多個資料表中重複出現，可以減少額外的請求，因為大部分的資料都可以在各個資料表中找到。這意味著，只要你在查詢指令中加入一個額外的欄位，所有符合條件的結果都會有那一個欄位。

當然，如此一來，你就會面臨之前提到的缺點，例如使用大量的磁碟空間，以及在更新資料時，必須確保每一個資料複本都有更新。

不過，我們可以將更新的動作交給電腦處理。MySQL 提供一種稱為 triggers 的功能，可以視你所做的改變來自動變更資料庫。（不過 Triggers 不在本書討論的範圍。）另一種傳播（propagate）重複資料的方法是寫一段 PHP 程式，並經常執行它來同步所有的複本，這個程式會讀取「主」表有所改變的資料，並更新所有其他的資料表。(下一章會介紹用 PHP 來存取 MySQL 的方法。)

然而，在你非常熟悉 MySQL 之前，我建議你先完全標準化所有資料表（至少做到第一與第二正規型），因為這會幫你養成習慣，給你帶來好處。等你發現 MySQL 開始變慢時，再來考慮反標準化。

關係

MySQL 之所以稱為關聯資料庫管理系統，原因在於它的資料表除了儲存資料之外，也儲存資料之間的關係。資料的關係有三種。

一對一

一對一關係就像是（傳統的）婚姻關係：每一個項目只跟一個其他類型的項目有關係。令人難以置信的是，這很罕見。舉例來說，同一位作者可能寫很多本書，同一本書可能有很多作者，甚至同一個地址可能與多位客戶有關。州名及其雙字母縮寫之間的關係或許是本章最好的一對一案例。

為了方便說明，我們假設每一個地址都只有一位顧客，圖 9-1 的 Customers–Addresses 關係是一對一關係：每個住址只住有一位顧客，而且每一位顧客只住在一個地址。

表 9-8a（Custormers）		表 9-8b（Addresses）	
CustNo	**Name**	**Address**	**Zip**
1	Emma Brown ·····················1565 Rainbow Road		90014
2	Darren Ryder ·····················4758 Emily Drive		23219
3	Earl B. Thurston ·····················862 Gregory Lane		40601
4	David Miller ·····················3647 Cedar Lane		02154

圖 9-1 將表 9-8 的 Customers 表拆成兩個表

有一對一關係的兩個項目通常可以直接放在同一個資料表的兩個欄位。將它們拆成不同的資料表的理由有兩個：

- 你想要預防它們的關係有所改變，不再是一對一。

- 因為資料表有許多欄位，你認為拆開它可以提升性能，或方便維護。

當然，當你在真實世界中建立自己的資料庫時，你會建立一對多的 Customer-Address 關係（一個地址，多位顧客）。

一對多

一對多（或多對一）關係就是資料表的一列資料可以連接到另一個資料表的許多列資料。在表 9-8 中，如果多位顧客可以使用同一個地址，它們之間就是一對多關係，如果有這種情況，那個資料表就必須分割。

你可以看到，圖 9-1 的表 9-8a 與表 9-7 有一對多關係，因為表 9-8a 的每位顧客只出現一次，但是在表 9-7（*Purchases* 資料表）中，每位顧客可以買一件以上商品。因此，一位顧客可能與許多商品有關係。

圖 9-2 並排展示這兩個資料表，圖中的虛線可將左邊資料表的一列資料連接到右邊資料表的多列資料。這種一對多關係也可以說成多對一關係，此時，我們通常會對調左右兩邊的資料表，以將它們視為一對多關係。

表 9-8a（Customers）			表 9-7（Purchases）		
CustNo	**Name**		**CustNo**	**ISBN**	**Date**
1	Emma Brown	1		0596101015	Mar 03 2009
2	Darren Ryder	2		0596527403	Dec 19 2008
	(etc...)	2		0596101015	Dec 19 2008
3	Earl B. Thurston	3		0596005436	Jun 22 2009
4	David Miller	4		0596006815	Jan 16 2009

圖 9-2 兩張表之間的關係

為了展示關聯資料庫內的一對多關係，我們建立一個「多」方資料表與一個「一」方資料表。「多」方資料表必須有一個欄位儲存「一」方資料表的主鍵。因此，*Purchases* 資料表將有一個欄位儲存顧客（customers）的主鍵。

多對多

多對多關係就是將一個資料表的多筆資料列連到另一個資料表的多筆資料列。若要建立這種關係，你要加入第三個資料表，在第三個資料表裡面，儲存其他各個資料表的同一個鍵欄位，第三個資料表沒有其他東西，因為它的目的只有連接其他的資料表。

表 9-12 就是這種資料表，它是從表 9-7（*Purchases* 資料表）中抽取出來的，但省略日期資訊。這個資料表存有售出的每一本書籍的 ISBN，以及每位購買者的顧客編號。

表 9-12 中間資料表

CustNo	ISBN
1	0596101015
2	0596527403
2	0596101015
3	0596005436
4	0596006815

這個中間資料表可讓你透過一系列的關係，在資料庫裡面遍歷所有資訊。你可以從地址開始，尋找住在那裡的顧客購買的書籍的作者。

例如，假設你想要找出郵遞區號為 23219 的顧客購買的書。你可以在表 9-8b 查詢那個郵遞區號，在資料庫發現顧客編號 2 的顧客至少買了一本書，然後用表 9-8a 來找出顧客的名字，或使用中間資料表 9-12 來查出他買的書。

在這裡，你可以發現有兩本書被購買了，並且跟隨它們回到表 9-4 來找出書名與價格，或在表 9-3 查看作者是誰。

如果你認為這種做法其實就是結合許多一對多關係，沒錯！圖 9-3 將這些資料表擺在一起來說明。

來自表 9-8b 的欄位 （Customers）		中間表 9-12 （Customer/ISBN）		來自表 9-4 的欄位 （Titles）	
Zip	**CustNo**	**CustNo**	**ISBN**	**ISBN**	**Title**
90014	1 ················ 1		0596101015 ·········· 0596101015		PHP Cookbook
23219	2 ················ 2		0596101015 ·······	*(etc...)*	
(etc...)	·········· 2		0596527403 ·············· 0596527403		Dynamic HTML
40601	3 ················ 3		0596005436 ··············· 0596005436		PHP and MySQL
02154	4 ················ 4		0596006815 ··············· 0596006815		Programming PHP

圖 9-3　用第三個資料表來建立多對多關係

現在你可以跟著左資料表的任何一個郵遞區號找到相關的顧客編號。接下來連到中間表，中間表藉著連接顧客編號與 ISBN 來將左右兩個表接起來，現在你只要隨著 ISBN 連到右邊的資料表就可以找到它代表的書籍了。

你也可以反過來，從書名開始，透過中間表，尋找郵遞區號，你可以從 *Title* 資料表查到 ISBN，再用它在中間表找出買那本書的顧客編號，最後用顧客編號在 *Customers* 資料表裡面找出他的郵遞區號。

資料庫與匿名

當你活用關係時，你會發現一件很有趣的事情：你可以收集某個項目（例如顧客）的許多資訊，但不需要知道那位顧客是誰。在之前的例子中，我們從顧客的郵遞區號開始找到他購買的東西，然後往回走，在過程中並未查詢顧客的姓名。你可以用資料庫來記錄人們的資訊，但也可以用保護隱私的方式找出有用的資訊，例如取得關於某次購買的資訊，但不揭露客戶資訊。

交易

有一些工作必須按照正確的順序來執行一系列的指令，並且確保每一個指令都能成功地完成。例如，假設你寫了一串指令，想要將資金從一個銀行戶頭轉到另一個戶頭，你一定不想看到以下的任何一件事情：

- 你已經將資金放入第二個帳戶了,但是當你試著在第一個帳戶扣除那筆資金時卻失敗了,現在兩個帳戶都有資金。

- 你已經將資金從第一個帳戶扣除了,但是當你將那筆資金加到第二個帳戶時卻失敗了,資金憑空消失。

你可以看到,在這種交易中,指令的順序很重要,成功地完成每一個交易步驟也很重要。但是既然指令被執行之後就不能撤銷,該如何做到這件事?難道你必須記錄交易的所有步驟,然後在任何一個步驟失敗時,將整個交易撤銷嗎?答案顯然不是如此。MySQL 具備強大的交易處理功能,可處理這類工作。

此外,交易可以讓許多使用者或程式同時操作資料庫,MySQL 能夠處理得天衣無縫,原因是它能確保所有交易都依序排列,而且可讓使用者或程式依序執行,不會彼此干擾。

交易儲存引擎

若要使用 MySQL 的交易功能,你必須先使用 MySQL 的 InnoDB 儲存引擎(它從 5.5 版開始是預設選項)。如果你不確定你的程式在哪個 MySQL 版本上運行,請勿假設 InnoDB 是預設引擎,你可以在建立資料表時強制使用它,如下所示。

輸入範例 9-1 的指令來建立銀行帳戶的資料表。(別忘了,在做這件事之前,你必須先執行 MySQL 命令列,而且你必須選擇適當的資料庫來建立這個資料表。)

範例 9-1 建立可交易的資料表

```
CREATE TABLE accounts (
 number INT, balance FLOAT, PRIMARY KEY(number)
 ) ENGINE InnoDB;
DESCRIBE accounts;
```

這個範例的最後一行會顯示新資料表的內容,讓你確定它已經被正確地建立了。你的輸出應該是:

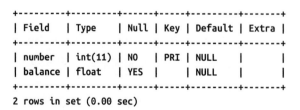

```
+---------+---------+------+-----+---------+-------+
| Field   | Type    | Null | Key | Default | Extra |
+---------+---------+------+-----+---------+-------+
| number  | int(11) | NO   | PRI | NULL    |       |
| balance | float   | YES  |     | NULL    |       |
+---------+---------+------+-----+---------+-------+
2 rows in set (0.00 sec)
```

現在我們要在這個資料表裡面建立兩列資料來練習交易。輸入範例 9-2 的指令。

範例 9-2 在 *accounts* 資料表內填寫資料

```
INSERT INTO accounts(number, balance) VALUES(12345, 1025.50);
INSERT INTO accounts(number, balance) VALUES(67890, 140.00);
SELECT * FROM accounts;
```

第三行會顯示資料表的內容，以確認資料列已被正確插入。它的輸出是：

```
+--------+---------+
| number | balance |
+--------+---------+
|  12345 |  1025.5 |
|  67890 |     140 |
+--------+---------+
2 rows in set (0.00 sec)
```

我們已經建立表格，並對它填入資料了，接下來要開始使用交易功能。

使用 BEGIN

在 MySQL 中，交易是從 BEGIN 或 START TRANSACTION 陳述式開始的。輸入範例 9-3 的指令來傳送交易給 MySQL。

範例 9-3 *MySQL* 交易

```
BEGIN;
UPDATE accounts SET balance=balance+25.11 WHERE number=12345;
COMMIT;
SELECT * FROM accounts;
```

最後一行會顯示這個交易的結果，它是：

```
+--------+---------+
| number | balance |
+--------+---------+
|  12345 | 1050.61 |
|  67890 |     140 |
+--------+---------+
2 rows in set (0.00 sec)
```

你可以看到,編號 12345 的帳戶已經增加 25.11,成為 1050.61。範例 9-3 有個 COMMIT 指令,我們接著來解釋它。

使用 COMMIT

當一系列的交易指令完成之後,如果你對結果感到滿意,你可以發出 COMMIT 指令來將所有改變送到資料庫。在 MySQL 收到 COMMIT 指令之前,所有的改變都只是暫時的。這種功能讓你有取消交易的機會,取消的方法是傳送 ROLLBACK 指令,而不是傳送 COMMIT。

使用 ROLLBACK

你可以使用 ROLLBACK 指令來要求 MySQL 忘了自從交易開始之後執行過的所有指令,以取消交易。請輸入範例 9-4 的資金轉帳交易,以觀察這個動作。

範例 9-4 資金轉帳交易

```
BEGIN;
UPDATE accounts SET balance=balance-250 WHERE number=12345;
UPDATE accounts SET balance=balance+250 WHERE number=67890;
SELECT * FROM accounts;
```

輸入這幾行指令之後,你可以看到這個結果:

```
+--------+---------+
| number | balance |
+--------+---------+
|  12345 |  800.61 |
|  67890 |     390 |
+--------+---------+
2 rows in set (0.00 sec)
```

現在第一個銀行帳戶比之前少了 250,第二個帳戶則增加了 250,代表你已經在它們之間轉移了 250。假設過程中發生一些錯誤,讓你想要取消這次的交易,你只要發出範例 9-5 的指令即可。

範例 9-5 使用 ROLLBACK 來取消交易

```
ROLLBACK;
SELECT * FROM accounts;
```

你可以看到下面的輸出，它顯示這兩個帳戶已經被恢復成之前的餘額了，因為所有交易都已經被 ROLLBACK 指令取消了：

```
+--------+---------+
| number | balance |
+--------+---------+
|  12345 | 1050.61 |
|  67890 |     140 |
+--------+---------+
2 rows in set (0.00 sec)
```

使用 EXPLAIN

MySQL 有一種強大的工具可以用來檢視你發出的指令究竟是如何解譯的。你可以使用 EXPLAIN 來查看任何一個指令的概要，以了解能不能用更好或更高效的方式來執行它。範例 9-6 說明如何將它用在之前建立的 *accounts* 資料表上。

範例 9-6 使用 EXPLAIN 指令

```
EXPLAIN SELECT * FROM accounts WHERE number='12345';
```

這個 EXPLAIN 指令的執行結果如下：

id	select_type	table	part-itions	type	possible_keys	key	key_len	ref	rows	fil-tered	Extra
1	SIMPLE	accounts	NULL	const	PRIMARY	PRIMARY	4	const	1	100.00	NULL

```
1 row in set (0.00 sec)
```

MySQL 提供的資訊有：

select_type

這裡的 select type 是 SIMPLE。如果你連接兩個資料表，它會顯示連接類型。

table

目前查詢的資料表是 accounts。

type

查詢類型是 const。從最低效到最高效的類型值是：ALL、index、range、ref、eq_ref、const、system 與 NULL。

possible_keys

可能有一個 PRIMARY 鍵，代表存取速度應該很快。

key

實際使用的索引鍵是 PRIMARY，很好。

key_len

索引鍵的長度是 4。這是 MySQL 將會使用的索引的位元組數目。

ref

ref 顯示有哪幾個欄位或常數與索引鍵一起使用。這裡使用一個常數鍵。

rows

這個指令需要搜尋的資料列數量是 1，很好。

如果你的搜尋指令的執行時間好像比想像中還要久，你可以嘗試使用 EXPLAIN 來找出可以改善的地方。你可以檢查它使用了哪些索引鍵（有的話）、它們的長度……等，並據此調整指令，或資料表的設計。

 結束實驗之後，如果你要移除臨時性的 *accounts* 資料表，你可以輸入下列指令：

```
DROP TABLE accounts;
```

備份與回存

無論你在資料庫中儲存什麼資料，那些資料對你來說一定有某種價值，即使它們的價值只是在硬碟壞掉時，節省你重新輸入它們的時間。因此，你一定要持續備份資料庫來保護資產。此外，有時你要將資料庫遷移到新的伺服器，此時最好的做法通常是先將它備份。你也要經常測試備份的資料，以確保它們可以在需要時派上用場。

幸好，你可以使用 mysqldump 指令來輕鬆地備份與回存 MySQL 資料。

使用 mysqldump

你可以使用 `mysqldump` 來將一或多個資料庫轉存成一或多個檔案，在檔案裡面也有使用資料來重新建立資料表與重新填入資料所需的指令。這個指令也可以產生 CSV（comma-separated values，逗號分隔值）與其他分隔文字格式的檔案，甚至 XML 格式的檔案。它的主要缺點是，你必須確保在進行備份的同時，沒有人對資料表進行寫入。避免這件事的方法很多，最簡單的方法是先關掉 MySQL 伺服器再執行 `mysqldump`，等 `mysqldump` 完成之後，再重新啟動伺服器。

你也可以先鎖定要備份的資料表，再執行 `mysqldump`。當你想要鎖定資料表來進行讀取時（因為我們想要讀取資料），可在 MySQL 命令列發出下列指令：

```
LOCK TABLES tablename1 READ, tablename2 READ ...
```

然後，若要解除鎖定，可輸入：

```
UNLOCK TABLES;
```

在預設的情況下，`mysqldump` 的輸出會被直接印出來，但你可以使用 > 重新導向符號將它存入檔案。

`mysqldump` 指令的基本格式是：

```
mysqldump -u user -ppassword database
```

但是，在你轉存資料庫的內容之前，你要先確認 `mysqldump` 在你的路徑（path）中，否則你就要在指令中指定它的位置。表 9-13 是當你使用第 2 章談到的安裝方式與作業系統時，`mysqldump` 可能被放在哪裡。如果你採取不同的安裝方式，它可能會在稍微不一樣的位置。

表 9-13 mysqldump 在各種不同的安裝方式之下可能存在的位置

作業系統程式	可能的目錄位置
Windows AMPPS	*C:\Program Files\Ampps\mysql\bin*
macOS AMPPS	*/Applications/ampps/mysql/bin*
Linux AMPPS	*/Applications/ampps/mysql/bin*

因此，若要將第 8 章的 *publications* 資料庫的內容印到螢幕上，你要先退出 MySQL，然後輸入範例 9-7 的指令（在必要時要加上完整的路徑）。

範例 9-7 將 *publications* 資料庫印到螢幕上

```
mysqldump -u user -ppassword publications
```

務必將 *user* 與 *password* 換成你的 MySQL 的正確資訊。如果那個帳號沒有密碼,你可以省略指令裡面的密碼部分,但是 -u *user* 是必要的,除非你使用 root 且不用密碼,並且以 root 來執行(不建議這樣做)。圖 9-4 是執行這個指令的結果。

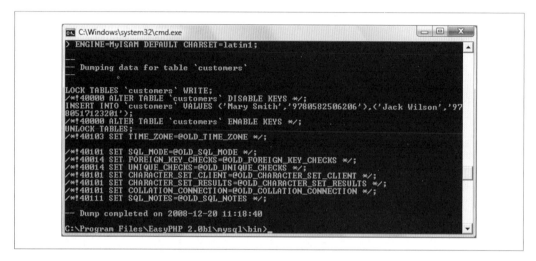

圖 9-4 將 publications 資料庫印到螢幕上

建立備份檔案

確認 `mysqldump` 可以在螢幕上輸出正確的結果之後,你可以使用 > 重新導向符號來將資料直接備份到檔案。假設你想要呼叫備份檔 *publications.sql*,你可以輸入範例 9-8 的指令(記得將 *user* 與 *password* 換成正確的資料)。

範例 9-8 的指令會將檔案存到目前的資料夾。如果你想要存到其他地方,你就要在檔名前面插入檔案路徑,你也要確保備份目錄有正確的權限,可以讓你寫入檔案,而且不能被未援權的使用者存取!

範例 9-8 將 *publications* 資料庫轉存至檔案

```
mysqldump -u user -ppassword publications > publications.sql
```

使用 Windows PowerShell 來操作 MySQL 有時會出現錯誤，但是你不會在標準的 Command Prompt 視窗中看到它。

如果你在螢幕上顯示備份檔，或是用文字編輯器打開它，你會發現它是由一系列的 SQL 指令組成的，例如：

```
DROP TABLE IF EXISTS 'classics';
CREATE TABLE 'classics' (
  'author' varchar(128) default NULL,
  'title' varchar(128) default NULL,
  'category' varchar(16) default NULL,
  'year' smallint(6) default NULL,
  'isbn' char(13) NOT NULL default '',
  PRIMARY KEY  ('isbn'),
  KEY 'author' ('author'(20)),
  KEY 'title' ('title'(20)),
  KEY 'category' ('category'(4)),
  KEY 'year' ('year'),
  FULLTEXT KEY 'author_2' ('author','title')
) ENGINE=InnoDB DEFAULT CHARSET=latin1;
```

這一段聰明的程式可以用備份來還原資料庫，即使資料庫已經存在。它會先卸除需要重建的所有資料表，從而避免潛在的 MySQL 錯誤。

備份單一資料表

如果你只想要備份資料庫的一個資料表（例如 *publications* 資料庫的 *classics* 資料表），你就必須先鎖定資料表。在 MySQL 命令列執行以下指令：

```
LOCK TABLES publications.classics READ;
```

這個指令可以確保 MySQL 接下來都只能進行讀取，不能進行寫入。接著不要關閉 MySQL 命令列，用另一個終端機視窗在作業系統的命令列執行下列指令：

```
mysqldump -u user -ppassword publications classics > classics.sql
```

接下來你必須在第一個終端機視窗的 MySQL 命令列輸入下列的指令，來解除資料表的鎖定，它會將目前的工作階段鎖定的所有資料表解鎖：

```
UNLOCK TABLES;
```

備份全部的資料表

如果你要一次備份所有的 MySQL 資料庫（包括系統資料庫，例如 *mysql*），你可以使用範例 9-9 的指令，它可以讓你恢復整個 MySQL 資料庫。記得在必要時執行鎖定。

範例 9-9 將所有的 *MySQL* 資料庫轉存至檔案

```
mysqldump -u user -ppassword --all-databases > all_databases.sql
```

 當然，在資料庫備份檔案裡面不是只有幾行 SQL 程式碼而已。建議你花一些時間研究它們，以熟悉備份檔案裡面的指令種類，以及它們如何動作。

從備份檔案回存

如果你要從檔案回存，你可以呼叫 *mysql* 執行檔，並使用 < 符號來指定要回存的檔案。所以，你可以使用範例 9-10 的指令來恢復之前使用 --all-databases 選項來轉存的整個資料庫。

範例 9-10 回存整個資料庫

```
mysql -u user -ppassword < all_databases.sql
```

如果你要回存單一資料庫，請使用 -D，並在它的後面加上資料庫的名字，如範例 9-11 所示，其中的 publications 資料庫是從範例 9-8 製造的備份檔回存的。

範例 9-11 回存 *publications* 資料庫

```
mysql -u user -ppassword -D publications < publications.sql
```

若要將一個資料表回存到資料庫，請使用範例 9-12 的指令，它只會將 *classics* 資料表回存到 *publications* 資料庫。

範例 9-12 將 *classics* 資料表回存到 *publications* 資料庫

```
mysql -u user -ppassword -D publications < classics.sql
```

將資料轉存為 CSV 格式

之前提過，mysqldump 程式相當靈活，可支援各種格式的輸出，例如 CSV 格式，你可以用它來將資料庫匯入試算表，或是做其他的事情。範例 9-13 示範如何將 *publications* 資料庫的 *classics* 與 *customers* 資料表轉存至資料夾 *c:/temp* 裡面的檔案 *classics.txt* 與 *customers.txt*。如果你的系統是 macOS 或 Linux，你要將目標路徑改為既有的資料夾。

範例 9-13 將資料轉存為 CSV 格式的檔案

```
mysqldump -u user -ppassword --no-create-info --tab=c:/temp
  --fields-terminated-by=',' publications
```

因為這個指令很長，所以我將它分成兩行，但是你必須將它打成一行。它的結果是：

```
Mark Twain (Samuel Langhorne Clemens)','The Adventures of Tom Sawyer',
 'Classic Fiction','1876','9781598184891
Jane Austen','Pride and Prejudice','Classic Fiction','1811','9780582506206
Charles Darwin','The Origin of Species','Nonfiction','1856','9780517123201
Charles Dickens','The Old Curiosity Shop','Classic Fiction','1841','9780099533474
William Shakespeare','Romeo and Juliet','Play','1594','9780192814968

Mary Smith','9780582506206
Jack Wilson','9780517123201
```

規劃你的備份

備份的黃金法則是在實用的前提之下，越常備份越好。越有價值的資料越需要經常備份並且製作越多複本。如果你的資料庫每天至少更新一次，你就應該每天備份。但是，如果它不常更新，你就可以採取較低的備份頻率。

你可能也要製作許多複本，並將它們存放在不同的地點。如果你有好幾台伺服器，你可以輕鬆地將備份複製到它們裡面。建議你將備分存在移動式硬碟、隨身碟、CD 或 DVD 等實體設備裡面，並將它們放在不同的地點，最好放在防火保險箱之類的地方。

你一定要每隔一段時間測試能否恢復資料庫，以確保資料庫被正確地備份。你也要熟悉恢復資料庫的程序，因為你可能會在倉促且有壓力的情況下做這件事，例如在網站斷電之後。你可以將資料庫回存到一台私用的伺服器，並執行一些 SQL 指令來確認資料符合你的預期。

消化本章的內容之後，你已經精通 PHP 與 MySQL 的用法了。下一章將介紹最新的 PHP/MySQL 版本有哪些不同。

問題

1. 關聯資料庫的關聯是什麼意思？

2. 移除重複的資料並優化資料表的程序稱為？

3. 第一正規型有哪三條規則？

4. 如何讓資料表滿足第二正規型？

5. 如果你要將兩個儲存一對多關係的資料表連接起來，你要放入什麼欄位？

6. 如何建立具備多對多關係的資料庫？

7. 啟動與結束 MySQL 交易的指令是什麼？

8. MySQL 的哪一種功能可以讓你查看指令的工作細節？

9. 若要將 *publications* 資料庫備份到 *publications.sql* 檔案，你要使用什麼指令？

解答請參考第 769 頁附錄 A 的「第 9 章解答」。

第 10 章

PHP 8 與 MySQL 8 的新功能

在 2020 年結束時，PHP 和 MySQL 都已經成熟地發展到第八版了，按照軟體技術標準，它們可以視為高度成熟的產品。

根據 w3techs.com（*https://tinyurl.com/w3tpl*）網站，到 2021 年初，有超過 79% 的網站以某種方式使用 PHP，比最接近它的競爭對手高出 70%。ASP.NET. explore-group.com（*https://tinyurl.com/egctmpd*）的報告稱，在 2019 年，MySQL 仍然是網路上最流行的資料庫，已被安裝在 52% 的網站上。儘管 MySQL 的市占率近年來有所下滑，但它仍然領先最接近的競爭對手 PostgreSQL 達 16%，目前有 36% 的網站使用 PostgreSQL。這種情況在可預見的未來應該仍將如此，特別是，幾乎完全相同的 MariaDB 也聲稱自己占有一定比例的市場。

隨著這兩種技術的第 8 版以及 JavaScript 的發表，這些現代 web 開發的支柱在未來的許多年中應該仍然很重要。接著，我們來看看最新版的 PHP 和 MySQL 有哪些新功能。

關於本章

這兩種技術的最新版都是在本書的編寫過程中發表的，因此這個簡短的章節比較像一篇摘要或最新資訊。本章不僅介紹對初階到中階的 PHP 和 MySQL 開發人員有用的資訊，也藉此機會介紹這兩種技術的一些高階改進。

如果接下來的任何一個主題是你還沒看過的，先別擔心，這代表你現在還不需要用它來開發。但是如果你看過它們，你將明白他們添加了哪些功能或改變了什麼，並且知道如何利用它們。

本書將來的版本會在主要的教學內容中加入對新手最有幫助的內容。

PHP 8

PHP 的第 8 版標誌著一次重大的更新和一個巨大的里程碑，在這些領域加入許多新功能：型態、系統、語法錯誤處理、字串、物件導向程式設計……等。

這些新功能使得 PHP 比以往任何時候都更強大且更容易使用，同時最大限度地減少可能破壞或修改既有版本的更改。

例如，PHP 的具名參數、即時（JIT）編譯、屬性和建構式屬性帶來了重大的改善，並修改語法、改善錯誤處理和運算子，從而減少 bug 被忽略的可能性。

PHP8 與 AMPPS 技術層

在筆者行文至此時，第 2 章建議安裝的 AMPPS 技術層具備 MySQL 8.0.18，但它的 PHP 仍然是 7.3.11 版。在本書出版過程中，我們預計 PHP 的第 8 版將被放入 AMPPS 技術層中，建議你讓 AMPPS 安裝它，尤其是初學者。但是，如果 AMPPS 尚未提供該版本，而且你想要立刻開始使用 PHP 8，你可以直接從 php.net 網站下載較新的版本，並按照該網站提供的說明進行安裝和使用。

具名參數（Named Parameters）

除了傳統的位置參數（positional parameter，引數的傳遞順序必須相同）之外，PHP 8 也可以讓你在呼叫函式時使用具名參數（named parameter）：

```
str_contains(needle: 'ian', haystack:'Antidisestablishmentarianism');
```

這個功能讓函數（或方法）參數名稱成為公用 API 的一部分，可讓你使用引數名稱（而不是引數順序）來將資料傳給函數，從而大幅提升程式的清楚程度。因此，由於參數是用名稱來傳遞的，所以它們的順序不再重要，可減少難以發現的 bug。順道一提，str_ contains（稍後介紹）也是 PHP 8 的新功能。

屬性（Attributes）

在 PHP8 中，屬性（attribute）（例如屬性（property）和變數（variable））可對應 PHP 類別名稱，可讓你在類別、方法和變數中加入詮釋資料。以前，你必須使用 DocBloc 註解來推論它們。

屬性是將一個系統的詳細資訊提供給另一個系統或程式（例如外掛程式或事件系統）的手段，屬性是用 #[Attribute] 屬性來注釋（annotate）的簡單類別，可附加至類別、特性、方法、函式、類別常數，或函式 / 方法參數。

屬性在執行期不起任何作用，對程式沒有任何影響。但是，反射 API（reflection API）可以使用它們，可讓其他的程式檢查屬性，並採取其他動作。

你可以在 PHP.net 的概述中找到關於屬性的說明（這部分不在本書討論範圍之內）。

只要屬性被寫成一行，它們在舊的 PHP 版本中就會被解讀為註解（comment），因此會被安全地忽略。

建構式屬性（Constructor Properties）

在 PHP 8 中，你可以直接在類別建構式裡面宣告類別屬性，從而節省大量的重複程式。例如：

```
class newRecord
{
    public string $username;
    public string $email;

     public function __construct(
        string $username,
        string $email,
    ) {
        $this->username = $username;
        $this->email    = $email;
    }
}
```

建構式屬性可讓你省略以下的程式碼：

```
class newRecord
{
    public function __construct(
        public string $username,
        public string $email,
    ){}
}
```

這種功能不回溯相容，所以只能在安裝 PHP 8 的地方使用。

即時編譯（Just-In-Time Compilation）

當你啟用 Just In Time（JIT）時，它會編譯並快取本機指令（與節省檔案解析時間的 OPcache 不同）以提升 CPU 密集型 app 的性能。

你可以在 *php.ini* 檔裡面啟用 JIT 如下：

```
opcache.enable          = 1
opcache.jit_buffer_size = 100M
opcache.jit             = tracing
```

切記，JIT 對 PHP 來說是相對較新的功能，因為它加入一層程式，所以會讓偵錯和分析更困難。此外，JIT 在最初發表的前一天就出現了問題，所以請小心，在短時間內，系統中可能還有一些未被發現的 bug，直到它們被解決為止。因此，JIT 編譯在預設情況下是停用的，你應該在偵錯時停用它，以防萬一。

聯合型態（Union Types）

在 PHP 8 中，你可以用聯合型態來擴充型態宣告式，以宣告多個型態（它也可以讓你將 false 當成 Boolean false 的特殊型態），例如：

```
function parse_value(string|int|float): string|null {}
```

null-safe 運算子（Null-safe Operator）

在下面的程式中，null-safe 運算子 ?-> 會在它遇到 null 值時，將其餘的程式短路（short-circuit），並且立刻回傳 null，而不造成錯誤：

```
return $user->getAddress()?->getCountry()?->isoCode;
```

以前，你必須在每一個段落呼叫幾次 isset()，依序測試它們是否為 null 值。

match 運算式

match 運算式很像 switch 區塊，但它提供型態安全的比較，支援回傳值，不需要用 break
陳述式來跳出，而且支援多個比對值。所以，它可將這個相當複雜的區塊：

```
switch ($country)
{
  case "UK":
  case "USA":
  case "Australia":
  default:
      $lang = "English";
      break;
  case "Spain":
      $lang = "Spanish";
      break;
  case "Germany":
  case "Austria":
      $lang = "German";
      break;
}
```

換成這個簡單很多的 match 運算式：

```
$lang = match($country)
{
  "UK", "USA", "Australia", default => "English",
  "Spain"                   => "Spanish",
  "Germany", "Austria"      => "German",
};
```

關於型態安全的比較，switch 陳述式無法處理下面的程式碼，因為 switch 會將 '0e0' 視
為「指數為零」，並 echo 'null'，但它應該 echo 'a' 才對。但是，match 沒有這個問題：

```
$a = '0e0';

switch ($a)
{
  case     0 : echo 'null'; break;
  case '0e0': echo 'a';     break;
}
```

新函式

PHP 8 有許多新函式，這些函式提供了更強大的功能，並且對這個語言進行了改善，它們包含字串處理、偵錯和錯誤處理等領域。

str_contains

str 函式可回傳某個字串是否在另一個字串裡面。這個函式比 strpos 更好，因為 strpos 回傳的是一個字串在另一個字串裡面的位置，或者在找不到該字串時，回傳 false，但是這個函式有一個潛在的問題：如果它在位置零找到字串並回傳 0，那麼除非你用嚴格比較運算子（===）而不是 ==，否則它會被視為 false。

因此，在使用 strpos 時，你必須編寫比較不容易理解的程式，例如：

```
if (strpos('Once upon a time', 'Once') !== false)
  echo 'Found';
```

但是，下面這種使用 str_contains 的程式在你快速瀏覽時（與快速編寫時）容易了解許多，而且比較不會導致費解的 bug：

```
if (str_contains('Once upon a time', 'Once'))
  echo 'Found';
```

str_contains 區分大小寫，所以如果你需要執行不區分大小寫的檢查，你要先用函式來移除 $needle 與 $haystack 的大小寫，例如使用 strtolower 函式如下：

```
if (str_contains(strtolower('Once upon a time'),
               strtolower('once')))
  echo 'Found';
```

如果你想要使用 str_contains，也想要確保程式與舊版的 PHP 回溯相容，你可以使用 polyfill（提供你的程式本該提供的功能的程式）來建立你自己的 str_contains 函式版本（如果它不存在的話）。

關於 *polyfill* 的說明

不要自行編寫 polyfill，因為你可能在無意間植入錯誤，或是與別人的 polyfill 不相容。你可以在 GitHub 免費取得專為 PHP 8 編寫的 Symfony polyfill 程式包（*https://github.com/symfony/polyfill-php80*）。

下面這段為 PHP 7+ 撰寫的 polyfill 函式檢查 $needle 是不是空字串的原因，是 PHP 8 認為空字串在每個字串的每個位置都存在（甚至在空字串裡面），所以我們必須在替代函式裡比對這個行為：

```
if (!function_exists('str_contains'))
{
  function str_contains(string $haystack, string $needle): bool
  {
    return $needle === '' || strpos($haystack, $needle) !== false;
  }
}
```

str_starts_with

str_starts_with 函式可讓你用更簡便的方式來檢查一個字串的開頭是不是另一個字串。之前你可能要使用 strpos 函式，並檢查它是否回傳零，但 0 與 false 有時容易造成混淆，而 str_starts_with 可以大大降低混淆的可能性。你可以這樣使用它：

```
if (str_starts_with('In the beginning', 'In'))
  echo 'Found';
```

這個函式與 str_contains 一樣區分大小寫，所以若要進行不區分大小寫的檢查，你要先對兩個字串使用 strtolower 之類的函式。這個函式的 PHP 7+ polyfill 可這樣寫：

```
if (!function_exists('str_starts_with'))
{
  function str_starts_with(string $haystack, string $needle): bool
  {
    return $needle === '' || strpos($haystack, $needle) === 0;
  }
}
```

因為 PHP 8 認為空字串在一個字串的每個位置都存在，所以如果 $needle 是空字串，這個 polyfill 一定回傳 true。

str_ends_with

這個函式可讓你更簡便地檢查一個字串的結尾是不是另一個字串。之前你可能要使用 substr 函式，將 $needle 的負長度傳給它，但 str_ends_with 大幅簡化這項工作。你可以這樣使用它：

```
if (str_ends_with('In the end', 'end'))
  echo 'Found';
```

如同其他的新字串函式，這個檢查是區分大小寫的，所以若要進行不區分大小寫的檢查，你要對著兩個字串使用 strtolower 等函式。這個函式的 PHP 7+ polyfill 可這樣寫：

```
if (!function_exists('str_ends_with'))
{
  function str_ends_with(string $haystack, string $needle): bool
  {
    return $needle === '' ||
           $needle === substr($haystack, -strlen($needle));
  }
}
```

如果你傳給 substr 的第二個引數是負值（就像這個例子這樣），它會從字串結尾往回比對該數量的字元。同樣的，如果 $needle 是空字串，這個 polyfill 一定會回傳 true。注意，我們使用 === 嚴格比較運算子來精確地比對兩個字串。

fdiv

新的 fdiv 函式類似既有的 fmod 函式（回傳除法的浮點餘數）與 intdiv 函式（回傳除法的整數商），但它可讓你除以 0 卻不發出除以零（division-by-zero）錯誤，而是視情況回傳 INF、-INF 或 NAN。

例如，intdiv(1, 0) 會發出除以零錯誤，1 % 0 或 1 / 0 也會，但你可以安全地使用 fdiv(1, 0)，其結果將是浮點數 INF，fdiv(-1, 0) 則回傳 -INF。

你可以用這個 PHP 7+ polyfill 來讓程式回溯相容：

```
if (!function_exists('fdiv'))
{
  function fdiv(float $dividend, float $divisor): float
  {
    return @($dividend / $divisor);
  }
}
```

---

get_resource_id

PHP 8 的新函式 `get_resource_id` 類似 `(int) $resource` 轉義，可讓你更容易取得資源 ID，但它的回傳型態被視為資源，而且回傳值是整數，因此它是型態安全的。

get_debug_type

`get_debug_type` 函式提供的值比現有的 `gettype` 函式更一致，因為它更詳細，並提供額外的資訊，很適合用來取得例外訊息或記錄（log）中的意外變數的詳細資訊。詳情見 Wiki（*https://wiki.php.net/rfc/get_debug_type*）。

preg_last_error_msg

PHP 的 `preg_` 不會丟出例外，所以當你遇到錯誤時，你必須使用 `preg_last_error` 來取得錯誤碼並取得任何訊息。但是如果你要取得人性化的錯誤訊息，而不是只有未加解釋的代碼，在 PHP 8，你可以呼叫 `preg_last_error_msg`。如果沒有錯誤，它會回傳「No error」。

由於本書的目標是初學者和中階讀者，所以我只簡單地介紹 PHP 8 的新功能的皮毛，讓你體驗一下立即可用的主要功能。但是，如果你想要了解這次里程碑性更新的所有資訊，你可以到官網了解詳情（*https://www.php.net/releases/8.0*）。

MySQL 8

MySQL 8 在 2018 年初次發布，當時本書的上一版尚未出版，因此無法介紹那次更新的功能。它的最新版本（8.0.22）在 2020 年末發表了，所以現在是很好的機會介紹 MySQL 8 在較早的版本中提供的所有功能，例如更好的 Unicode 支援、更好的 JSON 與文件處理工具、地理支援，以及視窗函式。

在接下來的摘要中，你將大致了解最新的第 8 版提供的改善、升級和新增功能。

 MySQL 8 的上一版是 5.7 版，因為開發社群從未接受第 6 版，而且當 Sun Microsystems 收購 MySQL 時，第 6 版的開發就停止了。更重要的是，在第 8 版之前，最大的變化是從 5.6 到 5.7，因此，Sun 表示：「由於這個 MySQL 版本加入了許多新的重要功能，所以我們決定啟動一個新的系列。因為 MySQL 以前用過序列號碼 6 和 7，所以我們選擇 8.0。」

更新為 SQL

現在 MySQL 8 有視窗（window）函式（也稱為分析（*analytic*）函式）了。它們類似分組歸併函式（grouped aggregate function），分組歸併函式可以計算一組資料列並將結果聚成一列。但是，視窗或分析函式可對結果的每一列執行聚合（aggregation），而且是「非合計的（nonaggregate）」。因為它們不是 MySQL 的核心用途，應視為高階的延伸功能，所以本書不介紹它們。

新函式有 RANK、DENSE_RANK、PERCENT_RANK、CUME_DIST、NTILE、ROW_NUMBER、FIRST_VALUE、LAST_VALUE、NTH_VALUE、LEAD 與 LAG，如果你想進一步了解它們，MySQL 官網有完整的說明（*https://tinyurl.com/mysql8winfuncs*）。

MySQL 8 也提供遞迴的 Common Table Expressions、在 SQL 鎖定子句中提供 NOWAIT 與 SKIP LOCKED 的加強型替代方案、Descendent Indexes、GROUPING 函式，與 Optimizer Hints。

你可以在 MySQL 網站了解它們的詳情（*https://tinyurl.com/mysql8statements*）。

JSON（JavaScript Object Notation）

MySQL 加入許多處理 JSON 的新函式，而且改善了排序和分組 JSON 值的工具。MySQL 除了為路徑運算式中的範圍加入擴展語法和改善排序外，也提供了新的資料表、聚合、合併和其他函式。

由於 MySQL 的這些改善和 JSON 的使用，我們認為 MySQL 可以取代 NoSQL 資料庫了。

在 MySQL 中使用 JSON 不在本書的討論範圍，如果你感興趣，可參考說明新功能的官方文件（*https://tinyurl.com/mysql8json*）。

地理支援

MySQL 8 也提供 GIS，或 Geography Support，包括支援 SRS（Spatial Reference System，空間參考系統）的詮釋資料、SRS 資料型態、索引與函式。這意味著 MySQL 現在（例如）可以使用它支援的任何空間參考系統中的緯度和經度座標來計算地球表面兩點之間的距離。

從第 8 版開始，MySQL 保證用戶，任何 DDL 陳述式（例如 CREATE TABLE）要嘛會被完全執行，要嘛完全不執行，以防止主伺服器與副本伺服器不同步的情況。

速度與性能

MySQL 將 Information Schema 的速度提高 100 倍，它的做法是以 simple view 形式，將資料表存入 InnoDB 的資料字典表中。此外，MySQL 在 Performance Schema 表加入超過 100 個索引，來進一步提升性能。MySQL 也透過更快的讀取和寫入速度、I/O 密集型工作負載以及高競爭性工作負載來大幅改善性能，而且現在你可以將使用者執行緒對應到 CPU 來進一步優化性能。

與 5.7 版相較之下，MySQL 8 擴展寫入工作負載的能力提高了四倍，並且顯著地提升了讀 / 寫工作負載的性能。

使用 MySQL 時，你可以發揮每一個儲存設備的最高性能，而且高競爭性工作負載（其中，交易被排成佇列，以等待獲得鎖定）的性能也有所提升。

總之，MySQL 8 的開發人員說它的速度提升了兩倍，你可以在官網找到他們的理由，以及如何將你自己的 app 的性能提升到這個程度（*https://tinyurl.com/mysql8performance*）。

管理

在使用 MySQL 8 時，你可以將索引切換為可見（visible）和不可見（invisible）。在建立查詢計畫（query plan）時，優化器不會考慮不可見的索引，但 MySQL 仍然在幕後維護該索引，所以你可以讓它再次可見，從而決定是否讓索引可被刪除。

此外，現在使用者可以完全控制 Undo tablespace，你現在可以持久保存全域動態伺服器變數，那些變數原本會在伺服器重新啟動時遺失。另外，MySQL 8 現在有一個 SQL RESTART 指令可透過 SQL 連線來遠端管理 MySQL 伺服器，它也提供了改善 ALTER TABLE...CHANGE 語法的 RENAME COLUMN 指令。

詳情請參考官網（*https://tinyurl.com/mysql8serveradmin*）。

安全防護

第 8 版一定不會漏掉安全防護，因為這個領域有許多新的改善。

首先，預設的身分驗證外掛已經從 `mysql_native_password` 改為 `caching_sha2_password` 了，而且 Enterprise 與 Community 版本已選擇 OpenSSL 作為預設的 TLS/SSL 程式庫，並且動態連結它。

在 MySQL 8 中，Undo 和 Redo 記錄（log）是加密的，它也實作了 SQL 角色功能，所以你可以指定用戶的角色，以及角色的權限。你也可以在建立新用戶時使用強制角色。MySQL 8 有密碼輪替策略，可設為全域或用戶級別，並且用安全的方式來儲存密碼的歷史記錄。

在身份驗證過程中，MySQL 8 會根據連續的失敗登錄加入延遲，以減緩暴力攻擊。你可以設定延遲的觸發和延遲的最長時間。

關於 MySQL 與安全防護的詳情，請參考官網（*https://tinyurl.com/mysql8security*）。

問題

1. 現在 PHP 8 允許你在宣告類別屬性時做什麼事情？

2. null-safe 運算子是什麼？它的作用是什麼？

3. 如何在 PHP 8 中使用比對運算式？為什麼它比其他寫法更好？

4. PHP 8 的哪一種方便函式可用來判斷某個字串是否在另一個字串裡面？

5. 在 PHP 8 中，進行浮點除法而不產生除以零錯誤的最佳方法是什麼？

6. polyfill 是什麼？

7. 在 PHP 8 中，你可以用哪一個 `preg_` 函式來查看最近一次函式呼叫產生的錯誤的白話英文？

8. MySQL 8 在預設情況下使用哪一種交易儲存引擎？

9. 在 MySQL 8 中，你可以用哪個指令來取代 `ALTER TABLE...CHANGE TABLE` 指令來改變欄位的名稱？

10. MySQL 8 的預設身分驗證外掛是什麼？

解答請參考第 770 頁附錄 A 的「第 10 章解答」。

第 11 章

用 PHP 來操作 MySQL

如果你跟著前幾章操作，你已經可以熟練地使用 MySQL 與 PHP 了。本章將教你如何整合這兩種技術，用 PHP 的內建函式來操作 MySQL。

用 PHP 來查詢 MySQL 資料庫

將 PHP 當成 MySQL 的介面來使用是為了將 SQL 查詢結果格式化，把它變成可以在網頁顯示的格式。只要你可以使用帳號與密碼登入 MySQL，你就可以用 PHP 來做這件事。

但是，你要建立查詢字串並將它傳給 MySQL，而不是在 MySQL 的命令列輸入指令並查看輸出。此時，MySQL 回傳的結果是 PHP 可以理解的資料結構，而不是在使用命令列時看到的已格式化的輸出。你可以用後續的 PHP 指令來取出資料，並將它格式化，供網頁使用。

程序

用 PHP 來操作 MySQL 的程序如下：

1. 連接 MySQL 並選擇想要使用的資料庫。

2. 準備查詢字串。

3. 執行查詢。

4. 取出結果並將它輸出到網頁。

5. 重複步驟 2 到 4，直到取出你要的所有資料為止。

6. 中斷與 MySQL 的連結。

我們將依序介紹這些步驟，但首先，你必須安全地設置登入資訊，以防止圖謀不軌的人進入資料庫。

建立登入檔

用 PHP 來開發的網站通常有許多操作 MySQL 的程式檔案，所以需要登入名稱與密碼等資料。因此，聰明的做法是建立一個專用的檔案來儲存這些資訊，需要時再將它 include 進來。範例 11-1 就是這種檔案，我稱之為 *login.php*。

範例 *11-1 login.php* 檔案

```php
<?php // login.php
  $host = 'localhost';      // 視情況進行修改
  $data = 'publications'; // 視情況進行修改
  $user = 'root';          // 視情況進行修改
  $pass = 'mysql';         // 視情況進行修改
  $chrs = 'utf8mb4';
  $attr = "mysql:host=$host;dbname=$data;charset=$chrs";
  $opts =
  [
    PDO::ATTR_ERRMODE            => PDO::ERRMODE_EXCEPTION,
    PDO::ATTR_DEFAULT_FETCH_MODE => PDO::FETCH_ASSOC,
    PDO::ATTR_EMULATE_PREPARES   => false,
  ];
?>
```

輸入這個範例，將使用者名稱 *root* 與密碼 *mysql* 換成你的 MySQL 資料庫使用的值（也可以視情況修改主機與資料庫名稱），並將它存放在第 2 章設定的文件主目錄底下。我們很快就會開始使用這個檔案。

如果你在本地系統使用 MySQL 資料庫，你應該可以使用主機名稱 localhost，而且如果你輸入我到目前為止用過的範例，你應該可以使用資料庫 publications。

在範例 11-1 的 *login.php* 裡面的 `<?php` 與 `?>` 標籤非常重要，因為它們代表在它們之間的程式都只能視為 PHP 程式碼來編譯。如果你省略它們，而且有人直接從你的網站呼叫這個檔案，它就會被顯示成文字，洩漏你的機密資料。但是當你使用這些標籤時，那個人只能看到空白的網頁。其他的 PHP 檔案都會正確地 include 這個檔案。

在本書之前的版本中，我們曾經直接操作 MySQL，這種做法一點都不安全，後來我們改成使用 *mysqli*，這種做法安全許多。但是，為了用 PHP 操作 MySQL 資料庫，現在你可以用一種最安全、最簡單的手段，稱為 PDO，本書的這一版預設使用 PDO 這個輕量級且一致的介面，在 PHP 中操作資料庫。PDO 是 PHP Data Objects 的縮寫，它是一個使用統一 API 的資料存取層。每一個實作 PDO 介面的資料庫驅動程式，都可以將資料庫獨有的功能當成常規的擴展函式來公開。

$host 變數可讓 PHP 知道當它連接資料庫時該使用哪一台電腦，它是必須的，因為你可以操作連接至 PHP 的任何電腦裡面的 MySQL 資料庫，可能包括網路上的任何主機。但是本章的範例只操作本地伺服器，因此，在指定 mysql.myserver.com 等網域的地方，你都可以將它換成 localhost（或 IP 位址 127.0.0.1）。

我們使用的資料庫（$data）是在第 8 章建立的 *publications*（如果你使用不同的資料庫（你的伺服器管理員提供的），你就要修改 *login.php*）。

$chrs 的意思是 character set（字元集），在這個例子中，我們使用 utf8mb4，而 $attr 與 $opts 儲存了操作資料庫所需的其他選項。

將這些登入資訊放在同一個地方還有另一個好處 —— 你可以隨時修改密碼，而且只要修改一個檔案就可以了，無論有多少 PHP 檔需要操作 MySQL。

連接 MySQL 資料庫

儲存 *login.php* 檔之後，你可以在需要操作資料庫的任何 PHP 檔案裡面，使用 require_once 陳述式來 include 它。require_once 比 include 陳述式更好，因為 require_once 會在找不到檔案時顯示嚴重錯誤訊息，相信我，找不到登入資料檔案的確是非常嚴重的錯誤。

此外，用 require_once 而非 require，代表該檔案只在未被 include 過時才會被讀入，可避免重複讀取磁碟造成的資源浪費。範例 11-2 是使用它的程式。

範例 11-2 用 PDO 來連接 MySQL 伺服器

```php
<?php
  require_once 'login.php';

  try
  {
    $pdo = new PDO($attr, $user, $pass, $opts);
  }
  catch (PDOException $e)
  {
    throw new PDOException($e->getMessage(), (int)$e->getCode());
  }
?>
```

這個範例藉著呼叫 PDO 方法的新實例，並將 *login.php* 檔的所有值傳給它，來建立一個新物件 $pdo。我們用 try...catch 來檢查錯誤。

接下來的範例將使用 PDO 物件來操作 MySQL 資料庫。

 絕對不要將 MySQL 傳來的錯誤訊息內容顯示出來，這不但無法幫助你的使用者，也可能讓駭客掌握敏感資訊，例如登入資訊。你應該根據程式碼收到的錯誤訊息來提供資訊，告訴使用者如何克服困難。

建立與執行查詢指令

在 PHP 中傳送查詢指令給 MySQL 非常簡單，你只要將 SQL 傳給連結物件（connection object）的 query 方法即可。範例 11-3 是具體的做法。

範例 11-3 用 PDO 來查詢資料庫

```php
<?php
  $query  = "SELECT * FROM classics";
  $result = $pdo->query($query);
?>
```

如你所見，MySQL 查詢指令很像你在命令列上直接輸入的指令，只是在此沒有結尾的分號，因為在 PHP 裡操作 MySQL 不需要用到它。

我們將一個查詢指令字串指派給變數 $query，再將該變數傳給 $pdo 物件的 query 方法，再將該方法回傳的結果放入物件 $result。

我們以容易查詢的格式，將 MySQL 回傳的資料儲存在 $result 物件裡面。

取出結果

取得 $result 裡面的物件之後，你可以使用該物件的 fetch 方法來取得你想要的資料，每次一個項目。範例 11-4 結合並延伸之前的範例，寫成一個程式，讓你可以自行執行並取出結果（如圖 11-1 所示）。你可以輸入這個腳本，並將它存為 *query.php* 檔名，或從範例版本庫下載它（*https:// github.com/RobinNixon/lpmj6*）。

範例 11-4 一次取出一列結果

```php
<?php // query.php
  require_once 'login.php';

  try
  {
    $pdo = new PDO($attr, $user, $pass, $opts);
  }
  catch (PDOException $e)
  {
    throw new PDOException($e->getMessage(), (int)$e->getCode());
  }

  $query  = "SELECT * FROM classics";
  $result = $pdo->query($query);

  while ($row = $result->fetch())
  {
    echo 'Author:   ' . htmlspecialchars($row['author'])   . "<br>";
    echo 'Title:    ' . htmlspecialchars($row['title'])    . "<br>";
    echo 'Category: ' . htmlspecialchars($row['category']) . "<br>";
    echo 'Year:     ' . htmlspecialchars($row['year'])     . "<br>";
    echo 'ISBN:     ' . htmlspecialchars($row['isbn'])     . "<br><br>";
  }
?>
```

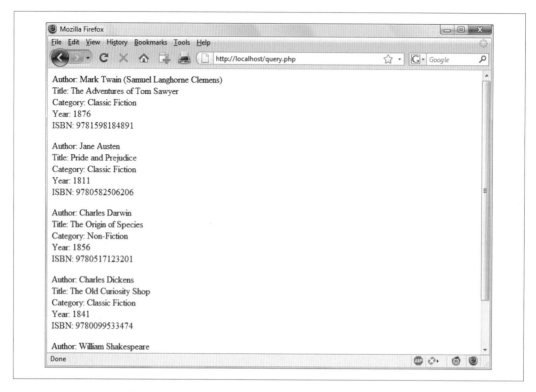

圖 11-1 query.php 的輸出

我們每次執行迴圈時，都會呼叫 $pdo 物件的 fetch 方法，來取得每一列資料的值，並使用 echo 陳述式來輸出結果。如果你的結果順序不同，不用擔心，那是因為我們並未使用 ORDER BY 指令來指定回傳的順序，所以順序不是固定的。

如果你要在瀏覽器顯示使用者輸入（或可能是）的資料，那些資料可能被嵌入惡意的 HTML 字元，並用來執行跨站腳本（cross-site scripting，XSS）攻擊（即使你認為它已經被淨化過了）。最簡單的防止方法是將所有這類的輸出傳給 htmlspecialchars 函式，讓它將這類字元都換成無害的 HTML 實體。上述的範例與接下來的許多範例都採用這項技術。

我曾經在第 9 章談過第一、第二及第三正規型，你應該已經發現，*classics* 資料表並不滿足它們，我們將作者與書籍資訊放同一個資料表裡面，因為這個資料表是在討論標準化之前建立的。但為了說明「用 PHP 來操作 MySQL」這個主題，我們暫時繼續使用它，以免輸入新的測試資料。

用特定風格取出一列資料

fetch 方法可以用各種風格來回傳資料，包括：

PDO::FETCH_ASSOC

　　以欄位名稱檢索，以陣列的形式回傳下一列

PDO::FETCH_BOTH（預設）

　　以欄位名稱與編號檢索，以陣列回傳下一列

PDO::FETCH_LAZY

　　以匿名物件回傳下一列，將名稱當成屬性

PDO::FETCH_OBJ

　　以匿名物件回傳下一列，將欄位名稱當成屬性

PDO::FETCH_NUM

　　以欄位編號來檢索，回傳一個陣列

若要了解完整的 PDO 提取風格，可參考網路參考資料（*https://tinyurl.com/pdofetch*）。

接下來的範例（稍後修改，見範例 11-5）更清楚地展示 fetch 方法在這個案例中的目的。你可以用 *fetchrow.php* 名稱來儲存這個修改過的檔案。

範例 11-5　一次取出一列結果

```php
<?php //fetchrow.php
  require_once 'login.php';

  try
  {
    $pdo = new PDO($attr, $user, $pass, $opts);
  }
  catch (PDOException $e)
  {
    throw new PDOException($e->getMessage(), (int)$e->getCode());
  }

  $query  = "SELECT * FROM classics";
  $result = $pdo->query($query);
```

```
    while ($row = $result->fetch(PDO::FETCH_BOTH)) // 提取風格
    {
      echo 'Author:   ' . htmlspecialchars($row['author'])   . "<br>";
      echo 'Title:    ' . htmlspecialchars($row['title'])    . "<br>";
      echo 'Category: ' . htmlspecialchars($row['category']) . "<br>";
      echo 'Year:     ' . htmlspecialchars($row['year'])     . "<br>";
      echo 'ISBN:     ' . htmlspecialchars($row['isbn'])     . "<br><br>";
    }
?>
```

這段修改過的程式只對 $result 物件做出五分之一的查詢（與上一個範例相比），而且，每一次迴圈迭代只對物件進行一次尋找，因為我們用 fetch 方法完整地提取每一列。它會用陣列的形式回傳一列資料，接著，我們將它傳給 $row 陣列。

這個腳本使用關聯陣列，關聯陣列通常比數值陣列更方便，因為你可以用名稱來參考各欄，例如 $row['au thor']，而不需要記住它在欄位順序中的位置。

關閉聯結

PHP 會在腳本執行完畢之後，歸還它為物件配置的記憶體，所以在小型的腳本中，你通常不需要自己釋出記憶體。但是，如果你想要手動關閉 PDO 連結，你只要將它設為 null 即可，例如：

```
    $pdo = null;
```

實際範例

是時候編寫我們的第一個範例了，我們將使用 PHP 在 MySQL 資料表中插入資料以及刪除它。建議你輸入範例 11-6，並以 *sqltest.php* 檔名將它存至你的網頁開發目錄中。圖 11-2 是這個程式的輸出範例。

 範例 11-6 將建立一個標準的 HTML 表單。我會在第 12 章將更詳細地介紹表單，但是在這一章，我先不解釋表單處理，只處理資料庫的互動。

範例 11-6 使用 *sqltest.php* 來插入與刪除資料

```php
<?php // sqltest.php
  require_once 'login.php';

  try
  {
    $pdo = new PDO($attr, $user, $pass, $opts);
  }
  catch (PDOException $e)
  {
    throw new PDOException($e->getMessage(), (int)$e->getCode());
  }

  if (isset($_POST['delete']) && isset($_POST['isbn']))
  {
    $isbn   = get_post($pdo, 'isbn');
    $query  = "DELETE FROM classics WHERE isbn=$isbn";
    $result = $pdo->query($query);
  }

  if (isset($_POST['author'])   &&
      isset($_POST['title'])    &&
      isset($_POST['category']) &&
      isset($_POST['year'])     &&
      isset($_POST['isbn']))
  {
    $author   = get_post($pdo, 'author');
    $title    = get_post($pdo, 'title');
    $category = get_post($pdo, 'category');
    $year     = get_post($pdo, 'year');
    $isbn     = get_post($pdo, 'isbn');

    $query    = "INSERT INTO classics VALUES" .
      "($author, $title, $category, $year, $isbn)";
    $result = $pdo->query($query);
  }

  echo <<<_END
  <form action="sqltest.php" method="post"><pre>
    Author <input type="text" name="author">
     Title <input type="text" name="title">
  Category <input type="text" name="category">
```

```
      Year <input type="text" name="year">
      ISBN <input type="text" name="isbn">
            <input type="submit" value="ADD RECORD">
  </pre></form>
_END;

  $query  = "SELECT * FROM classics";
  $result = $pdo->query($query);

  while ($row = $result->fetch())
  {
    $r0 = htmlspecialchars($row['author']);
    $r1 = htmlspecialchars($row['title']);
    $r2 = htmlspecialchars($row['category']);
    $r3 = htmlspecialchars($row['year']);
    $r4 = htmlspecialchars($row['isbn']);

    echo <<<_END
  <pre>
    Author $r0
     Title $r1
  Category $r2
      Year $r3
      ISBN $r4
  </pre>
  <form action='sqltest.php' method='post'>
  <input type='hidden' name='delete' value='yes'>
  <input type='hidden' name='isbn' value='$r4'>
  <input type='submit' value='DELETE RECORD'></form>
_END;
  }

  function get_post($pdo, $var)
  {
    return $pdo->quote($_POST[$var]);
  }
?>
```

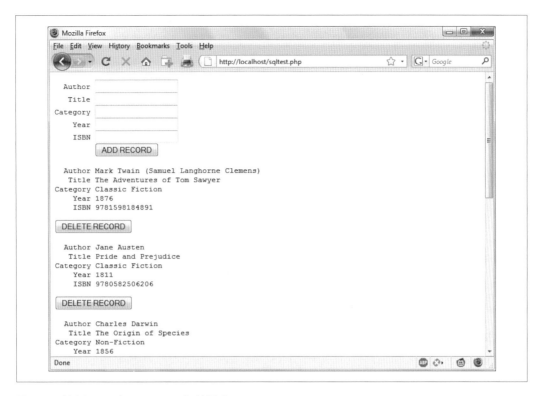

圖 11-2 範例 11-6（sqltest.php）的輸出

這段將近 80 行的程式也許令你望而生畏，但不要擔心，你已經看過範例 11-4 的許多行程式了，何況這段程式的工作其實非常簡單。

它先檢查是否有任何輸入，接著根據輸入，決定究竟要將新資料插入 publications 資料庫的 *classics* 資料表，還是刪除它裡面的資料列。無論是否有輸入，這段程式都會將資料表的所有資料列輸出至瀏覽器。讓我們來看看它是怎麼做的。

新程式的第一部分先使用 isset 函式來檢查所有欄位的值是否皆被 post 到程式，確認之後，在 if 陳述式裡面的每一行程式都會呼叫 get_post 函式，該函式在整個程式的最下面。這個函式有個簡單卻很重要的工作：從瀏覽器取出被輸入的資料。

為了簡潔起見，也為了盡量簡單地解釋，以下許多範例都省略必要的安全
預防措施，因為它們會讓程式變長，也會讓我無法清楚地解釋程式的功
能。因此，本章稍後會介紹如何防止資料庫被入侵（第 273 頁的「防止
入侵」），告訴你一些可在程式中採取，讓它更安全的行動，千萬別跳過
這一節。

$_POST 陣列

瀏覽器可以用 GET 請求或 POST 請求來傳送使用者輸入的資料。POST 請求通常比較
好（因為它不會在瀏覽器的網址列顯示不該顯示的資料），所以我們在這裡使用它。伺
服器會將使用者輸入的資料打包（即使表單有上百個欄位），放入一個名為 $_POST 的
陣列。

$_POST 是關聯陣列，你已經在第 6 章看過它了。表單資料會被填入 $_POST 或 $_GET 關聯
陣列，根據表單使用 POST 或 GET 方法。你可以用一模一樣的方式來讀取它們。

在陣列裡面，每一個表單欄位都有一個用欄位名稱來命名的元素。所以，如果表單
有一個 isbn 欄位，$_POST 陣列就有一個索引鍵為 isbn 的元素。PHP 程式可以使用
$_POST['isbn'] 或 $_POST["isbn"] 來讀取那個欄位（使用單引號與雙引號的效果是相同
的）。

如果你仍然覺得 $_POST 語法很複雜，別擔心，你可以使用範例 11-6 的做法，將使用者
輸入複製到另一個變數，然後將 $_POST 擱在一旁。很多 PHP 程式都會在程式的開頭取
出 $_POST 的所有欄位，然後忽略它。

將資料寫入 $_POST 陣列的元素是沒有意義的，它目的只有將瀏覽器的資
訊傳給程式，你最好先將資料複製到自己的變數裡，再修改那些資料。

回到 get_post 函式，它將它取出的每一個項目傳給 PDO 物件的 quote 方法，以轉義駭
客為了入侵或修改資料庫而插入的任何引數，並且在每一個字串前後為你加上引號：

```
function get_post($pdo, $var)
{
  return $pdo->quote($_POST[$var]);
}
```

刪除紀錄

在檢查是否有新資料被 post 之前，程式會先檢查 $_POST['delete'] 變數有沒有值。有值代表使用者曾經按下 DELETE RECORD 按鈕來刪除一筆紀錄。在這個例子中，$isbn 的值也被 post 出來。

你應該還記得，ISBN 可以識別每一筆唯一的紀錄。HTML 表單將 ISBN 接到 $query 變數內的 DELETE FROM 查詢字串，我們將這個字串傳給 $conn 物件的 query 方法來傳給 MySQL。

如果 $_POST['delete'] 未被設值（不需要刪除紀錄），我們就檢查 $_POST['author'] 與其他被 post 出來的值。如果它們都有值，我們將 $query 設為 INSERT INTO 指令，後面接上將要插入的五個值，再將字串傳給 query 方法。

如果有任何查詢失敗，try...catch 指令會產生一個錯誤訊息。在生產網站上，你不能顯示這些給程式設計師看的錯誤訊息，所以你要將 CATCH 陳述式換成靈活處理錯誤的陳述式，並且自行決定要讓用戶看到哪種錯誤訊息（如果要讓他們知道的話）。

顯示表單

在顯示這個小表單之前（圖 11-2），程式用 htmlspecialchars 來淨化 $row 陣列的元素複本，將可能有危險的 HTML 字元換成無害的 HTML 實體，再將它傳給變數 $r0 至 $r4。

接下來是顯示輸出的程式碼，它使用之前的章節展示過的 echo <<<_END..._END 結構來輸出 _END 標籤之間的所有東西。

 除了 echo 指令之外，程式也可以使用 ?> 來退出 PHP，發出 HTML，然後用 <?php 重新進入 PHP 處理程序。你可以自行決定做法，但是我建議待在 PHP 程式裡面，因為：

- 這可以讓你（和別人）在偵錯時清楚地知道，在 .php 檔裡面的所有東西都是 PHP 碼。因此，你不需要注意退出 PHP 進入 HTML 的情況。

- 當你想要在 HTML 裡面直接使用 PHP 變數時，你可以直接輸入它。但是如果你已經返回 HTML，你就必須暫時再次進入 PHP、存取變數，然後再次退出。

這段 HTML 的工作只是將表單的 action 設為 *sqltest.php*。這代表當表單被送出去時,表單欄位的內容會被送到 *sqltest.php*,也就是程式本身。表單也被設成以 POST 來傳送欄位,而不是 GET。原因是 GET 請求會被接在 URL 的後面,這會讓瀏覽器看起來很雜亂,也會讓使用者可以輕鬆地修改他們送出去的內容,試著入侵伺服器(雖然你也可以用瀏覽器內的開發工具做到這件事)。此外,不使用 GET 可以防止伺服器紀錄檔案儲存太多資訊。因此,你應該盡量使用 POST 來提交,它也不會揭露那麼多被 POST 出去的資料。

輸出表單欄位之後,HTML 會顯示一個名稱為 ADD RECORD 的提交按鈕並關閉表單。注意這裡的 `<pre>` 與 `</pre>` 標籤,它們的用途是設定等寬字型,讓輸入的內容可以整齊地排列。在 `<pre>` 標籤裡面,每行結尾的歸位字元也會被輸出。

查詢資料庫

接下來,程式回到熟悉的範例 11-4,將查詢指令傳給 MySQL,要求查看 *classics* 資料表的所有紀錄:

```
$query  = "SELECT * FROM classics";
$result = $pdo->query($query);
```

接著,我們進入一個 while 迴圈,以顯示每一列的內容。然後,程式呼叫 $result 的 fetch 方法,將一列結果填入 $row。

將資料填入 $row 之後,我們就可以輕鬆地在 heredoc echo 陳述式裡面顯示它了,為了美觀,我使用一個 `<pre>` 標籤來排列每一筆紀錄的顯示方式。

顯示每一筆紀錄之後,我們也將第二個表單 post 到 *sqltest.php*(程式本身),但是這次它有兩個隱藏欄位:delete 與 isbn。我們將 delete 欄位被設為 yes,將 isbn 設為 $row[isbn] 的值,也就是這筆紀錄的 ISBN。

然後顯示名為 Delete Record 的提交按鈕,然後關閉表單。接下來用一個大括號來完成 for 迴圈,這個迴圈會持續執行,直到將所有的紀錄都顯示出來為止。

最後是 get_post 函式的定義,我們已經看過它了。這就是我們的第一個操作 MySQL 資料庫的 PHP 程式。接下來,讓我看看它可以做哪些事情。

當你輸入程式（並且修正所有的打字錯誤）之後，試著在各個輸入欄位中輸入下列資料來加入一筆新紀錄，將 *Moby Dick* 這本書加入資料庫：

```
Herman Melville
Moby Dick
Fiction
1851
9780199535729
```

執行程式

使用 Add Record 按鈕來送出這筆資料之後，捲到網頁的底部來查看新增資料。它長得像圖 11-3，但是，因為我們沒有用 ORDER BY 來排序結果，所以它們的位置不是固定的。

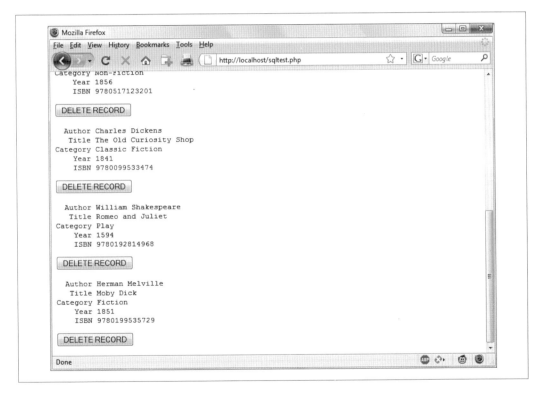

圖 11-3 將 Moby Dick 加到資料庫的結果

接著，我們建立一筆紀錄來看看如何刪除紀錄。試著在五個欄位中輸入 1 這個數字，並按下 Add Record 按鈕。現在當你往下捲時，你會看到一筆由許多 1 構成的新紀錄。顯然這筆紀錄在這個資料表裡沒有用處，所以按下 Delete Record 按鈕，並再度往下捲，以確定這一筆紀錄已被刪除。

> 一切順利的話，現在你已經可以隨意加入及刪除紀錄了。試著多做幾次，但記得保留主要的紀錄（包括新的 *Moby Dick* 記錄），因為之後還會用到它們。你也可以試著多加入幾次內容都是 1 的紀錄，你可以發現，第二個錯誤訊息顯示：目前已經有一個號碼為 1 的 ISBN 了。

MySQL 實作

接下來我們要看一下實際的技術，你可以用它們在 PHP 中操作 MySQL 資料庫，包括建立與卸除資料表，插入、更新與刪除資料，以及保護資料庫與網站免於惡意用戶的威脅。在接下來的範例中，我假設你已經建立本章稍早提到的 *login.php* 程式了。

建立資料表

假設你正在野生動物園工作，需要建立一個資料庫來儲存裡面的所有貓科動物。動物園告訴你，他們有九個種類（*family*）的貓科動物：獅子、老虎、美洲虎、花豹、美洲獅、獵豹、山貓、獰貓與家貓，所以你需要這個欄位。每一種貓都有名字（*name*），所以你要再加入一個欄位，你也要用一個欄位來記錄牠們的年齡（*age*）。當然，你可能還會加入更多欄位，也許用來儲存飲食需求、疫苗接種和其他資訊，但是現在這樣就夠了。每一隻動物都需要獨一無二的編號，所以你也建立一個欄位來儲存它，稱為 *id*。

範例 11-7 是建立 MySQL 資料表來儲存這些資料的程式，我們用粗體字來代表主要的查詢指令。

範例 *11-7* 建立 *cats* 資料表

```php
<?php
  require_once 'login.php';

  try
  {
    $pdo = new PDO($attr, $user, $pass, $opts);
  }
  catch (PDOException $e)
```

```
  {
    throw new PDOException($e->getMessage(), (int)$e->getCode());
  }

  $query = "CREATE TABLE cats (
    id SMALLINT NOT NULL AUTO_INCREMENT,
    family VARCHAR(32) NOT NULL,
    name VARCHAR(32) NOT NULL,
    age TINYINT NOT NULL,
    PRIMARY KEY (id)
  )";

  $result = $pdo->query($query);
?>
```

如你所見，這段 MySQL 查詢很像在命令列直接輸入的指令，只是它沒有結束的分號。

DESCRIBE 資料表

在沒有使用 MySQL 命令列的情況下，你可以用這段好用的程式在瀏覽器內確認資料表是否已被正確地建立。它發出查詢指令 DESCRIBE cats，然後輸出一個 HTML 表，這張表的表頭是 *Column*、*Type*、*Null* 與 *Key*，並且在表頭下面顯示資料的所有欄位。你只要將查詢指令裡面的 cats 換成其他資料表名稱，即可用它來顯示其他資料表（見範例 11-8）。

範例 *11-8 DESCRIBE cats 資料表*

```
<?php
  require_once 'login.php';

  try
  {
    $pdo = new PDO($attr, $user, $pass, $opts);
  }
  catch (PDOException $e)
  {
    throw new PDOException($e->getMessage(), (int)$e->getCode());
  }

  $query   = "DESCRIBE cats";
  $result = $pdo->query($query);

  echo "<table><tr><th>Column</th><th>Type</th><th>Null</th><th>Key</th></tr>";
```

```
while ($row = $result->fetch(PDO::FETCH_NUM))
{
  echo "<tr>";
  for ($k = 0 ; $k < 4 ; ++$k)
    echo "<td>" . htmlspecialchars($row[$k]) . "</td>";
  echo "</tr>";
}

echo "</table>";
?>
```

我們使用 FETCH_NUM 這個 PDO 抓取方式來回傳一個數值陣列，所以可以將回傳的內容輕鬆地顯示出來，而不需要使用名稱。這段程式的輸出是：

```
Column Type       Null Key
id     smallint(6) NO   PRI
family varchar(32) NO
name   varchar(32) NO
age    tinyint(4)  NO
```

卸除資料表

卸除資料表很簡單，正是這個動作太簡單了，所以它也很危險，請小心為上！範例 11-9 是你需要使用的程式。但是我不建議你在執行其他的範例之前執行它（在第 272 頁的「執行額外的查詢」之前），因為它會移除 *cats* 資料表，如此一來，你必須再次使用範例 11-7 來重新建立它。

範例 11-9 卸除 cats 資料表

```
<?php
  require_once 'login.php';

  try
  {
    $pdo = new PDO($attr, $user, $pass, $opts);
  }
  catch (PDOException $e)
  {
    throw new PDOException($e->getMessage(), (int)$e->getCode());
  }

  $query  = "DROP TABLE cats";
  $result = $pdo->query($query);
?>
```

加入資料

讓我們用範例 11-10 在表中加入一些資料。

範例 11-10 將資料加入 cats 資料表

```php
<?php
  require_once 'login.php';

  try
  {
    $pdo = new PDO($attr, $user, $pass, $opts);
  }
  catch (PDOException $e)
  {
    throw new PDOException($e->getMessage(), (int)$e->getCode());
  }

  $query  = "INSERT INTO cats VALUES(NULL, 'Lion', 'Leo', 4)";
  $result = $pdo->query($query);
?>
```

你可以像下面這樣修改 $query 來加入兩筆資料，並且在瀏覽器再度呼叫這個程式：

```
$query = "INSERT INTO cats VALUES(NULL, 'Cougar', 'Growler', 2)";
$query = "INSERT INTO cats VALUES(NULL, 'Cheetah', 'Charly', 3)";
```

順道一提，有沒有看到第一個參數是 NULL 值？這是因為 *id* 欄位的類型是 AUTO_INCREMENT，因此 MySQL 會根據下一個可用的號碼來依序決定它將指派什麼值。因此，我們直接傳遞 NULL 值，讓 MySQL 忽略它。

當然，將資料填入 MySQL 最有效率的方法就是建立一個陣列，並且用一個指令來插入資料。

到目前為止，我先把重點放在教你如何在 MySQL 中直接插入資料（並提供一些安全措施來維持程序安全）。但是稍後我會介紹更好的方法，它們將使用佔位符號（見第 276 頁的「使用佔位符號」），可以幾乎完全阻止使用者將惡意程式注入你的資料庫。所以，當你閱讀這一節時，你要知道，這些都是基本的 MySQL 插入方式，我們稍後還會改善它。

取回資料

在 *cats* 資料表裡面加入一些資料之後，範例 11-11 說明如何確認這些資料已被正確地插入。

範例 11-11 從 cats 資料表取出資料列

```php
<?php
  require_once 'login.php';

  try
  {
    $pdo = new PDO($attr, $user, $pass, $opts);
  }
  catch (PDOException $e)
  {
    throw new PDOException($e->getMessage(), (int)$e->getCode());
  }

  $query  = "SELECT * FROM cats";
  $result = $pdo->query($query);

  echo "<table><tr> <th>Id</th> <th>Family</th><th>Name</th><th>Age</th></tr>";

  while ($row = $result->fetch(PDO::FETCH_NUM))
  {
    echo "<tr>";
    for ($k = 0 ; $k < 4 ; ++$k)
      echo "<td>" . htmlspecialchars($row[$k]) . "</td>";
    echo "</tr>";
  }

  echo "</table>";
?>
```

這段程式發出 MySQL 指令 SELECT * FORM cats，然後用 PDO::FETCH_NUM 來要求它回傳「以數值存取的陣列」，接著顯示所有回傳的資料列。它的輸出是：

```
Id Family   Name     Age
1  Lion     Leo      4
2  Cougar   Growler  2
3  Cheetah  Charly   3
```

你可以看到，id 欄位正確地自動遞增。

更新資料

修改已被插入的資料也很簡單。還記得獵豹的名字是 *Charly* 嗎？我們來把它修正成 *Charlie*，如範例 11-12 所示。

範例 11-12 將獵豹 Charly 改名成 Charlie

```php
<?php
  require_once 'login.php';

  try
  {
    $pdo = new PDO($attr, $user, $pass, $opts);
  }
  catch (PDOException $e)
  {
    throw new PDOException($e->getMessage(), (int)$e->getCode());
  }

  $query  = "UPDATE cats SET name='Charlie' WHERE name='Charly'";
  $result = $pdo->query($query);
?>
```

再次執行範例 11-11 時，你會看到它的輸出變成：

```
Id Family   Name     Age
1  Lion     Leo      4
2  Cougar   Growler  2
3  Cheetah  Charlie  3
```

刪除資料

美洲獅 Growler 被送給另一家動物園了，所以我們必須將牠從資料庫中移除。

範例 11-13 將 cats 資料表的美洲獅 Growler 移除

```php
<?php
  require_once 'login.php';

  try
  {
    $pdo = new PDO($attr, $user, $pass, $opts);
  }
  catch (PDOException $e)
```

```
  {
    throw new PDOException($e->getMessage(), (int)$e->getCode());
  }

  $query  = "DELETE FROM cats WHERE name='Growler'";
  $result = $pdo->query($query);
?>
```

這個範例使用標準的 DELETE FORM 指令，當你執行範例 11-11 時，你會看到輸出顯示那一列資料已被移除：

```
Id Family   Name    Age
1  Lion     Leo     4
3  Cheetah  Charlie 3
```

使用 AUTO_INCREMENT

當你使用 AUTO_INCREMENT 來插入資料列時，你無法在資料列被插入之前知道它的欄位會被設為什麼值。如果你想要知道那個值，你要在資料插入之後，才能使用 mysql_insert_id 函式來詢問 MySQL。我們經常需要知道那個值，例如，當你處理一份訂單時，你會先在 *Customers* 資料表插入一位新客戶，然後使用新建立的 *CustId* 來將購買紀錄插入 *Purchases* 資料表。

 建議你使用 AUTO_INCREMENT，不要將 *id* 欄位裡的最大值 ID 加 1，因為在取得最大值之後，在儲存算出來的值之前，可能會有其他指令改變那個欄位的值。

我們將範例 11-10 改寫成範例 11-14，在每次插入之後顯示這個值。

範例 11-14 將資料加入 cats 資料表，並回報被插入的 ID

```
<?php
  require_once 'login.php';

  try
  {
    $pdo = new PDO($attr, $user, $pass, $opts);
  }
  catch (PDOException $e)
  {
```

```
      throw new PDOException($e->getMessage(), (int)$e->getCode());
  }

  $query  = "INSERT INTO cats VALUES(NULL, 'Lynx', 'Stumpy', 5)";
  $result = $pdo->query($query);

  echo "The Insert ID was: " . $pdo->lastInsertId();
?>
```

現在這個資料表的內容應該是（注意之前的 *id* 值 2 **未被重複使用，因為它會在某些情**況下會造成麻煩）：

```
Id Family  Name     Age
1  Lion    Leo      4
3  Cheetah Charlie  3
4  Lynx    Stumpy   5
```

使用插入 ID

我們經常在多個資料表插入資料：先插入書籍再插入作者、先插入客戶再插入他們的購買紀錄……等。當你用自動遞增的欄位來做這件事時，你必須保留回傳的插入 ID，以便將它儲存在相關的資料表裡面。

例如，假設你開放大家「認養」貓科動物來募集資金，那麼如果有一隻新的貓科動物被放入 *cats* 資料表，你就要建立一個索引鍵，來將它與認養人連接起來。做這項工作的程式很像範例 11-14，只不過我們將回傳的插入 *ID* 存入變數 $insertID，然後在查詢指令中使用它：

```
  $query   = "INSERT INTO cats VALUES(NULL, 'Lynx', 'Stumpy', 5)";
  $result  = $pdo->query($query);
  $insertID = $pdo->lastInsertId();

  $query   = "INSERT INTO owners VALUES($insertID, 'Ann', 'Smith')";
  $result  = $pdo->query($query);
```

現在貓咪透過牠的專屬 ID 和「主人」連在一起了，該 ID 是 AUTO_INCREMENT 自動建立的。這個例子，尤其是最後兩行，是理論性的程式，展示當我們建立了一個名為 *owners* 的資料表時，如何使用將插入 ID 當成索引鍵來使用。

執行額外的查詢

好了，我們該結束喵星人的討論了。為了探索比較複雜的查詢指令，我們要回去使用第 8 章建立的 *customers* 與 *classics* 資料表。在 *customers* 資料表裡面將會有兩位顧客；*classics* 資料表則儲存了一些書籍的資料。它們也有共同的 ISBN 欄位，稱為 *isbn*，可用來執行額外的查詢。

例如，你可以使用範例 11-15 的程式來顯示所有顧客與他們購買的書名及其作者。

範例 11-15 執行二次查詢

```php
<?php
  require_once 'login.php';

  try
  {
    $pdo = new PDO($attr, $user, $pass, $opts);
  }
  catch (PDOException $e)
  {
    throw new PDOException($e->getMessage(), (int)$e->getCode());
  }

  $query  = "SELECT * FROM customers";
  $result = $pdo->query($query);

  while ($row = $result->fetch())
  {
    $custname = htmlspecialchars($row['name']);
    $custisbn = htmlspecialchars($row['isbn']);

    echo "$custname purchased ISBN $custisbn: <br>";

    $subquery  = "SELECT * FROM classics WHERE isbn='$custisbn'";
    $subresult = $pdo->query($subquery);
    $subrow    = $subresult->fetch();

    $custbook = htmlspecialchars($subrow['title']);
    $custauth = htmlspecialchars($subrow['author']);

    echo "   '$custbook' by $custauth<br><br>";
  }
?>
```

我們先在 *customers* 資料表查詢所有顧客，接著使用每位顧客買的書的 ISBN 號碼查詢 *classics* 資料表，來找出每一本書的書名與作者。這段程式的輸出類似：

```
Joe Bloggs purchased ISBN 9780099533474:
  'The Old Curiosity Shop' by Charles Dickens

Jack Wilson purchased ISBN 9780517123201:
  'The Origin of Species' by Charles Darwin

Mary Smith purchased ISBN 9780582506206:
  'Pride and Prejudice' by Jane Austen
```

 當然，在這個例子中，你也可以使用 NATURAL JOIN 指令（見第 8 章）來取得同樣的資訊（儘管它不是用二次查詢的方式），例如：

```
SELECT name,isbn,title,author FROM customers
 NATURAL JOIN classics;
```

防止入侵

也許你很難想像不檢查使用者輸入的資料就傳給 MySQL 有多麼危險。假設你用一段簡單的程式來驗證用戶：

```
$user  = $_POST['user'];
$pass  = $_POST['pass'];
$query = "SELECT * FROM users WHERE user='$user' AND pass='$pass'";
```

乍看之下，你可能認為這段程式沒有什麼問題，如果使用者將 fredsmith 與 mypass 分別傳給 $user 與 $pass，那麼傳給 MySQL 的查詢字串將變成：

```
SELECT * FROM users WHERE user='fredsmith' AND pass='mypass'
```

這個字串沒什麼問題，但是如果有人將下列資料傳給 $user 時會怎樣（而且沒有傳送任何資料給 $pass）？

```
admin' #
```

我們來看一下將會傳給 MySQL 的字串：

```
SELECT * FROM users WHERE user='admin' #' AND pass=''
```

有沒有看到問題？這是 *SQL* 注入攻擊。在 MySQL 中，# 是註解的開頭。因此，這位使用者將以 *admin* 登入（假設有位 *admin* 使用者），且不輸入密碼。接下來，這個指令會執行以下粗體的部分，並忽略其他的部分：

```
SELECT * FROM users WHERE user='admin' #' AND pass=''
```

如果惡意使用者只做到這裡，你要很慶幸，至少你還可以進入應用程式，恢復使用者 *admin* 做過的任何改變。但是，如果你的 app 程式碼在資料庫裡面刪除使用者呢？程式可能是：

```
$user  = $_POST['user'];
$pass  = $_POST['pass'];
$query = "DELETE FROM users WHERE user='$user' AND pass='$pass'";
```

這乍看之下也是一段正常的程式，但是如果有人對 $user 輸入：

```
anything' OR 1=1 #
```

MySQL 會將它解讀為：

```
DELETE FROM users WHERE user='anything' OR 1=1 #' AND pass=''
```

哎呀！因為在 OR 1=1 後面的任何陳述式必定是 TRUE，所以 SQL 查詢指令一定是 TRUE，因此，由於 # 字元，陳述式其餘的部分被會忽略，所以你現在失去整個用戶資料庫了！該怎麼防範這種攻擊？

你可以採取的措施

首先，不要依賴 PHP 內建的*魔術引號*（*magic quotes*）。魔術引號會在單引號和雙引號等字元前面自動加上反斜線（\）來轉義它們。為什麼不要使用魔術引號？因為魔術引號可以關閉，很多程式員都會這麼做來讓程式更安全，而且你所使用的伺服器可能也會這樣做。事實上，PHP 5.3.0 已經將這個功能列為棄用（deprecated），並且在 PHP 5.4.0 將它移除了。

我們已經看過替代方案了：使用 PDO 物件的 quote 方法來轉義所有字元，並且將字串包在引號裡面。範例 11-16 的函式可以移除使用者輸入的字串內的所有魔術引號，然後為你淨化它們。

範例 11-16 妥善地淨化使用者輸入的資料，以便用於 MySQL

```php
<?php
  function mysql_fix_string($pdo, $string)
  {
    if (get_magic_quotes_gpc()) $string = stripslashes($string);
    return $pdo->quote($string);
  }
?>
```

如果魔術引號被啟用，get_magic_quotes_gpc 函式就會回傳 TRUE。在這種情況下，你必須移除被加入字串的任何斜線，否則 quote 方法可能會對某些字元轉義兩次，產生破壞字串。範例 11-17 說明如何在你自己的程式中使用 mysql_fix_string。

範例 11-17 如何使用用戶輸入的資料來安全地存取 MySQL

```php
<?php
  require_once 'login.php';

  try
  {
    $pdo = new PDO($attr, $user, $pass, $opts);
  }
  catch (PDOException $e)
  {
    throw new PDOException($e->getMessage(), (int)$e->getCode());
  }

  $user  = mysql_fix_string($pdo, $_POST['user']);
  $pass  = mysql_fix_string($pdo, $_POST['pass']);
  $query = "SELECT * FROM users WHERE user=$user AND pass=$pass";

  // ... 等

  function mysql_fix_string($pdo, $string)
  {
    if (get_magic_quotes_gpc()) $string = stripslashes($string);
    return $pdo->quote($string);
  }
?>
```

切記，因為 quote 方法會在字串前面自動加上引號，所以，切勿在使用這些淨化過的字串的任何查詢指令中使用它們。因此，在使用這段查詢的地方：

```
$query = "SELECT * FROM users WHERE user='$user' AND pass='$pass'";
```

你要輸入：

```
$query = "SELECT * FROM users WHERE user=$user AND pass=$pass";
```

然而，這些預防措施已經變得越來越不重要了，因為有一種更簡單、更安全的方法可以存取 MySQL，從而避免使用這類函數的需求 —— 使用佔位符號，接下來會加以說明。

使用佔位符號

你看過的所有方法都可以搭配 MySQL 來使用，但它們有安全隱患，往往需要對字串進行轉義來防止安全風險。既然你已經知道基本觀念了，接下來要介紹最好的 MySQL 互動方式，它非常安全。看完本節之後，你一定要使用佔位符號，不要再將資料直接插入 MySQL 了，之前只是為了告訴你怎麼做。

什麼是佔位符號？它們是在預先準備好的陳述式裡面的保留位置，可讓你將資料直接送入資料庫，所以使用者傳出來的資料（或其他的資料）不可能被解讀成 MySQL 陳述式（因而不可能導致後續的入侵）。

在使用這項技術時，你要先準備好想要在 MySQL 中執行的陳述式，但將陳述式中引用資料的部分都寫成簡單的問號。

在普通的 MySQL 中，這種陳述式類似範例 11-18。

範例 11-18 MySQL 佔位符號

```
PREPARE statement FROM "INSERT INTO classics VALUES(?,?,?,?,?)";

SET @author   = "Emily Brontë",
    @title    = "Wuthering Heights",
    @category = "Classic Fiction",
    @year     = "1847",
    @isbn     = "9780553212587";

EXECUTE statement USING @author,@title,@category,@year,@isbn;
DEALLOCATE PREPARE statement;
```

將它送給 MySQL 很麻煩，因此 PDO 使用名為 prepare 的現成方法來幫你處理佔位符號，你可以這樣呼叫它：

```
$stmt = $pdo->prepare('INSERT INTO classics VALUES(?,?,?,?,?)');
```

接下來，我們用這個方法回傳的 $stmt（代表 *statement*（陳述式））來將替代問號的資料傳給伺服器。它的第一個用途是將一些 PHP 變數依序指派給每一個問號（佔位符號參數），例如：

```
$stmt->bindParam(1, $author,   PDO::PARAM_STR, 128);
$stmt->bindParam(2, $title,    PDO::PARAM_STR, 128);
$stmt->bindParam(3, $category, PDO::PARAM_STR, 16 );
$stmt->bindParam(4, $year,     PDO::PARAM_INT      );
$stmt->bindParam(5, $isbn,     PDO::PARAM_STR, 13 );
```

傳給 bindParam 的第一個引數是一個數字，代表你要將那個值插入查詢字串的哪個位置（也就是哪一個問號）。接下來是提供資料的變數，然後是變數的資料型態，如果它是字串，下一個值是它的最大長度。

將變數指派給預先準備的陳述式之後，我們將準備傳給 MySQL 的資料放入那些變數：

```
$author   = 'Emily Brontë';
$title    = 'Wuthering Heights';
$category = 'Classic Fiction';
$year     = '1847';
$isbn     = '9780553212587';
```

此時，為了執行預先準備的陳述式，PHP 已經擁有所需的所有元素了，你可以發出下面的指令，它會呼叫之前建立的 $stmt 物件的 execute 方法，以陣列的形式傳遞想要傳入的值：

```
$stmt->execute([$author, $title, $category, $year, $isbn]);
```

在進行任何後續行動之前，我們要先檢查這個指令是否成功地執行了，這是呼叫 $stmt 的 rowCount 方法的方式：

```
printf("%d Row inserted.\n", $stmt->rowCount());
```

這個例子的輸出應該會顯示有一列資料已經被插入了。

範例 11-19 是將所有程式放在一起的情況。

範例 *11-19* 發出預先準備的陳述式

```php
<?php
  require_once 'login.php';

  try
  {
    $pdo = new PDO($attr, $user, $pass, $opts);
  }
  catch (PDOException $e)
  {
    throw new PDOException($e->getMessage(), (int)$e->getCode());
  }

  $stmt = $pdo->prepare('INSERT INTO classics VALUES(?,?,?,?,?)');
  $stmt->bindParam(1, $author,   PDO::PARAM_STR, 128);
  $stmt->bindParam(2, $title,    PDO::PARAM_STR, 128);
  $stmt->bindParam(3, $category, PDO::PARAM_STR, 16 );
  $stmt->bindParam(4, $year,     PDO::PARAM_INT      );
  $stmt->bindParam(5, $isbn,     PDO::PARAM_STR, 13 );

  $author   = 'Emily Brontë';
  $title    = 'Wuthering Heights';
  $category = 'Classic Fiction';
  $year     = '1847';
  $isbn     = '9780553212587';

  $stmt->execute([$author, $title, $category, $year, $isbn]);
  printf("%d Row inserted.\n", $stmt->rowCount());
?>
```

每當你用預先準備的陳述式來取代一般的陳述式，你就關閉了一個潛在的安全漏洞，因此，務必花點時間了解如何使用它們。

防止 JavaScript 注入 HTML

我們也要注意另一種注入，這不僅是為了你自己的網站安全，也是為了保護你的使用者的隱私與安全，它是跨站腳本攻擊（*crosssite scripting*），也稱為 *XSS* 攻擊。

當你允許使用者輸入 HTML 或 JavaScript 程式碼並在網站上顯示它們時，這種攻擊就有可能發生，其中一種經常發生這種攻擊的地方是評論表單。最常見的情況是：惡意使用者編寫程式從網站的使用者那裡竊取 cookie，甚至找出帳號密碼或其他資訊，以便執行 session 劫持（駭客接管使用者的登入資料，進而接管那個人的帳號！）。有時惡意使用者會將特洛伊木馬程式下載到使用者的電腦上。

但是，防止這種事情的方法很簡單，你只要呼叫 htmlentities 函式即可，它會移除所有的 HTML 標記，將它們換成可顯示字元但不允許瀏覽器進行操作的表單。例如，考慮這段 HTML：

```
<script src='http://x.com/hack.js'></script>
<script>hack();</script>
```

這段程式會載入 JavaScript 程式，接著執行惡意的函式。但是如果你先將它傳給 htmlentities，它就會被轉換成完全無害的字串：

```
&lt;script src='http://x.com/hack.js'&gt; &lt;/script&gt;
&lt;script&gt;hack();&lt;/script&gt;
```

因此，如果你想要顯示使用者輸入的任何資料，無論那些資料是即時輸入的，還是之前被存放在資料庫裡面的，你都必須先用 htmlentities 來對它執行淨化。為此，建議你先建立一個新函式（像是範例 11-20 的第一個函式）來同時淨化 SQL 與 XSS 注入。

範例 11-20 同時防止 SQL 與 XSS 注入攻擊的函式

```php
<?php
  function mysql_entities_fix_string($pdo, $string)
  {
    return htmlentities(mysql_fix_string($pdo, $string));
  }

  function mysql_fix_string($pdo, $string)
  {
    if (get_magic_quotes_gpc()) $string = stripslashes($string);
    return $pdo->real_escape_string($string);
  }
?>
```

mysql_entities_fix_string 函式先呼叫 mysql_fix_string，再將結果傳給 htmlentities，再回傳完全淨化的字串。如果你要使用這些函式，你必須先開啟一個 MySQL 資料庫的連結物件。

範例 11-21 是範例 11-17 的「更高級保護」版本。這只是範例程式，你必須在 //Etc……
的地方加入存取結果的程式碼。

範例 11-21 如何安全地存取 MySQL，並且防止 XSS 攻擊

```php
<?php
  require_once 'login.php';

  try
  {
    $pdo = new PDO($attr, $user, $pass, $opts);
  }
  catch (PDOException $e)
  {
    throw new PDOException($e->getMessage(), (int)$e->getCode());
  }

  $user  = mysql_entities_fix_string($pdo, $_POST['user']);
  $pass  = mysql_entities_fix_string($pdo, $_POST['pass']);
  $query = "SELECT * FROM users WHERE user='$user' AND pass='$pass'";

  //Etc…

  function mysql_entities_fix_string($pdo, $string)
  {
    return htmlentities(mysql_fix_string($pdo, $string));
  }

  function mysql_fix_string($pdo, $string)
  {
    if (get_magic_quotes_gpc()) $string = stripslashes($string);
    return $pdo->quote($string);
  }
?>
```

問題

1. 如何使用 PDO 來連接 MySQL 資料庫？

2. 如何使用 PDO 來將查詢指令送給 MySQL ？

3. 你可以使用 fetch 方法的哪一種風格來以欄位編號檢索資料列，並以陣列的形式回傳它？

4. 如何手動關閉 PDO 連結？

5. 當你將一列資料加入有 AUTO_INCREMENT 欄位的資料表時，那個欄位應該填入什麼值？

6. 你可以使用哪一種 PDO 方法來妥善地轉義使用者輸入，以防止程式碼注入？

7. 在存取資料庫時確保資料庫安全的最佳手段為何？

解答請參考第 771 頁附錄 A 的「第 11 章解答」。

第 12 章

表單處理

HTML 表單是網站使用者與 PHP 和 MySQL 互動的主要方式之一。HTML 表單在全球資訊網的早期就已經出現了，當時是 1993 年，甚至在電子商務出現之前，由於其簡單性和易用性，它們一直是主流技術，儘管將它們格式化可能是惡夢一場。

當然，經過多年的改進，HTML 表單也加入許多功能，本章將介紹最新技術，展示製作表單的最佳方法，讓它更好用且更安全。此外，稍後你將看到，HTML5 規格進一步改善了表單的用途。

建立表單

處理表單是一個多步驟的程序。首先，你要建立一個表單，讓使用者可在裡面輸入你要的資料。然後將這筆資料送到 web 伺服器，在那裡對它進行解譯，通常也要做一些錯誤檢查。如果 PHP 程式發現了一或多個需要重新輸入的欄位，你可能要重新顯示表單，並顯示錯誤訊息。當程式認為輸入已經夠準確時，它會採取一些通常涉及資料庫的操作，例如輸入關於購物的詳細資訊。

若要建立表單，你至少需要下列的元素：

- 一個開頭的 <form> 與結尾的 </form> 標籤
- 提交類型，指定 GET 或 POST 方法
- 一個或多個 input 欄位
- 要將表單資料送到哪個 URL

範例 12-1 是一個用 PHP 來建立的簡單表單，請輸入它並存為 *formtest.php*。

範例 *12-1 formtest.php ── 簡單的 PHP 表單處理程式*

```php
<?php // formtest.php
  echo <<<_END
    <html>
      <head>
        <title>Form Test</title>
      </head>
      <body>
      <form method="post" action="formtest.php">
        What is your name?
        <input type="text" name="name">
        <input type="submit">
      </form>
      </body>
    </html>
_END;
?>
```

在這個範例中，首先要注意的是，如同本書一直以來的做法，如果你要輸出多行 HTML，你要使用 echo <<<_END..._END 結構，而不是頻繁進出 PHP 程式碼。

在這個多行的輸出裡，有一些顯示 HTML 文件、顯示標題，以及顯示文件正文的標準程式碼。接下來有一個表單，這個表單使用 POST 方法來將資料送到 PHP 程式 *formtest. php*，它是程式本身的名稱。

程式其餘的部分只是關閉所有已打開的項目，包括表單、HTML 文件的正文，與 PHP echo<<<_END 陳述式。圖 12-1 是在瀏覽器中打開這個程式的結果。

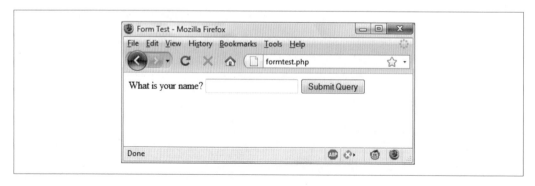

圖 12-1 在瀏覽器打開 formtest.php 的結果

取出被送來的資料

範例 12-1 只是表單處理程序的一部分。如果你輸入名字並按下 Submit Query 按鈕，你一定只會看到表單被重新顯示。因此，我們要加入一些 PHP 程式，來處理表單送出的資料。

範例 11-2 延伸之前的程式，加入資料處理程序。請輸入它，或是在 *formtest.php* 裡面加入新的程式，將它存為 *formtest2.php*，然後自行執行程式。圖 12-2 是執行這個程式並輸入名字的結果。

範例 *12-2 formtest.php* 的更新版

```php
<?php // formtest2.php
  if (!empty(($_POST['name']))) $name = $_POST['name'];
  else $name = "(Not Entered)";

  echo <<<_END
    <html>
      <head>
        <title>Form Test</title>
      </head>
      <body>
        Your name is: $name<br>
        <form method="post" action="formtest2.php">
          What is your name?
          <input type="text" name="name">
          <input type="submit">
        </form>
      </body>
    </html>
_END;
?>
```

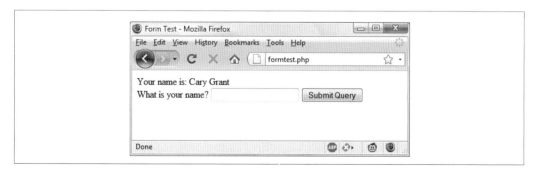

圖 12-2 包含資料處理程序的 formtest.php

我們修改的地方只有前幾行程式，它們檢查 $_POST 關聯陣列的 name 欄位，並將它 echo 回去給使用者。第 11 章已經介紹過 $_POST 關聯陣列了，在它裡面，HTML 表單的每一個欄位都有一個元素。在範例 12-2 中，輸入名稱是 name，表單方法是 POST，所以 $_POST 陣列的 name 元素存有 $_POST['name'] 裡面的值。

我們用 PHP 的 isset 函式來檢查 $_POST['name'] 是否被賦值。如果還沒有東西被 post 出來，程式會指派 (Not entered) 這個值，否則，它會儲存被輸入的值。我們在 <body> 陳述式後面加入一行程式來顯示那個值，也就是被儲存在 $name 裡面的值。

預設值

在網頁表單中提供預設值對網站訪客來說很方便。例如，假設你要在房地產網站裡面放一個計算房貸還款的 widget，合理的做法是輸入預設值，例如 6% 利率、15 年還款期，如此一來，使用者只要輸入貸款本金或每月可支付的金額即可。

範例 12-3 是這兩個值的 HTML。

範例 *12-3 設定預設值*

```
<form method="post" action="calc.php"><pre>
     Loan Amount <input type="text" name="principal">
 Number of Years <input type="text" name="years"     value="15">
   Interest Rate <input type="text" name="interest" value="3">
                 <input type="submit">
</pre></form>
```

看一下第三個與第四個輸入。當你使用 value 屬性之後，欄位就會顯示預設值，使用者也可以按需求來更改這個值。合理的預設值可以讓表單更方便，因為它可以減少沒必要的輸入動作。圖 12-3 是上述程式的結果。當然，這段程式是為了說明預設值而設計的，因為我們還沒有寫出 *calc.php*，所以送出這個表單會收到 404 錯誤訊息。

如果你想要從網頁傳遞額外的資訊（除了使用者輸入的資料之外的資訊）給你的程式，你也可以使用隱藏欄位的預設值。本章稍後會介紹隱藏欄位。

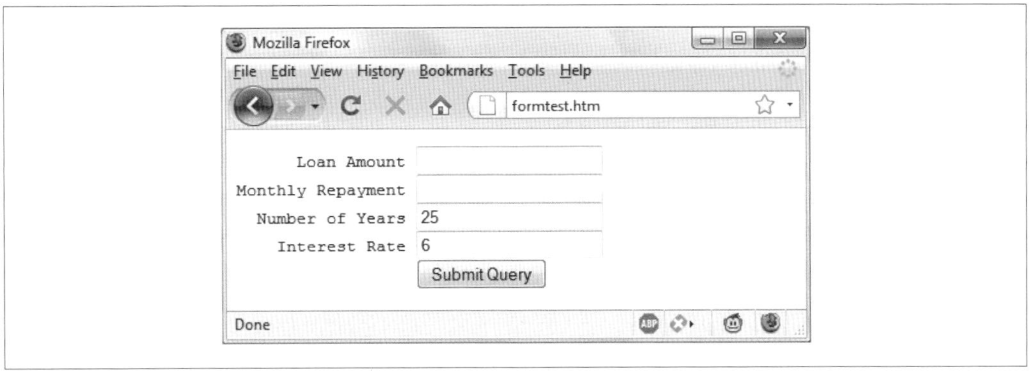

圖 12-3 在特定的表單欄位使用預設值

輸入類型

HTML 表單非常通用，可以讓你送出各種輸入類型，包括文字方塊、文字區域、核取方塊、選項按鈕……等。

文字方塊

文字方塊應該是你最常用的輸入類型。它可以在一個單行的方塊中接受大量的英數字元與其他字元。文字方塊的格式是：

```
<input type="text" name="name" size="size" maxlength="length" value="value">
```

你已經看過 name 與 value 屬性了，這個例子也有兩種新屬性：size 與 maxlength。size 屬性是方塊在螢幕上的寬度（單位為當前字型的字元數），maxlength 是使用者可在這個欄位輸入的最多字元數目。

type 是必要的屬性，它可讓瀏覽器知道該接收哪種類型的輸入；name 也是必要的屬性，它幫輸入指定一個名稱，可讓你在收到表單之後，用來處理這個欄位。

文字區域

當你需要輸入一行以上的文字時，你可以使用文字區域。它很像文字方塊，但是因為它可供輸入多行文字，因此有一些不同的參數，它的一般格式是：

```
<textarea name="name" cols="width" rows="height" wrap="type">
</textarea>
```

首先要注意的是，<textarea> 有自己的標籤，而且它不是 <input> 標籤的子類型，所以它要使用 </textarea> 來結束輸入。

如果你想要顯示預設的文字，你必須將它放在結束的 </textarea> 之前，而不是使用預設的屬性，那些文字會被顯示出來，並且可讓使用者編輯：

```
<textarea name="name" cols="width" rows="height" wrap="type">
  This is some default text.
</textarea>
```

你可以使用 cols 與 rows 屬性來控制寬度與高度。它們都使用當前字型的字元間距來決定區域的大小。如果你省略這些值，程式會建立預設的輸入方塊，該方塊的尺寸將根據瀏覽器而有所不同，所以為了確保表單的外觀，你必須定義它們。

最後，你可以使用 wrap 屬性來控制方塊的文字換行方式（以及這些換行該如何送給伺服器）。表 11-1 是可用的換行類型。如果你沒有設定 wrap 屬性的話，HTML 會使用 soft 換行。

表 12-1 <textarea> 的換行類型

類型	動作
off	文字不換行，以使用者的輸入方式來顯示它們。
soft	文字換行，但是會將一個長字串送給伺服器，不含歸位字元與換行字元。
hard	文字換行，並且以換行格式送至伺服器，包括軟（soft）與硬（hard）return，以及換行字元。

核取方塊

如果你想要提供許多不同的選項給使用者，讓他們可以從中選取一或多個項目，你可以使用核取方塊。它的格式是：

```
<input type="checkbox" name="name" value="value" checked="checked">
```

在預設情況下，核取方塊是方形的。如果你使用 checked 屬性，當瀏覽器顯示那個方塊時，它會被顯示成已核取。你指派給這個屬性的字串必須放在雙引號或單引號裡面，或是指派 "checked" 這個值，否則就不會賦值（直接核取）。如果你沒有加入這個屬性，這個方塊會顯示成未核取。這是建立未核取方塊的範例：

```
I Agree <input type="checkbox" name="agree">
```

如果使用者不核取方塊，HTML 就不會送出任何值。但是如果他核取方塊，HTML 就會幫 agree 欄位送出 "on" 值。如果你想要送出 on 以外的值（例如數字 1），你可以使用這個語法：

```
I Agree <input type="checkbox" name="agree" value="1">
```

另一方面，如果你想要在使用者送出表單之後提供電子報給他們，你可以預先將核取方塊設為已核取：

```
Subscribe? <input type="checkbox" name="news" checked="checked">
```

如果你想讓使用者同時選取一組項目，你可以幫那些項目取相同的名稱。但是，如此一來，只有最後一個被核取的項目會被送出，除非你將 name 設為陣列。例如，範例 12-4 可讓使用者選擇冰淇淋口味（圖 12-4 是瀏覽器顯示它的結果）。

範例 12-4 提供多個核取方塊選項

```
   Vanilla <input type="checkbox" name="ice" value="Vanilla">
 Chocolate <input type="checkbox" name="ice" value="Chocolate">
Strawberry <input type="checkbox" name="ice" value="Strawberry">
```

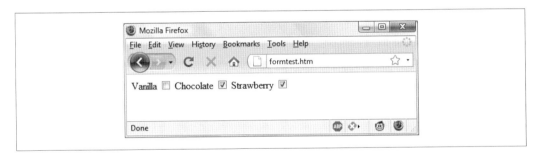

圖 12-4 使用核取方塊來讓使用者快速選擇

如果只有一個方塊被核取，例如第二個，HTML 只會送出那一個項目（ice 的欄位會被設為 "Chocolate" 值）。但是如果有兩個以上項目被核取，HTML 只會送出最後一個項目，忽略它前面的值。

如果你想要做出排他（exclusive）行為（只有一個項目會被送出去），你應該改用選項按鈕才對（見下一節）。否則，為了送出多個值，你要稍微修改 HTML，如範例 12-5 所示（留意在 ice 值後面新增的中括號 []）。

範例 12-5 用陣列來送出多個值

```
  Vanilla <input type="checkbox" name="ice[]" value="Vanilla">
Chocolate <input type="checkbox" name="ice[]" value="Chocolate">
Strawberry <input type="checkbox" name="ice[]" value="Strawberry">
```

現在如果有任何一個項目被核取，當表單被送出時，HTML 都會送出 ice 陣列，裡面有所有被核取的值。接下來，你可以將單一值或是將一個陣列指派給變數：

```
$ice = $_POST['ice'];
```

如果你 post 出去的 ice 欄位只有一個值，$ice 將是一個字串，例如 "Strawberry"。但是，如果 ice 在表單內被定義成陣列（就像範例 12-5 那樣），$ice 將是陣列，其元素的數量就是被送出去的值的數量。表 12-2 是 HTML 可能送出去的七組值，包括選擇一個、兩個、三個選項。在各個情況下，HTML 會分別建立包含一個、兩個、三個項目的陣列。

表 12-2 $ice 陣列可能儲存的七組值

送出一個值	送出兩個值	送出三個值
$ice[0] => Vanilla	$ice[0] => Vanilla	$ice[0] => Vanilla
	$ice[1] => Chocolate	$ice[1] => Chocolate
$ice[0] => Chocolate		$ice[2] => Strawberry
	$ice[0] => Vanilla	
$ice[0] => Strawberry	$ice[1] => Strawberry	
	$ice[0] => Chocolate	
	$ice[1] => Strawberry	

如果 $ice 是陣列，顯示其內容的 PHP 程式非常簡單：

```
foreach($ice as $item) echo "$item<br>";
```

它使用標準的 PHP foreach 結構來迭代 $ice 陣列，並將每一個元素的值傳給 $item 變數，然後用 echo 指令來顯示它們。
 只是 HTML 格式化工具，它會在顯示每一個口味之後強制換行。

選項按鈕

選項按鈕（Radio button）的名稱來自老式收音機的一種按鈕，當你按下其中一個按鈕時，另一個已被按下的按鈕就會彈出來。當你只想回傳複數選項中的單一值時，你可以使用它。在使用它時，同一組裡面的所有按鈕都必須使用同一個名稱，而且，因為它只回傳一個值，所以你不需要傳遞陣列。

例如，如果你的網站有宅配時段選項，你可以用類似範例 12-6 的 HTML（圖 12-5 是它顯示的畫面）。在預設的情況下，選項按鈕是圓形的。

範例 12-6 使用選項按鈕

```
8am-Noon<input type="radio" name="time" value="1">
Noon-4pm<input type="radio" name="time" value="2" checked="checked">
 4pm-8pm<input type="radio" name="time" value="3">
```

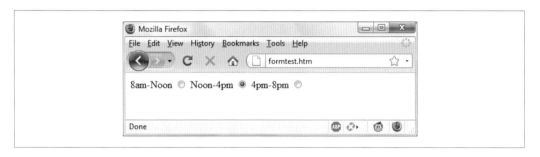

圖 12-5 用選項按鈕來選擇一個值

這個範例將第二個選項（Noon–4pm）設為預設值。提供預設值可以確保使用者至少會選擇一個宅配時段，但他們也可以選擇另兩個時段之一。如果你沒有預先選擇一個項目，使用者可能會忘記選擇時段，所以沒有送出任何宅配時段。

隱藏欄位

有時隱藏的表單欄位很方便，你可以用它來記錄表單的輸入狀態。例如，如果你想要知道表單是否已被送出，你可以在 PHP 程式中加入這段 HTML：

```
echo '<input type="hidden" name="submitted" value="yes">'
```

這是個簡單的 PHP echo 陳述式,它在 HTML 表單裡面加入一個 input 欄位。假設表單是在程式外部建立的,而且會顯示給使用者看,當 PHP 程式第一次收到輸入時,這一行程式不會執行,因此沒有一個稱為 submitted 的欄位。PHP 程式重新建立表單,加入 input 欄位。當訪客再次送出表單,且 PHP 程式收到它時,submitted 欄位會被設為 "yes"。這段程式可以檢查那一個欄位是否存在:

```
if (isset($_POST['submitted']))
{...
```

隱藏欄位也可以用來儲存其他資料,例如為了辨別使用者而建立的 session ID 字串……等。

 千萬不要以為隱藏欄位是安全的,它們並不安全。人們可以輕鬆地使用瀏覽器的「檢查網頁原始碼」功能來窺探含有它們的 HTML。惡意的攻擊者也可以打造一個 post 來移除、加入或改變隱藏欄位。

\<select>

\<select> 標籤可以建立下拉式選單,讓使用者從中選取一或多個項目。它的語法是:

```
<select name="name" size="size" multiple="multiple">
```

size 屬性是下拉式選單展開之前顯示的列數。當你按下選單之後,畫面會出現一個下拉選單,顯示所有選項。當你使用 multiple 屬性時,使用者可以藉著按住 Ctrl 鍵再按下選項來選取多個選項。因此,若要讓使用者從五種蔬菜裡面選擇最喜歡的,你可以使用範例 12-7 的 HTML,它可以讓使用者選擇一個項目。

範例 12-7 使用 \<select>

```
Vegetables
<select name="veg" size="1">
  <option value="Peas">Peas</option>
  <option value="Beans">Beans</option>
  <option value="Carrots">Carrots</option>
  <option value="Cabbage">Cabbage</option>
  <option value="Broccoli">Broccoli</option>
</select>
```

這段 HTML 提供五個選項，第一個選項 *Peas* 是預選項目（因為它是第一個項目）。圖 12-6 是使用者按下選單，將選項往下拉的結果，其中選項 *Carrots* 已被選取。如果你想要使用不一樣的預設選項（例如 *Beans*），你可以使用 selected 屬性：

```
<option selected="selected" value="Beans">Beans</option>
```

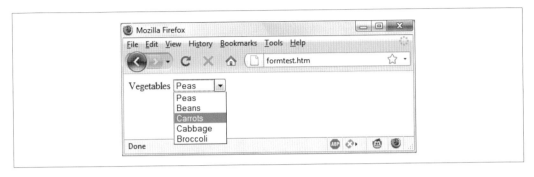

圖 12-6 使用 <select> 來建立下拉式選單

你也可以讓使用者選擇多個項目，如範例 11-8 所示。

範例 *12-8* 使用 *<select>* 的 *multiple* 屬性

```
Vegetables
<select name="veg" size="5" multiple="multiple">
  <option value="Peas">Peas</option>
  <option value="Beans">Beans</option>
  <option value="Carrots">Carrots</option>
  <option value="Cabbage">Cabbage</option>
  <option value="Broccoli">Broccoli</option>
</select>
```

這段 HTML 沒有太大的不同，它只是將 size 改成 "5"，以及加入 multiple 屬性。但是，如圖 12-7 所示，現在使用者可以藉著按下 Ctrl 鍵與選項來選擇多個項目了。你也可以省略 size 屬性，這樣做的輸出結果是一樣的，但是，當選單很長時，下拉方塊會顯示很多項目，所以建議你選擇適當的列數，並持續使用它。我也建議你將多選方塊的高度設為二列以下，因為有些瀏覽器可能無法正確地顯示卷軸。

圖 12-7　使用 `<select>` 的 `multiple` 屬性

你也可以在提供多重選擇時使用 selected 標籤，事實上，你也可以預先選擇多個選項。

標籤

你可以用 `<label>` 標籤來提供更好的使用者體驗。你可以將一個表單元素包在它裡面，如此一來，只要使用者按下 `<label>` 的開始與結束標籤之間的任何可見部分，即可選擇該元素。

例如，在選擇宅配時段的範例中，你可以讓使用者按下選項按鈕本身和它的文字：

    <label>8am-Noon<input type="radio" name="time" value="1"></label>

當你採取這種做法時，文字不會有超連結的那種底線，但是當滑鼠游標跑到文字上面時，它會變成箭頭而不是文字游標，暗示整個項目都是可以按下的。

提交按鈕

為了搭配表單的類型，你可以用 value 屬性來將提交按鈕的文字改成你喜歡的任何東西，例如：

    <input type="submit" value="Search">

你也可以使用下面的 HTML 來將標準文字按鈕換成你選擇的圖像：

    <input type="image" name="submit" src="image.gif">

淨化輸入文字

讓我們回到 PHP 程式設計。使用者的資料就像安全雷區,你必須從一開始就學習如何非常謹慎地處理這類資料。事實上,淨化使用者輸入的資料以防止潛在的入侵並不難,但這是必做的工作。

首先要記住的是,無論你在 HTML 表單中安排了什麼條件來限制輸入的類型和大小,對駭客來說,使用瀏覽器的檢視原始碼功能來提取表單並對它進行修改,以便向你的網站提供惡意輸入都是小菜一碟。

因此,絕對不要相信從 $_GET 或 $_POST 陣列取出來的任何變數,除非你已經淨化它們。否則,使用者可能會試著在資料中注入 JavaScript 來干擾網站的運作,甚至加入 MySQL 指令來入侵你的資料庫。

因此,千萬不要用這種程式來讀取使用者輸入的資料:

```
$variable = $_POST['user_input'];
```

你應該使用一或多行下列程式。例如,為了避免有人將轉義字元注入即將送往 MySQL 的字串,你可使用下列程式來轉義所有必要的字元,並且在字串的開頭與結尾加上引號。別忘了,如第 11 章所述,這個函式會考量 MySQL 連結當前的字元集,所以它必須和 PDO 連結物件一起使用(在這個例子中,它是 $pdo):

```
$variable = $pdo->quote($variable);
```

 別忘了,若要避免 MySQL 被駭客攻擊,最安全的方法是使用第 11 章提到的佔位符號與預先準備的陳述式。如果你用這種方式來處理所有操作 MySQL 的程式碼,你就不需要對進出資料庫的資料進行轉義了。但是,如果你要將使用者的輸入放入 HTML,你仍然要對它進行淨化。

為了移除不想使用的斜線,你要先檢查 PHP 的魔術引號功能有沒有被啟用(它會藉由加入斜線來轉義引號),若有,你要這樣呼叫 stripslashes 函式:

```
if (get_magic_quotes_gpc())
  $variable = stripslashes($variable);
```

你可以用這段程式來移除字串中的任何 HTML:

```
$variable = htmlentities($variable);
```

例如，它會將 `<b>hi</b>` 這種可解譯的 HTML 字串轉換成 `&lt;b&gt;hi&lt;/b&gt;`，接下來，它會被顯示成文字，而不會被解譯成 HTML 標籤。

最後，如果你想要完全去除使用者的輸入裡面的 HTML，你可以使用下面的程式（務必先使用它再呼叫 htmlentities，因為它會換掉 HTML 標籤的所有角括號）：

```
$variable = strip_tags($variable);
```

事實上，在你確實知道程式需要使用哪種淨化方式之前，範例 12-9 的兩個函式可提供相當程度的保護，它們整合這些檢驗。

範例 12-9 sanitizeString 與 sanitizeMySQL 函式

```php
<?php
  function sanitizeString($var)
  {
    if (get_magic_quotes_gpc())
      $var = stripslashes($var);
    $var = strip_tags($var);
    $var = htmlentities($var);
    return $var;
  }

  function sanitizeMySQL($pdo, $var)
  {
    $var = $pdo->quote($var);
    $var = sanitizeString($var);
    return $var;
  }
?>
```

將這段程式加到 PHP 程式的結尾之後，你就可以呼叫它來淨化每一筆使用者輸入，例如：

```
$var = sanitizeString($_POST['user_input']);
```

或者，當你有個已開啟的 MySQL 連結，而且有個 PDO 連結物件（在這裡稱為 $pdo）時：

```
$var = sanitizeMySQL($pdo, $_POST['user_input']);
```

範例程式

讓我們來編寫範例 12-10 的 *convert.php* 程式，看看現實世界的 PHP 程式如何與 HTML 表單整合。請自行輸入並執行它。

範例 12-10 換算華氏與攝氏溫度的程式

```php
<?php // convert.php
  $f = $c = '';

  if (isset($_POST['f'])) $f = sanitizeString($_POST['f']);
  if (isset($_POST['c'])) $c = sanitizeString($_POST['c']);

  if (is_numeric($f))
  {
    $c = intval((5 / 9) * ($f - 32));
    $out = "$f &deg;f equals $c &deg;c";
  }
  elseif(is_numeric($c))
  {
    $f = intval((9 / 5) * $c + 32);
    $out = "$c &deg;c equals $f &deg;f";
  }
  else $out = "";

  echo <<<_END
<html>
  <head>
    <title>Temperature Converter</title>
  </head>
  <body>
    <pre>
      Enter either Fahrenheit or Celsius and click on Convert

      <b>$out</b>
      <form method="post" action="">
        Fahrenheit <input type="text" name="f" size="7">
           Celsius <input type="text" name="c" size="7">
                   <input type="submit" value="Convert">
      </form>
    </pre>
  </body>
</html>
_END;
```

```
  function sanitizeString($var)
  {
    if (get_magic_quotes_gpc())
      $var = stripslashes($var);
    $var = strip_tags($var);
    $var = htmlentities($var);
    return $var;
  }
?>
```

在瀏覽器中呼叫 *convert.php* 會顯示圖 12-8 的結果。

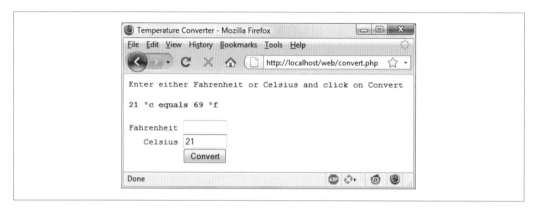

圖 12-8　執行中的溫度轉換程式

我們來拆解程式。第一行程式將變數 $c 與 $f 初始化，以防它們未被 post 到程式。下兩行程式從 f 欄位或 c 欄位取出值，它們分別代表華氏與攝氏的輸入值。如果使用者同時輸入這兩個欄位，程式會忽略攝氏，轉換華氏。出於安全考量，我們使用範例 12-9 的函式 sanitizeString。

取得 $f 與 $c 裡面的值或空字串後，接下來有個 if...elseif...else 結構，程式先測試 $f 有沒有數字值，如果沒有，它會檢查 $c，如果 $c 也沒有數字值，它將 $out 變數設成空字串（之後會進一步說明）。

如果 $f 裡面有數字值，變數 $c 會被設成一個簡單的數學運算式，可將 $f 的值從華氏換算成攝氏，我們使用的公式是：攝氏 =（5 / 9）*（華氏 – 32）。接著將 $out 變數設成一個解釋這個換算的訊息字串。

另一方面，如果 $c 裡面有數字值，我們執行另一個運算式來將 $c 的值從攝氏換算成華氏，並將結果指派給 $f。我們使用的公式是：華氏 =（9／5）* 攝氏 + 32。與上一個部分一樣，我們將 $out 字串設為關於這個轉換的訊息。

這兩次轉換都呼叫 PHP intval 函式來將換算的結果轉成整數值。這是為了美觀，不是必要的動作。

計算完畢後，程式會輸出 HTML，從基本的標頭與標題開始，然後顯示一段介紹文字，再顯示 $out 的值。如果我們沒有做溫度換算，$out 的值將是 NULL，不會顯示任何東西，與沒有送出表單完全一樣。但是如果有做換算，$out 就會儲存結果，它會被顯示出來。

接下來，我們來到表單的部分，它使用 POST 方法來將資料送到程式本身（以一對雙引號表示，如此一來，我們就可以用任何名稱來儲存那個檔案）。表單裡面有個輸入項目可輸入華氏或攝氏。然後，我們顯示一個提交按鈕，上面有文字 Convert，之後關閉表單。

在輸出 HTML 並關閉文件之後，我們終於看到範例 12-9 的 sanitizeString 函式。請試著在各個欄位中輸入不同的值。我們來玩個遊戲：你能不能找到華氏與攝氏在哪個溫度時是相等的？

本章的所有範例都使用 POST 方法來傳送表單資料。我建議採取這種做法，因為它是最簡潔且最安全的方法。但是，你可以輕鬆地將這些表單改成 GET 方法，你只要從 $_GET 陣列而不是從 $_POST 陣列取出值就可以了。之所以採取這種做法，也許是為了將搜尋的結果存成書籤，或是為了讓其他的網頁可以直接連接它。

HTML5 的加強

開發人員可以利用 HTML5 的許多表單處理加強功能來做出更方便的表單，那些功能包括新屬性、顏色、日期與時間挑選器，以及新輸入類型。你隨時可以參考 *caniuse.com* 來看看各種瀏覽器已經實作的功能有多麼廣泛。

autocomplete 屬性

你可以在 <form> 元素中使用 autocomplete 屬性，也可以在 <input> 元素的 color、date、email、password、range、search、tel、text 或 url 等類型中使用 autocomplete 屬性。

當你啟用 autocomplete 之後，網頁可以調出使用者輸入過的資料，將它自動放到欄位內當成建議。你也可以將 autocomplete 關閉。以下是打開 autocomplete 供整個表單使用，但是在特定的欄位停用它（以粗體表示）的寫法：

```
<form action='myform.php' method='post' autocomplete='on'>
  <input type='text'     name='username'>
  <input type='password' name='password' autocomplete='off'>
</form>
```

autofocus 屬性

autofocus 屬性可在網頁載入時立刻聚焦在一個元素上。你可以在所有的 <input>、<textarea> 或 <button> 元素中使用它，例如：

```
<input type='text' name='query' autofocus='autofocus'>
```

 採用觸控介面的瀏覽器（例如 Android、iOS）通常會忽略 autofocus 屬性，讓使用者自己點選想要聚焦的欄位，若非如此，這個屬性會在使用者放大、聚焦與彈出鍵盤時產生惱人的效果。

因為這個功能會聚焦到一個輸入元素，所以使用者無法用 Backspace 鍵回到上一個網頁（但是「Alt - 左箭頭」與「Alt - 右箭頭」仍然可以在瀏覽紀錄中往後與往前移動）。

placeholder 屬性

placeholder 屬性可讓你在任何一個空白的輸入欄位中放入有用的提示，讓使用者知道該輸入哪些資料。你可以這樣使用它：

```
<input type='text' name='name' size='50' placeholder='First & Last name'>
```

輸入欄位會用提示（prompt）來顯示 placeholder 文字，直到使用者開始輸入文字時才會消失。

required 屬性

required 屬性可確保特定欄位在表單送出去之前確實已被完整填寫。它的用法是：

```
<input type='text' name='creditcard' required='required'>
```

如果使用者還沒有完成 required 輸入就試著送出表單，瀏覽器會顯示一個訊息，要求使用者完成該欄位。

覆寫屬性

你可以使用覆寫屬性來覆寫特定元素的設定。舉例來說，你可以使用 formaction 屬性來要求提交按鈕將表單送到另一個 URL，而不是表單本身指定的 URL，例如（粗體字是預設的 URL 與覆寫它的 URL）：

```
<form action='url1.php' method='post'>
  <input type='text' name='field'>
  <input type='submit' formaction='url2.php'>
</form>
```

HTML5 也支援 formenctype、formmethod、formnovalidate 與 formtarget 覆寫屬性，你可以像使用 formaction 那樣覆寫這些設定。

width 與 height 屬性

你可以使用這些新屬性來改變輸入圖像的寬高，例如：

```
<input type='image' src='picture.png' width='120' height='80'>
```

min 與 max 屬性

你可以使用 min 與 max 屬性來指定輸入的最小與最大值，例如：

```
<input type='time' name='alarm' value='07:00' min='05:00' max='09:00'>
```

瀏覽器會提供上下選擇器來讓使用者輸入指定範圍的值，或直接不允許他們輸入超出範圍的值。

step 屬性

step 屬性通常與 min 和 max 一起使用，可讓使用者逐步設定數字或日期值，例如：

```
<input type='time' name='meeting' value='12:00'
  min='09:00' max='16:00' step='3600'>
```

在逐步設定日期或時間值的時候，每一個單位代表 1 秒鐘。

form 屬性

在使用 HTML5 的時候，你不需要將 <input> 元素放在 <form> 元素裡面了，因為你可以使用 form 屬性來指定要 input 到哪個 form。下面的程式建立一個表單，但是它的 input 在 <form> 與 </form> 標籤外面：

```
<form action='myscript.php' method='post' id='form1'>
</form>

<input type='text' name='username' form='form1'>
```

當你採取這種做法時，你要使用 id 屬性來為 form 指定一個 ID，並且在 input 元素的 form 屬性引用該 ID。這種屬性很適合在加入隱藏輸入欄位時使用，因為你無法控制欄位在表單內的位置。當你用 JavaScript 來即時修改表單與輸入時，也可以使用它。

list 屬性

HTML5 可讓你將串列附加到輸入項，讓使用者可以輕鬆地從預先定義的串列選取選項，做法是：

```
Select destination:
<input type='url' name='site' list='links'>

<datalist id='links'>
  <option label='Google' value='http://google.com'>
  <option label='Yahoo!' value='http://yahoo.com'>
  <option label='Bing'   value='http://bing.com'>
  <option label='Ask'    value='http://ask.com'>
</datalist>
```

color 輸入類型

color 輸入類型會呼叫一個顏色選擇器來讓使用者選擇顏色。你可以這樣使用它：

```
Choose a color <input type='color' name='color'>
```

number 與 range 輸入類型

number 與 range 輸入類型可將輸入限制為某個數字，你也可以指定允許的範圍，例如：

```
<input type='number' name='age'>
<input type='range' name='num' min='0' max='100' value='50' step='1'>
```

日期與時間選擇器

當你選擇 date、month、week、time、datetime 或 datetimelocal 等輸入類型時，支援它們的瀏覽器會彈出選擇器來讓使用者進行選擇，例如這個輸入時間的程式：

```
<input type='time' name='time' value='12:34'>
```

下一章將告訴你如何使用 cookie 和身分驗證來儲存使用者的偏好設定、讓他們持續登入，以及如何維護一個完整的使用者 session。

問題

1. 你可以使用 POST 或 GET 方法來傳送表單資料。這些資料是用哪些關聯陣列傳給 PHP 的？

2. 文字方塊（text box）與文字區域（text area）有什麼不同？

3. 如果表單有三個選項，而且每一個選項都是排他的（因此使用者只能從中選擇一個），你該使用哪一種輸入類型？該使用核取方塊還是選項按鈕？

4. 如何使用一個欄位名稱來傳送表單中的一群選項？

5. 如何送出表單欄位並且不在瀏覽器中顯示該欄位？

6. 哪一種 HTML 標籤可以包裝一個表單元素及其文字或圖片，讓使用者按下一次滑鼠即可選取整個單位？

7. 哪一個 PHP 函式可將 HTML 轉換為可以顯示的格式，但不會被瀏覽器解譯成 HTML？

8. 哪一種表單屬性可以幫助使用者完成輸入欄位？

9. 如何確保某個輸入項在表單被送出之前已被完成？

解答請參考第 771 頁附錄 A 的「第 12 章解答」。

cookie、session 與身分驗證

隨著 web 專案越來越大、越來越複雜，你將發現你越來越需要追蹤使用者的需求。即使你不提供帳號與密碼，通常你要儲存使用者當前的 session（工作階段），可能也要在他回來網站時認出他。

目前有一些技術可以支援這種互動方式，包括簡單的瀏覽器 cookie 與 session 處理機制，以及 HTTP 身分驗證。它們可以讓你根據使用者的偏好設定來設置網站，以提供順暢且愉悅的轉換程序。

在 PHP 中使用 cookie

cookie 是 web 伺服器透過瀏覽器在你的硬碟裡面儲存的資料項目。它幾乎可以儲存所有的英數字元資訊（只要小於 4 KB 即可），而且可以從你的電腦取出並回傳給伺服器。它常見的用途包括來追蹤 session、在多次造訪之間保存資料、保存購物車的商品、儲存登入資料，以及其他功能。

因為隱私的考量，你只能在發布 cookie 的網域讀取它。換句話說，如果有一個 cookie 是 oreilly.com 發布的，那麼只有該網域的網頁伺服器可以讀取這個 cookie。這種做法可以防止其他網站存取未獲授權的資料。

出於網際網路的運作方式，一個網頁裡面可能有多個元素來自多個不同的網域，而且每一個網域可能會發布它自己的 cookie。在這種狀況下，那些 cookie 稱為*第三方 cookie*。它們通常是廣告公司建立的，其目的是為了跨網站追蹤使用者，或為了進行分析。

因此，大部分的瀏覽器都可以讓使用者關閉 cookie，無論是當前伺服器的網域的 cookie，還是第三方伺服器的 cookie，或兩者均關閉。幸運的是，大部分的人都只停用第三方網站的 cookie。

cookie 是在發送實際的網頁 HTML 之前傳送標頭時進行交換的，所以一旦 HTML 被傳送出去，你就不能傳送 cookie 了。因此，你一定要謹慎地規劃 cookie 的用法。圖 13-1 是在瀏覽器與傳遞 cookie 的伺服器之間，典型的請求與回應對話。

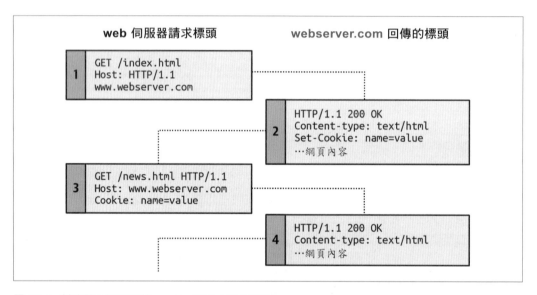

圖 13-1 瀏覽器 / 伺服器的 cookie 請求 / 回應對話

在這個交換過程中，瀏覽器接收了兩個網頁：

1. 瀏覽器向網站 *http://www.webserver.com* 發出取出首頁 *index.html* 的請求。第一個標頭指定檔案，第二個標頭指定伺服器。

2. 位於 *webserver.com* 的伺服器在收到這兩個標頭之後，回傳一些自己的標頭。第二個標頭定義了將要傳送的內容類型（text/html），第三個標頭傳送名為 name 且值為 value 的 cookie，之後才會傳送網頁的內容。

3. 瀏覽器收到 cookie 之後，每當瀏覽器向發行 cookie 的伺服器發出請求時，瀏覽器就會回傳 cookie，一直到 cookie 過期或被刪除為止。因此，當瀏覽器請求新網頁 */news.html* 時，它也會回傳 cookie `name` 與它的值 `value`。

4. 因為 cookie 已經設置好了，所以當伺服器收到傳送 /news.html 的請求時，伺服器就不需要再傳送 cookie 了，只要回傳請求的網頁即可。

> 使用者可以使用內建的開發工具或擴展套件直接編輯 cookie。因為使用者可以改變 cookie 值，千萬不要將帳號之類的重要資訊放在 cookie 裡面，否則，你的網站可能會被別人用出乎你意料的方式操作。cookie 的最佳用途是儲存語言或貨幣設定之類的資料。

設置 cookie

用 PHP 來設置 cookie 很簡單。你只要在尚未傳送 HTML 之前呼叫 setcookie 函式即可，它的語法如下（見表 13-1）：

```
setcookie(name, value, expire, path, domain, secure, httponly);
```

表 13-1 setcookie 的參數

參數	說明	範例
name	cookie 的名稱。伺服器會在接收後續的瀏覽器請求時，使用這個名稱來存取 cookie。	location
value	cookie 的值或 cookie 的內容。最多可以儲存 4 KB 的英數文字。	USA
expire	（選用）Unix 時戳格式的到期日。一般來説，你會使用 time() 加上秒數。如果你沒有設定它的話，cookie 會在瀏覽器被關閉時過期。	time() + 2592000
path	（選用）在伺服器的 cookie 的路徑。如果它是一個 /（斜線），代表整個網域都可以使用 cookie，例如 *www.webserver.com*。如果它是子目錄，代表該 cookie 只在那個子目錄才有效。它的預設值是你設定 cookie 時的目錄，這也是你通常會使用的設定。	/
domain	（選用）cookie 的網域。如果它是 *webserver.com*，代表該 cookie 在 *webserver.com* 及其子網域都有效，例如 *www.webserver.com* 與 *images.webserver.com*。如果它是 *images.webserver.com*，代表該 cookie 只在 *images.webserver.com* 及其子網域有效，例如 *sub.images.webserver.com*，但是在 *www.webser.com* 無效。	webserver.com

參數	說明	範例
secure	（選用）cookie 是否必須使用安全連結（*https://*）。如果這個值是 TRUE，代表這個 cookie 只能透過安全連結傳送。它的預設值是 FALSE。	FALSE
httponly	（選用，PHP 5.2.0 以後支援）cookie 是否必須使用 HTTP 協定。如果它的值是 TRUE，則 JavaScript 之類的腳本語言都不能存取 cookie。它的預設值是 FALSE。	FALSE

因此，若要建立一個名為 location，值為 USA 的 cookie，並且讓當前網域的整個伺服器都可以存取它，而且在七天後會被移出瀏覽器的快取，你可以這樣寫：

```
setcookie('location', 'USA', time() + 60 * 60 * 24 * 7, '/');
```

存取 cookie

讀取 cookie 的值很簡單，你只要讀取 $_COOKIE 系統陣列就可以了。例如，如果你想要檢查目前的瀏覽器有沒有一個名為 location 的 cookie，若有，則讀取它的值，你可以這樣寫：

```
if (isset($_COOKIE['location'])) $location = $_COOKIE['location'];
```

請注意，你只能在 cookie 已被送到瀏覽器之後才能讀取它，也就是說，當你發行 cookie 之後，你必須等到瀏覽器從你的網站重新載入網頁（或是做出存取 cookie 的動作）並將 cookie 傳回伺服器之後，才能再次讀取它。

銷毀 cookie

若要刪除 cookie，你必須重新發行它，並設定一個已經過去的日期。注意，在呼叫新的 setcookie 時，除了時戳之外的參數都必須與第一次發行 cookie 時一模一樣，否則刪除就會失敗。因此，若要刪除之前建立的 cookie，你要這樣寫：

```
setcookie('location', 'USA', time() - 2592000, '/');
```

只要你指定的是過往的時間，這個 cookie 就會被刪除。我使用的時間是 2,592,000 秒（一個月）之前，以防用戶端電腦的時間與日期被設錯了。你也可以將 cookie 值設為空字串（或 FALSE 值），PHP 會自動幫你將它的時間設成過往。

HTTP 身分驗證

HTTP 身分驗證使用 web 伺服器來管理應用程式的帳號與密碼。這對需要登入使用者的簡單 app 來說已經夠用了，但是大多數的 app 都有特別的需求，或更嚴格的安全需求，需要使用其他技術。

在使用 HTTP 驗證時，PHP 會送出一個標頭請求（header request），要求在瀏覽器中開啟驗證對話方塊。伺服器必須開啟這項功能才可以動作，因為它很常用，所以你的伺服器應該有提供這個功能。

> 雖然 HTTP 身分驗證模組通常會與 Apache 一起安裝，但你的伺服器不一定有安裝它。所以，你可能會在執行這些範例時看到錯誤訊息，告訴你這項功能沒有啟用，此時，你要安裝這個模組，或修改組態檔來載入它，或要求你的系統管理員進行修改。

當使用者在瀏覽器輸入你的 URL，或透過連結造訪你的網站時，他會看到「Authentication Required」提示視窗，要求他輸入兩個欄位：User Name 與 Password（圖 13-2 是 Firefox 顯示的結果）。

圖 13-2 HTTP 身分驗證登入提示視窗

範例 13-1 是產生這種效果的程式。

範例 *13-1 PHP* 身分驗證

```php
<?php
  if (isset($_SERVER['PHP_AUTH_USER']) &&
      isset($_SERVER['PHP_AUTH_PW']))
  {
    echo "Welcome User: " . htmlspecialchars($_SERVER['PHP_AUTH_USER']) .
        " Password: "    . htmlspecialchars($_SERVER['PHP_AUTH_PW']);
  }
  else
  {
    header('WWW-Authenticate: Basic realm="Restricted Area"');
    header('HTTP/1.1 401 Unauthorized');
    die("Please enter your username and password");
  }
?>
```

這段程式先檢查 $_SERVER['PHP_AUTH_USER'] 與 $_SERVER['PHP_AUTH_PW'] 陣列值，如果它們都存在，它們就是使用者在驗證提示中輸入的帳號與密碼。

注意，我們先用 htmlspecialchars 函式來處理 $_SERVER 陣列回傳的值，再將它顯示到螢幕上。原因是這些值是使用者輸入的，駭客可能加入 HTML 字元或者是其他符號來執行跨站腳本攻擊，因此它們是不可信的。htmlspecialchars 可將所有這種輸入轉換成無害的 HTML 實體。

缺少任何一個值就代表使用者尚未通過驗證，因此我們發出下列的標頭來顯示圖 13-2 的提示視窗，其中的 Basic realm 是受保護的段落的名稱，它會出現在跳出的提示中：

WWW-Authenticate: Basic realm="Restricted Area"

如果使用者在這兩個欄位中填入資料，PHP 程式會再次從頭開始執行。但是如果使用者按下 Cancel 按鈕，程式會前往下面這兩行，傳送接下來的標頭與一個錯誤訊息：

HTTP/1.1 401 Unauthorized

die 陳述式會顯示「Please enter your username and password」這段文字（見圖 12-3）。

圖 13-3 按下 Cancel 按鈕的結果

 當使用者通過驗證之後，你就無法再次彈出身分驗證對話方塊了，除非使用者關閉所有瀏覽器視窗再重新開啟，因為瀏覽器會持續回傳同一個帳號與密碼給 PHP。當你操作這一節時，你可能要多次關閉與重新打開瀏覽器才能試出各種不同的情況。最簡單的做法是打開一個新的私用或匿名視窗來執行這些範例，如此一來，你就不需要關閉整個瀏覽器了。

接下來，我們要檢查帳號與密碼，你不需要大幅修改範例 13-1 的程式即可加入這項檢查，你只要將顯示歡迎訊息的程式，改成測試帳號與密碼的程式，再發出歡迎訊息即可。程式會在驗證失敗時，送出錯誤訊息（見範例 13-2）。

範例 *13-2 會檢查輸入的 PHP 驗證*

```php
<?php
  $username = 'admin';
  $password = 'letmein';

  if (isset($_SERVER['PHP_AUTH_USER']) &&
      isset($_SERVER['PHP_AUTH_PW']))
  {
    if ($_SERVER['PHP_AUTH_USER'] === $username &&
        $_SERVER['PHP_AUTH_PW']   === $password)
        echo "You are now logged in";
    else die("Invalid username/password combination");
  }
  else
  {
    header('WWW-Authenticate: Basic realm="Restricted Area"');
```

```
    header('HTTP/1.0 401 Unauthorized');
    die ("Please enter your username and password");
  }
?>
```

我們用 ===（一致）運算子來比較帳號與密碼，而不是 ==（相等）運算子，因為我們想要檢查兩個值是否完全相符。例如，`'0e123' == '0e456'`，但是在比較帳號與密碼時，這種相等並不正確。

在之前的例子中，0e123 是 0 乘以 10 的 123 次方，其結果是 0，而 0e456 是 0 乘以 10 的 456 次方，結果也是 0。因此，當你使用 == 運算子時，因為它們的值算出來都是零，所以它們是相等的，所以比較的結果是 true，但是 === 運算子要求左右兩邊的各個方面都必須是一致的，所以這兩個字串是不相同的，檢測將回傳 false。

驗證使用者的機制已經就緒了，但是它只支援一組帳號與密碼。此外，在 PHP 檔裡面，密碼是以明文表示的，外人只要成功入侵伺服器，就可以輕鬆地取得密碼，所以，我們來看更好的帳號密碼處理方式。

儲存帳號與密碼

MySQL 很適合儲存帳號與密碼。但我們不想用明文來儲存密碼，因為如此一來，一旦資料庫被駭客入侵，我們的網站就會被破解。我們將使用一種巧妙的技巧，稱為*單向函式*（*one-way function*）。

這種函式很方便，它可以將字串轉換成看似隨機的字串。因為這種函式的單向性質，它是不可逆的，所以它們輸出的資料可以安全地存放在資料庫裡面，竊取它的人將無法知道密碼是什麼。

本書曾經在之前的版本建議使用 *MD5* 雜湊演算法來保密資料，但是，隨著時間的過去，現在大家認為 MD5 很容易破解，因此不安全，事實上，即使是我們曾經推薦的 *SHA-1* 也有可能被破解。

既然 PHP 5.5 幾乎是任何地方的最低標準了，我將使用它的內建雜湊化函式，它更安全，而且可以簡潔地為你處理所有事情。

以前，為了安全地儲存密碼，你必須幫密碼*加碼*（*salt*），也就是在密碼中加入使用者沒有輸入過的字元（來進一步隱藏它），然後使用單向函式來處理上一個步驟的結果，將它轉換成看似隨機的字元組合，這種字元以前是很難破解的。

例如，下面的程式（現在它非常不安全，因為現代的圖形處理單元已具備破解它的速度與能力了）：

```
echo hash('ripemd128', 'saltstringmypassword');
```

會顯示這個值：

9eb8eb0584f82e5d505489e6928741e7

切記，我不推薦你使用這個方法，請將它視為負面案例，因為它非常不安全。真正的做法請繼續看下去。

使用 password_hash

從 PHP 5.5 版開始，我們可以用更好的方式，來建立加碼過的密碼雜湊：使用 password_hash 函式。你可以在這個函式的第二個引數（必要的）傳入 PASSWORD_DEFAULT 來要求它選擇目前最安全的雜湊函式。password_hash 也會幫每一個密碼選擇一個隨機的加碼。（不要自己做任何其他加碼，因為這會降低演算法的安全性。）因此，下列程式：

```
echo password_hash("mypassword", PASSWORD_DEFAULT);
```

會回傳下列的字串，它包含加碼與驗證密碼所需的所有資訊：

$2y$10$k0YljbC2dmmCq8WKGf8oteBGiXlM9Zx0ss4PEtb5kz22EoIkXBtbG

 如果你讓 PHP 幫你選擇雜湊演算法，你應該在更好的安全演算法問世時，增加回傳雜湊的長度。PHP 的開發者建議我們，將雜湊儲存在至少可以擴展到 255 個字元的資料庫欄位中（即使目前的平均長度只有 60–72）。如果你想要，你也可以在函式的第二個引數傳入 PASSWORD_BCRYPT 來手動選擇 BCRYPT 演算法，以確保雜湊字串只有 60 個字元。但是我不建議這樣做，除非你有非常好的理由。

你可以進一步提供其他的選項（使用選用的第三個引數）來指定雜湊的計算方式，例如分配給雜湊程序的成本或處理器時間（越多時間越安全，但會讓伺服器變慢）。成本（cost）的預設值是 10，它是你在使用 BCRYPT 時應使用的最小值。

但是我只想教你用最簡單的方法安全地儲存密碼雜湊，不希望告訴你太多資訊而讓你一頭霧水，如果你想要進一步了解可用的選項，請參考文件（*http://php.net/password-hash*）。你甚至可以選擇自己的加碼（不過這個方法從 PHP 7.0 開始就被棄用了，因為除非你知道自己在做什麼，否則它不是安全的做法，但 WordPress 仍然自行處理加碼）。

使用 password_verify

為了確認密碼與雜湊相符，你可以將使用者輸入的密碼字串和你儲存的密碼雜湊值（通常從資料庫取出）傳給 password_verify 函式。

因此，假設使用者輸入的密碼是 mypassword（非常不安全），而你（在他建立密碼時）將他的密碼雜湊字串存放在變數 $hash 裡面，你可以這樣檢查它們是否相符：

```
if (password_verify("mypassword", $hash))
  echo "Valid";
```

如果你提供符合雜湊的密碼，password_verify 會回傳 TRUE，所以 if 陳述式會顯示 Valid。如果兩者不相符，函式會回傳 FALSE，你可以要求使用者再試一次。

範例程式

我們來看一下如何結合這些函式與 MySQL。首先，你必須建立一個新資料表來儲存密碼雜湊，所以輸入範例 13-3，並將它存為 *setupusers.php*（或是從 GitHub 下載它，*https://github.com/RobinNixon/lpmj6*），然後在瀏覽器中打開它。

範例 *13-3* 建立 *users* 資料表並加入兩個帳號

```php
<?php //setupusers.php
  require_once 'login.php';

  try
  {
    $pdo = new PDO($attr, $user, $pass, $opts);
  }
  catch (\PDOException $e)
  {
    throw new \PDOException($e->getMessage(), (int)$e->getCode());
  }

  $query = "CREATE TABLE users (
    forename VARCHAR(32) NOT NULL,
    surname  VARCHAR(32) NOT NULL,
```

```
    username VARCHAR(32) NOT NULL UNIQUE,
    password VARCHAR(255) NOT NULL
  )";

  $result = $pdo->query($query);

  $forename = 'Bill';
  $surname  = 'Smith';
  $username = 'bsmith';
  $password = 'mysecret';
  $hash     = password_hash($password, PASSWORD_DEFAULT);

  add_user($pdo, $forename, $surname, $username, $hash);

  $forename = 'Pauline';
  $surname  = 'Jones';
  $username = 'pjones';
  $password = 'acrobat';
  $hash     = password_hash($password, PASSWORD_DEFAULT);

  add_user($pdo, $forename, $surname, $username, $hash);

  function add_user($pdo, $fn, $sn, $un, $pw)
  {
    $stmt = $pdo->prepare('INSERT INTO users VALUES(?,?,?,?)');

    $stmt->bindParam(1, $fn, PDO::PARAM_STR,  32);
    $stmt->bindParam(2, $sn, PDO::PARAM_STR,  32);
    $stmt->bindParam(3, $un, PDO::PARAM_STR,  32);
    $stmt->bindParam(4, $pw, PDO::PARAM_STR, 255);

    $stmt->execute([$fn, $sn, $un, $pw]);
  }
?>
```

這段程式會在你的 *publications* 資料庫（或你在第 11 章為 *login.php* 檔案設定的資料庫）裡面建立 *users* 資料表。它會在這個資料表裡面建立兩位使用者：Bill Smith 與 Pauline Jones。他們的帳號與密碼分別是 *bsmith/mysecret* 與 *pjones/acrobat*。

擁有這個資料表裡面的資料後，我們就可以修改範例 13-2 來正確地驗證使用者了，見範例 13-4。請輸入它或從本書網站下載它，將它存為 *authenticate.php*，並在瀏覽器中呼叫它。

範例 13-4 使用 MySQL 做 PHP 身分驗證

```php
<?php // authenticate.php
  require_once 'login.php';

  try
  {
    $pdo = new PDO($attr, $user, $pass, $opts);
  }
  catch (\PDOException $e)
  {
    throw new \PDOException($e->getMessage(), (int)$e->getCode());
  }

  if (isset($_SERVER['PHP_AUTH_USER']) &&
      isset($_SERVER['PHP_AUTH_PW']))
  {
    $un_temp = sanitize($pdo, $_SERVER['PHP_AUTH_USER']);
    $pw_temp = sanitize($pdo, $_SERVER['PHP_AUTH_PW']);
    $query   = "SELECT * FROM users WHERE username=$un_temp";
    $result  = $pdo->query($query);

    if (!$result->rowCount()) die("User not found");

    $row = $result->fetch();
    $fn  = $row['forename'];
    $sn  = $row['surname'];
    $un  = $row['username'];
    $pw  = $row['password'];

    if (password_verify(str_replace("'", "", $pw_temp), $pw))
      echo htmlspecialchars("$fn $sn : Hi $fn,
        you are now logged in as '$un'");
    else die("Invalid username/password combination");
  }
  else
  {
    header('WWW-Authenticate: Basic realm="Restricted Area"');
    header('HTTP/1.1 401 Unauthorized');
    die ("Please enter your username and password");
  }

  function sanitize($pdo, $str)
  {
    $str = htmlentities($str);
```

```
    return $pdo->quote($str);
  }
?>
```

 使用 password_verify 和以 BCRYPT 雜湊化的密碼來做 HTTP 身分驗證，
在 cost 為預設值 10 的情況下，程式大約會減緩 80 ms。這個減緩可以
阻礙攻擊者試著以最快的速度破解密碼。因此，HTTP 身分驗證不適合在
非常忙碌的網站上使用，此時你應該使用 session（見下一節）。

如你所料，本書的範例（就像這個）開始越來越長了。但是不要害怕。目前你需要關心的只有粗體的部分。我們將收到的帳號與密碼傳給 sanitize 函式，以使用 htmlentities 來將所有 HTML 實體轉換成安全的字元字串，並使用 quote 方法在字串的開頭與結尾加上單引號，再將結果指派給變數 $un_temp 與 $pw_temp。

接下來對 MySQL 發出一個指令來查詢使用者 $un_temp，如果收到結果，就將第一列資料指派給 $row。因為帳號是獨一無二的，所以只會有一列資料。

接下來檢查被儲存在資料庫內的雜湊值，它在 $row['password'] 裡面，它是當使用者建立密碼時，用 password_hash 算出來的雜湊值。

如果雜湊值與使用者傳來的密碼相符，password_verify 會回傳 TRUE，並輸出歡迎字串，以使用者的名字稱呼他（見圖 13-4）。若不相符，則顯示錯誤訊息。因為我們使用了 quote 來淨化密碼，當你呼叫 password_verify 時，你要先用 str_replace 來移除包住它的單引號。

你可以在瀏覽器呼叫這個程式，輸入範例 13-3 在資料庫中儲存的值，以帳號 bsmith 與密碼 mysecret（或 pjones 與 acrobat）來進行試驗。

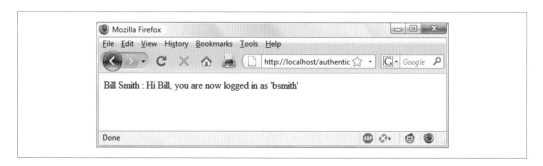

圖 13-4 Bill Smith 已經通過驗證

在遇到使用者的輸入時，立刻淨化它可以阻擋任何惡意的 HTML、
JavaScript 或 MySQL 攻擊，防止它們進一步肆虐，從此之後就不需要再
淨化這筆資料了。如果使用者的密碼有 < 或 & 之類的字元，它們都會被
htmlentities 函式擴展為 < 或 &，但是只要你的程式允許最終的字
串比你所提供的輸入寬度更大，而且只要你始終如此淨化密碼，一切都不
會有問題。

使用 session

因為程式無法知道有哪些變數已經被其他程式設定過了（或程式無法知道上一次執行時
設定了哪些值），有時你想要記錄使用者從一個網頁到另一個網頁之間做了哪些事情。
對此，你可以在表單裡面設定第 11 章介紹過的隱藏欄位，並且在送出表單之後檢查欄
位值，但是，PHP 提供一種更強大而且更簡單的解決方案：*session*（工作階段）。它們
是一組存放在伺服器的變數，但是只與當前的使用者有關。為了確保正確的變數被用於
正確的使用者，PHP 會在瀏覽器儲存一個 cookie 來識別它們。

Google 在 2019 年宣布他們正在進行一個名為 Privacy Sandbox 的專
案，以逐步淘汰在他們的瀏覽器中的第三方 cookie。其他的瀏覽器必然
也會效仿，尤其是 Opera 和 Microsoft Edge，因為它們都依賴 Google
Chrome 的基礎程式（codebase）。然而，這個專案引起監管部門的關
注，因為有些公司表示，這會讓更多資金流向 Google 的生態系統，因此
Google 的做法可能會有所改變。然而，我們可以肯定的是，cookie 已經
變得越來越令人討厭，隨著 cookie 警告出現在你訪問過每個網站上，它
下台的日子已經指日可待。總之，Google 打算根據用戶使用瀏覽器的
方法和感興趣的產品，將他們分成 1,000 人左右的群體，如此一來就不會
有人被單獨識別或追蹤。但是，cookie 的移除可能會讓你的程式碼出問
題。因此，我建議你密切關注這方面的發展，它可能會影響用戶和你的程
式的互動方式。

這個 cookie 只能被該伺服器使用，而且不能用來掌握關於使用者的任何資訊。你可能想
問，如果使用者關閉 cookie 該怎麼辦？在這個年代，停用 cookie 等於無法獲得最佳的
瀏覽體驗，而且即使你發現他們停用 cookie，你也可以提醒他們「如果他們想要從你的
網站中充分受益，他們就必須啟用 cookie」，而不是在 cookie 的用法上鑽牛角尖，因為
這可能會導致安全問題。

啟動 session

若要啟動 session，你必須在輸出任何 HTML 之前呼叫 PHP 函式 session_start，這很像在交換標頭期間傳送 cookie。接下來，儲存 session 變數的方法是將它們指派給 $_SESSION 陣列，例如：

```
$_SESSION['variable'] = $value;
```

你可以輕鬆地取回它們的值，例如：

```
$variable = $_SESSION['variable'];
```

假如你有一個應用程式需要讀取每位使用者的姓名，那些姓名被存放在你稍早建立的資料表 *users* 裡面。我們進一步修改範例 13-4 的 *authenticate.php*，在使用者通過驗證之後設定 session。

範例 13-5 是你要做的修改，它唯一的差異是 if (password_verify... 部分，在裡面，我們先打開一個 session，並且將這些變數存入 session。輸入這段程式（或修改範例 13-4）並將它存為 *authenticate2.php*。但是先不要在瀏覽器執行它，因為你接下來還要編寫第二個程式。

範例 13-5 在成功驗證之後設定 session

```php
<?php // authenticate2.php
  require_once 'login.php';

  try
  {
    $pdo = new PDO($attr, $user, $pass, $opts);
  }
  catch (\PDOException $e)
  {
    throw new \PDOException($e->getMessage(), (int)$e->getCode());
  }

  if (isset($_SERVER['PHP_AUTH_USER']) &&
      isset($_SERVER['PHP_AUTH_PW']))
  {
    $un_temp = sanitize($pdo, $_SERVER['PHP_AUTH_USER']);
    $pw_temp = sanitize($pdo, $_SERVER['PHP_AUTH_PW']);
    $query   = "SELECT * FROM users WHERE username=$un_temp";
    $result  = $pdo->query($query);
```

```
    if (!$result->rowCount()) die("User not found");

    $row = $result->fetch();
    $fn  = $row['forename'];
    $sn  = $row['surname'];
    $un  = $row['username'];
    $pw  = $row['password'];

    if (password_verify(str_replace("'", "", $pw_temp), $pw))
    {
      session_start();

      $_SESSION['forename'] = $fn;
      $_SESSION['surname']  = $sn;

      echo htmlspecialchars("$fn $sn : Hi $fn,
        you are now logged in as '$un'");
      die ("<p><a href='continue.php'>Click here to continue</a></p>");
    }
    else die("Invalid username/password combination");
  }
  else
  {
    header('WWW-Authenticate: Basic realm="Restricted Area"');
    header('HTTP/1.0 401 Unauthorized');
    die ("Please enter your username and password");
  }

  function sanitize($pdo, $str)
  {
    $str = htmlentities($str);
    return $pdo->quote($str);
  }
?>
```

另一個新增的部分是「Click here to continue」連結，它連接的是 *continue.php* 的 URL。
我會用它來說明如何將 session 傳到另一個程式或 PHP 網頁。輸入範例 13-6 的程式來建
立 *continue.php* 並儲存它。

範例 13-6 取出 session 變數

```
<?php // continue.php
  session_start();

  if (isset($_SESSION['forename']))
```

```
{
  $forename = htmlspecialchars($_SESSION['forename']);
  $surname  = htmlspecialchars($_SESSION['surname']);

  echo "Welcome back $forename.<br>
        Your full name is $forename $surname.<br>";
}
else echo "Please <a href='authenticate2.php'>click here</a> to log in.";
?>
```

現在你可以在瀏覽器呼叫 *authenticate2.php* 了，在提示出現時，輸入 bsmith 帳號與 mysecret 密碼（或 pjones 與 acrobat），並按下連結來載入 *continue.php*。當瀏覽器呼叫它時，你會看到圖 13-5 的結果。

圖 13-5 用 session 來維護使用者資料

session 將身分驗證與登入使用者所需的大量程式巧妙地限制在一個程式裡面。當使用者通過驗證，而且你已經建立 session 之後，你的程式將變得很簡單，你只要呼叫 session_start，並且在 $_SESSION 找出想要存取的變數即可。

在範例 13-6 中，你只要快速地檢查 $_SESSION['forename'] 裡面有沒有值，就可以確認當前的使用者是否通過驗證了，因為 session 變數被儲存在伺服器上（不像被放在瀏覽器上的 cookie），所以它是可以信任的。

如果 $_SESSION['forename'] 沒有被賦值，代表沒有啟動中的 session，因此範例 13-6 的最後一行程式會將使用者轉址到 *authenticate2.php* 的登入網頁。

結束 session

你可以使用 session_destroy 函式來結束 session（通常是在使用者要求登出網站時），如
範例 13-7 所示。這個範例有一個實用的函式可以完全銷毀 session、登出使用者，並重
設所有 session 變數。

範例 13-7 銷毀 session 及其資料的函式

```php
<?php
  function destroy_session_and_data()
  {
    session_start();
    $_SESSION = array();
    setcookie(session_name(), '', time() - 2592000, '/');
    session_destroy();
  }
?>
```

你可以將 *continue.php* 修改成範例 13-8 來觀察它的動作。

範例 13-8 取出 session 變數，然後銷毀 session

```php
<?php
  session_start();

  if (isset($_SESSION['forename']))
  {
    $forename = $_SESSION['forename'];
    $surname  = $_SESSION['surname'];

    destroy_session_and_data();

    echo htmlspecialchars("Welcome back $forename");
    echo "<br>";
    echo htmlspecialchars("Your full name is $forename $surname.");

  }
  else echo "Please <a href='authenticate.php'>click here</a> to log in.";

  function destroy_session_and_data()
  {
    $_SESSION = array();
```

```
    setcookie(session_name(), '', time() - 2592000, '/');
    session_destroy();
  }
?>
```

當你第一次從 *authenticate2.php* 前往 *continue.php* 時,它會顯示所有 session 變數。但是因為我們呼叫了 `destroy_session_and_data`,如果你接下來按下瀏覽器的重新載入(Reload)按鈕,這個 session 就會被銷毀,程式會提示你回到登入網頁。

設定逾時

有時你想要自行關閉使用者的 session,例如在使用者忘記登出時幫他們做這件事,以保護他們的安全,你可以設定一個逾時(timeout),如果使用者在你設定的時間之內沒有動作,他就會被自動登出。

為此,你可以這樣使用 `ini_set` 函式。這個範例會將逾時設為一天(gc 代表 garbage collection):

```
ini_set('session.gc_maxlifetime', 60 * 60 * 24);
```

如果你想要知道目前設定的逾時時間,你可以這樣顯示它:

```
echo ini_get('session.gc_maxlifetime');
```

保護 session

雖然我說過:一旦你驗證了使用者並設定 session,你就可以假設那一個 session 變數是值得信任的,不過這個說法不一定正確,因為有人會用封包嗅探(資料取樣)來尋找透過網路傳送的 session ID。此外,如果 session ID 是用 URL 的 GET 部分來傳送的,它可能會出現在外部網站伺服器的紀錄裡面。

完全避免 session 被窺探的唯一手段,是實作安全通訊端層(TLS,比 Secure Sockets Layer(SSL)更安全的技術)並且執行 HTTPS 而非 HTTP 網頁。這個部分已經超出本書的範圍了,但是你可以瀏覽 Apache 文件(*https://tinyurl.com/apachetls*)來了解如何設定安全的 web 伺服器。

避免 session 劫持

當你無法使用 TLS 時，你可以儲存使用者的 IP 位址與他們的其他資料，來對他們做進一步的驗證，你可以在儲存使用者的 session 時，加入這一行：

```
$_SESSION['ip'] = $_SERVER['REMOTE_ADDR'];
```

接下來，如果有任何網頁載入動作，而且有 session 可以使用，執行下面的額外檢查。如果之前儲存的 IP 與目前的 IP 不相符，就呼叫 different_user 函式：

```
if ($_SESSION['ip'] != $_SERVER['REMOTE_ADDR']) different_user();
```

你可以自行決定 different_user 函式的內容。你可以刪除目前的 session，並以技術錯誤為由，要求使用者再次登入，或者，如果你有使用者的 email 地址，你可以將確認身分的連結寄給他們，讓他們有機會保留 session 內的所有資料。

當然你必須留意：在同一個代理伺服器的使用者，或是在家庭或商業網路上共用同一個 IP 位址的使用者，也會有相同的 IP 位址。再次聲明，如果這對你來說是個問題，請使用 HTTPS。你也可以儲存瀏覽器使用者代理字串（*user-agent string*）（瀏覽器開發商放到瀏覽器裡面的字串，其用途是根據型別與版本來辨識它們）的複本，市面上有各式各樣的瀏覽器類型、版本與電腦平台，它們也許可以用來分辨使用者（但這並非完美的解決方案，且字串會在瀏覽器自動更新時改變）。你可以使用下列程式來儲存使用者代理：

```
$_SESSION['ua'] = $_SERVER['HTTP_USER_AGENT'];
```

並且使用這段程式來比較目前的與之前的使用者代理字串：

```
if ($_SESSION['ua'] != $_SERVER['HTTP_USER_AGENT']) different_user();
```

或採取更好的做法，結合這兩種檢查，並將兩者結合，存為雜湊十六進制字串：

```
$_SESSION['check'] = hash('ripemd128', $_SERVER['REMOTE_ADDR'] .
    $_SERVER['HTTP_USER_AGENT']);
```

然後使用這段程式來比較目前的與之前儲存的字串：

```
if ($_SESSION['check'] != hash('ripemd128', $_SERVER['REMOTE_ADDR'] .
    $_SERVER['HTTP_USER_AGENT'])) different_user();
```

防止 session 固定攻擊

session 固定攻擊（*session fixation*）是惡意的第三方取得有效的 session ID（可能是伺服器產生的）之後，騙使用者用那個 session ID 來驗證他們自己，而不是用他們自己的 session ID 來進行驗證。攻擊者可以利用 URL 的 GET 部分來傳遞 session ID 來執行這種攻擊，例如：

```
http://yourserver.com/authenticate.php?PHPSESSID=123456789
```

這個例子將偽造的 session ID 123456789 傳給伺服器。讓我們看看範例 13-9，它很容易遭受 session 固定攻擊。為了了解原因，請輸入它，並將它存為 *sessiontest.php*。

範例 13-9 容易遭受固定攻擊的 session

```php
<?php // sessiontest.php
  session_start();

  if (!isset($_SESSION['count'])) $_SESSION['count'] = 0;
  else ++$_SESSION['count'];

  echo $_SESSION['count'];
?>
```

儲存程式之後，在瀏覽器輸入下列 URL 來呼叫它（在它前面加上正確的路徑名稱，例如 *http://localhost*）：

```
sessiontest.php?PHPSESSID=1234
```

按幾次重新載入按鈕之後，你會看到計數器往上增加。現在試著瀏覽：

```
sessiontest.php?PHPSESSID=5678
```

再按幾次重新載入，你會看到計數器繼續增加。保持計數器的數字與第一個 URL 不同，回到第一個 URL，你會看到數字變回去了。你已經建立兩個自選的 session 了，而且還可以輕鬆地建立任何數量。

這種做法之所以非常危險，是因為惡意的攻擊者可以把這種 URL 傳給天真的使用者，只要他們之中有人使用這些連結，攻擊者就可以接管任何未被刪除或已過期的 session，想像一下，如果那個 session 是購物網站，或更糟的情況，銀行，會怎樣！

避免這種狀況的方法，就是盡快使用 session_regenerate_id 函式來改變 session ID。這個函式會保存當前的所有 session 變數值，但是會將 session ID 換成攻擊者不知道的新號碼。採取這種做法時，你要先檢查一個你隨便選擇的 session 變數是否存在，如果它不存在，代表它是一個新 session，所以你只要更改 session ID，並設定特殊的 session 變數來記錄修改。範例 13-10 是做這件事情的程式，它使用 session 變數 initiated。

範例 *13-10 重新產生 session*

```php
<?php
  session_start();

  if (!isset($_SESSION['initiated']))
  {
    session_regenerate_id();
    $_SESSION['initiated'] = 1;
  }

  if (!isset($_SESSION['count'])) $_SESSION['count'] = 0;
  else ++$_SESSION['count'];

  echo $_SESSION['count'];
?>
```

如此一來，雖然攻擊者仍然可以使用他製造的任何 session ID 回到你的網站，但他們都無法呼叫其他使用者的 session，因為它們都會被換成重新產生的新 ID。

強制使用 cookie-only session

如果你打算要求使用者在你的網站啟用 cookie，你可以使用 ini_set 函式如下：

```
ini_set('session.use_only_cookies', 1);
```

這樣設定之後，?PHPSESSID= 就會被完全忽略。如果你使用這種安全措施，建議你要告知使用者：你的網站需要使用 cookie（但是只在使用者停用 cookie 時，尤其是當使用者是需要 cookie 通知的群體時），如此一來，當他們沒有得到預期結果時，才可以知道問題的原因。

使用共享伺服器

當你需要與其他帳號一起使用伺服器時，你一定不想將所有的 session 資料放在共用的資料夾裡面。你會選擇一個只有你的帳號可以使用的資料夾（並且不能被網路的其他人看到）來存放 session，做法是在程式的開頭呼叫 ini_set，例如：

```
ini_set('session.save_path', '/home/user/myaccount/sessions');
```

這個組態選項只會在程式執行期間保留這個新值，並且在程式結束時回存原本的設定。

這個 sessions 資料夾可能很快就被填滿，你要根據伺服器的繁忙程度定期清除舊的 session。它越常被使用，你就要在越頻繁地清理被儲存的 session。

 別忘了，你的網站可能是駭客攻擊的對象！網路上到處都有自動機器人試著找出容易攻擊的網站。因此，無論你做了什麼，當你在處理不是自己的程式產生的資料時，你都要用最謹慎的態度來對待它。

現在你已經充分掌握 PHP 與 MySQL 了，第 14 章將開始介紹本書的第三種主要技術：JavaScript。

問題

1. 為什麼 cookie 必須在程式一開始的時候傳輸？

2. 哪一個 PHP 函式可在瀏覽器裡面儲存 cookie？

3. 如何銷毀 cookie？

4. 當你使用 HTTP 身分驗證時，PHP 程式會將帳號與密碼放在哪裡？

5. 為什麼 password_hash 函式是強大的安全措施？

6. 對字串進行加碼是什麼意思？

7. 什麼是 PHP session？

8. 如何啟動 PHP session？

9. 什麼是 session 劫持？

10. 什麼是 session 固定攻擊？

解答請參考第 772 頁附錄 A 的「第 13 章解答」。

初探 JavaScript

JavaScript 可以讓網站產生動態的效果。JavaScript 可在滑鼠游標移到瀏覽器中的元素上面時彈出某些物件、顯示新文字、改變顏色，或顯示圖片，也可以讓你在網頁上抓住一個物件，並將它拉到新的位置（儘管 CSS 的功能已經越來越強，也可以做很多這種事情了）。因為 JavaScript 是在瀏覽器裡面運行的，可以直接操作網頁文件中的元素，所以可以做出別的技術無法做到的特效。

JavaScrip 最初出現在 1995 年的 Netscape Navigator 瀏覽器，當時瀏覽器剛好開始支援 Java 技術。因為大家最初都錯誤地認為 JavaScript 是 Java 的衍生產品，所以長期以來，很多人都搞不懂它們之間的關係。其實，這個名稱只是一個行銷策略，目的只是為了讓一個新的腳本語言搭上 Java 語言的順風車罷了。

當所謂的文件物件模型（DOM）以更正式、更結構化的方式來定義網頁的 HTML 元素時，JavaScript 也獲得新的力量。DOM 讓 JavaScript 更容易添加新段落，或聚焦於一段文字，並對它進行更改。

因為 JavaScript 與 PHP 都支援 C 語言的許多結構化語法，所以它們兩者很相似。它們都是相當高階的語言，也都是弱型態的語言，因此你只要在不同的環境中使用同一個變數，就可以將那個變數轉換成新的型態。

學過 PHP 之後，學習 JavaScript 比較簡單。而且你將會慶幸自己學會 JavaScript，因為它是非同步通訊技術的核心，這項技術提供了流暢 web 前端（與 HTML5 功能），是精明的 web 使用者期盼的功能。

JavaScript 與 HTML 文字

JavaScrit 是完全在瀏覽器上面運行的用戶端腳本語言。呼叫 JavaScript 程式的方法是將它們放在開始的 <script> 與結束的 </script> HTML 標籤之間。範例 14-1 是用 JavaScript 寫出來的經典 Hello Wrold 文件:

範例 14-1 用 JavaScript 顯示 Hello World

```
<html>
  <head><title>Hello World</title></head>
  <body>
    <script type="text/javascript">
      document.write("Hello World")
    </script>
    <noscript>
      Your browser doesn't support or has disabled JavaScript
    </noscript>
  </body>
</html>
```

 或許你看過網頁使用這種 HTML 標籤:<script language="javascript">,但是這種用法已被棄用了。這個範例使用比較新和首選的 <script type="text/javascript">,喜歡的話,你也可以只用 <script>。

在 <script> 標籤裡面有一行 JavaScript 程式,它使用相當於 PHP 的 echo 或 print 的指令,document.write。你應該可以猜到,它會將你提供的字串輸出至當前的文件中,並顯示出來。

你可以看到,它與 PHP 有一個不同的地方 —— 它的結尾沒有分號(;)。這是因為在 JavaScript 中,換行符號的作用與分號一樣。但是,如果你想要將多個陳述式放在同一行,那麼除了最後一個指令之外,每個指令的結尾都必須加上分號。當然,你也可以在每一個陳述式的結尾加上分號,這樣 JavaScript 也可以正常運作。我個人傾向省略分號,因為它是多餘的,因此我也會避免可能導致問題的做法。然而,到頭來,最終的選擇可能是由你的團隊決定的,他們往往要求使用分號,原因只是為了確定意圖。所以,如果你有疑問,那就加上分號吧。

在這個範例中,另外一個要注意的重點是 <noscript> 與 </noscript> 這對標籤。它們是在瀏覽器不支援 JavaScript,或瀏覽器支援 JavaScript,卻將它關閉時,提供一個 HTML 替代方案。因為這些標籤不是必需的,所以你可以自己決定要不要使用它們,但你應該使用它們，因為提供靜態的 HTML 來取代 JavaScript 通常不是件難事。不過，接下來的範例將省略 `<noscript>` 標籤，因為我們的焦點是 JavaScript 的用法，而不是沒有它時該怎麼辦。

載入範例 14-1 後，啟用 JavaScript 的瀏覽器會輸出下列結果（見圖 14-1）：

Hello World

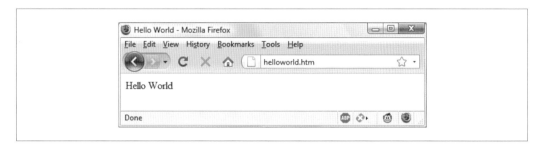

圖 14-1　啟用且運作中的 JavaScript

停用 JavaScript 的瀏覽器會顯示這個訊息（見圖 14-2）：

Your browser doesn't support or has disabled JavaScript

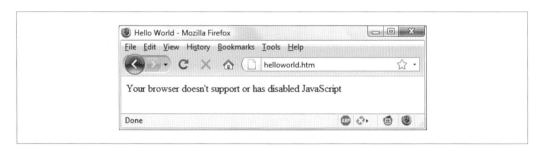

圖 14-2　停用 JavaScript 的情況

在文件頁首中使用腳本

除了將腳本放入文件的正文之外，你也可以將它們放在 `<head>` 段落，如果你想要在載入網頁時執行腳本，這裡是很理想的位置。將重要的程式與函式放在這裡，也可以確保文件的其他腳本段落可以立即使用它們。

在文件頁首放置腳本的另一個原因，是為了讓 JavaScript 將詮釋標籤（meta tag）之類的東西寫入 <head> 部分，因為腳本的位置是它會寫入的資訊。

老舊的與非標準的瀏覽器

如果你想要支援不能使用腳本的瀏覽器，你要使用 HTML 註解標籤（<!-- 與 -->）來防止它們遇到不該見到的腳本碼。範例 14-2 展示如何在腳本碼裡面使用它們。

範例 14-2 修改 Hello World 範例，供無法使用 JavaScrpit 的瀏覽器使用

```html
<html>
  <head><title>Hello World</title></head>
  <body>
    <script type="text/javascript"><!--
      document.write("Hello World")
    // -->
    </script>
  </body>
</html>
```

這段程式在 <script> 陳述式後面加上開頭的 HTML 註解標籤（<!--），並且將結束的註解標籤（// -->）放在腳本的結束標籤 </script> 前面。

在 JavaScript 中，雙斜線（//）代表那一行剩下的部分都是註解，因為它的存在，所以支援 JavaScript 的瀏覽器會忽略接下來的 -->，但是不支援 JavaScript 的瀏覽器會忽略前面的 //，處理 --> 來結束 HTML 註解。

雖然這個方法有點複雜，但你只要記得，在支援非常老舊或非標準的瀏覽器時，可使用下面的兩行程式來結束 JavaScript：

```
<script type="text/javascript"><!--
  (JavaScript 從這裡開始 ...)
// -->
</script>
```

最近幾年出現的瀏覽器都不需要使用這些註解，但你仍然要知道這種寫法，以備不時之需。

include JavaScript 檔案

除了在 HTML 文件中直接編寫 JavaScript 碼之外，你也可以從你的網站或網際網路的任何地方 include JavaScript 程式檔案，語法是：

```
<script type="text/javascript" src="script.js"></script>
```

你可以這樣從網際網路拉入一個檔案（這裡不使用 type="text/java script"，因為它是選用的）：

```
<script src="http://someserver.com/script.js"></script>
```

腳本檔案本身不能加入任何 `<script>` 或 `</script>` 標籤，因為它們是沒必要的，瀏覽器知道他們載入的是 JavaScript 檔案。將這種標籤放入 JavaScript 檔案會產生錯誤。

當你想在網站使用第三方 JavaScript 檔案時，include 腳本檔案是最好的做法。

你可以不使用 type="text/javascript" 參數，因為近來的瀏覽器都假設腳本的內容是 JavaScript。

對 JavaScript 進行偵錯

在學習 JavaScript 時，找出打字錯誤或其他程式錯誤的能力非常重要。PHP 會在瀏覽器中顯示錯誤訊息，但是 JavaScript 處理錯誤訊息的方式因瀏覽器而異。表 14-1 是在最常見的瀏覽器中，讀取 JavaScript 錯誤訊息的方法。

表 14-1 在各種瀏覽器中讀取 JavaScrpit 錯誤訊息

瀏覽器	如何讀取 JavaScript 錯誤訊息
Apple Safari	打開 Safari 並選擇 Safari > Preferences > Advanced。然後在功能表列選擇 Show Develop 選單。選擇 Develop > Show Error Console。
Google Chrome, Microsoft Edge, Mozilla Firefox & Opera	在 PC 按下 Ctrl-Shift-J。在 Mac 按下 Command-Shift-J。

關於使用它們的詳情，請參考它們網站中的瀏覽器開發者文件。

註解

因為 PHP 與 JavaScript 都繼承 C 語言的特點，所以它們有許多相似的地方，其中一個就是註解。首先，這是單行註解：

```
// 這是一行註解
```

這個形式使用一對斜線字元（//）來通知 JavaScript 忽略後面的所有內容。你也可以使用多行註解：

```
/* 這是一段
   多行註解，
   它不會被
   解譯 */
```

多行註解以 /* 開始，以 */ 結束。切記，你不能嵌套多行註解，請勿將一段已包含多行註解的程式加上註解。

分號

與 PHP 不同的是，如果在一行 JavaScript 程式碼裡面只有一個陳述式，你可以不使用分號。因此，這是正確的寫法：

```
x += 10
```

但是，當你將多個陳述式放在同一行時，你就要用分號隔開它們，例如：

```
x += 10; y -= 5; z = 0
```

通常你可以省略最後一個分號，因為換行符號代表最後一個陳述式的結束。

分號的使用規則有一些例外狀況。如果你在編寫 JavaScript 小書籤（bookmarklet），或是陳述式的結尾是一個變數或函式參考，而且下一行的第一個字元是左括號，你就必須使用分號，否則 JavaScript 會發生錯誤。所以，如果你不知道該不該使用分號，那就一律使用分號吧！

變數

JavaScript 不使用類似 PHP 的錢號這種特定字元來辨識變數。它採取下列的變數命名規則：

- 變數名稱只能包含字母 a-z、A-Z、0-9、$，以及底線（_）。
- 變數名稱不能有任何其他字元，例如空格或標點符號。
- 變數的第一個字元只能是 a-z、A-Z、$，或 _（不能使用數字）。
- 變數名稱區分大小寫。Count、count 與 COUNT 是不相同的變數。
- 變數名稱沒有長度限制。

是的，你可以使用 $ 字元。JavaScript 允許你使用它，你可以在變數或函式名稱的第一個字元使用它。但我不建議你使用 $，因為如此一來，你才可以快速地將 PHP 程式碼植入 JavaScript 中。

字串變數

JavaScript 字串變數必須用單引號或雙引號包起來，例如：

```
greeting = "Hello there"
warning  = 'Be careful'
```

你也可以在已經被雙引號包起來的字串裡面使用一個單引號，或是在已經被單引號包起來的字串裡面使用一個雙引號，但是當你使用相同的引號時，你就要用反斜線來將它轉義，例如：

```
greeting = "\"Hello there\" is a greeting"
warning  = '\'Be careful\' is a warning'
```

若要讀取字串變數，你可以將它指派給另一個字串變數，例如：

```
newstring = oldstring
```

或是在函式裡面使用它，例如：

```
status = "All systems are working"
document.write(status)
```

數值變數

建立數值變數很簡單,你只要直接指派一個值就可以了,例如:

```
count       = 42
temperature = 98.4
```

如同字串,你可以在運算式與函式裡面讀取和使用數值變數。

陣列

JavaScrpit 的陣列也跟 PHP 的陣列很像,它可以儲存字串、數值資料以及其他陣列。對陣列賦值的語法如下(這個例子建立一個字串陣列):

```
toys = ['bat', 'ball', 'whistle', 'puzzle', 'doll']
```

若要建立多維陣列,你可以將小陣列放入大陣列。因此,若要建立一個二維陣列,並在裡面儲存一面弄亂的魔術方塊顏色(紅色、綠色、橘色、黃色、藍色與白色,以英文大寫的第一個字母表示),你可以這樣寫:

```
face =
[
  ['R', 'G', 'Y'],
  ['W', 'R', 'O'],
  ['Y', 'W', 'G']
]
```

我刻意排列這段程式來讓你明白程式的結構,它也可以寫成這樣:

```
face = [['R', 'G', 'Y'], ['W', 'R', 'O'], ['Y', 'W', 'G']]
```

甚至這樣:

```
top = ['R', 'G', 'Y']
mid = ['W', 'R', 'O']
bot = ['Y', 'W', 'G']

face = [top, mid, bot]
```

若要讀取從上面算下來第二個元素,從左邊算過來第三個元素,你可以這樣寫(因為陣列元素的位置都是從零開始):

```
document.write(face[1][2])
```

這個陳述式會輸出字母 O，代表橘色。

 JavaScript 陣列是一種強大的儲存結構，我們會在第 16 章更深入地討論它。

運算子

JavaScript 的運算子與 PHP 一樣，可以做算術運算、改變字串，以及進行比較與邏輯運算（and、or……等）。JavaScript 的算術運算子很像一般的算術運算，例如，下面的陳述式會輸出 15：

```
document.write(13 + 2)
```

接下來的小節將介紹各種運算子。

算術運算子

算術運算子的用途是執行數學運算。你可以用它們來做四則運算（加、減、乘、除）、找出模數（除法運算後的餘數），和遞增或遞減一個值（見表 14-2）。

表 14-2　算術運算子

運算子	說明	範例
+	加法	j + 12
-	減法	j - 22
*	乘法	j * 7
/	除法	j / 3.13
%	模數（除法餘數）	j % 6
++	遞增	++j
--	遞減	--j

賦值運算子

賦值運算子的用途是將值指派給變數。它們包括非常簡單的 =，以及 +=、-=……等。+= 運算子可將右邊的值加到左邊的變數，而不是將左邊的值完全換掉。因此，如果 count 的初始值是 6，這個陳述式：

```
count += 1
```

會將 count 設為 7，這段程式相當於比較容易理解的賦值陳述式：

```
count = count + 1
```

表 14-3 是各種賦值運算子。

表 14-3 賦值運算子

運算子	範例	等效式
=	j = 99	j = 99
+=	j += 2	j = j + 2
+=	j += 'string'	j = j + 'string'
-=	j -= 12	j = j - 12
*=	j *= 2	j = j * 2
/=	j /= 6	j = j / 6
%=	j %= 7	j = j % 7

比較運算子

比較運算子通常在需要比較兩個項目的結構中使用，例如 if 陳述式，可用來確認一個變數是否已經遞增到特定值，或一個變數是否已經小於設定值……等（見表 14-4）。

表 14-4 比較運算子

運算子	說明	範例
==	等於	j == 42
!=	不等於	j != 17
>	大於	j > 0
<	小於	j < 100
>=	大於或等於	j >= 23

運算子	說明	範例
<=	小於或等於	j <= 13
===	等於（且型態相同）	j === 56
!==	不等於（且型態相同）	j !== '1'

邏輯運算子

與 PHP 不同的是，JavaScript 的邏輯運算子沒有相當於 && 與 || 的 and 與 or，也沒有 xor 運算子（見表 14-5）。

表 14-5 邏輯運算子

運算子	說明	範例
&&	And	j == 1 && k == 2
||	Or	j < 100 || j > 0
!	Not	! (j == k)

遞增、遞減，與簡寫賦值

PHP 的後置與前置遞增和遞減也可以在 JavaScript 中使用（簡寫賦值運算子）：

```
++x
--y
x += 22
y -= 3
```

字串串接

JavaScript 處理字串串接的做法與 PHP 不太一樣，它使用加號（+）運算子而不是 .（句號），例如：

```
document.write("You have " + messages + " messages.")
```

假設變數 messages 的值是 3，這一行程式的輸出是：

```
You have 3 messages.
```

如同你可以用 += 運算子來將數值變數加上一個值，你也可以將一個字串接到另一個字串後面：

```
name = "James"
name += " Dean"
```

轉義字元

我們曾經使用轉義字元在字串中插入引號，你也可以用它來插入各種特殊字元，例如 tab、換行，以及歸位字元。下面的範例使用 tab 來編排標題，編排網頁有更好的做法，這種寫法只是為了示範：

```
heading = "Name\tAge\tLocation"
```

表 14-6 是可用的轉義字元。

表 14-6 JavaScript 的轉義字元

字元	意義
\b	退格（Backspace）
\f	跳頁（Form feed）
\n	換行
\r	歸位字元
\t	Tab
\'	單引號（撇號）
\"	雙引號
\\	反斜線
\XXX	介於 000 至 377 之間的八進制數字，用來表示 Latin-1 字元（例如 \251 代表 © 符號）
\xXX	介於 00 至 FF 之間的十六進制數字，用來表示 Latin-1 字元（例如 \xA9 代表 © 符號）
\uXXXX	介於 0000 至 FFFF 之間的十六進制數字，用來表示 Unicode 字元（例如 \u00A9 代表 © 符號）

變數型態轉換

如同 PHP，JavaScript 也是一種寬鬆型態的語言，變數的型態是在賦值時決定的，而且可能根據上下文而改變。通常你不用太操心型態，JavaScript 可以辨識你想要使用哪個型態，並使用它。

看一下範例 14-3，其中：

1. 我們將字串值 '838102050' 指派給變數 n，下一行印出它的值，並使用 typeof 運算子來查看它的型態。

2. 將 12345 與 67890 相乘的結果指派給 n。它的值也是 838102050，但這次它是數字，不是字串。接下來查看變數的型態並將它顯示出來。

3. 將一些文字附加到數字 n，並顯示結果。

範例 14-3 用賦值來設定變數的型態

```
<script>
  n = '838102050'        // Set 'n' to a string
  document.write('n = ' + n + ', and is a ' + typeof n + '<br>')

  n = 12345 * 67890;     // Set 'n' to a number
  document.write('n = ' + n + ', and is a ' + typeof n + '<br>')

  n += ' plus some text' // Change 'n' from a number to a string
  document.write('n = ' + n + ', and is a ' + typeof n + '<br>')
</script>
```

這段腳本的輸出是：

```
n = 838102050, and is a string
n = 838102050, and is a number
n = 838102050 plus some text, and is a string
```

如果你懷疑變數的型態，或是想確保變數符合特定的型態，你可以使用下列的陳述式來強制設定它的型態（它們分別將字串轉為數字，以及將數字轉為字串）：

```
n = "123"
n *= 1     // 將 'n' 轉成數字

n = 123
n += ""    // 將 'n' 轉成字串
```

或以相同的方式使用下面的函式：

```
n = "123"
n = parseInt(n)   // 將 'n' 轉成整數
n = parseFloat(n) // 將 'n' 轉成浮點數


n = 123
n = n.toString()  // 將 'n' 轉成字串
```

你可以至 JavaScript online 進一步了解型態轉換（*https://javascript.info/type-conversions*）。
你也可以使用 typeof 運算子來查看變數的型態。

函式

如同 PHP，JavaScript 函式的功能是隔離一段執行特別工作的程式。你可以用範例 14-4
的方式來宣告並建立一個函式。

範例 14-4 簡單的函式宣告式

```
<script>
  function product(a, b)
  {
    return a*b
  }
</script>
```

這個函式會將它收到的兩個參數相乘，並回傳結果。

全域變數

全域變數是在任何函式外面定義的變數（或是在函式內定義，但不使用 var 關鍵字）。
你可以這樣定義它們：

```
    a = 123             // 全域
var b = 456             // 全域
if (a == 123) var c = 789 // 全域
```

無論你是否使用 var 關鍵字，只要你在函式外面定義變數，它就是全域的。全域的意思
是，你可以在腳本的任何地方存取它。

區域變數

被傳入函式的參數都自動擁有區域作用域，也就是說，它們只能在那個函式裡面使用。但是有一個例外。陣列是以參考傳入函式的，因此當你修改陣列參數的任何一個元素時，你也會修改原始陣列的同一個元素。

如果你要定義一個作用域只限於當前函式的區域變數，而且它不是當成參數傳入的，你可以使用 var 關鍵字。範例 14-5 的函式會建立一個全域變數與兩個區域變數。

範例 14-5 建立全域與區域變數的函式

```
<script>
  function test()
  {
      a = 123             // 全域
    var b = 456           // 區域
    if (a == 123) var c = 789 // 區域
  }
</script>
```

在 PHP 中，我們可以用 isset 函式來檢驗作用域，但是 JavaScript 沒有這個函式，所以範例 14-6 使用 typeof 運算子，它會在變數未被定義時回傳 undefined 字串。

範例 14-6 檢查在 test 函式裡面定義的變數的作用域

```
<script>
  test()

  if (typeof a != 'undefined') document.write('a = "' + a + '"<br>')
  if (typeof b != 'undefined') document.write('b = "' + b + '"<br>')
  if (typeof c != 'undefined') document.write('c = "' + c + '"<br>')

  function test()
  {
    a     = 123
    var b = 456

    if (a == 123) var c = 789
  }
</script>
```

這段腳本的輸出只有一行：

```
a = "123"
```

這代表只有一個變數是全域作用域,與我們的預期一樣,因為我們在變數 b 與 c 前面加上 var 關鍵字,將它們設為區域作用域。

如果你的瀏覽器顯示一個警告訊息,指出 b 是未定義的,這個警告是正確的,你可以忽略它。

使用 let 與 const

現在 JavaScript 有兩個新的關鍵字:let 與 const。let 關鍵字在很大程度上是 var 的替代品,但它的優點是,一旦你用 let 來宣告一個變數,你就不能重新宣告它,但使用 var 可以。

你可以看到,使用 var 來重新宣告變數會導致難以發現的 bug:

```
var hello    = "Hello there"
var counter = 1

if (counter > 0)
{
  var hello = "How are you?"
}

document.write(hello)
```

有沒有看到問題?因為 counter 大於 0(因為我們將它的初始值設為 1),所以 hello 字串被重新定義為 "How are you?",然後被顯示在文件裡面。

如果你將 var 改成 let(如下所示),第二次宣告會被忽略,程式會顯示原始的字串 "Hello there":

```
let hello    = "Hello there"
let counter = 1

if (counter > 0)
{
  let hello = "How are you?"
}

document.write(hello)
```

var 關鍵字的作用域可能是全域的（如果它在任何區塊或函式外面），也可能是函式的，用 var 來宣告的變數的初始值是 undefined，但是 let 關鍵字的作用域可能是全域的，也可以是區塊的，而且變數不會被設定初始值。

如果你在任何區塊外面用 let 來宣告變數，它的作用域是整個文件，如果你在 {} 裡面宣告它（包括函式），它的作用域只限於該區域（與任何內嵌的下級區塊）。如果你在區塊裡面宣告一個變數，但是在該區塊外面存取它，JavaScript 會回傳錯誤，如下所示，它會在 document.write 失敗，因為 hello 沒有值：

```
let counter = 1

if (counter > 0)
{
  let hello = "How are you?"
}

document.write(hello)
```

你可以使用 let 來宣告一個名稱已經被宣告過的變數，只要它在新的作用域裡面即可，此時，你無法在新的作用域裡面使用上一個作用域的同名變數的值，因為 JavaScript 認為同名的新變數與舊變數完全不同。它的作用域只限於當前的區塊，或任何次級區塊（除非你在次級區塊裡面用 let 來宣告另一個名稱相同的變數）。

不要重複使用有意義的變數名稱，否則它們可能造成混淆。但是，像 i（或其他簡短的名稱）這種迴圈或索引變數，通常可以在新的作用域中重複使用，而不會造成任何混淆。

你可以宣告變數的值是常數（也就是不能改變的值）來進一步控制作用域，這樣做是有好處的，因為如果你曾經用 var 或 let 來宣告一個變數並將它視為常數，其他的程式將可以試著改變那個值，進而造成 bug。

但是，如果你使用 const 關鍵字來宣告變數並設定它的值，以後任何程式都無法改變它，如果有程式改變它，你的程式會停止執行，並在主控台顯示這個錯誤訊息：

```
Uncaught TypeError: Assignment to constant variable
```

下面的程式會造成那個錯誤：

```
const hello = "Hello there"
let counter = 1

if (counter > 0)
{
```

```
    hello = "How are you?"
}

document.write(hello)
```

如同 let，const 宣告式的作用域也是區塊的（在 {} 裡面，或任何次級區塊裡面），也就是說，你可以在不同的作用域裡面使用同名但不同值的常數變數。但是，強烈建議你盡量不要使用重複的名稱，並且在各個程式中，讓每一個常數名稱都只有一個值，在需要新常數時，就使用新的常數名稱。

總之，var 的作用域是全域或函式，let 與 const 的作用域是全域或區塊。var 與 let 在宣告時都可以不指定初始值，而 const 在宣告時必須指定初始值。var 關鍵字可以用來重複宣告 var 變數，但 let 與 const 不行。最後，const 不能重複宣告，也不能重新賦值。

 也許你比較喜歡使用開發者主控台來進行測試，例如第 333 頁的「對 JavaScript 進行偵錯」所介紹的那些，若是如此，你可以將 document. write 換成 console.log，此時輸出會顯示在主控台裡面，而不是在瀏覽器裡面。如果 JavaScript 在完全載入文件之後才執行，這也是比較好的做法，因為此時 document.write 會替換當前的文件，而不是附加至當前的文件，這可能不是你想看到的情況。

文件物件模型

JavaScript 的設計者很有智慧，他們很有遠見地圍繞著現有的 HTML 文件物件模型來建構腳本語言，而不是僅僅創造另一個腳本語言（但這在當時仍然是相當好的進步）。文件物件模型將 HTML 文件的各個部分拆成分散的物件，每一個物件都有自己的屬性與方法，而且都被 JavaScript 控制。

JavaScript 以句點來區隔物件、屬性與方法（這也是 JavaScript 的字串串接運算子是 + 而不是句點的原因）。例如，考慮一個稱為 card 的名片物件。這個物件裡面有姓名、地址、電話號碼等屬性。以 JavaScript 的語法來表示的話，這些屬性長得像：

```
card.name
card.phone
card.address
```

物件的方法（method）就是可取出屬性、改變屬性，或對屬性做其他動作的函式。例如，呼叫 card 物件的方法來顯示其屬性的語法是：

```
card.display()
```

看一下本章的範例中使用 document.write 陳述式的地方，你已經知道 JavaScript 以物件為基礎，所以 write 其實是 document 物件的方法。

在 JavaScript 裡面，父物件與子物件之間有階層關係，這種階層就是所謂的文件物件模型（見圖 13-3）。

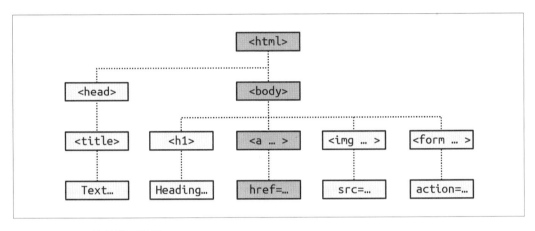

圖 14-3 DOM 物件階層範例

這張圖使用了你很熟悉的 HTML 標籤，來說明文件的各個物件之間的父子關係。例如，在連結中的 URL 是 HTML 文件的正文的一部分。在 JavaScript 中，引用它的方式是：

```
url = document.links.linkname.href
```

注意它與圖表中央那一行的關係。第一個部分（document）代表 <html> 與 <body> 標籤，links.linkname 代表 <a> 標籤，而 href 代表 href 屬性。

我們將它轉換成 HTML，以及一個讀取連結的屬性的腳本。輸入範例 14-7，並將它存為 *linktest.html*，然後在瀏覽器將它叫出來。

範例 14-7 用 JavaScript 來讀取連結 URL

```
<html>
  <head>
    <title>Link Test</title>
  </head>
  <body>
    <a id="mylink" href="http://mysite.com">Click me</a><br>
    <script>
      url = document.links.mylink.href
      document.write('The URL is ' + url)
    </script>
  </body>
</html>
```

特別注意短版的 <script> 標籤，為了幫你省下一些打字次數，我在這裡省略了參數 type="text/JavaScript"。如果你只是為了測試這個（與其他）範例，你也可以省略 <script> 與 </script> 標籤外面的所有程式。這個範例的輸出是：

Click me
The URL is http://mysite.com

第二行輸出來自 document.write 方法。注意程式如何沿著文件樹一路往下，從 document 到 link 到 mylink（連結的 id）到 href（URL 目的值）。

有一種簡短的格式也有很好的效果，它的開頭是 id 屬性的值：mylink.href。因此，你可以將：

```
url = document.links.mylink.href
```

換成：

```
url = mylink.href
```

$ 的另一種用途

之前提過，你可以在 JavaScript 的變數與函式名稱裡面使用 $。因此，有時你會看到奇怪的程式碼，像是：

```
url = $('mylink').href
```

這是因為有些積極的程式設計師認為 JavaScript 的 getElementById 函式非常流行，所以寫出一個稱為 $ 的函式來取代它，如同 jQuery 的做法（但是 jQuery 的 $ 有更多用途，見第 22 章），見範例 14-8。

範例 *14-8* getElementById 方法的替代函式

```
<script>
  function $(id)
  {
    return document.getElementById(id)
  }
</script>
```

因此，只要你將 $ 函式 include 至你的程式，你就可以使用這種語法：

```
$('mylink').href
```

來取代：

```
document.getElementById('mylink').href
```

使用 DOM

links 物件其實是個 URL 的陣列，因此所有瀏覽器都可以用下列的方式安全地引用範例 14-7 的 mylink URL（因為它是第一個連結，也是唯一的連結）：

```
url = document.links[0].href
```

如果你想要知道整個文件裡面有多少連結，你可以查詢 links 物件的 length 屬性：

```
numlinks = document.links.length
```

你可以取出並顯示文件中的所有連結如下：

```
for (j=0 ; j < document.links.length ; ++j)
  document.write(document.links[j].href + '<br>')
```

lengh 是每個陣列都擁有的屬性，許多物件也有這個屬性，例如，你可以用這種方式查詢瀏覽器的歷史紀錄項目數量：

```
document.write(history.length)
```

為了防止網站窺探你的瀏覽紀錄，history 物件只在陣列中儲存網站的數量，你無法對這些值進行讀取和寫入。但是，如果你知道某個網頁在歷史紀錄中的位置，你可以用它來取代目前的網頁。這種方法很好用，例如，如果你知道歷史紀錄裡面，有一些網頁來自你的網站，或是你只想要讓瀏覽器退回之前的網頁，你都可以使用 history 物件的 go 方法來實現。例如，如果你要讓瀏覽器返回三頁，你可以發出下列指令：

```
history.go(-3)
```

你也可以使用下列的方法來讓網頁一次後退或前進一頁：

```
history.back()
history.forward()
```

你可以採取類似的做法，把當前載入的 URL 換成你自選的 URL：

```
document.location.href = 'http://google.com'
```

當然，除了讀取與修改連結之外，DOM 還有許多其他的功能。當你完成接下來的所有 JavaScript 章節後，你將非常熟悉 DOM 與存取它的方式。

關於 document.write

當你學習程式設計時，你必須用一種快速且簡單的方法來顯示運算式的結果。例如，PHP 有 echo 與 print 陳述式，它們只會傳送文字給瀏覽器，所以很簡單。在 JavaScript 中，你可以使用下列的替代方案。

使用 console.log

console.log 函式會在瀏覽器的主控台裡面輸出它收到的所有值或運算式的結果。這是一種特殊的模式，會將錯誤訊息與其他訊息顯示在一個與瀏覽器視窗分開的畫面或視窗裡面。雖然它對經驗老到的程式設計師來說是一種很棒的工具，但是對初學者來說並非如此，因為它的輸出與瀏覽器裡面的網頁內容有一段距離。

使用 alert

alert 函式會在快顯視窗中顯示你傳給它的值或運算式，你必須按下一個按鈕才能關閉這個視窗。這種視窗很容易讓人覺得很煩，而且它只能顯示當前的訊息，之前的訊息都會被刪除。

寫入元素

你也可以將文字直接寫入 HTML 元素，這是一個相當優雅的方法（而且對產品網站來說是最好的一種），但是如果本書採取這種方法，我們就要在每一個範例中建立一個這種元素，以及一些操作它的程式碼，進而掩蓋範例想介紹的核心概念，讓程式碼看起來過於繁瑣且令人困惑。

使用 document.write

document.write 函式可在當前的瀏覽器位置寫入一個值或運算式，因此很適合用來快速顯示結果，它可以將輸出放在瀏覽器的網頁內容與程式碼的旁邊，維持範例的簡短精美。

但是，你可能會聽到有人說這個函式並不安全，因為當你在網頁被完全載入之後呼叫它時，它會覆寫當前的文件。雖然他們說的沒錯，但是對本書的所有範例來說並非如此，因為它們都會按照 document.write 的設計初衷來使用它：將它當成網頁建構程序的一部分，只會在完全載入並顯示網頁之前呼叫它。

雖然我在簡單的範例中以這種方式來使用 document.write，但是我從來沒有在產品程式中使用它（除了在非常罕見的情況下，非得用它不可）。我幾乎都會直接寫入一個特別準備的元素，你可以在第 18 章之後，比較複雜的範例中看到這種做法（寫入元素的innerHTML 屬性來進行輸出）。

所以，當你在本書中看到 document.write 時，別忘了，它的目的只是為了示範，我也建議你只用這個函式來快速看到測試結果。

下一章會繼續探討 JavaScript，講解如何控制程式流程，以及編寫運算式。

問題

1. 你要使用哪個標籤來包覆 JavaScript 程式碼？

2. 在預設的情況下，JavaScript 程式會輸出到文件中的哪一個部分？

3. 如何將其他來源的 JavaScript 程式碼 include 到你的文件裡面？

4. 哪一種 JavaScript 函式相當於 PHP 的 echo 與 print？

5. 如何在 JavaScript 中加上註解？

6. JavaScript 的字串串接運算子是什麼？

7. 哪一個關鍵字可以在 JavaScript 的函式內將變數定義成區域作用域？

8. 如果有一個連結的 id 是 thislink，指出兩個可以顯示該連結的 URL 的跨瀏覽器方法。

9. 哪兩個 JavaScript 指令可讓瀏覽器載入它的歷史紀錄陣列中的網頁？

10. 你可以用什麼 JavaScript 指令來將目前的文件換成 *oreilly.com* 網站的首頁？

解答請參考第 773 頁附錄 A 的「第 14 章解答」。

第 15 章

JavaScript 的運算式 與控制流程

上一章介紹了 JavaScript 與 DOM 的基本概念。接著我們要介紹如何撰寫複雜的 JavaScript 運算式,以及如何使用條件陳述式來控制腳本的程式流程。

運算式

JavaScript 的運算式與 PHP 的很像。你已經在第 4 章學到,運算式是值、變數、運算子與函式的結合,它會產生一個結果值,那個值可能是數字、字串或布林值(計算結果是 true 或 false)。

範例 14-1 是一些簡單的運算式。這幾行程式會印出英文字母 a 至 d,在它們後面有個分號,以及運算式的結果。
 標籤的目的是產生換行,並將輸出分成四行(在 HTML5 裡,你可以使用
 與 <br />,但為了簡化,我使用前者)。

範例 *15-1* 四個簡單的布林運算式

```
<script>
  document.write("a: " + (42 > 3) + "<br>")
  document.write("b: " + (91 < 4) + "<br>")
  document.write("c: " + (8 == 2) + "<br>")
  document.write("d: " + (4 < 17) + "<br>")
</script>
```

這段程式的輸出是：

```
a: true
b: false
c: false
d: true
```

注意，運算式 a: 與 d: 的結果是 true，但是 b: 與 c: 是 false。與 PHP 不同的是，它們顯示了實際的字串 true 與 false（PHP 分別會印出數字 1 與不印出任何東西）。

在 JavaScript 中，當你檢查一個值是 true 還是 false 時，除了下述的情況會被視為 false 之外，所有值都會被視為 true：字串 false 本身、0、-0、空字串、null、undefined 以及 NaN（Not a Number，計算機工程的概念，代表非法的浮點數運算，例如除以零）。

請注意，true 與 false 是小寫的，原因是在 JavaScript 中，這些值必須以小寫來表示，這點與 PHP 不同。因此，在下列兩個陳述式中，只有第一個會顯示小寫的 true，第二個會產生 'TRUE' is not defined 錯誤：

```
if (1 == true) document.write('true') // True
if (1 == TRUE) document.write('TRUE') // 會發生錯誤
```

 如果你想要自己輸入程式並且在 HTML 檔中測試，記得用 <script> 與 </script> 標籤將程式包起來。

常值與變數

最簡單的運算式就是常值（*literal*），也就是某個東西的值就是它本身，例如數字 22 或是字串 Press Enter。運算式也可以只有一個變數，此時它的值是它被指派的值。它們都是一種運算式，因為它們都會回傳一個值。

範例 15-2 有三種不同的常值與兩個變數，它們都會回傳值，但它們的型態各不相同。

範例 15-2 五種型態的常值

```
<script>
  myname = "Peter"
  myage  = 24
  document.write("a: " + 42    + "<br>") // 數字常值
  document.write("b: " + "Hi"  + "<br>") // 字串常值
  document.write("c: " + true  + "<br>") // 常數常值
```

```
  document.write("d: " + myname + "<br>") // 字串變數
  document.write("e: " + myage  + "<br>") // 數值變數
</script>
```

你可以從下列的輸出看到它們回傳的值：

```
    a: 42
    b: Hi
    c: true
    d: Peter
    e: 24
```

你可以使用運算子來建立更複雜的運算式，來計算實用的結果。將賦值或控制流程結構與運算式結合起來就是陳述式（*statement*）。

範例 15-3 分別展示這些陳述式。第一個陳述式將運算式 366 - day_number 的結果指派給變數 days_to_new_year，第二個陳述式只在運算式 days_to_new_year < 30 的結果是 true 時，輸出方便閱讀的訊息。

範例 *15-3 兩個簡單的 JavaScript 陳述式*

```
<script>
  day_number      = 127   // 舉例說明
  days_to_new_year = 366 - day_number
  if (days_to_new_year < 30) document.write("It's nearly New Year")
  else                       document.write("It's a long time to go")
</script>
```

運算子

JavaScript 提供許多強大的運算子，包括算術、字串、邏輯運算子、賦值運算子、比較運算子，以及其他（見表 15-1）。

表 15-1 JavaScript 運算子類型

運算子	說明	範例
算術	基本算術	a + b
陣列	陣列操作	a + b
賦值	指派值	a = b + 23
位元	處理位元組裡面的位元	12 ^ 9
比較	比較兩個值	a < b

運算子	說明	範例
遞增 / 遞減	加 1 或減 1	a++
邏輯	布林	a && b
字串	串接	a + 'string'

不同的運算子使用不同數量的運算元：

- 一元運算子使用一個運算元，例如遞增（a++）或否定（-a）。

- 二元運算子，使用兩個運算元，大部分的 JavaScript 運算子都是這一種，包括加法、減法、乘法與除法。

- 三元運算子只有一個，其格式為 ? x : y，使用三個運算元，它是 if 陳述式的單行表示法，可根據於第一個運算式的結果選擇其餘兩個運算式之一。

運算子優先順序

如同 PHP，JavaScript 也有運算子優先順序，也就是說，在運算式裡面有一些運算子比其餘的運算子還要重要，所以 JavaScript 會先計算它們的結果。表 15-2 是 JavaScript 的運算子與它們的優先順序。

表 15-2 JavaScript 運算子的優先順序（由高至低）

運算子	類型
() [] .	括號、呼叫與數字
++ --	遞增 / 遞減
+ - ~ !	一元、位元與邏輯
* / %	算術
+ -	算術與字串
<< >> >>>	位元
< > <= >=	比較
== != === !==	比較
& ^ |	位元
&&	邏輯
||	邏輯
? :	三元
= += -= *= /= %=	賦值

運算子	類型
<<= >>= >>>= &= ^= |=	賦值
,	分隔符號

結合方向

大部分的 JavaScript 運算子都是由左往右執行的，但是也有一些運算子是由右往左執行的。這種執行方向稱為運算子的**結合方向**（*associativity*）。

結合方向在你沒有明確地指定優先順序時非常重要（但你無論如何都要指定優先順序，因為它可讓程式更容易閱讀，且更不容易出錯）。例如下面的賦值運算子，裡面的三個變數都會被設為 0：

```
level = score = time = 0
```

這個多重賦值之所以可行，是因為 JavaScript 會先算出最右邊的值，然後由右至左依序處理。表 15-3 是 JavaScript 運算子與它們的結合方向。

表 15-3 運算子與結合方向

運算子	說明	結合方向
++ --	遞增與遞減	無
new	建立新物件	右
+ - ~ !	一元與位元	右
?:	三元	右
= *= /= %= += -=	賦值	右
<<= >>= >>>= &= ^= |=	賦值	右
,	分隔符號	左
+ - * / %	算術	左
<< >> >>>	位元	左
< <= > >= == != === !==	算術	左

關係運算子

關係運算子會測試兩個運算元，並回傳 true 或 false 的布林值結果。關係運算子有三種：相等、比較，與邏輯。

相等運算子

相等運算子是 ==（不要將它與賦值運算子 = 混在一起）。在範例 15-4 中，第一個陳述式會設定一個值，第二個陳述式會測試它們是否相等。它不會印出任何東西，因為我們將 month 設為字串值 July，所以檢查它的值是否為 October 會失敗。

範例 15-4 賦值與測試相等性

```
<script>
  month = "July"
  if (month == "October") document.write("It's the Fall")
</script>
```

如果相等運算式的兩個運算元的型態不相同，JavaScript 會將它們轉換成最合理的型態。例如，如果你拿完全以數字組成的字串來與數字做比較時，那個字串會被轉換成數字。在範例 15-5 中，a 與 b 的值不相同（一個是數字，另一個是字串），我們通常認為下面的兩個 if 陳述式都不會輸出結果。

範例 15-5 相等與一致運算子

```
<script>
  a = 3.1415927
  b = "3.1415927"
  if (a == b)  document.write("1")
  if (a === b) document.write("2")
</script>
```

但是，當你執行這個範例之後，你會看到它輸出數字 1，代表第一個 if 陳述式的結果是 true。原因是 b 字串的值先被暫時轉換成數字，因此等號兩邊的值都是數值 3.1415927。

相較之下，第二個 if 陳述式使用包含三個等號的一致運算子，它不讓 JavaScript 執行型態自動轉換，因此 a 與 b 被當成不一樣的值，所以不會產生輸出。

與指定運算子優先順序一樣，如果你不確定 JavaScript 將如何轉換運算元的型態，你可以使用一致運算子來關閉這個行為。

比較運算子

你可以使用比較運算子來測試除了相等與不相等之外的許多情況。JavaScript 也提供了 >（大於）、<（小於）、>=（大於或等於），以及 <=（小於或等於）四種運算子供你使用。範例 15-6 示範這些運算子的用法。

範例 *15-6* 四種比較運算子

```
<script>
  a = 7; b = 11
  if (a > b)  document.write("a is greater than b<br>")
  if (a < b)  document.write("a is less than b<br>")
  if (a >= b) document.write("a is greater than or equal to b<br>")
  if (a <= b) document.write("a is less than or equal to b<br>")
</script>
```

在這個範例中，a 是 7，b 是 11，下面是輸出（因為 7 小於 11，所以它也小於或等於 11）：

```
a is less than b
a is less than or equal to b
```

邏輯運算子

邏輯運算子可產生 true 或 false 結果，因此也稱為布林運算子。JavaScript 有三種邏輯運算子（見表 15-4）。

表 15-4 JavaScript 的邏輯運算子

邏輯運算子	說明
&&*(and)*	如果兩個運算元都是 true，則結果是 true
||*(or)*	如果任何一個運算元是 true，則結果是 true
!*(not)*	如果運算元是 false，則結果是 true，如果運算元是 true，則結果是 false

範例 15-7 是它們的用法，程式的輸出分別是 0、1 與 true。

範例 *15-7* 邏輯運算子的用法

```
<script>
  a = 1; b = 0
  document.write((a && b) + "<br>")
  document.write((a || b) + "<br>")
  document.write((  !b  ) + "<br>")
</script>
```

&& 陳述式的兩個運算元都是 true 才會回傳 true，|| 陳述式的任何一個值是 true 時就會回傳 true，第三個陳述式會對 b 的值執行 NOT，將它的值從 0 轉為 true。

|| 可能會導致意外問題，因為如果第一個運算元算出來是 true，JavaScript 就不會計算第二個運算元的值。在範例 15-8 中，如果 finished 的值是 1，那麼 getnext 函式永遠都不會被執行（這單純是為了舉例說明，getnext 的行為無關緊要，你只要將它想成一個被呼叫時會做某件事的函式即可）。

範例 15-8 使用 || 運算子的陳述式

```
<script>
  if (finished == 1 || getnext() == 1) done = 1
</script>
```

如果你想要在每一個 if 陳述式中呼叫 getnext，你可以將程式改為範例 15-9。

範例 15-9 修改 if...or 陳述式來讓 getnext 一定會被呼叫

```
<script>
  gn = getnext()
  if (finished == 1 OR gn == 1) done = 1;
</script>
```

如此一來，在函式 getnext 裡面的程式一定會執行，而且在執行 if 陳述式之前，它的回傳值會被存放在 gn 內。

表 15-5 是邏輯運算子的各種組合。別忘了，!true 等於 false，!false 等於 true。

表 15-5 所有可能的邏輯運算

輸入		運算子與結果	
a	b	&&	||
true	true	true	true
true	false	false	true
false	true	false	true
false	false	false	false

with 陳述式

這個 with 陳述式與你在 PHP 那一章看到的不一樣，因為它是 JavaScript 的獨有語法，而且你必須認識它，但不應該使用它（見第 361 頁）。它可以藉著將同一個物件的許多參考簡化成只有一個參考，來幫你簡化某些 JavaScript 陳述式。在 with 區塊裡面的所有屬性與方法的參考，都視為指向同一個物件。

例如，範例 15-10 的 document.write 函式從未以名稱來參考 string 變數。

範例 *15-10 使用 with 陳述式*

```
<script>
  string = "The quick brown fox jumps over the lazy dog"

  with (string)
  {
    document.write("The string is " + length + " characters<br>")
    document.write("In upper case it's: " + toUpperCase())
  }
</script>
```

雖然 document.write 並未直接參考 string，但是這段程式仍然輸出以下的結果：

The string is 43 characters
In upper case it's: THE QUICK BROWN FOX JUMPS OVER THE LAZY DOG

這段程式是這樣運作的：JavaScript 解譯器發現 length 屬性與 toUpperCase 方法必須套用到某個物件。因為它們獨立存在，所以解譯器假設它們適用於你用 with 陳述式指定的 string 物件。

我們不建議使用 with，而且 ECMAScript 5 嚴格模式已經禁用它了。我們建議的替代方案，是將你想要存取的屬性的物件指派給一個臨時變數。務必記得這件事，如此一來，當你在別人的程式中看到它時，可以更改它（在必要時），但你自己不要使用它。

使用 onerror

你可以使用 onerror 事件，或是 try 與 catch 關鍵字的組合來捕捉 JavaScript 的錯誤，並自行處理它們。

事件就是 JavaScript 可以偵測到的動作。網頁上的每一個元素都有一些可觸發 JavaScript 函式的事件。例如，你可以將按鈕元素的 onclick 事件設為：當使用者按下按鈕時，就呼叫並執行某個函式。

範例 15-11 是 onerror 事件的用法。

範例 15-11 使用 onerror 事件

```
<script>
  onerror = errorHandler
  document.writ("Welcome to this website") // Deliberate error

  function errorHandler(message, url, line)
  {
    out  = "Sorry, an error was encountered.\n\n";
    out += "Error: " + message + "\n";
    out += "URL: "   + url     + "\n";
    out += "Line: "  + line    + "\n\n";
    out += "Click OK to continue.\n\n";
    alert(out);
    return true;
  }
</script>
```

這個腳本的第一行,讓錯誤事件從現在開始使用新的 errorHandler 函式。

這個函式有三個參數:message、url 與 line 號碼,所以在警示快顯中顯示這些資訊非常簡單。

接下來,為了測試這個新函式,我們故意加上一段語法錯誤,將 document.write 寫成 document.writ(沒有結尾的 e)。圖 15-1 是在瀏覽器裡面執行這段腳本的結果。這種使用 onerror 的方式也很適合用來偵錯。

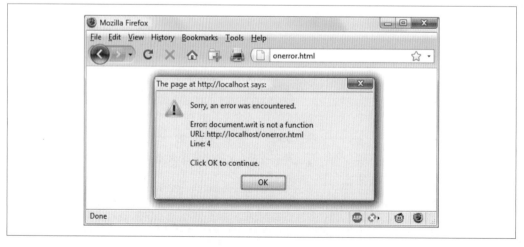

圖 15-1 使用 onerror 事件,以及顯示快顯

使用 try...catch

try 與 catch 關鍵字比上一節的 onerror 更標準且更靈活。你可以用這兩個關鍵字來捕捉一段自選程式的錯誤（而非文件內的所有腳本的錯誤）。但是它們無法捕捉語法錯誤，語法錯誤必須使用 onerror 來捕捉。

所有的主流瀏覽器都支援 try...catch。如果你想要捕捉某種狀態，並且知道程式的某個段落會造成該狀態，這種功能非常方便。

例如，我們將在第 18 章討論 Ajax 技術，它們使用 XMLHttpRequest 物件。因此，我們可以用 try 與 catch 來捕捉這種情況，並且在該函式無法使用時，採取其他的應對措施。見範例 15-12 的做法。

範例 15-12 使用 *try* 與 *catch* 來捕捉錯誤

```
<script>
  try
  {
    request = new XMLHTTPRequest()
  }
  catch(err)
  {
    // 使用不同的方法來建立 XMLHttpRequest 物件
  }
</script>
```

此外還有一個關鍵字可與 try 和 catch 一起使用，稱為 finally，無論在 try 子句裡面有沒有錯誤發生，它都會執行。你只要在 catch 陳述式後面加入下列這樣的陳述式即可使用它：

```
  finally
  {
    alert("The 'try' clause was encountered")
  }
```

條件式

條件式可改變程式的流程。你可以用它們來詢問問題，並且根據答案採取不同的動作。非迴圈條件式有三種：if 陳述式、switch 陳述式與 ? 運算子。

if 陳述式

本章已經有一些範例用過 if 陳述式了。這種陳述式裡面的程式只會在運算式算出來的結果是 true 時才會執行。多行的 if 陳述式必須加上大括號，但是與 PHP 一樣，單行的陳述式可以忽略大括號。但建議你始終使用大括號，尤其是在 if 陳述式裡面的行動數量可能會在開發的過程中改變時。因此，下列的陳述式是有效的：

```
if (a > 100)
{
  b=2
  document.write("a is greater than 100")
}

if (b == 10) document.write("b is equal to 10")
```

else 陳述式

你可以使用 else 陳述式在條件不符時執行另一段程式，例如：

```
if (a > 100)
{
  document.write("a is greater than 100")
}
else
{
  document.write("a is less than or equal to 100")
}
```

與 PHP 不同的是，JavaScript 沒有 elseif 陳述式，但是這不成問題，因為你可以在 else 後面加上另一個 if 來寫出 elseif 陳述式的效果，例如：

```
if (a > 100)
{
  document.write("a is greater than 100")
}
else if(a < 100)
{
  document.write("a is less than 100")
}
else
{
  document.write("a is equal to 100")
}
```

你可以在新的 if 後面使用另一個 else，在它後面可以再加上另一個 if 陳述式，以此類推。雖然我將這些陳述式放在大括號裡面，但因為它們都是單行的，所以這個例子也可以寫成：

```
if      (a > 100) document.write("a is greater than 100")
else if(a < 100) document.write("a is less than 100")
else             document.write("a is equal to 100")
```

switch 陳述式

如果某個變數或是運算式的結果可能有許多不同的值，而且你想要根據不一樣的值來執行不同的程式，你可以使用 switch 陳述式。

例如，下面的程式將第 4 章的 PHP 選單系統改成 JavaScript，它根據使用者的請求傳遞一個字串給主選單程式碼。假設它的選項是 Home、About、News、Login 與 Links，我們根據使用者的輸入，將其中一個選項存入變數 page。

範例 15-13 是用 if...else if... 來編寫這段程式的寫法。

範例 15-13 有很多行的 if...else if... 陳述式

```
<script>
  if      (page == "Home")  document.write("You selected Home")
  else if (page == "About") document.write("You selected About")
  else if (page == "News")  document.write("You selected News")
  else if (page == "Login") document.write("You selected Login")
  else if (page == "Links") document.write("You selected Links")
</script>
```

範例 15-14 是使用 switch 結構的寫法。

範例 15-14 switch 結構

```
<script>
  switch (page)
  {
    case "Home":
      document.write("You selected Home")
      break
    case "About":
      document.write("You selected About")
      break
    case "News":
```

```
    document.write("You selected News")
    break
  case "Login":
    document.write("You selected Login")
    break
  case "Links":
    document.write("You selected Links")
    break
  }
</script>
```

這段程式只在 switch 陳述式的開頭使用一次 page 變數，接下來用 case 指令來檢查符合的情況。如果出現相符的，JavaScript 就會執行符合的條件陳述式。當然，真正的程式會顯示或跳出一個網頁，而非只是簡單地告知哪個選項已被選擇。

你也可以讓多個 case 執行同一個動作。例如：

```
switch (heroName)
{
  case "Superman":
  case "Batman":
  case "Wonder Woman":
    document.write("Justice League")
    break
  case "Iron Man":
  case "Captain America":
  case "Spiderman":
    document.write("The Avengers")
    break
}
```

跳出

你可以在範例 15-14 中看到，如同 PHP，break 指令可以讓你的程式在條件滿足時跳出 switch 陳述式。除非你想要繼續執行下一個 case 下面的陳述式，否則別忘了加上 break。

預設動作

你可以使用 default 關鍵字來設定 switch 陳述式的預設動作，在沒有條件滿足時執行。範例 15-15 是可以插入範例 15-14 的一段程式。

範例 *15-15 可加入範例 15-14 的 default 陳述式*

```
default:
  document.write("Unrecognized selection")
  break
```

? 運算子

三元運算子（?）與 : 字元的組合可以讓你快速地執行 if...else 測試。你可以用它來編寫一個想要求值的運算式，然後在它後面加上一個 ? 符號，以及當運算式的結果是 true 時要執行的程式，之後再加上一個 :，以及當運算式的結果是 false 時要執行程式。

範例 15-16 的三元運算子可以印出變數 a 是否小於或等於 5，無論結果如何都會輸出一些文字。

範例 *15-16 使用三元運算子*

```
<script>
  document.write(
    a <= 5 ?
    "a is less than or equal to 5" :
    "a is greater than 5"
  )
</script>
```

我將陳述式分成好幾行來幫助你理解，但你可能比較喜歡寫成一行陳述式：

```
size = a <= 5 ? "short" : "long"
```

迴圈

關於迴圈，你會再次發現 JavaScript 與 PHP 有許多相似之處。這兩種語言都支援 while、do...while 與 for 迴圈。

while 迴圈

JavaScript 的 while 迴圈會先檢查一個運算式的值，唯有該值是 true 時，迴圈裡面的陳述式才會開始執行。如果它是 false，程式會跳到下一個 JavaScript 陳述式（如果有的話）。

結束一次迴圈迭代之後，程式會再次檢查運算式是不是 true，這個程序會持續下去，直到運算式的值是 false，或程式因為其他因素而停止執行為止。範例 15-17 是這種迴圈。

範例 15-17 while 迴圈

```
<script>
  counter=0

  while (counter < 5)
  {
    document.write("Counter: " + counter + "<br>")
    ++counter
  }
</script>
```

這個腳本會輸出：

```
Counter: 0
Counter: 1
Counter: 2
Counter: 3
Counter: 4
```

 如果 counter 變數在迴圈中沒有被遞增，有些瀏覽器可能會因為永不停止的迴圈而沒有反應，你甚至無法用 Escape 或 Stop 按鈕來終止網頁。所以，請謹慎地使用 JavaScript 迴圈。

do...while 迴圈

當你希望迴圈在做任何測試之前至少先迭代一次，你可以使用 do...while 迴圈，它與 while 迴圈很相似，但是會在每次的迴圈迭代之後才進行測試。因此，如果你要在 7 的乘法表輸出前 7 個結果，你可以使用範例 15-18 的程式。

範例 15-18 do...while 迴圈

```
<script>
  count = 1

  do
  {
    document.write(count + " times 7 is " + count * 7 + "<br>")
  } while (++count <= 7)
</script>
```

這個迴圈會輸出這個結果：

```
1 times 7 is 7
2 times 7 is 14
3 times 7 is 21
4 times 7 is 28
5 times 7 is 35
6 times 7 is 42
7 times 7 is 49
```

for 迴圈

for 迴圈將世界最美好的東西結合成一個迴圈結構，讓你可以傳遞三個陳述式參數：

- 初始運算式

- 條件運算式

- 修改運算式

它們是用分號分開的，例如：for (*expr1* ; *expr2* ; *expr3*)。初始運算式會在開始第一次迴圈迭代時執行。在 7 的乘法表中，count 會被設為初始值 1。接下來，每一次反覆執行迴圈時，JavaScript 都會測試條件運算式（在這個範例中，它是 count <= 7），當該條件是 true 時，才會進入迴圈內。最後，每一次迭代結束時，JavaScript 會執行修改運算式。在 7 的乘法表中，JavaScript 會遞增 count 變數。範例 15-19 是這段程式。

範例 *15-19* 使用 for 迴圈

```
<script>
  for (count = 1 ; count <= 7 ; ++count)
  {
    document.write(count + "times 7 is " + count * 7 + "<br>");
  }
</script>
```

如同 PHP，你可以在 for 迴圈的第一個參數中設定多個變數，並以逗點將它們分開，例如：

```
for (i = 1, j = 1 ; i < 10 ; i++)
```

你也可以在最後一個參數執行多個修改：

```
for (i = 1 ; i < 10 ; i++, --j)
```

或同時做這兩件事：

```
for (i = 1, j = 1 ; i < 10 ; i++, --j)
```

跳出迴圈

在 switch 陳述式裡面非常重要的 break 指令，也可以在 for 迴圈裡面使用。舉例來說，當你搜尋某個匹配的項目時，可能需要使用它，因為當你找到匹配項目之後，繼續搜尋只是在浪費時間，而且會讓你的訪客空等。範例 15-20 是 break 指令的用法。

範例 15-20 在 for 迴圈中使用 break 指令

```
<script>
  haystack     = new Array()
  haystack[17] = "Needle"

  for (j = 0 ; j < 20 ; ++j)
  {
    if (haystack[j] == "Needle")
    {
      document.write("<br>- Found at location " + j)
      break
    }
    else document.write(j + ", ")
  }
</script>
```

這個腳本會輸出：

```
0, 1, 2, 3, 4, 5, 6, 7, 8, 9, 10, 11, 12, 13, 14, 15, 16,
- Found at location 17
```

continue 陳述式

有時你不想要完全跳出迴圈，只想在這一次的迴圈迭代中，跳過剩餘的陳述式。在這種情況下，你可以使用 continue 指令。範例 15-21 是它的用法。

範例 15-21 在 for 迴圈中使用 continue 指令

```
<script>
  haystack     = new Array()
  haystack[4]  = "Needle"
  haystack[11] = "Needle"
```

```
  haystack[17] = "Needle"

  for (j = 0 ; j < 20 ; ++j)
  {
    if (haystack[j] == "Needle")
    {
      document.write("<br>- Found at location " + j + "<br>")
      continue
    }

    document.write(j + ", ")
  }
</script>
```

注意，我們不需要將第二個 document.write 放在 else 陳述式裡面（像之前那樣），因為當你找到匹配的目標時，coutinue 指令會跳過它。這個腳本的輸出是：

```
0, 1, 2, 3,
- Found at location 4
5, 6, 7, 8, 9, 10,
- Found at location 11
12, 13, 14, 15, 16,
- Found at location 17
18, 19,
```

明確地轉型

與 PHP 不同的是，JavaScript 沒有 (int) 或 (float) 等明確的轉型手段。如果你想要讓某個值成為特定的型態，你可以使用 JavaScript 內建的函式，如表 15-6 所示。

表 15-6 JavaScript 的轉型函式

轉成什麼型態	使用的函式
Int, Integer	parseInt()
Bool, Boolean	Boolean()
Float, Double, Real	parseFloat()
String	String()
Array	split()

因此，你可以使用下列的程式來將一個浮點數轉換成整數（它會顯示 3 這個值）：

```
n = 3.1415927
i = parseInt(n)
document.write(i)
```

或是使用複合格式：

```
document.write(parseInt(3.1415927))
```

以上是控制流程與運算式。下一章的重點是 JavaScript 函式、物件與陣列的用法。

問題

1. PHP 與 JavaScript 處理布林值的方式有什麼不同？

2. 哪些字元可用來定義 JavaScript 的變數名稱？

3. 一元、二元與三元運算子有什麼不同？

4. 自行設定運算子優先順序的最佳做法是什麼？

5. 何時該使用 ===（一致運算子）？

6. 最簡單的運算式形式是哪兩種？

7. 列出三種條件陳述式類型。

8. if 與 while 陳述式如何解譯不同資料型態的條件運算式？

9. 為何 for 迴圈的功能比 while 迴圈強大？

10. with 陳述式的功能是什麼？

解答請參考第 774 頁附錄 A 的「第 15 章解答」。

第 16 章

JavaScript 的函式、物件 與陣列

JavaScript 與 PHP 一樣，可以讓你使用函式與物件。事實上，JavaScript 是以物件為基礎來設計的，因為（之前說過）它必須操作 DOM，所以必須將 HTML 文件的所有元件當成物件來操作。

它們的用法與語法也與 PHP 的非常類似，因此當你學習 JavaScript 的函式、物件與陣列時，應該會駕輕就熟。

JavaScript 函式

你除了可以使用數十種內建函式（或方法）之外（例如你在 document.write 中用過的 write），你也可以輕鬆地建立自己的函式。如果你有一段可能會重複使用的複雜程式，可以將它寫成函式。

定義函式

函式的語法是：

```
function function_name([parameter [, ...]])
{
  陳述式
}
```

你可以在這個語法的第一行看到下列規則：

- 函式的定義是以 function 這個字開始的。

- 在它後面的名稱必須以字母或底線開頭，接下來可使用任何數量的字母、數字、錢號，或底線。

- 你一定要使用括號。

- 一或多個參數，以逗號分隔，參數是選用的（以中括號表示，它不是函式語法的一部分）。

函式名稱大小寫視為相異，因此下列的字串代表不同的函式：getInput、GETINPUT 與 getinput。

JavaScript 有一個函式命名慣例：函式名稱的每個單字的第一個字母都是大寫，但整個名稱的第一個字母是小寫。因此，就上述範例而言，大部分程式設計師都會使用 getInput 這個名稱。這種慣例稱為 *bumpyCaps*、*bumpyCase* 或 *camelCase*。

左大括號之後的陳述式就是呼叫函式時執行的程式，你必須用一個對應的右大括號來結束它。這些陳述式可能包含一個以上的 return 陳述式，return 會強制終止函式的執行，跳回呼叫函式的程式。在 return 陳述式後面加上值可讓呼叫該函式的程式碼取得該值。

arguments 陣列

每個函式都有 arguments 陣列。它可以讓你確認被傳入函式的變數數量，以及它們是什麼。我們以 displayItems 函式為例，範例 16-1 是編寫它的方式之一。

範例 16-1　定義函式

```
<script>
  displayItems("Dog", "Cat", "Pony", "Hamster", "Tortoise")

  function displayItems(v1, v2, v3, v4, v5)
  {
    document.write(v1 + "<br>")
    document.write(v2 + "<br>")
    document.write(v3 + "<br>")
    document.write(v4 + "<br>")
    document.write(v5 + "<br>")
  }
</script>
```

在瀏覽器裡面呼叫這個腳本之後，它會顯示出下列輸出：

```
Dog
Cat
Pony
Hamster
Tortoise
```

雖然這樣寫沒什麼問題，但如果你要傳遞五個以上的項目給函式呢？此外，多次呼叫 document.write 卻不使用迴圈是很低效的寫法。幸運的是，argument 陣列可讓你靈活地處理任何數量的引數。範例 16-2 以更高效的寫法來改寫程式，以示範它的用法。

範例 16-2 修改函式，使用 arguments 陣列

```
<script>
  let c = "Car"

  displayItems("Bananas", 32.3, c)

  function displayItems()
  {
    for (j = 0 ; j < displayItems.arguments.length ; ++j)
      document.write(displayItems.arguments[j] + "<br>")
  }
</script>
```

特別注意 length 屬性的用法（你在上一章看過它），也特別注意我將 j 變數當成位移值，用來參考 displayItems.arguments 陣列。為了保持函式的簡潔，我並未將 for 迴圈的內容放在大括號裡面，因為它只有一行陳述式。別忘了，迴圈在 j 比 length 小 1 時停止，而不是在等於 length 時。

透過這種技巧，你的函式可以使用任何數量的引數，並處理這些引數。

回傳值

函式並非只能用來顯示東西。事實上，它們的用途大都是執行計算或處理資料，然後回傳一個結果。範例 16-3 的 fixNames 函式使用 argument 陣列（上一節介紹的）來接收一組字串，並且將它們變成一個字串回傳。它做的「fix（修改）」就是將引數裡面的字元都轉換成小寫，並將每一個引數的第一個字元都改成大寫。

範例 16-3 整理全名

```
<script>
  document.write(fixNames("the", "DALLAS", "CowBoys"))

  function fixNames()
  {
    var s = ""

    for (j = 0 ; j < fixNames.arguments.length ; ++j)
      s += fixNames.arguments[j].charAt(0).toUpperCase() +
           fixNames.arguments[j].substr(1).toLowerCase() + " "

    return s.substr(0, s.length-1)
  }
</script>
```

如果我們呼叫這個函式，並傳入參數 the、DALLAS 與 CowBoys，這個函式會回傳字串：The Dallas Cowboys。讓我們來探討這個函式。

這個函式先將臨時的區域變數 s 的初始值設成空字串。接下來用一個 for 迴圈來遍歷每一個收到的參數，用 charAt 方法取出參數的第一個字元，再用 toUpperCase 方法將它轉換成大寫。這個範例使用的方法都是 JavaScript 內建的，在預設情況下就可以使用了。

然後我們使用 substr 方法來抓取字串剩餘的部分，用 toLowerCase 方法將它們轉換成小寫。substr 的完整版本可在第二個引數指定子字串有多少字元：

```
    substr(1, (arguments[j].length) - 1 )
```

換句話說，這個 substr 方法的意思是：「從 1 號位置的字元（第二個字元）開始，回傳其餘的字串（長度減一）」。不過，如果你省略第二個引數，substr 方法將假設你想取得其餘的字串。

將整個引數轉換成想要的大小寫之後，我們在最後面加上一個空白字元，並將結果附加到臨時變數 s。

最後，我們再次使用 substr 方法來回傳 s 的內容，排除最後一個不需要的空格。我們用 substr 來回傳最後一個字元之前的字串，來移除空格。

這個範例特別有趣，因為它用一個運算式來示範許多屬性與方法的用法，例如：

```
    fixNames.arguments[j].substr(1).toLowerCase()
```

你必須根據句點將這個陳述式分成幾個部分來解讀。JavaScript 會從左到右計算每一個陳述式的值：

1. 從函式本身的名稱開始：fixNames。

2. 從代表 fixNames 引數的陣列 arguments 中取出元素 j。

3. 對取出的元素呼叫 substr 並傳入參數 1。它會將字串第一個字元之外的部分傳給運算式的下一個部分。

4. 對迄今已傳遞的字串執行 toLowerCase 方法。

這個做法通常稱為**方法鏈**（*method chaining*）。例如，假如我們將字串 mixedCASE 傳入範例的運算式，它會一步一步執行以下轉換：

```
mixedCASE
ixedCASE
ixedcase
```

換句話說，fixNames.arguments[j] 會產生「mixedCASE」，接著 substr(1) 接收「mixedCASE」並產生「ixedCASE」，最後 toLowerCase() 接收「ixedCASE」並產生「ixedcase」。

最後要提醒你：在函式裡面建立的變數 s 是區域性的，因此沒辦法在函式外面存取。我們使用 return 陳述式來回傳 s，讓呼叫函式的程式可使用 s 的值，並且視需求儲存它，或以任何方式使用它。但是 s 本身會在函式結束時消失。雖然我們可以讓函式使用全域變數（有時這是必要的），但是比較好的方式是回傳你想要保留的值，並且讓 JavaScript 清除函式裡面使用的所有變數。

回傳陣列

範例 16-3 的函式只回傳一個參數，如果你想要回傳多個參數呢？此時，你可以回傳陣列，見範例 16-4。

範例 16-4 回傳陣列值

```
<script>
  words = fixNames("the", "DALLAS", "CowBoys")

  for (j = 0 ; j < words.length ; ++j)
    document.write(words[j] + "<br>")
```

```
    function fixNames()
    {
      var s = new Array()

      for (j = 0 ; j < fixNames.arguments.length ; ++j)
        s[j] = fixNames.arguments[j].charAt(0).toUpperCase() +
               fixNames.arguments[j].substr(1).toLowerCase()

      return s
    }
</script>
```

這段程式將變數 words 自動定義成陣列，並且將 fixNames 函式回傳的結果填入，接著用一個 for 迴圈來遍歷陣列，並顯示每一個成員。

fixNames 函式幾乎與範例 16-3 一樣，唯一不同的地方是它將變數 s 換成陣列。程式處理每一個單字之後，將它們存為陣列的元素，並且用 return 陳述式回傳它。

這個函式可讓我們從回傳值裡面取出各個參數，例如（它的輸出是 The Cowboys）：

```
    words = fixNames("the", "DALLAS", "CowBoys")
    document.write(words[0] + " " + words[2])
```

JavaScript 物件

JavaScript 的物件是變數的進化版，變數一次只能存放一個值，但是物件可以容納多個值，甚至多個函式。物件可將資料與處理資料的函式放在一起。

宣告類別

在使用物件之前，你必須先設計一個資料與程式碼的組合體，稱為**類別**。用類別來產生的物件都稱為該類別的**實例**（*instance* 或 *occurrence*）。在物件裡面的資料稱為它的**屬性**，物件使用的函式稱為**方法**。

我們來看一下如何宣告類別 User，以後我們會用它來儲存當前使用者的資料。

若要建立類別，你要先編寫一個名稱與類別相同的函式，這個函式可以接收引數（稍後會說明如何呼叫它），也可以建立物件的屬性與方法，這個函式叫做**建構式**。

範例 16-5 是 User 類別的建構式，它有三個屬性：forename、username 以及 password。這個類別也定義了 showUser 方法。

範例 16-5 宣告 User 類別與它的方法

```
<script>
  function User(forename, username, password)
  {
    this.forename = forename
    this.username = username
    this.password = password

    this.showUser = function()
    {
      document.write("Forename: " + this.forename + "<br>")
      document.write("Username: " + this.username + "<br>")
      document.write("Password: " + this.password + "<br>")
    }
  }
</script>
```

這個函式與之前的函式有幾個不同之處：

- 每當這個函式被呼叫時，它就會建立一個新物件。因此，舉例來說，你可以不斷使用不同的引數來呼叫同一個函式，以建立具有不同姓名的使用者。

- 這個函式使用一個稱為 this 的物件，它代表被建立出來的實例。在範例中，物件使用 this 這個名稱來設定它自己的屬性，User 的屬性彼此不同。

- 這個範例在函式裡面建立一個稱為 showUser 的新函式。這種新語法有點複雜，它的目的是為了讓 User 類別擁有 showUser。因此，showUser 是 User 類別的方法。

我的命名規則是用小寫來代表屬性名稱，並且在方法名稱中至少使用一個大寫字母，採取之前提過的 bumpyCaps 命名方式。

範例 16-5 按照建議的方式來編寫類別建構式，它在建構式裡面定義方法。但是，你也可以在建構式外面定義函式，並在建構式裡面引用它，如範例 16-6 所示。

範例 *16-6 在不同的地方定義類別與方法*

```
<script>
  function User(forename, username, password)
  {
    this.forename = forename
    this.username = username
    this.password = password
    this.showUser = showUser
  }

  function showUser()
  {
    document.write("Forename: " + this.forename + "<br>")
    document.write("Username: " + this.username + "<br>")
    document.write("Password: " + this.password + "<br>")
  }
</script>
```

之所以介紹這種格式，是因為你可能在別人的程式裡面看到它。

建立物件

你可以使用下列的陳述式來建立 User 類別的實例：

```
details = new User("Wolfgang", "w.a.mozart", "composer")
```

或先建立一個空物件：

```
details = new User()
```

之後再填入資料：

```
details.forename = "Wolfgang"
details.username = "w.a.mozart"
details.password = "composer"
```

你也可以將新屬性加入物件：

```
details.greeting = "Hello"
```

並且使用下列的陳述式來檢查該屬性是否已被加入：

```
document.write(details.greeting)
```

使用物件

若要使用物件，你可以參考它的屬性，如以下的兩個陳述式所示：

```
name = details.forename
if (details.username == "Admin") loginAsAdmin()
```

因此，你可以用下列的語法來使用 User 類別的 showUser 方法，其中的 details 物件已被建立並填入資料：

```
details.showUser()
```

假設你之前已經提供資料了，這段程式會顯示：

```
Forename: Wolfgang
Username: w.a.mozart
Password: composer
```

prototype 關鍵字

prototype 關鍵字可以為你節省許多記憶體空間。User 類別的每一個實體都有三個屬性與一個方法，因此，如果記憶體裡面有 1,000 個這個物件，showUser 方法也會被複製 1,000 次。然而，因為這個方法在每一個物件裡面都是一樣的，所以你只要讓新物件都參考同一個方法實例即可，不需要每次都建立一個複本。因此，你可以將類別建構式裡面的這段程式：

```
this.showUser = function()
```

換成：

```
User.prototype.showUser = function()
```

範例 16-7 是新建構式的樣子。

範例 16-7 使用 prototype 關鍵字來宣告方法

```
<script>
  function User(forename, username, password)
  {
    this.forename = forename
    this.username = username
    this.password = password
```

```
    User.prototype.showUser = function()
    {
      document.write("Forename: " + this.forename + "<br>")
      document.write("Username: " + this.username + "<br>")
      document.write("Password: " + this.password + "<br>")
    }
  }
</script>
```

這種做法可行的原因是所有的類別都有 prototype 屬性，它可以保存你不想在該類別的每一個物件中複製的屬性與方法，JavaScript 會以參考來將它們傳給它們的物件。

也就是說，你可以隨時添加一個 prototype 屬性或方法，讓所有的物件（甚至包括已經被建立出來的）繼承它，如下列陳述式所示：

```
    User.prototype.greeting = "Hello"
    document.write(details.greeting)
```

第一個陳述式將 prototype 屬性 greeting 加入 User 類別，且將它的值設為 Hello。第二行程式用已經被建立出來的物件 details 來顯示出這個新屬性。

你也可以用下列的方式來添加或修改類別中的方法：

```
    User.prototype.showUser = function()
    {
      document.write("Name "  + this.forename +
                     " User " + this.username +
                     " Pass " + this.password)
    }

    details.showUser()
```

你也可以將這幾行程式加入條件陳述式（例如 if）裡面，根據使用者的行為，來執行不同的 showUser 方法。執行這幾行程式後，即使物件 details 已經被做出來了，以後當你呼叫 details.showUser 時，將會執行新函式。showUser 的舊定義會被抹除。

靜態方法與屬性

當你學習 PHP 物件時，你已經知道類別可以擁有靜態屬性與方法，以及特定實例專屬的屬性與方法了。JavaScript 也提供靜態屬性與方法，你可以輕鬆地使用類別的 prototype 來儲存與取回它們。下列陳述式可設定並讀取 User 的靜態字串。

```
User.prototype.greeting = "Hello"
document.write(User.prototype.greeting)
```

擴充 JavaScript 物件

你甚至可以使用 prototype 在內建物件中加入新功能。例如，假設你想要加入一個功能，將字串的所有空格換成非換行空格，以避免它們換行，你可以在 JavaScript 預設的 String 物件定義中加入 prototype 方法：

```
String.prototype.nbsp = function()
{
  return this.replace(/ /g, ' ')
}
```

這個 replace 方法使用正規表達式來尋找所有單一空格，並將它們換成字串 。

 正規表達式是一種方便的工具，可讓你從字串中取出資訊，或處理字串，第 17 章會完整地介紹它。現在你只要複製並貼上這個範例，它們就會如我所說地運作，讓你看到擴展 JavaScript String 物件的威力。

當你輸入下列指令時：

```
document.write("The quick brown fox".nbsp())
```

它會輸出字串 The quick brown fox。你也可以加入下面的方法，來去除字串開頭以及結尾的空格（再度使用正規表達式）：

```
String.prototype.trim = function()
{
  return this.replace(/^\s+|\s+$/g, '')
}
```

執行下面的陳述式會輸出字串 Please trim me（它的前後空格已被移除了）：

```
document.write("  Please trim me    ".trim())
```

當你將運算式拆開時，你可以看到兩個 / 字元標示著運算式的開始與結束，最後面的 g 則指定全域搜尋。在運算式裡面，^\s+ 會在字串的開頭尋找一或多個空白字元，\s+$ 會在字串結尾尋找一或多個空白字元，中間的 | 字元是為了隔開兩者。

當字串符合兩條運算式之一時，符合的部分會被換成空字串，因此程式將回傳沒有開頭與結尾空白的字串。

 擴充物件是不是一件好事仍然存有爭議，有些程式設計師認為，如果你曾經擴充一個物件，後來官方又正式地擴充它來提供你加入過的功能，那個正式版可能是用另一種方式來實作的，或是做與你的版本非常不同的事情，這可能會造成衝突。但是有些程式設計師（例如 JavaScript 的發明者）認為擴充是絕對可以接受的。我屬於後者，但是在產品程式中，我會選擇官方最不可能採用的擴充名稱，舉例來說，我會將 trim 擴充程式改名為 mytrim，並且採取較安全的寫法：

```
String.prototype.mytrim = function()
{
  return this.replace(/^\s+|\s+$/g, '')
}
```

JavaScript 陣列

JavaScript 處理陣列的方式與 PHP 很像，但是兩者的語法有一些差異。儘管如此，因為你已經學過陣列了，這一節學起來應該很輕鬆。

數值陣列

你可以使用下列的語法來建立新的陣列：

```
arrayname = new Array()
```

或使用簡短的格式：

```
arrayname = []
```

指派元素值

在 PHP 中，當你要在陣列中加入一個新元素時，你只要指派它即可，不需要指定元素的位移值，例如：

```
$arrayname[] = "Element 1";
$arrayname[] = "Element 2";
```

在 JavaScript 中，你可以使用 push 方法來做同樣的事情，例如：

```
arrayname.push("Element 1")
arrayname.push("Element 2")
```

你不需要知道項目的數量，就可以在陣列中不斷地加入項目，當你想要知道陣列元素數量時，你可以使用 length 屬性，例如：

```
document.write(arrayname.length)
```

如果你想要自己記錄元素的位置，並且將它們放在特定位置，也可以使用下列的語法：

```
arrayname[0] = "Element 1"
arrayname[1] = "Element 2"
```

範例 16-8 這段簡單的腳本會建立一個陣列，在裡面存入一些值，然後將它們顯示出來。

範例 16-8 建立、填入並印出陣列

```
<script>
  numbers = []
  numbers.push("One")
  numbers.push("Two")
  numbers.push("Three")

  for (j = 0 ; j < numbers.length ; ++j)
    document.write("Element " + j + " = " + numbers[j] + "<br>")
</script>
```

這個腳本的輸出是：

```
Element 0 = One
Element 1 = Two
Element 2 = Three
```

使用 Array 關鍵字來賦值

你也可以使用 Array 關鍵字以及一些初始元素來建立陣列，例如：

```
numbers = Array("One", "Two", "Three")
```

當然，之後你也可以隨意加入更多元素。

現在你已經知道許多加入陣列項目的方法以及一種參考它們的方法了，JavaScript 還有很多功能可用，我很快就會一一介紹，但是在那之前，我們先來看一下另一種陣列類型。

關聯陣列

關聯陣列以名稱來參考元素，而不是以整數位移值來參考元素。但是 JavaScript 沒有關聯陣列，我們將建立一個物件，並在裡面加入一些屬性，讓它具有相同的行為，可產生相同的效果。

若要建立「關聯陣列」，你要先在大括號裡面定義一組元素。每一個元素都包含一個冒號（：），在冒號的左邊是索引鍵，在它右邊是內容。範例 16-9 是建立關聯陣列的方式，我們用這個陣列來儲存運動用品網路商店的「球類」資料。

範例 16-9 建立並顯示一個關聯陣列

```
<script>
  balls = {"golf":     "Golf balls, 6",
           "tennis":   "Tennis balls, 3",
           "soccer":   "Soccer ball, 1",
           "ping":     "Ping Pong balls, 1 doz"}

  for (ball in balls)
    document.write(ball + " = " + balls[ball] + "<br>")
</script>
```

為了確定我們已經正確地建立陣列並填入資料，我使用另一種形式的 for 迴圈，在裡面使用 in 關鍵字，它會建立一個只在陣列內使用的新變數（此例為 ball），並且遍歷在 in 關鍵字右邊的陣列內的所有元素（此例為 balls）。這個迴圈會處理 balls 的每一個元素，將鍵值放入 ball。

你也可以用 ball 裡面的鍵值來取出當前的 balls 元素的值。在瀏覽器執行這個範例會產生這個結果：

```
golf = Golf balls, 6
tennis = Tennis balls, 3
soccer = Soccer ball, 1
ping = Ping Pong balls, 1 doz
```

你可以明確地指定索引鍵來取出關聯陣列的特定元素（這個例子會輸出 Soccer ball, 1）：

```
document.write(balls['soccer'])
```

多維陣列

你只要在 JavaScript 陣列裡面放入其他陣列就可以建立多維陣列了。例如，你可以使用範例 16-10 來建立一個儲存二維棋盤資訊（8 × 8 格）的陣列。

範例 *16-10* 建立多維數值陣列

```
<script>
  checkerboard = Array(
    Array(' ', 'o', ' ', 'o', ' ', 'o', ' ', 'o'),
    Array('o', ' ', 'o', ' ', 'o', ' ', 'o', ' '),
    Array(' ', 'o', ' ', 'o', ' ', 'o', ' ', 'o'),
    Array(' ', ' ', ' ', ' ', ' ', ' ', ' ', ' '),
    Array(' ', ' ', ' ', ' ', ' ', ' ', ' ', ' '),
    Array('O', ' ', 'O', ' ', 'O', ' ', 'O', ' '),
    Array(' ', 'O', ' ', 'O', ' ', 'O', ' ', 'O'),
    Array('O', ' ', 'O', ' ', 'O', ' ', 'O', ' '))

  document.write("<pre>")

  for (j = 0 ; j < 8 ; ++j)
  {
    for (k = 0 ; k < 8 ; ++k)
      document.write(checkerboard[j][k] + " ")

    document.write("<br>")
  }

  document.write("</pre>")
</script>
```

在這個範例中，小寫字母代表黑色棋子，大寫代表白色。我們用用一對嵌套的 for 迴圈來遍歷陣列，並且顯示其內容。

外層的迴圈有兩個陳述式，所以我用一個大括號來將它們包起來。內層的迴圈會逐一處理每一個方塊，輸出位於 [j][k] 的字元，並在它後面加上空格（為了排列結果）。這個迴圈只有一個陳述式，因此不需要大括號。我們也用 <pre> 與 </pre> 標籤來確保輸出正確的結果：

```
      o   o   o   o
    o   o   o   o
      o   o   o   o


    0   0   0   0
      0   0   0   0
    0   0   0   0
```

你也可以用中括號來直接存取陣列內的任何一個元素：

```
document.write(checkerboard[7][2])
```

這個陳述式會輸出大寫的 0，它的位置是由上往下算來第八列，由左算起第三個，別忘了，陣列的索引是從 0 開始的，不是從 1 開始。

使用陣列方法

由於陣列的功能十分強大，JavaScript 內建了許多方法，可讓你操作它們以及裡面的資料。以下是一些最好用的方法。

some

當你想要知道是否至少有一個陣列元素符合某個條件時，你可以使用 some 函式，它會檢查所有元素，並且在找到符合的元素時自動停止執行，並回傳你需要的值。它可以節省你編寫這種搜尋程式的時間，其用法為：

```
function isBiggerThan10(element, index, array)
{
  return element > 10
}

result = [2, 5, 8, 1, 4].some(isBiggerThan10); // 結果將是 false
result = [12, 5, 8, 1, 4].some(isBiggerThan10); // 結果將是 false
```

indexOf

你可以用 indexOf 函式來查詢某個元素在陣列中的位置，如果它找到元素，它會回傳元素的位移值（從 0 開始算起），如果沒有找到，則回傳 -1。例如，下面的程式會將 offset 設為 2：

```
animals = ['cat', 'dog', 'cow', 'horse', 'elephant']
offset = animals.indexOf('cow')
```

concat

concat 方法可以串接兩個陣列，或是在陣列裡面的一串值。例如，下列的程式會輸出 Banana,Grape,Carrot,Cabbage：

```
fruit = ["Banana", "Grape"]
veg   = ["Carrot", "Cabbage"]

document.write(fruit.concat(veg))
```

你可以用引數傳入多個陣列，此時，concat 會按照陣列的順序來添加它們的所有元素。

以下是 concat 的另一種用法，這一次它將一般的值接到 pets，輸出 Cat,Dog,Fish,Rabbit, Hamster：

```
pets      = ["Cat", "Dog", "Fish"]
more_pets = pets.concat("Rabbit", "Hamster")

document.write(more_pets)
```

forEach

JavaScript 的 forEach 方法也可以產生類似 PHP 關鍵字 foreach 的效果。在使用它時，你必須將函式的名稱傳給它，JavaScript 會呼叫該函式來處理陣列的每個元素。見範例 16-11 的用法。

範例 16-11 使用 forEach 方法

```
<script>
  pets = ["Cat", "Dog", "Rabbit", "Hamster"]
  pets.forEach(output)

  function output(element, index, array)
  {
    document.write("Element at index " + index + " has the value " +
      element + "<br>")
  }
</script>
```

這個例子將 output 函式傳給 forEach。output 函式有三個參數：element、元素的 index，以及 array，你的函式可以視需求使用它們。這個範例使用函式 document.write 來顯示 element 與 index 值。

將資料填入陣列之後，我們這樣呼叫這個方法：

```
pets.forEach(output)
```

其輸出為：

```
Element at index 0 has the value Cat
Element at index 1 has the value Dog
Element at index 2 has the value Rabbit
Element at index 3 has the value Hamster
```

join

你可以用 join 方法來將陣列的所有值轉換成字串，並且在它們之間放入自選的分隔符號，再將它們組成一個大字串。範例 16-12 是它的三種用法：

範例 16-12 使用 join 方法

```
<script>
  pets = ["Cat", "Dog", "Rabbit", "Hamster"]

  document.write(pets.join()     + "<br>")
  document.write(pets.join(' ')   + "<br>")
  document.write(pets.join(' : ') + "<br>")
</script>
```

如果你沒有傳入參數，join 會使用逗號來分隔元素；否則，join 會在每個元素之間插入你傳入的字串。範例 16-12 的輸出為：

```
Cat,Dog,Rabbit,Hamster
Cat Dog Rabbit Hamster
Cat : Dog : Rabbit : Hamster
```

push 與 pop

你已經知道 push 方法可以將一個值插入陣列了，它的反向方法是 pop。pop 會刪除最後一個被插入陣列的元素，並且將它回傳。範例 16-13 是它的用法。

範例 16-13 使用 *push* 與 *pop* 方法

```
<script>
  sports = ["Football", "Tennis", "Baseball"]
  document.write("Start = "      + sports +  "<br>")

  sports.push("Hockey")
  document.write("After Push = " + sports +  "<br>")

  removed = sports.pop()
  document.write("After Pop = "  + sports +  "<br>")
  document.write("Removed = "    + removed + "<br>")
</script>
```

我用粗體字來指出這段腳本的三個主要陳述式。腳本先建立一個名為 sports,內含三個元素的陣列;之後再將那個元素 pop 回來。這個範例在過程中使用 document.write 來顯示當前的值。這段腳本的輸出是:

```
Start = Football,Tennis,Baseball
After Push = Football,Tennis,Baseball,Hockey
After Pop = Football,Tennis,Baseball
Removed = Hockey
```

push 與 pop 函式很適合在你想要從一個動作轉換到另一個動作,再回到原本動作時使用。例如,假設你想要將某些活動延後,來處理一些比較重要的事情。在現實生活中,當我們在瀏覽「待辦事項」清單時經常做這種事情,讓我們用程式來模擬它。如範例 16-14 所示,在一個包含 6 個項目的清單中,2 號與 5 號工作需要優先處理。

範例 16-14 在迴圈裡面與外面使用 push 與 pop

```
<script>
  numbers = []

  for (j=1 ; j<6 ; ++j)
  {
    if (j == 2 || j == 5)
    {
      document.write("Processing 'todo' #" + j + "<br>")
    }
    else
    {
      document.write("Putting off 'todo' #" + j + " until later<br>")
      numbers.push(j)
```

```
    }
  }
  document.write("<br>Finished processing the priority tasks.")
  document.write("<br>Commencing stored tasks, most recent first.<br><br>")

  document.write("Now processing 'todo' #" + numbers.pop() + "<br>")
  document.write("Now processing 'todo' #" + numbers.pop() + "<br>")
  document.write("Now processing 'todo' #" + numbers.pop() + "<br>")
</script>
```

當然，這段程式只是在瀏覽器顯示文字，並未實際處理任何事情，但你可以體會它的意思。這個範例的輸出是：

```
Putting off 'todo' #1 until later
Processing 'todo' #2
Putting off 'todo' #3 until later
Putting off 'todo' #4 until later
Processing 'todo' #5

Finished processing the priority tasks.
Commencing stored tasks, most recent first.

Now processing 'todo' #4
Now processing 'todo' #3
Now processing 'todo' #1
```

使用 reverse

reverse 可將陣列的元素順序全部反過來。範例 16-15 展示它的動作。

範例 16-15 使用 reverse 方法

```
<script>
  sports = ["Football", "Tennis", "Baseball", "Hockey"]
  sports.reverse()
  document.write(sports)
</script>
```

這段程式會修改原始的陣列，這段腳本的輸出是：

```
Hockey,Baseball,Tennis,Football
```

sort

sort 方法可以根據你傳入的參數，以字母或其他順序來排序陣列內的所有元素。範例 16-16 是四種排序類型。

範例 16-16 使用 sort 方法

```
<script>
  // 字母排序
  sports = ["Football", "Tennis", "Baseball", "Hockey"]
  sports.sort()
  document.write(sports + "<br>")

  // 反向字母排序
  sports = ["Football", "Tennis", "Baseball", "Hockey"]
  sports.sort().reverse()
  document.write(sports + "<br>")

  // 數值升序排序
  numbers = [7, 23, 6, 74]
  numbers.sort(function(a,b){return a - b})
  document.write(numbers + "<br>")

  // 數值降序排序
  numbers = [7, 23, 6, 74]
  numbers.sort(function(a,b){return b - a})
  document.write(numbers + "<br>")
</script>
```

這四段程式的第一段使用預設的 sort 方法來執行*字母排序*，第二段使用預設的 sort 與 reverse 方法來執行*反向字母排序*。

第三段與第四段比較複雜一些，它們使用一個函式來比較 a 與 b 之間的關係。這個函式沒有名稱，因為它只在這個排序中使用。我們曾經使用一個名為 function 的函式來建立匿名函式，當時用它在類別中定義方法（showUser 方法）。

在這裡，function 建立一個匿名函式來滿足 sort 方法的需求。如果匿名函式回傳的值大於零，則 sort 認為 b 在 a 的前面。如果匿名函式回傳的值小於零，則 sort 認為 a 在 b 的前面。sort 會對陣列的所有值執行匿名函式來決定它們的順序。（當然，如果 a 與 b 的值一樣，匿名函式會回傳零，哪個值在前面都無所謂。）

範例 16-16 的第三段與第四段程式藉由處理回傳的值（a - b 與 b - a）來進行數值升序排序與數值降序排序。

相信嗎？JavaScript 的簡介到此告一段落了！你現在已經掌握本書的三項主要技術的核心知識了。下一章會介紹這些技術的進階技術，例如模式比對與輸入驗證。

問題

1. JavaScript 的函式與變數名稱是否將大小寫視為相異？

2. 如何寫出一個可以接收並處理無限個參數的函式？

3. 說出一種讓函式回傳多個值的做法。

4. 當你定義類別時，你會使用哪個關鍵字來引用當前的物件？

5. 類別的方法一定要在類別的定義裡面定義嗎？

6. 建立物件的關鍵字是什麼？

7. 如何讓一種類別的所有物件都可以使用某個屬性或方法，而不需要在物件中複製它們？

8. 如何建立多維陣列？

9. 建立關聯陣列的語法是什麼？

10. 寫出一個陳述式來對陣列中的數字進行降序排序。

解答請參考第 775 頁附錄 A 的「第 16 章解答」。

第 17 章

JavaScrpit 與 PHP 的驗證與錯誤處理

打下堅實的 PHP 與 JavaScript 基礎之後，我們要將這些技術整合起來了，接下來要討論如何製作方便的網頁表單。

我們將使用 PHP 來建立表單，用 JavaScript 來執行用戶端驗證，以確保使用者送出完整且正確的資料。我們以 PHP 程式來執行最終的輸入驗證，必要時，它會再次顯示表單來讓使用者修改。

本章也會在過程中討論 JavaScript 與 PHP 的驗證與正規表達式。

用 JavaScript 來驗證使用者輸入

JavaScript 驗證機制應視為協助使用者的工具，而不是協助網站的工具，因為之前已經強調多次了，即使伺服器收到的資料已經用 JavaScript 驗證過了，你也不能信任它，因為駭客很容易模仿你的網頁表單，並且送出自製的資料。

不要用 JavaScript 來驗證輸入的另一個原因在於，有些使用者會停用 JavaScript，或使用不支援 JavaScript 的瀏覽器。

因此，JavaScript 最適合用來確認欄位已被填入內容（如果它們不能空白）、檢查 email 地址格式是否正確，與確保輸入的值在預期的範圍內。

validate.html 文件（第一部分）

讓我們從大多數的網站都具備的註冊表單看起，這種表單可讓會員或使用者進行註冊。它的輸入項目包括名字、姓氏、帳號、密碼、年齡與 *email* 地址。範例 17-1 是個不錯的表單範本。

範例 17-1 以 JavaScript 進行驗證的表單（第一部分）

```
<!DOCTYPE html>
<html>
  <head>
    <title>An Example Form</title>
    <style>
      .signup {
        border:1px solid #999999;
        font:  normal 14px helvetica;
        color: #444444;
      }
    </style>
    <script>
      function validate(form)
      {
        fail  = validateForename(form.forename.value)
        fail += validateSurname(form.surname.value)
        fail += validateUsername(form.username.value)
        fail += validatePassword(form.password.value)
        fail += validateAge(form.age.value)
        fail += validateEmail(form.email.value)

        if   (fail == "")   return true
        else { alert(fail); return false }
      }
    </script>
  </head>
  <body>
    <table class="signup" border="0" cellpadding="2"
             cellspacing="5" bgcolor="#eeeeee">
      <th colspan="2" align="center">Signup Form</th>
      <form method="post" action="adduser.php" onsubmit="return validate(this)">
        <tr><td>Forename</td>
          <td><input type="text" maxlength="32" name="forename"></td></tr>
        <tr><td>Surname</td>
          <td><input type="text" maxlength="32" name="surname"></td></tr>
        <tr><td>Username</td>
          <td><input type="text" maxlength="16" name="username"></td></tr>
```

```
      <tr><td>Password</td>
        <td><input type="text" maxlength="12" name="password"></td></tr>
      <tr><td>Age</td>
        <td><input type="text" maxlength="3"  name="age"></td></tr>
      <tr><td>Email</td>
        <td><input type="text" maxlength="64" name="email"></td></tr>
      <tr><td colspan="2" align="center"><input type="submit"
        value="Signup"></td></tr>
    </form>
  </table>
 </body>
</html>
```

目前，這個表單可以正確地顯示，但無法自行驗證，因為我們尚未加入驗證函式。儘管如此，請將它存為 *validate.html*，在瀏覽器執行它會出現圖 17-1 的畫面。

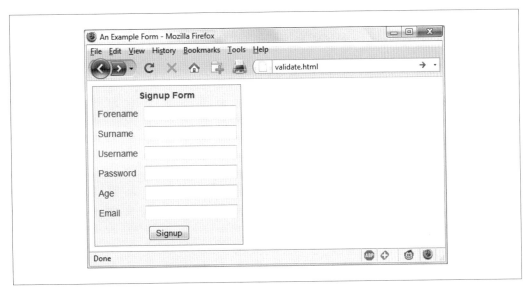

圖 17-1 範例 17-1 的輸出

我們來看看這個文件是如何組成的。前幾行程式會設定文件，並使用一些 CSS，讓表單看起不那麼單調。接下來是與 JavaScript 有關的部分，我以粗體來標示。

在 `<script>` 與 `</script>` 標籤之間有一個稱為 `validate` 的函式，它會呼叫六個其他的函式來驗證表單的每一個輸入欄位。我們很快就會討論這些函式。先稍微說明一下，如果欄位通過驗證，它們會回傳空字串，如果驗證失敗，它們會回傳錯誤訊息。如果有任何錯誤，腳本的最後一行會跳出警示方塊，並且將它們顯示出來。

通過驗證的話，validate 函式會回傳 true 值，否則回傳 false。validate 回傳的值非常重要，因為如果它回傳 false，表單就不會被傳出去，讓使用者可以關閉警示視窗並修改資料。如果它回傳 true，代表表單欄位沒有錯誤，因此表單會被送出去。

範例的第二個部分是表單的 HTML，它將每一個欄位及其名稱放在表格中專屬的一列。這是一段非常簡單的 HTML，除了開頭的 <form> 標籤後面的 onSubmit="return validate(this)" 陳述式之外，你可以使用 onSubmit 來指定表單被送出時執行的函式。這個函式可以執行某些檢查，並回傳 true 或 false 值來表示這個表單可否送出。

this 參數代表當前的物件（也就是這個表單），我們將它傳入剛才提到的 validate 函式。validate 函式以 form 物件來接收這個參數。

這個表單的 HTML 只有在 onSubmit 屬性呼叫 return 時使用 JavaScript。停用或不支援 JavaScript 的瀏覽器會忽略 onSubmit 屬性，但仍然可以正常顯示 HTML。

validate.html 文件（第二部分）

接著，我們來討論範例 17-2：六個實際驗證表單欄位的函式。建議你輸入第二部分，將它放在範例 17-1 的 *validate.html* 的 <script>...</script> 區域裡面。

範例 *17-2 以 JavaScript 進行驗證的表單*（第二部分）

```
function validateForename(field)
{
  return (field == "") ? "No Forename was entered.\n" : ""
}

function validateSurname(field)
{
  return (field == "") ? "No Surname was entered.\n" : ""
}

function validateUsername(field)
{
  if (field == "") return "No Username was entered.\n"
  else if (field.length < 5)
    return "Usernames must be at least 5 characters.\n"
  else if (/[^a-zA-Z0-9_-]/.test(field))
```

```
      return "Only a-z, A-Z, 0-9, - and _ allowed in Usernames.\n"
  return ""
}

function validatePassword(field)
{
  if (field == "") return "No Password was entered.\n"
  else if (field.length < 6)
    return "Passwords must be at least 6 characters.\n"
  else if (!/[a-z]/.test(field) || ! /[A-Z]/.test(field) ||
          !/[0-9]/.test(field))
    return "Passwords require one each of a-z, A-Z and 0-9.\n"
  return ""
}

function validateAge(field)
{
  if (field == "" || isNaN(field)) return "No Age was entered.\n"
  else if (field < 18 || field > 110)
    return "Age must be between 18 and 110.\n"
  return ""
}

function validateEmail(field)
{
  if (field == "") return "No Email was entered.\n"
    else if (!((field.indexOf(".") > 0) &&
              (field.indexOf("@") > 0)) ||
            /[^a-zA-Z0-9.@_-]/.test(field))
      return "The Email address is invalid.\n"
  return ""
}
```

我們從 validateForename 開始依序討論每一個函式，讓你知道如何進行驗證。

驗證名字

validateForename 是一個非常短的函式，它有一個參數：field，它是 validate 函式傳入的名字（forename）。

如果這個值是空字串，validateForename 會回傳一個錯誤訊息，否則回傳空字串，代表沒有遇到任何錯誤。

如果使用者在這個欄位中輸入空格，validateForename 也可以接受，即使使用者是故意留白的。你可以修正這個行為，做法是加入其他的陳述式，先將欄位裡面的空白移除，再檢查欄位是不是空的，並使用正規表達式來確認欄位有空白之外的文字，或是（也是我在這裡所做的）允許使用者傳出錯誤的內容，並且在伺服器上使用 PHP 程式來捕捉這個錯誤。

驗證姓氏

validateSurname 函式與 validateForename 幾乎一模一樣，它只會在姓氏是空字串時回傳錯誤。我並未限制可在這兩個欄位使用的字元種類，所以它們可以接受非英文字元和重音符號之類的字元。

驗證帳號

validateUsername 函式比較有趣一些，因為它的工作比較複雜。它只容許字元 a-z、A-Z、0-9、_ 與 -，而且會確保帳戶至少有五個字元。

首先，if...else 陳述式會在 field 沒有被填入資料時回傳錯誤。如果資料不是空字串，但是字元長度小於五，函式會回傳另一個錯誤。

接下來，它呼叫 JavaScript 的 test 函式，傳入一段正規表達式（找出不屬於允許字元的字元）來比對 field（見第 402 頁的「正規表達式」）。只要發現一個不合法的字元，test 函式就會回傳 true，進而讓 validateUser 回傳一個錯誤字串。

驗證密碼

validatePassword 函式也使用類似的技術。這個函式先檢查 field 欄位是不是空的，如果是，就會回傳錯誤。接下來，在密碼少於六個字元時回傳錯誤訊息。

我們要求密碼必須至少要有一個小寫、一個大寫與一個數字，因此呼叫三次 test 函式，每次處理一個條件。如果任何一次呼叫回傳 false，那就代表有一個條件不滿足，因此回傳錯誤訊息，否則回傳空字串，代表密碼是可接受的。

驗證年齡

validateAge 會在 field 不是數字（呼叫 isNaN 函式來判斷）時回傳錯誤訊息，如果年齡小於 18 或大於 110，這個函式也會回傳錯誤。你的應用程式可能會設定不同的年齡條件，或不設定任何條件。這個函式同樣在驗證成功時回傳空字串。

驗證 email

email 地址是用 validateEmail 來驗證的，這是最後一個，也是最複雜的函式。函式會檢查有沒有內容被輸入，如果沒有內容就回傳錯誤訊息，然後呼叫兩次 JavaScript 函式 indexOf。第一次呼叫檢查欄位的第一個字元之後有沒有句點（.），第二次呼叫檢查第一個字元之後有沒有 @。

如果這兩項檢查都通過，我們呼叫 test 函式來檢查欄位裡面有沒有不准使用的字元，如果任何一項測試失敗，我們就回傳錯誤訊息。如同傳給 test 方法的正規表達式所描述的，使用者可以在 email 地址中使用的字元包括大寫與小寫字母、數字，以及 _ 、-、.與 @ 字元。如果沒有錯誤，函式回傳一個空字串來代表驗證成功。最後一行程式結束腳本與文件。

圖 17-2 是使用者沒有完成任何欄位就按下 Signup 按鈕的結果。

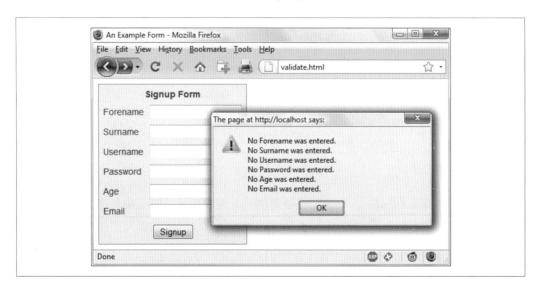

圖 17-2　JavaScript 表單驗證

使用獨立的 JavaScript 檔案

這六個函式被寫成通用的,以後可以在各種驗證中使用,所以很適合移到一個獨立的 JavaScript 檔案裡面。你可以為這個檔案取一個類似 *validate_functions.js* 的檔名,並且在範例 17-1 開頭的腳本段落之後,以這個陳述式將它 include 進來:

```
<script src="validate_functions.js"></script>
```

正規表達式

讓我們更仔細地討論一下之前做的模式比對。我們用**正規表達式**來做這件事,JavaScript 與 PHP 都支援正規表達式,它可以讓你在一個運算式裡建構強大的模式比對演算法。

以特殊字元來比對

正規表達式必須放在一對斜線(**/ /**)之間。在這對斜線之間,有些字元有特殊的意義,它們稱為**特殊字元**(*metacharacters*)。例如,星號(*****)的意思與殼層(shell)或 Windows 命令提示字元中的用法相似(但不完全一樣)。星號的意思是:你想要尋找的文字的前面可能有任何數量的字元,包括零個。

假設你要尋找 *Le Guin* 這個名字,有人會在拚寫時加上空格,有人不會。因為文字的排列格式很奇怪(例如,有人會插入多餘的空格,來讓文字靠右對齊),你可能要在這段文字中搜尋:

```
The    difficulty  of    classifying Le    Guin's    works
```

因此你需要比對 *LeGuin*,以及 *Le* 和 *Guin* 之間有許多空格的狀況,辦法是在一個空格後面加上星號:

```
/Le *Guin/
```

這段文字除了名字 Le Guin 之外還有許多文字,但沒關係,只要正規表達式比對出這列文字的一部分,**test** 函式就會回傳 **true** 值。如果你想要確保一行文字中只有 Le Guin 怎麼做?稍後會教你方法。

如果你知道至少會有一個空格，你可以使用加號（+），代表比對對象至少必須有一個加號前面的字元：

```
/Le +Guin/
```

模糊字元比對

句號（.）非常好用，因為它可以比對換行之外的字元。假設你要尋找 HTML 標籤，它們的開頭是 <，結尾是 >。有一種簡單的做法是：

```
/<.*>/
```

句號可以比對任何字元，* 進一步延伸，可比對零個或多個字元，因此它的意思是：比對介於 < 與 > 之間的東西，即使在它們之間沒有任何東西，你可以比對出 <>、<em>、
……等。但是如果你不想要比對空的案例 <>，你就要將 * 換成 +：

```
/<.+>/
```

加號可延伸句號，讓它比對一或多個字元，這段程式的意思是：比對介於 < 與 > 之間的任何東西，只要在它們之間至少有一個字元即可。你將比對出 <em> 與 </em>，<h1> 與 </h1>，以及含有屬性的標籤，例如：

```
<a href="www.mozilla.org">
```

然而，加號會一直比對，直到一列的最後一個 > 為止，因此，你可能比對出這個結果：

```
<h1><b>Introduction</b></h1>
```

裡面有不只一個標籤！稍後會告訴你更好的做法。

 如果你在角括號之間使用句號，而且沒有在它後面加上 + 或 *，它會比對一個字元，因此你將比對出 <b> 與 <i>，但不會比對出 <em> 或 <textarea>。

如果你想要比對句點本身（.），你要加上反斜線（\）來將它轉義，否則它是特殊字元，可比對任何東西。例如，如果你想要比對浮點數 5.0，它的正規表達式是：

```
/5\.0/
```

反斜線可以轉義任何特殊字元，包括另一個反斜線（假設你想要比對文字中的反斜線）。不過，麻煩的是，反斜線有時會讓接下來的字元有特別的含義，稍後你會看到。

我們剛才比對出浮點數，但是也許你想要比對 5. 和 5.0，因為就浮點數而言，它們是相同的東西。你可能也想要比對 5.00、5.000……等，無論後面有多少零，此時你可以加上星號，例如你看過的：

```
/5\.0*/
```

用括號來分組

假設你想要比對計量單位的遞增次方，例如 kilo、mega、giga 以及 tera。也就是說，你想要比對這些數字：

```
1,000
1,000,000
1,000,000,000
1,000,000,000,000
...
```

此時你也可以使用加號，但是你必須將字串 ,000 組成一組，讓加號可以比對整個字串。它的正規表達式是：

```
/1(,000)+ /
```

括號的意思是「在使用加號之類的東西時，將這些字元視為一組」。它不會比對出 1,00,000 與 1,000,00，因為對象必須先有一個 1，然後有一或多個完整的群組（逗點加三個零）。

在 + 後面的空格代表：在遇到空格時結束比對。如果沒有這個空格，它會錯誤地比對出 1,000,00，因為它只考慮前面的 1,000，忽視剩餘的 ,00。在加號後面加上空格可以確保比對持續到數字結束為止。

字元類別

有時你要比對一些模糊（fuzzy）但沒有廣義到需要使用句點的東西。模糊性是正規表達式的優點：它可讓你根據需求進行精確比對或模糊比對。

成對的中括號（[]）支援模糊比對的重要功能。它與句點一樣，可比對一個字元，但是你可以在括號裡面放入一串可比對的東西。如果目標出現任何一個字元，它就會比對出該文字。例如，如果你想要比對出美式拼字 *gray* 與英式拼字 *grey*，你可以使用：

/gr[ae]y/

在 gr 後面的字母可以是 a 或 e，但兩者只能出現一個：不管你在括號裡面放什麼，它都只比對一個字元。在括號裡面的字元群組稱為**字元類別**（*character class*）。

指定範圍

你可以在括號裡面使用連字號（-）來指定範圍。它經常被用來比對一個數字，你可以這樣指定範圍：

/[0-9]/

因為數字在正規表達式裡面經常出現，所以正規表達式有一個專門代表數字的字元：\d。在比對數字時，你可以用它來取代括號：

/\d/

否定

中括號還有一個很重要功能：**否定**字元類別。你可以在開頭的括號後面加上一個插入符號（^）來否定整個字元類別。此時它代表「找出不屬於接下來的字元的任何字元」。假如你想找出缺少驚嘆號的 Yahoo,（這家公司的官方名稱有一個驚嘆號！），你可以使用：

/Yahoo[^!]/

這個字元類別只有一個字元：驚嘆號，但是因為它前面有一個 ^，所以它被否定了。其實這不是很好的做法，例如，當 Yahoo 的位置在一行文字的結尾時，這種做法就會失效，因為在它後面沒有任何東西了。較好的做法需要用到 negative *lookahead*（比對接下來沒有任何其他東西的東西），但這個主題不在本書的討論範圍，請參考網路上的文件（*https://tinyurl.com/regexdocs*）。

比較複雜的案例

了解字元類別與否定之後，我們來討論更好的 HTML 標籤比對方法。這種方法可以避免超出單一標籤的結尾，但仍然可以比對出 `<em>` 與 `</em>` 這類的標籤，以及帶有屬性的標籤，例如：

```
<a href="www.mozilla.org">
```

這是其中一種解決方案：

```
/<[^>]+>/
```

這個正規表達式看起來很像我把水倒在鍵盤上之後，慌亂之間打出來的字，但它絕對有效，而且非常實用。我們來解析它。圖 17-3 展示它的各個元素，接下來我會一個一個講解它們。

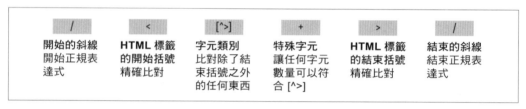

圖 17-3 分解一個典型的正規表達式

這些元素是：

/

　　開始斜線，指出這是一個正規表達式。

<

　　HTML 標籤的開始括號。這是精確比對，它不是特殊字元。

[^>]

　　字元類別。裡面的 ^> 代表「比對除了結束的角括號之外的任何東西」。

+

　　讓前面的 [^>] 可比對出任何字元數量，至少有一個字元即可。

>

結束的 HTML 標籤括號，這是精確匹配。

/

結束的斜線代表正規表達式結束。

 另一種比對 HTML 標籤的做法是使用非貪婪操作（nongreedy operation）。在預設的情況下，模式比對是貪婪的（greedy），它會回傳最長的比對結果。非貪婪（或惰性，lazy）比對會找出最短的比對結果，它的用法不在本書的討論範圍，詳情可參考 JavaScript.info 網站（*https://tinyurl.com/ regexgreedy*）。

接著我們來看範例 17-1 的正規表達式，`validateUsername` 曾經使用它：

```
/[^a-zA-Z0-9_-]/
```

圖 17-4 是它的各個元素。

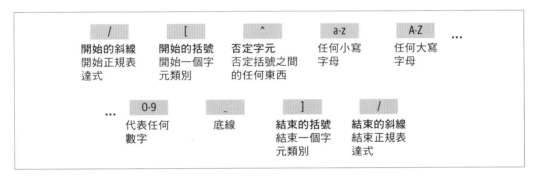

圖 17-4 分解 validateUsername 的正規表達式

我們來詳細說明這些元素：

/

開始斜線，指出這是一個正規表達式。

[

開頭的括號，開始一個字元類別。

^

> 否定字元：否定括號之間的任何東西。

a-z

> 代表任何小寫字母。

A-Z

> 代表任何大寫字母。

0-9

> 代表任何數字。

_

> 底線。

-

> 虛線。

]

> 結束括號，結束字元類別。

/

> 結束的斜線，代表正規表達式結束。

我們還有兩個重要的特殊字元。它們可以「錨定」正規表達式，規定它們必須出現在特定的地方。如果正規表達式的開頭有一個插入符號（^），代表這個正規表達式必須出現在一行文字的開頭，否則就不相符。同樣的，如果正規表達式的結尾有一個錢號（$），代表這個表達式必須出現在一列文字的結尾。

 ^ 在中括號裡面代表「否定字元類別」，在正規表達式的開頭卻代表「比對一列文字的開頭」，正規表達式用同樣的字元來代表二件不同的事情，你一定要謹慎地使用它。

接下來，在結束正規表達式的基礎教學之前，我們要回答之前的問題：如何確保一行文字裡面只有正規表達式代表的東西？如果你只想要找到除了「Le Guin」之外沒有任何其他東西的一行文字時，該怎麼寫？我們可以修改之前的正規表達式，錨定字串的兩端：

```
/^Le *Guin$/
```

特殊字元摘要

表 17-1 是可以在正規表達式裡面使用的特殊字元。

表 17-1 正規表達式的特殊字元

特殊字元	說明
/	開始與結束正規表達式
.	比對除了換行符號之外的任何單一字元
element*	比對 element 零或多次
element+	比對 element 一或多次
element?	比對 element 零或一次
[characters]	比對在括號內的一個字元
[^characters]	比對不在括號內的單一字元
(regex)	將 regex 視為一個群組來比對，或視為後續的 *、+ 或 ? 的目標
left|right	比對 left 或 right
[l-r]	比對 l 與 r 範圍之間的字元
^	比對字串的開頭
$	比對字串的結尾
\b	比對文字邊界
\B	比對不是文字邊界的地方
\d	比對一個數字
\D	比對一個非數字
\n	比對換行字元
\s	比對空白字元
\S	比對非空白字元
\t	比對 tab 字元
\w	比對單字（word）字元（a-z、A-Z、0-9，與 _）
\W	比對非單字字元（除了 a-z、A-Z、0-9，與 _ 之外的任何字元）
\x	比對 \x（當 \x 是特殊字元，但其實你想要比對真正的 \x 時使用）

特殊字元	說明
{n}	比對 n 次
{n,}	比對 n 次以上
{min,max}	比對最少 min 次，最多 max 次

有了這張表之後，再看一次表達式 /[^a-zA-Z0-9_]/，你可以看到，它可以縮短成 /[^\w]/，因為特殊字元 \w（使用小寫 w）就代表 a-z、A-Z、0-9，與 _ 了。

事實上，我們還有更聰明的做法。因為特殊字元 \W（使用大寫 W）代表除了 a-z、A-Z、0-9，與 _ 之外的所有字元，我們可以移除 ^，只使用 /[\W]/，甚至進一步移除中括號，變成 /\W/，因為它只有一個字元。

為了讓你更了解表達式的原理，表 17-2 列出一些表達式，與符合它們的模式。

表 17-2 正規表達式範例

範例	說明
r	在 *The quick brown* 裡面的第一個 *r*
rec[ei][ei]ve	*receive* 或 *recieve*（但 *receeve* 或 *reciive* 也行）
rec[ei]{2}ve	*receive* 或 *recieve*（但 *receeve* 或 *reciive* 也行）
rec(ei|ie)ve	*receive* 或 *recieve*（但 *receeve* 或 *reciive* 不行）
cat	*I like cats and dogs* 裡面的 *cat*
cat|dog	*I like cats and dogs* 裡面的 *cat*（可比對 *cat* 或 *dog*，看先遇到哪一個）
\.	*.*（必須使用 \，因為 *.* 是特殊字元）
5\.0*	*5.*、*5.0*、*5.00*、*5.000*……等。
[a-f]	以下任何字元：*a*、*b*、*c*、*d*、*e* 或 *f*。
cats$	僅 *My cats are friendly cats* 的最後一個 *cats*
^my	僅 *my cats are my pets* 的第一個 *my*
\d{2,3}	任何二位或三位數（*00* 到 *999*）
7(,000)+	*7,000*、*7,000,000*、*7,000,000,000*、*7,000,000,000,000*……等。
[\w]+	任何一個有一個以上字元的單字
[\w]{5}	有五個字元的任何單字

一般修飾符號

正規表達式也提供一些其他的修飾符號：

- /g 可啟用全域比對。當你進行替換時，使用這個修飾符號，可以將所有相符的地方都換掉，而不是只換掉第一個。

- /i 可讓正規表達式將大小寫視為相異來比對。因此，你可以將 /[a-zAZ]/ 換成 /[a-z]/i 或 /[A-Z]/i。

- /m 可啟用多行模式，此時插入符號（^）與錢號（$）可比對目標字串中的任何換行符號的前面與後面。在多行的字串中，通常 ^ 只比對字串的開頭，$ 只比對字串的結尾。

舉例來說，表達式 /cats/g 可比對出 *I like cats, and cats like me* 裡面的兩個 *cats*。同樣的，/dogs/gi 可比對出 *Dogs like other dogs* 裡面的兩個 *dogs*（*Dogs* 與 *dogs*），因為你可以一起使用這些修飾符號。

在 JavaScript 裡面使用正規表達式

在 JavaScript 裡，通常你會在兩個方法裡面使用正規表達式：test（你已經看過了）與 replace。test 只會回傳引數是否符合正規表達式，而 replace 會使用第二個參數，即用來替換符合的對象的字串。如同大部分的函式，replace 會產生一個新的字串，並將它當成回傳值，這個函式不會改變輸入的資料。

我們來比較這兩種方法。下面的陳述式只回傳 true，讓我們知道單字 *cats* 在這個字串裡面至少出現一次：

```
document.write(/cats/i.test("Cats are funny. I like cats."))
```

但是下面的陳述式會將兩個 *cats* 換成 *dogs*，並印出結果。這次的搜尋是全域的（/g），它會找出所有實例，而且將大小寫視為相異（/i），以找出首字大寫的 *Cats*：

```
document.write("Cats are friendly. I like cats.".replace(/cats/gi,"dogs"))
```

執行這個陳述式可以看到 replace 的限制：因為它將文字換成你要求它使用的字串，所以第一個單字 *Cats* 被換成 *dogs*，而不是 *Dogs*。

在 PHP 裡面使用正規表達式

最常使用正規表達式的 PHP 函式是 preg_match、preg_match_all 與 preg_replace。

若要檢查單字 *cats* 是否出現在字串中的任意位置，無論它的大小寫組合是什麼，你可以這樣使用 preg_match：

```
$n = preg_match("/cats/i", "Cats are crazy. I like cats.");
```

因為 PHP 用 1 代表 TRUE，用 0 代表 FLASE，所以這個陳述式會將 $n 設成 1。它的第一個引數是正規表達式，第二個引數是比對的目標。但是 preg_match 其實是更強大且更複雜的函式，因為它可以使用第三個參數來顯示符合的文字：

```
$n = preg_match("/cats/i", "Cats are curious. I like cats.", $match);
echo "$n Matches: $match[0]";;
```

第三個引數是陣列（在這裡，它的名稱是 $match）。這個函式會將符合的文字放入第一個元素，因此如果成功比對，你可以在 $match[0] 找到那一個字，這個範例的輸出可讓我們知道符合的文字的第一個字母是大寫的：

1 Matches: Cats

你可以使用 preg_match_all 函式來找出每一個符合的實例：

```
$n = preg_match_all("/cats/i", "Cats are strange. I like cats.", $match);
echo "$n Matches: ";
for ($j=0 ; $j < $n ; ++$j) echo $match[0][$j]." ";
```

與之前一樣，我們將 $match 傳入函式，元素 $match[0] 會被填入符合的東西，但這一次它是個次級陣列。這個範例使用 for 迴圈來迭代這個次級陣列，以顯示它。

如果你要替換部分的字串，你也可以這樣使用 preg_replace，這個範例會將所有的 *cats* 換成 *dogs*，無論大小寫如何：

```
echo preg_replace("/cats/i", "dogs", "Cats are furry. I like cats.");
```

 正規表達式是個龐大的主題，坊間有許多書籍專門討論它。如果你想進一步了解它，建議你參考維基（*http://bit.ly/regex-wiki*），或 Regular-Expressions.info（*https://www.regular-expressions.info*）。

在進行 PHP 驗證之後重新顯示表單

OK，讓我們回到表單驗證。我們已經建立了 HTML 文件 *validate.html*，它會被 post 到 PHP 程式 *adduser.php*，但只在 JavaSciprt 已經驗證欄位，或是 JavaScript 被停用或無法使用的情況下才會如此。

因此，接下來我們要建立 *adduser.php* 來接收被 post 出來的表單，執行它自己的驗證程序，並且在驗證失敗時再次顯示表單。請輸入範例 17-3 的程式，並將它儲存（或從本書網站下載）。

範例 17-3 adduser.php 程式

```php
<?php // adduser.php

  // PHP 碼

  $forename = $surname = $username = $password = $age = $email = "";

  if (isset($_POST['forename']))
    $forename = fix_string($_POST['forename']);
  if (isset($_POST['surname']))
    $surname  = fix_string($_POST['surname']);
  if (isset($_POST['username']))
    $username = fix_string($_POST['username']);
  if (isset($_POST['password']))
    $password = fix_string($_POST['password']);
  if (isset($_POST['age']))
    $age      = fix_string($_POST['age']);
  if (isset($_POST['email']))
    $email    = fix_string($_POST['email']);

  $fail  = validate_forename($forename);
  $fail .= validate_surname($surname);
  $fail .= validate_username($username);
  $fail .= validate_password($password);
  $fail .= validate_age($age);
  $fail .= validate_email($email);

  echo "<!DOCTYPE html>\n<html><head><title>An Example Form</title>";

  if ($fail == "")
  {
```

```php
    echo "</head><body>Form data successfully validated:
      $forename, $surname, $username, $password, $age, $email.</body></html>";

    // 這裡是將 post 過來的欄位放入資料庫的地方，
    // 最好可以使用雜湊來加密密碼。

    exit;
}

echo <<<_END

    <!-- HTML/JavaScript 段落 -->

    <style>
      .signup {
        border: 1px solid #999999;
      font:    normal 14px helvetica; color:#444444;
      }
    </style>

    <script>
      function validate(form)
      {
        fail  = validateForename(form.forename.value)
        fail += validateSurname(form.surname.value)
        fail += validateUsername(form.username.value)
        fail += validatePassword(form.password.value)
        fail += validateAge(form.age.value)
        fail += validateEmail(form.email.value)

        if (fail == "")    return true
        else { alert(fail); return false }
      }

      function validateForename(field)
      {
        return (field == "") ? "No Forename was entered.\\n" : ""
      }

      function validateSurname(field)
      {
        return (field == "") ? "No Surname was entered.\\n" : ""
      }

      function validateUsername(field)
      {
```

```
        if (field == "") return "No Username was entered.\\n"
      else if (field.length < 5)
        return "Usernames must be at least 5 characters.\\n"
      else if (/[^a-zA-Z0-9_-]/.test(field))
        return "Only a-z, A-Z, 0-9, - and _ allowed in Usernames.\\n"
      return ""
    }

    function validatePassword(field)
    {
      if (field == "") return "No Password was entered.\\n"
      else if (field.length < 6)
        return "Passwords must be at least 6 characters.\\n"
      else if (!/[a-z]/.test(field) || ! /[A-Z]/.test(field) ||
              !/[0-9]/.test(field))
        return "Passwords require one each of a-z, A-Z and 0-9.\\n"
      return ""
    }

    function validateAge(field)
    {
      if (isNaN(field)) return "No Age was entered.\\n"
      else if (field < 18 || field > 110)
        return "Age must be between 18 and 110.\\n"
      return ""
    }

    function validateEmail(field)
    {
      if (field == "") return "No Email was entered.\\n"
        else if (!((field.indexOf(".") > 0) &&
                  (field.indexOf("@") > 0)) ||
                  /[^a-zA-Z0-9.@_-]/.test(field))
          return "The Email address is invalid.\\n"
      return ""
    }
  </script>
</head>
<body>

  <table border="0" cellpadding="2" cellspacing="5" bgcolor="#eeeeee">
    <th colspan="2" align="center">Signup Form</th>

      <tr><td colspan="2">Sorry, the following errors were found<br>
        in your form: <p><font color=red size=1><i>$fail</i></font></p>
      </td></tr>
```

```
    <form method="post" action="adduser.php" onSubmit="return validate(this)">
      <tr><td>Forename</td>
        <td><input type="text" maxlength="32" name="forename" value="$forename">
      </td></tr><tr><td>Surname</td>
        <td><input type="text" maxlength="32" name="surname"  value="$surname">
      </td></tr><tr><td>Username</td>
        <td><input type="text" maxlength="16" name="username" value="$username">
      </td></tr><tr><td>Password</td>
        <td><input type="text" maxlength="12" name="password" value="$password">
      </td></tr><tr><td>Age</td>
        <td><input type="text" maxlength="3"  name="age"      value="$age">
      </td></tr><tr><td>Email</td>
        <td><input type="text" maxlength="64" name="email"    value="$email">
      </td></tr><tr><td colspan="2" align="center"><input type="submit"
        value="Signup"></td></tr>
    </form>
  </table>
</body>
</html>

_END;

  // PHP 函式

  function validate_forename($field)
  {
    return ($field == "") ? "No Forename was entered<br>": "";
  }

  function validate_surname($field)
  {
    return($field == "") ? "No Surname was entered<br>" : "";
  }

  function validate_username($field)
  {
    if ($field == "") return "No Username was entered<br>";
    else if (strlen($field) < 5)
      return "Usernames must be at least 5 characters<br>";
    else if (preg_match("/[^a-zA-Z0-9_-]/", $field))
      return "Only letters, numbers, - and _ in usernames<br>";
    return "";
  }

  function validate_password($field)
```

```
{
  if ($field == "") return "No Password was entered<br>";
  else if (strlen($field) < 6)
    return "Passwords must be at least 6 characters<br>";
  else if (!preg_match("/[a-z]/", $field) ||
           !preg_match("/[A-Z]/", $field) ||
           !preg_match("/[0-9]/", $field))
    return "Passwords require 1 each of a-z, A-Z and 0-9<br>";
  return "";
}

function validate_age($field)
{
  if ($field == "") return "No Age was entered<br>";
  else if ($field < 18 || $field > 110)
    return "Age must be between 18 and 110<br>";
  return "";
}

function validate_email($field)
{
  if ($field == "") return "No Email was entered<br>";
    else if (!((strpos($field, ".") > 0) &&
               (strpos($field, "@") > 0)) ||
               preg_match("/[^a-zA-Z0-9.@_-]/", $field))
      return "The Email address is invalid<br>";
  return "";
}

function fix_string($string)
{
  if (get_magic_quotes_gpc()) $string = stripslashes($string);
  return htmlentities ($string);
}
?>
```

 這個範例會先淨化所有的輸入（包括密碼），將它們轉換成 HTML 實體再使用它們，因為裡面可能有可格式化 HTML 的字元。例如，& 會被換成 & ，< 會被換成 < 等等。如果你用雜湊函式來儲存加密的密碼，只要你在檢查使用者輸入的密碼時，用相同的方式對它進行淨化，再進行比對，這就不成問題。

圖 17-5 是在停用 JavaScript 的情況下送出表單的結果（裡面有兩個輸入錯誤資料的欄位）。

圖 17-5 在 PHP 驗證失敗後顯示的表單

我用粗體字來表示 PHP 的部分（以及修改 HTML 的部分），讓你可以清楚地看出這段程式與範例 17-1 和 17-2 的差異。

如果你完整地閱讀這個範例（或輸入它，或是從本書的範例版本庫 *https://github.com/RobinNixon/lpmj6* 下載它），你可以看到 PHP 程式幾乎是 JavaScript 程式的翻版，它在非常相似的函式中，使用同樣的正規表達式來驗證每一個欄位。

但是程式中仍然有一些需要注意的地方。首先，`fix_string` 函式（在結束的部分）的功用是淨化每一個欄位，以防止任何程式碼注入。

另外，你可以在 PHP 程式的 `<<<_END... _END;` 結構裡面看到範例 17-1 的 HTML，它的用途是顯示表單，裡面有訪客上一次輸入的值。你只要在每一個 `<input>` 標籤加入 `value` 參數就可以產生這個效果（例如 `value="$forename"`）。強烈建議你採取這種體貼的作法，讓使用者不需要重新輸入所有欄位，只要修改輸入過的資料即可。

在現實世界中，你應該不會從範例 17-1 的 HTML 表單開始編寫程式，而是直接編寫範例 17-3 的 PHP 程式，並整合所有 HTML。當然，你也要稍微調整一下，避免當使用者第一次呼叫程式，所有欄位都是空的時候，顯示錯誤訊息。也許你也可以採取第 402 頁的「使用獨立的 JavaScript 檔案」介紹的做法，將六個 JavaScript 函式搬到它們自己的 *.js* 檔，在需要它們時再分別 include 進來。

你已經知道如何將 PHP、HTML 以及 JavaScript 整合在一起了，下一章會介紹 *Ajax*（Asynchronous JavaScript and XML），它可以在幕後以 JavaScript 呼叫伺服器，來無縫地更新部分的網頁，以免將整個網頁重新送給 web 伺服器。

問題

1. 在提交表單之前，你可以用哪一種 JavaScript 方法來發送表單以進行驗證？

2. 哪一個 JavaScript 方法可用來比對字串與正規表達式？

3. 使用正規表達式語法，寫出一則正規表達式來比對不屬於某個單字（word）的任何字元。

4. 寫出一則正規表達式來比對下列任一單字：*fox* 或 *fix*。

5. 寫出一個正規表達式來比對在非單字（nonword）字元之前的任何一個單字（word）字元。

6. 使用正規表達式來編寫一個 JavaScript 函式，以檢查 *fox* 是否在字串 The quick brown fox 裡面。

7. 使用正規表達式來編寫一個 PHP 函式，將 The cow jumps over the moon 裡面的 *the* 都換成 *my*。

8. 哪一個 HTML 屬性的用途是在欄位裡面預先填入資料？

解答請參考第 776 頁附錄 A 的「第 17 章解答」。

第 18 章

使用非同步通訊

Ajax 這個名詞是在 2005 年出現的。它的意思是非同步 *JavaScript* 與 *XML*（*Asynchronous JavaScript and XML*），簡單來說，它的意思是：用 JavaScript 內建的方法在瀏覽器與伺服器之間私下傳送資料。現在這個術語基本上已經被棄用了，取代它的是簡單的非同步通訊。

Google 地圖是這種技術的傑出案例（見圖 18-1），它可以在必要時從伺服器下載部分的地圖，而不需要重新整理整個網頁（page refresh）。

使用非同步通訊不但可以減少資料往返的傳輸量，也可以讓網頁變成無縫動態，讓網頁更像自成一體的應用程式。因此，它可以改善使用者介面，並且提供更好的反應速度。

圖 18-1 Google 地圖是一種傑出的非同步通訊案例

什麼是非同步通訊？

現今的非同步通訊始於 1999 年 Internet Explorer 5 版本問世的時候，當時它引入新的 ActiveX 物件：XMLHttpRequest。ActiveX 是 Microsoft 的技術，其用途是註冊外掛程式，可將額外的軟體安裝在電腦上。其他瀏覽器開發商也紛紛效仿，但他們並未使用 ActiveX，而是將功能做成 JavaScript 解譯器本身的一部分。

但是，在那之前，這種技術的雛型已經出現了，它們在網頁裡面使用隱藏的框架，與伺服器私下互動。聊天室很早就開始使用這種技術了，它用這種技術來進行輪詢，或是在不重新載入網頁的情況下顯示新文章。

讓我們來看看如何使用 JavaScript 來實作非同步通訊。

使用 XMLHttpRequest

在過去，進行 Ajax 呼叫是非常痛苦的事情，因為不同的瀏覽器以不同的方法實作它，尤其是在不同版本的 Microsoft Internet Explorer 之間。幸運的是，現在的情況已經改善很多了，我們只要統一使用簡單的 XMLHttpRequest 物件即可。

舉例來說，你可以用這段程式來發出 GET 請求：

```
let XHR = new XMLHttpRequest()

XHR.open("GET", "resource.info", true)
XHR.setRequestHeader("Content-type", "application/x-www-form-urlencoded")
XHR.send()
```

將 GET 換成 POST 即可發出 POST 請求，就這麼簡單。

你的第一個非同步程式

請輸入範例 18-1，並將它存為 *urlpost.html*，但先不要在瀏覽器載入它。

範例 *18-1 urlpost.html*

```
<!DOCTYPE html>
<html> <!-- urlpost.html -->
  <head>
    <title>Asynchronous Communication Example</title>
  </head>
  <body style='text-align:center'>
    <h1>Loading a web page into a DIV</h1>
    <div id='info'>This sentence will be replaced</div>

    <script>
      let XHR = new XMLHttpRequest()

      XHR.open("POST", "http://127.0.0.1/18/urlpost.php", true)
      XHR.setRequestHeader("Content-type", "application/x-www-form-urlencoded")
      XHR.send("url=news.com")

      XHR.onreadystatechange = function()
      {
        if (this.readyState == 4 && this.status == 200)
        {
          document.getElementById("info").innerHTML = this.responseText
        }
```

```
    }
  </script>
  </body>
</html>
```

讓我們來逐行討論這份文件，看看它做了哪些事情。前八行的工作只是設定 HTML 文件與顯示頁首。下一行建立一個 ID 為 info 的 <div>，裡面有一段預設文字：This sentence will be replaced by default。我們將會在這裡插入呼叫回傳的文字。

接下來，我們建立一個新的 XMLHttpRequest 物件，稱為 XHR。我們藉著呼叫 XHR.open 來開啟要載入的資源。在這個例子中，為了避免現代瀏覽器的跨源 Ajax 問題，我們選擇 http://127.0.0.1 作為 localhost IP 位址，然後是第 18 章的資料夾，然後是 PHP 程式 urlpost.php，我們很快就會講解它。

 如果你在第 2 章用 AMPPS（或類似的 WAMP、LAMP 或 MAMP）來設置開發伺服器、從 GitHub（*https://github.com/RobinNixon/lpmj6*）下載範例檔案，並將它們存放在伺服器的主目錄裡面（按照該章的指示），那麼第 18 章的程式就會被放在正確的地方，所以這段程式可以正確執行。如果你的設定有任何不同，或你在自選網域的開發伺服器上執行這段程式，你就要相應地修改這段程式裡面的這些值。

指定想要載入的資源之後，我們呼叫 XHR.setRequestHeader，傳入想要傳給資源伺服器的標頭，並在呼叫 XHR.send 時傳入要 post 出去的值。在這個例子中，它是 *news.com* 的首頁。

readyState 屬性

接下來是非同步呼叫的核心，主角是 readyState 屬性。它可讓瀏覽器持續接收使用者的輸入並改變畫面，同時，每當 readyState 改變時，程式就會設定 onreadystatechange 屬性，來呼叫我們選擇的函式。這個例子使用一個無名的（或匿名的）行內函式，而不是獨立的、有名稱的函式。這種函式稱為回呼（*callback*）函式，因為每次 readyState 改變時，我們就會呼叫它。

用行內的匿名函式來設定回呼函式的語法是：

```
XHR.onreadystatechange = function()
{
  if (this.readyState == 4 && this.status == 200)
  {
```

```
    // 做某些事情
  }
}
```

如果你想要使用獨立的、有名稱的函式，你就要使用稍微不同的語法：

```
XHR.onreadystatechange = asyncCallback

function asyncCallback()
{
  if (this.readyState == 4 && this.status == 200)
  {
    // 做某些事情
  }
}
```

實際上，readyState 可能有五種值，但我們只關心其中一種：4，它代表呼叫已完成。因此，每當有新函式被呼叫時，除非 readyState 的值是 4，否則它會直接 return，不做任何事情。當我們的函式偵測到這個值的時候，它會檢查這次呼叫的 status 值是不是 200，這個值代表這次呼叫已經成功了。

> 你可以看到，我們用 this.readyState、this.status 等方式來引用物件的屬性，而不是使用物件的名稱 XHR，例如 XHR.readyState 或 XHR.status。因為這種寫法可讓你輕鬆地複製與貼上程式，這段程式在任何名稱的物件裡面都可以正常地動作，因為 this 關鍵字代表當前的物件。

確定 readyState 是 4，且 status 是 200 之後，我們取出 responseText 的值，並將它放入 id 被設為 info 的 <div> 的 inner HTML：

```
document.getElementById("info").innerHTML = this.responseText
```

這一行程式用 getElementById 方法來參考 info 元素，接著將它的 innerHTML 屬性設成呼叫回傳的值。它的效果是改變網頁的這個元素，同時維持其他內容不變。

伺服器端的非同步程序

接下來要看的是 PHP 端的程式，也就是範例 18-2，輸入這段程式，並將它存為 *urlpost. php*。

範例 18-2 urlpost.php

```php
<?php // urlpost.php
  if (isset($_POST['url']))
  {
    echo file_get_contents('http://' . SanitizeString($_POST['url']));
  }

  function SanitizeString($var)
  {
    $var = strip_tags($var);
    $var = htmlentities($var);
    return stripslashes($var);
  }
?>
```

你可以看到，這段程式很簡潔，它也使用一直都很重要的 SanitizeString 函式來淨化被 post 來的資料。在這個例子中，使用者可能會用未淨化的資料來插入 JavaScript 並入侵你的程式。

這段程式使用 PHP 函式 file_get_contents 來載入變數 $_POST['url'] 裡面的 URL 的網頁。file_get_contents 是一種多用途的函式，它可以從本地端或遠端伺服器載入整個檔案或網頁的內容，甚至可以處理已被移除的網頁，以及其他的轉址。

輸入程式之後，你可以在瀏覽器中叫出 urlpost.html，經過幾秒之後，你可以看到被載入 <div> 的 news.com 首頁的內容。

 現代的跨源安全措施使得 Ajax 不像以前那麼好用，因為你必須精確且清楚地知道如何載入檔案。如果你在 localhost 的開發伺服器上面執行這個範例，你必須用檔案的 IP 位址來引用它。因此，舉例來說，如果你將範例檔案存放在第 2 章設置的 AMPPS 伺服器的主目錄中，檔案將被放在名為 18 的子目錄中。

在瀏覽器輸入下列網址來測試程式：

```
http://127.0.0.1/18/urlpost.html
```

它的速度不像直接載入網頁那麼快，因為它會被傳遞兩次，一次傳到伺服器，一次從伺服器送到你的瀏覽器。圖 18-2 是執行結果。

圖 18-2 news.com 首頁

我們不但成功地發出一個非同步呼叫,將回應回傳給 JavaScript,也活用 PHP 的威力,將完全不相關的 web 物件合併。順便一提,如果我們設法以非同步的方式直接抓取這個網頁(而不是使用 PHP 伺服器端模組),我們將無法成功,因為網路會有其他的安全措施阻止跨網域非同步通訊。所以,這個範例也示範了一種實際問題的解決方案。

以 GET 取代 POST

當你從表單送出任何資料時,你也可以用 GET 請求來傳送,這種做法可會為你省下幾行程式。但是它有一個缺點:有些瀏覽器會將 GET 請求存入快取,但沒有瀏覽器會將 POST 請求存入快取。我們不想要將請求存入快取,因為如此一來,瀏覽器就會重新顯示上一次收到的東西,而不是向伺服器索取新的資料。解決這種問題的方法就是在每一個請求中加入隨機的參數,來確保每次請求的 URL 都是獨特的。

範例 18-3 示範如何使用 GET 請求(而不是 POST)來產生範例 18-1 的結果。

範例 *18-3 urlget.html*

```html
<!DOCTYPE html>
<html> <!-- urlget.html -->
  <head>
    <title>Asynchronous Communication Example</title>
  </head>
  <body style='text-align:center'>
    <h1>Loading a web page into a DIV</h1>
    <div id='info'>This sentence will be replaced</div>

    <script>
      let nocache = "&nocache=" + Math.random() * 1000000
      let XHR     = new XMLHttpRequest()

      XHR.open("GET", "http://127.0.0.1/18/urlget.php?url=news.com" + nocache, true)
      XHR.send()

      XHR.onreadystatechange = function()
      {
        if (this.readyState == 4 && this.status == 200)
        {
          document.getElementById("info").innerHTML = this.responseText
        }
      }
    </script>
  </body>
</html>
```

我用粗體字來表示兩份文件的差異，說明如下：

- 我們不需要為 GET 請求傳送標頭。

- 我們在呼叫 open 方法時使用 GET 請求，並且提供一個 URL，這個 URL 含有 ? 符號以及一對參數與值 url=news.com。

- 我們用 & 符號來提供第二對參數與值，然後將 nocache 參數設為一個介於零和一百萬之間的隨機值。這是為了確保每個 URL 請求都是不一樣的，如此一來才不會有任何一個請求被存入快取。

- 我們在呼叫 send 時沒有傳入引數，因為以 POST 請求來傳遞的東西都不需要它。

我們必須修改 PHP 程式來回應 GET 請求才能完成這個新文件，見範例 18-4 的 *urlget. php*。

範例 *18-4 urlget.php*

```php
<?php
  if (isset($_GET['url']))
  {
    echo file_get_contents("http://".sanitizeString($_GET['url']));
  }

  function sanitizeString($var)
  {
    $var = strip_tags($var);
    $var = htmlentities($var);
    return stripslashes($var);
  }
?>
```

這個範例與範例 18-2 的差異只有它將 $_POST 換成 $_GET。在瀏覽器叫出 *urlget.html* 的結果與載入 *urlpost.html* 一模一樣。

若要測試這個改版的程式,你可以在瀏覽器輸入下列網址,你應該可以看到與之前一樣的結果,只不過這次是用 GET 來載入,而不是用 POST:

```
http://127.0.0.1/18/urlget.html
```

傳送 XML 請求

雖然我們建立的物件稱為 *XMLHttpRequest* 物件,但是我們到現在都還沒有用到 XML。如你所見,我們可以用非同步的方式請求整個 HTML 文件,但我們也可以索取一個文字網頁、字串或數字,甚至試算表資料。

讓我們修改之前的文件與 PHP 程式,來抓取一些 XML 資料。我們先來看看範例 18-5 的 PHP 程式,*xmlget.php*。

範例 *18-5 xmlget.php*

```php
<?php
  if (isset($_GET['url']))
  {
    header('Content-Type: text/xml');
    echo file_get_contents("http://".sanitizeString($_GET['url']));
  }

  function sanitizeString($var)
```

```
    {
      $var = strip_tags($var);
      $var = htmlentities($var);
      return stripslashes($var);
    }
?>
```

我們稍微修改了這段程式（修改處以粗體表示），讓它在回傳抓到的文件之前，先輸出正確的 XML 標頭。這裡不做任何檢查，因為我們假設呼叫程式會請求一個真正的 XML 文件。

接下來是範例 18-6 的 HTML 文件：*xmlget.html*。

範例 *18-6 xmlget.html*

```
<!DOCTYPE html>
<html> <!-- xmlget.html -->
  <head>
    <title>Asynchronous Communication Example</title>
  </head>
  <body>
    <h1>Loading XML data into a DIV</h1>
    <div id='info'>This sentence will be replaced</div>

    <script>
      let out     = ''
      let nocache = "&nocache=" + Math.random() * 1000000
      let url     = "rss.news.yahoo.com/rss/topstories"
      let XHR     = new XMLHttpRequest()

      XHR.open("POST", "http://127.0.0.1/18/xmlget.php?url=" + url + nocache, true)
      XHR.setRequestHeader("Content-type", "application/x-www-form-urlencoded")
      XHR.send()

      XHR.onreadystatechange = function()
      {
        if (this.readyState == 4 && this.status == 200)
        {
          let titles = this.responseXML.getElementsByTagName('title')

          for (let j = 0 ; j < titles.length ; ++j)
          {
            out += titles[j].childNodes[0].nodeValue + '<br>'
          }
          document.getElementById('info').innerHTML = out
```

```
      }
    }
  </script>
 </body>
</html>
```

我們同樣用粗體來標示不同的地方，你可以看到，這段程式與之前的版本很相似，但是這一次請求的 URL 是 *rss.news.yahoo.com/rss/topstories*，它裡面有一個 XML 文件：*Yahoo! News Top Stories* 摘要（feed）。

另一個比較大的改變是：這裡用 responseXML 屬性來取代 responseText 屬性。當伺服器回傳 XML 資料時，responseXML 將存有它回傳的 XML。

然而，除了存有 XML 字串之外，responseXML 其實是完整的 XML 文件物件，可以用 DOM 樹方法與屬性來查看和解析。也就是說，我們可以用 JavaScript 的 getElementsByTagName 方法來讀取它。

關於 XML

XML 文件通常使用 RSS 摘要（RSS feed）形式，如範例 18-7 所示。然而，XML 的美妙之處在於，我們可以在 DOM 樹裡面儲存這種結構（見圖 18-3），以提升搜尋速度：

```
<?xml version="1.0" encoding="UTF-8"?>
<rss version="2.0">
    <channel>
        <title>RSS Feed</title>
        <link>http://website.com</link>
        <description>website.com's RSS Feed</description>
        <pubDate>Mon, 10 May 2027 00:00:00 GMT</pubDate>
        <item>
            <title>Headline</title>
            <guid>http://website.com/headline</guid>
            <description>This is a headline</description>
        </item>
        <item>
            <title>Headline 2</title>
            <guid>http://website.com/headline2</guid>
            <description>The 2nd headline</description>
        </item>
    </channel>
</rss>
```

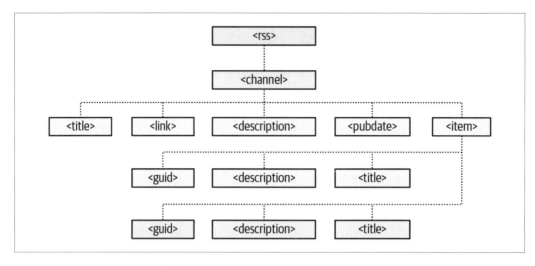

圖 18-3 範例 18-7 的 DOM 樹

接下來，我們可以使用 getElementsByTagName 方法，快速地取出各個標籤的值，而不需要做許多字串搜尋。這就是我們在範例 18-6 做的事情，我們在那裡發出下列的指令：

```
let titles = this.responseXML.getElementsByTagName('title')
```

這個指令會將 <title> 元素的所有值放入 titles 陣列中。接下來，我們就可以輕鬆地用下列的程式將它們取出來（其中的 j 被設為一個整數，代表要讀取的 title）：

```
titles[j].childNodes[0].nodeValue
```

接著將所有的 title 附加到字串變數 out，全部處理完畢之後，我們將結果插入文件開頭的空 <div> 裡面。

總之，每一個實體（例如 title）都是一個節點，因此，舉例來說，title 文字可視為 title 裡面的一個節點。但即使在取得子節點之後，你仍然要以文字來取出它，這就是 .nodeValue 的目的。如同所有形式的資料，別忘了，當你請求 XML 資料時，你可以使用 POST 或 GET 方法，你的選擇對結果的影響不大。

若要測試這個 XML 程式，你可以在瀏覽器輸入下面的網址，你將看到類似圖 18-4 的結果：

```
http://127.0.0.1/18/xmlget.html
```

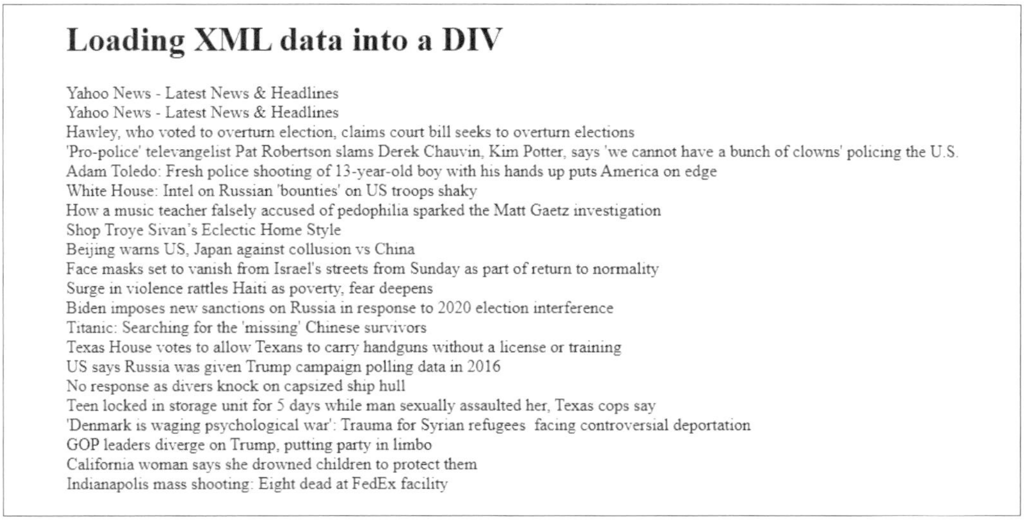

Loading XML data into a DIV

Yahoo News - Latest News & Headlines
Yahoo News - Latest News & Headlines
Hawley, who voted to overturn election, claims court bill seeks to overturn elections
'Pro-police' televangelist Pat Robertson slams Derek Chauvin, Kim Potter, says 'we cannot have a bunch of clowns' policing the U.S.
Adam Toledo: Fresh police shooting of 13-year-old boy with his hands up puts America on edge
White House: Intel on Russian 'bounties' on US troops shaky
How a music teacher falsely accused of pedophilia sparked the Matt Gaetz investigation
Shop Troye Sivan's Eclectic Home Style
Beijing warns US, Japan against collusion vs China
Face masks set to vanish from Israel's streets from Sunday as part of return to normality
Surge in violence rattles Haiti as poverty, fear deepens
Biden imposes new sanctions on Russia in response to 2020 election interference
Titanic: Searching for the 'missing' Chinese survivors
Texas House votes to allow Texans to carry handguns without a license or training
US says Russia was given Trump campaign polling data in 2016
No response as divers knock on capsized ship hull
Teen locked in storage unit for 5 days while man sexually assaulted her, Texas cops say
'Denmark is waging psychological war': Trauma for Syrian refugees facing controversial deportation
GOP leaders diverge on Trump, putting party in limbo
California woman says she drowned children to protect them
Indianapolis mass shooting: Eight dead at FedEx facility

圖 18-4 以非同步的方式抓取 Yahoo! XML 新聞摘要

為什麼要使用 XML ？

或許你會問：除了抓取諸如 RSS 摘要之類的文件之外，我還需要使用 XML 嗎？答案是你不一定要使用它，但是如果你要將結構化的資料傳回 app，那麼發送簡單的、雜亂的、需要用 JavaScript 來處理的文字可能會帶來痛苦。

你其實可以建立一個 XML 文件，並將它回傳給呼叫方，讓呼叫方自動將它放入 DOM 樹，然後像讀取 HTML DOM 物件一樣輕鬆地讀取它。

現代的程式設計師比較喜歡使用 JavaScript Object Notation（JSON）作為資料交換格式（*http://json.org*），因為它是 JavaScript 的子集合。

使用非同步通訊框架

知道如何編寫自己的非同步程式之後，你可能想要研究一些免費的框架，這些框架提供了許多高級的功能，可讓你更輕鬆地進行開發。建議你研究非常流行的 jQuery（*http://jquery.com*），或迅速發展的 React 框架（*http://reactjs.org*）。下一章將介紹如何用 CSS 在你的網站中套用樣式。

問題

1. 為了在伺服器與 JavaScript 用戶端之間進行非同步通訊，你必須建立哪個物件？

2. 如何確定一個非同步呼叫已經完成了？

3. 如何知道一個非同步呼叫有沒有成功完成？

4. 哪個 XMLHttpRequest 物件屬性可回傳非同步呼叫的文字回應？

5. 哪個 XMLHttpRequest 物件屬性可回傳非同步呼叫的 XML 回應？

6. 如何指定一個回呼函式來處理非同步回應？

7. XMLHttpRequest 物件的哪一個方法可啟動非同步請求？

8. 非同步的 GET 與 POST 請求的主要差異為何？

解答請參考第 776 頁附錄 A 的「第 18 章解答」。

第 19 章

CSS 簡介

階層式樣式表（Cascading Style Sheets，CSS）可讓你在網頁上隨心所欲地套用樣式。CSS 之所以有這樣的效果，是因為它連結了第 14 章介紹過的文件物件模型（Document Object Model，DOM）。

透過 CSS，你可以快速且輕鬆地設計任何元素外觀。例如，如果你不喜歡 <h1> 與 <h2> 或其他標題標籤的預設樣式，你可以指派新的樣式來更改預設的設定，包括字型家族、字型大小、粗體或斜體，以及許多其他屬性。

若要為網頁設定樣式，有一種方法是在網頁頁首的 <head> 與 </head> 之間插入必要的陳述式。因此，你可以使用下列陳述式來改變 <h1> 標籤的樣式（稍後會解釋語法）：

```
<style>
  h1 { color:red; font-size:3em; font-family:Arial; }
</style>
```

範例 19-1 是它在 HTML 網頁之中的樣子（見圖 19-1），本範例與本章所有範例都使用標準的 HTML5 DOCTYPE 宣告。

範例 19-1 簡單的 HTML 網頁

```
<!DOCTYPE html>
<html>
  <head>
    <title>Hello World</title>
    <style>
```

```
      h1 { color:red; font-size:3em; font-family:Arial; }
    </style>
  </head>
  <body>
    <h1>Hello there</h1>
  </body>
</html>
```

圖 19-1 改變標籤的樣式，小圖是原本的樣式

匯入樣式表

如果你要設計整個網站的樣式，而不是單一網頁的，比較好的辦法是將網頁的樣式表都
移到獨立的檔案來管理，之後再匯入你需要的檔案。如此一來，當你想要套用其他布局
（例如網頁與列印）的樣式表時，你就不需要修改 HTML 了。

你有很多種做法，第一種做法是使用 CSS 的 @import 指令：

```
<style>
  @import url('styles.css');
</style>
```

這個陳述式叫瀏覽器抓取名為 *style.css* 的樣式表。@import 指令非常靈活，因為你也可以
將它放入樣式表中，讓該樣式表拉入其他的樣式表。但是你要確保外部的樣式表裡面沒
有 <style> 與 </style> 標籤，否則它們將沒有效果。

在 HTML 裡面匯入 CSS

你也可以使用 HTML 的 `<link>` 標籤來加入樣式表，例如：

```
<link rel='stylesheet' href='styles.css'>
```

`<link>` 的效果與 `@import` 指令一樣，但它是 HTML 專用的標籤，不是有效的樣式指令，所以你不能在樣式表裡面用它來拉入其他的樣式表，也不能將它放在 `<style>...</style>` 標籤裡面。

正如同你可以在 CSS 中使用多個 `@import` 指令來 include 多個外部樣式表，你也可以在 HTML 裡面使用任何數量的 `<link>` 元素。

內嵌的樣式設定

你可以隨意設定或改寫當前網頁的各個樣式，只要直接在 HTML 裡面插入樣式宣告式就可以了，例如（可將標籤內的文字設為斜體、藍色）：

```
<div style='font-style:italic; color:blue;'>Hello there</div>
```

但是這種做法只能在最特殊的情況下使用，因為它違反「將內容與外觀分離」的原則，讓日後的維護變成惡夢一場。

使用 ID

設定元素樣式最好的做法是在 HTML 裡面指派一個 ID 給元素，例如：

```
<div id='welcome'>Hello there</div>
```

這段程式的意思是：讓 ID 為 welcome 的 `<div>` 的內容使用 welcome 所定義的樣式。與它搭配的 CSS 陳述式可能是：

```
#welcome { font-style:italic; color:blue; }
```

 留意 # 符號的用法，它的意思是只有 ID 是 welcome 的元素才使用這個樣式。

使用類別

id 元素的值在網頁中必須是獨特的，因為如此一來，它才可以當成代碼來使用。如果你想要讓許多元素使用同一個樣式，你不需要為每一個元素設定不同的 ID，因為你可以設定一個類別（class）來統一管理它們，例如：

```
<div class='welcome'>Hello</div>
```

這段程式代表這個元素的內容（以及使用這個 class 的其他元素）都必須套用 welcome 類別定義的樣式。套用這個類別之後，你可以在網頁的頁首或是在外部樣式表裡面編寫下列的規則來設定類別的樣式：

```
.welcome { font-style:italic; color:blue; }
```

類別陳述式的開頭是 .（句點），不是 ID 使用的 # 符號。

使用分號

在 CSS 中，分號的用途是分隔同一行的多個 CSS 陳述式。但是如果某條規則裡面只有一條陳述式（或是以內嵌形式在 HTML 標籤裡面設定），你可以省略分號，一個陳述式群組的最後一個陳述式也可以省略分號。

但是，為了避免難以尋找的 CSS 錯誤，比較好的做法是讓每一個 CSS 陳述式都有分號。如此一來，當你想要將它們複製與貼上，或修改屬性時，就不需要在乎是否需要移除非必要的分號，或是在必要時加入它們。

CSS 規則

每一條 CSS 規則的開頭都是一個選擇器（selector），selector 就是將要套用該規則的元素。例如，下面的 CSS 將 h1 選擇器的字體大小設為預設值的 240%：

```
h1 { font-size:240%; }
```

font-size 是屬性。將選擇器的 font-size 屬性設成 240% 可將所有的 <h1>...</h1> 標籤的內容都顯示為預設大小的 240%。所有的修改規則都必須放在選擇器後面的 { 與 } 符號之間。在 font-size:240%; 中，在 :（冒號）前面的部分是屬性，在冒號後面的部分是它的值。

最後有一個結束陳述式的 ;（分號）。在這個例子中，因為 font-size 是規則的最後一個屬性，所以不一定需要加上分號（但是如果它後面有其他的設定，那就要使用分號）。

多個設定式

你可以用許多種方式來編寫多個樣式宣告式。首先，你可以將它們串接成一行，例如：

```
h1 { font-size:240%; color:blue; }
```

這段 CSS 加入第二個宣告式，將所有 <h1> 標題的顏色都換成藍色。你也可以將每一個設定式寫成一行：

```
h1 { font-size:240%;
color:blue; }
```

或是在宣告式中加入一些空格，將它們的冒號對齊，這是最近流行的寫法：

```
h1 {
  font-size:240%;
  color     :blue;
}
```

如此一來，你就可以清楚地看到每一組新規則從哪裡開始：選擇器一定在第一行，且後續的宣告式都整齊地排列，屬性值都從同一個位置開始。在上面的範例中，你不一定要使用最後一個分號，但是如果以後你想將很多組這種陳述式接在一起，預先加上分號可以讓你快速地完成。

你可以設定同一個選擇器任意次數，CSS 會結合所有屬性。因此，你也可以這樣指定之前的例子：

```
h1 { font-size: 240%; }
h1 { color     : blue; }
```

 CSS 的排列方式沒有絕對的對與錯，但建議你至少以同一種方式排列每一個 CSS 區塊，以方便別人閱讀。

將同樣的屬性指定給同一個選擇器會怎樣？

```
h1 { color : red; }
h1 { color : blue; }
```

CSS 會使用最後一次指定的值，在這個例子就是 blue。在同一個檔案裡面為同一個選擇器指定同樣的屬性，是沒有意義的行為，但是在現實情況下，使用多個樣式表的網頁經常發生這種重複的情況。這是 CSS 的重要特性之一，也是它的名字裡面有階層（cascading）這個字的原因。

註解

為 CSS 規則加上註解是件好事，即使你只幫主要的陳述式群組加上註解，而不是所有或大多數的陳述式。你可以將註解放到 /*...*/ 標籤裡面，例如：

```
/* 這是一個 CSS 註解 */
```

你可以將註解分成好幾行：

```
/*
多行
的註解
*/
```

> 當你使用多行註解時，千萬不要將單行的（或任何其他的）註解嵌套在裡面，這樣會造成意外的錯誤。

樣式類型

CSS 有各種的樣式類型，包括瀏覽器預設樣式（以及套用到瀏覽器並覆蓋預設值的使用者樣式）、行內或內嵌樣式，和外部樣式表……等。在各種類型裡面定義的樣式都有優先階級，從低到高。

我們將在第 448 頁的「CSS 階層」詳細討論階層式樣式表的階層部分，但是先簡單地介紹它們，對後續的了解是有益的。

預設樣式

網頁瀏覽器的預設樣式是優先順序最低的樣式。它們是在網頁沒有定義任何樣式時備用的通用樣式，在大多數情況下都可以正常地顯示出來。

在 CSS 問世之前，文件只能採用這些樣式，而且只有少數幾個樣式可被網頁改變（例如字體、顏色、以及一些調整元素大小的參數）。

使用者樣式

使用者樣式有次高的優先權。大部分的現代瀏覽器都支援使用者樣式，但瀏覽器的實作方式各不相同。所以若要建立自己最喜歡的樣式，當今最簡單的方法是使用 Stylish（*http://userstyles.org*）之類的外掛。

如果你想要建立自己的預設樣式，使用 Stylish 是最簡單的辦法。你只要搜尋「stylish extension」，並將它安裝到你的瀏覽器即可，如圖 19-2 所示。

圖 19-2 Stylish 可讓你根據喜好來設計網頁

如果使用者樣式已經被定義為瀏覽器的預設樣式，它會覆寫瀏覽器的預設設定。在使用者樣式表裡面，未定義的樣式都會維持使用瀏覽器的預設值。

外部樣式表

下一個樣式類型是用外部樣式表指定的樣式。這些設定會覆寫使用者或瀏覽器指定的任何樣式。如果你要建立自己的樣式，建議你使用外部樣式表，因為如此一來，你才可以根據不同的目的設計各種樣式表，例如供一般網頁使用的樣式、供小螢幕的行動瀏覽器使用的樣式、列印用的樣式……等。以後當你建立網頁時，只要讓各種媒體使用適當的樣式即可。

內部樣式

接下來是內部樣式，它是在 `<style>...</style>` 標籤之間建立的樣式，它的優先權在上述所有樣式種類之上，但是一旦你開始使用它，你就打破「將樣式與內容分開」這條規則了，因為使用內部樣式時，你載入的外部樣式表的優先權都比它低。

行內樣式

最後，行內（inline）樣式就是直接對元素指定屬性。它們擁有最高的優先權，其用法為：

```
<a href="http://google.com" style="color:green;">Visit Google</a>
```

在這個範例中，無論預設的顏色是什麼，或其他樣式表設定它是什麼顏色，也無論它們是否直接指定這個連結，或廣泛地設定所有連結，這個連結都是綠色的。

 一旦你使用這種樣式設定法，你就破壞「將版面配置與內容分開」的原則了，除非你有很好的理由，否則不建議你這麼做。

CSS 選擇器

操作一或多個元素的動作稱為選擇（*selection*），執行這項任務的 CSS 規則稱為選擇器（*selector*）。CSS 有各種選擇器。

類型選擇器

類型選擇器可設定 HTML 元素類型，例如 <p> 或 <i>。例如，這條規則可讓 <p>...</p>
標籤之間的所有文字都左右對齊：

```
p { text-align:justify; }
```

後代選擇器

後代選擇器可以對元素裡面的元素設定樣式。例如下面的規則可將 <p>...</p> 標籤裡面
的 ... 標籤裡面的文字都設成紅色（例如：<p>Hellothere</p>）：

```
p b { color:red; }
```

後代選擇器可以無限地嵌套下去，因此下面的規則是有效的，它會將無序清單
（unorderedlist）元素裡面的粗體文字顯示成藍色：

```
ul li b { color:blue; }
```

舉一個實際的案例，假如你要讓一個有序清單裡面的另一個有序清單使用與預設的編號
系統不同的編號系統，你可以採取下列的做法，它將預設的編號系統（從 1 開始）改成
小寫字母（從 a 開始）：

```
<!DOCTYPE html>
<html>
  <head>
    <style>
      ol ol { list-style-type:lower-alpha; }
    </style>
  </head>
  <body>
    <ol>
      <li>One</li>
      <li>Two</li>
      <li>Three
        <ol>
          <li>One</li>
          <li>Two</li>
          <li>Three</li>
        </ol>
      </li>
    </ol>
  </body>
</html>
```

以下是在瀏覽器中載入這段 HTML 的結果，你可以看到第二個元素清單以不同的方式來顯示：

1. One
2. Two
3. Three
   a. One
   b. Two
   c. Three

子選擇器

子選擇器類似後代選擇器，但是它的設定條件比較嚴格：它只會選擇某個元素的直接子元素。例如，下面的程式使用後代選擇器來將任何文字段落中的粗體字改成紅色，即使粗體字在斜體標籤內（例如 `<p><i><b>Hello</b> there</i></p>`）：

```
p b { color:red; }
```

在這個例子中，單字 Hello 會被顯示為紅色。但是，如果你不要這種比較廣泛的行為，你可以用子選擇器來縮小範圍。例如，下列的規則插入一個大於符號（>）來建立一個子選擇器，當目標元素是段落的直接子元素，而且它本身不在另一個元素裡面時，這個選擇器才會將粗體文字設為紅色：

```
p > b { color:red; }
```

現在 Hello 不會改變顏色了，因為 `<b>` 不是 `<p>` 的直接子元素。

舉一個實際的例子，假如你只想要加粗 `<ol>` 元素的直接子元素 `<li>`，你可以採取下列的做法，其中 `<ul>` 元素的直接子元素 `<li>` 不會被加粗：

```
<!DOCTYPE html>
<html>
  <head>
    <style>
      ol > li { font-weight:bold; }
    </style>
  </head>
  <body>
    <ol>
      <li>One</li>
      <li>Two</li>
      <li>Three</li>
    </ol>
```

```
    <ul>
      <li>One</li>
      <li>Two</li>
      <li>Three</li>
    </ul>
  </body>
</html>
```

在瀏覽器載入這段 HTML 的結果是：

1. One
2. Two
3. Three

- One
- Two
- Three

ID 選擇器

如果你為元素指定 ID 名稱（例如：`<div id='mydiv'>`），你可以用下列的方式直接改變它，將元素內的文字都變成斜體字：

```
#mydiv { font-style:italic; }
```

一個 ID 只能在一份文件中使用一次，因此只有第一個 ID 會被設成 CSS 規則指派的新屬性值。但是你可以在不同的元素類型裡面引用名稱相同的 ID，例如：

```
<div id='myid'>Hello</div> <span id='myid'>Hello</span>
```

因為 ID 通常只會被指派給單一元素，下列的規則只會幫第一個 `myid` 設定底線：

```
#myid { text-decoration:underline; }
```

但是，你也可以對兩個同樣的 ID 套用規則，例如：

```
span#myid { text-decoration:underline; }
div#myid  { text-decoration:underline; }
```

或是採取更簡潔的方法，例如（見第 448 頁的「以選擇群組」）：

```
span#myid, div#myid { text-decoration:underline; }
```

我不建議你使用這種選取方式，因為它會阻礙你使用 JavaScript。由於 getElementById 函式只回傳第一個元素，所以需要讀取這些元素的 JavaScript 都無法輕鬆地讀取它們。如果你要參考任何其他的實例，程式就必須先搜尋整個文件內的元素，這是非常麻煩的事情。所以始終使用唯一的 ID 名稱通常是比較好的做法。

類別選擇器

如果你想要讓網頁的許多元素使用相同的樣式，你可以指派一個類別名稱給它們（例如：<span class='myclass'>），然後建立一條規則來一次修改全部的元素。例如下面的規則可以將這個類別所有元素的左邊距設為 10 個像素：

```
.myclass { margin-left:10px; }
```

在現代瀏覽器中，你也可以讓 HTML 元素使用多個類別，只要用空格來隔開類別名稱即可，例如 <span class='class1 class2 class3'>。

你也可以指定元素類型來縮小類別的作用範圍。例如，下面的規則只會設定使用 main 類別的段落：

```
p.main { text-indent:30px; }
```

在這個範例中，只有使用 main 類別的段落（例如 <p class="main">）會被設為新的屬性值。這條規則不會影響試著使用同一個類別的任何其他元素類型（例如 <div class="main">）。

屬性選擇器

很多 HTML 標籤都支援屬性，所以你可以使用屬性選擇器來引用它們，而不必使用 ID 與類別。例如，你可以用下面的寫法來直接引用屬性，它會將擁有屬性 type="submit" 的所有元素都設為 100 像素寬：

```
[type="submit"] { width:100px; }
```

如果你想要縮小選擇器的範圍，例如縮小成「擁有那個屬性類型的 <form> input 元素」，你可以使用這條規則：

```
form input[type="submit"] { width:100px; }
```

屬性選擇器也可以選擇 ID 與類別，例如 [class~="classname"] 的效果與類別選擇器 .classname 一樣（但後者有較高的優先權）。同樣的，[id="idname"] 相當於使用 ID 選擇器 #idname。因此，開頭為 # 與 . 的類別與 ID 選擇器可視為屬性選擇器的簡寫，但有較高的優先權。~= 運算子可以比對一個屬性，即使它是以空格分隔的一群屬性之一。

萬用選擇器

* 萬用（wildcard 或 universal）選擇器可以比對任何元素，因此下面的規則會幫所有元素加上綠框，把文件變得一團糟：

```
* { border:1px solid green; }
```

因此，你不太可能單獨使用 *，在複合式規則裡面使用它才能發揮它最大的效用。例如，下面的規則可套用上面的樣式，但是這次只針對 ID 為 boxout 的元素的段落子元素，而且它們不能是直接子元素：

```
#boxout * p {border:1px solid green; }
```

讓我們來看看它是怎麼運作的。在 #boxout 後面的第一個選擇器是 * 符號，它代表 boxout 物件裡面的任何元素。接下來的 p 選擇器縮小選擇範圍，只對 * 選擇器回傳的元素的段落子元素（其定義為 p）套用樣式。因此，這個 CSS 規則會執行下列的動作（我會在這裡交叉使用 物件 與 元素）：

1. 找出 ID 是 boxout 的物件。

2. 找出步驟 1 回傳的物件的所有子元素。

3. 找出步驟 2 回傳的物件的所有 p 子元素，因為這是群組的最後一個選擇器，所以它也會找出步驟 2 回傳的物件的所有 p 子元素與孫元素（及其後代）。

4. 對第 3 步驟回傳的物件套用 { 與 } 字元之間的樣式。

這條規則最終只對主元素的孫元素（或曾孫元素……等）的段落套用綠框。

選擇群組

你可以將 CSS 規則同時套用到多個元素、類別或任何其他類型的選擇器（藉著以逗號分開選擇器）。例如，下面的規則會在段落、ID 為 idname 的元素，以及類別 classname 的所有元素的下面加上橘色虛線：

```
p, #idname, .classname { border-bottom:1px dotted orange; }
```

圖 19-3 是各種選擇器的用法，右邊是套用規則。

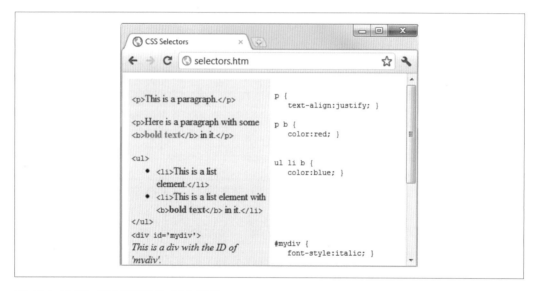

圖 19-3 HTML 與它們使用的 CSS 規則

CSS 階層

之前說過，CSS 屬性有一個基本特性是它們可以層疊，因此才被稱為階層式樣式表。這是什麼意思？

階層是一種方法，目的是為了解決各種瀏覽器的樣式表之間的衝突，其解決之道就是按照樣式表的建構者、樣式表的建構方法，以及屬性類型的優先順序來套用樣式。

樣式表建構者

現代瀏覽器都支援三種主要的樣式表類型。按照由高而低的優先順序，它們分別是：

1. 文件的作者建構的

2. 使用者建構的

3. 瀏覽器建構的

這三組樣式表是以反向順序來處理的。瀏覽器會先對文件套用瀏覽器預設的樣式表，沒有預設樣式會讓網頁的外觀很醜陋。這些樣式包含字體、文字大小以及顏色、元素間距、表格邊框與間距，以及使用者可預期的其他標準樣式。

接下來，如果使用者建立了任何樣式，想要用它們來取代標準樣式，瀏覽器會套用他們的樣式，並取代衝突的任何預設樣式。

最後套用文件作者建立的樣式，取代預設的或使用者建立的任何樣式。

樣式表建構方法

樣式表的建構方法有三種，按照由高而低的優先順序，它們分別是：

1. 行內樣式

2. 內嵌的樣式表

3. 外部樣式表

同樣的，這些樣式表建構方法是以反向順序來套用的。因此，瀏覽器會先處理所有的外部樣式表，將它們的樣式套用至文件。

接下來處理內嵌樣式（在 `<style>...</style>` 標籤裡面的樣式），如果內嵌樣式與外部規則衝突，內嵌樣式有較高的優先權，將會覆寫外部規則。

最後，在行內直接為元素指定的樣式（例如 `<div style="...">...</div>`）有最高的優先權，可以覆寫之前指定的所有屬性。

樣式表選擇器

你可以用三種方法來選擇元素並套用樣式。按照由高到低的優先順序,它們分別是:

1. 用個別的 ID 或屬性選擇器來參考

2. 用類別來參考群組

3. 用元素標籤(例如 <p> 與 <b>)來參考

瀏覽器會根據「規則影響的元素數量與類型」來處理選擇器,這與前兩個衝突處理方法不太一樣。因為規則不一定只套用至一種選擇器,它也可能同時套用至許多不同的選擇器。

我們必須設法決定規則的優先順序,但那些規則可能包含任何選擇器組合。CSS 的做法是計算每一條規則的具體性,按照它們的作用範圍,從最寬鬆到最狹窄來排序它們。

計算具體性

我們用上述的編號清單中的選擇器類型來建立三個數字的組合並計算規則的具體性。這個數字組合最初是 [0,0,0]。在處理規則時,只要看到使用 ID 的選擇器,就將第一個數字加 1,所以數字組合變成 [1,0,0]。

下面的規則有七個參考,其中三個參考 ID:#heading、#main 與 #menu,因此數字組合變成 [3,0,0]:

```
#heading #main #menu .text .quote p span {
  // 規則
}
```

接下來,我們將選擇器裡面的類別數量放在數字組合的第二部分。這個範例有兩個類別(.text 與 .quote),所以數字組合變成 [3,2,0]。

最後計算參考元素標籤的數量,將這個數量放在數字組合的最後一個部分。這個範例有兩個元素標籤(p 與 span),因此最終的數字組合是 [3,2,2]。

接下來就可以比較規則的具體性了。如果三個數字都小於九,像這個例子這樣,你也可以直將它們轉換成十進制數字,以這個例子而言,就是 322。比它小的規則的優先順序較低,比它大的規則的優先順序較高。如果兩條規則的數字相同,那麼最晚套用的規則勝出。

例如，假設我們有這條規則：

```
#heading #main .text .quote .news p span {
    // 規則
}
```

雖然它也指出七個元素，但它只有兩個 ID、三個類別，所以得到數字組合 [2,3,2]。因為 322 比 232 大，所以前者比後者優先。

使用不同的基數　如果在數字組合裡面有數字大於九，你就必須使用更高的基數。例如，你不能將 [11,7,19] 的三個部分直接組合起來，將它轉換成十進制數字，而是要將數字轉換成更高的基數，例如基數 20（或更大，以防數字超過 19）。

做法是使用下面的方式，從右邊的數字開始執行乘法，再將結果加起來：

```
        20 ×  19 = 380
     20×20 ×   7 = 2800
  20×20×20 ×  11 = 88000
Total in decimal = 91180
```

你可以將左邊的 20 換成其他的基數。用這個基數將一組規則的數字組合都轉換成十進制之後，你就可以輕鬆地確定它們的具體性，從而知道每一條規則的優先順序。

值得慶幸的是，CSS 處理器可以幫你處理所有事情，但是了解原理可以協助你妥善地編寫規則，以及了解它們的優先順序。

如果你覺得優先順序的計算過程有點複雜，告訴你一件令人開心的事情，在多數情況下，你可以使用一條簡單的經驗法則來判斷：一般來說，規則修改的元素越少，它的具體性就越高，所以它有較高的優先順序。

有些規則比其他的更平等　如果你有兩條以上完全等效的樣式規則，最晚處理的規則有最高優先權。但是你可以使用 !important 來強迫某條規則的優先權在其他等效規則之上，例如：

```
p { color:#ff0000 !important; }
```

當你執行它之後，之前等效設定都會被覆寫（即使該設定也使用了 !important），而且接下來處理的任何等效規則都會被忽略。所以，舉例來說，下面兩條規則的第二條通常有較高的優先權，但因為第一條使用了 !important，所以第二條會被忽略：

```
p { color:#ff0000 !important; }
p { color:#ffff00 }
```

有些使用者樣式表是為了設定預設的瀏覽器樣式而建立的，它們可能使用 !important，此時，使用者樣式的優先權比當前網頁指定的同樣屬性還要高。注意，未使用 ! important 的使用者樣式會被網頁中的任何 !important 樣式覆寫。

\<div\> 與 \<span\> 元素的差異

\<div\> 與 \<span\> 元素都是一種容器，但是它們有一些差異。在預設的情況下，\<div\> 的寬度是無限的（至少到達瀏覽器的邊界），對它套用邊框可看到它的寬度，例如：

```
<div style="border:1px solid green;">Hello</div>
```

但是，\<span\> 元素只會和它裡面的文字一樣寬。因此，下面的 HTML 所建立的邊框只會圍繞著文字 Hello，不會擴展到瀏覽器的右邊界：

```
<span style="border:1px solid green;">Hello</span>
```

此外，\<span\> 元素可沿著文字與其他物件圍繞著它們，所以會產生複雜的邊框。例如，範例 19-2 使用 CSS 來將所有 \<div\> 元素的背景都設成黃色，將所有 \<span\> 元素的背景都設成青色，並且幫兩者加上邊框，然後建立一些 \<span\> 與 \<div\> 區塊案例。

範例 *19-2* \<div\> 與 \<span\> 案例

```
<!DOCTYPE html>
<html>
  <head>
    <title>Div and span example</title>
    <style>
      div, span { border             :1px solid black; }
      div        { background-color:yellow;           }
      span       { background-color:cyan;             }
    </style>
  </head>
  <body>
    <div>This text is within a div tag</div>
    This isn't. <div>And this is again.</div><br>

    <span>This text is inside a span tag.</span>
    This isn't. <span>And this is again.</span><br><br>

    <div>This is a larger amount of text in a div that wraps around
```

```
    to the next line of the browser</div><br>

    <span>This is a larger amount of text in a span that wraps around
    to the next line of the browser</span>
  </body>
</html>
```

圖 19-4 是這個範例在瀏覽器的畫面。雖然本書不是彩色的，但你仍然可以看到 `<div>` 元素會一直延伸到瀏覽器的右邊界，並將後續的內容顯示在下一個位置的開頭。

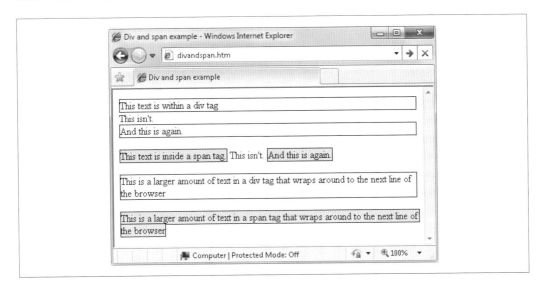

圖 19-4 具有不同寬度的元素

從圖中也可以看到，`<span>` 元素只會佔用足以顯示其內容的空間，而且不會在它的下面強制顯示後續內容。

此外，你可以在圖的最下面看到，`<div>` 元素在畫面的右側換行時會維持矩形，而 `<span>` 元素會隨裡面的文字（或其他內容）顯示。

 因為 `<div>` 標籤的形狀一定是矩形，所以它比較適合容納圖像、方框、引文之類的物件，而 `<span>` 標籤最適合容納文本（text），或是在行內由左到右一個接著一個出現（有些語言是由右至左）的屬性。

尺寸

CSS 支援各式各樣的尺寸單位，可以精確地用特定的值或相對的維度來調整網頁。我經常使用的單位是像素（pixel）、點（point）、em 與百分比（相信你也會發現它們是最好用的），這是完整的清單：

像素

> 像素的大小會根據螢幕的寬高與像素的深度而改變。一顆像素的寬高等於螢幕上一個點的寬高，因此這個單位最適合用在螢幕上，而不是印刷品上。例如：
>
> `.classname { margin:5px; }`

點

> 一點相當於 1/72 英寸。這個單位源自印刷設計，也最適用於印刷品，但它也經常在螢幕上使用，例如：
>
> `.classname { font-size:14pt; }`

英寸

> 一英寸等於 72 點，它也是最適合在印刷品使用的單位。例如：
>
> `.classname { width:3in; }`

公分

> 公分是另一種適合在印刷品使用的單位。一公分比 28 點略大一些。例如：
>
> `.classname { height:2cm; }`

公釐

> 一公釐是 1/10 公分（差不多 3 點）。公釐是另一種適合在印刷品使用的度量單位。例如：
>
> `.classname { font-size:5mm; }`

Pica

> Pica 是另一種印刷品測量單位，它等於 12 點。例如：
>
> `.classname { font-size:1pc; }`

Em

Em 等於目前的字型大小。因為它可以描述相對維度，因此它是最好用的 CSS 單位之一。例如：

```
.classname { font-size:2em; }
```

Ex

Ex 也跟目前的字型大小有關係，它等於小寫字母 x 的高度。這是較冷門的度量單位，最常被用來設定文字方塊的寬度。例如：

```
.classname { width:20ex; }
```

百分比

這個單位與 em 有關，因為它是 em 的 100 倍大（當你用它來設定字型時）。因為 1 em 等於當前的字型大小，所以該大小的百分比是 100%。如果這個單位不是用來設定字型，它就是該屬性相對於容器的大小。例如：

```
.classname { height:120%; }
```

圖 19-5 依序使用每一種單位類型來顯示幾乎同樣大小的文字。

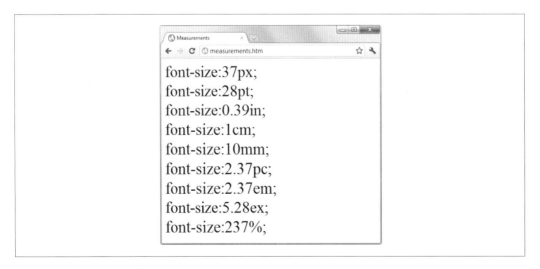

圖 19-5 用不同的單位來顯示幾乎相同的結果

字型與排版

CSS 有四種改變的字型屬性：font-family、font-style、font-size 與 font-weight。你可以用它們來調整文字在網頁與（或）列印文件上的顯示方式。

font-family

你可以用 font-family 屬性來指定字型。你可以依照優先順序，從左到右列出各種字型，如此一來，當使用者未安裝首選字型時，他們也可以逐一選擇備用樣式。例如，你可以用這個 CSS 規則來設定段落的預設字型：

```
p { font-family:Verdana, Arial, Helvetica, sans-serif; }
```

有些字型的名稱有兩個以上的單字，因此你必須將名稱放在引號裡面，例如：

```
p { font-family:"Times New Roman", Georgia, serif; }
```

 最安全的字型家族包括 *Arial*、*Helvetica*、*Times NewRoman*、*Times*、*Courier New* 與 *Courier*，因為幾乎所有的瀏覽器與作業系統都提供它們。而 *Verdana*、*Georgia*、*Comic Sans MS*、*TrebuchetMS*、*Arial Black* 與 *Impact* 字型可以安全地在 Mac 與 PC 上使用，但是 Linux 等其他的作業系統可能不提供它們。較常見，但是較不安全的字型還有 *Palatino*、*Garamond*、*Bookman* 與 *Avant Garde*。如果你使用較不安全的字型，務必在 CSS 中提供一個以上安全的預備字型，讓網頁在沒有首選字型的情況下使用後備字型。

圖 19-6 是套用這兩組 CSS 規則的情形。

圖 19-6 選擇字型家族

---

font-style

font-style 屬性可以讓你選擇三種字體顯示方式：正常、斜體與傾斜。下列規則會建立三個類別（normal、italic 與 oblique），可以設定元素來產生效果：

```
.normal  { font-style:normal;  }
.italic  { font-style:italic;  }
.oblique { font-style:oblique; }
```

font-size

在說明的測量單位的小節曾經說過，改變字體大小的方法有很多種，但是它們可以分成兩大類：固定的與相對的。固定的設定如下列規則所示，這個規則將預設的段落字體大小設成 14 點：

```
p { font-size:14pt; }
```

你可能想要用當前的預設字型大小，來設定各種文本類型，例如標題。下面的規則定義了一些標題的相對大小，其中 <h4> 標籤比預設值大 20%，然後每一個大一級的標題比上一個大 40%。

```
h1 { font-size:240%; }
h2 { font-size:200%; }
h3 { font-size:160%; }
h4 { font-size:120%; }
```

圖 19-7 是使用字型大小的結果。

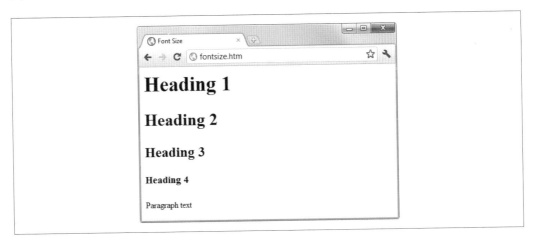

圖 19-7 預設的段落大小，以及設定四個標題大小

font-weight

你可以用 `font-weigh` 屬性來指定字型的粗細。它可以設為許多值,最常見的應該是 `normal` 與 `bold`,例如:

```
.bold { font-weight:bold; }
```

管理字型樣式

無論你使用什麼字型,你都可以修改文字的裝飾物、間距與對齊方式,以進一步修改文字的顯示方式。文字屬性與字型屬性有一些重疊的地方,例如它們的斜體與粗體……等效果,都是用 `font-style` 與 `font-weight` 屬性來設定的,但是其他的效果(例如底線)就必須使用 `text-decoration` 屬性來設定。

修飾物

你可以使用 `text-decoration` 屬性來讓文字產生 underline、line-through、overline 與 blink 等效果。下列規則建立一個名為 over 的新類別,它會讓文字顯示頂線(頂線、底線與刪除線的粗細與字型的粗細一致):

```
.over { text-decoration:overline; }
```

圖 19-8 是一些字型的樣式、粗細與裝飾。

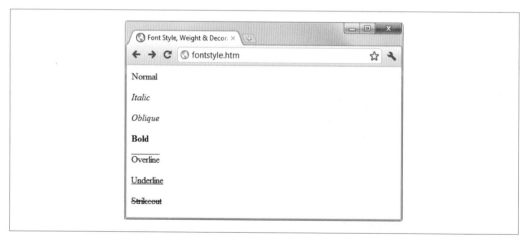

圖 19-8 一些樣式與裝飾範例

間距

你可以用很多屬性來修改文字行、單字與字母的間距。例如，下列規則將修改 line-height 屬性，將段落的行距加大 25%，將 word-spacing 屬性設成 30 像素，並將 letter-sapcing 設成 3 個像素：

```
p {
  line-height   :125%;
  word-spacing  :30px;
  letter-spacing:3px;
}
```

你也可以用小於或大於 100% 的百分比來設定 word-spacing 或 letter-spacing，以減少或增加預設的字體間距，這種做法適用於比例字型（proportional font）和非比例字型。

對齊方式

CSS 有四種文字對齊方式：left、right、center 與 justify。下面的規則會將預設的段落文字設為左右對齊：

```
p { text-align:justify; }
```

轉換

CSS 有四種轉換文字的屬性：none、capitalize、uppercase 與 lowercase。下面的規則將建立一個稱為 upper 的類別，以大寫來顯示所有文字：

```
.upper { text-transform:uppercase; }
```

縮排

text-indent 屬性可以將一塊文字的第一行縮排到指定的位置。下列規則可將每一個段落的第一行縮排 20 個像素，你也可以使用其他的測量單位或百分比：

```
p { text-indent:20px; }
```

圖 19-9 是對一段文字套用下列規則的結果：

```
p {            line-height   :150%;
               word-spacing  :10px;
               letter-spacing:1px;
```

```
        }
.justify   { text-align     :justify;   }
.uppercase { text-transform:uppercase; }
.indent    { text-indent    :20px;      }
```

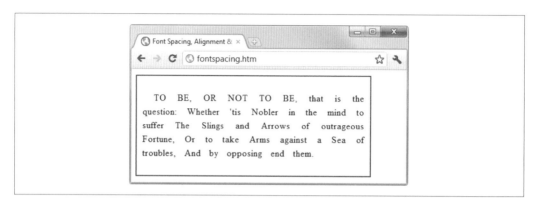

圖 19-9 套用縮排、大寫與間距規則

CSS 顏色

你可以使用 color 與 background-color 屬性（或將一個引數傳給 background 屬性）來指定文字與物件的前景色與背景色。在指定顏色時，你可使用顏色的名稱（例如 red 或 blue）、十六進制的 RGB 值（例如 #ff0000 或 #0000ff），或以 CSS 函式 rgb 建立的顏色。

W3C 標準組織（*http://www.w3.org*）定義的 16 種顏色名稱包括：aqua、black、blue、fuchsia、gray、green、lime、maroo、navy、olive、purple、red、silver、teal、white 與 yellow。下面的規則使用其中一個名稱來設定 ID 為 object 的物件的背景色：

```
#object { background-color:silver; }
```

這條規則將 <div> 元素裡面的文字的前景色都設成黃色（因為在電腦畫面上，將紅色的十六進制大小 ff 加上綠色的大小 ff 加上的藍色大小 00 會產生黃色）：

```
div { color:#ffff00; }
```

如果你不想使用十六進制，你也可以使用 rgb 函式來指定顏色三重值，如下列規則所示，它可將目前文件的背景色換成淺綠色：

```
body { background-color:rgb(0, 255, 255); }
```

如果你不喜歡在 rgb 函式中使用 256 個等級來設定顏色範圍，你也可以使用百分比，以 0 至 100 來表示主顏色的最低（0）到最高（100）量，例如：rgb(58%, 95%, 74%)。你也可以用浮點數精確地控制顏色，例如：rgb(23.4%, 67.6%, 15.5%)。

簡寫的顏色字串

CSS 也有簡寫的十六進制數字字串，只用一對 2-byte 數字的第一個數字來代表各個顏色。例如，你可以將顏色 #fe4692 中的每一對數字的第二個數字移除，改成 #f49，它等於顏色值 #ff4499。

簡寫可以顯示近乎相同的顏色，當你不需要使用特別準確的顏色時可以使用這種方法。六個數字與三個數字的差別在於前者支援 1600 萬種顏色，而後者只支援 4 千種。

無論你在哪裡使用 #883366 這類的顏色，由於它的效果相當於 #836，所以這兩個字串可以顯示一模一樣的顏色。

漸層

你可以用漸層來取代固定不變的背景色，它會根據你指定的初始色與結束色，自動產生漸層變化。它最適合與簡單的顏色規則一起使用，如此一來，不支援漸層的瀏覽器至少可以顯示純色。

範例 19-3 使用一條規則來顯示橘色漸層（在不支援的瀏覽器上則顯示純橘色），其效果見圖 19-10 的中間部分。

範例 19-3 建立線性漸層

```
<!DOCTYPE html>
<html>
  <head>
    <title>Creating a linear gradient</title>
    <style>
      .orangegrad {
        background:orange;
        background:linear-gradient(top, #fb0, #f50);
      }
    </style>
  </head>
```

```
  <body>
    <div class='orangegrad'>Black text<br>
    on an orange<br>linear gradient</div>
  </body>
</html>
```

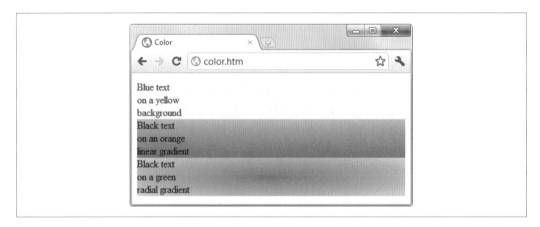

圖 19-10 純背景色、線性漸層與放射狀漸層

在建立漸層的時候，你要先選擇漸層的起點：top、bottom、left、right 與 center（或任何一個組合，例如 top left 或 center right），然後選擇初始與結束顏色，然後使用 linear-gradient 或 radial-gradient 規則，並確保你為所有的目標瀏覽器提供了它們可以使用的規則。

你也可以使用一個以上的初始顏色與結束顏色，用額外的參數來加入所謂的**停止**（*stop*）顏色。例如，當你提供五個引數時，各一個引數都會按照它在引數串列中的位置，分別控制五分之一的區域的顏色變化。

除了漸層之外，你也可以設定 CSS 物件的透明度，詳見第 20 章。

定位元素

元素在網頁中的位置與它們在文件中的位置有關，但你也可以更改元素的 position 屬性，將預設的 static 改成 absolute、relative、sticky 或 fixed 之一。

絕對定位

當絕對定位的元素被移出文件時，其他的可移動元素將填補它空出來的空間。接著你可以使用 top、right、bottom 與 left 屬性，將該物件放在文件的任何地方。

舉例來說，若要將 ID 為 object 的物件移到絕對位置為文件開頭算下來的 100 像素，左邊算來第 200 像素之處，你可以對它套用下列的規則（你也可以使用 CSS 支援的任何其他測量單位）：

```
#object {
  position:absolute;
  top     :100px;
  left    :200px;
}
```

這個物件可能被放在與它重疊的元素的前面或後面，依 z-index 屬性的值而定（該屬性只作用於被定位的元素）。元素的 z-index 的預設值是 auto，代表瀏覽器會幫你處理它。你也可以將這個屬性設為一個整數值（可為負），例如：

```
#object {
  position   :absolute;
  top        :100px;
  left       :200px;
  z-index    :100;
}
```

如此一來，物件就會按照 z-index 的值，從最低到最高依序顯示，高值的物件會在低值的上面。html 元素的 z-index 的預設值是 0，所有其他元素的預設值是 auto。

相對定位

你也可以將物件移到相對於原先位置的地方。例如，你可以使用下列規則，將 object 從它的一般位置向下移動 10 像素，並且向右移動 10 像素：

```
#object {
  position:relative;
  top     :10px;
  left    :10px;
}
```

固定定位

最後的一種定位屬性可以將物件移到絕對位置，但只能移到當前的瀏覽器檢視區裡面。當你捲動文件時，該物件會固定在指定的位置，主文件會在它的下面捲動，這種做法很適合用來建立工具列或類似的工具。下列規則可將物件固定在瀏覽器視窗的左上角：

```
#object {
  position:fixed;
  top      :0px;
  left     :0px;
}
```

範例 19-4 展示如何對網頁上的物件套用各種定位值。

範例 19-4 套用不同的定位值

```
<!DOCTYPE html>
<html>
  <head>
    <title>Positioning</title>
    <style>
      #container {
        position   :absolute;
        top        :50px;
        left       :0px;
      }
      #object1 {
        position   :absolute;
        background:pink;
        width      :100px;
        height     :100px;
        top        :0px;
        left       :0px;
      }
      #object2 {
        position   :relative;
        background:lightgreen;
        width      :100px;
        height     :100px;
        top        :0px;
        left       :110px;
      }
      #object3 {
```

```
      position   :fixed;
      background:yellow;
      width      :100px;
      height     :100px;
      top        :50px;
      left       :220px;
    }
  </style>
</head>
<body>
  <br><br><br><br><br>
  <div id='container'>
    <div id='object1'>Absolute Positioning</div>
    <div id='object2'>Relative Positioning</div>
    <div id='object3'>Fixed Positioning</div>
  </div>
</body>
</html>
```

在瀏覽器載入範例 19-4 會顯示圖 19-11，這個瀏覽器視窗的寬度與高度都被縮小了，所以你必須往下捲動才能看到全部的網頁。

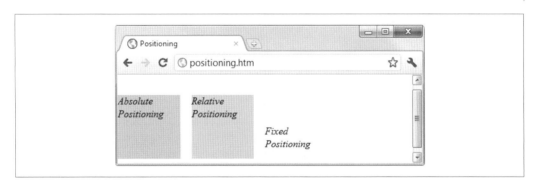

圖 19-11　使用不同的定位值

你可以看到，被設為固定位置的元素（object3）即使是在捲動的情況下，也會停在同一個位置。你也可以看到，被設為絕對定位的容器元素（名為 container）位於往下 100 個像素，水平位移值為 0 的地方，所以 object1（在容器裡面採絕對定位）出現在那個位置。object2 使用相對定位，距離容器的左邊界 110 個像素，與 object1 並排。

在圖中，雖然 object3 出現在 HTML 內的容器元素裡面，但因為它使用固定定位，所以它實際上獨立於其他物件，不會被限制在容器的範圍內。它最初的位置與 object1 與 object2 對齊，但是當其他的物件被往上捲動時，它會維持固定，所以現在在它們的下面。

虛擬類別

很多選擇器與類別只能在樣式表內使用，沒有任何對應的 HTML 標籤或屬性。它們的作用是以名稱、屬性或內容之外的特性（也就是無法從文件樹中推論出來的特性）來對元素進行分類。虛擬類別就是其中一種，例如 link 與 visited。此外也有進行選擇的虛擬元素，它們可能包含部分的元素，例如 first-line 或 first-letter。

虛擬類別與虛擬元素都是以 :（冒號）來分隔的。例如，你可以用下面的規則來建立一個稱為 bigfirst 的類別，用來突顯元素的第一個字元：

```
.bigfirst:first-letter {
  font-size:400%;
  float    :left;
}
```

當你讓一個元素使用 bigfirst 類別時，它的第一個字母會被放大，其餘的文字會維持原本的大小，整齊地圍繞著它排列（因為 float 屬性），彷彿第一個字母是一張圖像或其他物件一般。虛擬類別包括 hover、link、active 與 visited，它們最適合用於錨定元素，例如下面的規則會將所有連結的預設顏色設為藍色，將已被造訪的連結設為淡藍色：

```
a:link    { color:blue;      }
a:visited { color:lightblue; }
```

下面是一條有趣的規則，它們使用 hover 虛擬類別，只會在滑鼠游標跑到元素上面時設定。這個範例會將連結變成白色文字與紅色背景，產生原本只有 JavaScript 程式才能做到的動態效果：

```
a:hover {
  color     :white;
  background:red;
}
```

我在這裡使用只有一個參數的 background 屬性，而不是較長的 background-color 屬性。

active 虛擬類別也是動態的，它會在滑鼠按鈕被按下與放開的過程中，讓連結產生變化的效果，下面的規則會將連結的顏色變成深藍色：

```
a:active { color:darkblue; }
```

focus 是另一種有趣的動態虛擬類別，它只有在使用者以鍵盤或滑鼠聚焦元素時才會設定。下面的規則使用萬用選擇器來為當前聚焦的物件加上一條中灰色、虛線、2 個像素寬度的邊框：

```
*:focus { border:2px dotted #888888; }
```

 以上的說明適用於傳統的 web 開發，而不是行動 / 觸控設備的開發。我們會在第 23 章討論 jQuery Mobile 時進一步說明這個主題。

範例 19-5 會顯示兩個連結與一個輸入欄位，如圖 19-12 所示。第一個連結是灰色的，因為它在這個瀏覽器中已經被造訪過了，但是第二個連結還沒有被造訪過，所以是藍色的。因為使用者已按下 Tab 鍵，所以聚焦的輸入項是輸入欄位，因此它的背景會變成黃色。這兩個連結被按下之後會變成紫色，當滑鼠移到它們上面時會變成紅色。

範例 19-5 *link 與 focus 虛擬類別*

```
<!DOCTYPE html>
<html>
  <head>
    <title>Pseudoclasses</title>
    <style>
      a:link    { color:blue; }
      a:visited { color:gray; }
      a:hover   { color:red; }
      a:active  { color:purple; }
      *:focus   { background:yellow; }
    </style>
  </head>
  <body>
    <a href='http://google.com'>Link to Google'</a><br>
    <a href='nowhere'>Link to nowhere'</a><br>
    <input type='text'>
  </body>
</html>
```

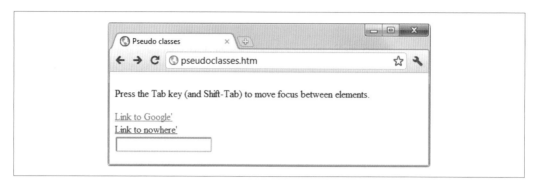

圖 19-12 對一些元素套用虛擬類別

此外還有許多其他的虛擬類別可用，詳情可參考 HTML Dog「Pseudo Classes」教學（*https://tinyurl.com/htmldipc*）。

簡寫的規則

為了節省空間，你可以將一組彼此相關的 CSS 屬性串接成一個簡寫的指令。例如，我已經多次使用簡寫規則來建立邊框了，像是上一節的 focus 規則：

```
*:focus { border:2px dotted #ff8800; }
```

它其實是將這組規則串在一起的簡寫：

```
*:focus {
  border-width:2px;
  border-style:dotted;
  border-color:#ff8800;
}
```

在使用簡寫規則時，你只要寫到你想改變的屬性就可以了。因此，你可以用下面的規則設定邊框的寬度與樣式，但不設定顏色：

```
*:focus { border:2px dotted; }
```

在簡寫規則裡面，屬性的順序非常重要，放錯它們的位置會產生意外的結果。因為本章已經用了太多的篇幅，如果你想要使用簡寫 CSS，請參考 CSS 手冊，或使用搜尋引擎來了解它們的預設屬性與設定順序。

方塊模型與版面配置

CSS 屬性是根據方塊模型來設定網頁版面的，方塊模型是圍繞著元素的一組嵌套屬性。幾乎所有元素（包含文件本文）都有（或可以擁有）這些屬性，舉例來說，你可以使用下列規則來移除本文的邊界：

```
body { margin:0px; }
```

物件的方塊模型從最外面開始的，也就是物件的邊距，在邊距裡面是邊框，接著是介於邊框與內容之間的內距，最後是物件的內容。

因為這些屬性構成了網頁樣式的絕大部分，所以掌握方塊模型就可以自在地製作專業的網頁版面。

設定邊距

邊距是方塊模型最外面的那一層。它可以將不同的元素分開，而且它很聰明。假設你要將一些元素的預設邊距設成 10 個像素，邊距是將兩個元素上下擺放時，它們之間的距離，但是，如果它們都有 10 個像素的邊距，結果豈不是變成 20 個像素的間距？

事實上，CSS 可以解決這個潛在的問題：當你將兩個設有邊距的元素放在一起時，CSS 只會用較大的邊距來隔離它們。如果兩個元素的邊距相同，CSS 只會使用一個寬度。如此一來，你比較可能得到預期的效果。但是請注意，絕對定位與行內元素的邊距不會以這種方式重疊。

你可以使用 margin 屬性來一起改變元素的四個邊距，或分別使用 margin-left、margin-top、margin-right 與 margin-bottom 來改變它們。當你設定 margin 屬性時，你可以傳遞一個、二個、三個，或四個引數，你可以在下列規則的註解部分看到它們的效果：

```
/* 將所有邊距設為 1 個像素 */
margin:1px;

/* 將上方與下方設為 1 個像素，左右兩邊設為 2 */
margin:1px 2px;

/* 將上方設為 1 個像素，左右兩邊設為 2，下方為 3 */
margin:1px 2px 3px;

/* 將上方設為 1 個像素，右邊設為 2，下方設為 3，左邊設為 4 */
margin:1px 2px 3px 4px;
```

範例 19-6 將一個 margin 屬性規則（粗體）套用到一個方形元素，該方形元素在 table 元素裡面。圖 19-13 是在瀏覽器載入這個範例的情形。這個範例沒有設定 table 的大小，所以它會盡可能緊密地包住裡面的 <div> 元素。因此，div 的上面有 10 個像素的邊距，右邊 20 個像素，下面 30 個像素，左邊 40 個像素。

範例 19-6 如何套用邊距

```html
<!DOCTYPE html>
<html>
  <head>
    <title>CSS Margins</title>
    <style>
      #object1 {
        background  :lightgreen;
        border-style:solid;
        border-width:1px;
        font-family :"Courier New";
        font-size   :9px;
        width       :100px;
        height      :100px;
        padding     :5px;
        margin      :10px 20px 30px 40px;
      }
      table {
        padding     :0;
        border      :1px solid black;
        background  :cyan;
      }
    </style>
  </head>
  <body>
    <table>
      <tr>
        <td>
          <div id='object1'>margin:<br>10px 20px 30px 40px;</div>
        </td>
      </tr>
    </table>
  </body>
</html>
```

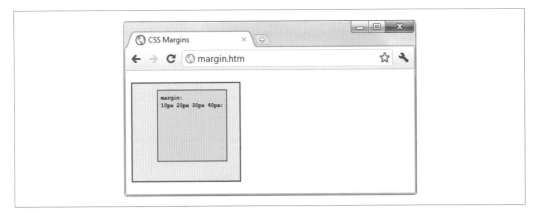

圖 19-13 外面的 table 會隨著邊距寬度改變大小

套用邊框

方塊模型的邊框粗細類似邊距，但它不會重疊在一起。邊框是從方塊模型最外面算進來的第二層。修改邊框的屬性主要有 border、border-left、border-top、border-right 與 border-bottom。它們的後面都可以加上其他的副屬性，例如 -color、-style 與 -width。

控制 margin 屬性的四種方式也可以用來控制 border-width，下面的規則都是有效的：

```
/* 所有邊框 */
border-width:1px;

/* 上 / 下、左 / 右 */
border-width:1px 5px;

/* 上、左 / 右、下 */
border-width:1px 5px 10px;

/* 上、右、下、左 */
border-width:1px 5px 10px 15px;
```

圖 19-14 是依序對方形元素套用每一條規則的情形。你可以看到第一個元素的所有邊框都是 1 個像素寬。但是第二個元素的上與下邊框是 1 個像素寬，兩側邊框則是 5 個像素寬。第三個元素的上邊框是 1 個像素寬，兩側邊框是 5 個像素寬，下邊框是 10 個像素寬。第四個元素有 1 個像素寬的上邊框，5 個像素寬的右邊框，10 個像素寬的下邊框，15 個像素寬的左邊框。

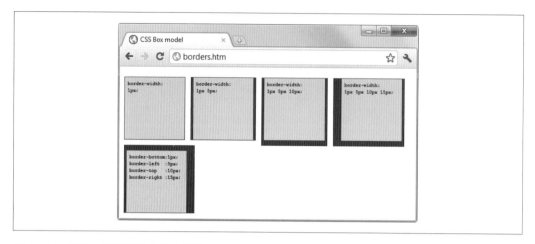

圖 19-14 套用一般的與簡寫的邊框規則值

最後一個元素不使用簡寫的規則，而是分別設定每一個邊框寬度，如你所見，你必須多打幾個字才可以得到相同的結果。

調整內距

內距是方塊模型最深的那一層（除了元素的內容之外），它在邊距與（或）邊框裡面。修改內距的屬性主要有：padding、padding-left、padding-top、padding-right 與 padding-bottom。

我們在設定 margin 與 border 屬性時採取的四種方式也可以用在 padding 屬性上，因此下列規則都是有效的：

```
/* 所有內距 */
padding:1px;

/* 上 / 下、左 / 右 */
padding:1px 2px;

/* 上、左 / 右、下 */
padding:1px 2px 3px;

/* 上、右、下、左 */
padding:1px 2px 3px 4px;
```

圖 19-15 是將內距規則（範例 19-7 的粗體部分）套用到表格內的文字產生的效果（表格是以 display:table-cell; 規則來定義的，這條規則將內部的 <div> 元素顯示成格狀），我

們沒有設定表格的寬高，因此它將盡可能地貼緊裡面的文字。因此，內部元素的上面有 10 個像素的內距，右邊有 20 個像素，下面有 30 個像素，左邊有 40 個像素。

範例 19-7 套用內距

```
<!DOCTYPE html>
<html>
  <head>
    <title>CSS Padding</title>
    <style>
      #object1 {
        border-style:solid;
        border-width:1px;
        background  :orange;
        color       :darkred;
        font-family :Arial;
        font-size   :12px;
        text-align  :justify;
        display     :table-cell;
        width       :148px;
        padding     :10px 20px 30px 40px; }
    </style>
  </head>
  <body>
    <div id='object1'>To be, or not to be that is the question:
    Whether 'tis Nobler in the mind to suffer
    The Slings and Arrows of outrageous Fortune,
    Or to take Arms against a Sea of troubles,
    And by opposing end them.</div>
  </body>
</html>
```

圖 19-15 對物件套用不同的內距值

物件內容

最後，你可以用本章討論過的所有方式來設定方塊模型中心元素的樣式，這個元素可以（且通常會）容納其他的子元素，它的子元素也可以容納孫元素，以此類推，每一個元素都有它自己的樣式與方塊模型設置。

問題

1. 什麼指令可以在樣示表中（或 HTML 的 <style> 段落）匯入另一個樣示表？

2. 什麼 HTML 標籤可以將樣式表匯入一份文件中？

3. 什麼 HTML 標籤屬性可以將樣式直接嵌入元素？

4. CSS ID 與 CSS 類別之間的差異為何？

5. 在 CSS 規則中，你可以在 (a) ID 與 (b) 類別名稱前面使用哪些字元？

6. 在 CSS 規則中，分號的用途是什麼？

7. 如何在樣式表中加入註解？

8. CSS 用哪個字元來代表「任何元素」？

9. 如何在 CSS 中選取一組元素與（或）元素類型？

10. 如果兩條 CSS 規則有相同的優先順序，如何讓其中一條規則優先於另外一條？

解答請參考第 777 頁附錄 A 的「第 19 章解答」。

使用更進階的 CSS3

CSS 第一版在 1996 年起草，在 1999 年發表，自 2001 年開始受到所有瀏覽器版本的支援。這個版本（CSS1）的標準曾經在 2008 年修訂過。開發人員在 1998 年開始制訂第二版（CSS2）規格，於 2007 年完成，並於 2009 再次修訂。

CSS3 規格從 2001 年開始開發，開發小組在 2009 年提出一些新功能，直到 2020 年仍然有新提議被提出。

現在 CSS 工作小組已經提出 CSS4 了，這不是一次重大的躍進，它只發展 CSS 的一部分（選擇器），CSS4 的內容不在本書的討論範圍，因為當我行文至此時（2021 年），仍然有許多提議剛被提出。好奇的讀者可以到 drafts.csswg.org（*https://tinyurl.com/l4selectors*）參考那些資料。

不過，令人欣慰的是，CSS 工作小組會定期發表他們認為穩定的 CSS 模組快照。到目前為止，他們已經發表了四個最佳實踐文件（Notes），最近一次是在 2020 年發表的（*https://w3.org/TR/css-2020*）。Notes 是評估 CSS 世界的最新狀態的最佳地點。

本章將介紹已經被主流瀏覽器採用的 CSS3 功能，其中許多功能提供了迄今為止只能用 JavaScript 來實作的功能。

建議你在實作動態的功能時，盡量使用 CSS3 來取代 JavaScript。以 CSS 製作的功能可讓文件屬性成為文件本身的一部分，不需要透過 JavaScript 來附加，所以是更簡潔的設計。

CSS 有很多功能，而且各種瀏覽器以不同的方式來實作各種功能。因此，當你想要確定你撰寫的 CSS 能不能在所有的瀏覽器上運作時，建議你先查看 Can I use... 網站（*http://caniuse.com*）。它記錄了目前的瀏覽器可使用哪些功能，所以它的資訊一定比這本書更新，本書每隔幾年才會出版新的版本，但 CSS 在這段時間裡面可能有長足的發展。

屬性選擇器

上一章介紹許多 CSS 屬性選擇器，接下我要快速地回顧它們。在 CSS 中，選擇器的用途是比對 HTML 元素，它有 10 種類型，如表 20-1 所示。

表 20-1 CSS 選擇器、虛擬類別與虛擬元素

選擇器類型	範例
萬用選擇器	* { color:#555; }
類型選擇器	b { color:red; }
類別選擇器	.classname { color:blue; }
ID 選擇器	#id { background:cyan; }
後代選擇器	span em { color:green; }
子選擇器	div > em { background:lime; }
相鄰兄弟選擇器	i + b { color:gray; }
屬性選擇器	a[href='info.htm'] { color:red; }
虛擬類別	a:hover { font-weight:bold; }
虛擬元素	P::first-letter { font-size:300%; }

CSS3 的設計者認為，大多數的選擇器已經能夠充分發揮它們的功能了，但是為了讓你更輕鬆地根據元素屬性的內容來比對元素，他們特別改善三個項目。接下來的小節將討論這些項目。

比對部分字串

在 CSS2 中，你可以使用 a[href='info.htm'] 這種選擇器來比對 href 屬性的 info.htm 字串，但無法比對部分的字串，所以 CSS3 提供了三個新的運算子來解決這個問題：^、$ 與 *。你可以將它們放在 = 符號前面來比對字串的開頭、結尾或任何部分。

^= 運算子

這個運算子可以比對字串的開頭，例如，下面的規則可比對值的開頭為 http://website 的 href 屬性：

```
a[href^='http://website']
```

因此，它可以找出這個元素：

```
<a href='http://website.com'>
```

但是無法找出這個：

```
<a href='http://mywebsite.com'>
```

$= 運算子

如果你只想要比對字串的結尾，下面的寫法可以比對 src 屬性的結尾是 .png 的所有 img 標籤：

```
img[src$='.png']
```

例如，它可以找出下面的標籤：

```
<img src='photo.png'>
```

但是無法找出這個：

```
<img src='snapshot.jpg'>
```

*= 運算子

若要比對屬性中任何位置的字串，你可以採取下列寫法來使用選擇器，它可以在網頁中找出任意位置出現 google 字串的所有連結：

```
a[href*='google']
```

例如，它可以找出 HTML 段落 `<a href='http://google.com'>`，但是無法找出 `<a href='http://gmail.com'>`。

box-sizing 屬性

W3C 方塊模型指定的物件寬高僅代表元素內容的尺寸，忽略任何內距或邊框。但是有些網頁設計者希望可以指定整個元素的大小，包括任何內距與邊框。

為了提供這項功能，CSS3 可讓你用 box-sizing 屬性來選擇你想使用的方塊模型。例如，如果你想要使用物件的總寬度與總高度，包括內距與邊框，你可以這樣宣告：

```
box-sizing:border-box;
```

或者，如果你想讓物件的寬與高僅代表它的內容，你可以這樣宣告（預設）：

```
box-sizing:content-box;
```

CSS3 背景

CSS3 提供兩個新屬性：background-clip 與 background-origin。你可以用它們來設定背景在元素中從哪裡開始，以及如何裁剪背景，以免它在方塊模型中不該出現的地方出現。

這兩種屬性提供以下的值：

border-box

　　代表邊框的外緣。

padding-box

　　代表內距區域的外緣。

content-box

　　代表內容區域的外緣。

background-clip 屬性

你可以使用 background-clip 屬性來設定是否忽略（裁剪）出現在元素邊框或內距區域的背景。例如，下面的宣告式設定背景，可以出現在元素的任何部分，直到邊框的外緣為止：

```
background-clip:border-box;
```

如果你不希望背景出現在元素的邊框區域，你可以將它限制在內距外緣之內，例如：

```
background-clip:padding-box;
```

或是只讓背景出現在元素的內容區域：

```
background-clip:content-box;
```

圖 20-1 以 Safari 瀏覽器來顯示三列元素，其中，第一列的 background-clip 屬性設為 border-box，第二列設為 padding-box，第三列設為 content-box。

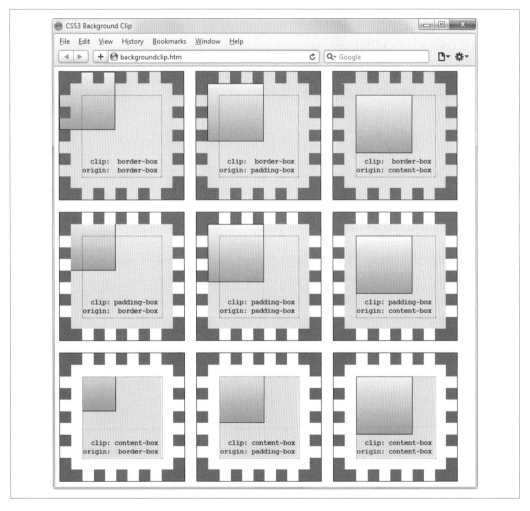

圖 20-1 以各種方式來組合 CSS3 背景屬性

在第一列中，內部方塊可在元素的任何地方顯示（我們載入一個圖像檔，將它放在元素的左上方，並且停用重複顯示（repeating），以顯示內部方塊）。因為我們將邊框設成 dotted，所以第一個方塊的邊框區域將內部方塊顯示出來。

在第二列，瀏覽器不會在邊框區域顯示背景圖像與背景陰影，因為我們將 background-clip 屬性設為 padding-box 值，以裁剪它們。

在第三列，我們將 background-clip 屬性設為 content-box 來裁剪背景陰影與背景圖像，它們只會在各個元素的內容區域（在淺色虛線方塊裡面）顯示出來。

background-origin 屬性

你可以使用 background-origin 屬性來指定背景圖像左上角的位置，將背景圖片放在理想的地方。例如，下面的宣告式可將背景圖像的位置設在左上角邊框外緣：

    background-origin:border-box;

這個宣告式可以將圖像放在內距區域的左上角：

    background-origin:padding-box;

這個宣告式可將圖像的原點設在元素內容區域的左上角：

    background-origin:content-box;

在圖 20-1 中，你可以看到，每列的第一個方塊都將 background-origin 屬性設成 border-box，每列的第二個方塊都將它設成 padding-box，第三個都設成 content-box。因此，每一列的第一個方塊的內部方塊都會顯示在邊框的左上角，第二個方塊在內距區域的左上角，第三個在內容的左上角。

關於圖 20-1 中內部方塊原點，在各列之間需要注意的唯一差異在於，第二列與第三列的內部方塊分別被裁剪到內距與內容區域，因此，在這些區域以外的地方，內部方塊都不會被顯示出來。

background-size 屬性

你也可以用同樣的方式在 `<img>` 標籤裡面指定圖像的寬與高,在所有最新版的瀏覽器中,你也可以對背景圖像做同樣的事情。

你可以用這種方式來套用屬性(其中 *ww* 是寬度,*hh* 是高度):

```
background-size:wwpx hhpx;
```

喜歡的話,你也可以僅用一個引數,將寬高都設成那個值。此外,如果你把這個屬性套用至區塊等級的元素,例如 `<div>`(而不是行內的元素,例如 `<span>`),你也可以使用百分比來指定寬高,取代固定值。

使用 auto 值

如果你只想要調整背景圖像的寬高之一,並且讓另一個維度按照同樣的比例來自動調整,你也可以將另一個維度設成 auto 值,例如:

```
background-size:100px auto;
```

它會將寬度設為 100 像素,並且隨著寬度的增減按比例調整高度。

 不同的瀏覽器可能使用不同的背景屬性名稱版本,在使用它們時,請參考 Can I use... 網站(*http://caniuse.com*)來確保你讓所有的目標瀏覽器都使用符合要求的版本。

多張背景

你可以使用 CSS3 來讓元素使用多張背景,它們都可以使用之前介紹過的 CSS3 背景屬性。在圖 20-2 中,我們設定八張不同的背景圖像,來製作證書的四個角落與四個邊框。

當你在一個 CSS 宣告式中顯示多張背景圖像時,你要用逗號來隔開它們。範例 20-1 的 HTML 與 CSS 可產生圖 20-2 的背景。

範例 *20-1* 在背景中使用多張圖像

```html
<!DOCTYPE html>
<html> <!-- backgroundimages.html -->
  <head>
    <title>CSS3 Multiple Backgrounds Example</title>
    <style>
      .border {
        font-family:'Times New Roman';
        font-style :italic;
        font-size  :170%;
        text-align :center;
        padding    :60px;
        width      :350px;
        height     :500px;
        background :url('b1.gif') top    left  no-repeat,
                    url('b2.gif') top    right no-repeat,
                    url('b3.gif') bottom left  no-repeat,
                    url('b4.gif') bottom right no-repeat,
                    url('ba.gif') top          repeat-x,
                    url('bb.gif') left         repeat-y,
                    url('bc.gif') right        repeat-y,
                    url('bd.gif') bottom       repeat-x
      }
    </style>
  </head>
  <body>
    <div class='border'>
      <h1>Employee of the month</h1>
      <h2>Awarded To:</h2>
      <h3>_____</h3>
      <h2>Date:</h2>
      <h3>___/___/_____</h3>
    </div>
  </body>
</html>
```

圖 20-2 用多張圖像來製作背景

你可以在 CSS 段落中看到,我們用前四行 background 宣告式將角落圖像放在元素的四個角落,用最後四行放置邊框圖像。最後才處理邊框的原因,是背景圖像的優先順序與程式碼的上下順序一樣。換句話說,如果背景圖像重疊,新增的圖像會被放在已經被放上去的圖像後面。如果你用相反的順序來排列 GIF,邊框圖像就會被顯示在角落圖像的上面,這樣就不對了。

 使用這個 CSS 時,你可以任意調整內容元素的寬高,邊框將隨著它改變大小,雖然你也可以使用多個表格或多個元素來產生同樣的效果,但這種做法簡單多了。

CSS3 邊框

CSS3 也提供許多靈活的邊框呈現方式,讓你可以個別改變四個邊框的顏色、顯示邊框與角落的圖像、提供半徑值來將邊框設為圓角、在元素下方放置方塊陰影。

border-color 屬性

改變邊框顏色的方法有兩種。首先,你可以將屬性設為單一顏色:

```
border-color:#888;
```

這個宣告式可將元素的所有邊框都設成中灰色。你也可以分別設定邊框,例如(這會將四個邊框設成各種深淺的灰色):

```
border-top-color    :#000;
border-left-color   :#444;
border-right-color  :#888;
border-bottom-color :#ccc;
```

你也可以在一個宣告式裡面設定所有顏色:

```
border-color:#f00 #0f0 #880 #00f;
```

這個宣告式將上邊框的顏色設為 #f00,右邊框設為 #0f0,下邊框設為 #880,左邊框設為 #00f(分別是紅色、綠色、橘色與藍色)。你也可以使用顏色名稱來設定參數。

border-radius 屬性

在 CSS3 問世之前,才華洋溢的網頁開發者曾經使用各種變通的技巧來產生圓角,他們通常利用 <table> 與 <div> 標籤。

但是現在幫元素加上圓角邊框非常容易,而且主流瀏覽器的最新版本都支援這種做法,見圖 20-3,瀏覽器用各種不同的方式來顯示 10 像素邊框。範例 20-2 是它的 HTML。

範例 20-2 border-radius 屬性

```
<!DOCTYPE html>
<html> <!-- borderradius.html -->
  <head>
    <title>CSS3 Border Radius Examples</title>
    <style>
```

```css
.box {
  margin-bottom:10px;
  font-family  :'Courier New', monospace;
  font-size    :12pt;
  text-align   :center;
  padding      :10px;
  width        :380px;
  height       :75px;
  border       :10px solid #006;
}
.b1 {
  border-radius         :40px;
}
.b2 {
  border-radius         :40px 40px 20px 20px;
}
.b3 {
   border-top-left-radius             :20px;
   border-top-right-radius            :40px;
   border-bottom-left-radius          :60px;
   border-bottom-right-radius         :80px;
}
.b4 {
  border-top-left-radius           :40px 20px;
  border-top-right-radius          :40px 20px;
  border-bottom-left-radius        :20px 40px;
  border-bottom-right-radius       :20px 40px;
}
</style>
</head>
<body>
  <div class='box b1'>
    border-radius:40px;
  </div>

  <div class='box b2'>
    border-radius:40px 40px 20px 20px;
  </div>

  <div class='box b3'>
    border-top-left-radius    :20px;<br>
    border-top-right-radius   :40px;<br>
    border-bottom-left-radius :60px;<br>
    border-bottom-right-radius:80px;
  </div>

  <div class='box b4'>
```

```
    border-top-left-radius    :40px 20px;<br>
    border-top-right-radius   :40px 20px;<br>
    border-bottom-left-radius :20px 40px;<br>
    border-bottom-right-radius:20px 40px;
  </div>
 </body>
</html>
```

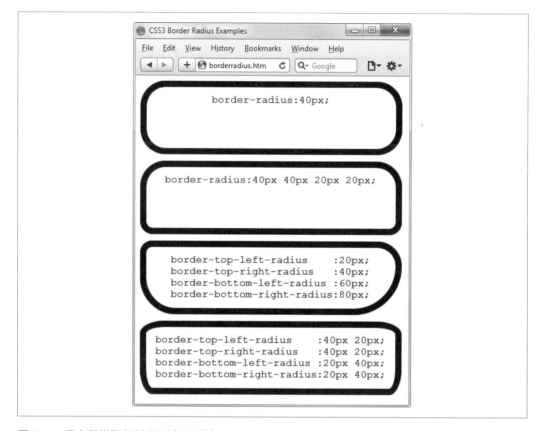

圖 20-3 混合與搭配各種圓弧邊框屬性

舉例來說,若要建立半徑為 20 像素的圓弧邊框,你可以使用下列的宣告式:

```
border-radius:20px;
```

你也可以分別指定四個角落的半徑(從左上角開始,以順時針方向來設定):

```
border-radius:10px 20px 30px 40px;
```

喜歡的話，你也可以個別設定元素的每一個角落：

```
border-top-left-radius    :20px;
border-top-right-radius   :40px;
border-bottom-left-radius :60px;
border-bottom-right-radius:80px;
```

而且，當你設定各個角落時，你也可以使用兩個參數，來選擇不同的直向與橫向半徑（產生更有趣、更細緻的邊框），例如：

```
border-top-left-radius    :40px 20px;
border-top-right-radius   :40px 20px;
border-bottom-left-radius :20px 40px;
border-bottom-right-radius:20px 40px;
```

第一個參數是水平的半徑，第二個是垂直的半徑。

方塊陰影

若要套用方塊陰影，你必須指定陰影和元素的水平與垂直距離、陰影的模糊程度、顏色，例如：

```
box-shadow:15px 15px 10px #888;
```

我們用兩個 **15px** 來指定（依序）它和元素的垂直與水平距離，你可以使用負數，零，或正數值。**10px** 是模糊程度，這個值越小越不模糊。**#888** 是陰影的顏色，可設為任何有效的顏色值。圖 20-4 是這個宣告式的效果。

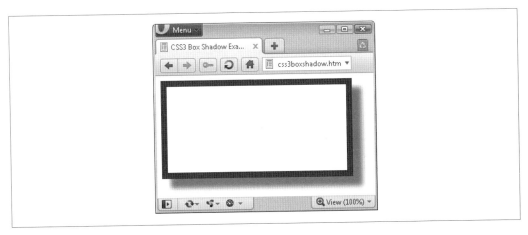

圖 20-4 在元素下方的方塊陰影

元素溢出

在 CSS2 中，當子元素太大，所以無法完全放入父元素時，你可以將 overflow 屬性設為 hidden、visible、scroll 或 atuo 來指定處理方式。但是在 CSS3 中，你可以將這些值分別套用到垂直方向與水平方向，例如這些範例宣告式：

```
overflow-x:hidden;
overflow-x:visible;
overflow-y:auto;
overflow-y:scroll;
```

多欄版面

網頁開發者一直以來都希望能顯示多個欄位，現在 CSS3 終於實現它了。現在用多個欄位來顯示文字非常簡單，你只要指定欄位數目，並且（可選）選擇它們之間的間隔以及分隔線的樣式（如果你要使用的話）即可，如圖 20-5 所示（它是以範例 20-3 的程式建立的）。

圖 20-5 在多個欄位中顯示文字

範例 20-3 使用 CSS 來建立多個欄位

```
<!DOCTYPE html>
<html> <!-- multiplecolumns.html -->
  <head>
    <title>Multiple Columns</title>
```

```
  <style>
    .columns {
      text-align          :justify;
      font-size           :16pt;
       column-count       :3;
      column-gap          :1em;
      column-rule         :1px solid black;
    }
  </style>
</head>
<body>
  <div class='columns'>
    Now is the winter of our discontent
    Made glorious summer by this sun of York;
    And all the clouds that lour'd upon our house
    In the deep bosom of the ocean buried.
    Now are our brows bound with victorious wreaths;
    Our bruised arms hung up for monuments;
    Our stern alarums changed to merry meetings,
    Our dreadful marches to delightful measures.
    Grim-visaged war hath smooth'd his wrinkled front;
    And now, instead of mounting barded steeds
    To fright the souls of fearful adversaries,
    He capers nimbly in a lady's chamber
    To the lascivious pleasing of a lute.
  </div>
  </body>
</html>
```

在 .columns 類別裡面的前兩行要求瀏覽器將文字靠右對齊,並將字體大小設為 16pt。在宣告多欄位版面時,不一定要使用這些宣告式,但它們可以改善文字的畫面。我們用接下來的幾行來設定元素,將文字填入三個欄位,將欄與欄的間距設為 1em,並在每一個間距的中央顯示一條一個像素寬的邊框。

顏色與不透明度

CSS3 大大地增加顏色的定義方式,現在你也可以使用 CSS 函式,以常見的格式來設定顏色,包括:RGB(紅、綠、藍)、RGBA(紅、綠、藍、Alpha)、HSL(色調、彩度、亮度),與 HSLA(色調、彩度、亮度、Alpha)。Alpha 值代表顏色的透明度,設定它可讓你看見元素後面的東西。

HSL 顏色

若要使用 hs1 函式來定義顏色，你必須先在色輪中挑選介於 0 到 359 之間的色調（hue）值。超過這個範圍的色調值，會繞回來從零開始算起，因此 0 代表紅色，360 與 720 也是紅色。

在色輪中，三原色紅、綠與藍是以 120 度角分布，因此純紅色是 0，綠色是 120，而藍色是 240。在這些值之間的數字代表以各種比例混合兩側顏色的色調。

接下來指定彩度（saturation level），它是介於 0% 到 100% 之間的值，代表顏色呈現出來的褪色程度或鮮艷程度。在色輪中央的彩度是中灰色的（彩度是 0%），離邊緣越近，色彩就越鮮艷（彩度是 100%）。

最後指定顏色的亮度，選擇介於 0% 到 100% 之間的亮度值（luminance）。50% 的亮度值可提供最飽滿、最明亮的顏色，這個值越小（最小到 0%）越暗淡，最終變成黑色，這個值越大（最大 100%）越明亮，最終變成白色。你可以將亮度想成將顏色與黑色或白色混在一起的程度。

因此，舉例來說，若要選擇百分之百彩度與標準亮度的黃色，你可以這樣宣告：

    color:hsl(60, 100%, 50%);

或者，若要指定較暗淡的藍色，你可以宣告：

    color:hsl(240, 100%, 40%);

你也可以在任何一種需要指定顏色的屬性中使用它（和所有其他的 CSS 顏色函式），例如 background-color……等。

HSLA 顏色

你可以使用 hsla 函式來進一步控制色彩，將第四個（alpha）顏色等級傳給它，alpha 是介於 0 與 1 之間的浮點數，0 代表該顏色是完全透明的，1 代表它是完全不透明的。

你可以這樣選擇彩度 100%、標準亮度、不透明度 30% 的黃色：

    color:hsla(60, 100%, 50%, 0.3);

或是這樣宣告彩度 100%、不透明度 82%，但較淡的藍色：

    color:hsla(240, 100%, 60%, 0.82);

RGB 顏色

你應該比較習慣用 RGB 系統來選擇顏色，它使用類似 *#nnnnnn* 與 *#nnn* 的顏色格式。例如，若要將一個屬性設為黃色，你可以使用以下任何一個宣告方式（第一個支援 1,600 萬色，第二個支援 4,000 色）：

```
color:#ffff00;
color:#ff0;
```

你也可以使用 CSS rgb 函式來產生同樣的效果，但要將十六進制數字換成十進制（十進制的 255 就是十六進制的 ff）：

```
color:rgb(255, 255, 0);
```

更棒的是，你不必使用多達 256 個數字，只要用百分比來指定即可，例如：

```
color:rgb(100%, 100%, 0);
```

事實上，現在你只要使用原色，就可以顯示接近你要的顏色了。例如，綠色加藍色可產生青色，因此如果你想要得到接近青色，但有較多藍色成分與較少綠色成分的顏色，你可以快速地估計紅 0%、綠 40%，與藍 60%，然後試著這樣宣告：

```
color:rgb(0%, 40%, 60%);
```

RGBA 顏色

如同 hsla 函式，rgba 函式也支援第四個 alpha 參數，所以你可以用這個宣告方式來將接近青色的顏色設為不透明度 40%：

```
color:rgba(0%, 40%, 60%, 0.4);
```

opacity 屬性

opacity 屬性可讓你和 hsla 和 rgba 函式一樣控制 alpha，但是你也可以單獨修改顏色的不透明度（或透明度，如果你比較喜歡這樣說的話）。

你可以對某個元素使用下列的宣告式（這個範例可設定不透明度 25%，也就是透明度 75%）：

```
opacity:0.25;
```

文字效果

透過 CSS3 的協助，你可以對文字套用許多新效果，包含文字陰影、文字重疊與自動換行。

text-shadow 屬性

text-shadow 屬性類似 box-shadow 屬性，它們使用同一組參數：水平與垂直的位移值、模糊程度，以及顏色。例如，下面的宣告式可將影子的垂直與水平位移值都設成 3 個像素、深灰色、模糊程度 4 個像素：

```
text-shadow:3px 3px 4px #444;
```

圖 20-6 是這個宣告式的效果，它可以在所有新版的主流瀏覽器上正常顯示（但不包括 IE 9 以下）。

This is shadowed text

圖 20-6. 對文字套用陰影

text-overfolw 屬性

當你將 CSS 的 overflow 屬性設成 hidden 值時，你也可以使用 text-overflow 屬性，在切斷的地方前面加上省略符號（三個句點），來代表接下來有一些文字被切斷了，例如：

```
text-overflow:ellipsis;
```

如果你不使用這個屬性，當「To be, or not to be. That is the question.」被截斷時，你會看到圖 20-7 的效果，但是當你使用這個宣告式時，你會看到圖 20-8 的結果。

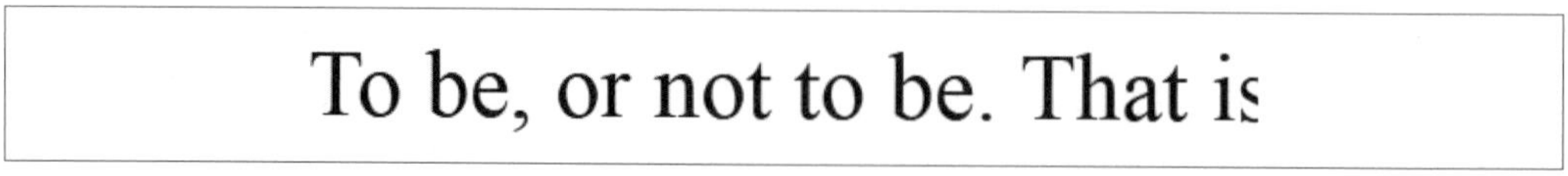

To be, or not to be. That is

圖 20-7 文字被自動截斷

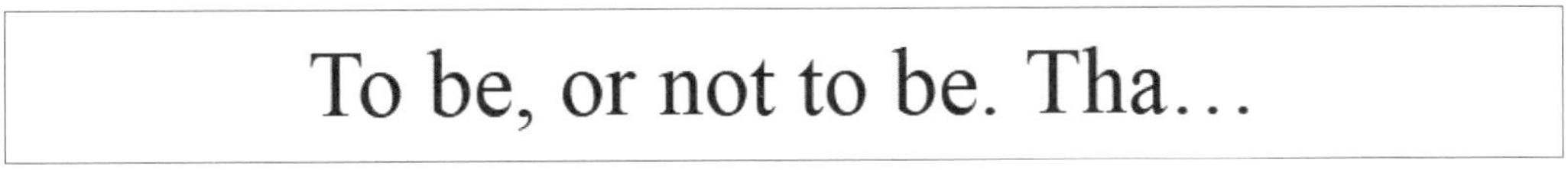

To be, or not to be. Tha…

圖 20-8 這段文字有省略符號，未被驟然截斷

為了產生這個效果，你必須滿足三件事：

- 元素必須有一個 overflow 屬性，而且它不能被設為 visible，例如 overflow:hidden。
- 元素必須設定 white-space:nowrap 屬性來限制文字。
- 元素的寬度必須小於將被截斷的文字。

word-wrap 屬性

當文字比容納它的元素還要長時，文字可能會溢出或是被截斷。但是除了使用 text-overflow 屬性與截斷文字之外，你也可以將 word-wrap 屬性設成 break-word，來讓很長的文字繞到下一行，例如：

```
word-wrap:break-word;
```

舉例來說，在圖 20-9 中，單字 *Honorificabilitudinitatibus* 相較於容納它的方塊太寬了（方塊的右邊界介於字母 *t* 與 *a* 之間，以直線表示），而且因為它沒有使用 overflow 屬性，所以內容已經溢出邊界了。

Honorificabilitudinit|atibus

圖 20-9 這個單字對容納它的方塊來說太寬了，並且已經溢出了

但是在圖 20-10 中，因為元素的 word-wrap 屬性被設為 break-word，所以這個單字會整齊地繞到下一行。

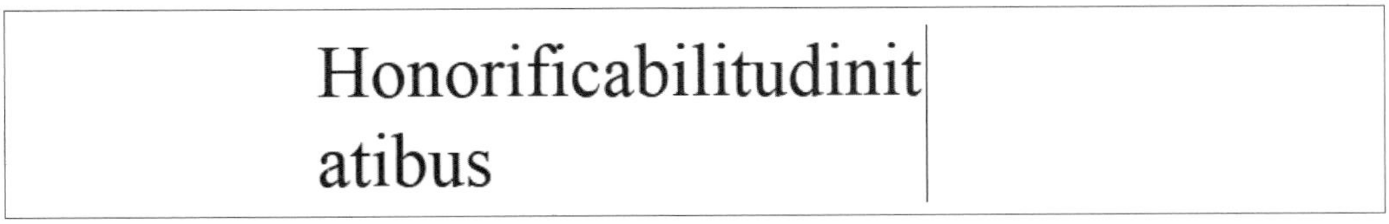

Honorificabilitudinit
atibus

圖 20-10 這個單字在碰到右邊界時會換行

web 字型

CSS3 web 字型大大地增加了網頁設計師可用的排版方式，因為它可以從網路載入並顯示字型，而非只從使用者的電腦載入字型。使用它的方式是以 `@font-face` 來宣告 web 字型，例如：

```
@font-face
{
  font-family:FontName;
  src:url('FontName.otf');
}
```

你要將一個含有字型路徑或 URL 的值傳給 url 函式。在多數的瀏覽器中，你可以使用 TrueType（*.ttf*）或 *OpenType*（*.otf*）字型，但是在 Internet Explorer 中，你只能使用已被轉換成 *Embedded Open Type*（*.eot*）的 TrueType 字型

你可以使用 format 函式來讓瀏覽器知道字型的種類，例如這個範例指定 OpenType 字型：

```
@font-face
{
  font-family:FontName;
  src:url('FontName.otf') format('opentype');
}
```

這段程式指定 TrueType 字型：

```
@font-face

{

  font-family:FontName;

  src:url('FontName.ttf') format('truetype');

}
```

但是，因為 Internet Explorer 只接受 EOT 字型，所以它會忽略含有 format 函式的 `@font-face` 宣告式。

Google web 字型

使用 web 字型最簡單的方法是從 Google 的伺服器免費載入它們。如果你想了解更多相關訊息，你可以參考 Google Fonts 網站（*http://fonts.google.com*），如圖 20-11 所示，你可以從那裡取得超過 1,000 種字型。

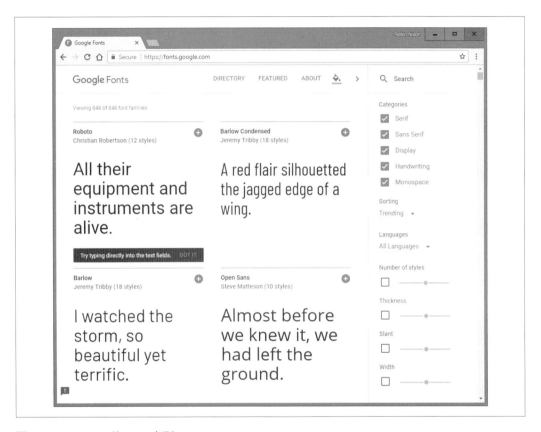

圖 20-11 Google 的 web 字型

為了讓你知道使用這些字型是多麼簡單，下面是將 Google 字型（在這個例子是 Lobster）載入 HTML，並且在 <h1> 標題中使用它的寫法：

```
<!DOCTYPE html>
<html>
  <head>
    <style>
      h1 { font-family:'Lobster', arial, serif; }
```

```
      </style>
      <link href='http://fonts.googleapis.com/css?family=Lobster'
        rel='stylesheet'>
    </head>
    <body>
      <h1>Hello</h1>
    </body>
  </html>
```

當你在網站選擇一種字型時，Google 會提供 `<link>` 標籤來讓你複製並貼至網站的 `<head>`。

變形

變形可以讓你在最多三個維度之中對元素做出歪斜、旋轉、拉長與壓扁的動作。它可以讓你擺脫 `<div>` 和其他元素單調的方塊形狀，輕鬆地做出很棒的效果，因為現在它們可以用各種角度和多種不同的形式來顯示。

你可以將 transform 屬性設成各種值來執行變形。首先是 none 值，它會將物件重新設成尚未變形的狀態：

```
transform:none;
```

你也可以將 transform 屬性設為一或多個下列的函式：

matrix

　　對物件套件一個矩陣值來將它變形

translate

　　移動元素的原點

scale

　　改變物件的大小

rotate

　　旋轉物件

skew

　　歪斜物件

會讓你一頭霧水的函式可能只有 skew。這個函式會按比率將一個座標往某個方向移動，該比率是它與座標平面或座標軸的距離。所以，舉例來說，當矩形被歪斜時，它會被轉換成平行四邊形。

以上的許多函式都有單座標軸版本，例如 translateX、scaleY……等。

例如，若要將一個元素往順時針方向旋轉 45 度，你可以對它套用這個宣告式：

```
transform:rotate(45deg);
```

與此同時，你也可以將這個物件放大，例如下面的宣告式將寬度放大 1.5 倍、將高度放大 2 倍，再執行旋轉。圖 20-12 是物件變形前後的情形：

```
transform:scale(1.5, 2) rotate(45deg);
```

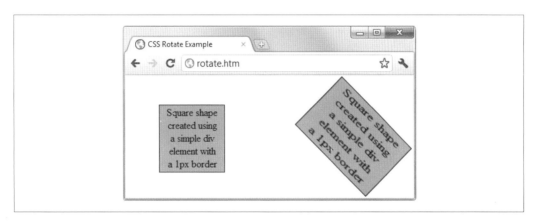

圖 20-12　變形前與變形後的物件

3D 變形

你也可以使用下面的 CSS3 3D 變形功能，在三個維度上將物件變形：

perspective

　　將元素從 2D 空間釋放出來，建立第三個維度，讓它可以在裡面移動，必須與 3D CSS 函式一起使用。

transform-origin

　　利用 perspective，設定一個位置，讓所有的線條彙聚到一個點。

translate3d

將元素移往它的 3D 空間的另一個位置。

scale3d

改變一或多個維度的大小。

rotate3d

繞著 x 軸、y 軸與 z 軸旋轉元素。

圖 20-13 是用下面的 CSS 規則在 3D 空間旋轉一個 2D 物件的樣子：

```
transform:perspective(200px) rotateX(10deg) rotateY(20deg) rotateZ(30deg);
```

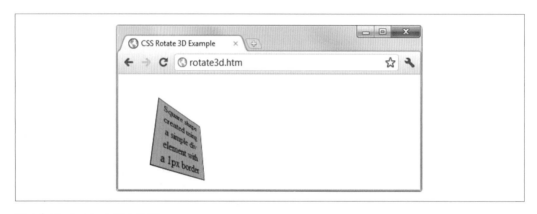

圖 20-13 在 3D 空間中旋轉

變換

變換（*transition*）也是最新版的主流瀏覽器都支援的動態新功能（包括 Internet Explorer 10，但不包括較舊的版本）。你可以用這個功能來設定元素變形時要呈現的動畫效果，瀏覽器會自動幫你處理所有畫格。

當你設定變換時，你要提供四個屬性：

```
transition-property        :property;
transition-duration        :time;
transition-delay           :time;
transition-timing-function:type;
```

變換的屬性

變換有 height、border-color 之類的屬性。你要用 CSS 屬性 transition-property 來設定想要改變的屬性。（我在這裡使用屬性（*property*）來代表兩種不同的東西：CSS 屬性，以及它設定的變換屬性。）你也可以同時指定多個屬性，用逗號來將屬性分開：

```
transition-property:width, height, opacity;
```

你也可以使用 all 值來變換元素的所有東西（包括顏色）：

```
transition-property:all;
```

變換時間

transition-duration 屬性的值必須大於零秒。下面的宣告式指定變換必須在 1.25 秒完成：

```
transition-duration:1.25s;
```

變換延遲

如果 transition-delay 屬性值大於零秒（預設值），元素會延遲一段時間才開始改變原始的外觀。下面的宣告式會在延遲 0.1 秒後，才開始進行變換：

```
transition-delay:0.1s;
```

如果 transition-delay 屬性的值小於零秒（也就是負值），變換會在屬性已經改變的時刻開始執行，看起來是從執行中途的指定位移時間開始執行的。

變換節奏

transition-timing 屬性可設為以下其中一個值：

ease

　　一開始緩慢，接著變快，最後緩慢結束。

linear

　　以同樣的速度變換。

ease-in

一開始緩慢，之後變快，直到結束。

ease-out

一開始快速，在接近結束之前保持快速，最後緩慢結束。

ease-in-out

一開始緩慢，之後變快，最後緩慢結束。

有 *ease* 這個字的值都可以讓變換看起來更加流暢自然，而不是機械性的線性變化。如果你想要產生更明顯的變化，你也可以使用 cubic-bezier 函式來自創變換效果。

例如，下面的宣告式可創造上述的五種變化類型，你可以從這個例子看到自創變換效果有多麼簡單：

```
transition-timing-function:cubic-bezier(0.25, 0.1, 0.25, 1);
transition-timing-function:cubic-bezier(0,    0,   1,    1);
transition-timing-function:cubic-bezier(0.42, 0,   1,    1);
transition-timing-function:cubic-bezier(0,    0,   0.58, 1);
transition-timing-function:cubic-bezier(0.42, 0,   0.58, 1);
```

簡寫語法

你可能會覺得使用這個屬性的簡寫版本比較簡單，它可讓你在同一個宣告式裡面指定所有的值，下面的例子會先延遲 0.2 秒（可選），然後在 0.3 秒之間，以 linear 節奏變換所有的屬性：

```
transition:all .3s linear .2s;
```

這種寫法可以省去輸入許多相似宣告式的麻煩，尤其是當你需要為你支援的所有主流瀏覽器提供前綴詞時。

範例 20-4 說明如何同時使用變換與變形。這段 CSS 會建立一個橘色的正方型元素，在裡面加入一些文字，並使用 hover 虛擬類別，在滑鼠游標移到它上面時將它旋轉 180度，並從橘色變成黃色（見圖 20-14）。

範例 20-4 在游標移到元素上方時執行變換

```
<!DOCTYPE html>
<html>
  <head>
    <title>Transitioning on hover</title>
```

```
  <style>
    #square {
      position          :absolute;
      top               :50px;
      left              :50px;
      width             :100px;
      height            :100px;
      padding           :2px;
      text-align        :center;
      border-width      :1px;
      border-style      :solid;
      background        :orange;
      transition        :all .8s ease-in-out;
    }
    #square:hover {
      background        :yellow;
      transform         :rotate(180deg);
    }
  </style>
</head>
<body>
  <div id='square'>
    Square shape<br>
    created using<br>
    a simple div<br>
    element with<br>
    a 1px border
  </div>
</body>
</html>
```

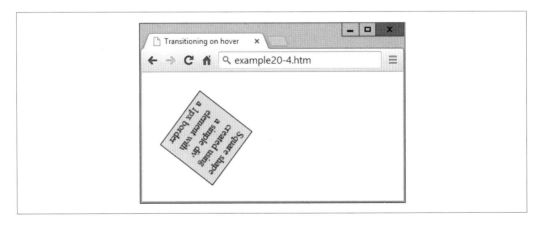

圖 20-14 將游標移到物件上面時，物件會旋轉並改變顏色

這段程式提供了各種瀏覽器專用的宣告式版本，以支援所有瀏覽器。在所有最新版的瀏覽器中（包括 IE 10 以上），這個物件會在游標移到它上面時順時針旋轉，並且慢慢地從橘色變成黃色。

CSS 變換非常聰明，它們被取消時會順暢地恢復成初始值，所以，如果你在變換結束之前移開游標，它會立刻反轉成初始狀態。

問題

1. CSS3 屬性選擇運算子 ^=、=< 與 =< 的功用是什麼？

2. 什麼屬性可以指定背景圖像的大小？

3. 什麼屬性可以指定邊框圓角的半徑？

4. 如何讓文字依序出現在多個欄位裡？

5. 說出四種可以指定 CSS 顏色的函式。

6. 如何在文字下方產生往右下方斜偏 5 個像素、模糊程度為 3 個像素的灰色文字陰影？

7. 如何使用省略符號來代表文字已被截斷？

8. 如何在網頁中加入 Google web 字型？

9. 將物件旋轉 90 度的 CSS 宣告式怎麼寫？

10. 如何對一個物件設定變換，讓它在任何屬性改變時，在半秒之內馬上以 linear 節奏執行變換？

解答請參考第 778 頁附錄 A 的「第 20 章解答」。

用 JavaScript
來控制 CSS

充分了解與掌握文件物件模型（DOM）與 CSS 之後，本章將教你如何使用 JavaScript 來控制兩者，以建立高動態與快速反應的網站。

本章也會教你如何使用中斷（interrupt）來建立動畫，和撰寫持續執行的程式（例如時鐘）。最後，我將解釋如何在 DOM 中加入與移除既有的元素，如此一來，你就不必為了讓 JavaScript 操作元素而預先使用 HTML 建立它們。

重溫 getElementById 函式

為了讓本書其餘的範例方便使用，我將提供一個改良版的 getElementbyId 函式，讓你不用加入諸如 jQuery 等框架即可高效地處理 DOM 元素與 CSS 樣式。

但是，為了避免和使用 $ 字元的框架衝突，我使用大寫的 O，因為它是物件（*Object*）的第一個字母，而物件是這個函式回傳的東西（用傳入函式的 ID 來表示的物件）。

O 函式

這是 O 函式的基本結構：

```
function O(i)
{
  return document.getElementById(i)
}
```

光是呼叫這個函式就可以為你節省 22 個字的輸入了。但我稍微擴充這個函式，讓它可以接收 ID 名稱或物件，範例 21-1 是這個函式的完整版。

範例 *21-1* O 函式

```
function O(i)
{
  return typeof i == 'object' ? i : document.getElementById(i)
}
```

如果你將一個物件傳入這個函式，它只會回傳那個物件。否則，它會假設你傳入一個 ID，並且回傳該 ID 所代表的物件。

但是我為什麼要寫直接回傳物件的陳述式呢？

S 函式

從它的姐妹函式可以看出原因，這個函式稱為 S，它可以讓你輕鬆地控制物件的樣式（或 CSS）屬性，如範例 21-2 所示。

範例 *21-2* S 函式

```
function S(i)
{
  return O(i).style
}
```

函式名稱 S 是樣式（*Style*）的第一個字母，這個函式會回傳它引用的元素的樣式屬性（或子物件）。因為它裡面的 O 函式可以接受 ID 與物件，所以你也可以將 ID 或物件傳給 S 函式。

我們來看一下它接收 ID 為 myobj 的 <div> 元素，並將該元素的文字設成綠色的情形：

```
<div id='myobj'>Some text</div>

<script>
  O('myobj').style.color = 'green'
</script>
```

雖然這段程式沒有錯，但是呼叫新的 S 函式更簡單：

```
S('myobj').color = 'green'
```

我們將呼叫 O 之後得到的物件放在名為 fred 的物件裡面：

```
fred = O('myobj')
```

由於 S 函式的運作方式，我們一樣可以呼叫它來將文字顏色改成綠色：

```
S(fred).color = 'green'
```

這意味著，無論你選擇直接操作物件，還是透過它的 ID，你都可以視需求將它傳給 O 或 S 函式。但切記，當你傳入物件（而不是 ID）時，不要為它加上引號。

C 函式

你已經有兩個函式可以輕鬆地操作網頁內的任何元素以及元素的樣式屬性了。但是如果你要同時操作多個元素呢？你可以像下面的範例一樣，指派一個 CSS 類別名稱給各個元素，以下的兩個元素都使用 myclass 類別：

```
<div class='myclass'>Div contents</div>
<p class='myclass'>Paragraph contents</p>
```

如果你想要操作網頁中某個類別的所有元素，你可以使用範例 21-3 的 C 函式（類別（Class）的第一個字母）來取得它們，這個函式會回傳一個陣列，裡面有符合類別名稱的所有物件。

範例 21-3 C 函式

```
function C(i)
{
  return document.getElementsByClassName(i)
}
```

你可以用以下的方式來呼叫它，並儲存它回傳的陣列，之後就可以視需要個別存取每一個元素（這是較常見的情況）或使用迴圈來將它們全部讀出：

```
myarray = C('myclass')
```

現在你可以按需求使用函式回傳的物件，例如將它們的 textDecoration 樣式屬性設定成 underline：

```
for (i = 0 ; i < myarray.length ; ++i)
  S(myarray[i]).textDecoration = 'underline'
```

這段程式會遍歷 myarray[] 裡面的物件，然後使用 S 函式來參考每一個物件的樣式屬性，將它的 textDecoration 屬性設成 underline。

 當你進行開發時，你可能不會使用這些 O、S 與 C 函式，因為你應該會使用自訂的或第三方的框架所提供的功能。這些函式是為了讓本書的範例簡短易懂，以及簡單地示範如何增強 JavaScript。

include 函式

本章的後續範例將使用 O 與 S 函式，因為它們可以縮短程式並協助你理解。因此，我將它們存在本書網站的 Chapter 21 資料夾的 *OSC.js* 檔案裡面（連同 C 函式，你將發現它非常方便），你可以從本書的範例版本庫下載它（*https://github.com/RobinNixon/lpmj6*）。

你可以在任何網頁中，使用下列的陳述式來 include 它們，最好是在 <head> 段落裡面，在需要呼叫它們的腳本之前的任何地方：

```
<script src='OSC.js'></script>
```

範例 21-4 是 *OSC.js* 的內容，它將所有東西整理成三行程式。

範例 21-4 OSC.js 檔案

```
function O(i) { return typeof i == 'object' ? i : document.getElementById(i) }
function S(i) { return O(i).style                                            }
function C(i) { return document.getElementsByClassName(i)                    }
```

使用 JavaScript 來操作 CSS 屬性

之前的範例用 textDecoration 屬性來代表通常有連字號的 CSS 屬性，例如：text-decoration。但是因為 JavaScript 的連字號是算術運算子，所以當你想要使用含有連字號的 CSS 屬性時，你就必須移除那個連字號，並且將它後面的字元改成大寫。

另一個案例是 font-size 屬性，當你在 JavaScript 中將它放在句點運算子後面時，必須以 fontSize 來引用它，例如：

```
myobject.fontSize = '16pt'
```

另一種寫法比較長，使用 setAttribute 函式，該函式支援（事實上是必須使用）標準的 CSS 屬性名稱：

```
myobject.setAttribute('style', 'font-size:16pt')
```

一些常見的屬性

你可以使用 JavaScript 來修改 web 文件的所有元素的所有屬性，做法與使用 CSS 時很像。我曾經介紹如何操作 CSS 屬性，包括使用 JavaScript 簡短格式，以及使用 setAttribute 函式和正確的屬性名稱，我不打算介紹全部的上百個屬性來造成你的困擾，而是將告訴你如何操作一些 CSS 屬性，並讓你大致了解它們的功能。

首先，讓我們看一下範例 21-5，來了解如何使用 JavaScript 來修改一些 CSS 屬性，首先，它載入之前提到的三個函式，建立一個 <div> 元素，最後在 HTML 的 <script> 段落裡面執行 JavaScript 陳述式來修改它的一些屬性（見圖 21-1）。

範例 21-5 *以 JavaScript 操作 CSS 屬性*

```
<!DOCTYPE html>
<html>
  <head>
    <title>Accessing CSS Properties</title>
    <script src='OSC.js'></script>
  </head>
  <body>
    <div id='object'>Div Object</div>

    <script>
      S('object').border      = 'solid 1px red'
```

```
    S('object').width      = '100px'
    S('object').height     = '100px'
    S('object').background = '#eee'
    S('object').color      = 'blue'
    S('object').fontSize   = '15pt'
    S('object').fontFamily = 'Helvetica'
    S('object').fontStyle  = 'italic'
  </script>
 </body>
</html>
```

圖 21-1 用 JavaScript 來修改樣式

用這種方式來修改屬性沒有任何好處，因為你只要直接 include 一些 CSS 就可以做同樣的事情了，但是，我們很快就會根據使用者的動作修改屬性，屆時你將看到同時使用 JavaScript 與 CSS 的威力。

其他的屬性

JavaScript 可以操作許多其他的屬性，例如瀏覽器的寬與高、任何彈出的或瀏覽器內的視窗或畫面、便利的資訊，例如父視窗（如果有的話），以及在當前的 session 中造訪過的 URL 紀錄。

這些屬性都是用 window 物件加上句號運算子來存取的（例如 window.name）。表 21-1 是全部的屬性及其說明。

表 21-1 window 的屬性

屬性	說明
closed	回傳一個布林值，代表視窗是否已經被關閉
defaultstatus	設定或回傳視窗狀態列的預設文字
document	回傳視窗的 document 物件
frameElement	回傳 iframe 元素，在裡面插入當前的視窗
frames	回傳一個陣列，裡面有視窗內所有框架（frame）以及 iframe
history	回傳視窗的 history 物件
innerHeight	設定或回傳視窗的內容區域的內部高度
innerWidth	設定或回傳視窗的內容區域的內部寬度
length	回傳視窗裡面的 frame 與 iframe 數量
localStorage	讓你在瀏覽器內儲存鍵值
location	回傳視窗的 location 物件
name	設定或回傳視窗的名稱
navigator	回傳視窗的 navigator 物件
opener	回傳建立該視窗的視窗的參考
outerHeight	設定或回傳視窗的外部高度，包括工具列與捲軸
outerWidth	設定或回傳視窗的外部寬度，包括工具列與捲軸
pageXOffset	回傳文件被橫向捲動的像素數，從視窗的左邊算起
pageYOffset	回傳文件被直向捲動的像素數，從視窗的上面算起
parent	回傳視窗的父視窗
screen	回傳視窗的 screen 物件
screenLeft	回傳視窗相對於螢幕的 x 座標。
screenTop	回傳視窗相對於螢幕的 y 座標。
screenX	回傳視窗相對於螢幕的 x 座標
screenY	回傳視窗相對於螢幕的 y 座標
sessionStorage	可在 web 瀏覽器內儲存鍵值
self	回傳當前的視窗
status	設定或回傳視窗狀態列的文字
top	回傳頂部的瀏覽器視窗

有些屬性有一些需要注意的地方：

- 你只能在使用者將瀏覽器改成允許設定 defaultStatus 與 status 屬性時（不太可能）才能設定它們。

- history 物件是無法讀取的（因此，你無法看見使用者曾經到過哪些網頁）。但是它的 length 屬性可讓你知道紀錄的長度，它的 back、forward 與 go 方法可讓你前往紀錄中的特定網頁。

- 當你需要知道當前的瀏覽器視窗還有多少空間可以使用時，你只要讀取 window.innerHeight 與 window.innerWidth 的值即可。我經常使用這些值來將瀏覽器內的快顯警示或「確認對話」視窗置中。

- screen 物件提供唯讀屬性 availHeight、availWidth、colorDepth、height、pixelDepth 與 width，可以大大地協助你了解使用者的畫面的資訊。

 如果你的目標是行動電話與平板設備，以上的許多屬性都非常重要，因為它們可以準確地告訴你需要使用多少螢幕空間、使用者的瀏覽器類型……等。

這些資訊將幫助你開始學習，讓你知道可以用 JavaScript 來做的許多有趣的事情。JavaScript 提供的屬性與方法遠遠不止本章所述，但是，因為你已經知道如何讀取和使用屬性了，現在你只需要一份列出所有成員的資源清單，建議你參考線上文件（*https://tinyurl.com/domexplained*），它是很棒的起點。

行內 JavaScript

除了使用 <script> 標籤來執行 JavaScript 陳述式之外，你也可以在 HTML 標籤裡面執行 JavaScript，製造很棒的動態互動。例如，你可以使用範例 21-6 的 <img> 標籤裡面的程式，在滑鼠游標跑到物件上方時，產生反應靈敏的特效，該物件在預設的情況下，會顯示一個蘋果，但是當游標移到它上面時會變成橘子，在游標離開後又變回蘋果。

範例 *21-6 使用行內* JavaScript

```
<!DOCTYPE html>
<html>
  <head>
    <title>Inline JavaScript</title>
```

```
  </head>
  <body>
    <img src='apple.png'
      onmouseover="this.src='orange.png'"
      onmouseout="this.src='apple.png'">
  </body>
</html>
```

this 關鍵字

上述範例使用 this 關鍵字來讓 JavaScript 處理呼叫方物件,也就是 <img> 標籤。圖 21-2 是這個範例的結果,在這張圖中,滑鼠游標還沒有移到蘋果上面。

 在行內的 JavaScript 呼叫式裡面的 this 關鍵字代表呼叫方物件。當你在 類別方法內使用它時,它代表你要對哪個物件執行該方法。

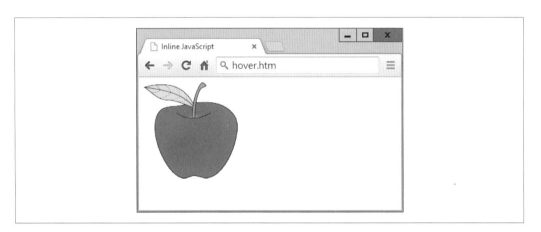

圖 21-2 用行內的 JavaScript 來產生游標暫留效果

在腳本中指派事件給物件

前面的程式相當於幫 <img> 標籤 設定一個 ID,然後為標籤的滑鼠事件設定一個動作,如 範例 21-7 所示。

範例 21-7 非行內 JavaScript

```
<!DOCTYPE html>
<html>
  <head>
    <title>Non-inline JavaScript</title>
    <script src='OSC.js'></script>
  </head>
  <body>
    <img id='object' src='apple.png'>

    <script>
      O('object').onmouseover = function() { this.src = 'orange.png' }
      O('object').onmouseout  = function() { this.src = 'apple.png'  }
    </script>
  </body>
</html>
```

這個範例在 HTML 段落之中將 `<img>` 標籤的 ID 設為 `object`，然後在 JavaScript 程式段落中，為各個事件指定匿名函式。

指派其他事件

無論你使用行內 JavaScript 還是獨立的 JavaScript，你都可以為一些事件指定動作，來提供多樣的功能。表 21-2 是這些事件，以及觸發它們的條件。

表 21-2 事件與觸發條件

事件	條件
onabort	當圖像尚未完全載入就被停止時
onblur	當元素被取消聚焦[a]時
onchange	當表單的任何部分被改變時
onclick	當物件被按下時
ondblclick	當物件被按兩下時
onerror	遇到 JavaScript 錯誤時
onfocus	當元素被選取時
onkeydown	當按鍵被按下時（包括 Shift、Alt、Ctrl 與 Esc）
onkeypress	當按鍵被按下時（不包括 Shift、Alt、Ctrl 與 Esc）
onkeyup	當按鍵被放開時
onload	當物件已被載入時

事件	條件
onmousedown	當使用者在元素上面按下滑鼠按鍵時
onmousemove	當滑鼠經過元素時
onmouseout	當滑鼠離開元素時
onmouseover	當滑鼠從外面開始通過元素時
onmouseup	當滑鼠按鍵被放開時
onreset	當表單被重置時
onresize	當瀏覽器大小被改變時
onscroll	當文件被捲動時
onselect	當某些文字被選取時
onsubmit	當表單被送出時
onunload	當文件被移除時

[a] 元素被聚焦的意思是使用者按下它或是以其他方式進入裡面（例如輸入欄位）。

 請將事件指派給合理的物件。例如，非表單物件無法回應 onsubmit 事件。

添加新元素

JavaScript 並非只能操作文件內的 HTML 的元素與物件。事實上，你可以隨心所欲地建立物件並將它插入 DOM。

假設你需要一個新的 `<div>` 元素，範例 21-8 是將它加入網頁的方法。

範例 21-8 將元素插入 DOM

```
<!DOCTYPE html>
<html>
  <head>
    <title>Adding Elements</title>
    <script src='OSC.js'></script>
  </head>
  <body>
    This is a document with only this text in it.<br><br>

    <script>
      alert('Click OK to add an element')
```

```
    newdiv    = document.createElement('div')
    newdiv.id = 'NewDiv'
    document.body.append(newdiv)

    S(newdiv).border = 'solid 1px red'
    S(newdiv).width  = '100px'
    S(newdiv).height = '100px'
    newdiv.innerHTML = "I'm a new object inserted in the DOM"

    setTimeout(function()
    {
      alert('Click OK to remove the element')

      newdiv.parentNode.removeChild(newdiv)
    }, 1000)
  </script>
  </body>
</html>
```

圖 21-3 是用這段程式來將一個新的 `<div>` 元素加入一個網頁文件的結果。它先用 `createElement` 來建立一個新元素,然後呼叫 `appendChild` 函式來將元素插入 DOM。

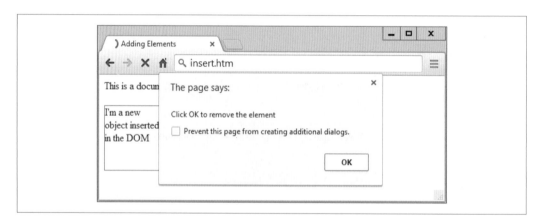

圖 21-3 將新元素插入 DOM

接著為元素設定各種屬性,包括它的內部 HTML 的文字。然後,為了讓新元素立刻被顯示出來,我們設置一個在一秒後觸發的逾時,延遲其餘程式的執行,讓 DOM 有時間進行更新與顯示,然後顯示關於移除元素的警示。關於如何建立與使用逾時,請參考第 516 頁的「使用 setTimeout」。

這個新元素很像被放在 HTML 中的元素，擁有同樣的屬性與方法。

 有時我會使用這種建立新元素的技巧來製作瀏覽器內部的快顯視窗，因為這種做法不需要在 DOM 裡面預先準備一個 <div> 元素。

移除元素

你也可以移除 DOM 裡面的元素，包含不是用 JavaScript 插入的元素，移除的動作甚至比加入元素還要簡單。假設你想移除 element 物件裡面的元素：

```
element.parentNode.removeChild(element)
```

這段程式使用元素的 parentNode 物件來將元素從那個節點移除，它呼叫那個父物件的 removeChild 方法，並傳入想要移除的物件。

另一種加入與移除元素的方法

插入元素的目的是在網頁中加入全新的物件。但是，如果你只想要根據 onmouseover 或其他事件來隱藏或顯示物件，別忘了有一些 CSS 屬性也可以做同樣的事情，不需要透過建立或刪除 DOM 元素這種激烈的手段。

例如，若要將一個元素隱形並讓它留在原本的地方（也讓它周圍的元素留在原本的位置），你只要將物件的 visibility 屬性設為 hidden 即可：

```
myobject.visibility = 'hidden'
```

若要重新顯示這個物件，你可以：

```
myobject.visibility = 'visible'
```

你也可以將元素折疊，讓它的寬度與高度都是零（周圍的元素會填補空出來的位置）：

```
myobject.display = 'none'
```

然後將元素恢復成原本的寬高：

```
myobject.display = 'block'
```

當然，你也可以使用 innerHTML 屬性來改變元素的 HTML，例如：

```
mylement.innerHTML = '<b>Replacement HTML</b>'
```

或是使用之前提到的 O 函式：

```
O('someid').innerHTML = 'New contents'
```

或是讓元素看起來像消失一般：

```
O('someid').innerHTML = ''
```

 別忘了你可以用 JavaScript 來操作的其他 CSS 屬性，例如 opacity 屬性可將物件設成介於完全看得見與完全看不見之間，或 width 與 height 屬性可改變物件的大小。你也可以使用 position 屬性，將它的值設成 absolute、stati 或 relative，你甚至可以將物件放在瀏覽器視窗裡面（或外面）的任何地方。

使用中斷

JavaScript 也可以操作中斷，你可以使用中斷來要求瀏覽器經過一段時間再呼叫你的程式，或是持續每隔一段時間呼叫它。如此一來，你可以利用它來處理幕後工作，例如非同步通訊，甚至讓網頁元素動起來。

中斷有兩種：setTimeout 與 setInterval，你可以用它們的姐妹函式 clearTimeout 與 clearInterval 來將它們關閉。

使用 setTimeout

當你呼叫 setTimeout 時，你要傳入一些 JavaScript 程式碼或函式名稱，以及一個以毫秒為單位的值，來指出應等待多久才執行程式，例如：

```
setTimeout(dothis, 5000)
```

dothis 函式長得像這樣：

```
function dothis()
{
  alert('This is your wakeup alert!');
}
```

 在指定 setTimeout 將呼叫的函式時，你不能只是指定 alert()（含空括號），因為若是如此，該函式就會立即執行。傳遞不含參數括號的函式名稱（例如 alert）才可以讓它裡面的程式在指定的時間安全地執行函式。

傳遞字串

當你需要提供引數給函式時，你也可以傳遞字串值給 setTimeout 函式，它在正確的時間才會執行。例如：

```
setTimeout("alert('Hello!')", 5000)
```

事實上，你可以提供任意行數的 JavaScript 程式給函式，只要在每個陳述式後面加上分號就可以了，例如：

```
setTimeout("document.write('Starting'); alert('Hello!')", 5000)
```

重複逾時

為了製作重複中斷的效果，有些程式設計師會在 setTimeout 函式呼叫的程式中呼叫 setTimeout，就像下面的範例這樣，這會產生一個永不停止的警示視窗迴圈：

```
setTimeout(dothis, 5000)

function dothis()
{
  setTimeout(dothis, 5000)
  alert('I am annoying!')
}
```

這個警示視窗每隔五秒彈出一次。我不建議你執行這個範例（即使你只是為了測試它），否則，也許你必須關閉瀏覽器才能停止它。

> 另一個選項是使用 setInterval 函式，我們很快就會談到。然而，串接 setTimeout 的優點是，setTimeout 會在前面的程式都執行之後才執行，而 setInterval 會中斷程式的執行，這有時可能會產生意外的結果。

取消逾時

如果你將 setTimeout 回傳的值存起來，你就可以在設定逾時之後，用它來取消逾時，例如：

```
handle = setTimeout(dothis, 5000)
```

將這個值存入 handle（這個名稱暗示你有一個控制函式的把手）之後，你可以在指定時間來臨之前的任何時刻取消中斷：

```
clearTimeout(handle)
```

執行這個指令會完全移除中斷，被指派給它的任何程式都不會執行。

使用 setInterval

設定一般中斷最簡單的方式是使用 setInterval 函式。它的工作方式與 setTimeout 完全一樣，但是，當它在指定的時間（毫秒）彈出提示訊息之後，它會在那段時間之後再次做這件事，除非你將它取消，否則它會不斷地重複。

範例 21-9 使用這個函式在瀏覽器中顯示一個簡單的時鐘，如圖 21-4 所示。

範例 21-9 用中斷來製作時鐘

```html
<!DOCTYPE html>
<html>
  <head>
    <title>Using setInterval</title>
    <script src='OSC.js'></script>
  </head>
  <body>
    The time is: <span id='time'>00:00:00</span><br>

    <script>
      setInterval("showtime(O('time'))", 1000)

      function showtime(object)
      {
        var date = new Date()
        object.innerHTML = date.toTimeString().substr(0,8)
      }
    </script>
  </body>
</html>
```

圖 21-4 使用中斷來維持正確的時間

每次 ShowTime 函式被呼叫時，它都會呼叫 Date 來將 date 物件設成當前的日期與時間：

```
var date = new Date()
```

然後將 showtime 收到的物件（即 object）的 innerHTML 屬性設為當前的時間（時、分、秒），時間是藉著呼叫 toTimeString 函式來取得的，toTimeString 會回傳一個類似 09:57:17 UTC+0530 的字串，我們藉著呼叫 substr 函式來取出它的前八個字元：

```
object.innerHTML = date.toTimeString().substr(0,8)
```

使用函式

若要使用這個函式，你要先建立一個物件，用它的 innerHTML 屬性來顯示時間，例如這段 HTML：

```
The time is: <span id='time'>00:00:00</span>
```

使用 00:00:00 這個值只是為了展示時間如何顯示，以及在哪裡顯示，它不是必要的，因為它終究會被換掉。然後，我們在 <script> 段落中呼叫 setInterval 函式：

```
setInterval("showtime(O('time'))", 1000)
```

接下來腳本將一個含有下列陳述式的字串傳給 setInterval，設定每秒（每 1,000 毫秒）執行一次：

```
showtime(O('time'))
```

在罕見的情況下，有些人會停用瀏覽器的 JavaScript（有時是出於安全原因），造成 JavaScript 程式無法執行，此時使用者會看到初始的 00:00:00。

取消間隔時間

若要停止反覆的間隔時間，你必須在初次呼叫 setInterval 來設定間隔時間時，儲存間隔時間的控制代碼（handle），例如：

```
handle = setInterval("showtime(O('time'))", 1000)
```

接下來只要執行下面的呼叫式就可以停止時鐘了：

```
clearInterval(handle)
```

你甚至可以設定計時器，在一段時間之後停止時鐘：

```
setTimeout("clearInterval(handle)", 10000)
```

這個陳述式會在 10 秒後發出中斷來清除重複的間隔時間。

使用中斷來製作動畫

你可以結合一些 CSS 屬性與重複的中斷來製作各種動畫與特效。

例如，範例 21-10 可在瀏覽器視窗移動一個正方形，並且讓它不斷膨脹，如圖 21-5 所示。當 LEFT 被重設為 0 時，動畫會重新開始。

範例 21-10 簡單的動畫

```
<!DOCTYPE html>
<html>
  <head>
    <title>Simple Animation</title>
    <script src='OSC.js'></script>
    <style>
      #box {
        position   :absolute;
        background:orange;
        border     :1px solid red;
      }
    </style>
  </head>
  <body>
    <div id='box'></div>

    <script>
      SIZE = LEFT = 0
```

```
    setInterval(animate, 30)

    function animate()
    {
      SIZE += 10
      LEFT += 3

      if (SIZE == 200) SIZE = 0
      if (LEFT == 600) LEFT = 0

      S('box').width  = SIZE + 'px'
      S('box').height = SIZE + 'px'
      S('box').left   = LEFT + 'px'
    }
  </script>
 </body>
</html>
```

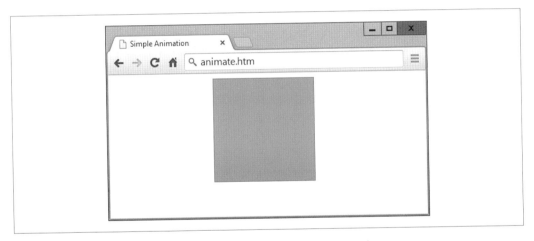

圖 21-5 這個物件會從左邊滑進來，同時改變大小

在文件的 <head> 段落中，我們將 box 物件的 background 顏色設成 orange，將 border 設成
1px solid red，將 position 屬性設成 absolute，讓接下來的動畫程式可以按照指定的方
式精確地移動它。

接下來，我們持續更改 animate 函式裡面的全域變數 SIZE 與 LEFT，並將它指派給 box 物
件的 width、height 與 left 樣式屬性（在它們後面加上 'px' 來指明該值為像素），以每
30 毫秒一次的頻率來讓它動起來。這會產生每秒 33.33 個畫格（1,000/30 毫秒）的動畫
速率。

問題

1. O、S 與 C 函式的用途是什麼？

2. 提供兩種修改物件的 CSS 屬性的方法。

3. 哪些屬性可提供瀏覽器視窗中可用的寬度與高度？

4. 如何在滑鼠游標通過物件上方並且離開它時產生特效？

5. 哪一種 JavaScript 函式可建立新元素並將它加入 DOM？

6. 如何讓元素 (a) 隱形與 (b) 折疊成零的寬高？

7. 哪一個函式可在未來產生一個事件？

8. 哪一個函式可在指定的間隔時間產生重覆的事件？

9. 如何將網頁的元素從它的位置移開，讓它可以四處移動？

10. 如果你要將動畫的更新速度變成每秒 50 個畫格，你必須在事件之間設定多少延遲時間（以毫秒為單位）？

解答請參考第 779 頁附錄 A 的「第 21 章解答」。

jQuery 簡介

儘管 JavaScript 的功能很強大也很靈活，但由於它有大量內建函式，而且它的功能還在持續改善，你通常仍然要用額外的程式層，來製作無法完全使用 JavaScript 或 CSS 來完成的工作，例如動畫、事件處理和非同步通訊。

更重要的是，由於瀏覽器多年來的互相競爭，令人沮喪且惱火的瀏覽器不相容問題，經常在不同的平台和程式上出現。

因此，為了讓網頁在所有平台上有一致的外觀，有時你只能編寫複雜的 JavaScript 程式，才能解決近年來瀏覽器種類與版本相異的所有情況。沒錯，或許現在有很多人正在解決這些差異，但即使到了今日，除非使用框架，否則每一個響應式網站仍然要用例外的方式來處理各種瀏覽器，我相信有很多人認同我的看法。

為了填補這些空白，現在已經有一些函式庫（其中很多也提供了 hook 到 DOM 裡面的方便機制）來盡量減少瀏覽器之間的差異，並協助非同步通訊和事件與動畫處理，例如本章的主題，jQuery。

 有時你的問題可以用 JavaScript 簡單地解決。為了確認是否如此，有一種方法是在 *youmightnotneedjquery.com* 進行搜尋，它可以讓你知道，在特定的情況下，有哪些 jQuery 的替代方案其實比較簡單。

為什麼要選擇 jQuery ？

使用 jQuery 不僅可以讓你獲得極高的跨瀏覽器相容性，也可以快速且輕鬆地操作 HTML 與 DOM、用特殊的函式與 CSS 直接互動、控制事件、用強大的工具來製作專業的特效與動畫、使用函式來與 web 伺服器進行非同步通訊。jQuery 也是廣大的外掛程式和其他工具的基礎。

當然，你不見得非得使用 jQuery 不可，有些信仰純粹主義的程式設計師絕對不碰程式庫，寧可親自製作自己的函式集（而且有很好的理由，例如不需要等待別人修正你找到的 bug、製作自己的安全功能……等）。但是 jQuery 絕對經得起考驗，如果你想要利用它溫合的學習曲線，並盡快開發高品質的網頁，本章將教你如何使用它。

儘管 90% 的生產網站都使用 jQuery，但是在這個領域有一些後起之秀也獲得很多好評和關注。而且，由於技術的變化很快，除了學習 jQuery 之外，你也要持續關注可能取代現役技術的新技術。在我看來，這些後起之秀包括 React、Angular 與 Vue，因為它們提供了新穎的、有趣的、強大的擴展方式，可加強 JavaScript（如你所料，它們分別是由 Facebook、Google 與前 Google 員工創造的）。雖然我無法用這本書來介紹所有的 JavaScript 框架，但了解主流的框架是非常重要的事情，所以我決定在第 24 章介紹 React，因為我相信它是你將頻繁接觸的框架，儘管為了完整起見，你也要研究一下 Angular。

加入 jQuery

在網頁中加入 jQuery 的方法有兩種，你可以到下載網頁（*https://code.jquery.com/jquery/*）下載你需要的版本，將它上傳到你的 web 伺服器，並且在你的 HTML 檔案裡面的 `<script>` 標籤參考它。你也可以使用免費的內容傳遞網路（CDN）來連接你需要的版本。

jQuery 採取 MIT 授權條款，幾乎沒有規定你不能用它來做什麼事情。只要保持版權頁首不變，你就可以在任何其他專案中（甚至商業專案中）免費使用任何 jQuery 專案。

選擇正確的版本

在你決定要直接下載 jQuery 還是使用 CDN 之前，你必須先選擇 jQuery 版本。通常這件事很簡單，因為你會直接使用最新版本。但是，如果你的對象是特定的瀏覽器，或是你正在維護一個使用特定 jQuery 版本的舊網站，你可能不適合使用最新版。

當我們使用大多數的軟體時，通常會下載並安裝最新的版本，但是 jQuery 會隨著時間而不斷發展，在過程中會考慮瀏覽器版本的動態、各種功能與 bug。

同時，在已經為 jQuery 特定版本量身打造的網站上，新版 jQuery 改善的功能可能會造成不同的運作方式（並帶來怪現象）。

當然，每一個新版本都會改善前一個版本，也更有機會趨於完善。但是如果一致地運作對你的網站來說非常重要，除非你已經完全測試新版本了，否則繼續使用舊版本通常是比較好的選擇。

各種版本的 jQuery

jQuery 現在有三個分支，稱為 1.x、2.x 與 3.x，每一種分支都是為不同環境而設計的。

1.x 版是 jQuery 的第一個穩定版本。這個版本支援較舊的瀏覽器，甚至有些瀏覽器已經停止維護了。如果你認為大量的訪客將使用舊瀏覽器，那麼這就是你應該選擇的版本（當我行文至此時，最好的版本應該是 1.12）。

版本 2.x 移除對於 Internet Explorer 6–8 的支援，以提升 jQuery 的整體效能，並降低程式庫的檔案大小。它比版本 1.x 更快且更小，但不支援舊的瀏覽器。由於 Microsoft 不再支援 Windows XP 了，所以你可以安全地假設訪客都會使用與版本 2.x 相容的瀏覽器，除非你的情況有所不同。

如果你需要支援比較舊的瀏覽器，例如 Internet Explorer 6–8、Opera 12.1x 或 Safari 5.1+，jQuery 開發者建議使用 1.12 版。若要了解它支援的各種版本的詳情，請參考網站（*http://jquery.com/browser-support*）。在這一版書籍中，我將使用 3.5.1 版。

壓縮的或可編輯的

你也要決定究竟要使用精簡版的 jQuery（被壓縮以減少頻寬與下載時間），還是未壓縮的版本（或許是因為你想要自行編輯它，你完全有權這樣做）。一般來說，壓縮版是最好的選擇，但是大部分的網頁伺服器都提供 *gzip* 來做即時的壓縮與解壓縮，因此這個版本已經沒那麼重要了（但壓縮會刪除註解）。

下載

jQuery 在下載網頁提供未壓縮的與壓縮的版本（*http://jquery.com/download*）。你可以也在 jQuery CDN（*https://code.jquery.com/jquery/*）找到以前的所有版本。在下載網頁上的 slim 版本省略了非同步通訊功能以節省空間，所以如果你想要使用 jQuery 的任何 Ajax 功能，請勿下載 slim 版本。

你只要選擇你需要的版本，在它旁邊的連結按下滑鼠右鍵，將它存到你的硬碟即可。你可以從硬碟將它上傳至 web 伺服器，然後將它 include 至 <script> 標籤內，就像這樣（這是 3.5.1 的壓縮版本）：

```
<script src='http://myserver.com/jquery-3.5.1.min.js'></script>
```

 如果你從未用過 jQuery（而且沒有特殊需求），你可以直接下載最新的壓縮版，或使用下一節介紹的 CDN 來連接它。

使用內容傳遞網路

有一些 CDN 支援 jQuery。當你使用它們時，你只要直接連接到這些網路提供的 URL 即可，這可以省去下載新版本再上傳到伺服器的麻煩。

不僅如此，它們的服務是免費的，而且通常使用世界上最快速的高容量骨幹。此外，CDN 通常在一些不同的地理位置保存它們的內容，並且從最靠近上網者的伺服器提供檔案，以確保最快速地傳遞。

整體而言，如果你不需要修改 jQuery 原始碼（否則就要在你自己的伺服器上承載），而且你的使用者一定會使用即時的網際網路連線，那麼使用 CDN 應該是不錯的選擇。而且它非常簡單，你只要知道你想要讀取的檔名，以及 CDN 所使用的根資料夾就可以了。例如，你可以透過 jQuery 使用的 CDN 來讀取目前的與之前的所有版本：

```
<script src='http://code.jquery.com/jquery-3.5.1.min.js'></script>
```

它的基礎目錄是 *http://code.jquery.com/*，你只要在後面加上你要 include 的檔名就可以了（這個例子使用 *jquery-3.5.1.min.js*）。

Microsoft 與 Google 都在它們的網路上提供 jQuery，所以你也可以用下列方式加入它：

```
<script src='http://ajax.aspnetcdn.com/ajax/jQuery/jquery-3.5.1.min.js'></script>
<script src='http://ajax.googleapis.com/ajax/libs/jquery/3.5.1/jquery.min.js'>
</script>
```

當你使用 Microsoft CDN（*http://ajax.aspnetcdn.com*）時，你的 URL 要先輸入基礎目錄 *ajax.aspnetcdn.com/ajax/jQuery/*，然後加上你要使用的檔名。

但是當你使用 Google 時，你必須將檔名（例如 *jquery-3.5.1.min.js*）拆成資料夾與檔名（例如 *3.5.1/jquery.min.js*），然後在它的前面加上 *ajax.googleapis.com/ajax/libs/jquery/*。

 使用 CDN 的額外好處是，大多數其他網站也這樣做，所以 jQuery 可能已經被使用者的瀏覽器存入快取了，甚至不需要重新傳遞。目前有 90% 以上的網站使用 jQuery，可節省許多寶貴的頻寬與時間。

自訂 jQuery

如果你一定要將網頁下載的資料量控制在最低限度，你也可以製作特殊的 jQuery 版本，只在裡面加入你的網站使用的功能。採取這種做法時，你無法使用 CDN 來傳遞它，但是在這種情況下，你應該本來就不打算使用 CDN。

你可以使用 jQuery Builder 來建立自訂的 jQuery 版本（*http://projects.jga.me/jquery-builder*）。你只要勾選你想要加入的功能，取消勾選不想要加入的功能，客製化的 jQuery 版本就會被載入一個獨立的 tab 或視窗，讓你可以在那裡進行複製與貼上。

jQuery 語法

對剛接觸 jQuery 的人來說，jQuery 最引人注目的地方是 $ 符號，它是 jQuery 工廠方法，是進入框架的主要手段。選擇這個符號的原因是它在 JavaScript 中是合法的、簡短的，而且與常見的變數、物件或函式 / 方法名稱不一樣。

這個符號取代了「呼叫 jQuery 函式」（想要的話，你也可以進行呼叫），這樣做的目的是讓你的程式更精簡，以及在你每次使用 jQuery 時，為你節省沒必要的打字次數。它也可以讓初次閱讀程式的開發者知道你使用了 jQuery（或類似的程式庫）。

簡單的例子

在使用 jQuery 時，最簡單的寫法是輸入一個 $ 與一對小括號，在括號裡加入一個選擇器，在括號後面加上一個句點與設定元素的方法。

例如，你可以使用這個陳述式來將所有段落的字型家族換成等寬字體：

```
$('p').css('font-family', 'monospace')
```

或是為 <code> 元素加上邊框：

```
$('code').css('border', '1px solid #aaa')
```

我們來看一個完整範例的部分程式（見範例 22-1，其中 jQuery 的部分以粗體字表示）：

範例 22-1 簡單的 jQuery 範例

```
<!DOCTYPE html>
<html>
  <head>
    <title>First jQuery Example</title>
    <script src='jquery-3.5.1.min.js'></script>
  </head>
  <body>
    The jQuery library uses either the <code>$()</code>
      or <code>jQuery()</code> function names.
    <script>
      $('code').css('border', '1px solid #aaa')
    </script>
  </body>
</html>
```

將這個範例載入瀏覽器會顯示類似圖 22-1 的結果。你當然可以使用一般的 CSS 來取代這段程式，這段程式的目的只是為了說明 jQuery，所以我會先盡量保持簡單。

 發出這個指令的另一個方法是呼叫 jQuery 函式（它的工作方式與 $ 相同），例如：

```
jQuery('code').css('border', '1px solid #aaa')
```

圖 22-1 用 jQuery 來修改元素

避免程式庫之間的衝突

如果你同時使用 jQuery 與其他程式庫，你可能會發現那些程式庫也定義了自己的 $ 函式。為了解決這個問題，你可以用這個符號呼叫 noConflict 方法，讓它釋出控制權給其他的程式庫使用，例如：

```
$.noConflict()
```

執行這段程式之後，當你想要使用 jQuery 時，你必須呼叫 jQuery 函式。你也可以將 $ 符號換成自選的物件名稱，例如：

```
jq = $.noConflict()
```

現在你可以在原本使用 $ 的地方使用關鍵字 jq 來呼叫 jQuery 了。

 為了區分與追蹤 jQuery 物件與標準元素物件，有些開發者會在以 jQuery 建立的物件前面加上一個 $（導致它們很像 PHP 變數！）。

選擇器

知道將 jQuery 加入網頁和使用它有多麼簡單之後，接下來要討論 jQuery 的選擇器，它的工作方式與 CSS 一模一樣（相信你會有開心的學習體驗）。事實上，選擇器是 jQuery 的絕大多數操作的核心。

你只要先想一下你會怎麼使用 CSS 來改變一個或多個元素的樣式，然後使用同樣的選擇器對元素套用 jQuery 操作就可以了。也就是說，你可以使用元素選擇器、ID 選擇器、類別選擇器，與它們的任何組合

css 方法

為了解釋 jQuery 選擇器的用法，我們先來看一個比較基本的 jQuery 方法：css，你可以用它來動態更改任何 CSS 屬性。它接收兩個引數：你要修改的屬性名稱，以及你要使用的值，例如：

```
css('font-family', 'Arial')
```

你可以在接下來各節看到，你不能單獨使用這個方法，你必須將它放在一個 jQuery 選擇器後面，用選擇器來選取一或多個想要修改屬性的元素。下面的指令會設定所有的 <p> 元素的內容，讓它完全對齊：

```
$('p').css('text-align', 'justify')
```

你也可以只傳入屬性名稱（不傳入第二個引數）來讓 css 方法回傳（而不是設定）一個計算過的值。此時，它會回傳第一個符合選擇器的元素的值。例如，下面的程式會回傳 ID 為 elem 的元素的文字顏色，使用 rgb 方法：

```
color = $('#elem').css('color')
```

別忘了，它回傳的值是計算過的。換句話說，jQuery 會計算並回傳瀏覽器在該方法被呼叫時使用的值，而不是以樣式表或任何其他方式指派給屬性的原始值。

因此，如果文字顏色是藍色（舉例），上面的陳述式指派給變數 color 的值將是 rgb(0, 0, 255)，即使最初顏色被設為 blue，或十六進制字串 #00f，或 #0000ff。然而，這個計算出來的值，一定可以用 css 方法的第二個引數來設回去給原本的元素（或任何其他元素）。

 特別注意這個方法回傳的尺寸，因為它們不一定和你預期的一樣，這取決於當下的 box-sizing 設定（見第 20 章）。當你需要在不考慮 box-sizing 的情況下取得或設定寬度與高度時，你要使用 width 與 height 方法（與它們的姐妹方法），見第 561 頁的「修改寬高」。

元素選擇器

若要選擇一個元素來讓 jQuery 操作，你只要在 $ 符號（或 jQuery 函式名稱）後面的括號裡面填入它的名稱就可以了。例如，你可以使用下列的陳述式來更改所有 <blockquote> 元素的背景顏色：

```
$('blockquote').css('background', 'lime')
```

ID 選擇器

你只要在 ID 名稱前面加上一個 # 字元就可以用元素的 ID 來參考它們。因此，若要幫 ID 為 advert 的元素加上邊框，你可以這樣做：

```
$('#advert').css('border', '3px dashed red')
```

類別選擇器

你也可以用一組元素的類別來操作它們。例如，若要將 new 類別的元素都加上底線，你可以這樣寫：

```
$('.new').css('text-decoration', 'underline')
```

結合選擇器

如同 CSS，你也可以用逗號將選擇器結合成單一 jQuery 選擇式，例如：

```
$('blockquote, #advert, .new').css('font-weight', 'bold')
```

範例 22-2 示範以上所有類型的選擇器（以粗體來表示 jQuery 陳述式），圖 22-2 是它的結果。

範例 22-2 使用 jQuery 與各種選擇器

```html
<!DOCTYPE html>
<html>
  <head>
    <title>Second jQuery Example</title>
    <script src='jquery-3.5.1.min.js'></script>
  </head>
  <body>
    <blockquote>Powerful and flexible as JavaScript is, with a plethora of
      built-in functions, it is still necessary to use additional code for
      simple things that cannot be achieved natively or with CSS, such as
      animations, event handling, and asynchronous communication.</blockquote>
    <div id='advert'>This is an ad</div>
    <p>This is my <span class='new'>new</span> website</p>
    <script>
      $('blockquote').css('background', 'lime')
      $('#advert').css('border', '3px dashed red')
      $('.new').css('text-decoration', 'underline')
```

```
      $('blockquote, #advert, .new').css('font-weight', 'bold')
    </script>
  </body>
</html>
```

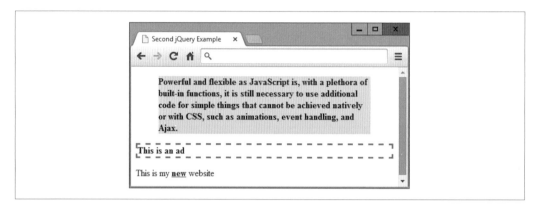

圖 22-2 操作多個元素

處理事件

只能改變 CSS 樣式的 jQuery 是沒有什麼好處的，它的能耐當然不止如此。我們來進一步討論它如何處理事件。

你應該還記得，大部分的事件都是透過使用者互動來觸發的：當使用者將滑鼠移過元素、按下滑鼠按鍵，或按下鍵盤時。除此之外，你也可以觸發其他的事件，例如當文件完成載入時。

jQuery 可以讓你輕鬆且安全地將你自己的程式碼附加到這些事件，並且不阻止其他的程式碼操作它們。例如，下面的程式可讓 jQuery 回應元素被按下的情況：

```
$('#clickme').click(function()
{
  $('#result').html('You clicked the button!')
})
```

當 ID 為 clickme 的元素被按下時，jQuery 的 html 函式會更新 ID 為 result 的元素的 innerHTML 屬性。

jQuery 物件（用 $ 或 jQuery 方法來建立的）與使用 getElementById 來建立的 JavaScript 物件不一樣。在一般的 JavaScript 裡面，你可以使用 object = document.getElementById('result') 加上（舉例）object.innerHTML = 'something'。但是在上面的範例中，$('#result').innerHTML 無法執行，因為 innerHTML 不是 jQuery 物件的屬性，因此我們使用 jQuery 方法 html 來取得想要的結果。

範例 22-3 是這個概念的補充，圖 22-3 是它的執行情況。

範例 22-3 處理事件

```html
<!DOCTYPE html>
<html>
  <head>
    <title>jQuery Events</title>
    <script src='jquery-3.5.1.min.js'></script>
  </head>
  <body>
    <button id='clickme'>Click Me</button>
    <p id='result'>I am a paragraph</p>
    <script>
      $('#clickme').click(function()
      {
        $('#result').html('You clicked the button!')
      })
    </script>
  </body>
</html>
```

圖 22-3 處理 click 事件

當你使用 jQuery 來處理事件時，請省略你在標準的 JavaScript 裡面使用的前置詞。因此，舉例來說，在 jQuery 中，onmouseover 事件的名稱將是 mouseover，onclick 將是 click，以此類推。

等到文件準備就緒

因為 jQuery 與 DOM 的關係非常密切，你通常要等待網頁載入完畢之後，才能操作它的部分內容。如果沒有 jQuery，你可以用 onload 事件來做到，但是 jQuery 有一種更高效、跨瀏覽器的方法稱為 ready，你可以呼叫它來盡早啟用它（甚至比 onload 快）。這意味著，jQuery 可以更快地處理網頁，將用戶討厭的延遲降到最低。

你可以將 jQuery 程式放入下面的結構來使用這個功能：

```
$('document').ready(function()
{
  // 你的程式
})
```

你的程式會等待文件就緒，唯有此時，它才會被 ready 方法呼叫。事實上，你可以使用另一種更簡短的版本來減少打字次數，見範例 22-4。

範例 22-4 最簡短的 jQuery「ready」程式碼包裝函式

```
$(function()
{
  // 你的程式
})
```

一旦你將 jQuery 陳述式放入這兩種結構之一，你就不會遇到太快操作 DOM 帶來的問題。

另一種做法是將你的 JavaScript 放在每一個 HTML 網頁的最後面，讓它在文件全部載入之後才執行。這種做法也有另一種好處：它可以確保網頁內容被優先載入，因此有機會改善使用者體驗。

不適合將腳本放在網頁最後面的情況只有「文件可能貌似就緒（ready）卻未就緒」或「文件尚未載入所有的外部樣式表（只能透過檢測來發現），導致使用者認為他們可以和文件互動，但腳本其實尚未就緒」。在這些情況下，使用 ready 函式可以完全解決問題。事實上，如果你有疑慮，你可將腳本放在頁尾，並且使用 ready 函式，如此一來就萬無一失了。

事件函式與屬性

除了剛才的 ready 事件方法之外,你還有數十種 jQuery 事件方法與相關屬性可用(除了這裡介紹的之外,還有很多其他的方法)。以下是較常用的幾種,它們可以幫助你開始編寫大部分的專案。如果你想要充分了解所有的事件,你可以參考這份文件(*http://api.jquery.com/category/events*)。

blur 與 focus 事件

blur 事件是 focus 事件的好夥伴,它會在元素被取消選取時觸發,讓它失焦(blur)。你可以用 blur 與 focus 方法來為事件加上處理程式(handler)。當你省略方法括號內的任何引數時,它們將觸發事件。

範例 21-5 有四個輸入欄位。我們呼叫 focus 方法來聚焦於第一個欄位,將它套用至 ID 為 first 的元素。然後將兩個處理程式加到所有輸入元素。當元素被聚焦時,focus 處理程式會將它的背景設成黃色,當它失焦時,blur 處理程式會將它的背景設成淡灰色。

範例 *22-5* 使用 focus 與 blur 事件

```
<!DOCTYPE html>
<html>
  <head>
    <title>Events: blur</title>
    <script src='jquery-3.5.1.min.js'></script>
  </head>
  <body>
    <h2>Click in and out of these fields</h2>
    <input id='first'> <input> <input> <input>
    <script>
      $('#first').focus()
      $('input').focus(function() { $(this).css('background', '#ff0') } )
      $('input') .blur(function() { $(this).css('background', '#aaa') } )
    </script>
  </body>
</html>
```

 你可以在方法的右括號和用來附加方法的句點運算子之間插入空白(在句點後面也可以,如果你喜歡的話),在上述範例中,我將 focus 與 blur 事件名稱靠右對齊,好讓接下來的陳述式也按照這種方式來對齊。

在圖 22-4 中,你可以看到這段程式將已被聚焦過的輸入欄位設為淡灰色背景,將目前被聚焦的欄位設為黃色背景,讓未被聚焦過的欄位維持白色背景。

圖 22-4 將事件處理程式指派給 blur 與 focus 事件

this 關鍵字

當事件被呼叫時,觸發它的元素會被傳給 this 物件,你可以將 this 傳給 $ 方法來處理。或者,既然 this 是標準的 JavaScirpt 物件(不是 jQuery 物件),所以你可以照原樣使用它。所以,喜歡的話,你可以將這段程式:

```
$(this).css('background', '#ff0')
```

改成:

```
this.style.background = '#ff0'
```

click 與 dblclick 事件

你已經看過 click 事件了,此外還有一種處理 double-click(按兩下按鍵)的事件。若要使用它們,請將事件的方法附加給 jQuery 選擇式,並以引數傳入在事件觸發時呼叫的 jQuery 方法,例如:

```
$('.myclass')   .click( function() { $(this).slideUp() })
$('.myclass').dblclick( function() { $(this).hide()    })
```

我使用了行內匿名函式,但你也可以使用有名稱的函式(僅提供函式名稱,不要加上括號,否則它會在不正確的時間點執行)。this 物件將一如預期地傳遞出去,讓你指定的函式使用,就像這樣:

```
$('.myclass').click(doslide)

function doslide()
{
  $(this).slideUp()
}
```

第 546 頁的「特殊效果」會介紹 slideUp 與 hide 方法。現在你可以先試著執行範例
22-6，按一下或按兩下按鈕，觀察它們在消失時有動畫效果（使用 slideUp），有時會直
接消失（使用 hide），如圖 22-5 所示。

範例 22-6 指派 click 與 dblclick 事件

```
<!DOCTYPE html>
<html>
  <head>
    <title>Events: click & dblclick</title>
    <script src='jquery-3.5.1.min.js'></script>
  </head>
  <body>
    <h2>Click and double click the buttons</h2>
    <button class='myclass'>Button 1</button>
    <button class='myclass'>Button 2</button>
    <button class='myclass'>Button 3</button>
    <button class='myclass'>Button 4</button>
    <button class='myclass'>Button 5</button>
    <script>
      $('.myclass').click(    function() { $(this).slideUp() })
      $('.myclass').dblclick( function() { $(this).hide()    })
    </script>
  </body>
</html>
```

圖 22-5　按一次 Button 3 之後，它由下往上消失

keypress 事件

有時，你需要更精密地控制鍵盤互動，尤其是在處理複雜的表單，或是在製作遊戲的時候，此時，你可以將 keypress 方法指派給可接收鍵盤輸入的任何元素，例如輸入欄位，甚至文件本身。

範例 22-7 將這個方法指派給文件來攔截所有的按鍵動作，圖 22-6 是執行結果。

範例 22-7 攔截按鍵動作

```html
<!DOCTYPE html>
<html>
  <head>
    <title>Events: keypress</title>
    <script src='jquery-3.5.1.min.js'></script>
  </head>
  <body>
    <h2>Press some keys</h2>
    <div id='result'></div>
    <script>
      $(document).keypress(function(event)
      {
        key = String.fromCharCode(event.which)

        if (key >= 'a' && key <= 'z' ||
            key >= 'A' && key <= 'Z' ||
            key >= '0' && key <= '9')
        {
          $('#result').html('You pressed: ' + key)
          event.preventDefault()
        }
      })
    </script>
  </body>
</html>
```

圖 22-6 處理鍵盤的按鍵動作

這個範例有一些在編寫鍵盤處理程式時必須特別留意的事情。由於不一樣的瀏覽器會讓這個事件回傳不一樣的值，所以 jQuery 會將 event 物件的 which 屬性標準化，以回傳一致的字元碼給所有的瀏覽器。因此，這裡是檢查哪一個按鍵被按下的地方。

但是，字元碼的值是數字，你可以將它傳給 String.fromCharCode 來將它變成單一字母的字串。因為你可以在程式中對 ASCII 值做出回應，所以你不一定要進行轉換，但是這個方法在需要使用字元時很方便。

在 if 區塊裡面，當按鍵動作被發現時，我們將一段說明效果的短句插入 ID 為 result 的 <div> 元素的 innerHTML 屬性。

 這個例子清楚地展示了 document.write 函式不應該在哪裡使用，因為文件在使用者按下按鍵時就被完整載入了，此時，當你呼叫 document.write 來顯示資訊時，它將清除當前的文件。因此，最好的做法是將資訊寫入元素的 HTML，以非破壞性的手段來提供回饋給使用者，如同第 14 章，第 350 頁的「關於 document.write」所述。

周到地設計程式

當你讓使用者輸入資料時，你必須決定你將對哪些值做出回應並忽略其他值，為使用那些資料的其他事件處理常式預先處理它們，對同時執行的其他工具程式（以及主瀏覽器本身）來說，這是體貼的做法。例如，在上面的範例中，我只接受字元 a-z、A-Z 與 0-9，忽略其他字元。

你可以用兩種方式來將鍵盤中斷傳給其他處理程式（或阻擋它們）。第一種方式是不做任何事情，當你的程式退出時，其他的處理程式也會看到同樣的按鍵動作，並對它做出反應。不過，如果按一次按鍵會導致很多動作，這種做法可能會造成混淆。

另一種做法，如果你不希望該事件觸發任何其他的處理程式，你可以呼叫事件的 preventDefault 方法，來防止事件「上浮」至其他的處理程式。

 特別注意你在哪裡呼叫 preventDefault，如果它在處理按鍵動作的程式碼的外面，它會阻止所有其他鍵盤事件上浮，可能導致使用者無法使用瀏覽器（至少讓他們無法使用某些功能）。

mousemove 事件

滑鼠處理事件是最常被攔截的事件。我們已經介紹滑鼠按鍵動作了,現在我們來討論滑鼠移動事件。

是時候讓你看一些比較有趣的範例了,在範例 22-8 中,我使用 jQuery 與 HTML5 canvas 來製作一個基本的繪圖程式。我們在第 26 章才會完整地介紹 canvas,先別擔心,這段程式很簡單。

範例 22-8 攔截滑鼠移動與滑鼠按鍵事件

```
<!DOCTYPE html>
<html>
  <head>
    <title>Events: Mouse Handling</title>
    <script src='jquery-3.5.1.min.js'></script>
    <style>
      #pad {
        background:#def;
        border    :1px solid #aaa;
      }
    </style>
  </head>
  <body>
    <canvas id='pad' width='480' height='320'></canvas>
    <script>
    canvas  = $('#pad')[0]
    context = canvas.getContext("2d")
    pendown = false

    $('#pad').mousemove(function(event)
    {
      var xpos = event.pageX - canvas.offsetLeft
      var ypos = event.pageY - canvas.offsetTop

      if (pendown) context.lineTo(xpos, ypos)
      else         context.moveTo(xpos, ypos)

      context.stroke()
    })

    $('#pad').mousedown(function() { pendown = true  } )
```

```
          $('#pad')  .mouseup(function() { pendown = false } )
      </script>
   </body>
</html>
```

如圖 22-7 所示，這組非常簡單的指令竟然可以讓使用者畫出線條畫（如果你有藝術素
養，你可以看出它是 ☺）。我們來看看它是怎麼運作的。首先，這段程式用 jQuery 選擇
器的第一個（或第零個）元素來建立一個 canvas 物件：

```
canvas = $('#pad')[0]
```

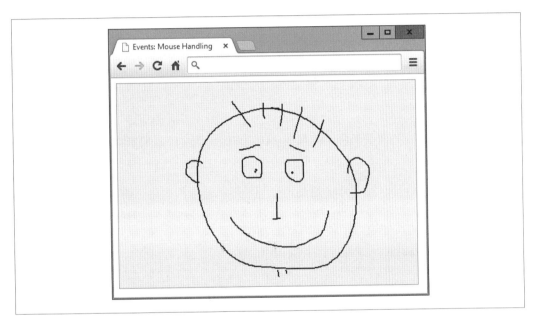

圖 22-7 捕捉滑鼠移動與滑鼠按鍵事件

使用這種方法可以快速取得 jQuery 物件，並提取標準的 JavaScript 元素物件。另一種方
式是使用 get 方法，例如：

```
canvas  = $('#pad').get(0)
```

這兩種方式可以交替使用，但是 get 更勝一籌，因為如果你不傳遞任何引數，它會以陣
列來回傳 jQuery 物件的所有元素節點物件。

無論如何，你將在第 26 章學到，我們用一種特殊的 context 物件在 canvas 上繪畫，我們先建立它：

```
context = canvas.getContext("2d")
```

我們也設定名為 pendown 的布林變數的初始值，它將被用來記錄滑鼠按鈕的狀態（初始值是 false，因為筆還沒有被放下去）：

```
pendown = false
```

接下來，canvas（ID 為 pad）用下列的匿名函式來攔截它的 mousemove 事件，在裡面做三組工作：

```
$('#pad').mousemove(function(event)
{
   ...
})
```

首先，我們設定 xpos 與 ypos 區域變數（因為我們使用 var 關鍵字，所以它們是區域的，但是最近比較好的做法是將 var 換成 let）的值，那些值是滑鼠在 canvas 區域內的位置。

這些值來自 jQuery pageX 與 pageY 屬性，它們是滑鼠游標相對於它的文件的左上角的位置。因為 canvas 本身稍微偏離那一個位置，所以我們將 pageX 與 pageY 減去 canvas 的位移值（該值被存放在 offsetLeft 與 offsetTop 裡面）：

```
var xpos = event.pageX - canvas.offsetLeft
var ypos = event.pageY - canvas.offsetTop
```

取得滑鼠游標相對於 canvas 的位置之後，我們用下兩行程式檢查 pendown 的值，如果它是 true，代表滑鼠的按鍵被按下，因此呼叫 lineTo，在目前的位置上畫線，否則代表筆還沒被放下，所以呼叫 moveTo 來更新當前的位置：

```
if (pendown) context.lineTo(xpos, ypos)
else         context.moveTo(xpos, ypos)
```

接下來呼叫 stroke 方法來對 canvas 執行繪圖指令。處理繪圖的程式只有這五行，但是我們還要追蹤滑鼠按鍵的狀態，所以使用最後兩行程式來攔截 mousedown 與 mouseup 事件，當滑鼠按鍵被按下時，將 pendown 設為 true，當滑鼠按鍵被放開時，將它設為 false：

```
$('#pad').mousedown(function() { pendown = true  } )
$('#pad') .mouseup(function() { pendown = false } )
```

在這個範例中，你可以看到三種不同的事件處理程式，一起建立一個簡單的工具程式，在進行內部運算時使用區域變數，當物件或某個東西的狀態必須讓多個函式使用時，使用全域變數。

其他的滑鼠事件

mouseenter 與 mouseleave 事件會在滑鼠進入一個元素或離開一個元素時觸發。你不需要提供位置值給這些函式，因為它們預期你只想在其中一個事件觸發時，做出「接下來該怎麼做」的布林決定。

範例 22-9 將兩個匿名函式指派給這些事件，以更改元素的 HTML，如圖 22-8 所示。

範例 22-9 偵測滑鼠進入與離開元素

```
<!DOCTYPE html>
<html>
  <head>
    <title>Events: Further Mouse Handling</title>
    <script src='jquery-3.5.1.min.js'></script>
  </head>
  <body>
    <h2 id='test'>Pass the mouse over me</h2>
    <script>
      $('#test').mouseenter(function() { $(this).html('Hey, stop tickling!') } )
      $('#test').mouseleave(function() { $(this).html('Where did you go?')   } )
    </script>
  </body>
</html>
```

圖 22-8 偵測滑鼠何時進入與離開元素

當滑鼠進入被選取的元素的邊界時，該元素的 innerHTML 屬性會更新（藉由呼叫 html）。當滑鼠再次離開時，該元素的 HTML 會再次更新。

其他的滑鼠方法

jQuery 有許多其他的滑鼠事件函式可在各種情況下使用，詳情請參考滑鼠事件文件（*https://tinyurl.com/jquerymouse*）。例如，你可以使用下面的 mouseover 與 mouseout 方法來做出與上面的程式類似的效果：

```
$('#test').mouseover(function() { $(this).html('Cut it out!')        } )
$('#test') .mouseout(function() { $(this).html('Try it this time...') } )
```

或是使用 hover 方法，將兩段處理程式放入一個函式呼叫式：

```
$('#test').hover(function() { $(this).html('Cut it out!')        },
                 function() { $(this).html('Try it this time...') } )
```

如果你想要結合 mouseover 與 mouseout 來製作效果，使用 hover 方法顯然是合乎邏輯的選擇，但你也可以用其他做法來做出相同的效果，也就是串接（chaining）（見第 554 頁的「方法鏈」），這種做法的程式類似：

```
$('#test').mouseover(function() { $(this).html('Cut it out!')        } )
          .mouseout(function() { $(this).html('Try it this time...') } )
```

我們用第二個陳述式前面的句點運算子來將它與第一個陳述式串接，建立一個方法鏈。

 上述範例展示如何捕捉滑鼠按鍵、滑鼠移動與鍵盤事件，因此它們最適合在桌上型環境使用，這種環境也是 jQuery 的主要對象。但是 jQuery 還有一種讓行動設備使用的版本，稱為 jQuery Mobile，它提供了所有觸控處理事件控制機制（甚至更多）（*http://jquerymobile.com*）。下一章將詳細介紹它。

submit 事件

你可能想要在使用者送出表單的時候，先檢查他們輸入的資料有沒有錯誤，再將它傳給伺服器。對此，有一種做法是攔截表單的 submit 事件，如範例 22-10 所示。圖 22-9 是載入這個文件，不填寫一或多個欄位，然後將表單送出去的結果：

範例 22-10 攔截表單的 submit 事件

```
<!DOCTYPE html>
<html>
  <head>
    <title>Events: submit</title>
```

```
    <script src='jquery-3.5.1.min.js'></script>
  </head>
  <body>
    <form id='form'>
      First name: <input id='fname' type='text' name='fname'><br>
      Last name:  <input id='lname' type='text' name='lname'><br>
      <input type='submit'>
    </form>
    <script>
      $('#form').submit(function()
      {
        if ($('#fname').val() == '' ||
            $('#lname').val() == '')
        {
          alert('Please enter both names')
          return false
        }
      })
    </script>
  </body>
</html>
```

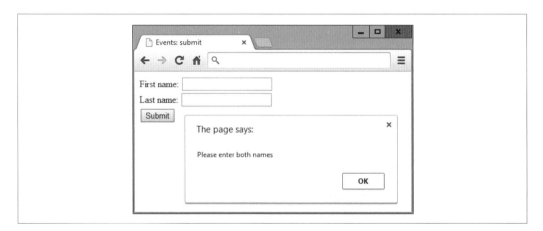

圖 22-9 在送出表單時，檢查使用者輸入

這個範例的重點是將事件指派給匿名函式的程式：

```
$('#form').submit(function()
```

以及測試兩個輸入欄位的值是否空白的地方：

```
if ($('#fname').val() == '' ||
    $('#lname').val() == '')
```

我們使用 jQuery 的 val 方法來取出每一個欄位的 value 屬性值。這種寫法比使用 $('#fname')[0]（像範例 22-8 那樣）來讀取 DOM 物件，然後在它後面接上 value 來讀取欄位的值（例如 $('#fname')[0].value）還要簡潔。

在這個範例中，我們使用 if 測試式，在一或多個欄位未被填寫時回傳 false 值，來取消一般的提交程序。若要讓表單傳送程序繼續進行，你可以回傳 true，或不回傳任何東西。

特殊效果

jQuery 在處理特效時才能發揮它的真本事。雖然你也可以使用 CSS3 的變換，但你不一定可以輕鬆地使用 JavaScript 來動態地管理它們。但是使用 jQuery 時，你可以輕鬆地選擇一或多個元素，然後對它們套用一或多種效果。

jQuery 提供的核心效果包括隱藏與顯示、淡入與淡出、滑動以及動畫，它們可以單獨使用、同步一起使用，或依序使用。它們也支援回呼函式，回呼函式是在操作完成時才執行的函式或方法。

接下來的小節將說明一些較實用的 jQuery 特效，它們都支援多達三種引數，如下所示：

持續時間（*Duration*）

當你提供持續時間時，特效會在你指定的期間生效。你可以使用毫秒，或字串 fast 或 slow 來指定期間值。

加 / 減速（*Easing*）

jQuery 程式庫只有兩種加 / 減速選項：swing 與 linear。swing 是預設值，它的效果比 linear 更自然。關於加 / 減速的詳情，請參考 jQuery UI 等外掛（*http://jqueryui.com/easing*）。

回呼（*Callback*）

如果你提供回呼函式，jQuery 會在特效方法完成之後呼叫它。

這意味著，如果你沒有提供任何引數，jQuery 會立刻呼叫方法，而不會將它放在動畫佇列（animation queue）中。

因此，舉例來說，你可以用各種方式來呼叫 hide 方法，例如：

```
$('#object').hide()
$('#object').hide(1000)
$('#object').hide('fast')
$('#object').hide('linear')
$('#object').hide('slow', 'linear')
$('#object').hide(myfunction)
$('#object').hide(333, myfunction)
$('#object').hide(200, 'linear', function() { alert('Finished!') } )
```

第 554 頁的「方法鏈」將會提到，你可將函式呼叫式（有引數）串接起來，讓它們依序執行動畫，例如下面的程式會先隱藏一個元素再顯示它：

```
$('#object').hide(1000).show(1000)
```

許多方法也支援較不常用的引數，你可以參考特效文件（*http://api.jquery.com/category/effects*）來了解它們（與其他的特效方法）。

隱藏與顯示

最簡單的特效應該是根據使用者的互動來隱藏或顯示元素。之前的章節談過，你可以不提供任何引數給 hide 與 show 方法，或提供各種引數給它們。在預設情況下，當你不提供引數時，元素會立刻隱藏或顯示。

如果你提供引數給這兩種方法，這兩種方法會同時修改元素的 width、height 與 opacity 屬性，直到這些屬性變成 0（hide），或是到達原始值（show）為止。當元素完全隱藏時，hide 函式會將元素的 display 屬性設為 none，當元素完全復原時，show 函式會將該屬性設回上一個值。

範例 22-11 可讓你自行嘗試 hide 與 show（如圖 22-10 所示）。

範例 22-11 隱藏與顯示元素

```
<!DOCTYPE html>
<html>
  <head>
    <title>Effects: hide & show</title>
    <script src='jquery-3.5.1.min.js'></script>
  </head>
  <body>
    <button id='hide'>Hide</button>
```

```
    <button id='show'>Show</button>
    <p id='text'>Click the Hide and Show buttons</p>
    <script>
      $('#hide').click(function() { $('#text').hide('slow', 'linear') })
      $('#show').click(function() { $('#text').show('slow', 'linear') })
    </script>
  </body>
</html>
```

圖 22-10　元素被顯示出來的過程

toggle 方法

你可以使用 toggle 方法來取代 hide 與 show，將上面的範例改寫成範例 22-12。

範例 22-12　使用 toggle 方法

```
<!DOCTYPE html>
<html>
  <head>
    <title>Effects: toggle</title>
    <script src='jquery-3.5.1.min.js'></script>
  </head>
  <body>
    <button id='toggle'>Toggle</button>
    <p id='text'>Click the Toggle button</p>
    <script>
      $('#toggle').click(function() { $('#text').toggle('slow', 'linear') })
    </script>
  </body>
</html>
```

toggle 方法可以接收的引數與 hide 和 show 一樣，但是它會在內部記錄元素的狀態，所以知道究竟該隱藏或顯示元素。

 jQuery 有四種主要的方法可以讓你設定兩種狀態之一，並提供 toggle 版本來簡化你的程式。除了 toggle 之外，jQuery 還有 fadeToggle、slideToggle 與 toggleClass，本章已討論這些方法。

淡入與淡出

處理淡入 / 淡出的方法有四個：fadeIn、fadeOut、fadeToggle 與 fadeTo。你應該已經了解 jQuery 的工作方式，並且發現前三個方法與 show、hide 和 toggle 很像了。不過，最後一個方法略有不同，因為它可以對元素（一或多個）指定一個介於 0 與 1 之間的不透明值。

範例 22-13 用四種按鈕來嘗試這四個方法，如圖 22-11 所示。

範例 22-13 四種淡入 / 淡出方法

```
<!DOCTYPE html>
<html>
  <head>
    <title>Effects: Fading</title>
    <script src='jquery-3.5.1.min.js'></script>
  </head>
  <body>
    <button id='fadeout'>fadeOut</button>
    <button id='fadein'>fadeIn</button>
    <button id='fadetoggle'>fadeToggle</button>
    <button id='fadeto'>fadeTo</button>
    <p id='text'>Click the buttons above</p>
    <script>
      $('#fadeout')   .click(function() { $('#text').fadeOut(    'slow'     ) })
      $('#fadein')    .click(function() { $('#text').fadeIn(     'slow'     ) })
      $('#fadetoggle').click(function() { $('#text').fadeToggle('slow'      ) })
      $('#fadeto')    .click(function() { $('#text').fadeTo(     'slow', 0.5) })
    </script>
  </body>
</html>
```

圖 22-11 這段文字已經淡出為 50% 的不透明度

將元素上下滑動

我們可以逐漸改變元素的高度，讓它們看起來上下滑動，並且消失與重新出現。有三種 jQuery 方法可以產生這種效果：slideDown、slideUp 與 slideToggle。它們的工作方式與之前的函式一樣，見範例 22-14 的程式，以及圖 22-12 的結果。

範例 22-14 使用 slide 方法

```html
<!DOCTYPE html>
<html>
  <head>
    <title>Effects: Sliding</title>
    <script src='jquery-3.5.1.min.js'></script>
  </head>
  <body>
    <button id='slideup'>slideUp</button>
    <button id='slidedown'>slideDown</button>
    <button id='slidetoggle'>slideToggle</button>
    <div id='para' style='background:#def'>
      <h2>From A Tale of Two Cities - By Charles Dickens</h2>
      <p>It was the best of times, it was the worst of times, it was the age of
      wisdom, it was the age of foolishness, it was the epoch of belief, it was
      the epoch of incredulity, it was the season of Light, it was the season of
      Darkness, it was the spring of hope, it was the winter of despair, we had
      everything before us, we had nothing before us, we were all going direct to
      Heaven, we were all going direct the other way - in short, the period was so
      far like the present period, that some of its noisiest authorities insisted
      on its being received, for good or for evil, in the superlative degree of
      comparison only</p>
    </div>
    <script>
```

```
    $('#slideup')    .click(function() { $('#para').slideUp(    'slow') })
    $('#slidedown')  .click(function() { $('#para').slideDown(  'slow') })
    $('#slidetoggle').click(function() { $('#para').slideToggle('slow') })
  </script>
 </body>
</html>
```

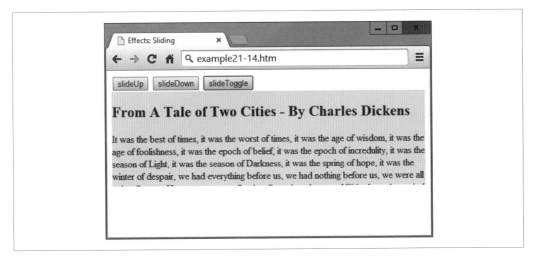

圖 22-12　這段文字正在向上滑動

這些方法很適合在你想要根據使用者按下的區域，動態地開啟或關閉目錄或子目錄時使用。

動畫

現在我們要開始享受樂趣，在瀏覽器中實際移動一些元素。但是元素的 position 屬性的預設值 static 會讓它們無法被移動，所以你必須先將它設成 relative、fixed 或 absolute。

你只要提供一串 CSS 屬性（不包括顏色）給 animate 方法即可讓元素動起來。與前面介紹的特效不一樣的是，你必須先提供這串屬性給動畫，才可以提供持續時間、加 / 減速以及回呼引數。

因此，你可以使用範例 22-15 的程式來產生一個彈跳球動畫（圖 22-13 是它顯示的結果）。

範例 22-15 製作彈跳球動畫

```html
<!DOCTYPE html>
<html>
  <head>
    <title>Effects: Animation</title>
    <script src='jquery-3.5.1.min.js'></script>
    <style>
      #ball {
        position  :relative;
      }
      #box {
        width      :640px;
        height     :480px;
        background:green;
        border     :1px solid #444;
      }
    </style>
  </head>
  <body>
    <div id='box'>
      <img id='ball' src='ball.png'>
    </div>
    <script>
      bounce()

      function bounce()
      {
        $('#ball')
          .animate( { left:'270px', top :'380px' }, 'slow', 'linear')
          .animate( { left:'540px', top :'190px' }, 'slow', 'linear')
          .animate( { left:'270px', top :'0px'   }, 'slow', 'linear')
          .animate( { left:'0px',   top :'190px' }, 'slow', 'linear')
      }
    </script>
  </body>
</html>
```

圖 22-13 在瀏覽器內四處彈跳的球

在這個範例的 `<style>` 段落裡面，我們將這顆球的 position 屬性設成相對於容器的值，容器是具有邊框與綠色背景的 `<div>` 元素。

接下來，在 `<script>` 段落裡面有一個 bounce 函式，函式裡面有四個串接起來的 animate 呼叫式。注意，我們傳給 animate 的屬性名稱（left 與 top）並未加上引號，而且我們用分號來將它與值（例如 '270px'）分開，與使用關聯陣列時一樣。

你也可以使用 += 與 -= 運算子來提供相對值，而非絕對值。因此，舉例來說，下面的程式會將球移往當前位置的右上方 50 像素處：

```
.animate( { left:'+=50px', top:'-=50px' }, 'slow', 'linear')
```

你甚至可以使用字串值 hide、show 與 toggle 來更改屬性，例如：

```
.animate( { height:'hide', width:'toggle' }, 'slow', 'linear')
```

如果你想要修改具有連字號的 CSS 屬性，而且它們不是被放在引號內傳遞的（就像上一個範例中的 height 與 width），你就必須先將它們的名稱轉成 camelCase，也就是先移除連字號，再將它後面的單字改成字首字母大寫。例如，若要讓元素的 left-margin 屬性產生動畫效果，你要使用 leftMargin 這個名稱。但是，當你用字串來提供帶連字號的屬性名稱時（例如：css('font-weight', 'bold')），你不能將它改成 camelCase。

方法鏈

由於方法鏈的運作方式，當你將引數傳給 jQuery 方法時，那些方法將依序執行。所以，每一個方法都只會在前面的方法完成動畫之後執行。但是，當你不使用引數來呼叫任何方法時，該方法就會立刻且快速地執行，不產生動畫。

當你將範例 22-15 載入瀏覽器時，jQuery 會先呼叫 bounce 來開球（姑且這麼說），讓球從容器的底部、右側、頂部邊緣反彈，最後回到左側邊緣中間。再看看這個範例的 bounce 函式，你可以看到裡面有四個串接起來的 animate 函式。

使用回呼

上述範例會在四次動畫之後停止，但是你可以使用一個回呼函式，來讓動畫在每次完成時重新開始。這就是我將動畫放在有名稱的函式裡面的原因。

將動畫放在 bounce 函式裡面之後，你只要把這個名字當成回呼，放在這一組動畫的第四個動畫裡面，就可以讓動畫重複執行了，即下面這段程式的粗體部分：

```
.animate( { left:'0px', top :'190px' }, 'slow', 'linear', bounce)
```

你可以用 animate 方法來將許多 CSS 屬性做成動畫，但不包括顏色。但是，你也可以透過 jQuery UI 外掛程式來製作顏色動畫，它可以讓你製作非常華麗的色彩變化效果（以及許多好東西）。詳情請參考 jQuery UI 網頁（*http://jqueryui.com*）。

停止動畫

你可以用很多方法在動畫執行到一半時將它停止，或結束一連串的動畫。例如，clearQueue 可以清空佇列內的所有動畫，stop 可以立刻停止任何執行中的動畫，finish 方法可以停止目前正在執行的動畫，並清空佇列中的所有動畫。

讓我們將上一個範例改成遊戲，在使用者按下球並觸發點擊事件時停止動畫。我們只要在 bounce 函式下面加入這行程式，就可以做出這個效果：

```
$('#ball').click(function() { $(this).finish() })
```

一旦你成功地按到球，finish 方法就會停止當前的動畫，清空佇列，並忽略所有回呼，換句話說，球會停下來。

若要進一步了解 jQuery 佇列管理的資訊，你可以參考 queue 方法的文件（http://api.jquery.com/queue），你也可以在那裡學到如何直接操作佇列的內容，來產生你要的效果。

操作 DOM

因為 jQuery 與 DOM 實在難分難解，本章之前的範例難免使用了一些操作 DOM 的方法，例如 html 與 val。接下來將詳細介紹所有的 DOM 方法，來探索你可以用 jQuery 來操作哪些東西，以及如何操作它們。

你已經在範例 21-3 看過如何使用 html 方法來改變元素的 innerHTML 屬性了。這個方法可用來設定 HTML，或是從 HTML 文件中將它取出。範例 22-16（粗體是 jQuery 的部分）示範如何取出元素的 HTML 內容（如圖 22-14 所示）。

範例 22-16 使用警示視窗來顯示元素的 HTML

```
<!DOCTYPE html>
<html>
  <head>
    <title>The DOM: html & text</title>
    <script src='jquery-3.5.1.min.js'></script>
  </head>
  <body>
    <h2>Example Document</h2>
    <p id='intro'>This is an example document</p>
    <script>
      alert($('#intro').html())
    </script>
  </body>
</html>
```

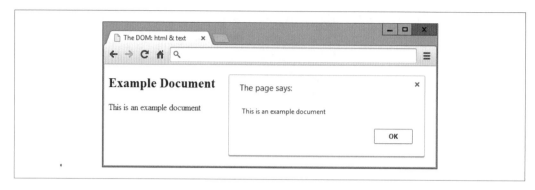

圖 22-14 取出並顯示元素的 HTML

如果你在呼叫這個方法時不傳入任何引數,你將讀取元素的 HTML,而不是設定它。

text 與 html 方法的差異

當你處理 XML 文件時,你無法使用 html 方法,因為它無法運作(它設計上是與 HTML 一起使用的)。但是你可以使用 text 方法來得到類似的結果(在 XML 或 HTML 文件裡面),例如:

```
text = $('#intro').text()
```

這兩種方法的差異在於 html 將內容視為 HTML,而 text 將內容視為文字。所以,舉例來說,假設你要將下面的字串指派給一個元素:

```
<a href='http://google.com'>Visit Google</a>
```

如果你使用 html 方法來將它指派給 HTML 元素,DOM 會被換成新的 <a> 元素,而且連結會變成可以按下。但是如果你使用 text 方法來對 XML 或 HTML 文件做同樣的操作,那一個字串會先被轉換成文字(例如 HTML 字元 < 會被轉換成 < 實體,以此類推),然後插入元素,元素不會被加入 DOM。

val 與 attr 方法

與元素的內容互動的方法還有很多種。第一種,你可以用 val 方法來設定與取得輸入元素的值,範例 22-10 用它來讀取姓與名欄位。你只要將值當成引數傳給方法就可以設定值了,例如:

```
$('#password').val('mypass123')
```

你可以使用 attr 方法來取得與設定元素的屬性，如範例 22-17 所示，它將一個 Google 網站的連結完全換成 Yahoo 的連結。

範例 22-17 使用 attr 方法來修改屬性

```html
<!DOCTYPE html>
<html>
  <head>
    <title>The DOM: attr</title>
    <script src='jquery-3.5.1.min.js'></script>
  </head>
  <body>
    <h2>Example Document</h2>
    <p><a id='link' href='http://google.com' title='Google'>Visit Google</a></p>
    <script>
      $('#link').text('Visit Yahoo!')
      $('#link').attr( { href :'http://yahoo.com', title:'Yahoo!' } )
      alert('The new HTML is:\n' + $('p').html())
    </script>
  </body>
</html>
```

第一個 jQuery 陳述式使用 text 方法來更改 <a> 元素裡面的文字，第二個陳述式以關聯陣列的格式來提供資料，以更改 href 與 title 屬性值。第三個陳述式用 html 方法來取出被更改的元素的內容，然後在警示視窗裡面顯示它，如圖 22-15 所示。

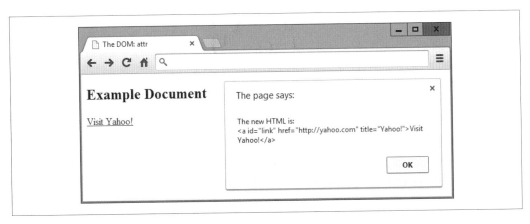

圖 22-15 現在連結已經被完全修改了

你也可以這樣讀取屬性值：

```
url = $('#link').attr('href')
```

加入與移除元素

雖然你可以用 html 方法來將元素插入 DOM，但是這種做法只適合用來建立特定元素的子元素。jQuery 提供許多方法來讓你操作 DOM 的任何部分，包括 append、prepend、after、before、remove 與 empty，我用範例 22-18 來展示每一種方法。

範例 22-18 加入與移除元素

```
<!DOCTYPE html>
<html>
  <head>
    <title>Modifying The DOM</title>
    <script src='jquery-3.5.1.min.js'></script>
  </head>
  <body>
    <h2>Example Document</h2>
    <a href='http://google.com' title='Google'>Visit Google</a>
    <code>
      This is a code section
    </code>
    <p>
      <button id='a'>Remove the image</button>
      <button id='b'>Empty the quote</button>
    </p>
    <img id='ball' src='ball.png'>
    <blockquote id='quote' style='border:1px dotted #444; height:20px;'>
      test
    </blockquote>
    <script>
      $('a').prepend('Link: ')
      $("[href^='http']").append(" <img src='link.png'>")
      $('code').before('<hr>').after('<hr>')
      $('#a').click(function() { $('#ball').remove() } )
      $('#b').click(function() { $('#quote').empty() } )
    </script>
  </body>
</html>
```

你可以在圖 22-16 看到對一些元素套用 prepend、append、before 與 after 方法的結果。

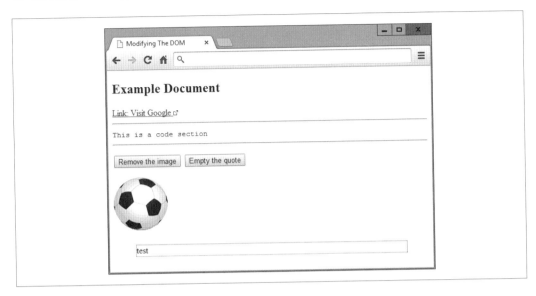

圖 22-16　一份擁有各種元素的文件

我們用 prepend 方法，在所有 `<a>` 元素的內部文字或 HTML 之前插入 Link: 字串：

```
$('a').prepend('Link: ')
```

然後用屬性選擇器來選擇擁有 http 開頭的 href 屬性的所有元素。在 URL 開頭（因為使用 ^= 運算子）的 http 字串指出連結不是相對的，因此是絕對的。這些案例將一個外部連結圖示附加到被找出來的所有元素的內部文字或 HTML：

```
$("[href^='http']").append(" <img src='link.png'>")
```

 我們用 ^= 運算子找出符合開頭的字串。如果你只使用 = 運算子，它只會找出完全符合的字串。關於 CSS 選擇器的詳情，見第 19 章與第 20 章。

接下來，我們使用串接方法（before 與 after 方法）來將同代（sibling）元素放在其他元素之前或之後。在這個例子中，我將 `<hr>` 元素放在 `<code>` 元素之前與之後：

```
$('code').before('<hr>').after('<hr>')
```

然後，我加入一些按鈕來增加一些使用者互動。當第一個按鈕被按下時，我用 remove 方法來移除含有球圖像的 `<img>` 元素：

```
$('#a').click(function() { $('#ball').remove() } )
```

 現在圖像不在 DOM 裡面了，你可以在大多數的主流桌上型瀏覽器按下右鍵，並選擇 Inspect Element 來確認這件事。

最後，我在第二個按鈕被按下時，將 empty 方法指派給 `<blockquote>` 元素：

```
$('#b').click(function() { $('#quote').empty() } )
```

它會將元素的內容清空，但仍然讓元素留在 DOM 裡面。

動態地套用類別

有時更改元素的類別，或是為元素加上類別，或是將元素的類別移除是有幫助的。例如，假如你要使用 read 類別來更改已被閱讀的部落格文章的樣式，你可以使用 addClass 方法來幫文章輕鬆地加上類別：

```
$('#post23').addClass('read')
```

你可以一次加入多個類別，在類別之間以空格來分隔，例如：

```
$('#post23').addClass('read liked')
```

如果讀者為了提醒自己再看一遍，而再度將文章標為未讀呢？此時只要使用 removeClass 就可以了：

```
$('#post23').removeClass('read')
```

這樣做不會影響文章的其他類別。

如果你要讓一個類別可被反覆加入或移除，使用 toggleClass 方法應該比較簡單，例如：

```
$('#post23').toggleClass('read')
```

如此一來，如果文章尚未使用這個類別，該類別會被加入，否則該類別會被移除。

修改寬高

處理寬高一向是麻煩的工作，因為不同的瀏覽器可能使用稍微不同的值。jQuery 有一項長處在於，它可以將這種值標準化，讓你的網頁在所有的主流瀏覽器上面，都可以呈現理想中的樣子。

寬高有三種類型：元素的寬與高、內部的寬與高，與外部的寬與高。我們來依序討論它們。

width 與 height 方法

width 與 height 方法可以取得第一個符合選擇器的元素的寬與高，或設定所有符合的元素的寬與高。例如，你可以用這段程式來取得 ID 為 elem 的元素的寬：

```
width = $('#elem').width()
```

它回傳給 width 的值是個普通數值，這個值與呼叫 css 方法得到的 CSS 值不同，例如，下面的程式會回傳（例如）230px，而不是只有數字 230。

```
width = $('#elem').css('width')
```

你也可以取得當前的視窗或文件的寬度，例如：

```
width = $(window).width()
width = $(document).width()
```

 當你將 window 或 document 物件傳給 jQuery 時，你不能用 css 方法來取得它們的寬與高，而是要用 width 或 height 方法。

它們的回傳值與 box-sizing 的設定無關（見第 20 章）。如果你必須考慮 box-sizing，你可以改用 css 方法與 width 引數，例如（但是如果你想要使用它回傳的值，別忘了移除數字後面的 px）：

```
width = $('#elem').css('width')
```

設定值也很簡單，例如，你可以使用這個陳述式，來將使用 box 類別的元素都設成 100 × 100 像素：

```
$('.box').width(100).height(100)
```

範例 22-19 將這些動作結合成一個程式，圖 22-17 是它顯示的結果。

範例 22-19 取得與設定元素的寬高

```html
<!DOCTYPE html>
<html>
  <head>
    <title>Dimensions</title>
    <script src='jquery-3.5.1.min.js'></script>
  </head>
  <body>
    <p>
      <button id='getdoc'>Get document width</button>
      <button id='getwin'>Get window width</button>
      <button id='getdiv'>Get div width</button>
      <button id='setdiv'>Set div width to 150 pixels</button>
    </p>
    <div id='result' style='width:300px; height:50px; background:#def;'></div>
    <script>
      $('#getdoc').click(function()
      {
        $('#result').html('Document width: ' + $(document).width())
      } )

      $('#getwin').click(function()
      {
        $('#result').html('Window width: ' + $(window).width())
      } )

      $('#getdiv').click(function()
      {
        $('#result').html('Div width: ' + $('#result').width())
      } )

      $('#setdiv').click(function()
      {
        $('#result').width(150)
        $('#result').html('Div width: ' + $('#result').width())
      } )
    </script>
  </body>
</html>
```

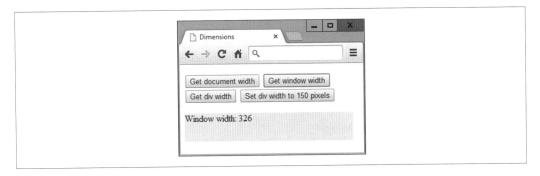

圖 22-17 取得與設定元素的寬高

在 `<body>` 的開頭有四個按鈕,其中三個按鈕的用途是回報文件、視窗以及在這些按鈕下面的 `<div>` 元素的寬度,另外一個則是用來將 `<div>` 的寬度設為新值。`<script>` 段落有四個 jQuery 陳述式,前三個用來抓取物件的寬度,然後將這些值寫入 `<div>` 的 HTML 並回報它們。

最後一個陳述式有兩個部分:第一個部分將 `<div>` 元素的寬度降為 150 像素,第二個使用 width 方法來抓取 div 裡面的新寬度值以顯示它,確保顯示的值是計算過的。

 當使用者縮放(放大或縮小)網頁時,在所有的主流瀏覽器裡面,JavaScript 都無法準確地偵測到這個事件。因此,jQuery 在套用或回傳寬高值時,無法考慮縮放的情況,所以在這種情況下,你可能會看到意外的結果。

innerWidth 與 innerHeight 方法

當你處理寬高時,通常也要考慮邊框、內距與其他屬性,因此你可以使用 innerWidth 與 innerHeight 方法來回傳符合選擇器的第一個元素的寬與高,**包括內距,但不包括任何邊框**。

例如,下面的程式會回傳 ID 為 elem 的元素的 innerWidth,包括內距:

```
iwidth = $('#elem').innerWidth()
```

outerWidth 與 outerHeight 方法

你可以呼叫 outerWidth 與 outerHeight 方法來取得元素的寬高，包括內距與邊框，例如：

```
owidth = $('#elem').outerWidth()
```

如果你想要讓回傳值包含任何邊距，你可以在呼叫這些方法時傳入 true 值，例如：

```
owidth = $('#elem').outerWidth(true)
```

 任何一種 inner... 或 outer... 方法的回傳值都不一定是整數，有時可能
有小數。這些方法無法偵測使用者執行的網頁縮放，而且你無法對著
window 或 document 物件使用這些方法，如果你要處理這些物件，請改用
width 或 height 方法。

DOM 遍歷

回去看看第 14 章介紹的文件物件模型（DOM），你可以看到網頁的構造都很像一個大
家族。它裡面有父與子物件、兄弟、祖輩與孫輩，你甚至可以用表兄弟、姑姨等關係來
描述元素之間的關係。例如，在下面的程式中，<li> 元素是 <ul> 元素的子輩，反過來
說，<ul> 元素是 <li> 元素的父輩：

```
<ul>
  <li>Item 1</li>
  <li>Item 2</li>
  <li>Item 3</li>
</ul>
```

而且，如同一般的家族，你可以用很多種方式來指出 HTML 元素，例如以絕對位置，
或是從視窗階層往下移動（這種方式也稱為遍歷這個 *DOM*）。你也可以用元素之間的關
係來指出元素。具體的做法與你的專案有關。例如，你可能想要讓網頁盡量自成一體，
好讓你更有機會輕鬆地將它的元素剪下並貼到另一個網頁文件，不必修改元素的 HTML
就可以在那裡使用。無論你的選擇是什麼，jQuery 提供了很多函式來協助你準確地處
理元素。

父元素

你可以這樣指出一個元素的直接父輩：

```
my_parent = $('#elem').parent()
```

無論 elem 元素的類型是什麼，現在 my_parent 物件裡面都有一個指向它的父元素的 jQuery 物件。由於選擇器可以引用多個元素，這個呼叫式其實會回傳一個指向一系列父元素的物件（但這份清單可能只有一個項目），其中每一個符合條件的元素各有一個父元素。

因為一個父元素可能有多個子元素，你可能會納悶，這個方法回傳的元素會不會比實際的父元素還要多。我們以之前的三個 `<li>` 元素的程式為例，如果我們這樣寫：

```
my_parent = $('li').parent()
```

它會不會回傳三個父元素（因為它會比對三次），即使其實只有一個 `<ul>` 父元素？答案是否定的，因為 jQuery 很聰明，可以認出重複的元素，並且將它們濾除。你可以這樣子查詢回傳的元素數量來驗證，它的結果將是 1：

```
alert($('li').parent().length)
```

我們可以在選擇器找出元素時做一些事情，例如將父元素的 font-weight 屬性改成 bold：

```
$('li').parent().css('font-weight', 'bold')
```

使用過濾器

你也可以將選擇器傳給 parent，以選出需要修改的父元素。為了說明，範例 22-20 有三個小清單與幾個 jQuery 陳述式。

範例 22-20 操作父元素

```
<!DOCTYPE html>
<html>
  <head>
    <title>DOM Traversal: Parent</title>
    <script src='jquery-3.5.1.min.js'></script>
  </head>
  <body>
    <ul>
      <li>Item 1</li>
```

```
      <li>Item 2</li>
      <li>Item 3</li>
    </ul>
    <ul class='memo'>
      <li>Item 1</li>
      <li>Item 2</li>
      <li>Item 3</li>
    </ul>
    <ul>
      <li>Item 1</li>
      <li>Item 2</li>
      <li>Item 3</li>
    </ul>
    <script>
      $('li').parent()        .css('font-weight',      'bold')
      $('li').parent('.memo').css('list-style-type', 'circle')
    </script>
  </body>
</html>
```

這三個清單除了中間的 `<ul>` 元素使用 memo 類別之外都是一樣的。在 `<script>` 段落中，第一個陳述式將 `<li>` 元素的所有父元素的 font-weight 屬性都設成 bold 值。在這個例子中，它會讓瀏覽器以粗體來顯示所有的 `<ul>`。

第二個陳述式很像第一個，但它也將類別名稱 memo 傳給 parent 方法，所以只有那一個父元素會被選取，然後呼叫 css 方法來將被選出來的清單的 list-style-type 屬性設成 circle。圖 22-18 是這兩個陳述式產生的效果。

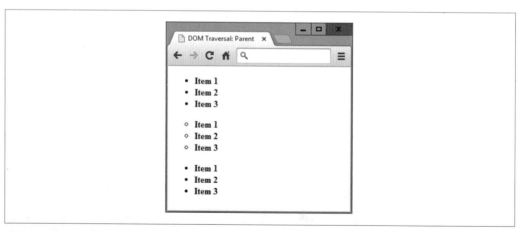

圖 22-18 使用過濾器與不使用過濾器來操作父元素

選擇所有的祖系元素

你已經知道如何選取元素的直接父系了，你也可以使用 parents 方法來選擇所有的祖系，直到 <html> 根元素為止。但是為什麼要做這件事？也許是為了找到上面的第一個 <div> 元素，並根據下方的某項變動來修改該元素的樣式？

這種選擇方式對目前的你來說可能有點深，但是當你以後需要它時，你會很開心你知道怎麼做，做法如下：

```
$('#elem').parents('div').css('background', 'yellow')
```

事實上，它的效果可能不是你要的，因為它會選擇上面的所有 <div> 元素，但也許你不想修改較高的元素，此時你可以使用 parentsUntil 方法來進一步過濾選出來的元素。

parentsUntil 方法會與 parents 一樣會往上遍歷元素，但是它會在找到第一個符合條件的元素時停止（在這個例子是 <div> 元素），因此你可以像上面的陳述式一樣使用它，只選出最接近的匹配元素：

```
$('#elem').parentsUntil('div').css('background', 'yellow')
```

為了說明這兩種方法的差異，見範例 22-21，它裡面有兩組嵌套的元素，這兩個元素都在同一個父元素 <div> 裡面。接下來的 <script> 段落會呼叫 parents 與 parentsUntil 方法各一次。

範例 22-21 使用 parents 與 parentsUntil 方法

```html
<!DOCTYPE html>
<html>
  <head>
    <title>DOM Traversal: Parents</title>
    <script src='jquery-3.5.1.min.js'></script>
  </head>
  <body>
    <div>
      <div>
        <section>
          <blockquote>
            <ul>
              <li>Item 1</li>
              <li id='elem'>Item 2</li>
              <li>Item 3</li>
            </ul>
          </blockquote>
```

```
          </section>
        </div>
        <div>
          <section>
            <blockquote>
              <ul>
                <li>Item 1</li>
                <li>Item 2</li>
                <li>Item 3</li>
              </ul>
            </blockquote>
          </section>
        </div>
      </div>
      <script>
        $('#elem').parents('div')      .css('background',      'yellow')
        $('#elem').parentsUntil('div').css('text-decoration', 'underline')
      </script>
    </body>
</html>
```

在圖 22-19 中,你可以看到第一個 jQuery 陳述式會將所有內容的背景都設成黃色。這是因為我們使用 parents 方法來遍歷 <html> 元素之前的所有祖系,並選擇遇到的兩個 <div> 元素(含有 ID 為 elem 的 <li> 元素的 <div>(以粗體表示),以及它的 <div> 父元素,後者裡面有兩組嵌套的元素)。

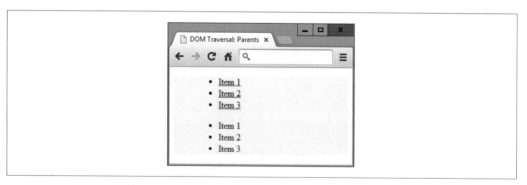

圖 22-19 比較 parents 與 parentsUntil 方法

但是因為第二個陳述式使用 parentsUntil，所以選擇元素的動作在遇到第一個 `<div>` 元素時就停止了。也就是說，我們在設定底線樣式時，只會設定距離 ID 為 elem 的 `<li>` 元素最近的 `<div>` 父元素，比較外面的 `<div>` 不會被選取，也不會被套用樣式，所以第二個清單不會被加上底線。

子元素

你可以使用 children 方法來操作元素的子系，例如：

```
my_children = $('#elem').children()
```

它與 parent 方法一樣，只會往下一層，並回傳一串含有零個、一個或多個符合對象的串列。你也可以傳入一個篩選引數來選擇子元素，例如：

```
li_children = $('#elem').children('li')
```

只有 `<li>` 子元素會被選取。

若要進入更深的後代，你必須使用 find 方法，它是 parents 的相反，例如：

```
li_descendants = $('#elem').find('li')
```

但是，與 parents 不同的是，你必須提供一個過濾器給 find 方法，你可以使用萬用選擇器來選擇所有的後代，例如：

```
all_descendants = $('#elem').find('*')
```

同代元素

選擇同代元素的方法更多，我們從 siblings 看起。

siblings 方法會回傳在同一個父元素之下，符合條件的所有子元素，但**不包括**用來進行選取的元素。以下面的程式為例，如果你要尋找 ID 為 two 的 `<li>` 元素的同代元素，它只會回傳第一個與第三個 `<li>` 元素。

```
<ul>
  <li>Item 1</li>
  <li id='two'>Item 2</li>
  <li>Item 3</li>
</ul>
```

例如，下面的陳述式會將第一個與第三個同代元素改成粗體：

```
$('#two').siblings().css('font-weight', 'bold')
```

你也可以在 siblings 方法裡面使用過濾器來進一步減少它回傳的同代元素。例如，如果你只想要選擇使用 new 類別的同代元素，你可以使用下列的陳述式：

```
$('#two').siblings('.new').css('font-weight', 'bold')
```

範例 22-22（用大量的空格來排列屬性）是包含七個項目的無序清單，其中的四個項目使用 new 類別，第二個項目同時使用 ID two：

範例 *22-22 選擇與過濾同代元素*

```
<!DOCTYPE html>
<html>
  <head>
    <title>DOM Traversal: Siblings</title>
    <script src='jquery-3.5.1.min.js'></script>
  </head>
  <body>
    <ul>
      <li          class='new'>Item 1</li>
      <li id='two' class='new'>Item 2</li>
      <li                     >Item 3</li>
      <li          class='new'>Item 4</li>
      <li          class='new'>Item 5</li>
      <li                     >Item 6</li>
      <li                     >Item 7</li>
    </ul>
    <script>
      $('#two').siblings('.new').css('font-weight', 'bold')
    </script>
  </body>
</html>
```

圖 22-20 是在瀏覽器載入這段程式，執行 jQuery 陳述式的結果，雖然 Item 2 也使用 new 類別，但只有 Item 1、Item 4 與 Item 5 變成粗體（因為我們用 Item 2 元素來呼叫方法，所以它不會被選擇）。

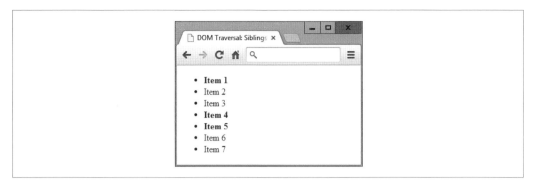

圖 22-20　選取同代元素

　因為 siblings 方法會忽略被用來呼叫的元素（我將它稱為被呼叫者），所以你不能用 siblings 來選取一個父元素的所有子元素。但是若要在上述範例中做到這一點，你可以使用下面的陳述式，它會回傳 new 類別的所有同代元素（包括被呼叫者）：

```
$('#two').parent().children('.new')
.css('font-weight', 'bold')
```

或者，你可以在選擇式中加入 addBack 方法來產生相同的結果：

```
$('#two').siblings('.new').addBack()
.css('font-weight', 'bold')
```

選擇下一個與前一個元素

當你需要更精密地選擇同代元素時，你可以使用 next 與 prev 方法，以及它們的擴展版本，來進一步減少被回傳的元素。例如，你可以使用下列的陳述式，來取得選擇器的下一個元素（它將符合的元素設為粗體）：

```
$('#new').next().css('font-weight', 'bold')
```

舉例來說，在下面的程式中，第三個項目的 ID 是 new，因此它會回傳第四個項目：

```
<ul>
  <li          >Item 1</li>
  <li          >Item 2</li>
  <li id='new'>Item 3</li>
  <li          >Item 4</li>
  <li          >Item 5</li>
</ul>
```

到目前為止的程式都很簡單，但是如果你想要引用某個特定元素之後的所有同代元素呢？你可以使用 nextAll 方法，例如（這會修改上述程式的最後兩個項目）：

```
$('#new').nextAll().css('font-weight', 'bold')
```

當你呼叫 nextAll 時，你也可以提供過濾器來進一步篩選已被選出來的元素。例如下面的程式只會更改接下來使用 info 類別的同代元素的外觀（但是在這段程式中沒有元素使用該類別，所以這段陳述式沒有任何效果）：

```
$('#new').nextAll('.info').css('font-weight', 'bold')
```

或考慮這段程式，它裡面有一個項目的 ID 是 new，另一個是 old。

```
<ul>
  <li          >Item 1</li>
  <li id='new'>Item 2</li>
  <li          >Item 3</li>
  <li id='old'>Item 4</li>
  <li          >Item 5</li>
</ul>
```

現在你可以選擇 ID 為 new 的元素後面的同代元素，直到 ID 為 old 之前的元素為止（但不包括它），例如（這只會改變第三個項目的樣式）：

```
$('#new').nextUntil('#old').css('font-weight', 'bold')
```

如果你不提供引數給 nextUntil，它的行為將會和 nextAll 一模一樣，回傳接下來的所有同代元素。你也可以提供第二個引數給 nextUntil，讓它扮演過濾器的角色，從已被選出來的元素中進一步選取，例如：

```
$('#new').nextUntil('#old', '.info').css('font-weight', 'bold')
```

這個陳述式只會改變類別為 info 的元素的樣式，上面的程式裡面沒有這種元素，所以它沒有任何效果。

你也可以使用 prev、prevAll 與 prevUntil 方法來對一群同代元素做一模一樣的反向操作。

遍歷 jQuery 所選取的元素

除了遍歷 DOM 之外，當你用 jQuery 來選取一組元素之後，你也可以遍歷這些元素，選擇要處理的對象。

例如，如果你只想更改第一個回傳的元素，你可以使用 first 方法如下（將第一個無序清單的第一個清單項目設為顯示底線）：

```
$('ul>li').first().css('text-decoration', 'underline')
```

你也可以使用 last 方法，僅更改最後一個項目的外觀：

```
$('ul>li').last().css('font-style', 'italic')
```

或者，如果你想用索引（從 0 開始算起）來處理元素，你可以使用 eq 方法，例如（因為號碼從 0 算起，所以它會更改清單的第二個項目）：

```
$('ul>li').eq(1).css('font-weight', 'bold')
```

你也可以在選擇式中使用 filter 方法來加入過濾器（它會更改從第一個元素（元素 0）開始，每隔一個元素的所有元素的背景）：

```
$('ul>li').filter(':even').css('background', 'cyan')
```

 別忘了，當你在 jQuery 選擇式中使用索引時，第一個元素是零號元素。因此，舉例來說，當你使用 :even 選擇器時，你會選到 1、3、5 等元素（而不是 2、4、6……）。

你可以使用 not 方法來排除一或多個元素，例如（沒有 new 這個 ID 的元素會被改成藍色）：

```
$('ul>li').not('#new').css('color', 'blue')
```

你也可以根據元素的後代元素來選擇它。例如，如果你只想選擇後代元素有 <ol> 元素的元素，你可以使用這個陳述式，為符合的元素劃上一條線：

```
$('ul>li').has('ol').css('text-decoration', 'line-through')
```

範例 22-23 將以上的說明整合在一起，更改一個無序清單的外觀，其中一個元素也含有一個有序清單：

範例 22-23 遍歷 jQuery 選取的元素

```
<!DOCTYPE html>
<html>
  <head>
    <title>Selection Traversal</title>
```

```
      <script src='jquery-3.5.1.min.js'></script>
    </head>
    <body>
      <ul>
        <li>Item 1</li>
        <li>Item 2</li>
        <li id='new'>Item 3</li>
        <li>Item 4
          <ol type='a'>
            <li>Item 4a</li>
            <li>Item 4b</li>
          </ol></li>
        <li>Item 5</li>
      </ul>
      <script>
        $('ul>li').first()        .css('text-decoration', 'underline')
        $('ul>li').last()         .css('font-style',       'italic')
        $('ul>li').eq(1)          .css('font-weight',      'bold')
        $('ul>li').filter(':even').css('background',       'cyan')
        $('ul>li').not('#new')    .css('color',            'blue')
        $('ul>li').has('ol')      .css('text-decoration', 'line-through')
      </script>
    </body>
</html>
```

你可以從圖 22-21 看到,在每一個清單裡面的每一個元素,都被一或多個 jQuery 陳述式更改外觀。

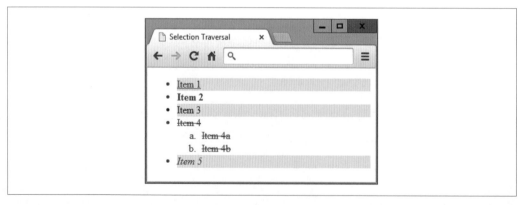

圖 22-21 用 jQuery 選擇式來個別處理元素

is 方法

你也可以使用 is 方法來要求 jQuery 選擇器回傳布林值，讓你可以在一般的 JavaScript 中使用。與之前的內容介紹過的 jQuery 篩選方法不同的是，這個函式不會建立一個新的 jQuery 物件，所以你無法在它的後面附加其他的方法，或是做進一步的篩選，它只會回傳 true 或 false，所以這個方法最適合在條件陳述式中使用。

範例 22-24 在按鈕的事件處理程式中，將 is 方法附加到 parent 呼叫式。如果有任何按鈕被按下，處理程式就會執行，且 is 方法會在你詢問父元素是不是 <div> 時，回傳 true 或 false 值（圖 22-22）。

範例 22-24 用 is 來回報父元素

```
<!DOCTYPE html>
<html>
  <head>
    <title>Using is</title>
    <script src='jquery-3.5.1.min.js'></script>
  </head>
  <body>
    <div><button>Button in a div</button></div>
    <div><button>Button in a div</button></div>
    <span><button>Button in a span</button></span>
    <div><button>Button in a div</button></div>
    <span><button>Button in a span</button></span>
    <p id='info'></p>
    <script>
      $('button').click(function()
      {
        var elem = ''

        if ($(this).parent().is('div')) elem = 'div'
        else                            elem = 'span'

        $('#info').html('You clicked a ' + elem)
      })
    </script>
  </body>
</html>
```

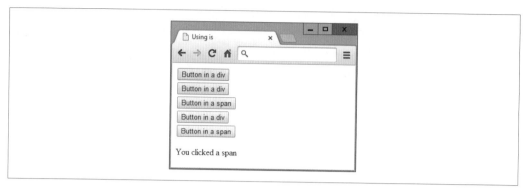

圖 22-22　使用 is 方法來回報父元素

在不使用選擇器的情況下，使用 jQuery

jQuery 有兩個方法是為了與標準的 JavaScript 物件一起使用而設計的，用起來簡單很多，它們是 $.each 與 $.map，兩者很相似，但仍有些微的不同。

$.each 方法

當你迭代陣列或類似陣列的物件時，你可以使用 $.each 來附加一個在每次迭代時呼叫的函式。範例 22-25 有一個包含寵物名字與品種的陣列（稱為 pets），我們想從中取出另一個只包含 guinea pig（天竺鼠）名字的陣列（稱為 guineapigs）。

範例 22-25 呼叫 $.each 方法

```
<!DOCTYPE html>
<html>
  <head>
    <title>Using each</title>
    <script src='jquery-3.5.1.min.js'></script>
  </head>
  <body>
    <div id='info'></div>
    <script>
      pets =
      {
        Scratchy : 'Guinea Pig',
        Squeaky  : 'Guinea Pig',
        Fluffy   : 'Rabbit',
```

```
      Thumper   : 'Rabbit',
      Snoopy    : 'Dog',
      Tiddles   : 'Cat'
    }

    guineapigs = []

    $.each(pets, function(name, type)
    {
      if (type == 'Guinea Pig') guineapigs.push(name)
    })

    $('#info').html('The guinea pig names are: ' + guineapigs.join(' & '))
  </script>
 </body>
</html>
```

這個範例將一個陣列以及一個用來處理陣列的匿名函式一起傳給 $.each 方法。匿名函式接收兩個引數：陣列的索引（name），以及各個元素的內容（稱為 type）。

我們檢查 type 的值是不是 Guinea Pig，若是，將 name 的值放入 guineapigs 陣列。完成後，我們將 guineapigs 的內容寫入 ID 為 info 的 <div> 元素並將它們顯示出來。我們用 JavaScript join 方法與 & 分隔符號來分開陣列中的項目。在瀏覽器載入這個範例會顯示文字「The guinea pig names are: Scratchy & Squeeky」。

$.map 方法

另一種做法是使用 $.map 方法，它會將你的函式回傳的所有值放入一個陣列並回傳，讓你不必像上一個範例一樣先建立一個陣列。你可以將 $.map 回傳的陣列指派給一個變數，來同時建立與填寫陣列，例如（最終的結果是相同的，但使用的程式較少）：

```
    guineapigs = $.map(pets, function(type, name)
    {
      if (type == 'Guinea Pig') return name
    })
```

 當你交替使用 $.each 與 $.map 方法時請小心，$.each 按照索引，值的順序來將引數傳給函式，但 $.map 的順序是值，索引。這就是我們在上面的 $.map 範例中對調兩個引數的原因。

使用非同步通訊

我曾經在第 18 章詳細說明，如何在瀏覽器的 JavaScript 與伺服器的 PHP 之間進行非同步通訊，我也提供了一些好用且精簡的函式來方便你簡化這個程序。

但是如果你已經載入 jQuery，喜歡的話，你也可以改用它的非同步功能，它的用法很相似，你也要先選擇發出 POST 或 GET 請求，再處理接下來的事情。

使用 POST 方法

範例 22-26 是範例 18-1 的 jQuery 等效版本（將 Amazon Mobile 網站載入 <div> 元素），但因為處理非同步通訊的程式都在 jQuery 程式庫裡面，所以這個範例簡短許多，它只需要呼叫一次 $.post 方法，傳入下面的三個項目：

- 伺服器端 PHP 程式的 URL

- 傳給那個 URL 的資料

- 處理回傳資料的匿名函式

範例 22-26 傳送 POST 非同步請求

```
<!DOCTYPE html>
<html> <!-- jqueryasyncpost.htm -->
  <head>
    <title>jQuery Asynchronous Post</title>
    <script src='jquery-3.5.1.min.js'></script>
  </head>
  <body style='text-align:center'>
    <h1>Loading a web page into a DIV</h1>
    <div id='info'>This sentence will be replaced</div>

    <script>
      $.post('urlpost.php', { url : 'amazon.com/gp/aw' }, function(data)
      {
        $('#info').html(data)
      } )
    </script>
  </body>
</html>
```

urlpost.php 程式與範例 18-2 一樣，因為這個範例可以和範例 18-1 互換使用。

使用 GET 方法

用 GET 方法來進行非同步通訊也很簡單，你只要使用下面的兩個引數即可：

- 伺服器端的 PHP 程式的 URL（包括一個查詢字串，裡面有你要傳給它的資料）

- 處理回傳資料的匿名函式

範例 22-27 是範例 18-3 的 jQuery 等效版本。

範例 22-27 傳送 GET 非同步請求

```
<!DOCTYPE html>
<html> <!-- jqueryasyncget.htm -->
  <head>
    <title>jQuery Asynchronous GET</title>
    <script src='jquery-3.5.1.min.js'></script>
  </head>
  <body style='text-align:center'>
    <h1>Loading a web page into a DIV</h1>
    <div id='info'>This sentence will be replaced</div>

    <script>
      $.get('urlget.php?url=amazon.com/gp/aw', function(data)
      {
        $('#info').html(data)
      } )
    </script>
  </body>
</html>
```

urlget.php 程式與範例 18-4 一樣，因為這個範例可以和範例 18-3 交換使用。

 別忘了，非同步通訊的安全限制規定你必須與提供主 web 文件的同一個伺服器進行通訊，你也必須使用 web 伺服器來進行非同步通訊，不能使用本機檔案系統。因此，最適合測試這些範例的地方是生產或開發伺服器，如第 2 章所述。

外掛程式

本章的篇幅只足夠討論 jQuery 程式庫，雖然它已經足以讓初學者完成很多工作了，但是總有一天你會發現你需要更多功能。值得慶幸的是，坊間還有許多其他的 jQuery 專案可以提供協助，現在有一系列的官方與第三方程式庫可以提供你想像得到的任何功能。

jQuery 使用者介面

首先是直接彌補 jQuery 不足的 jQuery 使用者介面外掛程式，稱為 jQuery UI（*http://jqueryui.com*）。它可以讓你在網頁中加入拖曳、放下、改變大小、排序等功能，產生其他的動畫與特效、動態顏色變換，以及更多的加 / 減速效果。它也提供大量 widget 來讓你建立選單與其他功能，例如收合式選單、按鈕、選擇器、進度列、滑桿、下拉式選單、選項卡、工具提示⋯⋯等。

如果你想要先看看 demo 再決定是否下載，你可以參考 jQuery UI Demos 網頁（*http://jqueryui.com/demos*）。

它的整個壓縮檔小於 400 KB，幾乎完全不限制你如何使用它（只採用非常寬鬆的 MIT 授權）。

其他的外掛程式

jQuery Plugin Registry（*http://plugins.jquery.com*）匯集了許多開發者提供的現成免費 jQuery 外掛程式，裡面有表單處理與驗證、投影片、響應式版面、圖像處理、其他的動畫效果及其他功能。

 如果你正在使用 jQuery 來針對行動瀏覽器進行開發，你可以研究一下 jQuery Mobile（見第 23 章），它提供了精密的、優化的觸控方式來操作各種類型的行動硬體與軟體，以提供最佳的使用者體驗。

本章花了你很長的時間，這些內容有的需要一本書才能談完，希望你可以發現 jQuery 的所有功能都很容易了解，它是一項容易學習與使用的工具。如果你需要任何其他資訊，可參考 jQuery 網站（*http://jquery.com*）。

問題

1. 我們通常用哪個符號來代表建立 jQuery 物件的工廠方法？另一種替代它的方法是什麼名稱？

2. 如何從 Google CDN 連接 jQuery 精簡版 3.2.1？

3. jQuery 工廠方法接受哪種引數型態？

4. 你可以使用哪一種 jQuery 方法來取得或設定 CSS 屬性值？

5. 如何以陳述式將一個方法附加到 ID 為 elem 的元素的按鍵動作（click）事件，讓元素慢慢地隱藏起來？

6. 為了讓元素產生動畫效果，你要修改哪個元素屬性？你可以使用哪些值？

7. 如何讓許多方法同時執行（或在產生動畫時，依序執行）？

8. 如何從 jQuery 選取的物件中取出一個元素節點物件？

9. 寫出一個陳述式來將 ID 為 news 的元素的上一個同代元素設為粗體。

10. 哪一種方法可以發出 jQuery 非同步 GET 請求？

解答請參考第 780 頁附錄 A 的「第 22 章解答」。

jQuery Mobile 簡介

正如第 22 章所討論的那樣，現在你已經知道 jQuery 具備強大的功能，並且能為你節省許多時間了，我想你將很開心地發現，jQuery Mobile 程式庫還可以幫你做更多事情。

jQuery Mobile 是為了補充 jQuery 而設計的，它要求你在網頁中同時 include jQuery 與 jQuery Mobile（以及你需要的 CSS 檔案和圖像），以便在手機和其他行動設備上，讓網頁具備完整的互動體驗。

jQuery Mobile 程式庫可讓你使用一種稱為漸進增強（*progressive enhancement*）的技術（先正確地顯示基本的瀏覽器功能，當瀏覽器提供更多功能時，再加入越來越多功能）。它也具備所謂的響應式 *web* 設計（*responsive web design*）（網頁可在各種設備與視窗或螢幕大小中正確地顯示）。

本章的重點不是教你 jQuery Mobile 的所有事項（這些知識本身可能需要用一本書來說明！），而是希望提供足夠的資訊，讓你能夠將一組不太大的網頁重新建構成一個連貫、快速、美觀的 web app，使它具備現代觸控設備都具備的頁面滑動與其他變換，以及較大且較易用的圖示、輸入欄位與其他增強的輸入與導覽機制。

為此，我只會介紹 jQuery Mobile 的幾種主要功能，告訴你一個簡潔、可行的解決方案，在桌機和行動平台上都能良好運行。在過程中，我會指出將網頁改成行動網頁時可能遇到的陷阱，以及如何避免它們。只要你掌握了 jQuery Mobile 的用法，你將發現，閱讀網路文件來尋找你需要的功能是一件簡單的事情。

除了漸進增強 HTML 的顯示方式之外，jQuery Mobile 也可以根據瀏覽器的功能、文件所使用的標籤和一組自訂資料屬性，來漸進增強一般的 HTML 標記。有些元素可以在不需要用到任何資料屬性的情況下自動增強（例如 select 元素可以自動升級為選單（menu）），有些元素需要資料屬性才能增強。你可以參考 API 文件來了解 jQuery Mobile 支援的完整資料屬性清單（*http://api.jquerymobile.com/data-attribute*）。

加入 jQuery Mobile

將 jQuery Mobile 加入（include）網頁的方式有兩種。第一種，你可以前往下載網頁（*http://jquerymobile.com/download*），選擇你要使用的版本，將檔案下載到你的 web 伺服器（包括程式庫附屬的樣式表與圖像），並且在那裡使用它們。

例如，如果你已經下載 jQuery Mobile 1.4.5（我行文至此時的版本）與它的 CSS 檔案到伺服器的主目錄了，你可以在網頁中 include 它們以及搭配它們的 jQuery JavaScript，在我行文至此時，它必須是 2.2.4 版。jQuery mobile 已經有一段時間沒有更新了，這讓我不禁懷疑，會不會有其他的技術很快就會超越它：

```
<link href="http://myserver.com/jquery.mobile-1.4.5.min.css" rel="stylesheet">
<script src='http://myserver.com/jquery-2.2.4.min.js'></script>
<script src='http://myserver.com/jquery.mobile-1.4.5.min.js'></script>
```

或者，與 jQuery 一樣，你可以利用免費的 CDN，直接連接你需要的版本。你可以選擇三種主要的 CDN 之一（Max CDN、Google CDN 與 Microsoft CDN），並且用下面的方式，從它們那裡取得你需要的檔案：

```
<!-- Retrieving jQuery & Mobile via Max CDN -->
<link rel="stylesheet"
  href="http://code.jquery.com/mobile/1.4.5/jquery.mobile-1.4.5.min.css">
<script src="http://code.jquery.com/jquery-2.2.4.min.js"></script>
<script src="http://code.jquery.com/mobile/1.4.5/jquery.mobile-1.4.5.min.js">
</script>
<!-- Retrieving jQuery & Mobile via Google CDN -->
<link rel="stylesheet" href=
  "http://ajax.googleapis.com/ajax/libs/jquerymobile/1.4.5/jquery.mobile.min.css">
<script src=
"http://ajax.googleapis.com/ajax/libs/jquery/2.2.4/jquery.min.js"></script>
<script src=
"http://ajax.googleapis.com/ajax/libs/jquerymobile/1.4.5/jquery.mobile.min.js">
</script>
```

```
<!-- Retrieving jQuery & Mobile via Microsoft CDN -->
<link rel="stylesheet" href=
  "http://ajax.aspnetcdn.com/ajax/jquery.mobile/1.4.5/jquery.mobile-1.4.5.min.css">
<script src=
"http://ajax.aspnetcdn.com/ajax/jQuery/jquery-2.2.4.min.js"></script>
<script src=
"http://ajax.aspnetcdn.com/ajax/jquery.mobile/1.4.5/jquery.mobile-1.4.5.min.js">
</script>
```

你可以在網頁的 <head> 區域中放入一組以上的陳述式。

為了讓你在離線狀態下使用這些範例，我已經下載所有必要的 jQuery 檔
案，並將它們加入範例壓縮檔了，你可以從 GitHub 免費下載它（*https://
github.com/RobinNixon/lpmj6*）。因此，在所有範例裡，檔案都在本地。

開工

我們用範例 23-1，透過 jQuery Mobile 網頁的外觀來深入了解它，它很簡單，快速地瀏
覽它可以幫助你理解本章的其餘內容。

範例 23-1 jQuery Mobile 單頁模板

```
<!DOCTYPE html>
<html>
  <head>
    <meta charset="utf-8">
    <meta name="viewport" content="width=device-width, initial-scale=1">
    <title>Single page template</title>
    <link rel="stylesheet" href="jquery.mobile-1.4.5.min.css">
    <script src="jquery-2.2.4.min.js"></script>
    <script src="jquery.mobile-1.4.5.min.js"></script>
  </head>
  <body>
    <div data-role="page">
      <div data-role="header">
        <h1>Single page</h1>
      </div>
      <div data-role="content">
        <p>This is a single page boilerplate template</p>
      </div>
      <div data-role="footer">
        <h4>Footer content</h4>
```

```
      </div>
    </div>
  </body>
</html>
```

範例的開頭是一些意料中的 HTML5 標準元素，第一個不尋常的項目出現在 <head> 段落裡面，也就是在 <meta> 標籤內設定 viewport 的部分。你要在所有的網頁中加入這個標籤，因為大多數的使用者都會在行動設備上瀏覽網頁。

這一行程式要求行動瀏覽器將文件的寬度設成瀏覽器的寬度，並且在一開始不要放大或縮小文件。圖 23-1 是在瀏覽器中，讓它高度大於寬度時的樣子。

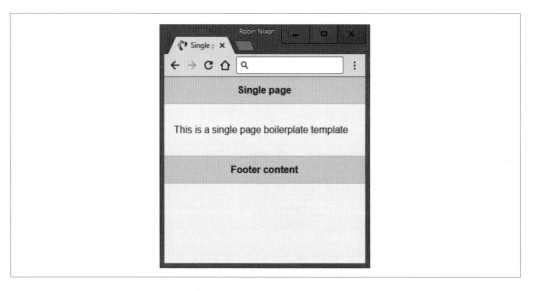

圖 23-1 顯示 jQuery Mobile 單頁模板

指定網頁標題之後，我們載入 jQuery Mobile 的 CSS，然後載入 jQuery 2.2.4 程式庫與 jQuery Mobile 1.4.5 程式庫。正如第 584 頁的「加入 jQuery Mobile」所述，它們都可以從 CDN 下載，如果你選擇這麼做的話。

 本章的範例有一個 *images* 資料夾，裡面有 CSS 使用的所有圖示與其他圖像。如果你使用 CDN 來下載 CSS 與 JavaScript 程式庫檔案，你不需要在自己的專案中 include 這個資料夾，而是要改用 CDN 本身的 *images* 資料夾。

接下來是 <body> 區域，你可以發現，我們將主網頁放在 <div> 元素裡面，它有一個 jQuery Mobile 的 data-role 屬性，其值為 page，主網頁還有三個 <div> 元素，它們分別是網頁的標題、內容與頁腳，每一個元素都有對應的 data-role 屬性。

這就是 jQuery Mobile 網頁的基本結構。在連接別的網頁時，我們會用非同步通訊來將新網頁載入並加入 DOM。載入新網頁之後，你可以用各種方式讓網頁出現在畫面上，包括立即替換、淡入、溶解效果（dissolve）、滑入……等。

因為我們使用非同步的方式來載入網頁，你一定要在 web 伺服器測試 jQuery Mobile 程式，而不是在本地檔案系統，因為 web 伺服器知道如何處理網頁非同步載入，這是正確進行通訊的必要條件。只要你使用 localhost:// 或 http://127.0.0.1/ 來存取檔案，AMPPS 系統就可以做這件事了。

連結網頁

藉由 jQuery Mobile，你可以用一般的方式連結網頁，它會自動以非同步的方式（可以的話）處理這些網頁請求，以確保你選擇的變換將會執行。

這可以讓你將注意力放在建立網頁上面，將美化網頁和快速、專業地顯示網頁的工作交給 jQuery Mobile。

為了產生動態的網頁變換效果，我們要用非同步的方式來載入所有的外部網頁連結，jQuery Mobile 的做法是將所有的 <a href...> 連結轉換成非同步通訊（也稱為 Ajax）請求，然後在發出請求時，顯示一個載入動畫。顯然，這只適用於內部網頁連結。

當你按下連結時，jQuery Mobile 會透過「攔劫」按鍵動作來實現網頁變換，其做法是讀取 event.preventDefault 事件，然後提供它的特殊 jQuery Mobile 碼。

如果請求成功執行，jQuery Mobile 會將新網頁的內容加入 DOM，並使用預設的網頁變換，或是你選擇的變換效果，以動態方式將新網頁顯示在畫面上。

如果非同步請求失敗，jQuery Mobile 會短暫顯示一個不顯眼的小型錯誤訊息來提醒你，但它不會干擾瀏覽流程。

非同步連結

指向其他網域，或具有 rel="external"、data-ajax="false" 或 target 屬性的連結會被同步載入，所以整個畫面都會被同時更新，不會出現動態變換效果。

rel="external" 與 data-ajax="false" 有相同的效果，但前者的目的是連接其他的網站或網域，後者可以避免任何網頁被非同步載入。

出於安全限制，jQuery Mobile 會同步地載入所有外部網域。

當你使用 HTML 檔案上傳功能時，你必須停用非同步網頁載入，因為這種抓取網頁的方式與 jQuery Mobile 接收上傳檔案的功能互相衝突。在這種特殊情況下，最好的辦法是在 <form> 元素裡面放入 dataajax="false" 屬性，例如：

```
<form data-ajax='false' method='post'
  action='dest_file' enctype='multipart/form-data'>
```

在多網頁文件裡面的連結

一個 HTML 文件可能含有一或多個網頁。如果它有多個網頁，你要堆疊多個 <div> 元素，並將它們的 data-role 設為 page。這可讓你在單一 HTML 文件中建立一個小型的網站或 app；當網頁被載入時，jQuery Mobile 會直接顯示它在原始碼中找到的第一個網頁。

如果在多網頁文件中，有一個連結指向錨點（例如 #page2），框架會尋找 data-role 屬性被設為 page，而且 id="page2" 的 <div>，找到它之後，將新網頁變換到畫面內。

使用者可以在 jQuery Mobile 內無縫地瀏覽各種網頁（無論是內部的、本地的，還是外部的）。對最終使用者來說，所有網頁看起來都是一樣的，只不過瀏覽器載入外部網頁時會顯示 Ajax 進度環，但是為了保留所有的 jQuery Mobile 功能，被載入的外部網頁將取代當前的網頁，而不是被插入 DOM 的內部網頁。無論如何，jQuery Mobile 都會更新網頁的 URL hash，來支援 Back 按鈕。這也意味著，你可以用搜尋引擎來檢索 jQuery Mobile 網頁，它不會被封在本地 app 中的某處。

當你從一個非同步載入的行動網頁連接到一個包含多個內部網頁的網頁時，你必須在連結加入 rel="external" 或 data-ajax="false"，以強制重新載入整個網頁，清除 URL 中的非同步井字號。非同步網頁使用井字號（#）來追蹤它們的歷史紀錄，但是多內部網頁（multiple internal pages）使用這個符號來代表內部網頁。

網頁變換

只要你使用非同步瀏覽（這是預設情況），jQuery Mobile 就可以藉著使用 CSS 變換來對任何網頁連結或表單提交（form submission）套用特效。

你可以在 <a> 或 <form> 標籤裡面使用 data-transition 屬性來使用變換特效：

    <a data-transition="slide" href="destination.html">Click me</a>

這個屬性可以設為 fade（從 1.1 版以後的預設值）、pop、flip、turn、flow、slidefade、slide（在 1.1 版之前的預設值）、slideup、slidedown 與 none。

例如，slide 值會讓新網頁從右邊滑入，同時讓當前的網頁往左邊滑出。你可以從值的名稱看出它們的效果。

將新網頁顯示成對話方塊

你可以使用 data-rel 屬性並將它設為 dialog 值來將新網頁顯示成對話方塊，例如：

    <a data-rel="dialog" href="dialog.html">Open dialog</a>

範例 23-2 展示如何對網頁的載入與對話方塊套用各種網頁變換，它是從本地端載入 jQuery 程式庫，而不是透過 CDN。它是以一個雙欄表格組成的，用第一欄來載入對話方塊，用另一欄來載入新網頁。它列出每一種可用的變換。為了將連結顯示成按鈕，我讓各個連結使用 data-role 屬性，並將它的值設為 button（第 594 頁的「設定按鈕的樣式」會介紹按鈕）。

範例 23-2 jQuery Mobile 網頁變換

```html
<!DOCTYPE html>
<html>
  <head>
    <meta charset="utf-8">
    <meta name="viewport" content="width=device-width, initial-scale=1">
    <title>Page Transitions</title>
    <link rel="stylesheet" href="jquery.mobile-1.4.5.min.css">
    <script src="jquery-2.2.4.min.js"></script>
    <script src="jquery.mobile-1.4.5.min.js"></script>
  </head>
  <body>
    <div data-role="page">
      <div data-role="header">
        <h1>jQuery Mobile Page Transitions</h1>
      </div>
      <div data-role="content"><table>
        <tr><th><h3>fade</h3></th>
          <td><a href="page-template.html" data-rel="dialog"
          data-transition="fade" data-role='button'>dialog</a></td>
          <td><a href="page-template.html" data-transition="fade"
          data-role='button'>page</a></td>
        </tr><tr><th><h3>pop</h3></th>
          <td><a href="page-template.html" data-rel="dialog"
          data-transition="pop" data-role='button'>dialog</a></td>
          <td><a href="page-template.html" data-transition="pop"
          data-role='button'>page</a></td>
        </tr><tr><th><h3>flip</h3></th>
          <td><a href="page-template.html" data-rel="dialog"
          data-transition="flip" data-role='button'>dialog</a></td>
          <td><a href="page-template.html" data-transition="flip"
          data-role='button'>page</a></td>
        </tr><tr><th><h3>turn</h3></th>
          <td><a href="page-template.html" data-rel="dialog"
          data-transition="turn" data-role='button'>dialog</a></td>
          <td><a href="page-template.html" data-transition="turn"
          data-role='button'>page</a></td>
        </tr><tr><th><h3>flow</h3></th>
          <td><a href="page-template.html" data-rel="dialog"
          data-transition="flow" data-role='button'>dialog</a></td>
          <td><a href="page-template.html" data-transition="flow"
          data-role='button'>page</a></td>
        </tr><tr><th><h3>slidefade</h3></th>
          <td><a href="page-template.html" data-rel="dialog"
```

```
                data-transition="slidefade" data-role='button'>dialog</a></td>
          <td><a href="page-template.html" data-transition="slidefade"
            data-role='button'>page</a></td>
      </tr><tr><th><h3>slide</h3></th>
          <td><a href="page-template.html" data-rel="dialog"
            data-transition="slide" data-role='button'>dialog</a></td>
          <td><a href="page-template.html" data-transition="slide"
            data-role='button'>page</a></td>
      </tr><tr><th><h3>slideup</h3></th>
          <td><a href="page-template.html" data-rel="dialog"
            data-transition="slideup" data-role='button'>dialog</a></td>
          <td><a href="page-template.html" data-transition="slideup"
            data-role='button'>page</a></td>
      </tr><tr><th><h3>slidedown</h3></th>
          <td><a href="page-template.html" data-rel="dialog"
            data-transition="slidedown" data-role='button'>dialog</a></td>
          <td><a href="page-template.html" data-transition="slidedown"
            data-role='button'>page</a></td>
      </tr><tr><th><h3>none</h3></th>
          <td><a href="page-template.html" data-rel="dialog"
            data-transition="none" data-role='button'>dialog</a></td>
          <td><a href="page-template.html" data-transition="none"
            data-role='button'>page</a></td></tr></table>
      </div>
      <div data-role="footer">
        <h4><a href="http://tinyurl.com/jqm-trans">Official Demo</a></h4>
      </div>
    </div>
  </body>
</html>
```

圖 23-2 是在瀏覽器中載入這個範例（存為 *pagetemplate.html*）的結果，圖 23-3 則是 flip
變換的情形。順道一提，你只要按下範例頁腳的連結（*http://demos.jquerymobile.com/
1.4.4/transitions*）就可以前往官方的 demo 網站，在那裡更仔細地探索這些特效。

圖 23-2 對網頁與對話方塊套用變換

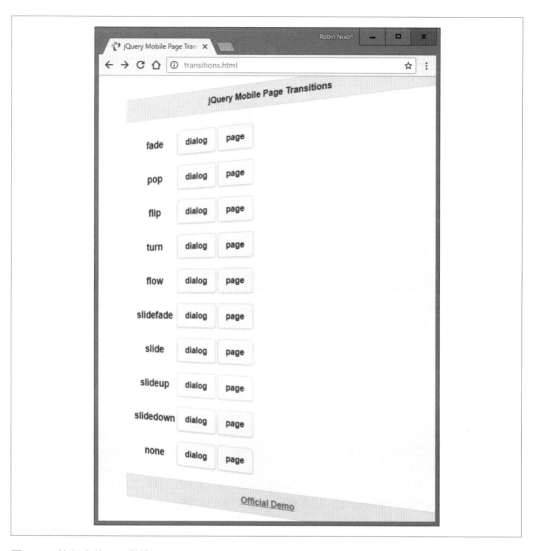

圖 23-3 執行中的 flip 變換

設定按鈕的樣式

只要將元素的 data-role 屬性設成 button 值，你就可以將連結顯示成按鈕，不需要自行撰寫 CSS，例如：

```
<a data-role="button" href="news.html">Latest news</a>
```

你可以讓這種按鈕與視窗一樣寬（預設值），和 <div> 元素一樣，也可以在行內顯示，和 <span> 元素一樣。將 data-inline 屬性設成 true 即可在行內顯示按鈕：

```
<a data-role="button" data-inline="true" href="news.html">Latest news</a>
```

無論你將連結做成按鈕，還是使用表單的按鈕，你都可以選擇圓角（預設）或直角，也可以讓它有陰影（預設）或無陰影。將 data-corners 與 data-shadow 屬性設為 false 值可分別關閉這些功能：

```
<a data-role="button" data-inline="true" data-corners="false"
   data-shadow="false" href="news.html">Latest news</a>
```

你也可以使用 data-icon 屬性在按鈕中加入圖示：

```
<a data-role="button" data-inline="true" data-icon="home"
href="home.html">Home page</a>
```

目前有超過 50 種現成的圖示可以使用。它們都是用一種強大的圖形語言，稱為 Scalable Vector Graphics（SVG）來建立的，所以在 Retina 螢幕上很漂亮，當它們遇到不支援 SVG 的設備時，可以降級成 PNG。你可以在圖示 demo 網站（*https://tinyurl.com/jqmicons*）查看有哪些可以使用。

在預設情況下，圖示會被顯示在按鈕文字的左邊，但是你也可以將 data-iconpos 屬性設成 right、top、bottom 與 notext，來將圖示放在文字的右邊、上面或下面或移除文字：

```
<a data-role="button" data-inline="true" data-icon="home"
   data-iconpos="right" href="home.html">Home page</a>
```

如果你不顯示任何按鈕文字，在預設情況下，圖示是圓角的。

最後，你可以將 data-mini 屬性設成 true 來顯示較小的按鈕（包含按鈕文字），例如：

```
<a data-role="button" data-inline="true" data-icon="home"
   data-mini="true" href="home.html">Home page</a>
```

範例 23-3 以各種按鈕樣式來建立按鈕（為了節省篇幅，我們省略 href 屬性），圖 23-4
是執行結果。

範例 23-3　各種按鈕元素

```
<a data-role="button">Default</a>
<a data-role="button" data-inline="true">In-line</a>
<a data-role="button" data-inline="true"
                      data-corners="false">Squared corners</a>
<a data-role="button" data-inline="true"
                      data-shadow="false">Unshadowed</a>
<a data-role="button" data-inline="true" data-corners="false"
                      data-shadow="false">Both</a><br>
<a data-role="button" data-inline="true"
                      data-icon="home">Left icon</a>
<a data-role="button" data-inline="true" data-icon="home"
                      data-iconpos="right">Right icon</a>
<a data-role="button" data-inline="true" data-icon="home"
                      data-iconpos="top">Top icon</a>
<a data-role="button" data-inline="true" data-icon="home"
                      data-iconpos="bottom">Bottom icon</a><br>
<a data-role="button" data-mini="true">Default Mini</a>
```

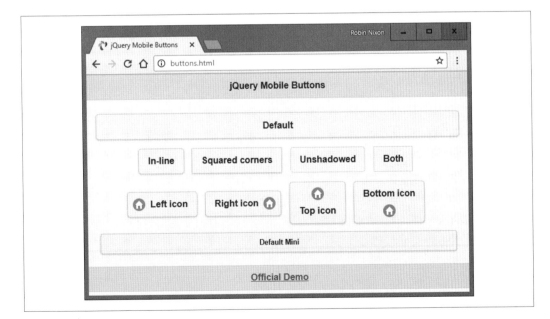

圖 23-4　各種按鈕樣式

你可以使用的按鈕樣式還有很多種，你可以到 Buttons demo 網頁參考所有細節（*https://tinyurl.com/jqmbuttons*）。不過就目前而言，以上的介紹已對你大有助益。

處理清單

jQuery Mobile 提供各種方便的功能來協助你處理清單，你可以將 <ul> 或 <ol> 元素的 data-role 屬性設成 listview 來使用它們。

例如，你可以這樣建立一個簡單的無序清單：

```
<ul data-role="listview">
  <li>Broccoli</li>
  <li>Carrots</li>
  <li>Lettuce</li>
</ul>
```

若要建立有序清單，你只要將 <ul> 的開始與結束標籤換成 <ol> 就可以讓清單顯示編號了。

清單內的所有連結都會自動獲得一個箭頭圖示，並且被顯示成按鈕。你也可以將 data-inset 屬性設成 true 來將清單內插，讓它與網頁的其他內容混合。

範例 23-4 是這些功能的運作方式，圖 23-5 是它們的外觀。

範例 23-4 一些清單

```
<ul data-role="listview">
  <li>An</li>
  <li>Unordered</li>
  <li>List</li>
</ul><br><br>

<ol data-role="listview">
  <li>An</li>
  <li>Ordered</li>
  <li>List</li>
</ol><br>

<ul data-role="listview" data-inset="true">
  <li>An</li>
  <li>Inset Unordered</li>
```

```
  <li>List</li>
</ul>

<ul data-role="listview" data-inset="true">
  <li><a href='#'>An</a></li>
  <li><a href='#'>Inset Unordered</a></li>
  <li><a href='#'>Linked List</a></li>
</ul>
```

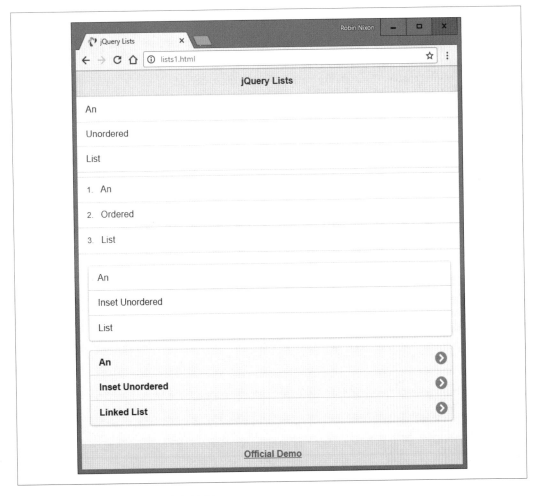

圖 23-5 有序 / 無序的普通 / 內插清單

可篩選的清單

你可以將清單的 data-filter 屬性設成 true 來讓它變成可篩選的,這個屬性會在清單的上面顯示一個搜尋方塊,當使用者在裡面輸入文字時,它會在畫面上自動移除不符合搜尋文字的清單元素。你也可以將 data-filter-reveal 設成 true,讓清單欄位在使用者至少輸入一個字元時才開始顯示,而且只顯示符合輸入文字的欄位。

範例 23-5 是這兩種篩選清單的用法,兩者的差異只是後者加入 data-filterreveal="true"。

範例 23-5 使用 *filter* 與 *filter-reveal* 的清單

```
<ul data-role="listview" data-filter="true"
    data-filter-placeholder="Search big cats..." data-inset="true">
  <li>Cheetah</li>
  <li>Cougar</li>
  <li>Jaguar</li>
  <li>Leopard</li>
  <li>Lion</li>
  <li>Snow Leopard</li>
  <li>Tiger</li>
</ul>

<ul data-role="listview" data-filter="true" data-filter-reveal="true"
    data-filter-placeholder="Search big cats..." data-inset="true">
  <li>Cheetah</li>
  <li>Cougar</li>
  <li>Jaguar</li>
  <li>Leopard</li>
  <li>Lion</li>
  <li>Snow Leopard</li>
  <li>Tiger</li>
</ul>
```

注意,我們使用 data-filter-placeholder 屬性,在輸入欄位沒有文字時,提供提示給使用者。

在圖 23-6 中,第一個清單的篩選欄位有一個字母,所以當時只顯示含有 a 的欄位,但第二個清單不顯示任何欄位,因為篩選欄位還沒有任何文字。

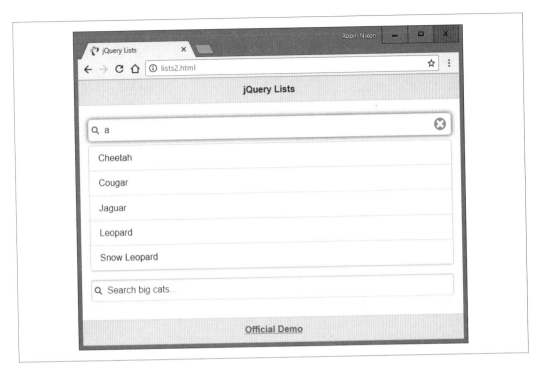

圖 23-6 顯示 filter 與 filter-reveal 清單

清單分隔效果

為了改善清單的畫面，你也可以在它們之間手動或自動加入分隔效果。手動建立清單分隔效果的做法是將清單元素的 `data-role` 屬性設成 `list-divider` 值，如範例 23-6 所示，圖 23-7 它的效果。

範例 23-6 手動清單分隔效果

```
<ul data-role="listview" data-inset="true">
  <li data-role="list-divider">Big Cats</li>
  <li>Cheetah</li>
  <li>Cougar</li>
  <li>Jaguar</li>
  <li>Lion</li>
  <li>Snow Leopard</li>
  <li data-role="list-divider">Big Dogs</li>
  <li>Bloodhound</li>
```

```
  <li>Doberman Pinscher</li>
  <li>Great Dane</li>
  <li>Mastiff</li>
  <li>Rottweiler</li>
</ul>
```

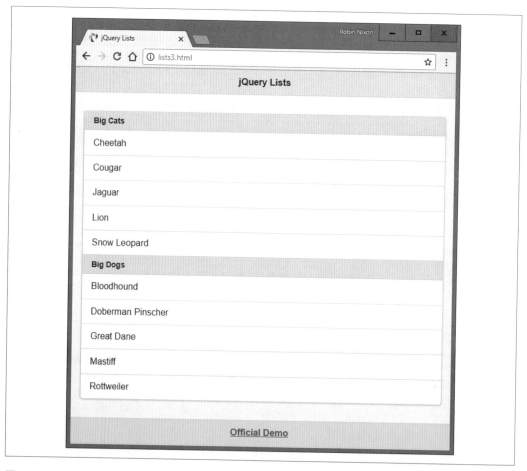

圖 23-7　按類別分隔清單

你也可以讓 jQuery Mobile 決定如何分隔，做法是將 data-autodividers 屬性設為 true，
如範例 23-7 所示，它會按照字母順序來分隔，圖 23-8 是它的效果。

```
<ul data-role="listview" data-inset="true" data-autodividers="true">
    <li>Cheetah</li>
    <li>Cougar</li>
    <li>Jaguar</li>
    <li>Leopard</li>
    <li>Lion</li>
    <li>Snow Leopard</li>
    <li>Tiger</li>
</ul>
```

圖 23-8 自動以字母順序分隔清單

如同按鈕（第 594 頁的「設定按鈕的樣式」），你也可以在連結清單（linked list）欄位中加入圖示，使用 data-icon 屬性以及代表圖示的值：

```
<li data-icon="gear"><a href="settings.html">Settings</a></li>
```

這個範例將連結清單預設的右角括號換成你選擇的圖示（在此是齒輪圖示）。

除了這些很棒的功能之外，你也可以在連結清單的欄位裡面加入圖示與縮圖，它們會調整為美觀的大小。關於具體的做法與其他的清單功能，請參考官方文件（*https://tinyurl.com/jqmlists*）。

接下來呢？

正如我在開頭時提到的，本章的目的是讓你快速地了解 jQuery Mobile，讓你可以輕鬆地將網站重新包裝成 web app，讓它在所有設備上（無論是桌機還是行動設備）都有漂亮的外觀。

為此，我只介紹了 jQuery Mobile 最棒的且最重要的功能，所以本章的內容只是它的皮毛而已，你可以做的不只這些。例如，你可以用很多方式來改善表單在行動設備上的性能。你可以建立響應式表格、可折疊的內容、呼叫快顯、設計自己的布景主題⋯⋯等。

 也許你想要了解如何結合 jQuery Mobile 與 Apache 的產品 Cordova（*https://cordova.apache.org*），來為 Android 和 iOS 建構獨立的 app。這件事沒那麼簡單，而且已經超出本書的範圍了，但是我已經為你完成大多數困難的工作了。

當你掌握本章的所有內容之後，如果你想要看看 jQuery Mobile 還可以為你做哪些事情，我建議你研究官方 demo 與文件，位於 *http://demos.jquerymobile.com*。

此外，第 29 章的社交網站 app 範例在接近現實世界的場景中使用本章的許多功能，可以讓你真正了解如何將網頁行動化。不過在那一章之前，讓我們先來看一下最流行、發展迅速的 JavaScript 框架，React。

問題

1. 舉出以 CDN 來將 jQuery Mobile 傳給 web 瀏覽器的幾個主要優點與一個缺點。

2. 你可以用哪個 HTML 來定義一頁 jQuery Mobile 內容？

3. 組成 jQuery 網頁的三個主要部分是什麼？如何表示它們？

4. 如何將多個 jQuery Mobile 網頁放入一個 HTML 文件內？

5. 如何避免以非同步的方式載入網頁？

6. 如何一個錨點的網頁變換設成 flip，而不是預設的 fade？

7. 如何在載入網頁時，讓它顯示成對話方塊，而不是一般網頁？

8. 如何將錨點連結顯示成按鈕？

9. 如何讓 jQuery Mobile 元素像 <span> 元素一樣在行內顯示，而不是像 <div> 一樣使用最大寬度？

10. 如何在按鈕中加入圖示？

解答請參考第 781 頁附錄 A 的「第 23 章解答」。

第 24 章

React 簡介

當你使用 JavaScript、HTML 與 CSS 來建構動態網站時，處理網站與 app 前端所需的程式有時既複雜且冗長，可能減緩開發速度，以及引入難以發現的 bug。

這就是為什麼要使用框架。當然，jQuery 從 2006 年以來一直在協助我們，因此絕大多數的生產網站都有安裝它，但是近年來，JavaScript 的範圍和彈性已經大幅成長，程式設計師不像以前那麼依賴 jQuery 之類的框架了。此外，技術會隨著時間的過去而不斷改善，現在已經有一些優秀的其他選項，例如 Angular，以及接下來要介紹的，我最喜歡的 React。

jQuery 旨在簡化 HTML DOM 樹的遍歷和操作，以及事件處理、CSS 動畫和 Ajax，但有些程式設計師認為它還不夠強大，例如 Google 的開發團隊，所以他們在 2010 年推出 Angular JS，它在 2016 年演變為 Angular。

Angular 使用組件階層作為它的主要架構特徵，而不是使用「scope」或控制器（像 Angular 那樣）。Google 龐大的 AdWords 平台正是使用 Angular 的技術，Forbes、Autodesk、Indiegogo、UPS 和其他平台也是如此，因此它確實非常強大。

另一方面，Facebook 有不同的願景，推出了 React（也稱為 React JS）作為開發單頁或行動 app 的框架，其基礎為 JSX（JavaScript XML 的縮寫）擴充。React Library（其開發始於 2012 年）可將一個網頁分成一個組件（component），簡化了 Facebook 廣告和其他功能所需的介面開發工作，如今在網路上已經有大量的平台使用它，例如 Dropbox、Cloudflare、Airbnb、Netflix、BBC、PayPal 和其他知名品牌。

顯然，Angular 與 React 都是用可靠的商業決策來驅動它們的創造和設計過程，而且都是為了處理流量極高的網頁而打造的，大眾認為 jQuery 在這個領域中無法提供開發者尋求的生命力。

因此，當今的程式設計師除了了解核心技術（JavaScript、HTML、CSS）、伺服器端語言（PHP 等）、資料庫（MySQL 等）之外，至少也要了解一點 jQuery，以及 Angular 或 React（或是兩者），有些其他的框架也有它們的支持者。

然而，出於易用性、不太陡的學習曲線，和整體的實作方式，以及 Google Trends 指出 React 是三種最受歡迎的框架之一（見圖 24-1），我認為讓你認識 React 比較重要。順道一提，不要將名稱相似的 ReactPHP 與 JavaScript 的 React 混為一談，它是完全獨立且無關的專案。

React 的賣點到底是什麼？

React 可讓開發者建立大型的 web app，讓 app 不需要重新載入網頁就可以輕鬆地處理和修改資料。它的存在理由主要是讓你高速、有延展性地、簡單地處理單頁 web 和行動 app。它也可以讓你建立可重複使用的 UI 組件（component），以及管理虛擬 DOM 以提高性能。你可以用 MVC（Model、View、Controller）來將應用程式分成三個組件，有人認為，React 可以當成 MVC 架構中的 V 來使用。

React 可以用最終狀態來描述介面，當介面上的互動跑到那個狀態時，React 可以為你更新 UI，所以開發者不需要透過各種方式來描述介面上的互動。因此，React 可以提升開發速度、減少 bug、提升程式的速度、可靠性和延展性。因為 React 是程式庫而不是框架，所以很容易學習，你只要掌握幾個函式，接下來就靠你的 JavaScript 技術了。

那麼，讓我們先來了解如何存取 React 檔案。

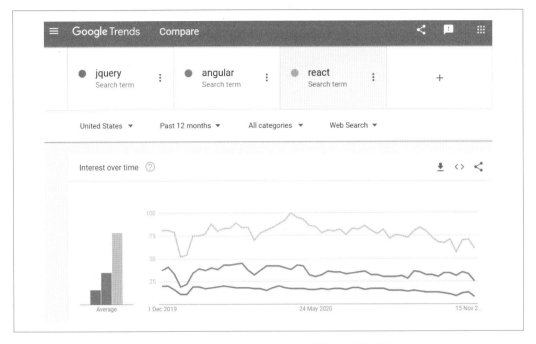

圖 24-1　jQuery、Angular 與 React 在 Google Trends 上的近年流行趨勢

 我認為 jQuery 很棒，但我也發現 React 非常容易使用，我認為 React 最終會取代 jQuery 成為主導框架，而且時間將會證明這一點，當然，我指的是處理 UI 方面，因為它確實豐富很多。但即使最終結果不是如此，學習 React 也可以讓你掌握一種功能強大的新工具，而且許多頂級公司都希望在履歷中看到它。但 Angular 也不容輕視。如果本書有足夠的篇幅，我也想介紹它，因為即使你不打算用它來開發，但為了維護既有的程式與進行偵錯，它也值得了解。你可以在 *https://angular.io* 學習它的一切（它也可以幫你的履歷增色不少）。

存取 React 檔案

如同 jQuery 與 Angular，React 是開放原始碼且完全免費的專案。同樣如同那些框架，網路上有許多服務免費提供最新（或任何）版本，所以使用它很簡單，只要在網頁中加入幾行額外的程式就可以了。

在介紹你可以用 React 來做什麼，以及如何使用它之前，下面是將它加入網頁的方法，它會從 *unpkg.com* 拉入檔案：

```
<script
  src="https://unpkg.com/react@17/umd/react.development.js">
</script>
<script
  src="https://unpkg.com/react-dom@17/umd/react-dom.development.js">
</script>
```

你應該將這幾行放在網頁的 <head>...</head> 段落內，讓它們比本文先載入。它們載入 React 與 React DOM 的開發版本，以協助你進行開發和偵錯。在生產網站上，你要將這些 URL 裡面的 development 換成 production，而且，為了提高傳輸速度，你甚至可以將 development 改為 production.min，以使用壓縮版的檔案，就像這樣：

```
<script
  src="https://unpkg.com/react@17/umd/react.production.min.js">
</script>
<script
  src="https://unpkg.com/react-dom@17/umd/react-dom.production.min.js">
</script>
```

為了方便存取，並讓程式盡量簡短，我將未壓縮的 development 檔案的最新版本（在行文至此時，它是 17 版）下載至本書範例的封存之中（在 GitHub 上（*https://github.com/RobinNixon/lpmj6*）），因此，我們在本機載入所有的範例：

```
<script src="react.development.js"></script>
<script src="react-dom.development.js"></script>
```

現在你的程式可以使用 React 了，下一步呢？嗯，雖然不是絕對必要，但接下來我們會拉入 Babel JSX extension，它可讓你直接在 JavaScript 中放入 XML 文字，讓你更輕鬆。

include babel.js

Babel JSX extension 可讓你在 JavaScript 裡面直接使用 XML（很像 HTML），讓你不必每次都要呼叫函式。此外，在安裝了 ECMAScript（JavaScript 的官方標準）6 之前的版本的瀏覽器中，Babel 會將它們升級，讓它們可處理 ES6 語法，一次提供兩個很棒的好處。

你同樣可以從 *unpkg.com* 伺服器拉入檔案：

```
<script src="https://unpkg.com/babel-standalone@6/babel.min.js"></script>
```

在開發或生產伺服器上，你只要要求最精簡的 Babel 程式版本即可。為了方便起見，我也將最新版本下載到範例檔的封存中，所以本書的範例在本地載入，例如：

```
<script src="babel.min.js"></script>
```

現在我們可以使用 React 檔案了，接下來我們要用它們來做一些事情。

 本章旨在教你 React 的基本使用知識，讓你了解它的工作方式和原因，並為你的 React 開發提供一個很好的起點。事實上，本章有些範例來自（或類似）reactjs.org 網站上的官方文件中的範例，因此，如果你想要更深入地學習 React，該網站是很好的開端。

我們的第一個 React 專案

在開始寫程式之前，我不打算教你 React 與 JSX 的知識，而是從另一個角度切入，直接用第一個 React 專案來展示它有多麼簡單。見範例 24-1，它會在瀏覽器中顯示「By Jeeves, it works!」。

範例 24-1 我們的第一個 React 專案

```
<!DOCTYPE html>
<html lang="en">
  <head>
    <meta charset="utf-8">
    <title>First React Project</title>

    <script src='react.development.js'    ></script>
    <script src='react-dom.development.js'></script>
    <script src="babel.min.js">           </script>

    <script type="text/babel">
      class One extends React.Component
      {
        render()
        {
          return <p>By Jeeves, it works!</p>
        }
      }

      ReactDOM.render(<One />, document.getElementById('div1'))
    </script>
```

```
    </head>
    <body>
      <div id="div1" style='font-family:monospace'></div>
    </body>
</html>
```

這是標準的 HTML5 文件，它先載入兩個 React 腳本與一個 Babel 腳本，再打開一個行內的腳本。注意，我們在 script 標籤中設定 type=text/babel，而不是設定 type=application/javascript 或完全不設定 type，讓瀏覽器允許 Babel 的 preprocessor 執行腳本，必要時加入 ES6 功能，並將它遇到的任何 XML 換成 JavaScript 函式呼叫式，完成之後，才將腳本的內容當成 JavaScript 來執行。

在腳本內，我們建立一個新類別 One，讓它 extend React.component 類別。在類別內，我們建立 render 方法，讓它回傳下面的 XML（不是字串）：

```
    <p>By Jeeves, it works!</p>
```

最後，我們在腳本內呼叫 One 類別的 render 函式，將文件的 body 內的唯一 <div> 元素的 ID 傳給它，該 ID 為 div1。這段程式的結果是將 XML 算繪至 div 內，讓瀏覽器自動更新和顯示內容，顯示：

By Jeeves, it works!

你馬上就會看到，在 JavaScript 裡面使用 XML 可讓程式寫起來更簡單且快整，也可讓程式更容易理解。如果沒有 JSX extension，你就要使用一系列的 JavaScript 函式呼叫式來做所有的事情。

 React 將小寫字母開頭的 component（組件）視為 DOM 標籤。因此，<div /> 代表 HTML <div> 標籤，但 <One /> 代表 component，並且在作用域裡面必須有 One，在上述範例中使用 one（小寫的 o）將無法執行，因為 component 必須以大寫開頭，引用它的程式也是如此。

使用函式，而非類別

喜歡的話，你可以使用函式，而不是將 render 放入類別，這也是越來越普遍的做法，如範例 24-2 所示。這樣做的主要理由是為了簡化、方便使用與快速開發。

範例 *24-2 使用函式，而不是使用類別*

```
<!DOCTYPE html>
<html lang="en">
  <head>
    <meta charset="utf-8">
    <title>First React Project</title>

    <script src='react.development.js'     ></script>
    <script src='react-dom.development.js'></script>
    <script src="babel.min.js">            </script>

    <script type="text/babel">
      function Two()
      {
        return <p>And this, by Jove!</p>
      }

      ReactDOM.render(<Two />, document.getElementById('div2'))
    </script>
  </head>
  <body>
    <div id="div2" style='font-family:monospace'></div>
  </body>
</html>
```

在瀏覽器裡面的結果是：

And this, by Jove!

 為了簡單起見，接下來的範例只展示 Babel 腳本的內容與文件的正文（body），如同它們都在 body 裡面一般（其工作方式完全相同），但本書的封存範例將是完整的。所以從現在開始，它們將長這樣：

```
<script type="text/babel">
  function Two()
  {
    return <p>And this, by Jove!</p>
  }

  ReactDOM.render(<Two />,
  document.getElementById('div2'))
</script>

<div id="div2"></div>
```

純的與不純的程式碼：黃金法則

當你撰寫一般的 JavaScript 函式時，你可以撰寫 React 所謂的純的（*pure*）或不純的（*impure*）程式。純的函式不會改變它的輸入，如下所示，它回傳一個用它的引數計算的值：

```
function mult(m1, m2)
{
  return m1 * m2
}
```

但是下面的函式是不純的，因為它修改引數，在 React 中，絕對不能這樣寫：

```
function assign(obj, val)
{
  obj.value = val
}
```

黃金法則，這意味著 React 組件必須像純函式一樣對待它們的 props，見第 613 頁的「props 與 components」。

同時使用類別與函式

當然，你也可以替換使用函式與類別（雖然它們之間有所不同，我會在第 614 頁的「使用類別與使用函式的差異」說明），見範例 24-3。

範例 *24-3 同時使用類別與函式*

```
<script type="text/babel">
  class One extends React.Component
  {
    render()
    {
      return <p>By Jeeves, it works!</p>
    }
  }

  function Two()
  {
    return <p>And this, by Jove!</p>
  }

  doRender(<One />, 'div1')
  doRender(<Two />, 'div2')
```

```
  function doRender(elem, dest)
  {
    ReactDOM.render(elem, document.getElementById(dest))
  }
</script>

<div id="div1" style="font-family:monospace"></div>
<div id="div2" style="font-family:monospace"></div>
```

我們在這裡使用一個名為 One 的類別，以及一個名為 Two 的函式，它們與前兩個範例一樣。但是這個範例仍然有一個差異，它建立了一個稱為 doRender 的新函式，大大地縮短了算繪 XML 區塊所需的呼叫寫法。執行這段程式會在瀏覽器顯示：

By Jeeves, it works!
And this, by Jove!

 接下來的程式除了省略 HTML 碼之外，也會省略 doRender 函式的程式碼，以避免不必要的重複。所以，當你在這些範例中看到呼叫 doRender 函式的地方時，別忘了，在本書封存的完整範例中，它不是內建的 React 函式，而是一個真實存在的函式。

props 與 components

為了讓你知道 React 所謂的 *props* 與 *components* 是什麼，我建立一個簡單的歡迎網頁，將一個名稱傳給腳本並顯示它。範例 24-4 是其中一種做法。components 可讓你將 UI 分成獨立的、可重複使用的部分，並單獨處理各個部分。它們類似 JavaScript 函式，可接收稱為 props 的任意輸入，並回傳 React 元素，React 元素描述了元素如何在瀏覽器中顯示。

範例 24-4 將 props 傳給函式

```
<script type="text/babel">
  function Welcome(props)
  {
    return <h1>Hello, {props.name}</h1>
  }

  doRender(<Welcome name='Robin' />, 'hello')
</script>

<div id="hello" style='font-family:monospace'></div>
```

在這個範例中，Welcome 函式接收一個 props 引數，props 的意思是 properties（屬性），在 JSX return 陳述式的大括號裡面，我們抓取 props 物件的 name 屬性：

```
return <h1>Hello, {props.name}</h1>
```

props 在 React 中是一個物件，接下來會介紹對它填入屬性的做法。

 大括號是將運算式嵌入 JSX 的手段。事實上，你可以將幾乎任何 JavaScript 運算式放入大括號，它將會被求值（除非它是無法求值的 for 與 if 陳述式）。

因此，在這個範例中，你可以將 props.name 換成 76 / 13 或 "decode". substr(-4)（會得到字串 "code"）。但是，這個例子從 props 物件取出 name 屬性並回傳它。

最後，我們將 Welcome 函式的名稱傳給 doRender 函式（別忘了，它是呼叫 ReactDOM. render 函式的簡寫），接著將它的 name 屬性設為字串值 'Robin'：

```
doRender(<Welcome name='Robin' />, 'hello')
```

接著，React 會呼叫 Welcome 函式（也稱為 *component*），將 {name: 'Robin'} 以 props 傳給它，Welcome 計算並回傳 <h1>Hello, Robin</h1>，我們將該結果算繪至稱為 hello 的 div 裡面，並且瀏覽器中顯示：

```
Hello, Robin
```

為了讓程式更簡潔，你也可以建立一個包含 XML 的元素來傳給 doRender：

```
const elem = <Welcome name='Robin' />
doRender(elem, 'hello')
```

使用類別與使用函式的差異

在 React 中，使用類別與使用函式最明顯的差異是語法。函式是簡單的 JavaScript（可能含有 JSX），它可以接收一個 props 引數，然後回傳一個 component 元素。

但是類別是從 React.Component 繼承的，你要用 render 方法來回傳 component。但是這些額外的程式碼是有好處的，因為（舉例）類別可讓你在 component 中使用 setState，讓你（舉例）使用計時器和其他有狀態的功能。在 React 中，函式稱為 *functional stateless components*（功能性無狀態組件）。此外，類別可讓你使用 React 所謂的 *life-cycle hooks and methods*（生命週期勾點與方法）。接下來的小節會介紹它們。

實質上，你可以在 React 中使用函式來完成幾乎所有事情。

React 狀態與生命週期

假如你想要在網頁上顯示滴答作響的時鐘（為了簡單起見，它是個普通的數位時鐘）。你很難用無狀態的程式來完成這個時鐘，但如果你讓程式保留它的狀態，你就可以讓時鐘計數器每秒更新一次，並以同樣的頻率更新畫面。此時就要使用 React 的類別而不是函式。讓我們來建構這個時鐘：

```
<script type="text/babel">
  class Clock extends React.Component
  {
    constructor(props)
    {
      super(props)
      this.state = {date: new Date()}
    }

    render()
    {
      return <span> {this.state.date.toLocaleTimeString()} </span>
    }
  }

  doRender(<Clock />, 'the_time')
</script>

<p style='font-family:monospace'>The time is: <span id="the_time"></span></p>
```

這段程式將 Date 函式回傳的結果指派給建構式的 this 物件的 state 屬性，this 就是 props。接下來，當你呼叫 render 函式時，JSX 內容就會被算繪出來，只要你將它算繪至同一個 DOM 節點裡面，你使用的類別實例就只有一個。

 有沒有看到我們在建構式開頭呼叫 super？將 props 傳給它可讓你在建構式裡面使用 this 關鍵字來引用 props，如果沒有呼叫 super 就不行。

但是，現在的程式只顯示一次時間就停止運行。因此，我們要寫一些中斷程式，來讓 date 屬性持續更新，做法是藉著使用 componentDidMount 來掛載（mount）一個計時器，在類別中加入一個**生命週期**（*life-cycle*）方法：

```
componentDidMount()
{
  this.timerID = setInterval(() => this.tick(), 1000)
}
```

此時工作還沒有完成，因為我們還要撰寫 tick 函式。先說明一下這一段程式：掛載（*mounting*）這個 React 術語代表「在 DOM 中加入節點」這個動作。如果 component 被成功掛載，類別的 componentDidMount 一定會被呼叫，所以這個地方很適合設定中斷，事實上，在這段程式中，我們將 this.timerID 設為 setInterval 函式回傳的 ID，並將 this.tick 方法傳給 setInterval，this.tick 每 1,000 毫秒會被呼叫一次（即每秒一次）。

在掛載計時器時，我們也必須提供卸載（*unmounted*）它的手段，以防止浪費中斷週期。在這個例子中，當 Clock 產生的 DOM 被移除時（也就是 component 被卸載時），我們用這個方法來停止中斷：

```
componentWillUnmount()
{
  clearInterval(this.timerID)
}
```

在此，當 DOM 被移除時，React 會呼叫 componentWillUnmount，因此，我們在此清除 this.timerID 內的間隔時間，然後將所有的時間段回傳給系統，因為清除間隔時間會立刻停止 tick 被呼叫。

最後一塊拼圖是每 1,000 毫秒呼叫一次，以中斷來驅動的程式，它在 tick 方法裡面：

```
tick()
{
  this.setState({date: new Date()})
}
```

我們呼叫 React setState 函式，來將 state 屬性裡面的值更新為 Date 函式回傳的最新結果，每秒一次。

讓我們將所有程式整合成範例 24-5。

範例 24-5 用 React 來建立時鐘

```
<script type="text/babel">
  class Clock extends React.Component
  {
    constructor(props)
    {
      super(props)
      this.state = {date: new Date()}
    }

    componentDidMount()
    {
      this.timerID = setInterval(() => this.tick(), 1000)
    }

    componentWillUnmount()
    {
      clearInterval(this.timerID)
    }

    tick()
    {
      this.setState({date: new Date()})
    }

    render()
    {
      return <span> {this.state.date.toLocaleTimeString()} </span>
    }
  }

  doRender(<Clock />, 'the_time')
}
</script>

<p style='font-family:monospace'>The time is: <span id="the_time"></span></p>
```

完成 Clock 類別建構式、開始與結束中斷的程式、一個使用中斷來更新 state 屬性的方法之後，我們的工作只剩下呼叫 doRender 來讓所有東西動起來，讓它們像鐘錶一樣順暢！其結果在瀏覽器中為：

The time is: 12:17:21

每次 setState 函式被呼叫時，螢幕的時鐘就會自動更新，因為這個函式會算繪 component，所以你不需要用自己處理這件事。

 在設定初始狀態之後，setState 是更新狀態的唯一合法手段，因為直接修改狀態不會算繪 component。別忘了，你只能在建構式裡面設定 this.state。React 可能會將多次的 setState 呼叫綁成一次更新。

使用 hook（如果你使用 Node.js）

如果你使用 Node.js（見 nodejs.org），你可以使用 hook（鉤點），而不需要仰賴這麼多類別。可直接在伺服器上面執行 JavaScript（與 React）的 Node.js 是一種開放原始碼伺服器環境，它是需要好幾章的篇幅才能完整說明的技術，但如果你已經在使用它，我想告訴你，你也可以使用 React 的新 hook。

hook 是 React 16.8 的新功能，可讓你不必使用類別即可操作狀態。hook 很容易使用，且 React 正在加入越來越多 hook。如果你想要研究它們，可參考網路上的資訊（*https://reactjs.org/docs/hooks-intro.html*）。

React 的事件

在 React 中，事件是用 camelCase 的命名的，而且你要使用 JSX 來將函式當成事件處理程式來傳遞，而不是字串。此外，React 事件的工作方式與原生的 JavaScript 事件不太一樣，因為處理程式接收的是包著瀏覽器原生事件 syntheticEvent 的跨瀏覽器包裝，這是因為 React 會將事件標準化，讓它們在不同的瀏覽器之間有一致的屬性。但是，當你需要處理瀏覽器事件時，你仍然可以使用 nativeEvent 屬性。

範例 24-6 用一個簡單的 onClick 事件來說明如何在 React 中使用事件，該事件會在按鍵被按下時移除或重新顯示一些文字。

範例 24-6 設定事件

```
<script type="text/babel">
  class Toggle extends React.Component
  {
    constructor(props)
    {
      super(props)
      this.state        = {isVisible: true}
```

```
        this.handleClick = this.handleClick.bind(this)
    }

    handleClick()
    {
      this.setState(state => ({isVisible: !state.isVisible}))
    }

    render()
    {
      const show = this.state.isVisible

      return (
        <div>
          <button onClick={this.handleClick}>
            {show ? 'HIDE' : 'DISPLAY'}
          </button>
          <p>{show ? 'Here is some text' : ''}</p>
        </div>
      )
    }
  }

  doRender(<Toggle />, 'display')
</script>

<div id="display" style="font-family:monospace"></div>
```

我們在新類別 Toggle 的建構式裡面將 isVisible 屬性設為 true，並將它指派給 this.
state：

```
    this.state = {isVisible: true}
```

然後使用 bind 方法來將事件處理程式 handleClick 附加至 this：

```
    this.handleClick = this.handleClick.bind(this)
```

完成建構式之後，接下來要處理 handleClick 事件處理程式。它用一行指令來切換
isVisible 的狀態，將它設為 true 或 false：

```
    this.setState(state => ({isVisible: !state.isVisible}))
```

最後，我們呼叫 render 方法，它回傳兩個被包在 <div> 裡的元素，因為 render 只能回傳
一個 component（或 XML 標籤），所以我們將兩個元素包在一個元素裡面。

我們回傳的元素是一個按鈕，它會在文字隱藏時顯示 DISPLAY（也就是在 isVisible 被設為 false 時），或是在 isVisible 被設為 true 讓文字顯示時，顯示 HIDE。在這個按鈕下面有一些在 isVisible 為 true 時顯示，否則不顯示的文字（我們其實回傳一個空字串，但效果是相同的）。

我們使用三元運算子來確認要顯示哪個按鈕文字，或要不要顯示文字，它的語法是：

> expression ? return this if true : or this if false.

我們用變數 show 來做這件事（show 的值來自 this.state.isVisible）。如果算出來的結果是 true，我們讓按鈕顯示 HIDE 且顯示文字，否則讓按鈕顯示 DISPLAY，且不顯示文字。將它載入瀏覽器的結果是（裡面的 [HIDE] 與 [DISPLAY] 是按鈕）：

[HIDE]

Here is some text

當按鈕被按時，它會變成：

[DISPLAY]

使用多行的 JSX

雖然你可以像之前的範例那樣將 JSX 拆成多行來方便閱讀，但千萬不要將 return 指令後面的括號移到下一行（或任何其他地方）。它必須放在 return 的後面，否則你會看到語法錯誤。但是，結束的括號可以放在任何地方。

行內的 JSX 條件陳述式

在 JSX 裡，我們可以在一個條件為 true 時才回傳 XML，因為可以根據條件進行算繪，其原理在於 true && expression 的結果是 expression，而 false && expression 的結果是 false。

範例 24-7 有兩個遊戲變數，我們將 this.highScore 設為 90，將 this.currentScore 設為 100。

範例 24-7 JSX 條件陳述式

```
<script type="text/babel">
  class Setup extends React.Component
  {
    constructor(props)
    {
      super(props)
      this.highScore    = 90
      this.currentScore = 100
    }

    render()
    {
      return (
        <div>
          {
            this.currentScore > this.highScore &&
              <h1>New High Score</h1>
          }
        </div>
      )
    }
  }

  doRender(<Setup />, 'display')
</script>

<div id='display' style='font-family:monospace'></div>
```

在這個例子中，如果 this.currentScore 大於 this.highScore，我們回傳 h1 元素，否則回傳 false。這段程式在瀏覽器中的結果是：

New High Score

當然，在真正的遊戲中，你會繼續將 this.highScore 設為 this.currentScore 的值，在回到遊戲程式之前，可能還會做一些其他的事情。

因此，當你只想在條件為 true 時顯示某個東西時，&& 運算子是很棒的工具。而且，第 618 頁的「React 的事件」已經告訴你如何在 JSX 中使用三元（?:）運算式來建立 if...then...else 區塊了。

使用清單與索引鍵

在 React 中顯示清單非常簡單,在範例 24-8 中,cats 陣列裡面有四種貓科動物,在下一行程式中,我們使用 map 函式來遍歷陣列,依序將每一個項目回傳給變數 cat。在每一次迭代中,我們將 cat 放在一對 <li>...<li> 標籤裡面,然後將它附加至 listofCats 字串。

範例 24-8 顯示一個清單

```
<script type="text/babel">
  const cats       = ['lion', 'tiger', 'cheetah', 'lynx']
  const listofCats = cats.map((cat) => <li>{cat}</li>)

  doRender(<ul>{listofCats}</ul>, 'display')
</script>

<div id='display' style='font-family:monospace'></div>
```

最後,我們呼叫 doRender,將 listofCats 放入一對 <ul>...</ul> 標籤內,顯示出來的結果是:

- lion
- tiger
- cheetah
- lynx

獨一無二的索引鍵

如果你在執行範例 24-8 時將 JavaScript 主控台打開(通常是按下 Ctrl Shift J,在 Mac 則是按下 Option Command J),你可能會看到一個警告訊息「Each child in a list should have a unique 'key' prop」。

為每一個同代的清單項目指定一個獨一無二的索引鍵,可讓 React 有最好的表現(雖然這不是必要的),因為這種做法可以協助 React 找到正確的 DOM 節點的參考,而且,當你進行小變更時,React 可對 DOM 進行微幅調整,不需要算繪更大的區域。

範例 24-9 使用獨一無二的索引鍵

```
<script type="text/babel">
  var uniqueId     = 0
  const cats       = ['lion', 'tiger', 'cheetah', 'lynx']
  const listofCats = cats.map((cat) => <li key={uniqueId++}>{cat}</li>)
```

```
    doRender(<ul>{listofCats}</ul>, 'display')
</script>

<div id='display' style='font-family:monospace'></div>
```

這個範例建立一個 uniqueId 變數，並且在每次使用它時將它加一，如此一來，第一個
索引鍵將變成 1。雖然這個範例的結果與上一個範例一樣，但是如果你想要檢查它產
生的索引鍵（只是因為好奇），你可以將 li 元素的內容從 {cat} 改為 {uniqueId - 1 +
' ' + cat}，它會顯示下面的內容（使用 - 1 是因為 uniqueId 被引用時就已經被加 1 了，
我們想看被遞增之前的值）：

- 0 lion
- 1 tiger
- 2 cheetah
- 3 lynx

你可能納悶，這有什麼意義？考慮下面的清單結構：

```
<ul> // 歐洲的城市
  <li>Birmingham</li>
  <li>Paris</li>
  <li>Milan</li>
  <li>Vienna</li>
</ul>
<ul> // 美國的城市
  <li>Cincinnati</li>
  <li>Paris</li>
  <li>Chicago</li>
  <li>Birmingham</li>
</ul>
```

這裡有兩組清單，每一個清單都有四個獨一無二的同代元素，但是這兩組清單的同一個
嵌套階層裡面都有「Birmingham」與「Paris」。如果同一層的同代清單項目都使用同一
個值，當 React 執行某些調和（reconciliation）動作時（也許是在重新排序或修改元素
之後），有時你可以提升速度，也許還能避免問題，做法是讓所有的同代元素都使用獨
一無二的索引鍵，在 React 中可能長這樣：

```
<ul> // 歐洲的城市
  <li key = "1">Birmingham</li>
  <li key = "2">Paris</li>
  <li key = "3">Milan</li>
  <li key = "4">Vienna</li>
</ul>
```

```
<ul> // 美國的城市
  <li key = "5">Cincinnati</li>
  <li key = "6">Paris</li>
  <li key = "7">Chicago</li>
  <li key = "8">Birmingham</li>
</ul>
```

現在 React 不可能將歐洲的 Paris 與美國的 Paris 混為一談了（或者，至少不需要費心地找出（與算繪）正確的 DOM 節點），因為每一個陣列元素都使用不同的 ID。

 對於為什麼要建立這些獨一無二的索引鍵，你不需要想太多，你只要記得，當你這樣做時，React 就能發揮最好的表現，而且根據經驗，在 map call 裡面的元素需要索引鍵。此外，你可以讓沒有任何關係的其他同代元素重複使用索引鍵。也許你不需要自行建立索引鍵，因為你的資料裡面可能已經有那些索引鍵了，例如書籍的 ISBN 編號。作為最終手段，你可以直接將項目的索引當成它的索引鍵，但如此一來，重新排序的速度可能會變慢，而且你可能會遇到其他的問題，所以，最好的辦法是自行建立索引鍵，以便控制它們的內容。

處理表單

在 React 中，`<input type='text'>`、`<textarea>` 與 `<select>` 的工作方式很相似，因為 React 的內部狀態變成所謂的「真相來源」，所以這些 component 稱為 *controlled*（受控的）。

controlled component 的輸入值始終是由 React 的狀態來驅動的。雖然這代表你要在 React 裡多寫一些程式，但接下來你可以將值傳給其他的 UI 元素，或是在事件處理程式裡面使用它們。

一般來說，在不使用 React 或任何其他框架或程式庫的情況下，表單元素將維護它們自己的狀態，那些狀態是根據使用者的輸入來進行更新的。在 React 中，可變的狀態通常被存放在 component 的 *state* 屬性內，之後只能用 `setState` 函式來更新。

使用文字輸入

我們來看這三種輸入類型，從最簡單的文字輸入看起：

```
<form>
  Name: <input type='text' name='name'>
  <input type='submit'>
</form>
```

這段程式要求輸入必須使用字串，然後在 Submit 被按下（或 Enter 或 Return 按鍵被按下時）時送出它。讓我們將它改成 controlled React component，如範例 24-10 所示。

範例 24-10 使用文字輸入

```
<script type="text/babel">
  class GetName extends React.Component
  {
    constructor(props)
    {
      super(props)
      this.state    = {value: ''}
      this.onChange = this.onChange.bind(this)
      this.onSubmit = this.onSubmit.bind(this)
    }

    onChange(event)
    {
      this.setState({value: event.target.value})
    }

    onSubmit(event)
    {
      alert('You submitted: ' + this.state.value)
      event.preventDefault()
    }

    render()
    {
      return (
        <form onSubmit={this.onSubmit}>
          <label>
            Name:
            <input type="text" value={this.state.value}
                          onChange={this.onChange} />
```

```
        </label>
        <input type="submit" />
      </form>
    )
  }
}

  doRender(<GetName />, 'display')
</script>

<div id='display' style='font-family:monospace'></div>
```

我們來分段了解這段程式。首先，我們建立一個稱為 GetName 的新類別，之後會用它來建立一個表單並要求使用者輸入名稱。這個類別有兩個事件處理函式，onChange 與 onSubmit。它們是本地處理函式，我們在建構式裡呼叫 bind 來覆寫同名的 JavaScript 標準處理程式，並在建構式裡將 value 的初始值設為空字串。

當新的 onChange 被 onChange 中斷呼叫時，它會在輸入被改變時，呼叫 setState 函式來更改值，讓那個值隨著輸入欄位的內容保持最新狀態。

當 onSubmit 事件被觸發時，我們用 onSubmit 處理函式來顯示一個快顯警示視窗，以證明它可以正確運作。因為處理這個事件的人是我們而不是系統，所以我們藉著呼叫 preventDefault 來防止這個事件上浮並穿越系統。

最後的 render 方法裡面有將要算繪至 <div> 裡面的所有 HTML 碼。我們將 HTML 格式化為 XML，因為 XML 是 Babel 期望的格式（即 JSX 語法）。在這個例子裡，我們只要讓輸入元素使用 /> 來將自己關閉即可。

 我們沒有全域性地覆寫 onChange 與 onSubmit 事件，因為在 GetName 類別裡面，我們只將被算繪的程式發出的事件 bind 至本地的事件處理函式，所以讓這兩個事件處理函式使用同一個名稱很安全，也可以讓別的開發者立刻明白程式的意圖。但是如果你擔心，你也可以使用不同的處理函式名稱，例如 actOnSubmit……等。

所以，正如你現在看到的，this.state.value 一定會反映輸入欄位的狀態，因為如前所述，使用 controlled component 時，value 一定是由 React 狀態驅動的。

使用 textarea

使用 React 的理由之一是跨瀏覽器控制 DOM，以實現快速、簡單的操作，並簡化開發流程、提升開發效率。藉著使用 controlled component，我們始終掌握主控權，並且可讓各式各樣的輸入資料以類似的方式運作。

範例 24-11 將上一個範例改為使用 textarea 輸入元素。

範例 24-11 使用 textarea

```
<script type="text/babel">
  class GetText extends React.Component
  {
    constructor(props)
    {
      super(props)
      this.state    = {value: ''}
      this.onChange = this.onChange.bind(this)
      this.onSubmit = this.onSubmit.bind(this)
    }

    onChange(event)
    {
      this.setState({value: event.target.value})
    }

    onSubmit(event)
    {
      alert('You submitted: ' + this.state.value)
      event.preventDefault()
    }

    render()
    {
      return (
        <form onSubmit={this.onSubmit}>
          <label>
            Enter some text:<br />
            <textarea rows='5' cols='40' value={this.state.value}
                                        onChange={this.onChange} />
          </label><br />
          <input type="submit" />
        </form>
      )
    }
  }
```

```
  }

  doRender(<GetText />, 'display')

  function doRender(elem, dest)
  {
    ReactDOM.render(elem, document.getElementById(dest))
  }
</script>

<div id='display' style='font-family:monospace'></div>
```

這段程式與文字輸入範例很像，它只改了一些地方：現在這個類別稱為 GetText，在 render
方法裡面的文字輸入被換成 <textarea> 元素，並設為 40 欄寬，5 列高，以及加入一些
元素來排版。就這麼簡單，我們不需要修改其他的地方，就可以完全控制 <textarea> 輸
入欄位了。如同上一個範例，this.state.value 將始終反映輸入欄位的狀態。

當然，這種輸入可讓你使用 Enter 或 Return 在欄位中輸入歸位字元，所以現在你只能藉
著按下按鈕來送出輸入。

使用 select

在介紹如何在 React 中使用 <select> 之前，我們先來看一段典型的 HTML 程式，它提供
一些國家來讓使用者選擇，USA 是預設選項：

```
<select>
  <option          value="Australia">Australia</option>
  <option          value="Canada"    >Canada</option>
  <option          value="UK"        >United Kingdom</option>
  <option selected value="USA"        >United States</option>
</select>
```

在 React 中，我們要用稍微不同的方式處理它，因為 React 在 select 元素裡使用 value
屬性，而不是讓 option 子元素使用 selected 屬性，如範例 24-12 所示。

範例 24-12 使用 *select*

```
<script type="text/babel">
  class GetCountry extends React.Component
  {
    constructor(props)
    {
```

```
      super(props)
      this.state    = {value: 'USA'}
      this.onChange = this.onChange.bind(this)
      this.onSubmit = this.onSubmit.bind(this)
    }

    onChange(event)
    {
      this.setState({value: event.target.value})
    }

    onSubmit(event)
    {
      alert('You selected: ' + this.state.value)
      event.preventDefault()
    }

    render()
    {
      return (
        <form onSubmit={this.onSubmit}>
          <label>
            Select a country:
            <select value={this.state.value}
                onChange={this.onChange}>
              <option value="Australia">Australia</option>
              <option value="Canada"   >Canada</option>
              <option value="UK"        >United Kingdom</option>
              <option value="USA"       >United States</option>
            </select>
          </label>
          <input type="submit" />
        </form>
      )
    }
  }

  doRender(<GetCountry />, 'display')

  function doRender(elem, dest)
  {
    ReactDOM.render(elem, document.getElementById(dest))
  }
</script>

<div id='display' style='font-family:monospace'></div>
```

同樣的，除了使用新類別名稱 GetCountry、將 this.state.value 設為預設值 'USA'，以及輸入類型變成 <select> 且沒有 selected 屬性之外，這個範例沒有做太多修改。

如同前兩個範例，this.state.value 始終反映輸入的狀態。

React Native

React 也有一個稱為 React Native 的姐妹產品。你可以用它來為 iOS 和 Android 手機和平板製作完整的 app，你只要使用擴充了 JSX 的 JavaScript 語言即可，不需要了解 Java 或 Kotlin（為了 Android）或 Objective-C 或 Swift（為了 iOS）。

使用 React Native 的細節和說明，以及如何讓 app 在各種行動設備上運行不在本書的討論範圍之內，但是在這一節，我將告訴你如何取得你需要的軟體和資訊。

建立 React Native app

為了開發 React Native app，首先你要安裝 Android Studio（*http://developer.android.com/studio*）與 Java JDK（*https://tinyurl.com/getjavajdk*）。

在 Mac 上，你還要從 App Store 安裝 Xcode。Windows 使用者若要開發 iOS app，除了透過複雜的虛擬程式或「Hackintosh」之外別無他法，所以使用真正的 Mac（或代管服務）來進行開發才是最佳途徑。

接下來，你要閱讀 Android Studio 的文件（*https://developer.android.com/docs*），直到你了解如何建立 Android Virtual Device（AVD）為止，並設定各種必須的環境變數，例如 ANDROID_HOME，將它指向你安裝的 JDK。現在你要從 nodejs.org 安裝 Node.JS。

安裝 Node 之後，如果你不知道如何使用它，請閱讀它的文件（*https://nodejs.org/en/docs/*）。現在你可以按照 React Native 文件的建議來安裝 React Native 了（*https://reactnative.dev/docs/environment-setup*）。接下來，你可以跑一遍 React 網站上的教學（*http://reactnative.dev/docs/getting-started*），特別注意製作 Windows app 與 macOS app 之間的不同。

完成上述工作之後（你可能要花一段時間才能完全理解你所做的每件事，並讓它們順暢運行），你就掌握一項奇妙的能力，只要使用 React JSX 程式就可以為兩個主要的行動平台開發同時 app 了（在多數情況下）！

參考讀物

為了幫助你進行 React Native 開發，以下有一些清楚地解釋過程的網路教學（感謝 Medium 的 Pabasara Jayawardhana、Infinite Red Academy 的 Kevin VanGelder，以及 Microsoft），它們在筆者行文至此時都可在網路上看到與操作（若非如此，可能位於 *archive.org*（*https://archive.org*））。當然，如果你想要學到更多東西，使用你最喜歡的搜尋引擎，就可以找到你需要的資訊：

- 在 Mac OS 上使用 React Native（*https://tinyurl.com/reactnativemac*）
- 在 Windows 上使用 React Native（*https://tinyurl.com/reactnativewindows*）
- Microsoft 的 React Native 指南（*https://microsoft.github.io/react-native-windows/*）

雖然第三個網站的 URL 裡面只有 Windows 字樣，但那份指南也包含 macOS。

讓 React 技術更上一層樓

你已經初步了解如何設定和使用 React 了，它還有很多用途（尤其是用來建構 React Native app 時），遺憾的是，這超出本書的範圍。為了延續你的 React 旅程，我推薦 Reactjs.org 網頁（*https://reactjs.org/docs/hello-world.html*）是很好的起點，在那裡，你可以複習本章討論的一些事情，然後繼續學習更強大的功能。

還有，別忘了你可以從 GitHub（*https://github.com/RobinNixon/lpmj6*）下載本章的所有範例（以及整本書的範例）。

現在你已經將 React 放入你的工具箱了（至少已經能夠開始使用它了），讓我們繼續了解 HTML5 提供的所有好工具。

問題

1. 將 React 腳本放入網頁的主要手段有哪兩種？

2. 如何將 XML 整合至 JavaScript 裡面，來搭配 React 一起使用？

3. 在 JSX JavaScript 程式中，你應該將 `<script type="application/javascript">` 裡面的 `type` 的值換成什麼？

4. 讓你的程式 extend React 的做法有哪兩種？

5. 在 React 中，純的和不純的程式碼是什麼意思？

6. React 如何記錄狀態？

7. 如何將運算式嵌入 JSX 程式碼？

8. 如何讓一個值的狀態在一個類別被建構出來時改變？

9. 為了在建構式裡面使用 `this` 關鍵字來引用 props，你必須先做什麼事情？

10. 如何撰寫 JSX 條件陳述式？

解答請參考第 782 頁附錄 A 的「第 24 章解答」。

第 25 章

HTML5 簡介

HTML5 代表 web 設計、版面配置與易用性的重大飛躍。它可以讓你輕鬆地操作瀏覽器中的圖形,而不需要訴諸 Flash 等外掛程式,並且可以在網頁中插入視訊與音訊(同樣不需要外掛程式),它也消除了 HTML 發展過程中出現的一些惱人的不一致性。

此外,HTML5 也有許多其他的增強功能,例如地理定位、管理背景工作的 web worker、改善表單處理、提供大量的本機存放區(遠超過 cookie 有限的容量)。

但是,HTML5 的有趣之處在於,它還在持續演進,瀏覽器也一直在不同的時間點採用它的各種功能。幸運的是,現在所有最主流的瀏覽器(市占率超過 1% 的,例如 Chrome、Internet Explorer、Edge、Firefox、Safari、Opera,以及 Android 與 iOS 瀏覽器)都支援最大型與最熱門的 HTML5 新功能了。

Canvas

canvas 元素最初是 Apple 為 Safari 瀏覽器的 WebKit 算繪引擎(它本身源自 KDE HTML 布局引擎)引入的功能,它可讓我們在網頁中繪製圖形,而不需要仰賴 Java 或 Flash 等外掛程式。canvas 經過標準化之後,已經被所有其他瀏覽器採用,現在已成為 web 開發的支柱。

如同其他的 HTML 元素，canvas 其實只是在網頁內定義了寬高的元素，你可以使用 JavaScript 在裡面插入內容，也就是繪圖。若要建立 canvas，你要使用 <canvas> 標籤，並且指派一個 ID 給它，來讓 JavaScript 知道它要操作哪一個 canvas（因為一個網頁可以放入多個 canvas）。

範例 25-1 建立了一個 canvas 元素，將它的 ID 設為 mycanvas，在裡面加入一些文字，這些文字只會在不支援 canvas 的瀏覽器中顯示出來。在 canvas 下面有一段在它裡面畫出日本國旗的 JavaScript（見圖 25-1）。

範例 25-1 使用 HTML5 canvas 元素

```
<!DOCTYPE html>
<html>
  <head>
    <title>The HTML5 Canvas</title>
    <script src='OSC.js'></script>
  </head>
  <body>
    <canvas id='mycanvas' width='320' height='240'>
      This is a canvas element given the ID <i>mycanvas</i>
      This text is visible only in non-HTML5 browsers
    </canvas>

    <script>
      canvas            = O('mycanvas')
      context           = canvas.getContext('2d')
      context.fillStyle = 'red'
      S(canvas).border  = '1px solid black'

      context.beginPath()
      context.moveTo(160, 120)
      context.arc(160, 120, 70, 0, Math.PI * 2, false)
      context.closePath()
      context.fill()
    </script>
  </body>
</html>
```

此時還不需要詳細解釋程式，我會在第 26 章說明。你應該可以看到，canvas 用起來並不難，但是你要學習一些新的 JavaScript 函式。注意，這個範例使用第 21 章的 *OSC.js* 函式組來繪畫，來讓程式碼保持精簡。

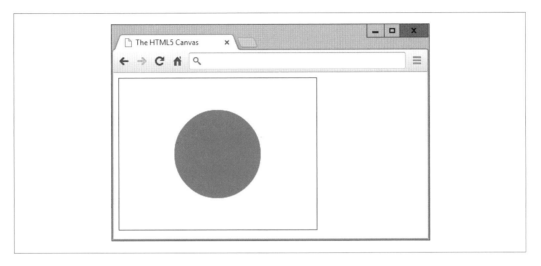

圖 25-1 使用 HTML5 canvas 來繪製日本國旗

地理定位

地理定位可讓瀏覽器將你的位置傳給 web 伺服器。這項資訊可能來自電腦或行動設備裡面的 GPS 晶片、來自你的 IP 位址，或透過分析附近的 WiFi 熱點取得的。為了安全，使用者始終可以控制它，他們可以一次性地拒絕提供這項資訊，或永久拒絕或允許一個或所有網站取得這項資訊。

這項技術有許多用途，包括提供行進方向旋轉導航、區域地圖、提示附近的餐廳、WiFi 熱點或其他地點、讓你知道附近有哪些朋友、引導你前往附近的加油站……等。

範例 25-2 可在 Google 地圖上顯示使用者的位置，但是他的瀏覽器必須支援地理定位，他也必須允許提供位置資訊（如圖 25-2 所示），否則，它會顯示錯誤。

範例 25-2 顯示使用者附近的地圖

```
<!DOCTYPE html>
<html>
  <head>
    <title>Geolocation Example</title>
  </head>
  <body>
    <script>
      if (typeof navigator.geolocation == 'undefined')
        alert("Geolocation not supported.")
      else
        navigator.geolocation.getCurrentPosition(granted, denied)

      function granted(position)
      {
        var lat = position.coords.latitude
        var lon = position.coords.longitude

        alert("Permission Granted. You are at location:\n\n"
          + lat + ", " + lon +
          "\n\nClick 'OK' to load Google Maps with your location")

        window.location.replace("https://www.google.com/maps/@"
          + lat + "," + lon + ",14z")
      }

      function denied(error)
      {
        var message

        switch(error.code)
        {
          case 1: message = 'Permission Denied'; break;
          case 2: message = 'Position Unavailable'; break;
          case 3: message = 'Operation Timed Out'; break;
          case 4: message = 'Unknown Error'; break;
        }

        alert("Geolocation Error: " + message)
      }
    </script>
  </body>
</html>
```

在此同樣不解釋它如何運作，我會在第 28 章說明。不過，這個範例可讓你知道處理地理定位是多麼簡單。

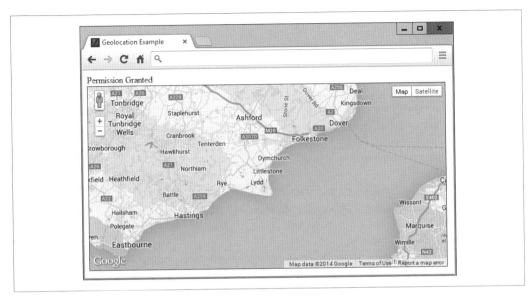

圖 25-2 用使用者的位置來顯示地圖

音訊與視訊

在瀏覽器內播放音訊與視訊是 HTML5 的另一個重要功能。由於坊間有各式各樣的編碼類型與授權許可，所以播放這些媒體有點複雜，但是 `<audio>` 與 `<video>` 提供了顯示媒體類型所需的彈性。

在範例 25-3 中，有一個視訊檔案被編碼成不同的格式，以確保所有的主流瀏覽器都可以使用。瀏覽器只要選擇它們認識的第一種格式並播放它即可，如圖 25-3 所示。

範例 25-3 用 HTML5 來播放視訊

```
<!DOCTYPE html>
<html>
  <head>
    <title>HTML5 Video</title>
  </head>
  <body>
    <video width='560' height='320' controls>
      <source src='movie.mp4'  type='video/mp4'>
      <source src='movie.webm' type='video/webm'>
      <source src='movie.ogv'  type='video/ogg'>
    </video>
  </body>
</html>
```

圖 25-3 用 HTML5 來播放視訊

你將會在第 27 章看到，將音訊插入網頁也很簡單。

表單

正如你在第 12 章看到的，HTML5 表單還在持續改善中，各種瀏覽器提供的支援仍然不完善。我已經在第 12 章介紹你現在可以安全使用的功能了。

本機存放區

本機存放區可在本機儲存的資料數量和資料複雜度，都遠遠超過空間有限的 cookie。它可以讓你在離線狀態下用 web app 來修改文件，等到重新連接 Internet 時，再與伺服器同步。它也可以在本地儲存小型的資料庫，讓你用 WebSQL 來讀寫它，舉例來說，你可以用它來保存音樂專輯的詳細資訊，或關於飲食或減重計畫的個人統計數據。我會在第 28 章告訴你如何在 web 專案中充分利用這項新功能。

web worker

我們早就可以在背景使用 JavaScript 根據中斷的發生來執行程式了，但是那是一種笨拙且低效的程序。用瀏覽器的底層技術來執行幕後的工作是比較合理的做法，它可以持續中斷瀏覽器來檢查當下的情況，工作的速度遠遠越過自行處理。

你可以利用 web worker，設定所有的事情，並將你的程式傳給瀏覽器，讓瀏覽器執行它。有任何重要的事情發生時，你的程式只要提醒瀏覽器，讓瀏覽器報告主程式即可。同時，你的網頁可以什麼也不做，或是執行許多其他工作，同時可以忘了背景工作，直到它願意現身為止。

我會在第 28 章示範如何使用 web worker 來建立一個簡單的時鐘，以及用它來計算質數。

問題

1. 哪一種 HTML5 元素可讓你在網頁上繪製圖形？

2. 為了使用許多進階的 HTML5 功能，你要使用哪一種程式語言？

3. 為了將音訊與視訊放入網頁，你要使用哪些標籤？

4. HTML5 的哪一種功能提供比 cookie 更強大的能力？

5. 哪一種 HTML5 技術可在背景執行 JavaScript 工作？

解答請參考第 782 頁附錄 A 的「第 25 章解答」。

第 26 章

HTML5 canvas

雖然 HTML5 是許多 web 新技術的統稱，但那些技術並非只是簡單的 HTML 標籤與屬性。canvas 元素就是其中一個例子。的確，你可以用 <canvas> 標籤來創造一個 canvas，你也可以設定它的寬度與高度，並用 CSS 來稍微修改它，但是如果你要真正對 canvas 進行寫入（或讀取），你就必須使用 JavaScript。

值得慶幸的是，你需要學習的 JavaScript 很少，而且很簡單，更何況，我已經在第 21 章提供三個現成的函式（在 *OSC.js* 檔裡面）來協助你更輕鬆地操作諸如 canvas 等物件了。讓我們開始使用這個 <canvas> 新標籤吧。

建立與存取 canvas

我曾經在第 25 章示範如何繪製一個簡單的圓圈來顯示日本國旗，如範例 26-1 所示。我們來了解它到底如何運作。

範例 26-1　用 canvas 來顯示日本國旗

```
<!DOCTYPE html>
<html>
  <head>
    <title>The HTML5 Canvas</title>
    <script src='OSC.js'></script>
  </head>
  <body>
    <canvas id='mycanvas' width='320' height='240'>
      This is a canvas element given the ID <i>mycanvas</i>
```

```
        This text is only visible in non-HTML5 browsers
    </canvas>

    <script>
      canvas            = O('mycanvas')
      context           = canvas.getContext('2d')
      context.fillStyle = 'red'
      S(canvas).border  = '1px solid black'

      context.beginPath()
      context.moveTo(160, 120)
      context.arc(160, 120, 70, 0, Math.PI * 2, false)
      context.closePath()
      context.fill()
    </script>
  </body>
</html>
```

首先，我們當然要用 `<!DOCTYPE html>` 來讓瀏覽器知道這個文件將會使用 HTML5。接下來，我們顯示一個標題，並載入 *OSC.js* 檔的三個函式。

文件的 body 定義了一個 canvas 元素，將它的 ID 設為 `mycanvas`，將它的寬與高設為 320 × 240 像素。上一章說過，canvas 的文字不會在支援它的瀏覽器中出現，而是會在不支援它的舊瀏覽器中出現。

接下來有一段更改 canvas 樣式並在上面繪畫的 JavaScript 程式。我們先用 canvas 元素來呼叫 O 函式，來建立一個 canvas 元素。你應該記得，這會呼叫 `document.getElementById` 函式，它是比較簡短的元素引用方式。

以上都是你看過的程式，但是接下來有一段新程式：

```
context = canvas.getContext('2d')
```

這個指令呼叫剛才建立的 canvas 物件的 getContext 方法並傳入 2d 值，要求以二維的方式來操作 canvas。

> 如果你想要在 canvas 上顯示 3D，你可以自己進行數學運算，用 2D 來「偽造」它，或是使用 WebGL（基於 OpenGL ES），呼叫 canvas.getContext('webgl') 來為它建立一個 context（環境）。本書沒有空間探討這個主題，你可以在 *https://webglfundamentals.org* 找到很棒的教學。你也可以研究 3D 函式的 Three.jsJavaScript 程式庫（*https://threejs.org*），它也使用 WebGL。

有了 context 物件裡面的 context 之後，我們開始執行後續指令，將 context 的 fillStyle 屬性設成 red 值：

```
context.fillStyle = 'red'
```

然後呼叫 S 函式來將 canvas 的 border 屬性設為 1 個像素、實心的黑線，為國旗圖片加上邊線：

```
S(canvas).border = '1px solid black'
```

一切就緒之後，我們在 context 中開啟一個路徑（path），將繪圖位置移到 (160, 120)：

```
context.beginPath()
context.moveTo(160, 120)
```

接著以該座標為中心繪製一個半徑為 70 個像素的圓弧，從 0 度角開始（你看到的圓的右邊緣），並使用 $2 \times \pi$ 值繼續繪製圓形：

```
context.arc(160, 120, 70, 0, Math.PI * 2, false)
```

結尾的 false 值代表以順時針方向來繪製圓弧，true 值則代表以逆時針方向來繪製。

最後，我們關閉並填充路徑，使用幾行之前為 fillStyle 屬性選擇的 red 值來填充它：

```
context.closePath()
context.fill()
```

上一章的圖 25-1 是將這個文件載入瀏覽器的效果。

toDataURL 函式

在 canvas 中建立圖像後，有時你想要製作它的複本，也許是為了複製到其他的網頁，或將它存放到本機存放區，或是上傳到網頁伺服器。因為使用者無法拖曳並儲存 canvas 的圖像，所以這種功能很方便。

為了說明做法，我在範例 26-2 加入幾行程式（以粗體表示）。這些程式會建立一個 ID 為 myimage 的 <img> 元素，幫它設定一個黑色實心邊框，然後將 canvas 的圖像複製到 <img> 元素裡面（見圖 24-1）。

範例 *26-2* 複製 *canvas* 圖像

```
<!DOCTYPE html>
<html>
  <head>
```

```
    <title>Copying a Canvas</title>
    <script src='OSC.js'></script>
  </head>
  <body>
    <canvas id='mycanvas' width='320' height='240'>
      This is a canvas element given the ID <i>mycanvas</i>
      This text is only visible in non-HTML5 browsers
    </canvas>

    <img id='myimage'>

    <script>
      canvas             = O('mycanvas')
      context            = canvas.getContext('2d')
      context.fillStyle  = 'red'
      S(canvas).border   = '1px solid black'

      context.beginPath()
      context.moveTo(160, 120)
      context.arc(160, 120, 70, 0, Math.PI * 2, false)
      context.closePath()
      context.fill()

      S('myimage').border = '1px solid black'
      O('myimage').src    = canvas.toDataURL()
    </script>
  </body>
</html>
```

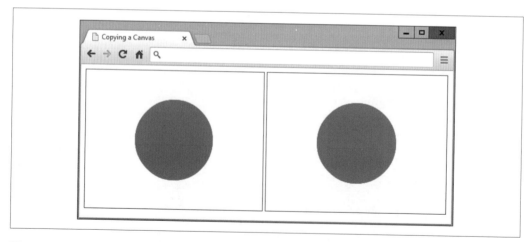

圖 26-1 右邊的圖像是從左邊複製過去的

當你自己嘗試這段程式時，你可以發現，雖然左邊的 canvas 圖像是無法拖放的，但是右邊的圖像可以拖放，你也可以將它存到本機存放區，或使用 JavaScript（以及伺服器端的 PHP）將它上傳到 web 伺服器。

指定圖像類型

當你用 canvas 來製作圖像時，你可以指定那個圖像的類型是 JEPG（.jpg 或 .jpeg 檔案）還是 PNG（.png 檔案）。PNG（image/png）是預設值，但如果你因為某種原因而需要 JPEG，你也可以修改 toDataURL 呼叫式。同時，你也可以指定壓縮量，它的值從 0（最低品質）到 1（最高品質）。下面的程式使用壓縮值 0.4，應該可以產生很小的檔案且相當好看的圖像：

```
O('myimage').src = canvas.toDataURL('image/jpeg', 0.4)
```

 別忘了，toDataURL 方法適用於 canvas 物件，而不是以該物件建立的任何 context。

知道如何建立 canvas 圖像並複製它，以及以其他方式使用它們之後，我們來看一下有哪些繪圖指令可用，我們從矩形看起。

fillRect 方法

你可以呼叫三種不同的方法來繪製矩形，第一種是 fillRect。在使用它時，你只要提供矩形的左上角座標，以及寬與高的像素即可，例如：

```
context.fillRect(20, 20, 600, 200)
```

在預設情況下，矩形會被填入黑色，但是你也可以先發出下列的指令來指定其他的顏色，它的引數可以是任何有效的 CSS 顏色、名稱或值：

```
context.fillStyle = 'blue'
```

clearRect 方法

你也可以畫出一個顏色值全被設為 0 的矩形（紅、綠、藍與 alpha 透明度），如下所示，它使用相同的座標、寬、高的引數順序：

```
context.clearRect(40, 40, 560, 160)
```

執行 clearRect 方法之後，新的透明矩形會移除它覆蓋的區域的所有顏色，只留下
canvas 元素的 CSS 顏色。

strokeRect 方法

如果你只想要畫出矩形的邊線，你可以使用下面的指令，它會使用預設的黑色，或當前
的筆觸（stroke）顏色：

```
context.strokeRect(60, 60, 520, 120)
```

若要更改顏色，你可以先發出下面的指令來提供有效的 CSS 顏色引數：

```
context.strokeStyle = 'green'
```

結合這些指令

範例 26-3 結合上述的矩形繪製指令來畫出圖 26-2 的圖像。

範例 26-3 繪製一些矩形

```
<!DOCTYPE html>
<html>
  <head>
    <title>Drawing Rectangles</title>
    <script src='OSC.js'></script>
  </head>
  <body>
    <canvas id='mycanvas' width='640' height='240'></canvas>

    <script>
      canvas             = O('mycanvas')
      context            = canvas.getContext('2d')
      S(canvas).background = 'lightblue'
      context.fillStyle    = 'blue'
      context.strokeStyle  = 'green'

      context.fillRect(  20, 20, 600, 200)
      context.clearRect( 40, 40, 560, 160)
      context.strokeRect(60, 60, 520, 120)
    </script>
  </body>
</html>
```

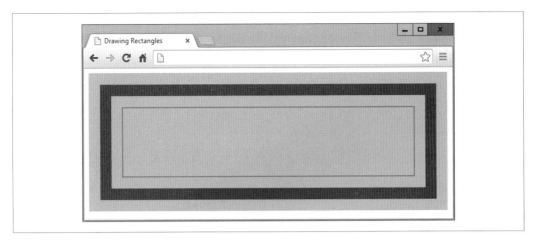

圖 26-2 繪製同心矩形

在本章稍後，你會看到如何更改筆觸類型與寬度來進一步修改輸出，但是在那之前，我們先使用漸層來修改填色（第 461 頁的「漸層」已經介紹過它了）。

createLinearGradient 方法

填入漸層的手段很多，最簡單的是使用 createLinearGradient 方法。在使用它時，你要指定開始與結束的 x 與 y 座標，它們是相對於 canvas 的位置（而不是將要填色的物件）。它可以產生微妙的變化。例如，你可以讓漸層從 canvas 的最左邊開始，在最右邊結束，但只用於填充（fill）指令定義的區域，如範例 26-4 所示。

範例 26-4 套用漸層

```
gradient = context.createLinearGradient(0, 80, 640,80)
gradient.addColorStop(0, 'white')
gradient.addColorStop(1, 'black')
context.fillStyle = gradient
context.fillRect(80, 80, 480,80)
```

在本例與接下來的範例中，為了保持簡單，我們只展示主要的幾行程式。你可以到 GitHub（*https://github.com/RobinNixon/lpmj6*）免費下載完整的範例，裡面有它們周圍的 HTML、設定，與其他程式碼。

我們在這個範例中呼叫 context 物件的 createLinearGradient 方法，來建立一個稱為 gradient 的漸層填充物件。開始位置 (0, 80) 在 canvas 的左邊緣的一半，結束位置 (640, 80) 在它右邊緣的一半。

若要建立自己的漸層，你要先決定它的流動方向，然後決定兩個代表開始位置與結束位置的點。無論你的點在哪裡，漸層都會平順地沿著指定的方向變換，即使那些點在填充區域外面亦然。

接著我們提供一些顏色停止點（stop），來指定漸層的最初顏色是白色，最終顏色是黑色。漸層會由左至右橫跨 canvas，逐漸從其中一種顏色變成另一種顏色。

準備好 gradient 物件之後，我們將它指派給 context 物件的 fillStyle 屬性，讓最後面的 fillRect 呼叫式使用它。在這個呼叫式只在 canvas 中央的矩形區域使用填充顏色，因此，雖然漸層是由左到右橫跨 canvas，但它顯示出來的部分，只有從左上角算起往下與往右各 80 像素開始，到 480 像素寬、80 像素深的地方。圖 26-3 是這段程式的結果（當這段程式被加到之前的範例時）。

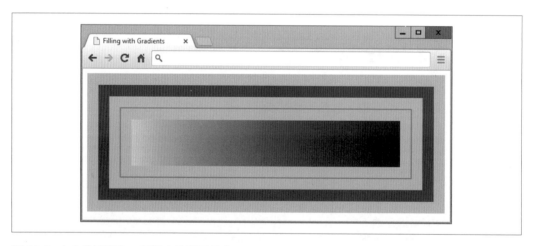

圖 26-3 中央的矩形有一個橫向的漸層填充

你可以指定不同的起點與終點，來讓漸層往任何方向傾斜，如範例 26-5 與圖 26-4 所示。

範例 26-5 各種角度與顏色的漸層

```
gradient = context.createLinearGradient(0, 0, 160, 0)
gradient.addColorStop(0, 'white')
gradient.addColorStop(1, 'black')
context.fillStyle = gradient
context.fillRect(20, 20, 135, 200)

gradient = context.createLinearGradient(0, 0, 0, 240)
gradient.addColorStop(0, 'yellow')
gradient.addColorStop(1, 'red')
context.fillStyle = gradient
context.fillRect(175, 20, 135, 200)

gradient = context.createLinearGradient(320, 0, 480, 240)
gradient.addColorStop(0, 'green')
gradient.addColorStop(1, 'purple')
context.fillStyle = gradient
context.fillRect(330, 20, 135, 200)

gradient = context.createLinearGradient(480, 240, 640, 0)
gradient.addColorStop(0, 'orange')
gradient.addColorStop(1, 'magenta')
context.fillStyle = gradient
context.fillRect(485, 20, 135, 200)
```

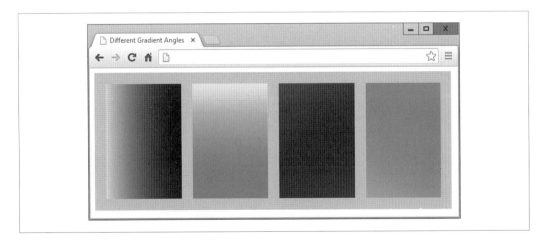

圖 26-4 一系列的線性漸層

在這個範例中，我將漸層直接放在填充區域的頂部，以清楚地展示顏色從開始到結束的最大變化。

詳述 addColorStop 方法

到目前為止，我們的範例都只使用開始與結束這兩個停止點，但你也可以在漸層中使用任意數量的顏色停止點。因此，你幾乎可以明確地寫出你想像得到的所有漸層效果。具體的做法是指定每一個顏色在漸層中占的百分比，方法是在介於 0 與 1 之間的漸層範圍內指定起點浮點數。你不需要指定顏色的結束位置，因為該位置可以用下一個顏色停止點的開始位置推導出來，如果接下來沒有其他的顏色，那就代表漸層結束。

之前的範例只使用開始與結束兩個值，但是你也可以用範例 26-6 的方式來設定顏色停止點，以製作彩虹效果（如圖 26-5 所示）。

範例 26-6 添加多個顏色停止點

```
gradient.addColorStop(0.00, 'red')
gradient.addColorStop(0.14, 'orange')
gradient.addColorStop(0.28, 'yellow')
gradient.addColorStop(0.42, 'green')
gradient.addColorStop(0.56, 'blue')
gradient.addColorStop(0.70, 'indigo')
gradient.addColorStop(0.84, 'violet')
```

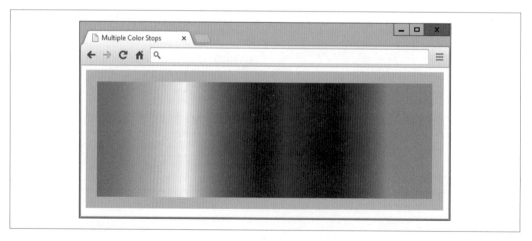

圖 26-5 用七個停止顏色來製作彩虹效果

範例 26-6 的顏色大致上有相同的分布範圍（每一個顏色占 14% 的漸層，最後一個占 16%），但你也可以把一些顏色擠在一起，把一些顏色散開，你完全可以自己決定要用多少顏色，以及它們在漸層中開始與結束的位置。

createRadialGradient 方法

除了在 HTML 中使用線性漸層之外，你也可以在 canvas 建立放射狀漸層。它比線性漸層複雜一些，但不致於太複雜。

你要傳遞以 x 和 y 座標指定的圓心位置，以及以像素為單位的半徑。它們分別會被當成漸層的開始點和外周長。然後，你也要傳入另一組座標與半徑，來指定漸層的結束點。

舉例來說，你可以使用範例 26-7 的指令，來建立一個從圓心開始向外擴散的漸層（圖 26-6 是它的畫面）。我們使用的開始與結束座標一樣，但開始半徑是 0，結束則包含整個漸層。

範例 26-7 建立放射漸層

```
gradient = context.createRadialGradient(320, 120, 0, 320, 120, 320)
```

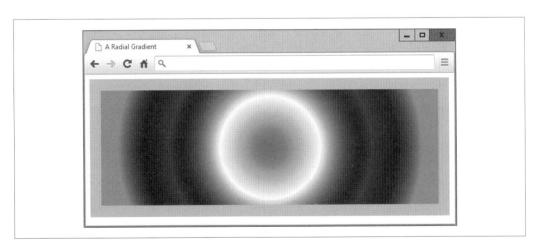

圖 26-6 置中的放射漸層

你也可以耍一點花樣，移動放射漸層的開始與結束位置，如範例 26-8 所示（見圖 26-7），它的開始中心點是 (0, 120)，半徑是 0 像素，結束中心點是 (480, 120)，半徑是 480 像素。

範例 26-8 拉長放射漸層

```
gradient = context.createRadialGradient(0, 120, 0, 480, 120, 480)
```

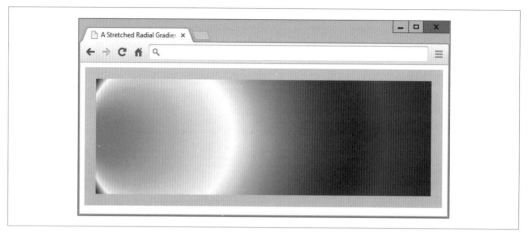

圖 26-7　拉長的放射漸層

 你可以藉著改變這個方法的引數，來創作許多奇妙的效果，請自行修改這些範例來試驗。

填入圖樣

你也可以將圖像當成填充圖像，做法與漸層填充很像。你可以使用當前文件內的任何圖像，也可以使用透過 toDataURL 方法在 canvas 上建立的圖像（本章稍後會說明）。

範例 26-9 將一個 100 × 100 像素的圖像（太極符號）載入新的圖像物件 image，接下來的陳述式將一個函式指派給 onload 事件，該函式會建立重複的圖樣，供 context 的 fillStyle 屬性使用，接著將圖樣填入 canvas 內的一個 600 × 200 像素的區域，如圖 26-8 所示。

範例 26-9 用圖像來填入圖樣

```
image     = new Image()
image.src = 'image.png'

image.onload = function()
{
```

```
pattern           = context.createPattern(image, 'repeat')
context.fillStyle = pattern
context.fillRect(20, 20, 600, 200)
}
```

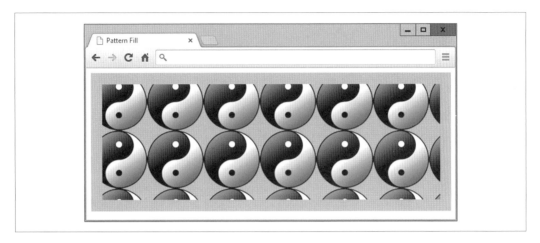

圖 26-8　將圖像當成填充樣式

我們使用 createPattern 方法來製作圖樣，它也支援不重覆的圖樣，以及只沿著 x 或 y 軸重覆的圖樣，做法是將下面的其中一個值當成第二個引數傳入：

repeat

　　直向與橫向重複圖像。

repeat-x

　　橫向重複圖像。

repeat-y

　　直向重複圖像。

no-repeat

　　不重複圖像。

圖樣是根據整個 canvas 區域來填充的，因此如果你只填充 canvas 的一個小區域，那麼圖像的頂部與左側會被切掉。

如果這個範例沒有使用 onload 事件，而是在遇到這段程式時立即執行它，圖像可能無法在網頁顯示時完成載入並顯示出來。附加這個事件可以確保圖像可在 canvas 中使用，因為事件只會在圖像成功載入時觸發。

在 canvas 中寫入文字

如同圖像功能，HTML5 也完全支援將文字寫至 canvas 的功能，它提供了各種字型、對齊和填充方法。但是，既然近年來 CSS 已經有這麼多網頁字型可用了，為什麼還要在 canvas 中寫字？

你可能想要在顯示圖表或表格時使用圖形元素，或是標註部分的圖形，你也可以使用一些指令，來產生比彩色字體更華麗的效果。假設有人請你為一個名為 WickerpediA 的籃子編織網站建立標題（其實真的有這個網站，但先不管）。

首先，你要選擇合適的字型與合適的大小，也許像範例 26-10 那樣，它選擇的字體是粗體，大小是 140 個像素，字型是 Times。此外，它將 textBaseline 屬性設為 top，因此你可以將座標 (0, 0) 傳給 strokeText 傳遞來代表文字的左上方原點，將它放在 canvas 的左上方。範例 26-9 是顯示的結果。

範例 26-10 在 canvas 中寫入文字

```
context.font        = 'bold 140px Times'
context.textBaseline = 'top'
context.strokeText('WickerpediA', 0, 0)
```

圖 26-9 被寫入 canvas 的文字

strokeText 方法

你可以將文字字串與一對座標傳給 strokeText 方法來將文字寫入 canvas，例如：

```
context.strokeText('WickerpediA', 0, 0)
```

你提供的 *x* 與 *y* 座標是 textBaseLine 與 textAlign 屬性的相對參考座標。

這個方法（使用畫線的方式）只是將文字寫入 canvas 的手段之一，除了下面這些改變文字的屬性之外，線條繪製屬性，例如 lineWidth（本章稍後會說明），也會影響文字的外觀。

textBaseline 屬性

textBaseLine 屬性可以設為這些值：

top
　　對齊文字上方

middle
　　對齊文字中間

alphabetic
　　對齊文字的字母基準線

bottom
　　對齊文字的底部

font 屬性

font 樣式可設為 bold、italic 或 normal（預設），以及 italic bold 的組合，它的大小值可以用 em、ex、px、%、in、cm、mm、pt、pc 來指定，與 CSS 一樣。你必須選擇當前瀏覽器可用的字型，通常這也意味著，你要使用 Helvetica、Impact、Courier、Times、Arial 其中一種，你也可以選擇使用者的系統預設字型 Serif 或 Sans-serif。如果你確定其他的字型能夠在瀏覽器中使用，你也可以指定那些字型，但是你至少要準備一個比較常見或預設的字型，以便使用者沒有安裝首選字型時，優雅地使用後備字型。

如果你想要使用諸如 Times New Roman 等名稱中有空格的字型，你就要用下面的方式幫字型名稱加上引號：

```
context.font = 'bold 140px "Times New Roman"'
```

textAlign 屬性

除了選擇如何直向對齊文字之外，你也可以將 textAlign 設為下面的值來指定如何橫向對齊：

start

如果文件的方向是由左至右，那就將文字靠左對齊，否則將它靠右對齊。這是預設值。

end

如果文字方向是由左至右，那就將文字靠右對齊，否則靠左對齊。

left

將文字靠左對齊

right

將文字靠右對齊

center

將文字置中

你可以這樣使用屬性：

```
context.textAlign = 'center'
```

目前的範例只需要將文件靠左對齊，讓它整齊地靠在 canvas 的邊緣，所以不使用 textAlign，因此產生預設的靠左對齊效果。

fillText 方法

你也可以使用填充（fill）屬性來填充 canvas 文字，以純色、線性、放射狀漸層，或圖案來填充。我們用柳條籃的編織圖案來填充標題，如範例 26-11 所示，圖 26-10 是它的結果。

範例 *26-11* 用圖樣來填充文字

```
image      = new Image()
image.src = 'wicker.jpg'

image.onload = function()
{
  pattern           = context.createPattern(image, 'repeat')
  context.fillStyle = pattern
  context.fillText(  'WickerpediA', 0, 0)
  context.strokeText('WickerpediA', 0, 0)
}
```

圖 26-10 在文字中填入圖樣

除此之外，我也在這個範例中保留 strokeText，來讓文字有黑邊，如果不使用它的話，文字就沒有清晰的邊緣。

你也可以使用各種其他的填充類型或圖樣，因為 canvas 很簡單，所以你可以輕鬆地自行實驗。此外，當你完成標題時，你也可以呼叫 toDataURL 來儲存複本，如本章前面所述。舉例來說，你可以將這個圖像當成 logo，傳至其他網站。

measureText 方法

當你製作 canvas 文字時，有時需要知道它將佔用多少空間，以便將它放到最合適的位置。此時你可以使用 measureText 方法（假設此時各種文字屬性都已經定義好了）：

```
metrics = context.measureText('WickerpediA')
width   = metrics.width
```

因為文字的像素高度等於定義字型時的字型大小（單位為點），所以 metrics 物件沒有高度。

繪製線條

為了迎合所有需求，canvas 提供大量的畫線功能，包括各種線條、線頭與連接點、路徑與弧度。我們從上一節在 canvas 寫入文字時使用的屬性看起。

lineWidth 屬性

用線條來繪圖的 canvas 方法都會使用一些線條屬性，其中最重要的是 lineWidth。它用起來很簡單，你只要指定線條寬度（以像素為單位）就可以了，例如下面的程式將寬度設為 3 個像素：

```
context.lineWidth = 3
```

lineCap 與 lineJoin 屬性

當你完成線條的繪製，而且線條的寬度大於一個像素時，你可以使用 lineCap 屬性來選擇線頭的樣式，它可以設成 butt（預設值）、round 與 square，例如：

```
context.lineCap = 'round'
```

此外，如果你將兩條寬度超過一個像素的線條結合在一起，你要指定它們的連接方式，你可以使用 lineJoin 屬性，它可以設為 round、bevel、miter（預設值），例如：

```
context.lineJoin = 'bevel'
```

範例 26-12（在這裡完整展示，因為它有點複雜）結合各種屬性的全部三種值，產生圖 26-11 的結果。稍後會說明這個範例所使用的 beginPath、closePath、moveTo 與 lineTo。

範例 26-12 顯示線頭與連接點的組合

```
<!DOCTYPE html>
<html>
  <head>
    <title>Drawing Lines</title>
    <script src='OSC.js'></script>
  </head>
  <body>
    <canvas id='mycanvas' width='535' height='360'></canvas>

    <script>
      canvas             = O('mycanvas')
      context            = canvas.getContext('2d')
```

```
      S(canvas).background = 'lightblue'
      context.fillStyle     = 'red'
      context.font          = 'bold 13pt Courier'
      context.strokeStyle  = 'blue'
      context.textBaseline = 'top'
      context.textAlign    = 'center'
      context.lineWidth    = 20
      caps                 = [' butt', ' round', 'square']
      joins                = [' round', ' bevel', ' miter']

      for (j = 0 ; j < 3 ; ++j)
      {
        for (k = 0 ; k < 3 ; ++k)
        {
          context.lineCap  = caps[j]
          context.lineJoin = joins[k]

          context.fillText(' cap:' + caps[j],  88 + j * 180, 45 + k * 120)
          context.fillText('join:' + joins[k], 88 + j * 180, 65 + k * 120)

          context.beginPath()
          context.moveTo( 20 + j * 180, 100 + k * 120)
          context.lineTo( 20 + j * 180,  20 + k * 120)
          context.lineTo(155 + j * 180,  20 + k * 120)
          context.lineTo(155 + j * 180, 100 + k * 120)
          context.stroke()
          context.closePath()
        }
      }
    </script>
  </body>
</html>
```

這段程式設定了一些屬性,然後使用一對嵌套迴圈,一個用來設定線頭,另一個用來設定連接點。內部的迴圈先設定 lineCap 與 lineJoin 屬性的值,然後用 fillText 方法將它顯示在 canvas 上。

這段程式使用這些設定與 20 像素寬的線條畫出九個形狀,每一個形狀都使用不同的線頭與連接點組合,如圖 26-11 所示。

你可以看到,butt 線頭比較短,square 比較長,round 介於兩者之間。round 連接點是有弧度的,bevel 有一個斜角,miter 有銳利的角度。即使連接角度不是 90 度,連接點的設定也是有效的。

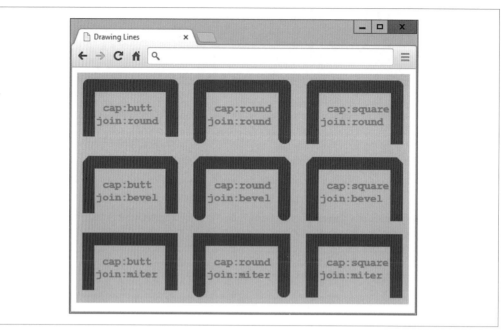

圖 26-11 線頭與連接點的所有組合

miterLimit 屬性

如果你發現 miter 連接點被切得太短，你也可以使用 miterLimit 屬性來延伸它們，例如：

```
context.miterLimit = 15
```

它的預設值是 10，你也可以減少 miter 值。如果你沒有幫 miter 設定夠大的 miterLimit 值，尖斜接點會變成斜角（bevel）。所以，如果你不滿意尖斜接點的效果，你可以增加 miterLimit 值，直到顯示斜接點為止。

使用路徑

之前的範例使用兩個方法來設定畫線方法的路徑。我們用 beginPath 方法來設定路徑的起點，用 closePath 來設定終點。你可以在每一個路徑中使用各種方法來移動繪畫的位置，以及繪製線條、曲線和其他形狀。我們來看一下範例 26-12 中相關的部分，我簡化成只製作一個圖樣：

```
context.beginPath()
context.moveTo(20, 100)
context.lineTo(20,  20)
context.lineTo(155, 20)
context.lineTo(155, 100)
context.stroke()
context.closePath()
```

在這段程式中，我們在第一行開始一個路徑，然後用 moveTo 方法將繪製位置移到以左上角為原點，往右 20 個像素，往下 100 像素的地方。

接下來連續呼叫 lineTo 三次來畫出三條線，第一條會往上到達 (20, 20)，下一條往右到達 (155, 20)，第三條往下到達 (155, 100)。設定路徑之後，我們呼叫 stroke 方法來將它放下，最後關閉路徑，因為再也用不到它了。

 你一定要在完成工作時立刻關閉路徑，否則，當你使用許多路徑時，你可能會得到一些非常意外的結果。

moveTo 與 lineTo 方法

moveTo 與 lineTo 方法都接收 x 與 y 座標引數。這兩個方法的差異在於，moveTo 會將一支虛擬的筆從目前的位置提起再將它移到新的位置，但 lineTo 會從筆的位置往你指定的新位置畫一條線。當你呼叫 stroke 方法時，你會畫出一條線，但不呼叫它就不會。所以，lineTo 會畫出一條潛在的線條，但它也可能是（舉例）某個填充區域的輪廓的一部分。

stroke 方法

stroke 方法的功能是在 canvas 上繪製你在路徑中創造過的所有線條。如果你在未封閉的路徑裡面執行它，它會立刻將虛擬筆最近的位置之前的所有東西畫上去。

但是，如果你先封閉路徑再呼叫 stroke，它也會將路徑從當前的位置接回開始的位置，在這個範例中，它會把形狀變成矩形（這不是我們要的結果，因為我們想要看到線頭與連接點）。

在封閉路徑時接回起點的動作是必要的（你稍後會看到），因為如此一來，你才可以在呼叫任何 fill 方法之前準備好路徑，否則，用來填充的圖片可能會溢出路徑的邊界。

rect 方法

如果你想要製作四邊的矩形，而不是像之前的範例那種三邊的形狀（當時你還不想封閉路徑），你可以呼叫另一個 lineTo 來連接所有東西，例如（以粗體表示）：

```
context.beginPath()
context.moveTo(20, 100)
context.lineTo(20, 20)
context.lineTo(155, 20)
context.lineTo(155, 100)
context.lineTo(20, 100)
context.closePath()
```

但是，你也可以使用 rect 方法，以簡單很多的寫法來繪製有邊線的矩形：

```
rect(20, 20, 155, 100)
```

這個指令只需要做一次呼叫，它接收 x 與 y 座標，繪製一個左上角在 (20, 20)，右下角在 (155, 100) 的矩形。

填充區域

路徑可以用來建立複雜的區域，並在裡面填入純色、漸層或圖樣。範例 26-13 使用基本的三角數學來建立複雜的星形圖樣。在此不解釋數學的原理，因為它不是這個範例的重點（但是如果你想要把玩一下這段程式，你可以更改 points、scale1 與 scale2 變數的值，來產生不同的效果）。

範例 26-13 填充複雜的路徑

```
<!DOCTYPE html>
<html>
  <head>
    <title>Filling a Path</title>
    <script src='OSC.js'></script>
  </head>
  <body>
```

```
  <canvas id='mycanvas' width='320' height='320'></canvas>

  <script>
    canvas              = O('mycanvas')
    context             = canvas.getContext('2d')
    S(canvas).background = 'lightblue'
    context.strokeStyle = 'orange'
    context.fillStyle   = 'yellow'

    orig   = 160
    points = 21
    dist   = Math.PI / points * 2
    scale1 = 150
    scale2 = 80

    context.beginPath()

    for (j = 0 ; j < points ; ++j)
    {
      x = Math.sin(j * dist)
      y = Math.cos(j * dist)
      context.lineTo(orig + x * scale1, orig + y * scale1)
      context.lineTo(orig + x * scale2, orig + y * scale2)
    }

    context.closePath()
    context.stroke()
    context.fill()
  </script>
 </body>
</html>
```

你要注意的的是粗體的那幾行，它們先開始一段路徑、用兩個 lineTo 來定義形狀、封閉路徑，然後使用 stroke 與 fill 方法來繪製橘色的邊線，並對它填入黃色（見圖 26-12）。

 路徑可以讓你隨意製作複雜的物件，無論是使用公式、迴圈（就像這個範例），還是一長串的 moveTo 或 LineTo 或其他呼叫式都可以。

圖 26-12 繪製複雜的路徑並填色

clip 方法

當你建立路徑時，有時你想要忽略部分的 canvas（也許是為了繪製其他物件「背後」的東西，只顯示看得見的部分）。此時，你可以使用 clip 方法，它會建立一個邊界，讓 stroke、fill 或其他的方法只在該邊界內生效。

範例 26-14 建立一個類似窗簾的效果，將虛擬的筆移往左邊緣，然後畫一個 lineTo，一直到右邊緣，再往下畫 30 個像素，然後再回到左邊緣，在 canvas 畫出一種蛇形圖樣，其中有一系列 30 像素高的橫向長條，如圖 26-13 所示。

範例 26-14 建立一個 clip 區域

```
context.beginPath()

for (j = 0 ; j < 10 ; ++j)
{
  context.moveTo(20,  j * 48)
  context.lineTo(620, j * 48)
  context.lineTo(620, j * 48 + 30)
```

```
    context.lineTo(20,  j * 48 + 30)
}
```

context.stroke()
```
context.closePath()
```

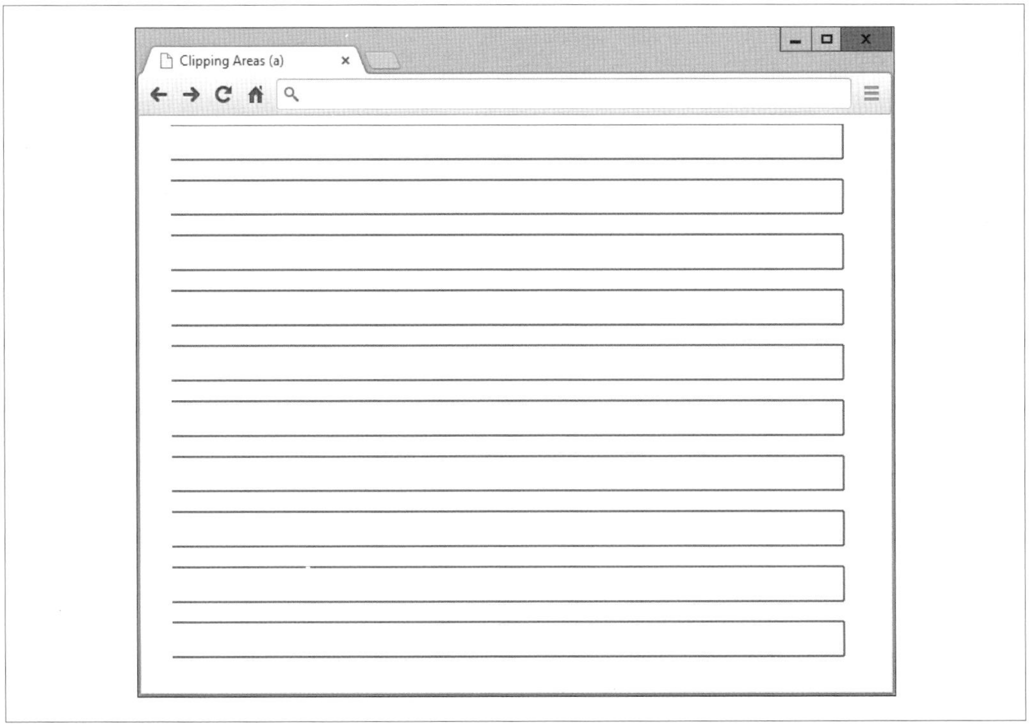

圖 26-13　橫向長條的路徑

若要將這個範例變成 canvas 上的剪裁區域，你只要呼叫 stroke 的地方（在範例中以粗體表示）換成呼叫 clip 即可：

```
    context.clip()
```

現在你看不到這些長條的輪廓了，它們變成以獨立的長條構成的剪裁區域。為了讓你更清楚地觀察，範例 26-15 更換方法，然後在 canvas 繪製一個簡單的圖案，裡面有藍天、太陽與綠地（改自範例 26-12），更改的地方以粗體顯示，結果如圖 26-14 所示。

範例 26-15 在剪裁區域的邊界內繪圖

```
context.fillStyle = 'white'
context.strokeRect(20, 20, 600, 440) // 黑色邊線
context.fillRect( 20, 20, 600, 440) // 白色背景

context.beginPath()

for (j = 0 ; j < 10 ; ++j)
{
  context.moveTo(20,  j * 48)
  context.lineTo(620, j * 48)
  context.lineTo(620, j * 48 + 30)
  context.lineTo(20,  j * 48 + 30)
}

context.clip()
context.closePath()

context.fillStyle   = 'blue'          // 藍天
context.fillRect(20, 20,  600, 320)
context.fillStyle   = 'green'         // 綠地
context.fillRect(20, 320, 600, 140)
context.strokeStyle = 'orange'
context.fillStyle   = 'yellow'

orig   = 170
points = 21
dist   = Math.PI / points * 2
scale1 = 130
scale2 = 80

context.beginPath()

for (j = 0 ; j < points ; ++j)
{
  x = Math.sin(j * dist)
  y = Math.cos(j * dist)
  context.lineTo(orig + x * scale1, orig + y * scale1)
  context.lineTo(orig + x * scale2, orig + y * scale2)
}

context.closePath()
context.stroke()                      // 太陽邊線
context.fill()                        // 太陽填充顏色
```

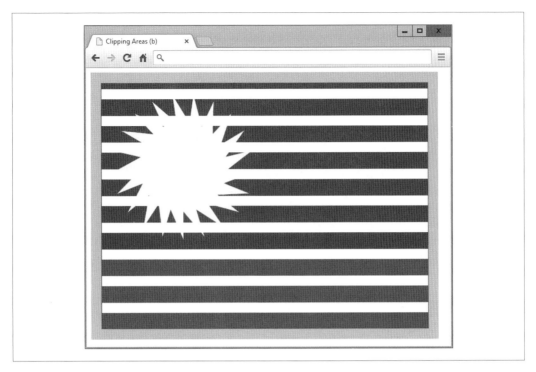

圖 26-14　只在允許的剪裁區域內繪圖

對這個範例而言，這個功能沒有任何好處，但是善用剪裁可產生強大的效果。

isPointInPath 方法

你可以用這個方法來檢查一個點有沒有在你建立的路徑裡面，但是，你應該只會在精通 JavaScript 之後，開始編寫複雜的程式時，才需要使用它，而且，你通常會在 if 陳述式裡面呼叫該函式，例如：

```
if (context.isPointInPath(23, 87))
{
   // 做些事情
}
```

呼叫式的第一個引數是位置的 x 座標，第二個是位置的 y 座標。如果你指定的位置在路徑裡面，這個方法會回傳 true 值，因此 if 陳述式的內容會被執行。

否則，它會回傳 false 值，if 陳述式的內容不會執行。

 isPointInPath 有一個很棒的用途：當你用 canvas 來製作遊戲時，你可以用它來判斷飛彈是否擊中目標、球是否打到牆面，或其他類似的邊界條件。

使用曲線

除了直線路徑之外，你也可以使用各種方法來製作幾乎無限多種曲線路徑，包括簡單的弧、圓，或複雜的二次、貝茲（Bézier）曲線。

事實上，你不需要使用路徑來建立許多線條、矩形及曲線，因為你可以直接呼叫它們的方法來繪製它們。但是使用路徑可以讓你更精確地進行控制，所以我幾乎都會在預先定義的路徑裡面對著 canvas 進行繪製，下面的範例將展示這一點。

arc 方法

在使用 arc 方法時，你要傳入圓弧的中心點的 *x* 與 *y* 位置以及像素半徑。除了這些值之外，你也要傳入一對半徑位移值與一個選用的方向，例如：

```
context.arc(55, 85, 45, 0, Math.PI / 2, false)
```

因為它預設的方向是順時針方向（false 值），所以這個值可以省略，或傳入 true，來以逆時針方向繪製圓弧。

範例 26-16 建立三組圓弧，每組四個，前兩組以順時針繪製，第三組以逆時針繪製。此外，第一組的四個圓弧會在呼叫 stroke 方法之前先封閉路徑，因此它的開始與結束點會接在一起，但其他兩組圓弧會先繪製再封閉路徑，所以它們不會連接起來。

範例 26-16 繪製各種圓弧

```
context.strokeStyle = 'blue'
arcs =
[
  Math.PI,
  Math.PI * 2,
  Math.PI / 2,
  Math.PI / 180 * 59
]
```

```
for (j = 0 ; j < 4 ; ++j)
{
  context.beginPath()
  context.arc(80 + j * 160, 80, 70, 0, arcs[j])
  context.closePath()
  context.stroke()
}

context.strokeStyle = 'red'

for (j = 0 ; j < 4 ; ++j)
{
  context.beginPath()
  context.arc(80 + j * 160, 240, 70, 0, arcs[j])
  context.stroke()
  context.closePath()
}

context.strokeStyle = 'green'

for (j = 0 ; j < 4 ; ++j)
{
  context.beginPath()
  context.arc(80 + j * 160, 400, 70, 0, arcs[j], true)
  context.stroke()
  context.closePath()
}
```

為了讓程式更簡短，我使用了迴圈來繪製所有的圓弧，因此將各個圓弧的長度存放在 arcs 陣列裡。它們的值都是以弧度（radian）為單位，因為一個弧度等於 $180 \div \pi$（π 是圓周率，大約等於 3.1415927），它們的值是：

```
Math.PI
```
　　相當於 180 度

```
Math.PI * 2
```
　　相當於 360 度

```
Math.PI / 2
```
　　相當於 90 度

```
Math.PI / 180 * 59
```
　　相當於 59 度

圖 26-15 顯示了三列圓弧，最後一組是將方向引數設為 true 的效果，從這張圖也可以看到，取決於你是否要畫一條線來連接起點與終點，你必須仔細選擇路徑的關閉位置。

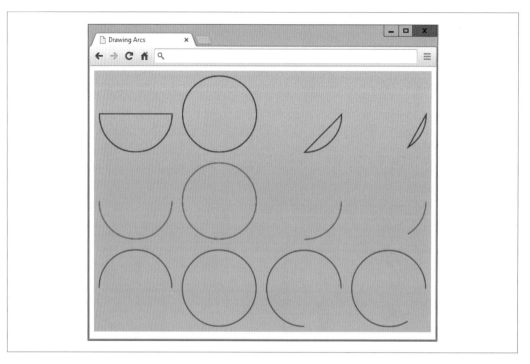

圖 26-15　各種圓弧種類

如果你比較喜歡使用角度，而不是弧度，你也可以使用新的 Math 程式庫的函式，例如：

```
Math.degreesToRadians = function(degrees)
{
  return degrees * Math.PI / 180
}
```

然後將範例 24-16 的第二行，建構陣列的程式換成：

```
arcs =
[
  Math.degreesToRadians(180),
  Math.degreesToRadians(360),
  Math.degreesToRadians(90),
  Math.degreesToRadians(59)
]
```

arcTo 方法

除了一次建立整個圓弧之外,你也可以在路徑中當前的位置與另一個位置之間繪製一個圓弧,例如下面的 arcTo 呼叫式(它只需要兩對 *x* 與 *y* 座標和一個半徑):

```
context.arcTo(100, 100, 200, 200, 100)
```

你傳給這個方法的位置代表虛擬切線(tangent line)在圓弧的起點與終點接觸它的地方。tangent 就是當直線接觸一個圓的圓周時,接觸點兩側的線和圓弧之間的角度相等時的角度。

為了說明它如何工作,範例 26-17 使用 0 到 280 像素的半徑來繪製八個圓弧,每執行一次迴圈都會建立一個新路徑,它的起點在 (20, 20),接著,使用從該位置到 (240, 240),以及從 (240, 240) 到 (460, 20) 的虛擬切線來製作圓弧。這個例子定義一對呈 90 度,V 字形的切線。

範例 *26-17* 用不同的半徑來繪製八個圓弧

```
for (j = 0 ; j <= 280 ; j += 40)
{
  context.beginPath()
  context.moveTo(20, 20)
  context.arcTo(240, 240, 460, 20, j)
  context.lineTo(460, 20)
  context.stroke()
  context.closePath()
}
```

arcTo 方法只會畫到圓弧碰到第二條虛擬切線的地方。因此,我們每次呼叫 arcTo 之後,都會呼叫 lineTo 方法,來畫出 arcTo 結束點與 (460,20) 之間的直線,再呼叫 stroke 來將結果畫到 canvas 上,並封閉路徑。

你可以在圖 26-16 看到,當我們用半徑值 0 來呼叫 arcTo 時,它會產生一個銳利的連接點。在本例中,它是一個直角(但是如果兩條虛擬切線以其他角度相接,連接處將是那一個角度)。接著你可以看到,圓弧會隨著半徑的增加而越來越大。

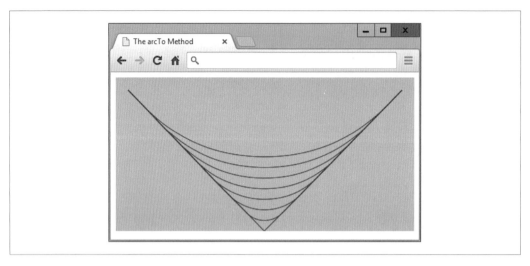

圖 26-16 繪製不同半徑的圓弧

基本上，artTo 最適合用來繪製從圖形的一部分到另一部分的曲線，根據上一個位置與下一個位置來畫出圓弧，彷彿它們與畫出來的圓弧相切一般。如果你覺得很複雜，不用擔心，你很快就能掌握它的竅門，並且發現它是一種方便且合乎邏輯的圓弧繪製方法。

quadraticCurveTo 方法

雖然圓弧很實用，但它們只不過是一種曲線，沒辦法用來設計更複雜的東西。但別擔心，繪製曲線的方法還有很多種，例如 quadraticCurveTo 方法。在使用這個方法時，你可以在曲線附近（或遠處）放一個虛擬的磁鐵，將曲線往那個方向吸過去，彷彿物體在太空中會被它附近的星球吸過去一般。但是，與重力不同的是，磁鐵的距離越遠，引力越大！

範例 26-18 藉著呼叫這個方法六次來製作一朵蓬鬆的雲，然後對它填入白色。在圖 26-17 中，在雲朵外面的虛線之間的角代表每條曲線的磁鐵。

範例 26-18 使用二次曲線圓弧來繪製雲朵

```
context.beginPath()
context.moveTo(180, 60)
context.quadraticCurveTo(240,   0, 300,  60)
context.quadraticCurveTo(460,  30, 420, 100)
```

```
context.quadraticCurveTo(480, 210, 340, 170)
context.quadraticCurveTo(240, 240, 200, 170)
context.quadraticCurveTo(100, 200, 140, 130)
context.quadraticCurveTo( 40,  40, 180,  60)
context.fillStyle = 'white'
context.fill()
context.closePath()
```

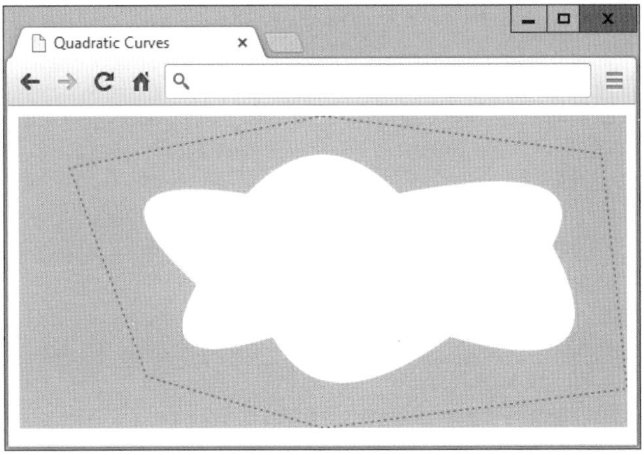

圖 26-17 用二次曲線來繪圖

順便說一下，我使用 stroke 方法與 setLineDash 方法來畫出雲朵外面的虛線，它們的參數是一系列代表短線與空格長度的值。我在這個例子中使用了 setLineDash([2, 3])，但是你也可以繪製複雜的虛線，例如 setLineDash([1, 2, 1, 3, 5, 1, 2, 4])。

bezierCurveTo 方法

如果你覺得二次曲線不夠靈活，無法滿足你的需求，那麼讓每條曲線使用兩個磁鐵如何？你可以使用 bezierCurveTo 方法來實現，如範例 26-19 所示，它會在 (24, 20) 與 (240, 220) 之間建立一條曲線，但是在 canvas 外面（在本例中）的 (720, 480) 與 (–240, –240) 有隱形的磁鐵。圖 26-18 是這段被扭曲的曲線。

範例 26-19 用兩個磁鐵來建立貝茲曲線

```
context.beginPath()
context.moveTo(240, 20)
context.bezierCurveTo(720, 480, -240, -240, 240, 220)
context.stroke()
context.closePath()
```

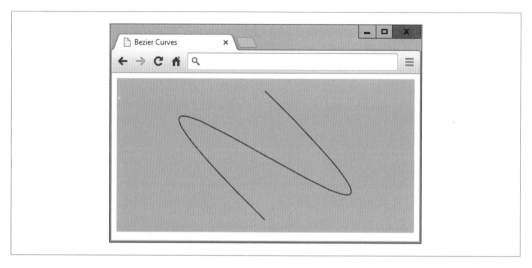

圖 26-18 用兩個磁鐵來建立貝茲曲線

你不一定要將磁鐵要放在 canvas 的對側，你可以將它們放在任何位置，當它們彼此靠近時，它們將施加結合拉力（而不是上例的相反拉力）。你可以用上述的各種曲線方法來繪製任何曲線。

處理圖像

你不但可以在 canvas 上繪圖與寫字，你也可以將圖像放入 canvas，或將它們從 canvas 取出來。除了使用簡單的複製與貼上指令之外，你也可以在讀取或寫入圖像時拉長或扭曲它們，也可以控制組合及陰影效果。

drawImage 方法

使用 drawImage 方法可以讓你從網站取得圖像物件，再將它上傳到伺服器，甚至從 canvas 取出，再將它畫到 canvas。這個方法支援各種引數，很多引數都是選用的，下面是最簡單的 drawImage 呼叫式，我們只傳入圖像與一對 x 與 y 座標：

```
context.drawImage(myimage, 20, 20)
```

這個指令會將 myimage 物件內的圖像畫到 context 是 context 的 canvas 上，將它的左上角放在 (20, 20)。

 為了確保圖像在使用之前已被載入，最好的做法是將圖像處理程式放在函式裡面，等到載入圖像之後再觸發這個函式，例如：

```
myimage      = new Image()
myimage.src = 'image.gif'

myimage.onload = function()
{
  context.drawImage(myimage, 20, 20)
}
```

調整圖像大小

當你將圖像放在 canvas 上時，如果你要調整圖像的大小，你就要加入第二對引數，也就是你要的寬與高，例如（以粗體表示）：

```
context.drawImage(myimage, 140,  20, 220, 220)
context.drawImage(myimage, 380,  20,  80, 220)
```

我們將圖像放到兩個位置，第一個在 (140, 20)，它會被放大（從 100 像素的正方形變成 220 像素的正方形），第二個在 (380, 20)，它的寬度會被擠壓，長度會被拉長，變成寬高為 80 × 220 像素。

選擇圖像區域

你不是非得使用整張圖像不可，你也可以使用 drawImage 在圖像內選擇一個區域。舉例來說，使用這個函式，你可以將很多圖像放入同一個圖像檔，在需要使用它們時，只抓取你需要的圖像。這是開發人員常用的技巧，可提升網頁載入速度，以及減少伺服器的工作量。

但是這件事做起來有點麻煩,因為當你擷取部分圖像時,你要在這個方法的既有引數「前面」加入引數,而不是在既有引數的「後面」。

例如,你可能會發出這個指令,來將一張圖像放在 (20, 140):

```
context.drawImage(myimage, 20, 140)
```

並且修改(粗體部分)這個呼叫式,來將寬與高設為 100 × 100 像素:

```
context.drawImage(myimage, 20, 140, 100, 100)
```

但是若要抓出(或裁剪)一個位於圖像的 (30, 30) 位置,40 × 40 像素的小區域,你要這樣呼叫方法(粗體是新引數):

```
context.drawImage(myimage, 30, 30, 40, 40, 20, 140)
```

為了將抓出來的部分調整為 100 像素的正方形,你要這樣寫:

```
context.drawImage(myimage, 30, 30, 40, 40, 20, 140, 100, 100)
```

 我認為這種做法令人難以理解,而且找不到合乎邏輯的理由,但既然事實如此,恐怕你只能強迫自己記得在哪些情況下該將引數放在哪個位置了。

範例 26-20 以各種方法來呼叫 drawImage,來產生圖 26-19 的結果。為了讓你一目瞭然,我用空格來調整這些引數的位置,讓每一排直向的值都代表同樣的資訊。

範例 26-20 在 canvas 上繪製圖像的各種方式

```
myimage     = new Image()
myimage.src = 'image.png'

myimage.onload = function()
{
  context.drawImage(myimage,                 20,  20          )
  context.drawImage(myimage,                140,  20, 220, 220)
  context.drawImage(myimage,                380,  20,  80, 220)
  context.drawImage(myimage, 30, 30, 40, 40,  20, 140, 100, 100)
}
```

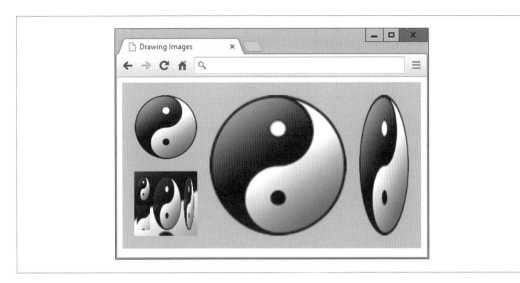

圖 26-19　將圖像畫到 canvas 時，改變它的大小與裁剪它

複製 canvas 的內容

你也可以將 canvas 的內容畫到同一個（或其他的）canvas 上，你只要將圖像物件換成 canvas 物件的名稱即可，其他引數的用法都與提供圖像時一樣。

添加陰影

當你在 canvas 上繪製圖像（或部分圖像）或任何其他東西時，你也可以藉由設定接下來的一或多個屬性，在它下面放置陰影：

shadowOffsetX

橫向位移值，以像素為單位，代表陰影往右偏移的值（如果這個值是負的，代表往左）。

shadowOffsetY

直向位移值，以像素為單位，代表陰影往下偏移的值（如果這個值是負的，代表往上）。

shadowBlur

將陰影輪廓變得模糊不清的像素數。

shadowColor

陰影的基礎顏色。如果你使用模糊（blur），這個顏色將與模糊區域的背景混合。

這些屬性可以用於文字、線條，以及實體圖像，如範例 26-21 所示，這個範例使用路徑來建立一些文字、一張圖像，與一個物件，並為它們加上陰影。在圖 26-20 中，你可以看到陰影聰明地圍繞著圖像的可視區域流動，而非只是呈現矩形邊界。

範例 26-21 在 canvas 繪圖時使用陰影

```
myimage     = new Image()
myimage.src = 'apple.png'

orig   = 95
points = 21
dist   = Math.PI / points * 2
scale1 = 75
scale2 = 50

myimage.onload = function()
{
  context.beginPath()

  for (j = 0 ; j < points ; ++j)
  {
    x = Math.sin(j * dist)
    y = Math.cos(j * dist)
    context.lineTo(orig + x * scale1, orig + y * scale1)
    context.lineTo(orig + x * scale2, orig + y * scale2)
  }

  context.closePath()

  context.shadowOffsetX = 5
  context.shadowOffsetY = 5
  context.shadowBlur    = 6
  context.shadowColor   = '#444'
  context.fillStyle     = 'red'
  context.stroke()
  context.fill()

  context.shadowOffsetX = 2
```

```
    context.shadowOffsetY = 2
    context.shadowBlur    = 3
    context.shadowColor   = 'yellow'
    context.font          = 'bold 36pt Times'
    context.textBaseline  = 'top'
    context.fillStyle     = 'green'
    context.fillText('Sale now on!', 200, 5)

    context.shadowOffsetX = 3
    context.shadowOffsetY = 3
    context.shadowBlur    = 5
    context.shadowColor   = 'black'
    context.drawImage(myimage, 245, 45)
}
```

圖 26-20　在不同類型的繪製物件下面的陰影

以像素等級來編輯

HTML5 canvas 不但提供一系列強大的繪圖方法，也提供三種方法，讓你可以打開引擎蓋，親手編輯像素。

getImageData 方法

getImageData 方法可讓你抓取部分的 canvas（或全部的），用各種方式來修改抓出來的資料，再將它存回 canvas 原處或其他位置（或其他的 canvas）。

為了說明它的工作方式，範例 26-22 先載入一個現成的圖像，再將它畫到 canvas。接著將 canvas 資料存入 idata 物件，計算所有顏色的平均值，來將每一個像素改成灰階，再稍微調整，將所有顏色改成棕褐色，如圖 26-21 所示。下一節會解釋 data 像素陣列，以及將陣列內的元素加 50 或減 50 會怎樣。

範例 26-22 處理圖像資料

```
myimage              = new Image()
myimage.src          = 'photo.jpg'
myimage.crossOrigin  = ''

myimage.onload = function()
{
  context.drawImage(myimage, 0, 0)
  idata = context.getImageData(0, 0, myimage.width, myimage.height)

  for (y = 0 ; y < myimage.height ; ++y)
  {
    pos = y * myimage.width * 4

    for (x = 0 ; x < myimage.width ; ++x)
    {
      average =
      (
        idata.data[pos]     +
        idata.data[pos + 1] +
        idata.data[pos + 2]
      ) / 3

      idata.data[pos]     = average + 50
      idata.data[pos + 1] = average
      idata.data[pos + 2] = average - 50
      pos += 4;
    }
  }
  context.putImageData(idata, 320, 0)
}
```

圖 26-21 將圖像轉換成棕褐色（在灰階印刷上只有些微的差異）

資料陣列

上面的圖像處理程式使用了 data 陣列，它是 getImageData 呼叫式回傳的 idata 物件的一個屬性。getImageData 方法會回傳一個陣列，裡面有你選取的區域裡的所有像素資料，包括紅、綠、藍與 alpha 透明度。因此，它用四個資料項目來儲存每一個彩色像素。

近來許多瀏覽器都採取嚴格的安全措施來防止跨源攻擊，這就是為什麼我們必須為 myimage 物件加入值為空字串（代表預設的「匿名」）的 crossOrigin 屬性，以明確地允許圖像資料被讀取。出於同樣的安全原因，這個範例只能在 web 伺服器上正確地運作（例如線上伺服器，或是用第 2 章的方法來安裝的 AMPPS），如果你從本地檔案系統載入它，它將無法正確運作。

資料會被依序存放在資料陣列裡面，在紅色值後面是藍色值，然後是綠色、alpha，然後，下一個項目是下一個像素的紅色值，依此類推，所以在位置 (0, 0) 的像素是：

```
idata.data[0] // 紅色大小
idata.data[1] // 綠色大小
idata.data[2] // 藍色大小
idata.data[3] // Alpha 大小
```

在它後面是位置 (1, 0)：

```
idata.data[4] // 紅色大小
idata.data[5] // 綠色大小
idata.data[6] // 藍色大小
idata.data[7] // Alpha 大小
```

這張圖像的其他像素都以同樣的方式排列，直到第 0 列最右邊的像素為止，它是第 320 個像素，在位置 (319, 0)。此時，我們將 319 乘以 4（每個像素的資料項目數量），來移到下一列元素，它裡面存有這個像素的資料：

```
idata.data[1276] // 紅色大小
idata.data[1277] // 綠色大小
idata.data[1278] // 藍色大小
idata.data[1279] // Alpha 大小
```

這會讓資料指標移回圖像的第一個直行，但這一次跑到第一個橫列，位置是 (0, 1)，它在位移值為 (0×4) + (1×320×4)（因為這張圖像的每一列都是 320 像素寬），也就是 1,280 的位置：

```
idata.data[1280] // 紅色大小
idata.data[1281] // 綠色大小
idata.data[1282] // 藍色大小
idata.data[1283] // Alpha 大小
```

所以，如果圖像資料被存放在 idata 裡面，其寬度為 w，如果你想要讀取的像素位置是 x 與 y，直接讀取這筆圖像資料的公式是：

```
red   = idata.data[x * 4 + y * w * 4    ]
green = idata.data[x * 4 + y * w * 4 + 1]
blue  = idata.data[x * 4 + y * w * 4 + 2]
alpha = idata.data[x * 4 + y * w * 4 + 3]
```

所以，我們可以將每個像素的紅、藍與綠成分取出，計算它們的平均值，例如（其中 pos 是可變的指標，指向當前的像素在陣列中的位置）：

```
average =
(
  idata.data[pos]     +
  idata.data[pos + 1] +
  idata.data[pos + 2]
) / 3
```

現在 average 裡面有顏色的平均值（計算方式是將所有像素值加起來再除以 3），我們將這個值寫回像素的所有顏色，但將紅色加 50，將藍色減 50：

```
idata.data[pos]     = average + 50
idata.data[pos + 1] = average
idata.data[pos + 2] = average - 50
```

如此一來，每一個像素都會被增加紅色並減少藍色（如果你只將平均值寫回這些像素，像素會變成單色圖像），產生棕褐色。

putImageData 方法

修改圖像資料陣列之後，若要像之前的範例那樣將它寫回 canvas，你只要呼叫 putImageData 方法，傳入 idata 物件及其左上角座標即可。上述的呼叫式可將修改後的複本存到原始圖像的右邊：

```
context.putImageData(idata, 320, 0)
```

 如果你只想要修改部分的 canvas，你不需要抓取整個 canvas，只要抓取你感興趣的區域就可以了。你可以將圖像資料寫到 canvas 的任何部分，不一定要將圖像資料寫回原本的地方。

createImageData 方法

除了直接在 canvas 上建立物件之外，你也可以呼叫 createImageData 方法來建立一個內含空白資料的物件。下面的範例會建立一個 320 像素寬，240 像素高的物件：

```
idata = createImageData(320, 240)
```

你也可以用既有的物件來建立一個新物件，例如：

```
newimagedataobject = createImageData(imagedata)
```

接下來，你可以隨意操作這些物件，例如加入像素資料、修改它們、將它們貼到 canvas 上，或是用它們來建立其他的物件……等。

高級的圖形效果

HTML5 canvas 提供了許多高級的功能，包括指定各種混合與透明效果，以及強大的變形功能，例如縮放、拉伸，與旋轉。

globalCompositeOperation 屬性

HTML5 有 12 種方法，可讓你考慮現有的物件和未來的物件，調整將物件放到 canvas 的方式。它們稱為混合選項（*compositing options*），使用的方式為：

```
context.globalCompositeOperationProperty = 'source-over'
```

HTML5 的混合類型有：

source-over

預設值。將來源圖像複製到目標圖像上面。

source-in

只顯示位於目標圖像之內的來源圖像部分，移除目標圖像。無論來源圖像的 alpha 透明度為何，它下面的目標圖像都會被移除。

source-out

只顯示不在目標圖像之內的來源圖像部分，移除目標圖像。無論來源圖像的 alpha 透明度為何，它下面的目標圖像都會被移除。

source-atop

顯示與目標圖像重疊的來源圖像部分，如果目標圖像是不透明的，而且來源圖像是透明的，目標圖像會被顯示出來。其他的區域都是透明的。

destination-over

將來源圖像畫在目標圖像下面。

destination-in

在來源圖像與目標圖像重疊的地方顯示目標圖像，但是在來源圖像的透明區域不顯示目標圖像，此時不顯示來源圖像。

destination-out

只顯示在來源圖像的非透明區域外面的目標圖像部分。此時不顯示來源圖像。

destination-atop

在不顯示目標圖像的地方顯示來源圖像。在目標圖像與來源圖像重疊的區域顯示目標圖像。來源圖像透明的地方都會遮蔽該區域的目標圖像。

lighter

使用來源與目標圖像的總和，因此在兩者不重疊的地方照常顯示，在兩者重疊的地方顯示兩者的總和，但顏色較淡。

darker

使用來源與目標圖像的總和，因此在兩者沒有重疊的地方照常顯示，在兩者重疊的地方顯示兩者的總和，但顏色較深。

copy

將來源圖像複製到目標區域。來源圖像的透明區域會遮蔽它底下的目標圖像。

xor

如果來源與目標圖像沒有重疊，它們會正常顯示。如果它們重疊，就對它們的顏色值執行互斥或。

為了說明以上所有混合類型的效果，範例 26-23 建立 12 個不同的 canvas，在每一個 canvas 上畫出兩個物件（一個純色圓形與一個太極圖像），並將它們錯開且部分重疊。

範例 26-23 使用全部的 12 種混合類型

```
image       = new Image()
image.src = 'image.png'

image.onload = function()
{
  types =
  [
    'source-over',      'source-in',        'source-out',
    'source-atop',      'destination-over', 'destination-in',
    'destination-out',  'destination-atop', 'lighter',
    'darker',           'copy',             'xor'
  ]

  for (j = 0 ; j < 12 ; ++j)
  {
    canvas             = O('c' + (j + 1))
    context            = canvas.getContext('2d')
    S(canvas).background = 'lightblue'
```

```
    context.fillStyle    = 'red'

    context.arc(50, 50, 50, 0, Math.PI * 2, false)
    context.fill()
    context.globalCompositeOperation = types[j]
    context.drawImage(image, 20, 20, 100, 100)
  }
}
```

 與本章的其他範例一樣，這個範例（可從本書網站下載）使用了一些 HTML 與 CSS 來改善顯示效果，但因為它們不是重點，所以在此不列出它們。

這段程式使用一個 for 迴圈來遍歷 types 陣列裡的每一種混合類型。每一次迭代迴圈時，我們都會用之前的 HTML（沒有列出來）已建立的 12 個 canvas 元素的下一個來建立新的 context，使用 canvas ID c1 至 c12。

我們先在每一個 canvas 的左上角放一個直徑 100 像素的紅色圓，然後選擇混合類型，再將太極圖像放在圓上面，但是將它的位置往右與往下移動 20 個像素。圖 26-22 是每一種類型的行為，如你所見，它可以產生很多種效果。

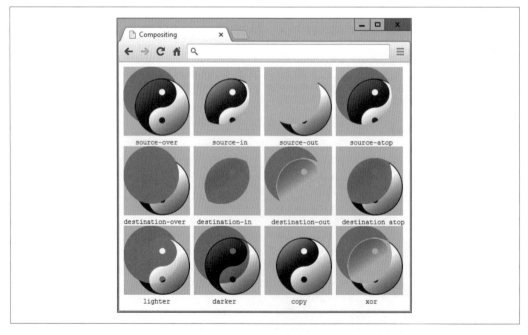

圖 26-22　12 種混合效果

globalAlpha 屬性

當你在 canvas 上繪圖時,你可以用 globalAlpha 屬性來指定透明度,它的值從 0(完全透明)到 1(完全不透明)。下面的指令可將 alpha 設為 0.9,讓後續的繪製使用 90% 不透明(即 10% 透明):

```
context.globalAlpha = 0.9
```

這個屬性可以和其他屬性一起使用,包括混合選項。

變形

當你在 HTML5 canvas 上繪製元素時,你可以用四種函式來改變元素形狀:scale、rotate、translate 與 transform。你可以單獨使用它們,也可以一起使用,來產生更有趣的效果。

scale 方法

你可以先呼叫 scale 方法來縮放接下來的繪畫操作,這個方法可接收橫向、直向的縮放因子,你可以使用負數、零,或正數。

範例 26-24 將原始大小為 100×100 像素的太極圖案畫至 canvas,然後將它的寬度放大 3 倍,高度放大 2 倍,然後再次呼叫 drawImage 函式,將放大的圖像放到原始圖像旁邊,最後再使用 0.33 與 0.5 值來縮放,將圖像恢復原狀,並再次將這個圖像畫到原始圖像的下面。圖 26-23 是執行的結果。

範例 26-24 放大與縮小

```
context.drawImage(myimage, 0, 0)
context.scale(3, 2)
context.drawImage(myimage, 40, 0)
context.scale(.33, .5)
context.drawImage(myimage, 0, 100)
```

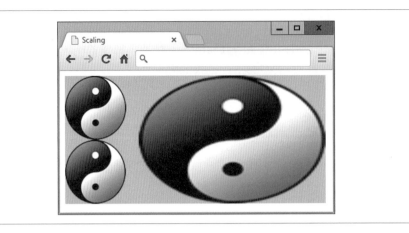

圖 26-23 將圖像放大再縮小

仔細觀察可以發現，原始圖像下面的複本先被放大再被縮小，所以有點模糊。

如果你將一或多個大小調整參數設為負值，你可以在縮放的同時（或不縮放），往水平方向或垂直方向（或兩者）翻轉元素。例如，下面的程式會將 context 翻轉，創造鏡像圖像：

```
context.scale(-1, 1)
```

save 與 restore 方法

對著不同的繪圖元素進行多次縮放操作會讓最終結果變模糊，而且先將圖像放大三倍，再用 0.33 這個值來將它恢復成原本的大小也非常浪費計算時間（放大兩倍需要用 0.5 這個值來復原）。

因此，你可以在呼叫 scale 之前先呼叫 save 來儲存當前的 context，稍後再呼叫 restore 來恢復正常的大小。下面的程式可以取代範例 26-24 的程式：

```
context.drawImage(myimage, 0, 0)
context.save()
context.scale(3, 2)
context.drawImage(myimage, 40, 0)
context.restore()
context.drawImage(myimage, 0, 100)
```

save 與 restore 方法都非常強大，除了用來改變圖像大小之外，它們可以處理下列屬性，因此你可以隨時用它來儲存當前的屬性，之後再將它們還原：fillStyle、font、globalAlpha、globalCompositeOperation、lineCap、lineJoin、lineWidth、miterLimit、shadowBlur、shadowColor、shadowOffsetX、shadowOffsetY、strokeStyle、textAlign 與 textBaseline。save 與 restore 也可以處理全部四種變形方法（scale、rotate、translate 與 transform）的屬性。

rotate 方法

你可以用 rotate 方法來設定物件（或任何繪圖方法）與 canvas 之間的角度，角度的單位是弧度，它就是 180/ π ，或每個弧度 57 度。

這個方法產生的旋轉將繞著 canvas 的原點，在預設情況下，原點在左上角（但是你很快就會看到，它的位置可以改變）。範例 26-25 顯示四次太極圖案，對四個圖像旋轉 Math. PI / 25 弧度。

範例 26-25 旋轉圖像

```
for (j = 0 ; j < 4 ; ++j)
{
  context.drawImage(myimage, 20 + j * 120 , 20)
  context.rotate(Math.PI / 25)
}
```

也許圖 26-24 的結果與你想像的不一樣，因為圖像並未自轉，而是繞著 canvas 原點 (0,0) 旋轉，而且，每次新的旋轉都是基於上一次旋轉產生的。但是，你可以使用 translate 與 save 及 restore 方法來修正這件事。

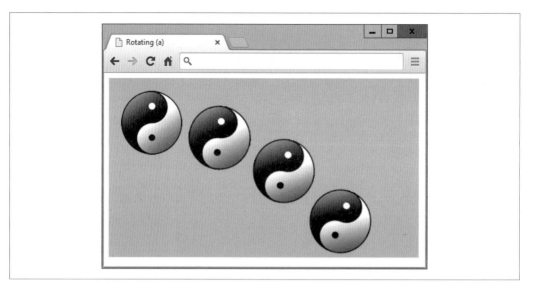

圖 26-24 四個不同的旋轉產生的圖像

 弧度是很合理的測量單位,因為完整的圓的弧度是 π×2。因此弧度 π 是半圓,π÷2 是四分之一圓,π÷2×3(或 π×1.5)是四分之三圓,以此類推。為了免於記憶 π 值,你可以使用 Math.PI 這個值。

translate 方法

你可以呼叫 translate 方法來改變旋轉原點,將它移到 canvas 裡面(或外面)的任何位置,通常你會指定物件的目標位置裡面的某個點(通常是它的中心)。

範例 26-26 在每一次呼叫 rotate 之前執行這種平移,產生上一個範例原本想要做出來的效果。此外,它會在每次操作前後呼叫 save 與 restore 方法,以確保每次旋轉都是個別套用的,而不是像上一個範例那樣複合套用的。

範例 26-26 就地旋轉物件

```
w = myimage.width
h = myimage.height

for (j = 0 ; j < 4 ; ++j)
{
  context.save()
```

```
  context.translate(20 + w / 2 + j * (w + 20), 20 + h / 2)
  context.rotate(Math.PI / 5 * j)
  context.drawImage(myimage, -(w / 2), -(h / 2))
  context.restore()
}
```

我們在每次旋轉之前將 context 存起來，並將原點移到即將繪製圖像之處的中心點，然後進行旋轉並繪製圖像，藉著使用負值來將圖像畫在新原點的左方，讓它的圓心與新原點一致。結果如圖 26-25 所示。

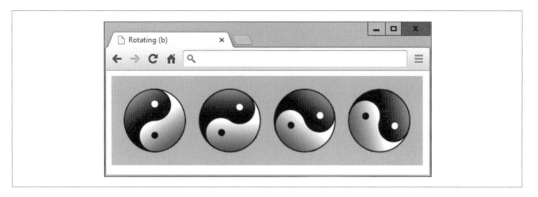

圖 26-25　就地旋轉圖像

重述一遍：當你想要就地旋轉或變形（接下來會說明）一個物件時，你要執行下列動作：

1.　儲存 context。

2.　將畫布的原點移到物件的下一個位置的中心點。

3.　呼叫旋轉或變形指令。

4.　使用任何繪製方法來繪製物件，使用負的目標位置點，將位置往左移動「物件寬度的一半」，以及往上移動「物件高度的一半」。

5.　還原 context 來還原原點。

transform 方法

如果你嘗試了其他的 canvas 功能，卻無法以你期望的方式操作物件物件，你可以使用 transform 方法。它提供多種可能性和強大的功能，可以讓你在一條指令中結合縮放與旋轉，用變形矩陣來改變 canvas 上的物件。

這個方法使用的變形矩陣是包含九個值的 3 × 3 矩陣，但只有六個值是從外部提供給 transform 方法的，因此，我不需要解釋矩陣乘法如何運作，只要解釋它的六個引數的效果就可以了，它們依序如下（這個順序可能有點違反直覺）：

1. 橫向縮放

2. 橫向歪斜

3. 直向歪斜

4. 直向縮放

5. 橫向平移

6. 直向平移

你可以用很多種方式來套用這些值，例如，為了模擬範例 26-24 的 scale 方法，你可以將這一段程式：

```
context.scale(3, 2)
```

換成：

```
context.transform(3, 0, 0, 2, 0, 0)
```

或者用類似的做法，將範例 26-26 的這段程式：

```
context.translate(20 + w / 2 + j * (w + 20), 20 + h / 2)
```

換成：

```
context.transform(1, 0, 0, 1, 20 + w / 2 + j * (w + 20), 20 + h / 2)
```

 注意，我們的橫向與直向縮放引數值都是 1，以確保 1:1 的結果，而歪斜值都是 0，以避免產生歪斜的結果。

你甚至可以結合上面的兩行程式來同時進行平移與縮放，例如：

```
context.transform(3, 0, 0, 2, 20 + w / 2 + j * (w + 20), 20 + h / 2)
```

歪斜引數可將元素往指定的方向歪斜，例如將正方形變成菱形。

範例 26-27 是另一個歪斜範例，它在 canvas 繪製一個太極圖像，並使用 transform 方法在它旁邊畫一個歪斜的複本。歪斜值可以使用任何負值、零，或正值，但是我選擇橫向值 1，它會將圖像底部往右歪斜一個圖像寬，並按比例將它之上的部分全部往右拉（見圖 26-26）。

範例 26-27 建立原始的圖像與歪斜的圖像

```
context.drawImage(myimage, 20, 20)
context.transform(1, 0, 1, 1, 0, 0)
context.drawImage(myimage, 140, 20)
```

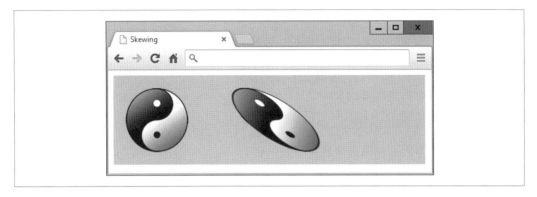

圖 26-26 將物件往右橫向歪斜

 你甚至可以用 transform 來旋轉物件，做法是提供一個負值與一個相反的正歪斜值。但是當你做這件事時，你將修改元素的大小，因此也要同時調整縮放引數，並且記得平移原點。因此，除非你完全掌握 transform，否則建議你先使用 rotate 方法。

setTransform 方法

你可以用絕對變形來取代 save 與 restore 方法，它會先重設變形矩陣再套用你提供的值。setTransform 的用法與 transform 一樣，例如（提供正的橫向歪斜值 1）：

```
context.setTransform(1, 0, 1, 1, 0, 0)
```

 若要進一步了解變形矩陣，你可以參考詳盡的維基百科文章（*https://tinyurl.com/transform-matrix*）

HTML5 canvas 對 web 開發者來說是一項重要的資產，可以幫助他們製作更大、更好、更專業且更引人注目的網站。下一章要探討另兩種很棒的 HTML5 功能：瀏覽器內的免外掛音訊和視訊。

問題

1. 如何在 HTML 裡面建立一個 canvas 元素？

2. 如何讓 JavaScript 操作 canvas 元素？

3. 如何開始建立 canvas 路徑和完成它？

4. 哪一種方法可從 canvas 中提取資料，再將它放到一張圖像裡面？

5. 如何建立有兩種以上顏色的漸層填充？

6. 如何在繪圖時調整線條的寬度？

7. 如何指定一塊 canvas 區域，讓以後的繪製動作只在那個區域生效？

8. 如何用兩個虛擬的磁鐵來繪製複雜的曲線？

9. `getImageData` 方法為每一個像素回傳幾個資料項目？

10. `transform` 方法的哪兩個參數的功能是縮放？

解答請參考第 783 頁附錄 A 的「第 26 章解答」。

第 27 章

HTML5 音訊與視訊

使用者對音訊與視訊等多媒體有難以滿足的需求，這是推動 Internet 發展的重要驅動力之一。起初，頻寬非常珍貴，所以沒有即時串流這種東西，當時下載一首音軌就可能耗時好幾分鐘甚至好幾個小時，更不用說影片了。

昂貴的頻寬和能力有限的數據機，促使人們開發更快速且更高效的壓縮演算法，例如 MP3 音樂與 MPEG 影片，但即使如此，若要在合理的時間內下載檔案，唯一的做法就是大幅降低它們的品質。

我曾經在 1997 年進行一項 Internet 專案，它是英國第一個獲得音樂當局許可的線上廣播電台。事實上，它更像播客（podcast，當時這個名稱還沒有出現），因為我們每天製作半小時的節目，然後使用原本為電話開發的演算法，將它壓縮成 8-bit、11KHz 的單聲道格式，它的音質與電話一樣，甚至更糟。儘管如此，我們很快就獲得成千上萬名聽眾，他們會下載節目，並且在聆聽的同時，使用裝了外掛程式的瀏覽器快顯視窗來進行線上聊天。

讓我們和許多媒體人開心的是，我們很快就能夠提供更高品質的的音樂與影片了，但使用者仍然必須下載與安裝外掛播放程式。在擊敗 RealAudio 等競爭對手之後，Flash 成為最受歡迎的一款播放程式，但因為它導致許多瀏覽器崩潰，而且還會在新版本發表時不斷要求使用者進行更新，所以它的名聲不太好。

於是大家開始形成共識：提出一些網頁標準，直接在瀏覽器內提供多媒體。當然，Microsoft 與 Google 等瀏覽器開發商對這些標準有不同的看法，但塵埃落定之後，他們都同意有些檔案類型是所有瀏覽器都必須能夠在本地播放的，這些檔案類型也被 HTML5 規格納入。

最終，你可以將多媒體上傳到 web 伺服器（將音樂與影片編碼為幾種不同的格式）、將一些 HTML 標籤放入網頁，以及在所有主流桌上型、手機、平板瀏覽器上播放媒體，使用者不必下載外掛程式，或是做任何其他改變。

關於轉碼器

轉碼器（*codec*）的意思是編碼器 / 解碼器（*encoder/decoder*）。它描述了軟體提供的一種功能，可對音訊與視訊等媒體進行編碼與解碼。根據使用者的瀏覽器，HTML5 有許多不同的轉碼器組合可供使用。

音訊與視訊有一個麻煩的問題（這是圖片和其他傳統網頁內容所沒有的）：格式與轉碼器的授權許可。許多格式與轉碼器都不是免費的，因為它們是由一家公司或許多公司一起開發的，且那些公司選擇專有許可（proprietary license）。有些免費的與開放原始碼的瀏覽器不支援最熱門的格式與轉碼器，因為開發團隊不可能付費購買它們，或開發團隊原則上反對專有許可。由於世界各國的版權法規各不相同，而且許可權很難執行，所以你可以在網路上找到免費的轉碼器，但是就技術而言，在你的國家使用它們可能是非法的。

以下是 HTML5 <audio> 標籤（以及被附加到 HTML5 視訊的音訊）支援的轉碼器：

AAC

這個音訊轉碼器的名稱是 Advanced Audio Encoding 的縮寫，它是一項專案技術，通常使用 *.aac* 副檔名。它的 Mime 類型是 `audio/aac`。

FLAC

這個音訊轉碼器的名稱是 Free Lossless Audio Codec 的縮寫，它是 Xiph.Org Foundation 開發的。它使用 *.flac* 副檔名，Mime 類型是 `audio/ flac`。

MP3

MP3 的意思是 MPEG Audio Layer 3，它已經問世多年了。儘管這個名稱經常（錯誤地）被用來代表任何類型的數位音訊，但它是一項專利技術，使用 *.mp3* 副檔名。它的 Mime 類型是 `audio/mpeg`。

PCM

這個音訊轉碼器的名稱是 Pulse Coded Modulation 的縮寫,它用類比至數位的轉換器來編碼和儲存完整的資料,它是音訊 CD 的資料格式。因為它不使用壓縮技術,所以它稱為無損轉碼,它的檔案通常比 AAC 或 MP3 檔案大好幾倍。它的副檔名通常是 *.wav*。它的 Mime 類型是 audio/wav,但你也可能看到 audio/wave。

Vorbis

有時稱為 Ogg Vorbis,因為它通常使用 *.ogg* 副檔名。這種音訊轉碼器不受專利限制,而且不需要支付版權費用。它的 Mime 類型是 audio/ogg,WebM 容器使用 audio/webm。

在 2021 年的年中,大多數的作業系統和瀏覽器都已經支援 AAC、MP3、PCM 與 Vorbis 了(不包括 Microsoft 停止維護的 Internet Explorer),但 Safari 有這些例外:

Vorbis audio/ogg

MacOS 10.11 和之前的版本的 Safari 必須有 Xiph Quicktime

Vorbis audio/webm

Safari 不支援

FLAC audio/ogg

Safari 不支援(但支援 audio/flac)

因此,除非你真的有使用 Vorbis 的理由,否則現在使用 AAC 或 MP3 來儲存壓縮有損音訊,使用 FLAC 來儲存壓縮無損音訊,使用 PCM 來儲存未壓縮音訊都是安全的做法。

\<audio\> 元素

為了迎合各種平台,你可以使用多種轉碼器來錄製或轉換內容,然後將它們全部列在 \<audio\> 與 \</audio\> 標籤裡面,如範例 27-1 所示。在 \<source\> 標籤裡面的東西是你希望提供給瀏覽器的各種媒體。因為我們使用 controls 屬性,所以它的結果是圖 27-1 的樣子。

範例 27-1 嵌入三種不同的音訊檔案類型

```
<audio controls>
  <source src='audio.m4a' type='audio/aac'>
  <source src='audio.mp3' type='audio/mp3'>
  <source src='audio.ogg' type='audio/ogg'>
</audio>
```

圖 27-1　播放音訊檔

我在這個範例中放入三種不同的音訊類型，因為它們是完全可被接受的，而且，如果你
想要確保每一個瀏覽器都可以找到它的首選格式，而不僅僅是它可以處理的格式，這種
寫法非常合適。但是，如果你移除 MP3 和 AAC 檔案中的任何一個（但不是兩者），這
個範例也可以在所有平台上播放。

<audio> 元素與它的姐妹標籤 <source> 都支援以下的屬性：

autoplay

　　讓音訊在準備就緒時立刻播放

controls

　　顯示控制面板

loop

　　讓音訊反覆播放

preload

　　在使用者選擇播放之前，就開始載入音訊

src

指定音訊檔的來源位置

type

指定用來製作音訊的轉碼器

如果你沒有在 `<audio>` 標籤裡面使用 controls 屬性，也沒有使用 autoplay 屬性，聲音將不會被播放出來，而且不會出現 Play 按鈕來讓使用者按下來播放。這將使你別無選擇，只能用 JavaScript 提供這項功能，如範例 27-2 所示（粗體代表需要額外編寫的程式），它提供播放與暫停音訊的功能，如圖 27-2 所示。

範例 27-2 用 JavaScript 播放音訊

```html
<!DOCTYPE html>
<html>
  <head>
    <title>Playing Audio with JavaScript</title>
    <script src='OSC.js'></script>
  </head>
  <body>
    <audio id='myaudio'>
      <source src='audio.m4a' type='audio/aac'>
      <source src='audio.mp3' type='audio/mp3'>
      <source src='audio.ogg' type='audio/ogg'>
    </audio>

    <button onclick='playaudio()'>Play Audio</button>
    <button onclick='pauseaudio()'>Pause Audio</button>

    <script>
      function playaudio()
      {
        O('myaudio').play()
      }
      function pauseaudio()
      {
        O('myaudio').pause()
      }
    </script>
  </body>
</html>
```

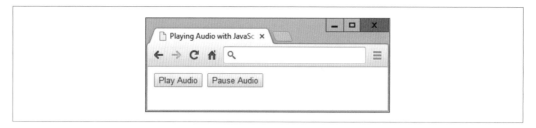

圖 27-2　HTML5 音訊可用 JavaScript 來控制

我們是在按鈕被按下時呼叫 myaudio 元素的 play 或 pause 方法來實現的。

<video> 元素

播放 HTML5 視訊的方法與播放音訊很像，你只要使用 <video> 標籤，並用 <source> 元素來指向想要使用的媒體即可。範例 27-3 用三個不同的視訊轉碼類型來展示做法，圖 27-3 是它的結果。

範例 27-3 播放 HTML5 視訊

```
<video width='560' height='320' controls>
  <source src='movie.mp4'  type='video/mp4'>
  <source src='movie.webm' type='video/webm'>
  <source src='movie.ogv'  type='video/ogg'>
</video>
```

圖 27-3　播放 HTML5 視訊

視訊轉碼器

視訊和音訊一樣有多種轉碼器可用，瀏覽器提供的支援也各有不同。這些轉碼器位於不同的容器之中，如下所示：

MP4

> 這是受許可權約束的多媒體容器格式標準，屬於 MPEG-4。它的 Mime 類型是 `video/mp4`。

Ogg

> 免費、開放的容器格式，由 Xiph.Org Foundation 維護。Ogg 格式的創造者聲稱這種格式不受軟體專利的限制。它的 Mime 類型是 `video/ogg`。

WebM

> 一種音訊 / 視訊格式，旨在提供免費、開放的視訊壓縮格式，供 HTML5 視訊使用。它的 Mime 類型是 `video/webm`。

它們可能含有以下的視訊轉碼器：

H.264 & H.265

> 獲得專利的私有視訊轉碼器，可讓最終用戶免費播放，但是在編碼和傳輸過程中的步驟都可能要支付版稅。H.265 可以用將近 H.264 兩倍的壓縮率來產生相同品質的輸出。

Theora

> 這是一種不受專利限制，也不需要支付版稅的視訊轉碼器，可在編碼、傳輸與播放的所有過程中免費使用。

VP8

> 這種視訊轉碼器類似 Theora，但歸 Google 所有，Google 已經開放它的原始碼，因此它是免版稅的。

VP9

> 與 VP8 相同，但更強大，它的位元速率（bitrate）只有一半。

現在除了 iOS 不支援 Theora `video/ogg`，且 macOS 10.11 之前需要 Xiph QuickTime 之外，幾乎所有的現代瀏覽器都支援這些格式。

因此，如果 iOS 是你的目標平台之一（通常都是如此），你可能要避開 Ogg，你可以在所有平台上安全地使用 MP4 或 WebM，暫不考慮其他格式。但是，在範例 27-3 中，我已經告訴你如何加入全部的三種主要視訊類型了，瀏覽器將會選擇它最想使用的格式。

<video> 元素與它的姐妹標籤 <source> 支援這些屬性：

autoplay

　　讓視訊在就緒時馬上開始播放

controls

　　顯示控制面板

height

　　指定視訊播放時的高度

loop

　　讓視訊重複播放

muted

　　靜音

poster

　　讓你選擇一張圖像，在播放視訊之前顯示

preload

　　在使用者選擇 Play 之前就開始載入視訊

src

　　指定視訊檔的來源位置

type

　　指定建立視訊的轉碼器

width

　　指定視訊播放時的寬度

如果你想要用 JavaScript 來控制視訊播放，你可以使用範例 27-4 的程式（粗體代表額外的程式），其結果如圖 27-4 所示。

範例 27-4 用 JavaScript 來控制視訊的播放

```
<!DOCTYPE html>
<html>
  <head>
    <title>Playing Video with JavaScript</title>
    <script src='OSC.js'></script>
  </head>
  <body>
    <video id='myvideo' width='560' height='320'>
      <source src='movie.mp4'  type='video/mp4'>
      <source src='movie.webm' type='video/webm'>
      <source src='movie.ogv'  type='video/ogg'>
    </video><br>

    <button onclick='playvideo()'>Play Video</button>
    <button onclick='pausevideo()'>Pause Video</button>

    <script>
      function playvideo()
      {
        O('myvideo').play()
      }
      function pausevideo()
      {
        O('myvideo').pause()
      }
    </script>
  </body>
</html>
```

這段程式很像控制音訊的 JavaScript 程式。你只要呼叫 myvideo 物件的 play 與 pause 方法就可以播放與暫停視訊了。

圖 27-4 用 JavaScript 來控制視訊

看過本章之後，你已經可以在幾乎所有瀏覽器與平台中嵌入任何音訊與視訊了，而且不用擔心使用者無法播放它。

在下一章，我會示範如何使用一些其他的 HTML5 功能，包括地理定位與本機存放區。

問題

1. 哪兩種 HTML 元素標籤可將音訊與視訊插入 HTML5 文件？

2. 為了保證所有的主流平台都可以播放音訊，你要提供哪兩種壓縮、有損的音訊轉碼器（或是從中選擇）？

3. 你可以呼叫哪些方法來播放與暫停 HTML5 媒體？

4. FLAC 是哪一種格式類型？

5. 為了保證所有的主流平台都可以播放視訊，你要選擇哪兩種視訊轉碼器（或提供）？

解答請參考第 784 頁附錄 A 的「第 27 章解答」。

第 28 章

其他的 HTML5 功能

在這個 HTML5 的最後一章，我將解釋如何使用地理定位與本機存放區，並展示如何在瀏覽器內執行拖曳與放下、如何設定與使用 web worker，以及如何使用跨文件傳訊。

嚴格來說，這些功能大都不是 HTML 的擴充功能（如同大部分的 HTML5），因為你要用 JavaScript 來控制它們，而不是使用 HTML 標記。它們只是被瀏覽器開發人員接受的技術，並且被賦與 HTML5 這個方便的統稱。

不過，這意味著你必須完全了解本書的 JavaScript 教學，才能正確地使用它們。一旦你掌握了它們的訣竅，你會開始想，如果沒有這些強大的新功能該怎麼辦？

地理定位與 GPS 服務

GPS（全球定位系統）服務是由許多個繞著地球軌道運行、位置被精確掌握的衛星組成的。當 GPS 設備找到衛星之後，那些設備可以用訊號的傳遞時間來取得衛星的準確位置，由於光速是已知的常數（所以無線電波的速度也是已知的），因此訊號從衛星傳到 GPS 設備的時間代表衛星的距離。

因為衛星的軌道位置被精確地掌握，設備只要記錄從各個衛星收到訊號的時間，並使用簡單的三角測量，就可以算出它與衛星的相對位置，誤差在幾公尺或更短的範圍內。

許多手機與平板等行動設備都有 GPS 晶片，因此可以提供這種資訊。但是有些設備沒有 GPS 晶片、有些關閉它、有些在室內，因此無法偵測 GPS 衛星並接受任何訊號。在這些情況下，你可以使用其他的技術來判斷設備的位置。

你必須考慮地理定位的隱私問題，如果你的 app 會將位置座標傳給伺服器更是如此。具備地理定位功能的 app 都應該制定明確的隱私保護政策。順道一提，從技術上講，地理定位不屬於 HTML5 標準，它其實是 W3C/WHATWG 定義的獨立功能，但大部分的人都以為它屬於 HTML5。

其他的定位方法

如果你的設備有行動電話硬體，但沒有 GPS 晶片，它也可以試著透過多個可溝通（而且精準地知道位置）的基地台回傳的訊號的時間差，用三角數學來算出位置。如果基地台很多，這種方法可以得到幾乎與 GPS 一樣的結果。但是如果基地台只有一個，設備可以使用訊號強度來判斷那個基地台的半徑範圍，用它來畫出一個圓，用來代表可能的位置。這個範圍可能距離實際位置一到兩英里，也可能在幾十公尺之內。

如果以上的方法都不可行，你也可以使用公開位置的 WiFi 熱點，因為所有熱點都有獨一無二的位址（稱為 MAC（Media Access Control）位址），可以用來取得很好的位置近似值，誤差可能在一兩條街之內。Google 街景車一直在收集這種資訊（其中有些因為可能侵犯資料隱私權而被捨棄了）。

如果這種方法也不可行，設備可以藉著查詢它的 IP（Internet Protocol）位址取得大略的位置。但是，這種做法通常只能提供你的 internet 供應商的主要交換器的位置，它可能在幾十英里甚至幾百英里之外。但至少 IP 位址可以（通常）將可能的位置縮小到國家範圍，有時可縮小到所處地區。

媒體公司通常使用 IP 位址來限制區域播放內容。但是在阻擋外界進入的地區之中，你可以設定代理伺服器來轉傳 IP 位址，以突破封鎖並獲取內容，將內容傳遞至「外國的」瀏覽器。代理伺服器也經常被用來偽裝用戶的真實 IP 位址或繞過審查限制，並且可以（舉例）用一個 WiFi 熱點來讓很多用戶共享。因此，用 IP 位址來定位不一定可以取得準確的位置，有時連國家都是錯誤的，所以你應該將這項資訊視為「猜出來的最佳答案」。

地理定位與 HTML5

我曾經在第 25 章簡短地介紹 HTML5 地理定位，現在是深入討論它的時候了，以下再次展示範例 28-1。

範例 28-1 顯示你附近的地圖

```
<!DOCTYPE html>
<html>
  <head>
    <title>Geolocation Example</title>
  </head>
  <body>
    <script>
      if (typeof navigator.geolocation == 'undefined')
        alert("Geolocation not supported.")
      else
        navigator.geolocation.getCurrentPosition(granted, denied)

      function granted(position)
      {
        var lat = position.coords.latitude
        var lon = position.coords.longitude

        alert("Permission Granted. You are at location:\n\n"
          + lat + ", " + lon +
          "\n\nClick 'OK' to load Google Maps with your location")

        window.location.replace("https://www.google.com/maps/@"
          + lat + "," + lon + ",8z")
      }

      function denied(error)
      {
        var message

        switch(error.code)
        {
        case 1: message = 'Permission Denied'; break;
        case 2: message = 'Position Unavailable'; break;
        case 3: message = 'Operation Timed Out'; break;
        case 4: message = 'Unknown Error'; break;
        }
```

```
        alert("Geolocation Error: " + message)
      }
    </script>
  </body>
</html>
```

我們來逐一討論這段程式，並說明它是如何運作的，從 <head> 段落看起，它會顯示標題。文件的 <body> 完全是以 JavaScript 寫成的，我們先查詢 navigator.geolocation 屬性，如果它的值是 undefined，代表瀏覽器不支援地理定位，因此彈出一個警示視窗。

否則，我們呼叫這個屬性的 getCurrentPosition 方法，傳入兩個函式的名稱：granted 與 denied（別忘了，傳遞函式名稱將傳遞實際的函式程式碼，而不是傳遞呼叫函式的結果，在函式名稱後面加上括號可以得到結果）：

```
navigator.geolocation.getCurrentPosition(granted, denied)
```

這些函式都位於腳本的結尾，它們的工作是處理「能否提供使用者位置」這個問題的兩個答案：granted 與 denied。

首先是 granted 函式，它只會在允許讀取資料的情況下執行。如果允許讀取，我們將變數 lat 與 long 設為瀏覽器的地理定位程式回傳的值。

然後顯示一個警示視窗，在裡面填入使用者的當前位置。當他們按下 OK 時，我們關閉警示視窗，並將當前的網頁換成 Google Maps 網頁，將呼叫 geolocation 得到的經度和緯度傳給它，使用 8 這個縮放（zoom）值。你可以將 window.location.replace 呼叫式最後面的 8z 值改成其他的值再加上 z 來設定不同的縮放等級。

我們藉著呼叫 window.location.replace 來顯示地圖。圖 28-1 是程式的結果。

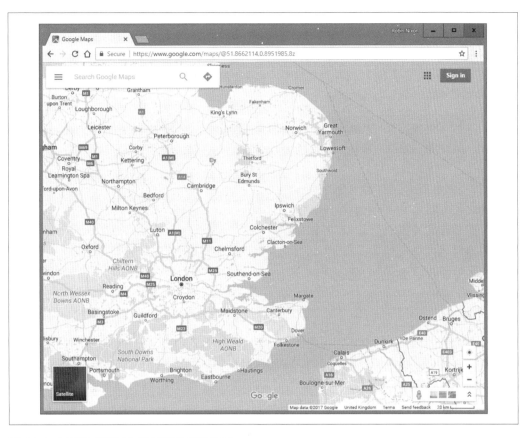

圖 28-1　在互動式地圖上顯示使用者的位置

如果使用者拒絕讀取位置（或發生其他問題），denied 函式會顯示錯誤訊息，它會彈出它自己的警示視窗來讓使用者知道錯誤：

```
switch(error.code)
{
  case 1: message = 'Permission Denied'; break;
  case 2: message = 'Position Unavailable'; break;
  case 3: message = 'Operation Timed Out'; break;
  case 4: message = 'Unknown Error'; break;
}

alert("Geolocation Error: " + message)
```

當瀏覽器請求地理定位資料時，它會提示使用者授權。使用者可以授權讀取位置或拒絕。拒絕會產生權限被拒（*Permission Denied*）狀態，當使用者授權，但主機系統無法判斷他們的位置時，會產生無法取得位置（*Position Unavailable*）的結果，如果使用者授權，而且主機試著取得他們的位置，但請求逾時，則會產生逾時（*Timeout*）。

此外還有其他的錯誤狀況，有些平台與瀏覽器組合可讓使用者在不授予或拒絕權限的情況下，關閉權限請求對話方塊。這會讓應用程式在等待回呼發生時「空轉」。

在本書之前的版本中，我曾經呼叫 Google Maps API 來將地圖直接嵌入網頁，但是該服務現在要求你提供一組獨特的 API 金鑰，你必須自己申請金鑰，當你的使用量超過一定程度時，可能要付費。這就是現在的範例直接產生 Google Maps 連結的原因。如果你想要在你的網頁與 web app 中嵌入 Google Maps，這個網站有你必須知道的所有知識（*https://developers.google.com/maps*）。當然，你也可以使用許多其他的地圖，例如 Bing Maps（*https://www.bing.com/maps*）與 OpenStreetMap（*https://www.openstreetmap.org*），它們都有 API 可供你使用。

本機存放區

cookie 是現代 Internet 不可或缺的一環，因為網站可以利用它們在每位使用者的電腦中儲存一小段的資訊，以便進行追蹤。它其實比聽起來的安全，因為大部分的追蹤，都是為了協助上網者，藉著儲存帳號與密碼，來讓他們可以持續地登入 Twitter 或 Facebook 等社交網站。

cookie 也可以在本地儲存造訪網站時的偏好設定（而不是將它們儲存在網站的伺服器上），當你在電子商務網站中建立訂單時，cookie 也可以幫你記錄購物車。

沒錯，也有人更積極地用它們來追蹤你經常造訪的網站，以了解你的興趣並試著提供更有效的廣告。這就是歐盟（*https://tinyurl.com/cookielaweu*）現在要求「在使用者的終端設備上儲存或讀取資訊時，必須先告知使用者並取得同意」的原因。

但是，作為一位 web 開發者，你可以想一下在使用者的設備上儲存資料是多麼方便，尤其是購買電腦伺服器和磁碟空間的預算有限時。舉例來說，你可以讓 web app 與服務在瀏覽器中運行，讓使用者編輯文字處理文件、試算表與圖像，將所有資料異地儲存在使用者的電腦上，以儘量降低伺服器採購預算。

從使用者的角度來看，你可以想想，從本地載入文件比從 web 載入文件快多少，尤其是在連線緩慢的情況下。此外，不儲存文件複本的網站有更高的安全性。當然，你永遠無法保證網站或 web app 是絕對安全的，你也絕對不能使用可以上網的軟體（或硬體）來處理高度敏感的文件。但是若要處理家庭照片等私人文件，你應該會覺得「將文件存在本地的 app」比「將文件存在外部伺服器的 app」更好用。

使用本機存放區

使用 cookie 在本地儲存資料的最大問題在於，每一個 cookie 最多只能儲存 4 KB 的資料，而且每次載入網頁時都要來回傳遞 cookie。此外，除非你的伺服器使用 Transport Layer Security（TLS）加密（比安全通訊端層（SSL）更安全的後繼者），否則 cookie 都是以明文來傳送的。

但是 HTML5 提供大很多的本機儲存空間（通常每個網域介於 5 MB 至 10 MB 之間，依瀏覽器而定），它們可在使用者多次載入網頁，以及多次造訪網站之間持續保存（甚至將電腦關機再回來）。此外，本機存放區的資料不會在每次載入網頁時送回伺服器，而且可被使用者清除，所以，通常你也會將資料放在伺服器，否則，使用者可能會發現他們的資料不見了，並對此感到失望，即使資料根本是他們自己清除的。

本機存放區的資料用鍵值來存取的。「索引鍵」是用來參考資料的名稱，「值」可以保存任何型態的資料，但它會被存成字串。所有的資料都是當前的網域專用的，而且基於安全的理由，位於其他網域的網站所建立的本機存放區，會與當前的本機存放區分開，而且資料只能被儲存它的網域讀取。

localStorage 物件

你可以使用 `localStorage` 物件來存取本機存放區。為了測試這個物件能否使用，你要查詢它的型態，來檢查它是否已被定義，例如：

```
if (typeof localStorage == 'undefined')
{
  // 無法使用本機存放區，通知使用者並退出。
  // 也許可以改成在網頁伺服器上儲存資料？
}
```

請根據本機存放區的用途，來決定如何處理本機存放區空間不足的情況，在 `if` 陳述式裡面的程式是由你決定的。

確定本機存放區可以使用之後，你可以透過 localStorage 物件的 setItem 與 getItem 方法來使用它，例如：

```
localStorage.setItem('loc', 'USA')
localStorage.setItem('lan', 'English')
```

取回這筆資料的做法是將索引鍵傳入 getItem 方法，例如：

```
loc = localStorage.getItem('loc')
lan = localStorage.getItem('lan')
```

與儲存及讀取 cookie 不同的是，你可以隨時呼叫這些方法，而非只能在 web 伺服器送出任何標頭之前呼叫。你存入的值會持續保留在本機存放區，直到你用下列的方式來清除它為止：

```
localStorage.removeItem('loc')
localStorage.removeItem('lan')
```

你也可以呼叫 clear 方法，完全抹除當前網域的本機存放區，例如：

```
localStorage.clear()
```

範例 28-2 將之前的範例整合為單一文件，在快顯警示視窗中顯示兩個索引鍵的值，在初始狀況下，它們是 null。接著將鍵值存入本機存放區，再將它們取出，並重新顯示，這次它們已經被設值了。最後將索引鍵移除，再次嘗試取出這些值，但同樣得到 null 值。圖 28-2 是這三個警示訊息的第二個。

範例 28-2 取得、設定與移除本機存放區資料

```html
<!DOCTYPE html>
<html>
  <head>
    <title>Local Storage</title>
  </head>
  <body>
    <script>
      if (typeof localStorage == 'undefined')
      {
        alert("Local storage is not available")
      }
      else
      {
        loc = localStorage.getItem('loc')
```

```
        lan = localStorage.getItem('lan')
        alert("The current values of 'loc' and 'lan' are\n\n" +
          loc + " / " + lan + "\n\nClick OK to assign values")

        localStorage.setItem('loc', 'USA')
        localStorage.setItem('lan', 'English')
        loc = localStorage.getItem('loc')
        lan = localStorage.getItem('lan')
        alert("The current values of 'loc' and 'lan' are\n\n" +
          loc + " / " + lan +  "\n\nClick OK to clear values")

        localStorage.removeItem('loc')
        localStorage.removeItem('lan')
        loc = localStorage.getItem('loc')
        lan = localStorage.getItem('lan')
        alert("The current values of 'loc' and 'lan' are\n\n" +
          loc + " / " + lan)
      }
    </script>
  </body>
</html>
```

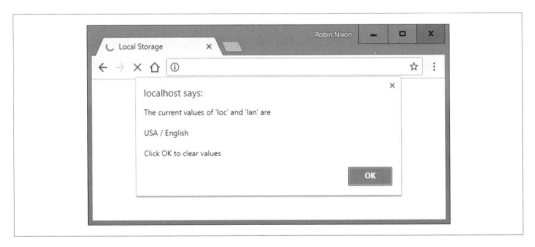

圖 28-2　從本機存放區讀取兩個索引鍵與它們的值

在本機存放區中，你幾乎可以放入所有資料，以及任意數量的鍵值，直到
它的容量到達網域的上限為止。

web worker

web worker 可以執行背景工作，很適合用來處理需要長時間計算，而且在計算期間不能妨礙使用者做其他事情的工作。在使用 web worker 時，你可以建立一段將在背景執行的 JavaScript 程式，這段程式不需要設定中斷與監視中斷，因為它必須在一些非同步系統中執行工作。所以，當這段程式有資訊需要回報時，背景程序將透過事件來與 JavaScript 主程式溝通。

也就是說，JavaScript 解譯器將決定如何最有效率地安排時間，你的程式只需要在有資訊需要傳達時，關心如何與背景工作溝通即可。

範例 28-3 說明如何設定 web worker，讓它們在背景執行重複的工作，本例的工作是計算質數。

範例 28-3 設定 web worker 並與它通訊

```
<!DOCTYPE html>
<html>
  <head>
    <title>Web Workers</title>
    <script src='OSC.js'></script>
  </head>
  <body>
    Current highest prime number:
    <span id='result'>0</span>

    <script>
      if (!!window.Worker)
      {
        var worker = new Worker('worker.js')

        worker.onmessage = function (event)
        {
          O('result').innerText = event.data;
        }
      }
      else
      {
        alert("Web workers not supported")
      }
    </script>
  </body>
</html>
```

這個範例先建立一個 ID 為 result 的 `<span>` 元素，以後會將 web work 的輸出放在裡面。接著在 `<script>` 段落中，我們用一對 not 運算子 `!!` 來測試 window.Worker。如果 Worker 方法存在，它將回傳布林值 true，否則回傳 false。如果它不是 true，我們用 else 段落來顯示一個訊息，通知 web worker 無法使用。

否則，我們呼叫 Worker 並傳入檔名 *worker.js* 來建立一個新的 worker 物件。接著將新物件 worker 的 onmessage 事件設為一個匿名函式，這個函式會將 *worker.js* 傳給它的訊息都放入之前建立的 `<span>` 元素的 innerText 屬性。

我們將 web worker 本身儲存在 *worker.js* 檔案裡，它就是範例 28-4 的內容。

範例 *28-4 worker.js web worker*

```
var n = 1

search: while (true)
{
  n += 1

  for (var i = 2; i <= Math.sqrt(n); i += 1)
  {
    if (n % i == 0) continue search
  }

  postMessage(n)
}
```

這個檔案將變數 n 設為 1，然後不斷執行迴圈來遞增 n，並用蠻力法來檢查它是不是質數，檢查從 1 到「n 的平方根」的值能不能將 n 整除，沒有餘數。找到因數就代表該數字不是質數，我們用 continue 指令來立刻停止蠻力運算，開始處理下一個更大的 n 值。

但是如果我們測試了所有因數，而且沒有因數產生餘數零，那就代表 n 是質數，所以將該值傳給 postMessage，它會傳送一個訊息給設定這個 web worker 的物件的 onmessage 事件。

其結果為：

```
Current highest prime number: 30477191
```

你可以呼叫 worker 物件的 terminate 方法來停止運行中的 web worker，例如：

```
worker.terminate()
```

如果你想要讓這個範例停止執行，你可以在瀏覽器的網址列輸入：

> javascript:worker.terminate()

另外，請注意，由於 Chrome 處理安全的方式，你不能對著檔案系統使用 web worker，只能從 web 伺服器（或是從 AMPPS 等開發伺服器上的 localhost 執行檔案，詳情見第 2 章）。

web worker 有一些需要注意的安全限制：

- web worker 會在它們自己的 JavaScript context 運行，而且無法直接接觸任何其他執行環境（execution context）裡面的任何東西，包括 JavaScript 主執行緒與其他的 web worker。

- web worker context 之間是透過 web 傳訊（postMessage）來溝通的。

- 因為 web worker 無法接觸 JavaScript 主 context，所以它們無法修改 DOM。web worker 可用的 DOM 方法只有 atob、btoa、clearInterval、clearTimeout、dump、setInterval 與 setTimeout。

- web worker 受同一來源策略（same-origin policy）的約束，所以你必須使用跨站方法才能從原始腳本之外的來源載入 web worker。

拖曳與放下

你只要為 ondragstart、ondragover 與 ondrop 事件設定事件處理程式就可以在網頁上輕鬆地提供拖曳與放下物件的功能，如範例 28-5 所示。

範例 28-5 拖曳與放下物件

```
<!DOCTYPE HTML>
<html>
  <head>
    <title>Drag and Drop</title>
    <script src='OSC.js'></script>
    <style>
      #dest {
        background:lightblue;
        border   :1px solid #444;
        width    :320px;
        height   :100px;
```

```
      padding    :10px;
    }
  </style>
</head>
<body>
  <div id='dest' ondrop='drop(event)' ondragover='allow(event)'></div><br>
  Drag the image below into the above element<br><br>

  <img id='source1' src='image1.png' draggable='true' ondragstart='drag(event)'>
  <img id='source2' src='image2.png' draggable='true' ondragstart='drag(event)'>
  <img id='source3' src='image3.png' draggable='true' ondragstart='drag(event)'>

  <script>
    function allow(event)
    {
      event.preventDefault()
    }

    function drag(event)
    {
      event.dataTransfer.setData('image/png', event.target.id)
    }

    function drop(event)
    {
      event.preventDefault()
      var data=event.dataTransfer.getData('image/png')
      event.target.appendChild(O(data))
    }
  </script>
  </body>
</html>
```

這個文件在設定 HTML、標題,和載入 *OSC.js* 檔之後,為 ID 為 dest 的 <div> 元素設定樣式,指定它的背景顏色、邊框,設定它的寬高與內距。

然後,我們在 <body> 段落中建立 <div> 元素,並將事件處理函式 drop 與 allow 指派給 <div> 的 ondrop 與 ondragover 事件。接著將一些文字和三張圖像的 draggable 屬性設為 true,並將 drag 函式指派給各個元素的 ondragstart 事件。

在 <script> 段落中,allow 事件處理函式單純是為了阻止預設的拖曳操作(即不允許拖曳),drag 事件處理函式則呼叫事件的 dataTransfer 物件的 setData 方法,將 Mime 類型 image/png 與事件的 target.id 傳給它(即被拖曳的物件)。在拖曳和放下的過程中,dataTransfer 物件會保存被拖曳的資料。

最後的 drop 事件處理函式也會阻止它的預設動作，讓物件可被放下，接下來，它將物件的 Mime 類型傳給 dataTransfer 物件，從該物件裡取出被拖曳的物件的內容。然後，用目標（即 dest <div>）的 appendChild 方法，來將被放下的資料傳給它。

當你試著執行這個範例時，你可以將圖像拖曳並放入 <div> 元素，它們將會停在那裡，如圖 28-3 所示。這些圖像不能被放在其他地方，只能放在被指派了 drop 與 allow 事件處理程式的元素裡面。

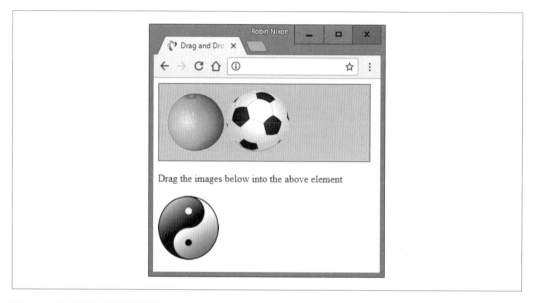

圖 28-3　拖曳並放下兩張圖像

你可以指派的事件還有 ondragenter（當拖曳動作進入元素時執行）、ondragleave（當拖曳動作離開元素時執行）、ondragend（在拖曳動作結束時執行），你可以利用它們在做這些操作的過程中（舉例）修改游標的外觀。

跨文件傳訊

你已經在稍早的 web worker 小節中看過訊息傳遞了。當時並未深入討論這個主題，因為當時它不是討論的重點，而且那個訊息只會被 post 到同一個文件中。但是出於明顯的安全因素，你必須謹慎地使用跨文件傳訊，得先完全了解它的原理才能開始使用它。

在 HTML5 之前，瀏覽器開發商禁止執行跨文件腳本，但是這個策略除了阻擋可能的攻擊網站之外，也阻擋了合法網頁之間的通訊。因此，任何一種文件互動都必須透過 Ajax 與第三方網頁伺服器，這對建構程式與維護程式來說，都是麻煩的過程。

但是現代的網頁傳訊使用了一些明智的安全限制來避免惡意的駭客攻擊，可讓腳本跨越邊界進行互動。它是藉由使用 `postMessage` 方法來實現的，這個方法可以跨網域傳遞純文字訊息，始終在同一個瀏覽器內。

若要做這件事，JavaScript 必須先取得接收文件的 `window` 物件，讓訊息可 post 至與傳送方文件有直接關係的視窗、窗格或 iframe。你收到的訊息事件有下列的屬性：

data

　　被傳來的訊息

origin

　　傳送方文件的來源，包括格式（scheme）、主機名稱，與連接埠

source

　　傳送方文件的來源視窗

負責傳送訊息的程式只有一行指令，你要將想要傳送的訊息和網域傳給它，如範例 28-6 所示。

範例 28-6 將網頁訊息傳給 iframe

```
<!DOCTYPE HTML>
<html>
  <head>
    <title>Web Messaging (a)</title>
    <script src='OSC.js'></script>
  </head>
  <body>
    <iframe id='frame' src='07.html' width='360' height='75'></iframe>

    <script>
      count = 1

      setInterval(function()
      {
        O('frame').contentWindow.postMessage('Message ' + count++, '*')
```

```
      }, 1000)
    </script>
  </body>
</html>
```

我們和以前一樣使用 *OSC.js* 檔，將 O 函式拉進來，然後建立一個 ID 為 frame 的 <iframe> 元素，用它載入範例 28-7。然後在 <script> 段落裡面將 count 變數設為 1，並設定重複的間隔時間，讓它每秒 post 字串 'Message '（使用 postMessage 方法）和當前的 count 值，然後遞增 count 值。接著將 postMessage 呼叫式指派給 iframe 物件的 contentWindow 屬性，而不是 iframe 物件本身。這點非常重要，因為網頁傳訊規定 post 的對象必須是視窗，而不是視窗內的物件。

範例 28-7 從其他文件接收訊息

```
<!DOCTYPE HTML>
<html>
  <head>
    <title>Web Messaging (b)</title>
    <style>
      #output {
        font-family:"Courier New";
        white-space:pre;
      }
    </style>
    <script src='OSC.js'></script>
  </head>
  <body>
    <div id='output'>Received messages will display here</div>

    <script>
      window.onmessage = function(event)
      {
        O('output').innerHTML =
          '<b>Origin:</b> ' + event.origin + '<br>' +
          '<b>Source:</b> ' + event.source + '<br>' +
          '<b>Data:</b>   ' + event.data
      }
    </script>
  </body>
</html>
```

這個範例稍微設定樣式來突顯輸出，然後建立一個 ID 為 output 的 <div> 元素，將收到的訊息的內容放在裡面。在 <script> 段落裡，我們將一個匿名函式指派給視窗的 onmessage 事件，我們在這個函式裡面顯示 event.origin、event.source 與 event.data 屬性的值，如圖 28-4 所示。

圖 28-4　到目前為止 iframe 已經收到 29 條訊息了

web 傳訊只能跨網域運作，所以你不能從檔案系統載入檔案來測試它，你必須使用 web 伺服器（例如第 2 章建議的 AMPPS 技術層）。在圖 28-4 中，origin 是 *http://localhost*，因為這些範例都是在本機開發伺服器上執行的。在圖中，source 是 window 物件，當前的訊息值是 Message 29。

如果你要自行執行這個範例，你要使用 localhost:// 來將 *load 06.html* 載入你的瀏覽器，而不是從檔案系統載入，它將與 *07.html* 溝通，你不需要載入它，因為它被插入 iframe 內。

此時，範例 28-6 並不安全，因為我們傳給 postMessage 的網域值是萬用字元 * ：

```
O('frame').contentWindow.postMessage('Message ' + count++, '*')
```

如果你想直接將訊息傳給特定網域的文件，你也可以修改這個參數。就當前的案例來說，http://localhost 這個值可以確保任何訊息都只會被傳給從本地伺服器載入的文件：

```
O('frame').contentWindow.postMessage('Message ' + count++, 'http://localhost')
```

同樣的，監聽程式會顯示它收到的任何訊息，這也不安全，可能也有惡意文件試著傳送訊息，讓粗心大意的監聽程式讀取。因此，你可以使用 if 陳述式來限制監聽程式需要反應的訊息，例如：

```
window.onmessage = function(event)
{
  if (event.origin) == 'http://localhost')
  {
    O('output').innerHTML =
      '<b>Origin:</b> ' + event.origin + '<br>' +
      '<b>Source:</b> ' + event.source + '<br>' +
      '<b>Data:</b>  ' + event.data
  }
}
```

 始終讓你使用的網站使用適當的網域可讓網頁訊息通訊更安全。但是，請注意，由於訊息是以明文形式發送的，因此某些瀏覽器或瀏覽器外掛可能有漏洞，讓這種通訊變得不安全。有一種提升安全的方法是對所有的 web 訊息使用加密系統，並使用雙向通訊協定，來驗證每一個訊息都是真實的。

通常你不會顯示原始或來源值給使用者看，只會使用它們來做安全檢查。這些範例之所以顯示那些值，是為了幫助你試驗 web 訊息傳遞，並讓你觀察過程中的情況。除了使用 iframe 之外，在快顯視窗與其他標籤（tab）內的文件也可以使用這種方法來互相對話。

其他的 HTML5 標籤

主流瀏覽器也採用許多其他的 HTML5 標籤，包括：<article>、<aside>、<details>、<figcaption>、<figure>、<footer>、<header>、<hgroup>、<mark>、<menuitem>、<meter>、<nav>、<output>、<progress>、<rp>、<rt>、<ruby>、<section>、<summary>、<time> 與 <wbr>。你可以在 eastmanreference.com（*https://tinyurl.com/htmltaglist*）了解這些標籤與所有其他 HTML5 標籤的詳情。

HTML5 的介紹到此告一段落。現在你已經學會許多強大的新功能，可製作更動態且更吸引人的網站了。在最後一章，我將告訴你如何整合本書介紹過的所有技術，建立一個迷你的社交網站。

問題

1. 若要從瀏覽器請求地理定位資料，你要呼叫哪一個方法？

2. 如何判斷瀏覽器是否支援本機存放區？

3. 若要清除當前網域的所有本機存放區資料，你要呼叫哪一個方法？

4. web worker 與主程式溝通的最佳方式是什麼？

5. 如何讓 web worker 停止運行？

6. 為了支援拖放操作，如何防止那些事件「不允許拖曳與放下」的預設動作？

7. 如何讓跨文件傳訊更加安全？

解答請參考第 784 頁附錄 A 的「第 28 章解答」。

第 29 章

整合

你已經進入本書的尾聲了，這是你探索動態 web 程式設計的做法、原因和理由的第一個里程碑，我想要用一個真實的例子，來讓你徹底了解這個主題。事實上，這是許多小範例的組合，在這個簡單的社交網站專案中，我將加入這種網站（或更確切地說，這種 web app）的所有主要功能。

在這個專案的各個檔案裡面有各種範例，包括 MySQL 資料表的建立與資料庫的存取、CSS、檔案 include、session 控制、DOM 操作、非同步呼叫、事件與錯誤處理、檔案上傳、圖像處理、HTML5 canvas，以及許多其他技巧。

每一個範例檔案都是完整且自成一體的，它們可以和其他的檔案合作，以建構一個完整的社交網站，裡面甚至有一個樣式表可讓你更改專案的外觀與感覺。最終的產品非常精巧且輕量，特別適合在智慧手機與平板等行動平台上使用，在完整尺寸的桌上型電腦上也有很好的效果。

你將發現，藉著利用 jQuery 與 jQuery Mobile 的威力，程式跑起來很快、容易使用、可適應各種環境，而且有不錯的外觀。作為練習，你可以進一步修改程式，也許以某種方式利用 React。

話雖如此，我也試著保持程式的精簡，來讓你容易了解。因此，你可以盡情地改善它，例如藉著儲存雜湊（用不可逆的單向函式產生的固定長度輸出）而不是未加密的密碼來提高安全性，以及更順暢地處理登入與登出之間的轉換，但是我們將這些工作交給你練習，更何況，本章的結尾沒有習題了！（嗯，其實有一個！）

你可以視你自己的需求使用任何一段程式，或是延伸它們。你甚至可以在這些檔案的基礎之上，建立一個自己的社交網站。

設定社交網站 app

在編寫任何程式之前，我會先坐下來，列出我認為這個網站不可或缺的東西，包括：

- 註冊程序
- 登入表單
- 登出機制
- session 控制
- 使用者的個人資料，包含他們上傳的縮圖（thumbnail）
- 成員目錄
- 將成員加入好友
- 在成員之間的公開和私人傳訊
- 專案的外觀

我將這個專案命名為 *Robin's Nest*，當你使用這個程式時，你可以修改 *index.php* 與 *header.php* 裡面的名稱與 logo。

在網站上

你可以在我的 GitHub 版本庫（*https://github.com/RobinNixon/lpmj6*）裡面找到本章的所有範例，你可以在那裡下載封存檔，將它解壓縮到你電腦中的合適位置。

對本章而言特別重要的是，在 ZIP 檔裡面，你可以找到 *robinsnest* 資料夾，裡面有接下來的所有範例，它們都用這個 app 所要求的正確檔名來儲存。所以你可以將它們全部複製到你的 web 開發資料夾並試驗它們。

functions.php

讓我們開始進行這項專案，從主要函式的 include 檔看起，即範例 27-1 的 *functions. php*。但是在這個檔案裡面，除了函式之外，我也放入資料庫登入資料，以免多用一個檔案。程式的前四行定義了資料庫的主機與名稱，以及帳號與密碼。

在預設情況下，在這個檔案內，MySQL 帳號被設為 *robinsnest*，本程式使用的資料庫也稱為 *robinsnest*。我曾經在第 8 章介紹如何建立新帳號與資料庫，復習一下，首先，你要進入 MySQL 指令提示字元並輸入下面的指令來建立新資料庫 *robinsnest*：

```
CREATE DATABASE robinsnest;
```

然後建立一個稱為 *robinsnest* 的使用者，讓他可以進入這個資料庫：

```
CREATE USER 'robinsnest'@'localhost' IDENTIFIED BY 'password';
GRANT ALL PRIVILEGES ON robinsnest.* TO 'robinsnest'@'localhost';
```

顯然，你要幫這位使用者設定比 *password* 更安全的密碼，但為了簡化，這些範例將使用這個密碼，當你在產品網站上使用這段程式時，別忘了改掉它。

函式

這個專案使用五個主要函式：

createTable

　　檢查某個資料表是否存在，若不存在則建立它

queryMysql

　　對 MySQL 發出一個查詢指令，若失敗則輸出錯誤訊息

destroySession

　　銷毀一個 PHP session 並清除它的資料，將使用者登出

sanitizeString

　　移除使用者可能輸入的惡意程式或標籤

showProfile

　　顯示使用者的圖像與「about me」訊息，如果有的話

除了 showProfile 之外，你應該已經知道它們的行為了，showProfile 會尋找名為 *<user. jpg>* 的圖像（其中的 *<user>* 是當前使用者的帳號），如果可以找到就顯示它。如果使用者曾經儲存「about me」，也將它顯示出來。

我已經確保所有函式的錯誤處理機制都已經就緒了，所以它們可以抓到任何打字錯誤或其他可能出現的錯誤，並產生錯誤訊息。但是，如果你想在生產伺服器上使用任何程式，你也要加入自己的錯誤處理機制，來讓程式更人性化。

輸入範例 29-1 並將它存為 *functions.php*（或是從本書網站下載它），你就可以進入下一個小節了。

範例 29-1 *functions.php*

```php
<?php // 範例 01: functions.php
  $host = 'localhost';    // 視情況進行修改
  $data = 'robinsnest';   // 視情況進行修改
  $user = 'robinsnest';   // 視情況進行修改
  $pass = 'password';     // 視需要進行修改
  $chrs = 'utf8mb4';
  $attr = "mysql:host=$host;dbname=$data;charset=$chrs";
  $opts =
  [
    PDO::ATTR_ERRMODE            => PDO::ERRMODE_EXCEPTION,
    PDO::ATTR_DEFAULT_FETCH_MODE => PDO::FETCH_ASSOC,
    PDO::ATTR_EMULATE_PREPARES   => false,
  ];

  try
  {
    $pdo = new PDO($attr, $user, $pass, $opts);
  }
  catch (\PDOException $e)
  {
    throw new \PDOException($e->getMessage(), (int)$e->getCode());
  }

  function createTable($name, $query)
  {
    queryMysql("CREATE TABLE IF NOT EXISTS $name($query)");
    echo "Table '$name' created or already exists.<br>";
  }

  function queryMysql($query)
  {
```

```
    global $pdo;
    return $pdo->query($query);
}

function destroySession()
{
  $_SESSION=array();

  if (session_id() != "" || isset($_COOKIE[session_name()]))
    setcookie(session_name(), '', time()-2592000, '/');

  session_destroy();
}

function sanitizeString($var)
{
  global $pdo;
  $var = strip_tags($var);
  $var = htmlentities($var);
  if (get_magic_quotes_gpc())
    $var = stripslashes($var);
  $result = $pdo->quote($var);            // 加入單引號
  return str_replace("'", "", $result);   // 移除它們
}

function showProfile($user)
{
  if (file_exists("$user.jpg"))
    echo "<img src='$user.jpg' style='float:left;'>";

  $result = $pdo->query("SELECT * FROM profiles WHERE user='$user'");

  while ($row = $result->fetch())
  {
    die(stripslashes($row['text']) . "<br style='clear:left;'><br>");
  }

  echo "<p>Nothing to see here, yet</p><br>";
 }
?>
```

在本書之前的版本中，這些範例曾經使用舊的 mysql 擴充，後來使用 mysqli，現在我改用目前最好的解決方案，即 PDO。

若要用 PDO 來引用 MySQL 資料庫，你必須在 queryMysql 與 sanitizeString 函式中使用 global 關鍵字來讓它們使用 $PDO 的值。

header.php

為了建立一致性，這個專案的每一個網頁都必須使用同一組功能。因此我將它們放在範例 29-2（*header.php*）裡面。這是準備讓其他檔案加入（include）的檔案，它 include *functions.php*，這意味著，每一個檔案都只需要使用一次 require_once。

header.php 在第一行呼叫 session_start 函式。第 13 章說過，它會設置一個 session 來儲存在不同的 PHP 檔案之間必須記住的值，它代表使用者的一次造訪，如果使用者忽略網站一段時間，它會逾時。

啟動 session 之後，這段程式輸出用來設置每一個網頁的 HTML，包括載入樣式表與各種必要的 JavaScript 程式庫。接著 include 函式檔案（*functions.php*），並將 $userstr 設為預設字串「Welcome Guest」。

接下來我們將一個隨機的字串值指派給變數 $randstr，在整個 app 裡，我們會將它接到 URL 後面，讓每一個被載入的網頁對 jQuery 滑動介面（sliding interface）而言都是不一樣的。如果不做這件事，我們會從快取中提取對 jQuery 而言沒有改變的網頁，從而獲得最佳性能，這對顯示靜態資訊的網頁來說是很好的做法，但是這個 app 是動態的，它的網頁隨時都會改變，所以我們必須確保每一個新網頁請求都來自伺服器，而不是來自快取。

接著程式檢查 session 變數 user 是否已被設值。若有，代表有使用者登入了，因此將變數 $loggedin 設為 TRUE，從 session 變數 user 取出帳號並放入 PHP 變數 $user，並相應地更新 $userstr。如果使用者還沒有登入，則將 $loggedin 設為 FALSE。

接著輸出一些 HTML 來歡迎使用者（或是在使用者尚未登入時，歡迎訪客），並輸出 <div> 元素，讓 jQuery Mobile 在網頁標題與內容中使用。

然後有一個 if 區塊使用 $loggedin 的值來顯示兩組選單之一。未登入版的選單只有 Home、Sign Up、與 Log In，而已登入版的選單提供 app 的所有功能。我們用 jQuery Mobile 標記法來設定按鈕樣式，例如使用 data-role='button' 來將元素顯示為按鈕，用 data-inline='true' 在行內顯示元素（例如 <span> 元素），用 data-transition="slide" 來讓新網頁在按下按鈕時滑入，如第 23 章所述。

我們在這些 URL 裡使用 r=$randstr，如前所述，這是為了確保每一個網頁都是從伺服器取出，而不是從 jQuery 的快取中取出。

供這個檔案使用的其他樣式位於 *styles.css* 檔案（見本章結尾的範例 29-13）。

範例 *29-2 header.php*

```php
<?php // 範例 02: header.php
  session_start();

echo <<<_INIT
<!DOCTYPE html>
<html>
  <head>
    <meta charset='utf-8'>
    <meta name='viewport' content='width=device-width, initial-scale=1'>
    <link rel='stylesheet' href='jquery.mobile-1.4.5.min.css'>
    <link rel='stylesheet' href='styles.css'>
    <script src='javascript.js'></script>
    <script src='jquery-2.2.4.min.js'></script>
    <script src='jquery.mobile-1.4.5.min.js'></script>

_INIT;

  require_once 'functions.php';

  $userstr = 'Welcome Guest';
  $randstr = substr(md5(rand()), 0, 7);

  if (isset($_SESSION['user']))
  {
    $user     = $_SESSION['user'];
    $loggedin = TRUE;
    $userstr  = "Logged in as: $user";
  }
  else $loggedin = FALSE;

echo <<<_MAIN
    <title>Robin's Nest: $userstr</title>
  </head>
  <body>
    <div data-role='page'>
      <div data-role='header'>
        <div id='logo'
          class='center'>R<img id='robin' src='robin.gif'>bin's Nest</div>
        <div class='username'>$userstr</div>
      </div>
      <div data-role='content'>
```

```
_MAIN;

  if ($loggedin)
  {
echo <<<_LOGGEDIN
      <div class='center'>
        <a data-role='button' data-inline='true' data-icon='home'
          data-transition="slide" href='members.php?view=$user&r=$randstr'>Home</a>
        <a data-role='button' data-inline='true' data-icon='user'
          data-transition="slide" href='members.php?r=$randstr'>Members</a>
        <a data-role='button' data-inline='true' data-icon='heart'
          data-transition="slide" href='friends.php?r=$randstr'>Friends</a><br>
        <a data-role='button' data-inline='true' data-icon='mail'
          data-transition="slide" href='messages.php?r=$randstr'>Messages</a>
        <a data-role='button' data-inline='true' data-icon='edit'
          data-transition="slide" href='profile.php?r=$randstr'>Edit Profile</a>
        <a data-role='button' data-inline='true' data-icon='action'
          data-transition="slide" href='logout.php?r=$randstr'>Log out</a>
      </div>

_LOGGEDIN;
  }
  else
  {
echo <<<_GUEST
      <div class='center'>
        <a data-role='button' data-inline='true' data-icon='home'
          data-transition='slide' href='index.php?r=$randstr''>Home</a>
        <a data-role='button' data-inline='true' data-icon='plus'
          data-transition="slide" href='signup.php?r=$randstr''>Sign Up</a>
        <a data-role='button' data-inline='true' data-icon='check'
          data-transition="slide" href='login.php?r=$randstr''>Log In</a>
      </div>
      <p class='info'>(You must be logged in to use this app)</p>

_GUEST;
  }
?>
```

setup.php

完成兩個用來 include 的檔案之後，接下來要製作它們將使用的 MySQL 資料表。

我們建立的資料表很精簡，它有下列的名稱與欄位：

members

    帳號 *user*（使用索引）、密碼 *pass*

messages

    ID *id*（使用索引）、作者 *auth*（使用索引）、收件人 *recip*、訊息類型 *pm*、訊息 *message*

friends

    帳號 *user*（使用索引）、朋友的帳號 *friend*

profiles

    帳號 *user*（使用索引）、「about me」 *text*

因為 createTable 函式會先檢查資料表是否存在，所以這段程式可被安全地呼叫多次而不會產生任何錯誤。

當你擴充這個專案時，你可能要在這些資料表中加入更多欄位。若是如此，記得在重新建立資料表之前，先執行 MySQL DROP TABLE 指令。

範例 29-3 *setup.php*

```
<!DOCTYPE html> <!-- 範例 03: setup.php -->
<html>
  <head>
    <title>Setting up database</title>
  </head>
  <body>
    <h3>Setting up...</h3>

<?php
  require_once 'functions.php';

  createTable('members',
              'user VARCHAR(16),
```

```
            pass VARCHAR(16),
            INDEX(user(6))');

    createTable('messages',
            'id INT UNSIGNED AUTO_INCREMENT PRIMARY KEY,
            auth VARCHAR(16),
            recip VARCHAR(16),
            pm CHAR(1),
            time INT UNSIGNED,
            message VARCHAR(4096),
            INDEX(auth(6)),
            INDEX(recip(6))');

    createTable('friends',
            'user VARCHAR(16),
            friend VARCHAR(16),
            INDEX(user(6)),
            INDEX(friend(6))');

    createTable('profiles',
            'user VARCHAR(16),
            text VARCHAR(4096),
            INDEX(user(6))');
?>

    <br>...done.
  </body>
</html>
```

 為了讓這個範例正常動作，你必須先建立範例 29-1 的 $data 變數所指定的資料庫，並且輸入 $user 內的帳號與 $pass 內的密碼來使用它。

index.php

雖然這個檔案很簡單，但是它是必要的，因為它提供專案的首頁。它的工作就是顯示一個簡單的歡迎訊息。在完成的程式中，這將是你推銷網站的優點以鼓勵使用者註冊的地方。

順便一提，當你做好所有的 MySQL 資料表並建立 include 檔案之後，你可以在瀏覽器中載入範例 29-4（*index.php*），先一窺這個新的應用程式。圖 29-1 是它的外觀。

範例 29-4 index.php

```php
<?php // 範例 04: index.php
  session_start();
  require_once 'header.php';

  echo "<div class='center'>Welcome to Robin's Nest,";

  if ($loggedin) echo " $user, you are logged in";
  else           echo ' please sign up or log in';

  echo <<<_END
      </div><br>
    </div>
    <div data-role="footer">
      <h4>Web App from <i><a href='https://github.com/RobinNixon/lpmj6'
      target='_blank'>Learning PHP MySQL & JavaScript</a></i></h4>
    </div>
  </body>
</html>
_END;
?>
```

圖 29-1 app 的首頁

signup.php

現在我們要用一個模組來讓使用者加入這個新的社交網路，它是範例 29-5，*signup.php*。這是比較長的程式，但是你已經看過它的每一個部分了。

我們從最後面的 HTML 開始看起。這是一個簡單的表單，可讓使用者輸入帳號與密碼。但是請注意，這裡有一個 id 為 info 的空 `<span>`，這將是發出非同步呼叫來檢查一個帳號是否可用時的目標。若要了解它的運作方式，可參考第 18 章。

檢查帳號是否可用

我們回到程式的開頭，你會看到一段 JavaScript 程式，它的開頭是 checkUser 函式。當使用者從這個表單的 username 欄位移到其他地方時，JavaScript 的 onBlur 事件會呼叫它。它會先將上述的 `<span>`（id 為 info）的內容設為 ` ` 來清除之前的值。

接下來，我們發送一個請求給 *checkuser.php* 程式，它會回報 user 內的帳號是否可用。接著，我們將（用 jQuery 執行的）非同步呼叫回傳的結果轉換成人性化的訊息，放入 used `<div>`。

在 JavaScript 段落有一些 PHP 程式，你已經在第 17 章介紹表單驗證時看過它了。這個部分在查詢資料庫內的帳號之前，先使用 sanitizeString 函式來移除潛在的惡意字元，如果該帳號還沒有人使用，我們插入新的帳號 \$user 與密碼 \$pass。

登入

成功註冊之後，網站會提示使用者登入。此時，比較流暢的做法是自動登入新建立的帳號，但因為我不想讓程式過度複雜，所以將註冊與登入模組分開，但你也可以輕鬆地改寫成較流暢的做法。

這個檔案使用 CSS 類別 fieldname 來安排表單欄位，將它們按直行對齊。如果你想讓密碼欄位顯示星號，你可以將它的 text 類型改為 password。

別忘了，你必須先執行 *setup.php* 才能執行任何其他的 PHP 程式檔案。

 在生產伺服器上，我不建議將使用者的密碼存成明文，在這裡這樣做是為了節省篇幅與簡化程式。你應該將它們加碼，並存為單向雜湊字串。詳情請參考第 13 章。

圖 29-2 註冊網頁

範例 29-5 *signup.php*

```php
<?php // 範例 05: signup.php
  require_once 'header.php';

echo <<<_END
  <script>
    function checkUser(user)
    {
      if (user.value == '')
      {
        $('#used').html(' ')
        return
      }

      $.post
      (
```

```
              'checkuser.php',
              { user : user.value },
              function(data)
              {
                $('#used').html(data)
              }
          )
        }
      </script>
_END;

    $error = $user = $pass = "";
    if (isset($_SESSION['user'])) destroySession();

    if (isset($_POST['user']))
    {
      $user = sanitizeString($_POST['user']);
      $pass = sanitizeString($_POST['pass']);

      if ($user == "" || $pass == "")
        $error = 'Not all fields were entered<br><br>';
      else
      {
        $result = queryMysql("SELECT * FROM members WHERE user='$user'");

        if ($result->rowCount())
          $error = 'That username already exists<br><br>';
        else
        {
          queryMysql("INSERT INTO members VALUES('$user', '$pass')");
          die('<h4>Account created</h4>Please Log in.</div></body></html>');
        }
      }
    }

echo <<<_END
      <form method='post' action='signup.php?r=$randstr'>$error
      <div data-role='fieldcontain'>
        <label></label>
        Please enter your details to sign up
      </div>
      <div data-role='fieldcontain'>
        <label>Username</label>
        <input type='text' maxlength='16' name='user' value='$user'
          onBlur='checkUser(this)'>
        <label></label><div id='used'> </div>
```

```
      </div>
      <div data-role='fieldcontain'>
        <label>Password</label>
        <input type='text' maxlength='16' name='pass' value='$pass'>
      </div>
      <div data-role='fieldcontain'>
        <label></label>
        <input data-transition='slide' type='submit' value='Sign Up'>
      </div>
    </div>
  </body>
</html>
_END;
?>
```

checkuser.php

範例 29-6 的 *checkuser.php* 是與 *signup.php* 搭配的檔案,它會在資料庫裡面尋找帳號,並回傳一個字串,指出是否已經有人使用它。因為這段程式將使用 sanitizeString 與 queryMysql 函式,所以它先 include *functions.php* 檔。

接下來,如果 $_POST 變數 user 有值,函式會在資料庫中尋找它,並且根據資料庫內是否已經有該帳號,輸出「Sorry, the username '*user*' is taken」或「The username '*user*' is available」。我們只要檢查呼叫 $result->rowCount 的結果即可,如果找不到帳號,它會回傳 0,如果找到帳號,它會回傳 1。

我們也使用 HTML 實體 ✘ 與 ✔ 在字串前面加上打叉或打勾符號,並且在類別為 taken 時將字串設為紅色,在類別為 available 時將字串設為綠色,見本章稍後的 *styles.css* 中的定義。

範例 29-6 *checkuser.php*

```
<?php // 範例 06: checkuser.php
  require_once 'functions.php';

  if (isset($_POST['user']))
  {
    $user   = sanitizeString($_POST['user']);
    $result = queryMysql("SELECT * FROM members WHERE user='$user'");

    if ($result->rowCount())
```

```
      echo  "<span class='taken'> &#x2718; " .
            "The username '$user' is taken</span>";
    else
      echo "<span class='available'> &#x2714; " .
            "The username '$user' is available</span>";
  }
?>
```

login.php

讓使用者可以在網站註冊之後，範例 29-7（*login.php*）是讓他們登入的程式。如同註冊
網頁，它有一個簡單的 HTML 表單與一些基本的錯誤檢查，它也會在查詢 MySQL 資料
庫之前先使用 sanitizeString。

這段程式的重點在於，當你成功地驗證帳號與密碼之後，session 變數 user 與 pass 裡
面會有帳號與密碼值。只要當前的 session 還存在，專案的所有程式都可以使用這些變
數，自動讓已登入的使用者可以進行訪問。

為什麼要在成功登入之後使用 die 函式？因為它將 echo 與 exit 指令結合起來，所以可
以節省一行程式。這個檔案（與大部分的檔案）使用 main 類別來將內容的左側往內縮。

在瀏覽器中呼叫這個程式會顯示類似圖 29-3 的畫面。注意，我們將輸入類型設為
password 來使用星號遮蓋密碼，以防密碼被使用者背後的人看到。

範例 *29-7 login.php*

```
<?php // 範例 07: login.php
 require_once 'header.php';
 $error = $user = $pass = "";

 if (isset($_POST['user']))
 {
   $user = sanitizeString($_POST['user']);
   $pass = sanitizeString($_POST['pass']);

   if ($user == "" || $pass == "")
     $error = 'Not all fields were entered';
   else
   {
     $result = queryMySQL("SELECT user,pass FROM members
       WHERE user='$user' AND pass='$pass'");
```

```php
      if ($result->rowCount() == 0)
      {
        $error = "Invalid login attempt";
      }
      else
      {
        $_SESSION['user'] = $user;
        $_SESSION['pass'] = $pass;
        die("<div class='center'>You are now logged in. Please
            <a data-transition='slide'
              href='members.php?view=$user&r=$randstr'>click here</a>
              to continue.</div></div></body></html>");
      }
    }
  }

echo <<<_END
      <form method='post' action='login.php?r=$randstr'>
        <div data-role='fieldcontain'>
          <label></label>
          <span class='error'>$error</span>
        </div>
        <div data-role='fieldcontain'>
          <label></label>
          Please enter your details to log in
        </div>
        <div data-role='fieldcontain'>
          <label>Username</label>
          <input type='text' maxlength='16' name='user' value='$user'>
        </div>
        <div data-role='fieldcontain'>
          <label>Password</label>
          <input type='password' maxlength='16' name='pass' value='$pass'>
        </div>
        <div data-role='fieldcontain'>
          <label></label>
          <input data-transition='slide' type='submit' value='Login'>
        </div>
      </form>
    </div>
  </body>
</html>
_END;
?>
```

圖 29-3 登入網頁

profile.php

當新用戶註冊並登入之後，他們最想做的第一件事可能是建立個人資料，這就是範例 29-8（*profile.php*）的工作。你可以在裡面看到一些有趣的程式，例如上傳、調整大小、銳化圖像等程序。

我們先來看程式最後的主 HTML。這個表單很像之前介紹過的，但是這次它有一個參數：`enctype='multipart/form-data'`。它可以讓我們一次傳送多種類型的資料，可讓你 post 一張圖像以及一些文字。另外還有一種 `file` 輸入類型，它會建立一個 Browse 按鈕來讓使用者按下並選擇一個要上傳的檔案。

它會確保使用者已經登入，才讓程式繼續執行下去，只會在使用者登入時顯示網頁標題。

 第 23 章說過，由於 jQuery Mobile 使用非同步通訊的方式，你不能用它從 HTML 上傳檔案，除非你在 <form> 元素加入屬性 data-ajax='false' 來停用那個功能，才能正常上傳 HTML 檔案，但如此一來，你將無法執行網頁變換動畫。

加入「About Me」文字

接下來，我們檢查 $_POST 變數 text，看看有沒有文字已經被 post 到這個程式了。如果有，我們淨化它，並將所有連續的空白（包括歸位字元與換行字元）都換成一個空格。這個函式使用雙重安全檢查，以確保資料庫裡面的確有那位使用者，並且讓駭客在這段文字被插入資料庫之前無法攻擊，這段文字會變成使用者的「about me」資訊。

如果沒有文字被 post 出來，程式會查詢資料庫，看看有沒有既有的文字，如果有，那就預先將它填入 <textarea> 來讓使用者編輯。

添加個人資料圖像

接下來我們檢查 $_FILES 系統變數，看看使用者有沒有上傳圖像。如果有，我們將使用者的帳號與副檔名 .jpg 組成的字串指派給 $saveto 變數。例如，如果使用者叫做 *Jill*，$saveto 變數就會被設為 *Jill.jpg*。我們將使用者上傳的圖像存為這個檔案，等一下會在使用者的個人資料中使用它。

接著檢查被上傳的圖像類型，我們只接受 *.jpeg*、*.png* 與 *.gif* 圖像。如果成功，我們根據圖像類型，使用 imagecreatefrom 函式來將上傳的圖像放入 $src。現在圖像已經變成 PHP 可以處理的原始格式了。如果圖像類型是不允許的，我們將 $typeok 旗標設成 FALSE，避免執行最後的圖像上傳程式。

處理圖像

我們先使用下面的陳述式將圖像的寬高存入 $w 與 $h，這是將陣列的值快速地指派給個別的變數的寫法：

```
list($w, $h) = getimagesize($saveto);
```

接著使用 $max 的值（被設為 100），按照相同的比例來算出新圖像的長寬，讓長寬都不超過 100 像素，並將算出來的結果指派給 $tw 與 $th。如果你想要使用比較小或比較大的縮圖，你只要修改 $max 的值即可。

接下來，我們呼叫 imagecreatetruecolor 函式，在 $tmp 裡面建立一個 $tw 寬，$th 高的空白畫布。接著呼叫 imagecopyresampled 來將 $src 裡面的圖像重新取樣到新的 $tmp。有時重新取樣後的圖像比較模糊，所以我們使用 imageconvolution 函式來稍微銳化圖像。

最後，我們將圖像存成 *.jpeg* 檔，將它放到 $saveto 變數定義的地方，並使用 imagedestroy 函式，來將原始的圖像 canvas 與改變大小之後的圖像 canvas 移出記憶體，歸還用過的記憶體。

顯示當前的個人資料

最後，但也很重要的是，為了讓使用者在編輯個人資訊之前看見當前的個人資料，我們會在輸出表單 HTML 之前，先呼叫 *functions.php* 的 showProfile 函式。如果當前還沒有任何個人資料，我們不顯示任何東西。

在顯示個人資料圖像時，我們使用 CSS 來提供邊框、陰影與右側的邊距，將個人資料的文字與圖像分開。圖 29-4 是在瀏覽器載入範例 29-8 的結果，你可以看到 <textarea> 已被填入「about me」文字了。

範例 29-8 profile.php

```php
<?php // 範例 08: profile.php
  require_once 'header.php';

  if (!$loggedin) die("</div></body></html>");

  echo "<h3>Your Profile</h3>";

  $result = queryMysql("SELECT * FROM profiles WHERE user='$user'");

  if (isset($_POST['text']))
  {
    $text = sanitizeString($_POST['text']);
    $text = preg_replace('/\s\s+/', ' ', $text);

    if ($result->rowCount())
```

```
      queryMysql("UPDATE profiles SET text='$text' where user='$user'");
  else queryMysql("INSERT INTO profiles VALUES('$user', '$text')");
}
else
{
  if ($result->rowCount())
  {
    $row  = $result->fetch();
    $text = stripslashes($row['text']);
  }
  else $text = "";
}

$text = stripslashes(preg_replace('/\s\s+/', ' ', $text));

if (isset($_FILES['image']['name']))
{
  $saveto = "$user.jpg";
  move_uploaded_file($_FILES['image']['tmp_name'], $saveto);
  $typeok = TRUE;

  switch($_FILES['image']['type'])
  {
    case "image/gif":   $src = imagecreatefromgif($saveto); break;
    case "image/jpeg":  // 一般的與漸進式的 jpeg
    case "image/pjpeg": $src = imagecreatefromjpeg($saveto); break;
    case "image/png":   $src = imagecreatefrompng($saveto); break;
    default:            $typeok = FALSE; break;
  }

  if ($typeok)
  {
    list($w, $h) = getimagesize($saveto);

    $max = 100;
    $tw  = $w;
    $th  = $h;

    if ($w > $h && $max < $w)
    {
      $th = $max / $w * $h;
      $tw = $max;
    }
    elseif ($h > $w && $max < $h)
```

```php
      {
        $tw = $max / $h * $w;
        $th = $max;
      }
      elseif ($max < $w)
      {
        $tw = $th = $max;
      }

      $tmp = imagecreatetruecolor($tw, $th);
      imagecopyresampled($tmp, $src, 0, 0, 0, 0, $tw, $th, $w, $h);
      imageconvolution($tmp, array(array(-1, -1, -1),
        array(-1, 16, -1), array(-1, -1, -1)), 8, 0);
      imagejpeg($tmp, $saveto);
      imagedestroy($tmp);
      imagedestroy($src);
    }
  }

  showProfile($user);

echo <<<_END
      <form data-ajax='false' method='post'
        action='profile.php?r=$randstr' enctype='multipart/form-data'>
      <h3>Enter or edit your details and/or upload an image</h3>
      <textarea name='text'>$text</textarea><br>
      Image: <input type='file' name='image' size='14'>
      <input type='submit' value='Save Profile'>
      </form>
    </div><br>
  </body>
</html>
_END;
?>
```

圖 29-4　編輯個人資料

members.php

透過範例 29-9（*members.php*），使用者可以尋找其他的成員，並將他們加入好友（或如果他們已經是好友，將他們刪除）。這個程式有兩種模式，第一種會列出所有的成員，以及他們與你之間的關係，第二種會顯示使用者的個人資料。

查看使用者的個人資料

這個檔案先編寫第二種模式。我們測試 $_GET 陣列的 view 變數是否存在，如果存在，代表使用者想要查看某人的個人資料，所以用 showProfile 來顯示它，並且提供一些朋友與訊息的連結。

加入與移除好友

接著測試兩個 $_GET 變數：add 與 remove。如果其中的一個有值，那個值就代表將要加入或移除的好友帳號。我們視情況在 MySQL *friends* 資料表中尋找那個帳號，並插入帳號，或是從資料表中移除它。

當然，我們先將每一個 post 過來的變數傳給 sanitizeString，以確保它們可以安全地和 MySQL 一起使用。

列出所有成員

程式的最後部分發出一個 SQL 查詢指令來列出所有帳號。我們將收到的數量放入 $num 變數，然後輸出網頁標題。

接下來用一個 for 迴圈來遍歷每一位成員，抓取他們的資料，再查詢 *friends* 資料表，看看它們是否被使用者追隨，或追隨使用者。如果有人不但追隨者使用者，也被使用者追隨，他就會被歸類為「互為好友」。

如果使用者追隨其他的成員，變數 $t1 就會被設為非零，如果有其他成員追隨使用者，變數 $t2 就會被設為非零。我們根據這些值，在每一個帳號的後面顯示文字，來說明那個帳號與當前的使用者之間的關係（如果有的話）。

我們也用圖示來代表關係。雙箭頭代表兩位使用者互為好友，指向左邊的箭頭代表當前的使用者正在追隨其他的成員，指向右邊的箭頭代表其他的成員正在追隨當前的使用者。

最後，我們根據使用者是否追隨其他的成員來提供連結，用來將那位成員加為好友，或是從好友移除。

圖 29-5 是在瀏覽器呼叫範例 29-9 的結果。你可以看到，這個網頁邀請使用者「follow」他尚未追隨的成員，如果成員已經追隨使用者了，網頁會提供一個「recip」

連結來讓使用者回應他。如果使用者已經追隨其他的成員了，他可以選擇「drop」來停止追隨。

圖 29-5 使用 members 模組

 在生產伺服器上，你可能有上百，甚至上千位使用者，所以你應該會大幅度修改這個程式，以便能夠搜尋「about me」文字、將結果分頁且每次輸出一頁畫面……等。

範例 29-9 *members.php*

```php
<?php // 範例 09: members.php
  require_once 'header.php';

  if (!$loggedin) die("</div></body></html>");

  if (isset($_GET['view']))
  {
```

```php
  $view = sanitizeString($_GET['view']);

  if ($view == $user) $name = "Your";
  else                $name = "$view's";

  echo "<h3>$name Profile</h3>";
  showProfile($view);
  echo "<a data-role='button' data-transition='slide'
        href='messages.php?view=$view&r=$randstr'>View $name messages</a>";
  die("</div></body></html>");
}

if (isset($_GET['add']))
{
  $add = sanitizeString($_GET['add']);

  $result = queryMysql("SELECT * FROM friends
    WHERE user='$add' AND friend='$user'");
  if (!$result->rowCount)
    queryMysql("INSERT INTO friends VALUES ('$add', '$user')");
}
elseif (isset($_GET['remove']))
{
  $remove = sanitizeString($_GET['remove']);
  queryMysql("DELETE FROM friends
    WHERE user='$remove' AND friend='$user'");
}

$result = queryMysql("SELECT user FROM members ORDER BY user");
$num    = $result->rowCount();

while ($row = $result->fetch())
{
  if ($row['user'] == $user) continue;

  echo "<li><a data-transition='slide' href='members.php?view=" .
    $row['user'] . "&$randstr'>" . $row['user'] . "</a>";
  $follow = "follow";

  $result1 = queryMysql("SELECT * FROM friends WHERE
    user='" . $row['user'] . "' AND friend='$user'");
  $t1      = $result1->rowCount();

  $result1 = queryMysql("SELECT * FROM friends WHERE
    user='$user' AND friend='" . $row['user'] . "'");
  $t2      = $result1->rowCount();
```

```
    if (($t1 + $t2) > 1) echo " &harr; is a mutual friend";
    elseif ($t1)        echo " &larr; you are following";
    elseif ($t2)      { echo " &rarr; is following you";
                        $follow = "recip"; }

    if (!$t1) echo " [<a data-transition='slide'
      href='members.php?add=" . $row['user'] . "&r=$randstr'>$follow</a>]";
    else      echo " [<a data-transition='slide'
      href='members.php?remove=" . $row['user'] . "&r=$randstr'>drop</a>]";
  }

?>
    </ul></div>
  </body>
</html>
```

friends.php

範例 29-10（*friends.php*）是顯示使用者的朋友與追隨者的模組。它與 *members.php* 程式一樣，會查詢 *friends* 資料表，但只查詢一位使用者。接著它會顯示那位使用者的相互好友與追隨者，以及他追隨的人。

追隨者他的人都會被存入 $followers 陣列，他追隨的人都會被存入 $following 陣列。接著用一段精簡的程式來取出與使用者互相追隨的人：

```
$mutual = array_intersect($followers, $following);
```

array_intersect 函式會取出同時出現在這兩個陣列裡面的所有成員，將他們存入一個新陣列並回傳。這個陣列會被存入 $mutual。接著使用 array_diff 函式來處理 $followers 與 $following 陣列，以保留不是互為好友的人：

```
$followers = array_diff($followers, $mutual);
$following = array_diff($following, $mutual);
```

在 $mutua 陣列裡面只有互為好友的人，在 $followers 裡面只有追隨者（沒有互為好友），在 $following 裡面只有追隨對象（沒有互為好友）。

取得這些陣列之後，我們就可以輕鬆地顯示各個類別的成員了，如圖 29-6 所示。PHP sizeof 函式可回傳陣列內的元素數量，使用它是為了在數量非零時（也就是那一個類別有好友存在時）觸發程式。你可以看到，藉由在相關的地方使用變數 $name1、$name2 與

$name3，程式可以知道你是不是在查看自己的好友名單，進而使用 *Your* 與 *You are*，而非只是顯示帳號。如果你想要在這個畫面上顯示使用者的個人資料，你可以將註解的那一行改為程式。

範例 29-10 *friends.php*

```php
<?php // 範例 10: friends.php
  require_once 'header.php';

  if (!$loggedin) die("</div></body></html>");

  if (isset($_GET['view'])) $view = sanitizeString($_GET['view']);
  else                      $view = $user;

  if ($view == $user)
  {
    $name1 = $name2 = "Your";
    $name3 =          "You are";
  }
  else
  {
    $name1 = "<a data-transition='slide'
              href='members.php?view=$view&r=$randstr'>$view</a>'s";
    $name2 = "$view's";
    $name3 = "$view is";
  }

  // 如果你想要在這裡顯示使用者的個人資料，將下面這一行註解改為程式
  // showProfile($view);

  $followers = array();
  $following = array();

  $result = queryMysql("SELECT * FROM friends WHERE user='$view'");

  while ($row = $result->fetch())
  {
    $followers[$j] = $row['friend'];
  }

  $result = queryMysql("SELECT * FROM friends WHERE friend='$view'");

  while ($row = $result->fetch())
  {
    $following[$j] = $row['user'];
```

```php
  }

  $mutual    = array_intersect($followers, $following);
  $followers = array_diff($followers, $mutual);
  $following = array_diff($following, $mutual);
  $friends   = FALSE;

  echo "<br>";

  if (sizeof($mutual))
  {
    echo "<span class='subhead'>$name2 mutual friends</span><ul>";
    foreach($mutual as $friend)
      echo "<li><a data-transition='slide'
            href='members.php?view=$friend&r=$randstr'>$friend</a>";
    echo "</ul>";
    $friends = TRUE;
  }

  if (sizeof($followers))
  {
    echo "<span class='subhead'>$name2 followers</span><ul>";
    foreach($followers as $friend)
      echo "<li><a data-transition='slide'
            href='members.php?view=$friend&r=$randstr'>$friend</a>";
    echo "</ul>";
    $friends = TRUE;
  }

  if (sizeof($following))
  {
    echo "<span class='subhead'>$name3 following</span><ul>";
    foreach($following as $friend)
      echo "<li><a data-transition='slide'
            href='members.php?view=$friend&r=$randstr'>$friend</a>";
    echo "</ul>";
    $friends = TRUE;
  }

  if (!$friends) echo "<br>You don't have any friends yet.";
?>
    </div><br>
  </body>
</html>
```

圖 29-6 顯示使用者的好友與追隨者

messages.php

範例 29-11（*messages.php*）是最後一個主要的模組。這個程式在一開始先檢查是否有訊息被 post 到 text 變數，如果有，它就會被插入 messages 資料表。同時，我們也儲存 pm 值。這個值的用途是指出訊息是私人的還是公開的。0 代表公開訊息，1 代表私人。

接著顯示使用者的個人資料與一個用來輸入訊息的表單，以及兩個選項按鈕，用來選擇私人或公開訊息。之後根據訊息是私人還是公開來顯示所有訊息。如果訊息是公開的，我們讓所有使用者都可以看到它們，但是私人訊息只能被傳送者與接收者看到。這些功能都是用 MySQL 資料庫的查詢程式來處理的。此外，如果訊息是私人的，我們加入 *whispered* 這個字，並且以斜體來顯示。

最後顯示一些連結來讓使用者重新整理訊息（以防其他使用者同時貼出訊息），以及查看使用者的朋友。我們在此再次使用 $name1 與 $name2 變數，如此一來，當你查看自己的個人資料時，程式會顯示 *Your*，而不是帳號。

範例 29-11 messages.php

```php
<?php // 範例 11: messages.php
  require_once 'header.php';

  if (!$loggedin) die("</div></body></html>");

  if (isset($_GET['view'])) $view = sanitizeString($_GET['view']);
  else                      $view = $user;

  if (isset($_POST['text']))
  {
    $text = sanitizeString($_POST['text']);

    if ($text != "")
    {
      $pm   = substr(sanitizeString($_POST['pm']),0,1);
      $time = time();
      queryMysql("INSERT INTO messages VALUES(NULL, '$user',
        '$view', '$pm', $time, '$text')");
    }
  }

  if ($view != "")
  {
    if ($view == $user) $name1 = $name2 = "Your";
    else
    {
      $name1 = "<a href='members.php?view=$view&r=$randstr'>$view</a>'s";
      $name2 = "$view's";
    }

    echo "<h3>$name1 Messages</h3>";
    showProfile($view);

    echo <<<_END
      <form method='post' action='messages.php?view=$view&r=$randstr'>
        <fieldset data-role="controlgroup" data-type="horizontal">
          <legend>Type here to leave a message</legend>
          <input type='radio' name='pm' id='public' value='0' checked='checked'>
          <label for="public">Public</label>
```

```
          <input type='radio' name='pm' id='private' value='1'>
          <label for="private">Private</label>
        </fieldset>
      <textarea name='text'></textarea>
      <input data-transition='slide' type='submit' value='Post Message'>
    </form><br>
_END;

    date_default_timezone_set('UTC');

    if (isset($_GET['erase']))
    {
      $erase = sanitizeString($_GET['erase']);
      queryMysql("DELETE FROM messages WHERE id='$erase' AND recip='$user'");
    }

    $query  = "SELECT * FROM messages WHERE recip='$view' ORDER BY time DESC";
    $result = queryMysql($query);

    while ($row = $result->fetch())
    {
      if ($row['pm'] == 0 || $row['auth'] == $user || $row['recip'] == $user)
      {
        echo date('M jS \'y g:ia:', $row['time']);
        echo " <a href='messages.php?view=" . $row['auth'] .
            "&r=$randstr'>" . $row['auth']. "</a> ";

        if ($row['pm'] == 0)
          echo "wrote: &quot;" . $row['message'] . "&quot; ";
        else
          echo "whispered: <span class='whisper'>&quot;" .
            $row['message']. "&quot;</span> ";

        if ($row['recip'] == $user)
          echo "[<a href='messages.php?view=$view" .
              "&erase=" . $row['id'] . "&r=$randstr'>erase</a>]";

        echo "<br>";
      }
    }
  }

  if (!$num)
    echo "<br><span class='info'>No messages yet</span><br><br>";

  echo "<br><a data-role='button'
```

```
                  href='messages.php?view=$view&r=$randstr'>Refresh messages</a>";
?>

    </div><br>
  </body>
</html>
```

圖 29-7 是在瀏覽器中載入這個程式的結果。在圖中,使用者正在看他自己的訊息,裡面有一些連結可用來刪除不想要保留的訊息。我們使用 jQuery Mobile 的選項按鈕樣式來讓使用者選擇傳送私人或公開訊息,第 23 章已經解釋它的工作方式了。

圖 29-7 messaging 模組

logout.php

範例 29-12（*logout.php*）是我們的社交網路的最後一塊拚圖，這是一個登出網頁，它會關閉 session，並刪除所有相關的資料與 cookie。圖 29-8 是呼叫這個程式的結果，它會要求使用者按下一個連結來返回未登入的首頁，並移除畫面上方的登入連結。當然，你也可以編寫 JavaScript 或 PHP 來轉址（如果你想要讓登出畫面很精簡的話，這是很好的做法）。

圖 29-8　登出網頁

範例 29-12　logout.php

```
<?php // 範例 12: logout.php
  require_once 'header.php';

  if (isset($_SESSION['user']))
  {
    destroySession();
    echo "<br><div class='center'>You have been logged out. Please
         <a data-transition='slide'
           href='index.php?r=$randstr'>click here</a>
           to refresh the screen.</div>";
  }
  else echo "<div class='center'>You cannot log out because
```

```
                you are not logged in</div>";
?>
    </div>
  </body>
</html>
```

styles.css

範例 29-13 是這個專案使用的樣式表。它裡面有幾組宣告式：

`*`

使用萬用選擇器來設定專案的預設字型家族與大小。

`body`

設定專案視窗的寬度，將它橫向置中，指定背景顏色，幫它加上邊框。

`html`

設定 HTML 區域的背景顏色。

`img`

幫所有的圖像加上邊框、陰影，與右側邊距。

`.username`

將帳號置中，並選擇字型家族、大小、顏色、背景與內距來顯示。

`.info`

用來顯示重要的資訊。它會設定背景與前景文字顏色，套用邊框與內距，並將元素縮排。

`.center`

置中 `<div>` 元素的內容。

`.subhead`

用來突顯文字的某些部分。

`.taken`、`.available`、`.error` 與 `.whisper`

設定各種資訊使用的顏色與字型樣式。

#logo

在使用非 HTML5 瀏覽器而且 canvas logo 沒有被做出來時，設定 logo 文字的樣式（當成後備）。

#robin

將網頁標題的 robin 圖像對齊。

#used

當帳號已被使用時，確保被 *checkuser.php* 非同步呼叫填寫的元素不會太靠近它上面的欄位。

範例 *29-13 styles.css*

```
* {
  font-family:verdana,sans-serif;
  font-size   :14pt;
}

body {
  width    :700px;
  margin   :20px auto;
  background:#f8f8f8;
  border   :1px solid #888;
}

html {
  background:#fff
}

img {
  border             :1px solid black;
  margin-right       :15px;
  -moz-box-shadow    :2px 2px 2px #888;
  -webkit-box-shadow:2px 2px 2px #888;
  box-shadow         :2px 2px 2px #888;
}

.username {
  text-align :center;
  background :#eb8;
  color      :#40d;
  font-family:helvetica;
  font-size  :20pt;
```

```
  padding     :4px;
}

.info {
  font-style :italic;
  margin      :40px 0px;
  text-align :center;
}

.center {
  text-align:center;
}

.subhead {
  font-weight:bold;
}

.taken, .error {
  color:red;
}

.available {
  color:green;
}

.whisper {
  font-style:italic;
  color       :#006600;
}

#logo {
  font-family:Georgia;
  font-weight:bold;
  font-style :italic;
  font-size   :97px;
  color       :red;
  }

#robin {
  position          :relative;
  border            :0px;
  margin-left       :-6px;
  margin-right      :0px;
  top               :17px;
  -moz-box-shadow    :0px 0px 0px;
  -webkit-box-shadow:0px 0px 0px;
```

```
  box-shadow        :0px 0px 0px;
}

#used {
  margin-top:50px;
}
```

javascript.js

最後是個 JavaScript 檔（範例 29-14），它裡面有本書常用的 O、S 與 C 函式。

範例 29-14 javascript.js

```
function O(i)
{
  return typeof i == 'object' ? i : document.getElementById(i)
}

function S(i)
{
  return O(i).style
}

function C(i)
{
  return document.getElementsByClassName(i)
}
```

本書到此要告一段落了。如果你用這個程式或本書的任何範例做出任何作品，或是從中獲得任何其他好處，我很高興能夠提供幫助，並感謝你閱讀本書。

問題

1. 這本書是否為你帶來愉快的學習體驗？

解答請參考第 785 頁附錄 A 的「第 29 章解答」。

各章問題解答

第 1 章解答

1. 網頁伺服器（例如 Apache）、伺服器端腳本語言（PHP）、資料庫（MySQL），與用戶端腳本語言（JavaScript）。

2. 超文字標記語言：網頁本身，包括文字與標記標籤。

3. 如同幾乎所有資料庫引擎，MySQL 接受結構化查詢語言（SQL）指令。SQL 是每一位使用者（包括 PHP 程式）與 MySQL 溝通的方式。

4. PHP 在伺服器端運行，而 JavaScript 在用戶端運行。PHP 可以和資料庫溝通，以儲存和取出資料，但是它無法快速且動態地變動使用者的網頁，JavaScript 的優缺點與 PHP 相反。

5. 階層式樣式表：用來更改 HTML 文件之中的元素樣式與排列方式的規則。

6. 最有趣的 HTML5 新元素是 <audio>、<video> 與 <canvas>，但它也有許多其他元素，例如 <article>、<summary>、<footer>……等。

7. 有些技術是受公司掌控的，這些公司與任何軟體公司一樣，會接收 bug 回報並且修復錯誤。但是開放原始碼的軟體也可以獲得社群的協助，任何一位了解程式的人都可以處理你的 bug 回報。也許將來你也會自行修復開放原始碼工具內的 bug。

8. 它可讓開發者將注意力放在建立網站或 web app 的核心工能上，讓框架負責確保它們始終保持最佳的外觀與運行狀態，無論使用哪一種平台（無論是 Linux、macOS、Windows、iOS 還是 Android）、螢幕寬高，或瀏覽器。

第 2 章解答

1. WAMP 代表 *Windows*、*Apache*、*MySQL* 與 *PHP*。MAMP 的 *M* 代表 *Mac* 而不是 *Windows*；*LAMP* 的 *L* 代表 Linux。它們都代表一整套承載動態網頁的解決方案。

2. 127.0.0.1 與 *http://localhost* 都是引用本地電腦的方式。如果你正確地安裝 WAMP 或 MAMP，你可以在瀏覽器的網址列輸入它們，來呼叫本地伺服器的預設網頁。

3. FTP 的意思是*檔案傳輸協定*（*File Transfer Protocol*）。FTP 程式可讓用戶端與伺服器互相傳遞檔案。

4. 因為在遠端工作時，你必須使用 FTP 來將檔案傳到遠端伺服器才可以更新它，太頻繁地執行這個動作將大幅增加開發時間。

5. 專用的程式編輯器非常聰明，甚至可以在執行程式之前就顯示出程式碼的問題。

第 3 章解答

1. 讓 PHP 開始編譯程式碼的標籤是 `<?php...?>`，你也可以將它縮寫成 `<? ...?>`，但不建議這麼做。

2. 你可以使用 `//` 來撰寫一行註解，或使用 `/*...*/` 來撰寫多行註解。

3. 所有的 PHP 陳述式都必須用分號（`;`）來結束。

4. 除了常數之外，所有的 PHP 變數都必須以 `$` 開頭。

5. 變數可以儲存字串、數字，或其他資料值。

6. `$variable = 1` 是賦值陳述式，而 `$variable == 1` 裡面的 `==` 是比較運算子。`$variable = 1` 會設定 `$variable` 的值。在之後的程式使用 `$variable == 1` 可以判斷 `$variable` 是否等於 1。如果你原本想要做比較，卻誤用 `$variable = 1`，它會做兩件出乎你意料的事情：將 `$variable` 設為 1，以及永遠回傳 `true` 值，無論它之前值是什麼。

7. 在 PHP 中，連字號只用來進行減法、遞減，與當成負數運算子。如果你在變數名稱裡面使用連字號，像 $current-user 這種結構將會難以理解，也會導致程式不夠明確。

8. 是，變數名稱的大小寫視為相異，所以 $This_Variable 與 $this_variable 不同。

9. 你不能在變數名稱中使用空格，因為這會讓 PHP 編譯器混淆，請用 _（底線）來取代它。

10. 若要將一種變數型態轉換成另一種，你只要引用它，PHP 就會自動為你轉換。

11. 除非你要用 $j 的值來進行測試、將它指派給其他變數，或是當成參數傳入函式，否則 ++$j 與 $j++ 沒有什麼不同。在這些情況下，++$j 會在進行測試或執行其他動作之前先遞增 $j，$j++ 則會在執行動作之後再遞增 $j。

12. 一般來說，運算子 && 與 and 是可以交換使用的，除非優先順序對你而言很重要，此時 && 有較高的優先權，and 則較低。

13. 你可以在引號裡面放入多行程式，或使用 <<< _END ..._END 結構來編寫多行 echo 或賦值。就後者而言，你必須把結束標籤放在新的一行，而且在結束標籤的前面與後面不能有任何東西。

14. 你不能重新定義常數，因為常數在定義之後就會維持那個值，直到程式結束為止。

15. 你可以使用 \' 或 \" 來轉義單引號或雙引號。

16. echo 與 print 指令的相似之處在於它們都是一種結構，但 print 的行為類似 PHP 函式，可接收一個引數，而 echo 可以使用多個引數。

17. 函式的目的是為了將程式碼分成獨立的段落，以便用一個函式名稱來直接引用它。

18. 你可以將變數宣告成 global，讓它可在 PHP 程式的任何一個地方存取。

19. 如果你在函式裡面產生一筆資料，你可以藉著將值回傳，或修改一個全域變數，來將那個資料傳給程式的其他部分。

20. 將字串與數字結合起來會產生另一個字串。

第 4 章解答

1. 在 PHP 中，TRUE 代表值 1，FALSE 代表 NULL，你可以將它想成「無物」，它會輸出空字串。

2. 最簡單的運算式是常值（例如數字或字串）以及變數，它們算出來的值就是它們自己的值。

3. 一元、二元與三元運算子的差別在於它們需要使用的運算元（分別是一個、兩個與三個）。

4. 自行設定運算子優先順序的最佳方式，就是將想要提升優先順序的子運算式加上括號。

5. 運算子的結合方向就是它的處理方向（由左至右，或由右至左）。

6. 你可以使用一致運算子來跳過 PHP 的自動運算元型態轉換（也稱為型態轉型）。

7. 三種條件陳述式是：if、switch 與 ?: 運算子。

8. 你可以使用 *continue* 陳述式來跳過當前這次迴圈迭代，直接跳到下一次。

9. for 迴圈的功能比 while 迴圈強大的原因，是它多了兩個控制迴圈的參數。

10. 在 if 與 while 陳述式裡面的條件運算式大部分都是常值（或布林），所以當它們是 TRUE 時會觸發程式執行。數值運算式會在結果不是零的時候觸發執行。字串運算式會在結果不是空字串的時候觸發執行。NULL 值會被解讀為 false，所以不會觸發執行。

第 5 章解答

1. 使用函式可以避免多次複製或重寫類似的程式碼，函式可結合許多組陳述式，讓你只要用一個簡單的名稱就可以呼叫它。

2. 在預設的情形下，函式可以回傳一個值。你可以使用陣列、參考或全域變數來讓函式回傳多個值。

3. 如果你用名稱來使用變數，例如將它的值指派給其他的變數，或是將它的值傳入函式，它的值會被複製，所以當複本改變時，原本的值不會改變。但是如果你用指標（或是參考）來引用變數，你就會直接使用它的值，同一個值可能被多個名稱引用，改變參考的值，也會改變原始值。

4. 作用域就是可以存取該變數的程式區域。舉例來說，你可以在 PHP 程式的任何一個地方存取全域作用域的變數。

5. 若要將某個檔案併入另一個檔案，你可以使用 include 或 require 指令，或更安全的版本：include_once 與 require_once。

6. 函式是用一個名稱來引用的一組陳述式，它可以接收與回傳值。在物件裡面可能有零個或多個函式（在此稱為方法）以及變數（在此稱為屬性），它們全都被組合成一個單位。

7. 若要在 PHP 中建立新物件，你可以使用 new 關鍵字，例如：$object = new Class;

8. 若要建立一個子類別，你可以使用 extends 關鍵字以及下列的語法：class Subclass extends Parentclass ...

9. 若要在建立物件之後將它初始化，你可以在類別裡面建立一個名為 __construct 的建構式方法，並在裡面放入你的程式。

10. 你不一定要在類別中明確地宣告屬性，因為當你第一次使用它們時，它們就會被暗中宣告。但是明確地宣告是一種好習慣，因為它可以讓程式更容易閱讀，也可以幫助偵錯，尤其是協助那些維護你的程式的人。

第 6 章解答

1. 數值陣列可以用數字或數值變數來檢索，關聯陣列使用英數識別碼來檢索元素。

2. array 關鍵字的主要好處是，它可以讓你一次指派許多值給一個陣列，不需要重複使用陣列名稱。

3. each 函式與 foreach...as 迴圈結構都可以回傳陣列內的元素，它們都會從頭開始，並遞增一個指標來確保下次呼叫或迭代回傳下一個元素，它們也都會在陣列結束時回傳 FALSE。它們的差異在於 each 函式只回傳一個元素，因此它通常被放在迴圈裡面。foreach...as 結構本身就是迴圈，可以重複執行，直到陣列結束，或你明確要求跳出迴圈為止。

4. 若要建立多維陣列，你必須指派其他的陣列給父陣列的元素。

5. 你可以使用 count 函式來計算陣列的元素數量。

6. explode 函式的用途是從字串中取出以某個字元來分隔的文字，例如，取出一段句子中以空格分隔的單字。

7. 你可以呼叫 reset 函式來將 PHP 陣列的內部指標重設為第一個元素。

第 7 章解答

1. 用來顯示浮點數字的轉換符號是 %f。

2. 你可以使用這種 printf 陳述式來將輸入字串 "Happy Birthday" 輸出為 "**Happy"：

   ```
   printf("%'*7.5s", "Happy Birthday");
   ```

3. 你可以改用 sprintf 來將 printf 的輸出傳給變數，而不是瀏覽器。

4. 你可以使用這個指令來建立 2025 年 5 月 2 日 7:11 a.m. 的 Unix 時戳：

   ```
   $timestamp = mktime(7, 11, 0, 5, 2, 2025);
   ```

5. 你可以使用 fopen 以及 w+ 檔案存取模式，以寫入與讀取模式來開啟檔案，同時裁切檔案，並將檔案指標指向開頭。

6. 刪除 *file.txt* 檔案的 PHP 指令是：

   ```
   unlink('file.txt');
   ```

7. PHP 函式 file_get_contents 可一次讀取整個檔案。如果你提供 URL 給它，它也可以讀取網路上的檔案。

8. PHP 超全域關聯陣列 $_FILES 裡面有上傳檔案的詳細資訊。

9. PHP exec 函式可用來執行系統指令。

10. 在 HTML5 中，你可以使用 XHTML 樣式的標籤（例如 <hr />）或標準的 HTML4 樣式（例如 <hr>）。你可以按照自己或公司的程式風格來自由使用它們。

第 8 章解答

1. MySQL 用分號來分隔或結束指令。如果你忘記輸入它，MySQL 會發出一個提示並等待你輸入它。

2. 你可以輸入 SHOW databases 來查詢可使用的資料庫。若要查詢你正在使用的資料表，你可以輸入 SHOW tables。（這些指令的大小寫視為相同）。

3. 你可以這樣使用 GRANT 指令來建立新的使用者：

```
GRANT PRIVILEGES ON newdatabase.* TO 'newuser'@'localhost'
    IDENTIFIED BY 'newpassword';
```

4. 你可以輸入 DESCRIBE tablename 來查看資料表的結構。

5. MySQL 索引的目的是在資料表中加入一或多個重要欄位的詮釋資料，來大幅減少資料庫的存取時間，進而加快搜尋與找到資料列的時間。

6. 當你想要查詢的內容位於 FULLTEXT 欄位時，FULLTEXT 索引可以讓你使用自然語言來查詢關鍵字，它的使用方式與搜尋引擎一樣。

7. 停用詞是常見的單字，它們在你進行 FULLTEXT 檢索或搜尋時沒有使用價值。但是，如果在一段被雙引號框起來的字串裡面有停用詞的話，該停用詞會參與搜尋。

8. 實質上，SELECT DISTINCT 只會影響外觀，它會選出一個資料列，並刪除所有複本。GROUP BY 不刪除資料列，而是會結合在該欄位有相同值的所有資料列。因此，當你想對一群資料列執行 COUNT 這類的操作時，很適合使用 GROUP B，但此時不適合使用 SELECT DISTINCT。

9. 你可以使用下列指令來回傳在 *classics* 資料表的 *author* 欄裡面有 *Langhorne* 單字的資料：

```
SELECT * FROM classics WHERE author LIKE "%Langhorne%";
```

10. 如果你要將兩個資料表接在一起，它們必須至少有一個共同的欄位，例如 ID 號碼，在 *classics* 與 *customers* 資料表的例子中，它是 *isbn* 欄位。

第 9 章解答

1. 關係代表有某種關聯的兩份資料之間的連結，例如書籍與它的作者，或書籍與購買它的顧客。MySQL 等關聯資料庫特別適合用來儲存與取出這種關係。

2. 移除重複的資料，並將資料表最佳化的程序稱為**標準化**。

3. 第一正規型的三條規則是：

- 同一種資料不能放在重複的欄位裡面。
- 所有的欄位都只能存放一個值。
- 用獨一無二的主鍵來識別每一列。

4. 為了滿足第二正規型，如果某個欄位有許多資料反複出現在不同的資料列裡面，該欄位就必須被移到它自己的資料表中。

5. 在一對多關係中，你必須將「一」方資料表的主鍵加到「多」方資料表的獨立欄位（外鍵）。

6. 若要建立具有多對多關係的資料庫，你必須建立一個中間資料表，在裡面儲存另兩個資料表的索引鍵。接下來，其他的兩個資料表就可以透過這個資料表來互相參考。

7. 你可以使用 BEGIN 或 START TRANSACTION 指令來開始 MySQL 交易，使用 ROLLBACK 指令來結束交易並取消所有動作。若要結束交易並提交所有動作，可執行 COMMIT 指令。

8. 你可以使用 EXPLAIN 指令來了解查詢指令的詳細動作。

9. 你可以使用這個指令來將 *publications* 資料庫備份到 *publications.sql* 檔案：

```
mysqldump -u user -ppassword publications > publications.sql
```

第 10 章解答

1. 在宣告類別屬性時，PHP 8 可讓你在函式呼叫式中提供具名參數，讓你用輸入資料的引數名稱來將它們傳入函式，而不是根據引數的順序。

2. null-safe 運算子是 ?->，它會在遇到 null 值時，將其餘的部分短路，並立刻回傳 null，而不會造成錯誤。

3. 在 PHP 8 中，match 運算式可以取代 switch 區塊，而且可能比 switch 更好，因為它提供型態安全的比較、可提供回傳值、不需要用 break 來跳出，而且也支援多個比對值。

4. 在 PHP 8 中，你可以使用 str_contains 函式來判斷一個字串裡面有沒有另一個字串。

5. 在 PHP 8 中，進行浮點除法計算而不會造成除以零錯誤的最佳方法是使用 fdiv 函式，它會在除以零時，回傳 INF、-INF。

6. polyfill 是提供你的程式碼本該提供的功能的程式，你可以將它 include 到程式中，讓你的程式碼在缺乏該功能時繼續正常運作。

7. 在 PHP 8 中，如果你要查看因為呼叫一個 `preg_` 函式而產生的最新錯誤訊息的英文，你可以呼叫 `preg_last_error_msg` 函式。

8. 在預設情況下，MySQL 8 使用 InnoDB 作為它的交易儲存引擎。

9. 在 MySQL 8 中，若要改變一個欄位的名稱，你可以使用 `RENAME COLUMN` 來取代 `ALTER TABLE ...CHANGE TABLE` 指令。

10. MySQL 8 的預設身分驗證外掛程式是 `caching_sha2_password`。

第 11 章解答

1. 若要使用 PDO 來連接 MySQL 資料庫，你要呼叫 pdo 方法，傳入屬性、帳號、密碼與選項。如果成功的話，它會回傳一個連結物件。

2. 若要使用 PDO 來對著 MySQL 送出查詢指令，你要先建立一個連接資料庫的物件，然後呼叫它的 query 方法並傳入查詢字串。

3. fetch 方法的 `PDO::FETCH_NUM` 風格可以用來以欄位編號檢索資料列，並以陣列的形式回傳它。

4. 你可以將 null 值指派給（用來連接資料庫的）PDO 物件來手動關閉 PDO 連結。

5. 當你將一列資料加入具有 `AUTO_INCREMENT` 欄位的資料表時，你要將 null 值傳給該欄位。

6. 若要轉義字串中的特殊字元，你可以呼叫 PDO 連結物件的 quote 方法，將你想要轉義的字串傳給它。當然，為了安全，使用預先準備的陳述式是最好的做法。

7. 在存取資料庫時確保資料庫安全的最佳手段是使用佔位符號。

第 12 章解答

1. GET 方法使用 `$_GET` 關聯陣列來將表單的資料傳給 PHP，POST 方法使用 `$_POST` 關聯陣列。

2. 雖然文字方塊跟文字區域都可接收表單輸入的文字，但是文字方塊只接收一行，文字區域可以接收多行，而且可以換行。

3. 若要在網頁表單中使用三個互斥的選項，你要使用單選按鈕，因為核取方塊可讓使用者選取多個項目。

4. 你可以使用一個陣列名稱加上一對中括號（例如 choices[]）來送出表單的一群選項，而不是使用一般的欄位名稱。這種方法會將每一個選項值都放入陣列中，陣列的長度就是被送出去的元素數目。

5. 若要送出表單欄位而不讓使用者看見，你可以使用屬性 type="hidden" 來將它放入隱藏欄位。

6. 你可以將表單元素放入 <label> 與 </label> 標籤內並提供文字或圖片，讓使用者只要按下一次滑鼠就可以選取整個元素。

7. 若要將 HTML 轉換成可顯示的格式，但不會被瀏覽器解譯成 HTML，你可以使用 PHP 的 htmlentities 函式。

8. 你可以使用 autocomplete 屬性來提供曾經被送出去的資料，以協助使用者完成欄位，它會彈出候選值讓使用者選擇。

9. 為了確保資料在表單送出去時已被完整填寫，你可以讓必須填寫的項目使用 required 屬性。

第 13 章解答

1. 你必須在傳送網頁的 HTML 之前傳送 cookie，因為它們是作為標頭的一部分來傳送的。

2. 你可以使用 set_cookie 函式在瀏覽器中儲存 cookie。

3. 若要銷毀 cookie，你必須用 set_cookie 來重新發送它，但是你要將到期日設成過往的日期。

4. 在使用 HTTP 認證時，帳號與密碼會被存放在 $_SERVER['PHP_AUTH_USER'] 與 $_SERVER['PHP_AUTH_PW'] 裡面。

5. password_hash 函式是強大的安全工具，因為它是單向函式，可將字串轉換成很長的十六進制字串，而且這個字串無法轉換回去，因此只要使用者使用高強度的密碼（例如，至少 8 個字元長，並在任意地方使用數字與標點符號），它就很難被破解。

6. 對字串加碼就是在進行雜湊轉換之前，先在字串中加入只有程式設計師知道的額外字元（你應該讓 PHP 為你處理這件事）。如此一來，使用相同密碼的使用者就不會得到相同的雜湊，可防止別人使用預先算好的雜湊表。

7. PHP session 是當前的使用者專屬的一組變數，它會隨著連續的請求一起傳遞，因此當使用者造訪不同的網頁時，這些變數仍然可供使用。

8. 若要啟動 PHP session，你要使用 session_start 函式。

9. session 劫持的意思是駭客設法找到既有的 session ID，並試著接管它。

10. session 固定攻擊是攻擊者設法讓別人用錯誤的 session ID 登入，進而破解連線。

第 14 章解答

1. 你要使用 <script> 與 </script> 標籤來包覆 JavaScript 程式碼。

2. 在預設的情況下，JavaScript 程式碼會輸出至它在文件中的位置。如果該位置在頁首，JavaScript 就會輸出到頁首，如果它在內文，就會輸出到內文。

3. 若要將其他檔案的 JavaScirpt 程式 include 至你的文件，你可以複製並貼上它們，或者用更常見的方式，用 <script src='*filename.js*'> 標籤來將它們 include 進來。

4. 相當於 PHP 的 echo 與 print 指令的 JavaScript 函式（或方法）是 document.write。

5. 若要在 JavaScript 中編寫註解，你可以在單行註解前加上 //，或者將多行註解放在 /* 與 */ 裡面。

6. JavaScript 的字串串接運算子是 + 號。

7. 在 JavaScript 函式中，你可以在第一次設定變數的值時，在它前面加上 var 關鍵字，來將它定義成區域作用域。

8. 若要在所有主流瀏覽器中顯示 ID 為 thislink 的連結所儲存的 URL，你可以使用以下兩個指令：

```
document.write(document.getElementById('thislink').href)
document.write(thislink.href)
```

9. 你可以使用這些指令來切換到瀏覽器的歷史陣列中的前一個網頁：

```
history.back()
history.go(-1)
```

10. 你可以使用下列指令將當前的文件換成 *oreilly.com* 網站的首頁：

```
document.location.href = 'http://oreilly.com'
```

第 15 章解答

1. PHP 與 JavaScript 的布林值最大的差別在於 PHP 可以識別關鍵字 TRUE、true、FALSE 與 false，但 JavaScript 只支援 true 與 false。此外，在 PHP 中，TRUE 的值是 1、FALSE 是 NULL，但是在 JavaScript 中，它們是 true 與 false，而且可以用字串值回傳。

2. JavaScript 與 PHP 的差異在於它不用字元（例如 $）來定義變數名稱。JavaScript 變數名稱的開頭與其他地方都可以使用大寫、小寫與底線，除了名稱的第一個字元之外也可以使用數字。

3. 一元、二元與三元運算子的差別在於它們需要的運算元（分別是一個、兩個與三個）。

4. 強制設定運算子優先順序的最佳做法是將想要優先計算的部分放在括號裡面。

5. 當你想要跳過 JavaScript 的運算元型態自動轉換時，可使用一致運算子。

6. 最簡單的運算式是常值（例如數字或字串）以及變數，它們算出來的值就是它們自己的值。

7. 三種條件陳述式是：if、switch 與 ?: 運算子。

8. 在 if 與 while 陳述式裡面的條件運算式大都是常值或布林值，因此，當它們是 TRUE 時，就會觸發程式的執行。數值運算式會在結果不是零的時候觸發執行。字串運算式會在結果不是空字串的時候觸發執行。NULL 值會被解讀為 false，所以不會觸發執行。

9. for 迴圈比 while 迴圈強大的原因，在於它多了兩個可以控制迴圈的參數。

10. with 陳述式可接收一個物件參數。你可以用它來指定一個物件，在後續的 with 區塊內的每一個陳述式，都會假設使用那一個物件。

第 16 章解答

1. JavaScript 的函式與變數名稱都將大小寫視為相異。變數 Count、count 與 COUNT 互不相同。

2. 若要寫出可接收與處理無限個參數的函式，你可以用 arguments 陣列來存取參數，所有函式都具備這個成員。

3. 若要讓函式回傳多個值，你可以將它們放在陣列裡面，並回傳陣列。

4. 當你定義類別時，你可以使用 this 關鍵字來引用當前的物件。

5. 類別的方法不一定要在類別定義式中定義。如果你在建構式的外面定義方法，你就必須在類別定義中，將方法名稱指派給 this 物件。

6. 新物件是以 new 關鍵字來建立的。

7. 你可以使用 prototype 關鍵字，來建立可讓同一個類別的所有物件使用的屬性或方法，而不需要在物件中重複建立它，JavaScript 會以參考來將它傳給同一個類別的所有物件。

8. 若要建立多維陣列，你要將子陣列放到主陣列裡面。

9. 建立關聯陣列的語法是在大括號裡面放入 *key : value*，例如：

   ```
   assocarray =
   {
     "forename" : "Paul",
     "surname"  : "McCartney",
     "group"    : "The Beatles"
   }
   ```

10. 下面的陳述式可將一個數字陣列降序排列：

    ```
    numbers.sort(function(a, b){ return b - a })
    ```

第 17 章解答

1. 若要在送出表單之前先驗證它，你可以為 `<form>` 標籤加上 JavaScript onsubmit 屬性。你要在函式回傳 true 時送出表單，在函式回傳 false 時不送出表單。

2. 你可以在 JavaScript 裡面使用 test 方法來以正規表達式比對字串。

3. 若要比對非單字的字元，你可以使用 /[^\w]/、/[\W]/、/^\w/、/\W/ /[^a-zA-Z0-9_]/ 等正規表達式。

4. 比對 *fox* 或 *fix* 的正規表達式是 /f[oi]x/。

5. 若要比對一個在非單字字元之前的單字字元，你可以使用 /\w+\W/g。

6. 用正規表達式來測試字串 The quick brown fox 裡面有沒有單字 *fox* 的 JavaScript 函式為：

   ```
   document.write(/fox/.test("The quick brown fox"))
   ```

7. 可用正規表達式來將 The cow jumps over the moon 裡面的 *the* 換成 *my* 的 PHP 函式為：

   ```
   $s=preg_replace("/the/i", "my", "The cow jumps over the moon");
   ```

8. 可在表單欄位中預先填入值的 HTML 關鍵字是 value，你應該以 value="*value*" 的格式，將它放在 `<input>` 標籤裡面。

第 18 章解答

1. 你必須建立 XMLHttpRequest 物件才能在伺服器與 JavaScript 用戶端之間進行非同步通訊。

2. 當物件的 readyState 屬性值是 4 時，你就可以確定非同步呼叫已經完成了。

3. 當非同步呼叫成功完成時，物件的 status 屬性值將是 200。

4. XMLHTTPRequest 物件的 responseText 屬性會儲存成功的非同步呼叫回傳的值。

5. XMLHttpRequest 物件的 responseXML 屬性會儲存以非同步呼叫回傳的 XML 建立的 DOM 樹。

6. 若要指定一個回呼函式來處理非同步回應，你可以將那個函式的名稱指派給 XMLHttpRequest 物件的 onreadystatechange 屬性，你也可以使用無名稱的行內函式。

7. 你可以呼叫 XMLHTTPRequest 物件的 send 方法來啟動非同步請求。

8. 非同步呼叫的 GET 與 POST 請求的主要差異為：GET 請求會將資料接在 URL 後面，而不是將它當成 send 方法的參數傳入；而 POST 請求則會將資料當成參數傳入 send 方法，並要求先傳送正確表單標頭。

第 19 章

1. 若要在一個樣式表中匯入另一個樣式表，你可以使用 @import 指令，例如：

   @import url('styles.css');

2. 你可以使用 HTML <link> 標籤來將樣式表匯入文件：

   <link rel='stylesheet' href='styles.css'>

3. 你可以使用 style 屬性來將樣式直接嵌入元素，例如：

   <div style='color:blue;'>

4. CSS ID 與 CSS 類別的差異在於，ID 只能被指派給一個元素，但類別可以指派給許多元素。

5. 在 CSS 宣告式中，ID 名稱的前面有一個 # 字元（例如 #myid），而類別名稱的前面有 . 字元（例如 .myclass）。

6. 在 CSS 中，分號（;）的用途是分隔宣告式。

7. 若要在樣式表中加入註解，你可把它們放在 /* 與 */ 之間。

8. 在 CSS 中，你可以使用萬用選擇器 * 來比對任何元素。

9. 若要在 CSS 中選擇一群不同的元素與（或）元素類型，你可以在每一個元素、ID，或類別之間加上逗號。

10. 如果你有一對相同優先順序的 CSS 規則，若要讓其中一個規則的優先順序大於另外一個，你可以對它加上 !important 宣告式，例如：

    p { color:#ff0000 !important; }

第 20 章解答

1. CSS3 運算子 ^=、$= 與 *= 分別可以比對字串的前、後與任何部分。

2. 用來指定背景圖像大小的屬性是 `background-size`，例如：

   ```
   background-size:800px 600px;
   ```

3. 你可以使用 `border-radius` 屬性來指定邊框圓角的半徑：

   ```
   border-radius:20px;
   ```

4. 若要讓文字依序出現在多個欄位中，你可以使用 `column-count`、`column-gap` 與 `column-rule` 屬性（或它們的瀏覽器專用版本），例如：

   ```
   column-count:3;
   column-gap  :1em;
   column-rule :1px solid black;
   ```

5. 用來指定 CSS 顏色的四種函式是 hsl、hsla、rgb 與 rgba，例如：

   ```
   color:rgba(0%,60%,40%,0.4);
   ```

6. 若要在文字下方產生往右下方斜偏 5 個像素、模糊程度是 3 個像素的灰色文字陰影，你可以使用這個宣告式：

   ```
   text-shadow:5px 5px 3px #888;
   ```

7. 你可以使用這個宣告式，以省略號來表示文字已被截斷：

   ```
   text-overflow:ellipsis;
   ```

8. 若要在網頁中使用 Google 網路字型，例如 Lobster，你可以先從 *http://fonts.google.com* 下載它，然後將它提供的 `<link>` 標籤複製到 HTML 文件的 `<head>` 裡面。它會長這樣：

   ```
   <link href='http://fonts.googleapis.com/css?family=Lobster'
         rel='stylesheet'>
   ```

   然後你就可以在 CSS 宣告式中引用這個字型了，例如：

   ```
   h1 { font-family:'Lobster', arial, serif; }
   ```

9. 將物件旋轉 90 度的 CSS 宣告式是：

   ```
   transform:rotate(90deg);
   ```

10. 若要設定一個物件的變換，讓它在任何屬性改變時，在半秒之內進行線性變換，你可以使用這個宣告式：

```
transition:all .5s linear;
```

第 21 章解答

1. O 函式可回傳物件的 ID，S 函式可回傳物件的 style 屬性，C 函式能將使用特定類別的物件都放入陣列內回傳。

2. 你可以使用 setAttribute 函式來修改物件的 CSS 屬性，例如：

```
myobject.setAttribute('font-size', '16pt')
```

你也可以（通常）直接修改屬性（需要使用稍微修改過的屬性名稱），例如：

```
myobject.fontSize = '16pt'
```

3. window.innerHeight 與 window.innerWidth 可提供瀏覽器視窗可用的寬度與長度。

4. 若要在滑鼠游標經過並離開物件時製造一些效果，你可以將些效果指派給 onmouseover 與 onmouseout 事件。

5. 你可以使用這段程式來建立一個新元素：

```
elem = document.createElement('span')
```

以及使用這段程式來將新元素加入 DOM：

```
document.body.appendChild(elem)
```

6. 若要隱藏元素，你可以將它的 visibility 屬性設為 hidden（或將它設為 visible 來重新顯示它）。如果你要將元素的寬高摺疊為零，你可以將它的 display 屬性設為 none（將這個屬性設為 block 值可將它恢復為原本尺寸）。

7. 若要將一個事件設成未來的時間，你可以呼叫 setTimeout 函式，將程式碼或想要執行的函式名稱以及延遲的毫秒時間傳給它。

8. 若要設定每隔一段固定時間重複出現的事件，你可以使用 setInterval 函式，傳入程式碼或函式名稱，以及重複的事件之間的毫秒延遲時間。

9. 若要將網頁內的元素從它的位置移開，讓它可以四處移動，你可以將它的 position 屬性設為 relative、absolute 或 fixed。將這個屬性設為 static，可將它恢復成原本的位置。

10. 若要將動畫速率設為每秒 50 個畫格，你必須將中斷之間的延遲時間設為 20 毫秒。這個值的算法是將 1,000 毫秒除以你的畫格播放速率。

第 22 章解答

1. 建立 jQuery 物件的工廠方法的符號通常是 $，你也可以使用方法名稱 jQuery。

2. 你可以使用這種 HTML 從 Google CDN 連接 jQuery 精簡版 3.2.1：

   ```
   <script src='https://ajax.googleapis.com/ajax/libs/jquery/3.6.0/
   jquery.min.js'></script>
   ```

3. jQuery $ 工廠方法可接受 CSS 選擇器來建立匹配元素的 jQuery 物件。

4. 若要取得 CSS 屬性值，你可以使用 css 方法，並傳入屬性名稱。若要設定屬性的值，你可以將屬性名稱與值傳給方法。

5. 若要將一個方法附加到 ID 為 elem 的元素的按鍵動作（click）事件來讓它慢慢地隱藏起來，你可以使用下列程式：

   ```
   $('#elem').click(function() { $(this).hide('slow') } )
   ```

6. 為了讓元素產生動畫效果，你必須將它的 position 屬性設為 fixed、relative 或 absolute 值。

7. 你可以用句點將許多方法串接起來，來一次執行它們（如果是動畫，則會依序執行），例如：

   ```
   $('#elem').css('color', 'blue').css('background',
     'yellow').slideUp('slow')
   ```

8. 若要從 jQuery 選取的物件中取出一個元素節點物件，你可以用中括號來檢索它，例如：

   ```
   $('#elem')[0]
   ```

   或使用 get 方法，例如：

   ```
   $('#elem').get(0)
   ```

9. 若要將 ID 為 news 的元素的上一個同代元素設為粗體，你可以使用這個陳述式：

   ```
   $('#news').prev().css('font-weight', 'bold')
   ```

10. 你可以用 $.get 來發出 jQuery 非同步 GET 請求，例如：

```
$.get('http://server.com/ajax.php?do=this', function(data) {
alert('The server said: ' + data) } )
```

第 23 章解答

1. 使用 CDN 來傳送檔案代表你不需要依賴自己的（或你的用戶端的）頻寬，這可以節省經費。你也可以加快使用者體驗，因為當瀏覽器下載檔案後，它就可以從本地的快取重新載入同一個版本。這種做法的缺點是當使用者的瀏覽器未連接 internet 時，你的網頁或 web app 可能無法在本地端運行。

2. 若要定義 jQuery Mobile 網頁內容，你要將它放在 <div> 元素，並將 data-role 屬性設成 page。

3. jQuery 網頁的三個主要部分是標題、內容與頁腳。指定它們的方法是將它們放在 <div> 元素裡面，並且將 data-role 屬性分別設為 header、content 與 footer。這三個元素必須是第 2 題中的父元素 <div> 的子元素。

4. 若要將多個 jQuery Mobile 網頁放在一個 HTML 文件中，你可以放入多個 <div> 父元素，並將 data-role 屬性設為 page，在每一個父元素裡面放入第 3 題中的子 <div>。若要讓這些網頁互相連接，你要為每一個元素設定一個唯一的 id（例如 id="news"），然後在 HTML 文件的任何地方使用錨點（例如 <a href="#news">）來參考它。

5. 為了防止網頁被非同步載入，你可以將錨點或表單的 data-ajax 屬性設為 false，將它的 rel 屬性設為 external，或將它的 target 屬性設為一個值。

6. 若要將一個錨點的網頁變換設為 flip，你可以將它的 data-transition 屬性設為 flip（或設為其他變換特效的值，例如 data-transition="pop"）。

7. 你可以將網頁的 data-rel 屬性設為 dialog，在載入它時將它顯示為對話方塊。

8. 為了用按鈕來顯示錨點連結，你要將它的 data-role 屬性設為 button。

9. 為了讓 jQuery Mobile 元素行內顯示，你要將它的 data-inline 屬性設為 true。

10. 若要在按鈕中加入圖示，你要將它的 data-icon 屬性設為 jQuery Mobile 圖示的名稱，例如 data-icon="gear"。

第 24 章解答

1. 你可以下載檔案，並從你自己的 web 伺服器提供 React 腳本，或使用 *unpkg.com* 等 CDN 來將 React 腳本加入你的網頁。然後你可以使用 HTML 文件裡的 script 標籤來載入腳本。

2. 為了將 XML 併入 React JavaScript，你要先使用 script 標籤來載入 Babel 擴展程式，無論是從本地或是從 CDN。

3. 程式的 JSX JavaScript <script> 需要 type="text/babel" 才能運作。

4. 你可以用類別來讓你的程式 extend React，例如 class Name extends React. Component，或用函式的 return 陳述式來回傳你想算繪的程式碼。無論採取哪種做法，你都必須呼叫 ReactDOM.render 來開始算繪。

5. 在 React 中，純的程式碼不會修改它的輸入，會修改輸入的程式碼就是不純的。

6. React 用 props 物件和它的屬性來記錄狀態。

7. 若要在 JSX 程式中嵌入運算式，你要將它放在大括號裡，例如：Hello {props. name}。

8. 一旦類別被建構出來，你只能使用 setState 函式來改變值的狀態。

9. 為了在建構式裡使用 this 關鍵字來引用 props，你必須先呼叫 super 方法並將 props 傳給它，例如：super(props)。

10. 你可以在運算式後面使用 && 運算子來建立 JSX 條件陳述式，以及使用 ?: 運算子來建立 IF...THEN...ELSE 陳述式。

第 25 章解答

1. 可在網頁上繪製圖形的 HTML5 新元素是 canvas 元素，它是用 <canvas> 標籤來建立的。

2. 你要用 JavaScript 來操作許多高階的 HTML5 新功能，例如 canvas 與地理定位。

3. 若要將音訊與視訊放入網頁，你要使用 <audio> 或 <video> 標籤。

4. HTML5 的本機存放區提供的本機使用者空間比 cookie 更大，後者可容納資料的空間有限。

5. 在 HTML5 中，你可以設定 web worker 來為你執行背景工作。這些 worker 其實是
   JavaScript 程式。

第 26 章解答

1. 若要在 HTML 中建立 canvas 元素，你要使用 `<canvas>` 標籤，並指定一個可讓
   JavaScript 操作它的 ID，例如：

   ```
   <canvas id='mycanvas'>
   ```

2. 若要用 JavaScript 來操作 canvas 元素，你要指派一個 ID 給元素，例如 mycanvas，
   然後使用 document.getElementdById 函式（或本書網站的 *OSC.js* 檔案內的 O 函
   式）來將物件回傳給元素。最後，呼叫物件的 getContext 來取出 canvas 的 2D
   context，例如：

   ```
   canvas  = document.getElementById('mycanvas')
   context = canvas.getContext('2d')
   ```

3. 若要開始一段 canvas 路徑，你要執行 context 的 beginPath 方法。建立路徑之後，
   你可以執行 context 的 closePath 方法來關閉它，例如：

   ```
   context.beginPath()
       // 路徑建立指令
   context.closePath()
   ```

4. 你可以使用 toDataURL 方法從 canvas 取出資料，然後將它指派給圖像物件的 src 屬
   性，例如：

   ```
   image.src = canvas.toDataURL()
   ```

5. 若要建立超過兩種顏色的漸層填充（無論是放射的還是線性的），你要先建立一個
   漸層物件，再將所有的顏色當成停止顏色，將它們加入漸層物件，然後為每一個
   顏色停止點設定一個開始點，開始點代表該顏色從全部漸層的百分之多少開始出
   現（介於 0 與 1 之間），例如：

   ```
   gradient.addColorStop(0,    'green')
   gradient.addColorStop(0.3,  'red')
   gradient.addColorStop(0,79, 'orange')
   gradient.addColorStop(1,    'brown')
   ```

6. 調整線條寬度的做法是將值指派給 context 的 lineWidth 屬性，例如：

   ```
   context.lineWidth = 5
   ```

7. 若要讓將來的繪製動作只在某個區域生效，你可以建立一個路徑，再呼叫 clip 方法。

8. 使用兩個虛擬磁鐵的複雜曲線稱為貝茲曲線。若要建立它，你要呼叫 bezierCurveTo 方法，提供兩個磁鐵的 x 與 y 座標，以及曲線結束點座標，它會產生一段從目前的繪圖位置到終點的曲線。

9. getImageData 方法會回傳一個陣列，裡面有指定區域的像素資料，每一個元素依序含有紅、綠、藍，與 alpha 像素值，所以每個像素有四筆資料。

10. transform 方法有六個參數，依序是：橫向縮放、橫向傾斜、直向傾斜、直向縮放、橫向平移、直向平移。因此，用來縮放的引數是第 1 個與第 4 個。

第 27 章解答

1. 你可以使用 <audio> 與 <video> 標籤來將音訊與視訊插入 HTML5 文件。

2. 為了讓所有平台都能夠播放壓縮、有損的音訊，你要選擇 ACC 與 MP3 音訊格式之一（或提供兩者）。

3. 為了播放與暫停 HTML5 媒體，你可以呼叫 <audio> 或 <video> 元素的 play 或 pause 方法。

4. FLAC 是壓縮但資料沒有任何損失的音訊格式（但壓縮程度不如 MP3 或 AAC）。它可以在提供無損音訊內容時，節省你的儲存空間與頻寬。

5. 為了在所有平台上確保最大的視訊播放能力，你要選擇 MP4 與 WEBM 視訊格式之一（或提供兩者）。

第 28 章解答

1. 若要在瀏覽器上請求地理定位資料，你可以呼叫下列方法，並傳入兩個函式來處理使用者允許與拒絕你讀取資料的情況：

   ```
   navigator.geolocation.getCurrentPosition(granted, denied)
   ```

2. 若要判斷瀏覽器是否支援本機存放區，你可以測試 localStorage 物件的 typeof 屬性，例如：

   ```
   if (typeof localStorage == 'undefined')
       // 無法使用本機存放區
   ```

3. 若要清除當前網域的本機存放區的所有資料，你可以呼叫 `localStorage.clear` 方法。

4. 讓 web worker 與主程式溝通最簡單的做法是使用 `postMessage` 方法來傳送資訊，並且將程式指派給 web worker 物件的 `onmessage` 事件來取回它。

5. 若要停止 web worker 的運行，你可以呼叫 worker 物件的 `terminate` 方法，例如 `worker.terminate()`。

6. 若要防止「不允許拖曳和放下」的預設行為，你可以在 `ondragover` 與 `ondrop` 事件處理程式中呼叫事件物件的 `preventDefault` 方法。

7. 若要讓跨文件傳訊更安全，你一定要在 post 訊息時提供一個網域代碼，並且在接收它們時，檢查那一個代碼，例如：

   ```
   postMessage(message, 'http://mydomain.com')
   ```

   並且在接收它們時檢查代碼，例如：

   ```
   if (event.origin) != 'http://mydomain.com') // 不允許
   ```

   你也可以加密或遮蔽通訊，來防止注入或竊聽。

第 29 章解答

1. 答案完全由你決定。如果你喜歡這本書，請告訴你的朋友，並且在網路書店寫下書評。如果你有任何問題、意見、建議或補充，請造訪本書的 O'Reilly 網頁（*https://oreil.ly/learning-php-mysql-js-6e*），在那裡留下你的資訊。感謝您的閱讀！

索引

※ 提醒您：由於翻譯書排版的關係，部分索引名詞的對應頁碼會和實際頁碼有一頁之差。

符號

!（（Not）邏輯運算子）

  in JavaScript, 338, 359

  in PHP, 46, 67, 72

!=（inequality）operator（不相等運算子）

  in JavaScript, 337

  in PHP, 45, 67

!==（not identical）operator（（不一致）運算子）

  in JavaScript, 337

  in PHP, 45, 67

"（quotation marks, double）（雙引號）

  escaping in JavaScript（JavaScript 的轉義）, 340

  in JavaScript strings（JavaScript 字串內）, 335

  in PHP heredocs（PHP heredoc 內）, 50

  in PHP multi-line commands（PHP 多行指令）, 49

  in PHP strings（PHP 字串）, 48

$（）函式

  in JavaScript, 348

  in jQuery, 530

$（dollar）symbol（錢號）

  in JavaScript, 348

  in jQuery, 526-528

  in PHP, 38, 53, 109

$.each 方法（jQuery）, 576

$.map 方法（jQuery）, 577

$=（attribute selector）operator（屬性選擇運算子）, 477

$chrs（character set）（字元集）, 251

$GLOBALS 變數, 59

$host 變數（PHP）, 251

$this 變數（PHP）, 112

$_POST 陣列, 259

%（modulus）operator（模數運算子）

  in JavaScript, 336, 356

  in PHP, 44, 67

%=（modulus and assignment）operator（模數與賦值運算子）

in JavaScript, 337

in PHP, 45

&（ampersand）, prefacing PHP variables
（放在 PHP 變數之前）, 100

&（And）bitwise operator（位元運算子）

in JavaScript, 356

in PHP, 69

&&（And）logical operator（邏輯運算子）

in JavaScript, 338, 359

in JSX, 621

in PHP, 46, 67, 72

&=（bitwise AND and assignment）operator
（位元 AND 與賦值運算子）

in JavaScript, 356

in PHP, 69

'（quotation marks, single）（單引號）

escaping in JavaScript（JavaScript 的轉義）,
340

in JavaScript strings（JavaScript 字串
內）, 335

in PHP heredocs（PHP heredoc 內）, 50

in PHP strings（PHP 字串）, 48

（）（parentheses）（括號）

casting operators in PHP（PHP 的轉型運
算子）, 91

in functions in PHP（PHP 的函式）, 96

in regular expressions（正規表達式）,
403

operator precedence and（運算子優先順
序）, 67

*（asterisk）（星號）

in MySQL, 193

in regular expressions（正規表達式）,
402

showing instead of password（顯示它而
非顯示密碼）, 736, 740

wildcard/universal selector in CSS（CSS
的萬用選擇器）, 446

*（multiplication）operator（乘法運算子）

in JavaScript, 336

in PHP, 44, 67

**（exponentiation）operator（乘冪運算
子）, in PHP, 44

*/ 字元 , 38

*=（attribute selector）operator（屬性選擇
運算子）, 477

*=（multiplication and assignment）operator
（乘法與賦值運算子）

in JavaScript, 337

in PHP, 45

+（addition）operator（加法運算子）

in JavaScript, 336

in PHP, 44, 67

+（string concatenation）operator in
JavaScript（JavaScript 的字串串接運
算子）, 338

++（increment）operator（遞增運算子）

in JavaScript, 338

in PHP, 44, 67

+=（addition and assignment）operator（加
法與賦值運算子）

in JavaScript, 337

in jQuery, 553

in PHP, 45

, （comma）（逗號）

in JavaScript, 369

in PHP, 88

- （hyphen）, in regular expressions（正規表
達式的連字號）, 404

- （minus sign）（減號）

unary operator in JavaScript（JavaScript
的一元運算子）, 356

unary operator in PHP（PHP 的一元運算
子）, 69

- （subtraction）operator（減法運算子）

in JavaScript, 336

in PHP, 44, 67, 69

-- （decrement）operator（遞減運算子）

in JavaScript, 338

in PHP, 44, 67

-= （subtraction and assignment）operator
（減法與賦值運算子）

in JavaScript, 337

in jQuery, 553

in PHP, 45

-> 運算子 , 112

. （dot）（句點）

in regular expressions（正規表達式）,
402

prefacing CSS class statements（在 CSS
類別陳述式的前面）, 438

... （ellipsis）, indicating truncated text（省略
符號，代表被截斷的文字）, 491

.= （concatenation assignment）operator（串
接賦值運算子）（PHP）, 45, 48, 67

/ （division）operator（除法運算子）

in JavaScript, 336

in PHP, 45, 67

/ （forward slash）（斜線）

/* and */ in CSS comments（在 CSS 註解內
的 /* 與 */）, 439

/* and */ in multiline comments（在多行註
解內的 /* 與 */）, 37

// in JavaScript comments（在 JavaScript 註
解內的 //）, 332

in regular expressions（正規表達式）,
402

/* 字元 , 38

/= （division and assignment）operator（除
法與賦值運算子）

in JavaScript, 337

in PHP, 44, 67

3D 圖像 , 642

3D 變形 , 497

: （colon）character（冒號字元）

in CSS, 438

in PHP, 64

:: （scope resolution）operator（作用域解析
運算子）, 116

; （semicolons）（分號）

in CSS, 438

in JavaScript, 330, 334

in MySQL, 171

in PHP, 38, 87

< (less than) operator（小於等於運算子）

  in JavaScript, 337, 358

  in PHP, 45, 67, 72

<< (bitwise left shift) operator（位元左移運算子）

  in JavaScript, 356

  in PHP, 67

<<< (heredoc) 運算子（PHP）, 50

<<= (bitwise left shift and assignment) operator（位元左移與賦值運算子）

  in JavaScript, 356

  in PHP, 69

<= (less than or equal to) operator（小於等於運算子）

  in JavaScript, 337, 358

  in PHP, 45, 67, 72

<> (not equal) operator（PHP）（不等於運算子）, 45, 67

<?php 與 ?> 標籤, 36, 250

assignment operator (=)（賦值運算子）

  in JavaScript, 337

  in PHP, 45

  not confusing with == operator（不要與 == 混淆）, 45, 70

== (equality) operator（相等運算子）

  in JavaScript, 337, 357

  in PHP, 45, 67, 70, 311

  not confusing with = operator（不要與 = 混淆）, 45

=== (一致) 運算子

  in JavaScript, 337, 358

  in PHP, 45, 67, 311

=> 運算子（PHP），將值指派給陣列 index（索引）, 126

> (greater than) operator（大於運算子）

  in JavaScript, 337, 358

  in PHP, 45, 67, 72

>= (greater than or equal to) operator（大於等於運算子）

  in JavaScript, 337, 358

  in PHP, 45, 67, 72

>> (bitwise right shift) operator（位元右移運算子）

  in JavaScript, 356

  in PHP, 69

>>= (bitwise right shift and assignment) operator（位元右移和賦值運算子）

  in JavaScript, 356

  in PHP, 69

>>>= (zero-fill right shift) bitwise operator in JavaScript, 357

? : (ternary) operator（三元運算子）

  in JavaScript, 366

  in JSX, 621

  in PHP, 67, 67, 82

? 運算子（PHP）, 82

?-> (null-safe) 運算子, 240

@ (error control) operator（錯誤控制運算子）（PHP）, 69

  square brackets ([ ])（中括號）

accessing array elements（存取陣列元素）, 131, 388

in fuzzy matching（模糊比對）, 404

in PHP function definitions（PHP 函式定義）, 97

in regular expressions（正規表達式）, 404

negation of character class with（否定字元類別）, 404

precedence in JavaScript（JavaScript 的優先順序）, 356

\（backslash）（反斜線）

in JavaScript strings（JavaScript 字串）, 340

in PHP strings（PHP 字串）, 48

in regular expressions（正規表達式）, 403

\c（cancel in MySQL）（MySQL 的取消）, 172

\n（newline）character（換行字元）, 49, 340

\r（carriage return）character（歸位字元）, 49, 340

\t（tab）character（tab 字元）, 49, 131, 340

^（bitwise xor）operator（位元 xor 運算子）

in JavaScript, 355

in PHP, 69

^（caret）, in regular expressions（在正規表達式中的 ^）, 404

^=（attribute selector）operator（屬性選擇運算子）, 477

^=（bitwise XOR and assignment）operator（位元 XOR 與賦值運算子）

in JavaScript, 357

in PHP, 69

__（double underscore）（雙底線）, 53, 112

{ }（curly braces）（大括號）

embedding expressions within JSX（在 JSX 嵌入運算式）, 614

in for loops in PHP（PHP 的 for 迴圈）, 87

in functions in PHP（PHP 的函式）, 98

in if statements in PHP（PHP 的 if 陳述式）, 75

in while statements in PHP（PHP 的 while 陳述式）, 84

|（Or）bitwise operator（Or 位元運算子）

in JavaScript, 356

in PHP, 69

|=（bitwise OR and assignment）operator（位元 OR 與賦值運算子）

in JavaScript, 356

in PHP, 69

||（Or）logical operator（Or 邏輯運算子）

in JavaScript, 338, 359

in PHP, 46, 67, 72

A

AAC（Advanced Audio Encoding）, 696

ActiveX 技術, 422

addColorStop 方法（HTML5）, 649

addition（+）operator（加法運算子）

  in JavaScript, 336

  in PHP, 44, 67

advisory locks（建議鎖）, 154

after 方法（jQuery）, 558

Ajax（Asynchronous JavaScript and XML）, 421

  （亦見 asynchronous communication）

alert 函式（JavaScript）, 350

alignment, of text（文字的對齊）, 457

ALTER 指令（MySQL）, 182-192

  adding new columns（加入新欄位）, 185

  changing column data types（改變欄位資料型態）, 185

  overview of（概要）, 182

  removing columns（移除欄位）, 186

  renaming columns（更名欄位）, 186

  renaming tables（更名資料表）, 184

AMPPS 伺服器

  alternatives to（替代方案）, 25

  asynchronous web page loading（非同步網頁載入）, 587

  cross-origin security（跨源安全措施）, 681

  documentation（文件）, 21

  evolution of（演變）, 26

  macOS 安裝, 26-28

  MySQL 存取, 167-170

  PHP 8 安裝, 8, 238

  PHP 版本選擇, 22, 27, 96

  Windows 安裝, 18-25

ancestor elements, selecting all（選擇所有祖系元素）, 566

And（&&）邏輯運算子

  in JavaScript, 338, 359

  in JSX, 621

  in PHP, 46, 67, 72

and（低優先順序）邏輯運算子（PHP）, 46, 67

Angular, 524, 605, 607

animation（動畫）

  using interrupts for（使用中斷）, 519-522

  using jQuery（使用 jQuery）, 551-555

Apache web 伺服器

  benefits of（好處）, 11

  documentation（文件）, 323

  in WAMPs, MAMPs, and LAMPs, 18

arc 方法（HTML5）, 668

arcTo 方法（HTML5）, 671

arguments array, in JavaScript（JavaScript 的引數陣列）, 374

arguments, in PHP（PHP 的引數）, 96, 100

arithmetic operators（算術運算子）

  in JavaScript, 336

  in PHP, 44, 66, 67

Array 關鍵字（JavaScript）, 385

array 關鍵字（PHP）, 126

arrays（JavaScript）（陣列）

  array methods（陣列方法）, 388

  assigning values to（賦值）, 335

  associative（關聯）, 385

multidimensional（多維）, 386

numeric（數值）, 384

returning arrays with functions（用函式回傳陣列）, 377

arrays（PHP）（陣列）

array functions（陣列函式）, 132-137

assignment using array keyword（使用 array 關鍵字來賦值）, 126

associative（關聯）, 125

basics of（介紹）, 41, 123

foreach...as 迴圈, 127

multidimensional（多維）, 129

numerically indexed（數值索引）, 123

returning values from functions in（從函式回傳值）, 99

two-dimensional（二維）, 42

array_combine 函式（PHP）, 104

AS 關鍵字（MySQL）, 205

ASP.NET, 237

assignment（賦值）

array element values in JavaScript（JavaScript 的陣列元素值）, 384

multiline string assignment in PHP（PHP 的多行字串賦值）, 49

multiple-assignment statements（多重賦值陳述式）, 70

setting variable type by in JavaScript（在 JavaScript 中設定變數型態）, 337

shorthand assignment of CSS properties（CSS 屬性賦值簡寫）, 468

string variables in JavaScript（JavaScript 的字串變數）, 335

using Array keyword in JavaScript（在 JavaScript 中使用 Array 關鍵字）, 385

using array keyword in PHP（在 PHP 中使用 array 關鍵字）, 126

assignment operators（賦值運算子）

in JavaScript, 337

in PHP, 45, 66, 67, 70

associative arrays（關聯陣列）

in JavaScript, 385

in PHP, 125, 256

associativity（結合方向）, 69, 356

asterisk（*）（星號）

in MySQL, 193

in regular expressions（正規表達式）, 402

showing instead of password（顯示它而非顯示密碼）, 736, 740

wildcard/universal selector in CSS（CSS 的萬用選擇器）, 446

asynchronous communication（非同步通訊）

Ajax and, 421

benefits of（好處）, 9

defined（定義）, 422

Google Maps 範例, 421

implementation with XMLHttpRequest（用 XMLHttpRequest 來實作）, 422-433

jQuery and, 577

jQuery Mobile and, 587

libraries facilitating（用程式庫促進），
523

role of modern technology in（現代技術
的角色），13

Atom 摘要 , 146

attr 方法（jQuery），556

attribute selectors（CSS）（屬性選擇器），
446, 476

attributes（PHP）（屬性），239

audio（HTML5）（音訊）

<audio> 元素 , 697

codecs（encoders/decoders）（轉碼器，
編碼器 / 解碼器），696

history of delivery formats（傳遞格式的
歷史），695

authentication（HTTP）（身分驗證），247,
308-317

autocomplete 屬性 , 300

autofocus 屬性 , 300

AUTO_INCREMENT 資料型態（MySQL），
181, 269

B

Babel JSX 擴展程式 , 608

backgrounds（背景）（見 CSS; CSS3 底下）

backslash（\）（反斜線）

in JavaScript strings（JavaScript 字串），
340

in PHP strings（PHP 字串），48

in regular expressions（正規表達式），
403

BCRYPT 演算法 , 313, 317

BEGIN 陳述式（MySQL），227

Berners-Lee, Tim, 1

bezierCurveTo 方法（HTML5），673

BINARY data type（MySQL）（BINARY 資
料型態），178

binary operators（二元運算子），66

bitwise left shift（<<）operator（位元左移
運算子）

in JavaScript, 356

in PHP, 67

bitwise left shift and assignment（<<=）
operator（位元左移與賦值運算子）

in JavaScript, 356

in PHP, 69

bitwise operators（位元運算子）

in JavaScript, 356

in PHP, 67

bitwise OR and assignment（|=）operator
（位元 OR 與賦值運算子）

in JavaScript, 356

in PHP, 69

bitwise right shift（>>）operator（位元右移
運算子）

in JavaScript, 356

in PHP, 69

bitwise xor（^）operator（位元 xor 運算
子）

in JavaScript, 355

in PHP, 69

bitwise XOR and assignment（^=）operator
（位元 XOR 與賦值運算子）

  in JavaScript, 357

  in PHP, 69

BLOB 資料型態（MySQL）, 179

block scoping（區塊作用域）, 344

Boolean expressions（布林運算式）

  in JavaScript, 353

  in PHP, 64

Boolean operators（布林運算子）, 359

Boolean values（布林值）, 63, 70

borders, applying using CSS（邊框，用 CSS
來設定）

  adjusting padding（調整內距）, 472

  box model and layout（方塊模型與版面
配置）, 469

  box-sizing 屬性, 477

  CSS3 背景, 478-483

  CSS3 邊框, 483-486

  <div> vs. <span> 元素, 451

  properties controlling（屬性控制）, 471

  shorthand rule for（簡寫規則）, 468

  using universal selector（使用萬用選擇
器）, 446

box model（CSS）

  adjusting padding（調整內距）, 472

  applying borders（使用邊框）, 471

  setting margins（設定邊距）, 469

 標籤, 64

break 指令

  in JavaScript, 366

  in JavaScript looping（JavaScript 迴圈）,
369

  in PHP looping（PHP 迴圈）, 88

  in PHP switch statements（PHP switch 陳
述式）, 81

browsers（瀏覽器）

  common HTML tags in use（常見的
HTML 標籤）, 722

  cross-browser compatibility（跨瀏覽器相
容性）, 524

  debugging JavaScript errors（對
JavaScript 進行偵錯）, 333

  support for HTML5（對 HTML5 的支
援）, 633

  support for modern（對現代的支援）,
701

  supporting older/nonstandard（支援舊的 /
非標準的）, 332

  window properties in CSS（CSS 的視窗
屬性）, 508-510

brute force attacks（蠻力攻擊）, 248

bumpyCaps/bumpyCase, 374

<button> 元素, 300

C

C++ Redistributable Visual Studio, 21

call-time pass-by-reference（呼叫期以參考
傳遞）, 100

callback functions（回呼函式）

  animation using（動畫）, 554

defined（定義），424

camelCase, 374

canvas（HTML5）（畫布）

  benefits of（好處），633

  clip 方法，664

  copying from canvas（從 canvas 複製），677

  creating and accessing（建立與存取），641-653

  drawing lines（畫線），657-660

  editing at pixel level（編輯像素），679-683

  filing areas（填充區域），662

  graphical effects（圖形效果），683-686

  isPointInPath 方法，667

  manipulating images（操作圖像），674-679

  transformations（變形），686-694

  using paths（使用路徑），660-662

  working with curves（使用曲線），668-674

  writing text to（寫入文字），654-657

caret (^), in regular expressions（正規表達式的 ^），404

carriage return (\r) character（歸位字元），49, 340

Cascading Style Sheets（階層式樣式表，見 CSS (Cascading Style Sheets)）

case 指令

  in JavaScript, 365

  in PHP, 80

casting（轉型）

  explicit in JavaScript（JavaScript 的顯性轉型），370

  implicit/explicit in PHP（PHP 的隱性 / 顯性轉型），90

  operators in PHP（PHP 的運算子），69

CDNs（內容傳遞網路），524, 526

CHANGE 關鍵字（MySQL），186

CHAR 資料型態（MySQL），177

character sets（字元集），177

charAt 方法（JavaScript），376

checkboxes（核取方塊），288-290

checkdate 函式（PHP），146

child elements, accessing（存取子元素），568

Chrome, AMMPPS 安裝，18

class 關鍵字（PHP），107

__CLASS__ 常數，53

classes（類別）

  dynamic application of in jQuery（在 jQuery 中動態使用），560

  in JavaScript, 378

  in PHP, 106-108

  in React, 612, 614

clearInterval 函式（JavaScript），516

clearQue 方法（jQuery），554

clearRect 方法（HTML5），645

clients（用戶端）

  request/response procedure（請求 / 回應程序），2-5

role in internet communications（在網際網路通訊中的角色）, 2

clocks, ticking（滴答作響的時鐘）, 615

clone 運算子, 110

code editors（程式編輯器, 見 editors）

code examples, obtaining and using（取得與使用範例程式）, xxv, 7, 37, 40, 506, 726

code, pure vs. impure（純的程式碼 vs. 不純的程式碼）, 612

codecs (encoders/decoders)（轉碼器（編碼器 / 解碼器））

　purpose of（目的）, 696

　supported by <audio> tag（用 <audio> 標籤提供）, 696

　supported by <video> tag（用 <video> 標籤提供）, 700

colon (:) character（冒號字元）

　in CSS, 438

　in PHP, 64

color input type（顏色輸入類型）, 302

colors（顏色）

　in CSS, 460-462

　in CSS3, 489

　in forms（表單）, 300, 302

　in HTML, 140, 143

columns（欄位）

　defined（定義）, 165

　working with in MySQL（在 MySQL 中使用）, 185-186

comma (,)（逗號）

in JavaScript, 369

in PHP, 88

commands（指令）

　in MySQL, 171-177

　multiple-line (PHP)（多行）, 49-51

comments（註解）

　in CSS, 439

　in JavaScript, 333

　in PHP, 37

comments and questions（意見與問題）, xxvii, 785

COMMIT 指令 (MySQL), 228

Common Gateway Interface (CGI)（通用閘道介面）, 5

compact 函式 (PHP), 135

companion website（本書網站）, 37

comparison operators（比較運算子）

　in JavaScript, 337, 358

　in PHP, 45, 66, 67, 72, 242

components (React), 613

concat 方法 (JavaScript), 389

concatenation（串接）, 48, 338

conditionals (JavaScript)（條件式）

　? 運算子, 366

　else 陳述式, 363

　if 陳述式, 363

　switch 陳述式, 364

conditionals (JSX)（條件式）, 620

conditionals (PHP)（條件式）

　? 運算子, 82

else 陳述式 , 76

elseif 陳述式 , 78

if 陳述式 , 75

switch 陳述式 , 79-81

console.log 函式（JavaScript）, 346, 350

const 關鍵字（JavaScript）, 343-346, 345

constants（PHP）（常數）, 52-54, 64, 114, 146

constructors（建構式）

in JavaScript, 378

in PHP, 111, 120, 239

Content Management System（CMS）（內容管理系統）, 92

content types（內容類型）, 158

continue 陳述式

in JavaScript, 369

in PHP, 89

control flow（控制流程，見 flow control（JavaScript）; flow control（PHP））

controlled components（React）（受控組件）, 624

$_COOKIE 變數 , 60, 308

cookies

accessing（存取）, 308

alerting users to（提醒使用者）, 318

date constants in PHP（PHP 的日期常數）, 146

defined（定義）, 305

destroying（銷毀）, 308

Google's cookie-free approach（Google 的免 cookie 方法）, 318

vs. 本機存放區 , 710

request/response procedure（請求 / 回應程序）, 306

requiring（請求）, 325

setting in PHP（在 PHP 中設定）, 307

third-party cookies（第三方 cookie）, 305

copy 函式（PHP）, 150

Cordova, 602

count 函式（PHP）, 133

COUNT 參數（MySQL）, 194

CREATE INDEX 指令（MySQL）, 189

createImageData 方法（HTML5）, 682

createLinearGradient 方法（HTML5）, 647

createRadialGradient 方法（HTML5）, 650

cross-browser compatibility（跨瀏覽器相容性）, 524

cross-document messaging（跨文件傳訊）, 718-722

cross-origin security（跨源安全措施）, 426, 681

cross-site scripting（跨站腳本攻擊）, 254, 278

crossOrigin 屬性 , 681

CSS（Cascading Style Sheets）（階層式樣式表）（亦見 CSS3）

benefits of（好處）, 5-10, 435

box model and layout using（方塊模型與版面配置）, 469-474

browser compatibility and（瀏覽器相容性）, 475

cascade precedence（層疊優先順序），
448-451

classes（類別），437

comments in（註解），439

CSS 規則，438-440

CSS 選擇器，442-447

\<div\> vs. \<span\> 元素，451

element IDs（元素 ID），437

fonts and typography supported by（支援
的字型和排版），455-457

importing stylesheets（匯入樣式表），
436

JavaScript access to CSS properties（用
JavaScript 存取 CSS 屬性），506-
522

managing colors and gradients（管理顏色
與漸層），460-462

managing text styles（管理文字樣式），
457-459

measurements supported by（度量單位），
453

positioning elements with（定位元素），
462-465

pseudoclasses and（虛擬類別），465

purpose of（目的），435

semicolons in（分號），438

shorthand rules（簡寫規則），468

social networking app example（社交網
路 app 範例），759-762

style types（樣式類型），440-442

versions of（版本），475

CSS3（亦見 CSS（Cascading Style
Sheets））

attribute selectors（屬性選擇器），476

background properties（背景屬性），478-
483

border properties（邊框屬性），483-486

box shadow effect（方塊陰影效果），486

box-sizing 屬性，477

browser compatibility and（瀏覽器相容
性），475

colors and opacity（顏色與不透明度），
489

element overflow declarations（元素溢出
宣告），487

history of（歷史），475

vs. JavaScript, 475

multicolumn layout（多欄版面），487

text effects（文字效果），491-493

transformations（變形），496

transitions（變換），498-501

web fonts（web 字型），493-496

CSV format, dumping data in（CSV 格式，
轉存資料），234

curly braces（ { } ）（大括號）

embedding expressions within JSX（在
JSX 嵌入運算式），614

in for loops in PHP（PHP 的 for 迴圈），
87

in functions in PHP（PHP 的函式），98

in if statements in PHP（PHP 的 if 陳述
式），75

in while statements in PHP（PHP 的 while 陳述式）, 84

currency conversion（幣值轉換）, 140

curves, working with on canvas（在 canvas 內使用曲線）, 668-674

D

data types（MySQL）（資料型態）

AUTO_INCREMENT 資料型態 , 181

BINARY, 178

BLOB, 179

CHAR, 177

DATE 與 TIME, 181

numeric（數值）, 180

TEXT 資料型態 , 179

VARCHAR, 177

database queries（資料庫查詢指令）（亦見 MySQL; databases）

AUTO_INCREMENT, 269

building/executing（建構 / 執行）, 252

closing connections（關閉連結）, 256

example of（範例）, 256-263

fetching results（抓取結果）, 253

fetching rows（抓取資料列）, 259

hacking prevention（預防駭客）, 273-281

login file creation（建立登入檔）, 250

MySQL 資料庫連接 , 251

process of（程序）, 249

secondary queries（二次查詢）, 271

table creation（建表）, 264

tables, adding data to（將資料加入表）, 266

tables, deleting data in（刪除表內資料）, 269

tables, describing（描述資料表）, 265

tables, dropping（移除表）, 266

tables, retrieving data from（從表中取出資料）, 267

tables, updating data in（更新表中資料）, 268

database-driven web design（設計使用資料庫的 web）, xxiii

（亦見 dynamic web design）

databases（資料庫，亦見 MySQL; database queries）

anonymity and（匿名）, 224

backup and restore for（備份與還原）, 230-235

defined（定義）, 165

design considerations（設計注意事項）, 211

normalization process（標準化程序）, 213-221

primary keys in（主鍵）, 212

relationships in（關係）, 221-224

terminology surrounding（術語）, 166

transactions in（交易）, 225-230

DATE 與 TIME 資料型態（MySQL）, 181

date and time functions（PHP）（日期與時間函式）

checkdate 函式 , 146

date constants（日期常數）, 146

date function（日期函式）, ,

date function format specifiers（日期函式
　格式符號）, 145

determining current timestamp（確定目前
　時戳）, 143

date pickers, in forms（表單中的日期選擇
　器）, 303

DateTime 類別（PHP）, ,

debugging（偵錯）

　JavaScript 錯誤 , 333

　PHP 魔術常數 , 54

decrement（--）operator（遞減運算子）

　in JavaScript, 338

　in PHP, 44, 67

default 關鍵字（JavaScript）, 366

default styles（CSS）（預設樣式）, 440

define 函式（PHP）, 53, 114

DELETE 指令（MySQL）, 195

derived classes（衍生類別）, 107

DESC 關鍵字（MySQL）, 202

DESCRIBE 指令（MySQL）, 176, 185, 188

destructors（PHP）（解構式）, 111

development server setup（設定開發伺服
　器）

　AMPPS installation on macOS（在
　　macOS 安裝 AMPPS）, 26-28

　AMPPS installation on Windows（在
　　Windows 安裝 AMPPS）, 18-25

bundled programming packages（程式
　包）, 18

IDEs（integrated development
　environments）（整合式開發環
　境）, 31

program editors（程式編輯器）, 30

recommended browsers（推薦的瀏覽
　器）, 17

remote access（遠端存取）, 28-30, 170

role of development servers（開發伺服器
　的角色）, 17

die 函式（PHP）, 147, 310

different_user 函式（PHP）, 323

__DIR__ 常數 , 53

DISTINCT 參數（MySQL）, 194

<div> 元素 , 451

division（/）operator（除法運算子）

　in JavaScript, 336

　in PHP, 44, 67

do...while loops（do...while 迴圈）

　in JavaScript, 367

　in PHP, 86

DOCTYPE 宣告 , 435

document root（主目錄）

　accessing AMPPS on macOS（在 macOS
　　使用 AMPPS）, 27

　accessing AMPPS on Windows（在
　　Windows 使用 AMPPS）, 24

document.write 函式（JavaScript）, 330, 346,
　350

dollar symbol（$）（錢號）

in JavaScript, 348

in jQuery, 526-528

in PHP, 38, 53, 109

DOM（Document Object Model）（文件物件模型，亦見 CSS（Cascading Style Sheets））

adding elements to（加入元素）, 512, 558

alternatives to adding/removing elements from（加入 / 移除元素的替代方案）, 514

JavaScript access to CSS properties（用 JavaScript 存取 CSS 屬性）, 506-522

JavaScript and, 346-349

manipulating with jQuery（用 jQuery 來操作）, 555-560

removing elements from（移除元素）, 514, 558

traversing with jQuery（用 jQuery 來遍歷）, 564-576

XML 文件, 431-433

Domain Name System（DNS）（域名系統）, 3

doRender 函式（React）, 613, 617

dot（.）（句點）

in regular expressions（正規表達式）, 402

prefacing CSS class statements（在 CSS 類別陳述式的前面）, 438

drag and drop feature（拖放功能）, 716

drawImage 方法（HTML5）, 674, 676

DROP 關鍵字（MySQL）, 186

drop-down lists（下拉式清單）, 292

dynamic linking（PHP）（動態連結）, 91-92

dynamic web design（動態 web 設計）

Apache web 伺服器 , 11

asynchronous communication（非同步通訊）, 13

basic web operations（基本 web 操作）, 2

benefits of modern technologies（現代技術的好處）, 5-10

early history（早期歷史）, 1

HTML5 and, 10

open source technologies and（開放原始碼技術）, 12

prerequisites to learning（學習的先決條件）, xxiii

request/response procedure（請求 / 回應程序）, 2-5

responsive design（響應式設計）, 12

E

each 函式（PHP）, 128

ease 函式（CSS）, 499

echo 陳述式（PHP）

in arrays（陣列）, 131

vs. print 指令 , 54

using operators（使用運算子）, 47

Eclipse IDE, 31

ECMAScrip, 608

editors（編輯器）, 24, 27, 30

element overflow declarations（元素溢出宣告）, 487

ellipsis (...), indicating truncated text（省略符號，代表被截斷的文字）, 491

else statements：else 陳述式

  in JavaScript, 363

  in PHP, 76

elseif 陳述式（PHP）, 78

em space（em 空間）, 454

email addresses, validating on forms（在表單驗證 email 地址）, 400

encapsulation（封裝）, 106

end 函式（PHP）, 137

_END..._END 標籤（PHP）, 50

end-of-page scripts（將腳本放在網頁的最後面）, 534

endswitch 指令（PHP）, 81

$_ENV 變數, 60

equality (==) operator（相等運算子）

  in JavaScript, 337, 357

  in PHP, 45, 67, 70, 311

error control (@) operator（PHP）（錯誤控制運算子）, 69

error handling（錯誤處理，亦見 validation）

  catching errors with onerror event（用 onerror 事件來快取錯誤）, 361

  forgetting scope of variable（忘記變數的作用域）, 57

  JavaScript 錯誤, 333

parse error messages in PHP（PHP 的解析錯誤訊息）, 38

ES6 語法, 608

escape characters（轉義字元）

  in JavaScript, 340

  in PHP, 48, 274

escapeshellcmd 函式（PHP）, 162

event functions and properties (jQuery)（事件函式與屬性）

  blur 與 focus, 535

  click 與 dblclick, 536

  documentation（文件）, 534

  keypress（按下按鍵）, 537-539

  mouse events（滑鼠事件）, 539-544

  passing keyboard interrupts（傳遞鍵盤中斷）, 539

  submit（提交）, 544

  this 關鍵字, 536

event handling（事件處理）

  in jQuery, 532

  in React, 618-620

events (JavaScript)（事件）

  attaching to objects in scripts（在腳本中附加至物件）, 511

  attaching to other events（附加至其他事件）, 511

  catching errors with onerror event（用 onerror 事件來快取錯誤）, 361

exclusive or (xor) logical operator（PHP）（互斥或邏輯運算子）, 46, 67

exec 系統呼叫（PHP）, 161-162

execution operators（PHP）（執行運算子），66

EXPLAIN 指令（MySQL），229

explicit casting（明確轉型）

  in JavaScript, 370

  in PHP, 90

explode 函式（PHP），134

exponentiation（**）operator, in PHP（PHP 的乘冪運算子），44

expressions（運算式）

  in JavaScript, 353

  in PHP, 63-66

extends 關鍵字（PHP），117

external stylesheets（CSS）（外部樣式表），441

extract 函式（PHP），135

F

fade effects（淡入 / 淡出效果），549

fdiv 函式（PHP），244

fetch 方法，253, 255

fgets 函式（PHP），149

fields, defined（欄位，定義），165

file handling（PHP）（檔案處理）

  copying files（複製檔案），150

  deleting files（刪除檔案），151

  file creation（建立檔案），147

  file pointers and file handles（檔案指標 與檔案控制代碼），151

  file_exists 函式，147

fopen 模式，148

form data validation（表單資料驗證），159

include /require 檔案，103

locking files for multiple accesses（鎖定 檔案以進行多重存取），152

moving files（移除檔案），150

naming rules（命名規則），147

reading files in total（全部讀入檔案），154

reading from files（從檔案讀入），149

sequence of（序列），148

updating files（更新檔案），151

uploading files（上傳檔案），156-161

file handling（React）（檔案處理），607-609

file transfer protocols（檔案傳輸協定），29

__FILE__ 常數，53

$_FILES 陣列（PHP），158

$_FILES 變數，60

FileZilla, 29

file_exists 函式（PHP），147

file_get_contents（PHP），154

fill patterns（填充圖樣），652, 662

fillRect 方法（HTML5），645

fillText 方法（HTML5），656

final 關鍵字（PHP），121

FLAC（Free Lossless Audio Codec），696

Flash, 695

flock 函式（PHP），152

flow control（JavaScript）（控制流程）

  conditionals（條件式）, 363-366

  explicit casting（明確轉型）, 370

  expressions（運算式）, 353

  literals and variables（常值與變數）, 354

  looping（迴圈）, 367-370

  onerror 事件, 361

  operators（運算子）, 355-360

  try...catch 結構, 362

  with 陳述式, 360

flow control（PHP）（控制流程）

  conditionals（條件式）, 74-83

  dynamic linking in action（動態連結）, 92

  dynamic linking in PHP（PHP 的動態連結）, 91

  expressions（運算式）, 63-66

  implicit and explicit casting（隱性與顯性轉型）, 90

  looping（迴圈）, 83-90

  operators（運算子）, 66-74

fmod 函式（PHP）, 244

font 屬性（HTML5）, 655

fonts（字型）

  fonts and typography（字型與排版）, 455-457

  text effects（文字效果）, 491

  text styles（文字樣式）, 457

  web fonts（web 字型）, 493

fopen 函式（PHP）, 148

for 迴圈

  in JavaScript, 368

  in PHP, 86

forEach 方法（JavaScript）, 389

foreach...as 迴圈（PHP）, 127

form 屬性, 302

form data validation（表單資料驗證）, 158（亦見 file handling）

form handling（表單處理）

  autocompleting fields（自動完成欄位）, 300

  building forms（建立表單）, 283

  checkboxes（核取方塊）, 288-290

  color selection（顏色選擇）, 302

  date/time pickers（日期 / 時間選擇器）, 303

  drop-down lists（下拉式清單）, 292

  example program（範例程式）, 296-298

  helpful hints, adding（加入有用的提示）, 300

  hidden fields（隱藏欄位）, 291

  immediate element focus（立即聚焦元素）, 300

  input image dimensions（輸入圖像尺寸）, 301

  interacting with entire element（與整個元素互動）, 293

  overriding form settings（覆寫表單設定）, 301

  radio buttons（單選按鈕）, 290

  in React, 623-630

required fields（必要欄位），301

restricting input to numbers/ranges（將輸入限制為數字／範圍），302

retrieving submitted data（取得被提交的資料），285

sanitizing input（將輸入淨化），294

specifying form to which input applies（指定將輸入應用至表單的何處），302

specifying min/max input values（指定最小／最大輸入值），301

stepping through number values（逐步設定數字），301

submit button text and graphics（提交按鈕文字與圖片），294

supplying default values（提供預設值），286

supplying lists（提供串列），302

text areas（文字區域），287

text boxes（文字方塊），287

formaction 屬性，301

forward slash (/)（斜線）

/* and */ in CSS comments（在 CSS 註解內的 /* 與 */），439

/* and */ in multiline comments in PHP（在 PHP 的多行註解中的 /* 與 */），37

// in JavaScript comments（在 JavaScript 註解內的 //），332

in regular expressions（正規表達式），402

fread 函式（PHP），149

fseek 函式（PHP），152

FTP (File Transfer Protocol)（檔案傳輸協定），29

FTPS (FTP Secure)，29

FULLTEXT 索引（MySQL），192, 198

function scoping（函式作用域），344

__FUNCTION__ 常數，53

functions (JavaScript)（函式）

creating（建立），342

defining（定義），373

returning arrays（回傳陣列），377

returning values（回傳值），375

functions (MySQL)（函式）

benefits of（好處），207

new in MySQL 8（MySQL 8 的新功能），8, 245

functions (PHP)（函式）

advantages of（優點），95

arguments accepted by（接收的引數），96

array functions（陣列函式），132-137

basics of（基礎），54

defining（定義），97

include 與 require 檔案，103

naming rules（命名規則），97

nesting for execution order（用嵌套來決定執行順序），98

new in PHP8（PHP 的新功能），241-245

passing arguments by reference（以參考來傳遞引數），100

purpose of（用途），95

returning arrays from（回傳陣列）, 99

returning global variables（回傳全域變數）, 102

returning values from（回傳值）, 98

social networking app example（社交網路 app 範例）, 726-729

using（calling）（使用，呼叫）, 96

variable scope（變數作用域）, 102

version compatibility and（版本相容性）, 104

functions（React）（函式）

vs. 類別, 614

using both classes and functions（使用類別與函式）, 612

using instead of classes（用來取代類別）, 610

function_exists 函式（PHP）, 104

fuzzy character matching（模糊字元比對）, 402, 404

G

Geography Support（GIS）（地理支援）, 246

geolocation（地理定位）, 635-637, 705, 706

$_GET 陣列, 259

GET 方法（HTTP）

asynchronous communication and（非同步通訊）, 427-429

jQuery and, 578

$_GET 變數, 60

getCurrentPosition 方法, 708

getElementById 函式

C 函式, 505

enhanced version of（進階版本）, 503

including functions in web pages（在網頁中加入函式）, 506

O 函式, 503

S 函式, 504

getElementById 函式（JavaScript）, 348

getElementsByTagName 方法, 432

getImageData 方法（HTML5）, 679

get_debug_type 函式（PHP）, 244

get_magic_quotes_gpc 函式（PHP）, 275

get_password 方法（PHP）, 112

get_resource_id 函式（PHP）, 244

GIS（Geography Support）（地理支援）, 246

Git，30

Global Positioning System（GPS）（全球定位系統）, 705

global variables（全域變數）

in JavaScript, 342

in PHP, 58, 102

globalAlpha 屬性（HTML5）, 686

globalCompositeOperation 屬性（HTML5）, 683

Google Chrome

AMPPS installation using（用來安裝 AMPPS）, 18

cookie-free approach（免 cookie 方法）, 318

Google Fonts Website, 495

Google Maps, 421, 708, 710

Google web 字型, 495

goto 失效 bug, 76

gradients（漸層）, 461-462, 647-652

GRANT 指令（MySQL）, 174

granted 函式, 708

graphical effects（圖形效果）, 669-672
（亦見 canvas（HTML5））

greater than（>）operator（大於運算子）

   in JavaScript, 337, 358

   in PHP, 45, 67, 72

greater than or equal to（>=）operator（大於
或等於運算子）

   in JavaScript, 337, 358

   in PHP, 45, 67, 72

GROUP BY 關鍵字（MySQL）, 202

H

H.264 與 H.265 視訊轉碼器, 701

height 屬性, 301

height 方法（jQuery）, 561

heredoc（<<<）運算子（PHP）, 50

hidden fields（隱藏欄位）, 291

hooks（React）（鉤點）, 618

hsl 函式（CSS）, 489

hsla 函式（CSS）, 490

HTML（Hypertext Markup Language）
（超文字標記語言）（亦見 form
handling）

   accessing JavaScript from within（操作
JavaScript）, 510

   basics of（基本知識）, 2

   converting characters to（轉換字元）, 60

   HTML 註解標籤, 332

   incorporating with JavaScript（與
JavaScript 合併）, 330-333

   incorporating with PHP（與 PHP 合併）,
35

   origins of（起源）, 1

   setting colors with printf（用 printf 設定
顏色）, 140

HTML 表單（亦見 form handling）

HTML 注入, 278

html 方法（jQuery）, 556

HTML5

   audio and video support（音訊與視訊支
援）, 637, 695-704

   benefits of（好處）, 633

   browser support for（瀏覽器支援）, 633

   canvas 元素, 619-620（亦見 canvas
（HTML5））

   common tags in use（常用的標籤）, 722

   cross-document messaging（跨文件傳
訊）, 718-722

   development of（開發）, 10

   drag and drop feature（拖放功能）, 716

   form handling（表單處理）, 638

   form handling enhancements（表單處理
增強功能）, 298-303

   geolocation（地理定位）, 635-637

geolocation and GPS service（地理定位與 GPS 服務），705

geolocation and HTML5（地理定位與 HTML5），706

local storage enhancements（本機存放區增強），638, 710-713

other location methods（其他的位置方法），706

web workers in, 638, 713-716

XHTML 語法，11, 162

htmlentities 函式（PHP），60, 278, 295

htmlspecialchars 函式（PHP），162, 254, 260, 310

HTTP（Hypertext Transfer Protocol，超文本傳輸協定）

basics of（基本知識），2

GET 方法，259, 427-429

origins of（起源），1

POST 方法，259, 284, 298, 427-429

HTTP 身分驗證

default application（預設應用程式），247

example program（範例程式），314-317

HTTP 身分驗證模組，309-312

purpose of（目的），308

storing usernames and passwords（儲存帳號與密碼），312

human-readable data（人類可理解的資料），108

hyphen（-），in regular expressions（在正規表達式裡的連字號），404

identity（===）operator（一致運算子）

in JavaScript, 337, 358

in PHP, 45, 67, 311

IDEs（integrated development environments）（整合開發環境），31, 35

if 陳述式（JavaScript），363

if 陳述式（PHP）

flow control using（用來控制流程），75

using operators（使用運算子），47

if...else if... 結構（JavaScript），364

if...else 陳述式（PHP），76

if...elseif...else 結構（PHP），78

image types, in HTML5（HTML5 的圖像類型），645

images（圖像）

adding profile images（加入個人資料圖像），743

drag and drop feature（拖放功能），716

editing at pixel level（編輯像素），679

manipulating with canvas（用 canvas 來操作），674-679

implicit casting（PHP）（隱性轉型），90

!important 宣告，451

include 陳述式（PHP），103, 251

include_once 陳述式（PHP），103

increment（++）operator（遞增運算子）

in JavaScript, 338

in PHP, 44, 67

indexes（MySQL）（索引）

creating（建立）, 187-193

joining tables together（連接資料表）, 203-205

purpose of（用途）, 187

querying databases（查詢資料庫）, 193-202

toggling between visible and invisible（在可見與不可見之間切換）, 247

using logical operators（使用邏輯運算子）, 205

indexOf 函式（JavaScript）, 388

inequality (!=) operator（不相等運算子）

    in JavaScript, 337

    in PHP, 45, 67

Information Schema（MySQL）, 246

inheritance（繼承）, 107, 117-121

ini_set 函式（PHP）, 325

inline JavaScript（行內 JavaScript）, 510

inline styles（CSS）（行內樣式）, 442

innerHeight 方法（jQuery）, 563

innerWidth 方法（jQuery）, 563

InnoDB, 175, 246

<input> 元素, 300

INSERT 指令（MySQL）, 184

instances（實例）, 106, 378

interfaces（介面）, 106

internal styles（CSS）（內部樣式）, 441

internet media types（網際網路媒體類型）, 158

Internet Protocol（IP）addresses（網際網路協定位址）, 706

interrupts（中斷）

    animation with（動畫）, 519-522

    canceling intervals（取消間隔）, 519

    canceling timeouts（取消逾時）, 517

    passing keyboard interrupts（傳遞鍵盤中斷）, 539

    purpose of（目的）, 515

    using setInterval（使用 setInterval）, 517

    using setTimeout（使用 setTimeout）, 516

is 方法（jQuery）, 574

isPointInPath 方法（HTML5）, 667

is_array 函式（PHP）, 132

J

JavaScript

    arrays in（陣列）, 383-393

    asynchronous communication using（匿名溝通）, 421-433

    benefits of（好處）, 5-10, 329

    comments in（註解）, 333

    CSS properties access from（存取 CSS 屬性）, 506-522

    vs. CSS3, 475

    debugging errors（偵錯）, 333

    Document Object Model and（文件物件模型）, 346-349

    document.write 函式, 350

    flow control in（流程控制）, 353-372

    functions in（函式）, 342, 373-378

global variables in（全域變數）, 342

history of（歷史）, 329

HTML 文字 , 330-333

inline access（行內存取）, 510

vs. jQuery 解決方案 , 523

let 與 const 關鍵字 , 343-346

local variables（區域變數）, 342

objects in（物件）, 378-383

operators in（運算子）, 336-340

regular expressions in（正規表達式）, 411

semicolons in（分號）, 334

vs. 類似的工具 , 605

type conversion（型態轉換）, 341

validating user input with（驗證使用者輸入）, 395-401

variable typing in（設定變數型態）, 340-341

variables in（變數）, 334-335

JavaScript Object Notation（JSON）, 246, 433

join 方法（JavaScript）, 390

JOIN...ON 結構（MySQL）, 205

jQuery（亦見 jQuery mobile）

asynchronous communication using（非同步通訊）, 577

avoiding library conflicts（避免程式庫衝突）, 528

benefits of（好處）, 523-524

customizing（自訂）, 526

DOM manipulation using（操作 DOM）, 555-560

DOM 遍歷 , 564-576

dynamic application of classes（動態應用類別）, 560

event functions and properties（事件函式與屬性）, 534-545

event handling（事件處理）, 532

including in web pages（納入網頁）, 524-526

vs. JavaScript 解決方案 , 523

modifying dimensions on web pages（在網頁修改尺寸）, 560-563

obtaining（取得）, 526-526

Plugin Registry, 580

ready 方法 , 533

selectors（選擇器）, 528-532

vs. 類似的工具 , 605

special effect processing（特效處理）, 545-555

syntax（語法）, 526-528

User Interface 外掛 , 579

using without selectors（不使用選擇器）, 576

version selection（選擇版本）, 524-526

jQuery 函式 , 527-530

jQuery Mobile（亦見 jQuery）

benefits of（好處）, 583

building standalone phone apps（建立獨立的手機 app）, 602

example web page（範例網頁）, 585-587

including in web pages（加入網頁）, 584

linking pages（連結網頁）, 587-589

list handling（清單處理）, 596-602

page transitions（網頁變換）, 589-594

progressive enhancement with（漸進增強）, 583

styling buttons（設定按鈕的樣式）, 594-596

JSX 擴展程式

Babel JSX 擴展程式, 608

benefits of（好處）, 610

embedding expression within（嵌入運算式）, 614

inline conditional statements（行內條件陳述式）, 620

vs. React, 605

using over multiple lines（用於多行）, 620

Just In Time（JIT）編譯（PHP）, 240

justification, right or left（對齊左或右邊）, 142

K

key/value pairs（索引鍵 / 值）

associative arrays in PHP（PHP 的關聯陣列）, 128

local storage and（本機存放區）, 711

keypress events（按下按鍵事件）, 537

keys（索引鍵）

in MySQL, 190, 212

in React, 621-623

L

<label> 標籤, 293

LAMP（Linux, Apache, MySQL, and PHP）, 18, 28

layout（版面）（見 CSS; CSS3 底下）

lazy（nongreedy）pattern matching（惰性（非貪婪）模式比對）, 406

less than（<）operator（小於運算子）

in JavaScript, 337, 358

in PHP, 45, 67, 72

less than or equal to（<=）operator（小於等於運算子）

in JavaScript, 337, 358

in PHP, 45, 67, 72

let 關鍵字（JavaScript）, 343-346

life cycle method（React）（生命週期方法）, 615

LIMIT 關鍵字（MySQL）, 197

__LINE__ 常數, 53

lineCap 屬性（HTML5）, 658

lineJoin 屬性（HTML5）, 658

lines, drawing on canvas（在 canvas 畫線）, 657-660

lineTo 方法（HTML5）, 661

lineWidth 屬性（HTML5）, 658

links（連結）

displaying as buttons in jQuery Mobile（在 jQuery Mobile 中顯示為按鈕）, 594

dynamic linking in PHP（在 PHP 中的動態連結）, 91-92

linking pages in jQuery Mobile（jQuery Mobile 的連結網頁）, 587

Linux

  accessing MySQL via command line（用命令列來存取 MySQL）, 169

  installing LAMP on（安裝 LAMP）, 28

list 屬性, 302

list 函式（PHP）, 128

lists, and keys in React（React 的清單與索引鍵）, 621-623

literals（常值）

  in JavaScript, 354

  in PHP, 65, 91

local storage（本機存放區）

  vs. cookies, 710

  HTML 增強功能, 638

  localStorage 物件, 711-713

local variables（JavaScript）（區域變數）, 342

local variables（PHP）（區域變數）, 56, 102

logical operators（邏輯運算子）

  in JavaScript, 338, 359

  in JSX, 621

  in MySQL, 205

  in PHP, 45, 66, 67, 72

looping（JavaScript）（迴圈）

  breaking out of loops（跳出迴圈）, 369

  continue 陳述式, 369

  do...while 迴圈, 367

  for 迴圈, 368

  while 迴圈, 367

looping（PHP）（迴圈）

  basics of（基礎）, 83

  breaking out of loops（跳出迴圈）, 88

  continue 陳述式, 89

  do...while 迴圈, 86

  for 迴圈, 86

  foreach...as 迴圈, 127

  while 迴圈, 84

M

macOS

  accessing MySQL via command line（用命令列來存取 MySQL）, 168

  AMPPS 伺服器安裝, 26-28

  dumping data in CSV format（將資料傾印為 CSV 格式）, 234

  filenames in（檔名）, 147

  preferred FTP/SFTP program for（首選的 FTP/SFTP 程式）, 29

  system calls（系統呼叫）, 162

  table names in（表格名稱）, 173

magic constants（魔術常數）, 53

magic quotes feature（PHP）（魔術引號功能）, 274, 295

MAMP（Mac, Apache, MySQL, and PHP）, 18

many-to-many relationship（多對多關係）, 223

map 函式（React）, 621

margins, setting（設定邊距）, 469

MariaDB, 6, 237

match 運算式（PHP）, 240

MATCH...AGAINST 結構（MySQL）, 198

max 屬性 , 301

MD5 雜湊演算法 , 312

measureText 方法（HTML5）, 657

Media Access Control（MAC）位址 , 706

messaging, cross-document（跨文件傳訊）, 718-722

metacharacters, in regular expressions（正規表達式的特殊字元）, 402, 409

method chaining（方法鏈）, 377, 554

__METHOD__ 常數 , 53

methods（方法）

   in JavaScript, 376, 388

   in PHP, 106, 112, 114

Microsoft Visual C++ Redistributable, 21

Microsoft Visual Studio Code（VSC）, 30

MIME（Multipurpose Internet Mail Extension）, 158

min 屬性 , 301

minus sign (-)（負號）

   unary operator in JavaScript（JavaScript 的一元運算子）, 356

   unary operator in PHP（PHP 的一元運算子）, 69

miterLimit 屬性（HTML5）, 660

mktime 函式（PHP）, ,

mobile devices（行動設備）, 12, 586

   （亦見 jQuery Mobile）

MODIFY 關鍵字（MySQL）, 185

modulus (%) operator（模數運算子）

   in JavaScript, 336

   in PHP, 44, 67

modulus and assignment (%=) operator（模數與賦值運算子）

   in JavaScript, 337

   in PHP, 45

mouse events（滑鼠事件）, 539-544

moveTo 方法（HTML5）, 661

MP3（MPEG Audio Player 3）, 696

MP4 格式 , 700

multidimensional arrays（多維陣列）

   in JavaScript, 386

   in PHP, 129

multiple-line comments（多行註解）, 37

multiplication (*) operator（乘法運算子）

   in JavaScript, 336

   in PHP, 44, 67

MVC（Model, View, Controller）結構 , 606

MySQL

   anonymity and（匿名）, 224

   AUTO_INCREMENT, 269

   backup and restore in（備份與還原）, 230-235

   basics of（基礎）, 165

   benefits of（好處）, xxiii, 5-10, 165, 246-248

   built-in functions（內建函式）, 207

   canceling commands in（取消指令）, 172

command prompts（指令提示字元）, 171

command-line access by OS type（各種 OS 的命令列）, 166-171

command-line interface use（使用命令列介面）, 171

common commands（常見指令）, 172

current market share（當前市占率）, 237

data types（資料型態）, 177-183

database creation（建立資料庫）, 173

database design considerations（設計資料庫的注意事項）, 211

database queries with PHP（用 PHP 來查詢資料庫）, 249-281

database terms（資料庫術語）, 166

default storage engine for（預設存儲引擎）, 175, 225

displaying HTML form（顯示 HTML 表單）, 260

EXPLAIN 指令 , 229

geography support（地理支援）, 246

JSON 處理 , 246

management of（管理）, 247

multiline commands（多行指令）, 171

normalization process（標準化程序）, 213-221

phpMyAdmin 存取 , 207

placeholders and（佔位符號）, 276-278

$_POST 陣列 , 259

primary keys in（主鍵）, 212

relationships in（關係）, 221-224

remote access（遠端存取）, 28, 170

safely accessing with user input（用使用者輸入來安全地存取）, 275

stopwords in（停用詞）, 192

storing login details（儲存登入細節）, 251

tables, adding data to（資料表，加入資料）, 183, 266

tables, backup and restore（資料表，備份與還原）, 230-235

tables, creating（建立表格）, 175, 264

tables, deleting（資料表，刪除）, 186

tables, deleting data in（資料表，刪除資料）, 260, 269

tables, describing（描述資料表）, 265

tables, dropping（移除表）, 266

tables, joining（資料表，連結）, 203-205

tables, renaming（資料表，更名）, 184

tables, retrieving data from（從表中取出資料）, 267

tables, updating data in（更新表中資料）, 268

transactions in（交易）, 225-230

user creation（建立帳號）, 173

versions of（版本）, 245

window functions（視窗函式）, 245

working with columns（使用欄位）, 185-186

working with indexes（使用索引）, 187-207

mysqldump 指令 , 230-235

mysqli, 251

mysql_insert_id 函式 , 270

N

named parameters（PHP）（具名參數）, 238

names and naming（名稱與命名）

constants in PHP（PHP 的常數）, 53

files in PHP（PHP 的檔案）, 147

functions in PHP（PHP 的函式）, 97

SQL 指令 , 173

tables（資料表）, 173

variable names（變數名稱）, 345

variables in JavaScript（JavaScript 的變數）, 334

variables in PHP（PHP 的變數）, 43

__NAMESPACE__, 53

nativeEvent（React）, 618

NATURAL JOIN 關鍵字（MySQL）, 204

natural-language searches（自然語言搜尋）, 198

negation（否定）, 404

NetBeans, 32

new features（新功能）

MySQL 8 更新 , 8, 245-248

PHP 8 更新 , 8, 238-245

new 關鍵字 , 108

newline（\n）character（換行字元）, 49, 340

noConflict 方法（jQuery）, 528

Node.js, 618

nongreedy（lazy）pattern matching（非貪婪（惰性）模式比對）, 406

normalization process（標準化程序）

appropriate use of（適當地使用）, 221

First Normal Form（第一正規型）, 214

goal of（目標）, 213

schemas for（架構）, 213

Second Normal Form（第二正規型）, 216-218

Third Normal Form（第三正規型）, 218

NoSQL 資料庫 , 246

Not（!）邏輯運算子

in JavaScript, 338, 359

in PHP, 46, 67, 72

not equal（<>）operator（PHP）（不等於運算子）, 45, 67

not identical（!==）operator（不一致運算子）

in JavaScript, 337

in PHP, 45, 67

NULL 值 , 64

null-safe（?->）運算子 , 240

number input type（數字輸入型態）, 302

numeric arrays（數值陣列）

in JavaScript, 384

in PHP, 123

numeric data types（MySQL）（數值資料型態）, 180

numeric variables（數值變數）

in JavaScript, 335

in PHP, 41

O

object-oriented programming（OOP）（物件
　　導向程式設計）, 105

objects（JavaScript）（物件）

　accessing（存取）, 380

　creating（建立）, 380

　declaring classes（宣告類別）, 378

　extending（繼承）, 382

　prototype 關鍵字, 380

objects（PHP）（物件）

　accessing（存取）, 108

　basics of（基礎）, 105

　cloning（複製）, 110

　constructors（建構式）, 111, 120

　creating（建立）, 108

　declaring classes（宣告類別）, 107

　declaring constants（宣告常數）, 114

　declaring properties（宣告屬性）, 113

　destructors（解構式）, 111

　inheritance（繼承）, 117-121

　property and method scope（屬性與方法
　　的作用域）, 114

　purpose of（用途）, 95

　static 方法, 115

　static properties（靜態屬性）, 116

　terminology surrounding（術語）, 106

　writing methods（編寫方法）, 112

occurrences（實例）, 106, 378

Ogg 格式, 700

Ogg Vorbis, 697

onClick 事件（React）, 618

one-to-many relationship（一對多關係）,
　　222

one-to-one relationship（一對一關係）, 221

one-way function（單向函式）, 312

onerror 事件, 361

opacity 屬性（CSS）, 491

open source technologies（開放原始碼技
　　術）, 12

OpenSSL, 247

operands（運算元）, 66

operators（JavaScript）（運算子）

　arithmetic（算術）, 336

　assignment（賦值）, 337

　associativity（結合方向）, 356

　comparison（比較）, 337, 358

　escape characters（轉義字元）, 340

　in JavaScript, 337

　increment, decrement, shorthand（遞增、
　　遞減、縮寫）, 338

　logical（邏輯）, 338, 359, 359

　precedence of（優先順序）, 356

　relational（關係）, 357

　string concatenation（字串串接）, 338

　types of（型態）, 355

operators（PHP）（運算子）

　arithmetic（算術）, 44

　assignment（賦值）, 45

　associativity of（結合方向）, 69

　basics of（基礎）, 44

comparison（比較）, 45

logical（邏輯）, 45

overview of types（類型概要）, 66

precedence of（優先順序）, 67-69

relational operators（關係運算子）, 70-74

or（低優先順序）邏輯運算子（PHP）, 46, 67

Or (|) 位元運算子

in JavaScript, 356

in PHP, 69

Or (||) 邏輯運算子

in JavaScript, 338, 359

in PHP, 46, 67, 72

ORDER BY 關鍵字（MySQL）, 201, 254, 262

OuterHeight 方法（jQuery）, 563

outerWidth 方法（jQuery）, 563

override attributes（覆寫屬性）, 301

P

packet sniffing（封包嗅探）, 323

parent elements（父元素）

filtering（過濾）, 565

referring to（引用）, 564

selecting all ancestor elements（選擇所有祖系元素）, 566

parent 關鍵字（PHP）, 119

parent 方法（jQuery）, 564

parentheses (())（括號）

casting operators in PHP（PHP 的轉型運算子）, 91

in functions in PHP（PHP 的函式）, 96

in regular expressions（正規表達式）, 403

operator precedence and（運算子優先順序）, 67

parse error messages（PHP）（解析錯誤訊息）, 38

pass-by-reference feature（以參考傳遞功能）, 100

password 屬性, 112

passwords（密碼）

BCRYPT 演算法, 313, 317

comparing（比較）, 311

example program using（範例程式）, 314

HTTP 身分驗證, 308

MySQL and, 251

password_hash 函式, 313

password_verify 函式, 313, 317

rotation policy in MySQL 8（MySQL 8 的輪換策略）, 8, 247

salting（加碼）, 312

showing asterisks instead of（顯示星號）, 736

storing（儲存）, 312

validating（驗證）, 310

validating for form input（驗證表單輸入）, 311, 400

password_hash 函式（PHP）, 313

password_verify 函式, 317

password_verify 函式（PHP）, 313

paths, using on canvas（在 canvas 使用路徑）, 660-662

pattern matching（模式比對，見 regular expressions）

patterns, using for fills（模式，用來填充）, 652

PCM（Pulse Coded Modulation）, 697

PDO（PHP Data Objects）

    calling new instances（呼叫新實例）, 252

    connecting to MySQL server（連接到 MySQL 伺服器）, 251

    fetch styles（抓取樣式）, 255, 265

    vs. mysqli, 251

    querying databases with（查詢資料庫）, 252

    quote 方法, 274

Performance Schema（MySQL）, 246

personally identifiable information（PII）（個人可識別資訊）, 706

PHP 程式語言

    arrays in（陣列）, 41, 123-137

    asynchronous communication using（非同步通訊）, 424

    attributes（屬性）, 239

    basic syntax（基本語法）, 38

    benefits of（好處）, xxiii, 5-10, 238

    code examples, obtaining and using（範例程式，取得與使用）, 37

comments（註解）, 37

constants in（常數）, 52

constants, predefined（預先定義的常數）, 53, 64

constructor properties（建構式屬性）, 239

cookies and, 305-308

database queries to MySQL（對 MySQL 進行資料庫查詢）, 249-281

date and time functions（日期與時間函式）, 143-146

echo vs. print 指令, 54

file handling（處理檔案）, 147-161

flow control in（流程控制）, 63-92

functions in（函式）, 54, 95-105, 241-245

IDEs（integrated development environments）（整合開發環境）, 31, 35

incorporating with HTML（與 HTML 共用）, 35

Just In Time（JIT）compilation（即時編譯）, 240

magic quotes feature（魔術引號功能）, 274, 295

match expressions（比對運算式）, 240

multiple-line commands（多行指令）, 49-51

named parameters（具名參數）, 238

null-safe 運算子, 240

objects in（物件）, 105-121

operators in（運算子）, 44-46

PHP 8 安裝, 8, 238

printf 函式, 139-143

regular expressions in（正規表達式）, 411

social networking app example（社交網路 app 範例）, 725

system calls（系統呼叫）, 161-162

Union Types（聯合型態）, 240

variable assignment（變數賦值）, 47-49

variable typing（設定變數型態）, 51

variables in（變數）, 39-44

version compatibility（版本相容性）, 104

version selection（版本選擇）, 96

widespread adoption of（廣泛採用）, 237

XHTML vs. HTML5, 162

<?php 與 ?> 標籤, 36, 250

phpinfo 函式, 97

phpMyAdmin, accessing MySQL via（透過 phpMyAdmin 存取 MySQL）, 207

phpversion 函式, 105

pica, 454

pixels（像素）, 453

placeholder 屬性, 300

placeholders（MySQL）（佔位符號）, 276-278

plain text editors（一般文字編輯器）, 30

points（點）, 454

polyfillls（PHP）, 242-244

pop 方法（JavaScript）, 390

port assignment（指派連接埠）, 40

$_POST 陣列（PHP）, 259

POST 方法（HTTP）

asynchronous communication and（非同步通訊）, 427-429

in form handling（表單處理）, 284, 298

jQuery and, 578

$_POST 變數, 60

PostgreSQL, 237

postMessage 方法, 718

PowerShell

accessing MySQL via command line（用命令列來存取 MySQL）, 167

creating MySQL backup files（建立 MySQL 備份檔）, 232

precedence（優先順序）, 67, 356

preg_last_error_msg 函式（PHP）, 244

prepend 方法（jQuery）, 559

prerequisites to learning（學習的先決條件）, xxiii

primary keys（主鍵）, 190, 212

print 指令（PHP）, 54, 98

printf 函式（PHP）

conversion specifier components（轉換符號元件）, 142

precision setting（設定精確度）, 140-142

vs. print 與 echo 函式, 139

printf 轉換符號, 139

sprintf 函式, 143

string conversion specifier components（字串轉換符號元件）, 143

string padding（字串填補）, 142-143

print_r 函式（PHP），108

privacy policies（隱私保護政策），706

Privacy Sandbox，318

private 關鍵字（PHP），115

program editors（程式編輯器），30

progressive enhancement（漸進增強），583

properties（CSS）（屬性）

    accessing from JavaScript（從 JavaScript 存取），503-512

    animations using jQuery（使用 jQuery 製作動畫），551

    applying（套用），438

    font properties（字型屬性），455

    shorthand assignment of（簡寫賦值），468

properties（JavaScript）（屬性）

    defined（定義），378

    static（靜態），382

properties（PHP）（屬性）

    declaring（宣告），113

    defined（定義），106

    scope of（作用域），114

props（React），613

protected 關鍵字（PHP），115

prototype 關鍵字（JavaScript），380

public 關鍵字（PHP），114

push 方法（JavaScript），384, 390

putImageData 方法（HTML5），682

PuTTY，29

Q

quadraticCurveTo 方法（HTML5），672

query 方法，252

querying databases（查詢資料庫）（見 database queries）

questions and comments, xxvii（問題和意見），785

quotation marks, double（"）（雙引號）

    escaping in JavaScript（JavaScript 的轉義），340

    in JavaScript strings（JavaScript 字串內），335

    in PHP heredocs（PHP heredoc 內），50

    in PHP multi-line commands（PHP 多行指令），49

    in PHP strings（PHP 字串），48

quotation marks, single（'）（單引號）

    escaping in JavaScript（JavaScript 的轉義），340

    in JavaScript strings（JavaScript 字串內），335

    in PHP heredocs（PHP heredoc 內），50

    in PHP strings（PHP 字串），48

quote 方法，275

R

radio buttons（單選按鈕），290

range input type（範圍輸入類型），302

React

case sensitivity in（大小寫視為相同或相異），610

classes vs. functions（類別 vs. 函式），614

documentation（文件），609

events in（事件），618-620

example project（範例專案），609-615

files, accessing（檔案，存取），607-609

form handling（表單處理），623-630

inline JSX conditional statements（行內 JSX 條件陳述式），620

introduction to（簡介），605

lists and keys（清單與索引鍵），621-623

props 與 components, 613

pure vs. impure code（純的與不純的程式），612

purpose and benefits of（目的與好處），606-607

state and life cycle（狀態與生命週期），615-618

React JavaScript Library, 524

React Native, 630

ready 方法（jQuery），533

readyState 屬性, 424

RealAudio, 695

records, defined（紀錄，定義），165（亦見 MySQL）

rect 方法（HTML5），662

rectangles, drawing in canvas（矩形，在 canvas 繪製），645-647

Redo log（MySQL），247

regular expressions（正規表達式）

character classes（字元類別），404

examples of using（使用範例），405, 410

fuzzy character matching（模糊字元比對），402

general modifiers（一般修飾符號），410

grouping through parentheses（用括號來分組），403

indicating ranges（代表範圍），404

metacharacter matching（特殊字元比對），402

metacharacter summary（特殊字元摘要），409

negation（否定），404

using in JavaScript（在 JavaScript 中使用），411

using in PHP（在 PHP 中使用），411

relational operators（JavaScript）（關係運算子）

comparison（比較），358

equality（相等性），357

logical（邏輯），359

relational operators（PHP）（關係運算子）

comparison operators（比較運算子），72

equality（相等），70

logical operators（邏輯運算子），72

relationships, in databases（資料庫中的關係）

many-to-many（多對多），223

one-to-many（一對多），222

one-to-one relationship（一對一關係），221

rename 函式（PHP）, 150

render 函式（React）, 610, 615, 619

$_REQUEST 變數 , 60

request/response procedure（請求 / 回應程序）, 2-5

require 陳述式（PHP）, 104, 251

required 屬性 , 301

require_once 陳述式（PHP）, 104, 251

reset 函式（PHP）, 137

restore 方法（HTML5）, 688

return 陳述式

    in JavaScript, 374

    in PHP, 98

reverse 方法（JavaScript）, 392

rgb 函式（CSS）, 490

rgba 函式（CSS）, 491

ROLLBACK 指令（MySQL）, 228

rotate 方法（HTML5）, 688

rows, defined（資料庫定義）, 165（亦見 MySQL）

RSS 摘要 , 146

S

salting passwords（密碼加碼）, 312

sanitization（淨化）, 60, 294

sanitized strings（淨化字串）, 275

sanitizeMySQL 函式（PHP）, 295

sanitizeString 函式（PHP）, 295

save 方法（HTML5）, 688

scale 方法（HTML5）, 687

scope（作用域）

    property/method scope in PHP（PHP 的屬性與方法作用域）, 114

    variable scope in JavaScript（JavaScript 的變數作用域）, 342-343

    variable scope in PHP（PHP 的變數作用域）, 55-61, 102

scope resolution (::) operator（作用域解析運算子）, 116

SCP（Secure Copy Protocol）, 29

<script type="text/javascript"> 標籤 , 333

Secure File Transfer Protocol（SFTP）（檔案傳輸通訊協定）, 29

Secure Sockets Layer（SSL）（安全通訊端層）, 323

security issues（安全問題）

    <?php and ?> 標籤 , 250

    bundled programming packages（程式包）, 18

    cookies, 307, 711

    cross-origin security（跨源安全措施）, 426, 681

    curly braces（{ }）（大括號）, 76

    database hacking prevention（預防資料庫入侵）, 254, 273-281

    databases and anonymity（資料庫與匿名）, 224

    file transfer protocols（檔案傳輸協定）, 29

    goto 失效 bug, 76

hidden fields（隱藏欄位）, 291

HTTP 身分驗證 , 308-317

JavaScript injection prevention（預防 JavaScript 注入）, 278

JavaScript 驗證 , 395

magic quotes feature（魔術引號功能）, 274, 295

MySQL 8 更新 , 8, 247

outputting MySQL error messages（輸出 MySQL 錯誤訊息）, 252

phpinfo 函式 , 97

privacy implications of geolocation（地理定位的隱私影響）, 706

sanitizing form input（淨化表單輸入）, 294

sessions（期程）, 323-327

superglobal variables（超全域變數）, 60

Y2K38 bug, ,

SELECT 指令（MySQL）, 193

SELECT COUNT 指令（MySQL）, 194

SELECT DISTINCT 指令（MySQL）, 194

select 元素（React）, 628

<select> 標籤 , 292

selectors（CSS）（選擇器）

attribute（屬性）, 446

child（子）, 443

class（類別）, 445

defined（定義）, 438

descendant（後代）, 442

ID, 444

overview of（概要）, 476

selecting by group（選擇群組）, 447

type（型態）, 442

universal（萬用）, 446

selectors（jQuery）（選擇器）

class selector（類別選擇器）, 531

combining（結合）, 531

css 方法 , 530

element selector（元素選擇器）, 530

ID 選擇器 , 531

using（使用）, 528

self 關鍵字（PHP）, 114

semicolons（;）（分號）

in CSS, 438

in JavaScript, 330, 334

in MySQL, 171

in PHP, 38, 87

$_SERVER 變數 , 59

servers（伺服器）

development server setup（設定開發伺服器）, 17-33

port assignment（指派連接埠）, 40

production server security（產品伺服器安全）, 18

request/response procedure（請求 / 回應程序）, 2-5

role in asynchronous communication（在非同步通訊中的角色）, 424

role in internet communications（在網際網路通訊中的角色）, 2

shared（共享）, 327

session fixation（session 固定攻擊）, 324

$_SESSION 變數 , 60

session

   ending（結束）, 321

   purpose of（目的）, 317

   security issues（安全問題）, 323-327

   starting（啟動）, 318-321

   timeouts for（逾時）, 322

session_regenerate_id 函式（PHP）, 325

setcookie 函式（PHP）, 307

setState 函式（React）, 616, 624

setTransform 方法（HTML5）, 693

SHA-1 演算法 , 312

shadows, adding to canvas（陰影，加入 canvas）, 677

shared servers（共享伺服器）, 327

SHOW 指令（MySQL）, 167

shuffle 函式（PHP）, 133

sibling elements, selecting（選擇兄弟元素）, 568

signed numbers（帶符號數字）, 180

social networking app example（社交網路 app 範例）

   checkuser.php 檔 , 739

   code examples, obtaining and using（取得 與使用範例程式）, 726

   design considerations（設計的注意事項）, 726

   friends.php 檔 , 752-754

   functions.php 檔 , 726-729

   header.php 檔 , 729-733

   index.php 檔 , 734

   javascript.js 檔 , 762

   login.php 檔 , 740-742

   logout.php 檔 , 757-759

   members.php 檔 , 747-749

   messages.php 檔 , 754-757

   overview of（概要）, 725

   profile.php 檔 , 742-747

   setup.php 檔 , 733

   signup.php 檔 , 735-736

   styles.css 檔 , 759-762

some 函式（JavaScript）, 388

sort 函式（PHP）, 133

sort 方法（JavaScript）, 392

<source> 標籤 , 697

<span> 元素 , 451

Spatial Reference System（SRS）（空間參考系統）, 246

special characters（特殊字元）, 49, 340

special effect processing（jQuery）（特殊效果處理）

   animations（動畫）, 551-555

   arguments supported（支援的引數）, 546

   core effects（核心效果）, 545

   fade 方法 , 549

   hiding and showing elements（影響與顯示元素）, 546

   slide 方法 , 550

   toggle 方法 , 547

sprintf 函式（PHP）, 143

SQL（Structured Query Language）（結構化查詢語言）, 165

SQL 資料庫語言, 4

square brackets（[]）（中括號）

　accessing array elements（存取陣列元素）, 131, 388

　in fuzzy matching（模糊比對）, 404

　in PHP function definitions（PHP 函式定義）, 97

　in regular expressions（正規表達式）, 404

　negation of character class with（否定字元類別）, 404

　precedence in JavaScript（JavaScript 的優先順序）, 356

SRS（Spatial Reference System）（空間參考系統）, 246

START TRANSACTION 陳述式（MySQL）, 227

state 屬性（React）, 624

statements, in PHP（PHP 的陳述式）, 66, 75-81

static 方法

　in JavaScript, 382

　in PHP, 115

static properties（靜態屬性）

　in JavaScript, 382

　in PHP, 116

static variables（PHP）（靜態變數）, 58, 103

step 屬性, 301

stopwords（停用詞）, 192

string variables（JavaScript）（字串變數）, 335

string variables（PHP）（字串變數）, 39

strings（JavaScript）（字串）

　concatenation of（串接）, 338

　escaping characters in（轉義字元）, 340

　special characters in（特殊字元）, 340

strings（PHP）（字串）

　concatenation of（串接）, 48

　escaping characters in（轉義字元）, 48

　multiple-line commands（多行指令）, 49-51

　special characters in（特殊字元）, 49

　string padding（字串填補）, 142-143

　types of（類型）, 48

stripslashes 函式（PHP）, 295

stroke 方法（HTML5）, 661

strokeRect 方法（HTML5）, 646

strokeText 方法（HTML5）, 654

strpos 函式（PHP）, 241

strrev 函式（PHP）, 97

strtolower 函式（PHP）, 98

strtoupper 函式（PHP）, 97

str_contains 函式（PHP）, 241

str_ends_with 函式（PHP）, 243

str_replace, 317

str_starts_with 函式（PHP）, 243

style types（CSS）（樣式類型）, 440-442

stylesheets（樣式表）（see CSS（Cascading Style Sheets））

subclasses（子類別）, 107

submit 事件（jQuery）, 544

substr 方法（JavaScript）, 376

subtraction（-）operator（減法運算子）

    in JavaScript, 336

    in PHP, 44, 67, 69

super 方法（React）, 615

superclasses（超類別）, 107

superglobal variables（PHP）（超全域變數）, 59

switch 陳述式

    in JavaScript, 364

    in PHP, 79-81, 240

Symfony polyfill 程式包 , 242

syntax（jQuery）（語法）, 526-528

syntax（PHP）（語法）, 38

syntheticEvent（React）, 618

system calls（PHP）（系統呼叫）, 161-162

T

tab（\t）字元 , 49, 131, 340

tables（資料表）（亦見 MySQL）

    adding data to（加入資料）, 183, 266

    backup and restore（備份與還原）, 230

    defined（定義）, 165

    deleting（刪除）, 186

    deleting data（選擇資料）, 260, 269

describing（描述）, 265

dropping（卸除）, 266

joining（連結）, 203-205

naming rules（命名規則）, 173

renaming（改名）, 184

retrieving data（取出資料）, 267

updating data（更新資料）, 268

ternary（?:）operator（三元運算子）

    in JavaScript, 366

    in JSX, 621

    in PHP, 67, 67, 82

text boxes（文字方塊）, 287

TEXT 資料型態（MySQL）, 179

text handling（文字處理）

    adding "about me" text to social networking app（在社交網路 app 加入「about me」文字）, 743

    fonts and typography（字型與排版）, 455

    text effects（文字效果）, 491

    text styles（文字樣式）, 457

text input（React）（文字輸入）, 624

text 方法（jQuery）, 556

text, writing to canvas（文字，寫至 canvas）, 654-657

text-overflow 屬性（CSS）, 491

textAlign 屬性（HTML5）, 655

textarea 元素（React）, 626

<textarea> 元素 , 300

textBaseline 屬性（HTML5）, 655

Theora 視訊轉碼器, 701

third-party cookies（第三方 cookie）, 305, 318

this 關鍵字（JavaScript）, 510

this 關鍵字（jQuery）, 536

TIME 與 DATE 資料型態（MySQL）, 181

time 函式（PHP）, 143

time pickers, in forms（表單中的時間選擇器）, 303

timeouts, for sessions（session 的逾時）, 322

timestamps, determining current（確定當前的時戳）, 143

toDataURL 函式（HTML5）, 643

toggle 方法（jQuery）, 547

transform 方法（HTML5）, 691

transformations（變形）

    in canvas, 686-694

    using CSS（使用 CSS）, 496

transitions（變換）（見 CSS; CSS3 下的項目）

translate 方法（HTML5）, 690

Transport Layer Security（TLS）（傳輸層安全性）, 323

traversing jQuery selections（遍歷 jQuery 選取物）, 572

traversing the DOM（遍歷 DOM）, 564-576

TRUE/FALSE 值, 64, 70

try...catch 指令（PHP）, 252

try...catch 結構（JavaScript）, 362

two-dimensional arrays（二維陣列）, 42

type conversion（型態轉換）, 341

type-safe comparisons（型態安全的比較）, 241

typeof 運算子（JavaScript）, 340, 343

U

ucfirst 函式（PHP）, 98

unary operators（一元運算子）, 66

underscore, double（__）（雙底線）, 53, 112

Undo log（MySQL）, 247

Union Types（PHP）（聯合型態）, 240

unique keys（React）（獨一無二的索引鍵）, 622

unlink 函式（PHP）, 151

unsigned numbers（無正負號數字）, 180

UPDATE...SET 結構（MySQL）, 200

uploading files（上傳檔案）, 29, 156-161

user preferences, configuring（設置使用者偏好）, 305

user styles（CSS）（使用者樣式）, 440

usernames（帳號）

    checking availability of（檢查可用性）, 310, 735

    checking validity of（檢查有效性）, 311

    comparing（比較）, 311

    cookies and, 307

    storing（儲存）, 312

    validating for form input（驗證表單輸入）, 400, 406

V

val 方法 (jQuery), 556

validation（驗證）（亦見 regular expressions

  form data using JavaScript（使用 JavaScript 來處理表單資料）, 396-401

  form data validation using PHP（用 PHP 驗證表單資料）, 159

  redisplaying forms following（重新顯示剩餘的表單）, 412-419

  security issues surrounding（安全問題）, 395

VALUES 關鍵字 (MySQL), 184

var 關鍵字 (JavaScript), 344

VARCHAR 資料型態 (MySQL), 177

variable substitution（變數替換）, 48

variables (JavaScript)（變數）

  arrays（陣列）, 335, 342

  global（全域）, 342

  literals and（常值）, 354

  local（本地）, 342

  naming rules（命名規則）, 334

  numeric（數值）, 335

  string（字串）, 335

  variable typing（設定變數型態）, 340-341

variables (PHP)（變數）

  assignment（賦值）, 47-49

  explicit casting of（顯式轉型）, 91

  flow control and（流程控制）, 65

  global（全域）, 58, 102

  incrementing and decrementing（遞增與遞減）, 47

  local（區域）, 56, 102

  multiple-line commands（多行指令）, 50

  naming rules（命名規則）, 43

  numeric（數值）, 41

  scope of（作用域）, 55, 102

  static（靜態）, 58, 103

  string（字串）, 39

  superglobal（超全域）, 59

  typing（型態設定）, 51

video (HTML5)（視訊）

  <video> 元素, 699-704

  history of delivery formats（傳遞格式的歷史）, 695

  support for in modern browsers（現代瀏覽器的支援）, 701

  video codecs（視訊轉碼器）, 700

<video> 元素, 699-702

Visual Studio, 21

Visual Studio Code (VSC), 30

Vorbis, 697

VP8 與 VP9 視訊轉碼器, 701

Vue, 524

W

WAMP (Windows, Apache, MySQL, and PHP), 18, 25

web 設計（見 dynamic web design）

web fonts（web 字型）, 493

web workers, 638, 713-716

WebGL, 642

WebM 格式 , 700

WHERE 關鍵字（MySQL）, 196

while 迴圈

    in JavaScript, 367

    in PHP, 84, 262

whitespace（空白）

    avoiding（避免）, 37

    preserving（保存）, 50

width 屬性 , 301

width 方法（jQuery）, 561

window 函式（MySQL）, 245

window properties（視窗屬性）, 508-510

Windows PowerShell

    accessing MySQL via command line（用命令列來存取 MySQL）, 167

    creating MySQL backup files（建立 MySQL 備份檔）, 232

with 陳述式（JavaScript）, 360

WordPress, 92

World Wide Web Consortium（全球資訊網協會）, 146

X

XHR.setRequestHeader, 424

XHTML 語法 , 11, 162

XML 文件 , 431-433, 556, 608

XMLHttpRequest

    asynchronous program using（非同步程式）, 423-427

    frameworks for（框架）, 433

    history of（歷史）, 422

    sending XML requests（傳送 XML 請求）, 429-433

    using GET instead of POST（使用 GET 來取代 POST）, 427-429

xor（exclusive or）logical operator（PHP）（互斥或邏輯運算子）, 46, 67

XSS 攻擊 , 254, 278

Y

Y2K38 bug, ,

YEAR 資料型態 , 178

Z

ZEROFILL 修飾詞 , 180

關於作者

Robin Nixon 已經有超過 40 年的軟體設計與網站和 app 開發經歷。他也著作了廣泛的電腦和科技文章,包括超過 500 篇雜誌文章,近 30 本書,其中許多已被翻譯成其他語言。他也是作品豐富的網路視訊課程講師。

除了 IT 之外,他的興趣還有學習心理學和動機(他也寫過這方面的文章)、研究人工智慧、演奏和欣賞各類音樂、遊玩和設計桌遊,以及享受美食和好酒。Robin 也創作、編著、繪製了 Robobs 學齡前繪本。

目前 Robin 與他的六個孩子和另一半 Julie(受過專業訓練的護士和大學講師)住在英格蘭東南海邊。在六位小孩中,有三位是收養的殘疾小孩。

出版記事

在 *Learning PHP, MySQL, & JavaScript* 封面上的動物是蜜袋鼯(*Petaurus breviceps*)。蜜袋鼯是一種小型、灰毛的動物,成年體長大約 6 到 7.5 英寸。牠們的尾巴通常與身體一樣長,尾尖有明顯的黑色部分。牠的手腕與腳踝之間有一層膜,提供符合空氣動力學的表面積,讓牠可以在樹林之間滑翔飛行。

蜜袋鼯是澳洲與塔斯馬尼亞州的原生物種,牠們喜歡與其他蜜袋鼯及其後代一起住在桉樹與其他大樹的樹洞裡。

儘管蜜袋鼯喜歡群居,共同保衛領地,但牠們不一定能夠和睦相處。雄性的蜜袋鼯會用唾液標記群體的領地,用前額和胸腺的獨特氣味標記群體成員,以維護自己的統治地位,並確保團隊成員知道外人何時接近。

蜜袋鼯是受歡迎且常見的寵物,因為牠天性好奇、頑皮,而且很多人覺得牠很可愛。然而,蜜袋鼯也是特殊的寵物,牠們的食物既特殊且複雜、需要相當於鳥舍大小的籠子或空間、經常在玩耍或進食時大便失控,有些州和國家的法律不允許將蜜袋鼯當成寵物來飼養。

許多 O'Reilly 封面的動物都是瀕臨絕種的,牠們對這個世界來說都很重要。

封面圖像是 Karen Montgomery 繪製的,根據 *Johnson's Natural History* 的版畫。

PHP、MySQL 與 JavaScript 學習手冊 第六版

作　　者：Robin Nixon
譯　　者：賴屹民
企劃編輯：蔡彤孟
文字編輯：詹祐甯
設計裝幀：陶相騰
發 行 人：廖文良

發 行 所：碁峰資訊股份有限公司
地　　址：台北市南港區三重路 66 號 7 樓之 6
電　　話：(02)2788-2408
傳　　真：(02)8192-4433
網　　站：www.gotop.com.tw
書　　號：A684
版　　次：2022 年 02 月三版
建議售價：NT$980

國家圖書館出版品預行編目資料

PHP、MySQL 與 JavaScript 學習手冊 / Robin Nixon 原著；賴屹民譯. -- 三版. -- 臺北市：碁峰資訊, 2022.02
　　面；　公分
　　譯自：Learning PHP, MySQL & JavaScript, 6th Edition.
　　ISBN 978-626-324-041-4(平裝)
　　1.PHP(電腦程式語言)　2.SQL(電腦程式語言)　3. JavaScript
(電腦程式語言)　4.CSS(電腦程式語言)　5.HTML(文件標記語言)
6.資料庫管理系統
312.754　　　　　　　　　　　　　　　110020132

讀者服務

● 感謝您購買碁峰圖書，如果您對本書的內容或表達上有不清楚的地方或其他建議，請至碁峰網站：「聯絡我們」\「圖書問題」留下您所購買之書籍及問題。(請註明購買書籍之書號及書名，以及問題頁數，以便能儘快為您處理)
http://www.gotop.com.tw

● 售後服務僅限書籍本身內容，若是軟、硬體問題，請您直接與軟體廠商聯絡。

● 若於購買書籍後發現有破損、缺頁、裝訂錯誤之問題，請直接將書寄回更換，並註明您的姓名、連絡電話及地址，將有專人與您連絡補寄商品。